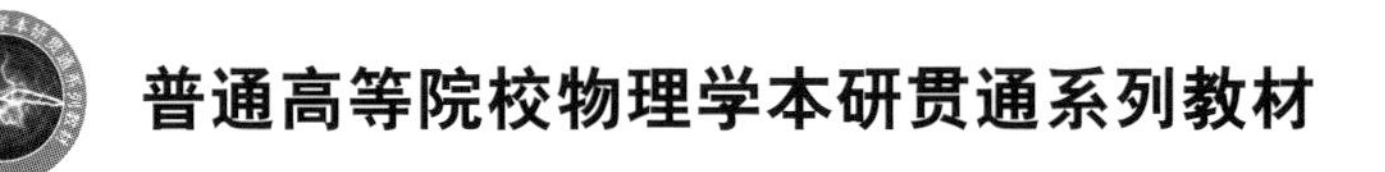

FUNDAMENTALS OF PLASMA PHYSICS

等离子体物理基础

■ 魏合林 / 主编　郭伟欣 / 副主编

華中科技大學出版社
http://press.hust.edu.cn
中国 · 武汉

内容简介

本书是华中科技大学本科生基础教育系列教材之一。本书尽量使用简练的语言、丰富的图示和简单的数学过程介绍和描述等离子体物理的基本概念、基本理论和基本性质。由于等离子体的复杂性，本书在不同章节介绍和讨论了等离子体在不同参数范围和时空尺度下的各种物理过程和描述方法，以获得对等离子体较为全面的认识。全书共分9章，第1章等离子体概述的内容为等离子体基础，该章比较全面地介绍了等离子体的基本概念和性质。后面各章分别介绍了等离子体的单粒子轨道运动、等离子体中的碰撞与输运、磁流体力学、等离子体中的波、等离子体平衡与稳定性、动理学理论介绍、低温等离子体应用和高温等离子体应用等。部分章节还介绍了目前等离子体领域一些重要的研究进展，以便增加学生们对等离子体前沿研究的认识。本书还设置了较多的思考题，以帮助学生加深对等离子体理论的理解。本书适合理工科大学生、研究生和科研工作者使用。

图书在版编目(CIP)数据

等离子体物理基础/魏合林主编. —武汉：华中科技大学出版社，2024.3
ISBN 978-7-5772-0291-4

Ⅰ.①等…　Ⅱ.①魏…　Ⅲ.①等离子体物理学　Ⅳ.①O53

中国国家版本馆CIP数据核字(2024)第053297号

等离子体物理基础　　魏合林　主　编
Dengliziti Wuli Jichu　　郭伟欣　副主编

策划编辑：陈舒淇
责任编辑：梁睿哲　周芬娜
封面设计：廖亚萍
责任校对：刘小雨
责任监印：周治超
出版发行：华中科技大学出版社(中国·武汉)　电话：(027)81321913
武汉市东湖新技术开发区华工科技园　邮编：430223
录　　排：武汉市洪山区佳年华文印部
印　　刷：武汉科源印刷设计有限公司
开　　本：787mm×1092mm　1/16
印　　张：18.75　插页：4
字　　数：398千字
版　　次：2024年3月第1版第1次印刷
定　　价：65.00元

1　自然界中的等离子体(取自网络)

我们的宇宙

河外星系　　银河系　　太阳系（恒星系）

磁爆　　太阳风

范艾伦辐射带　　电离层　　北极光

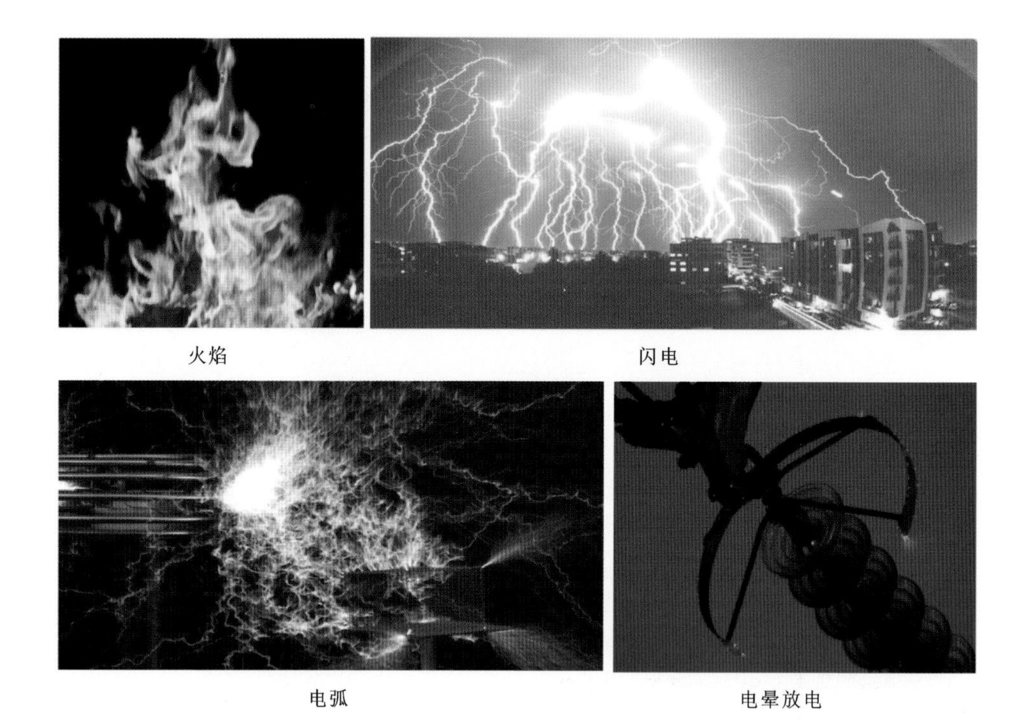

火焰 闪电

电弧 电晕放电

2 大科学工程中的等离子体(取自网络)

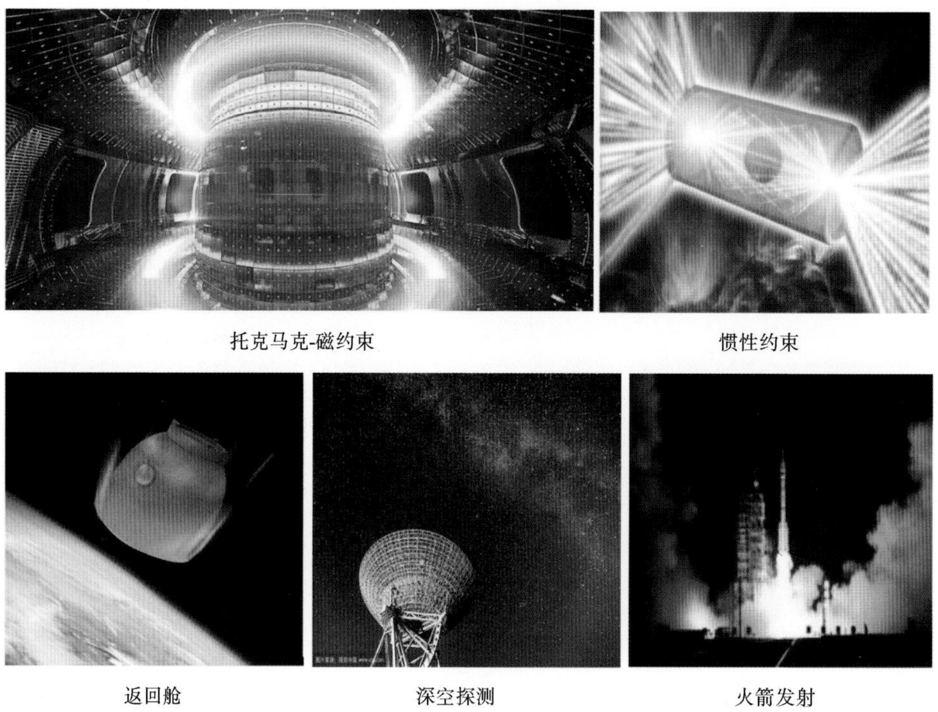

托克马克-磁约束 惯性约束

返回舱 深空探测 火箭发射

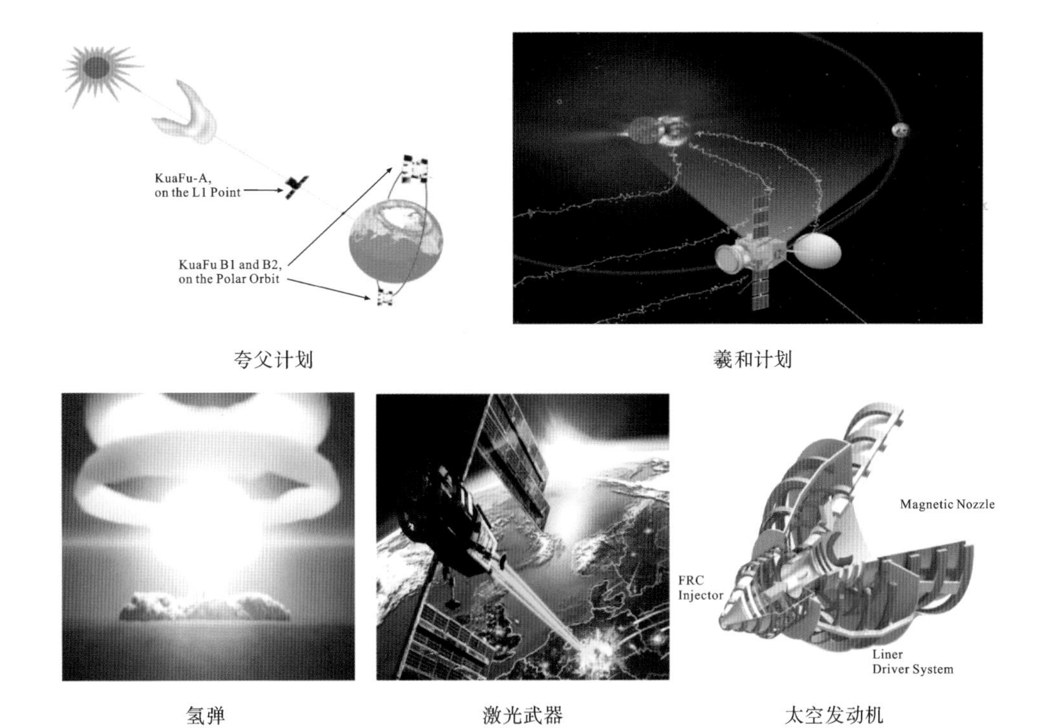

夸父计划　羲和计划

氢弹　激光武器　太空发动机

3　等离子体的主要应用(取自网络)

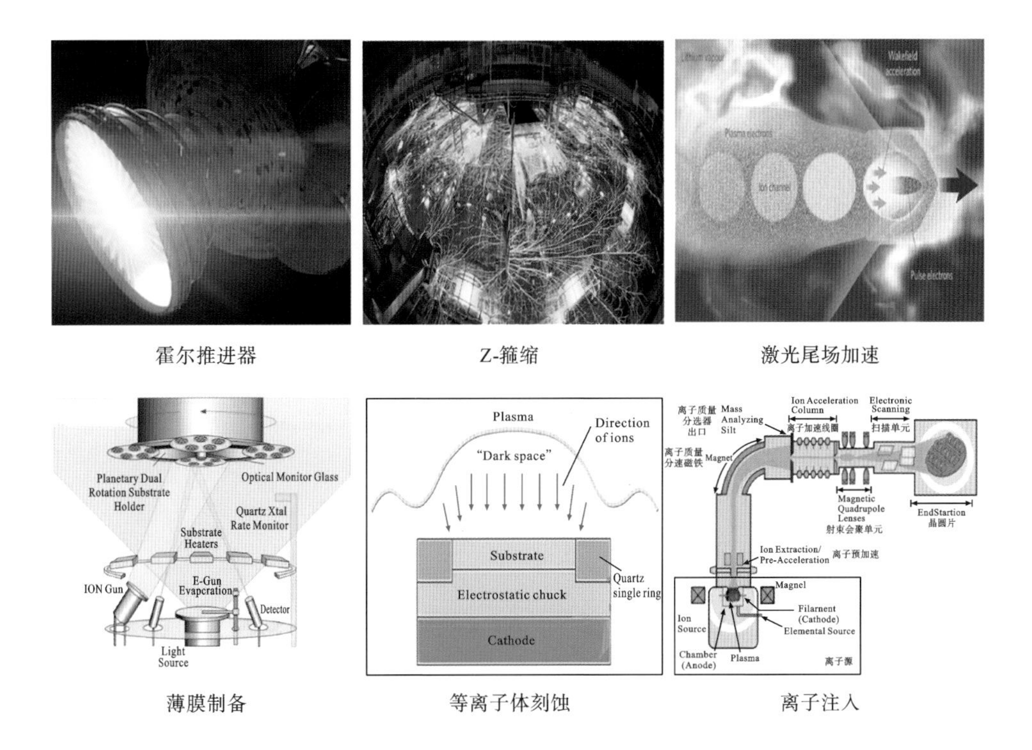

霍尔推进器　Z-箍缩　激光尾场加速

薄膜制备　等离子体刻蚀　离子注入

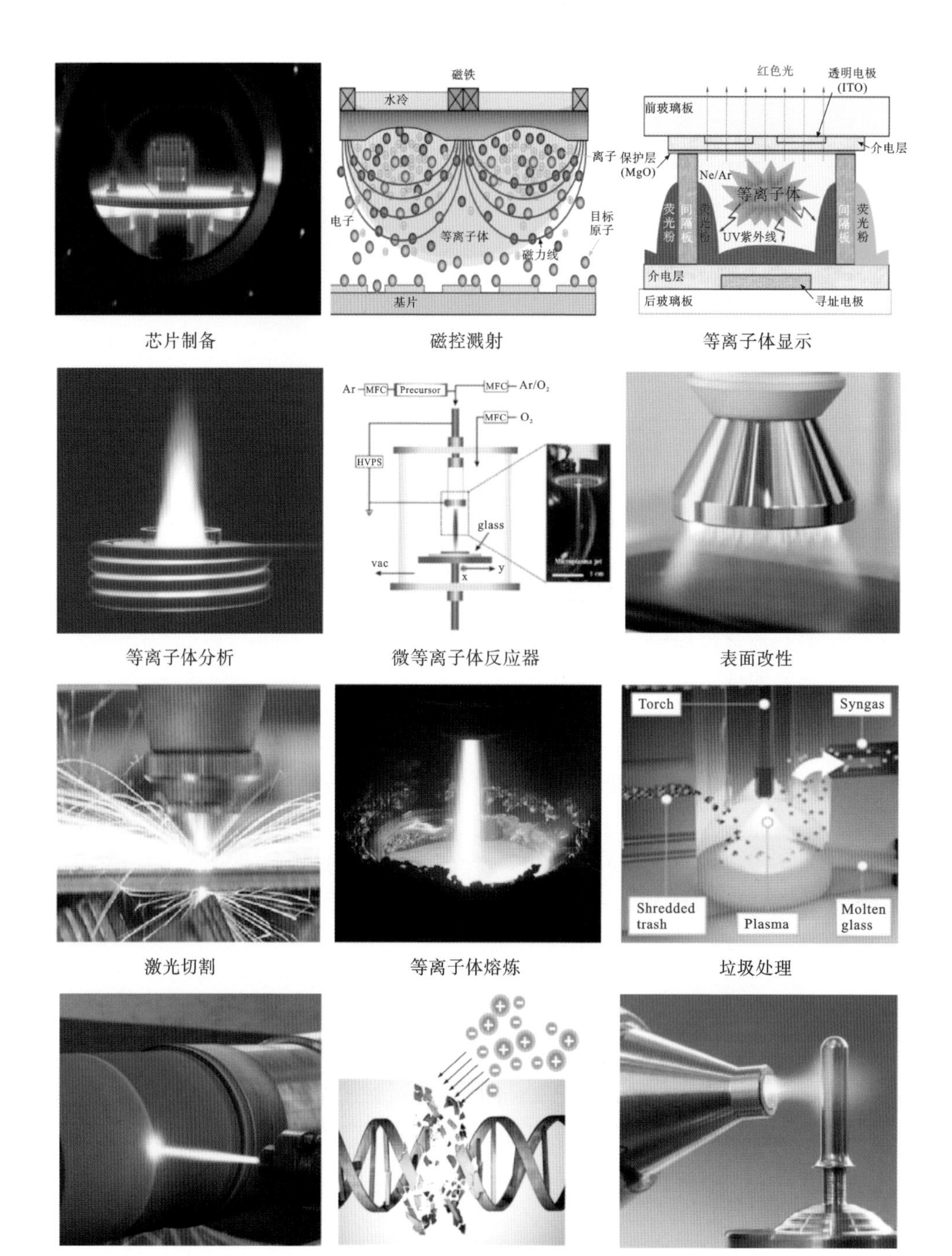

芯片制备　磁控溅射　等离子体显示

等离子体分析　微等离子体反应器　表面改性

激光切割　等离子体熔炼　垃圾处理

等离子体喷涂　等离子体杀毒　等离子体清洗

前　言

“等离子体物理导论”课程作为华中科技大学物理学院专业课已经开设数十年，开始使用的参考教材是 F. F. Chen 编写的《等离子体物理导论》，后来根据需要又使用了中国科学技术大学李定教授编写的《等离子体物理学》，但经过几年教学，我们发现这本教材理论性较强，特别是对某些物理过程的矢量推导比较深奥、烦琐，对于本科生来讲理解起来有很大难度。因此，根据多年的教学经验，我们考虑撰写一本本科生容易学习的教材。经过讨论和协商，我们决定由物理学院和电气学院的老师一起撰写一本适用于物理和电气学院本科生的等离子体物理教材。

本书共 9 章，包括等离子体概述、单粒子轨道运动、等离子体中的碰撞与输运、磁流体力学、等离子体中的波、等离子体平衡与稳定性、动理学理论介绍、低温等离子体应用和高温等离子体应用等。前 8 章由本人撰写，最后一章由电气学院的郭伟欣老师撰写。教材中尽量使用比较简单的语言和数学过程描述等离子体中的物理现象，教材中配了大量的图示以增进学生对物理理论和现象的理解。我们还在教材的适当章节把目前等离子体领域的一些重要研究进展以简单易懂的形式进行介绍，以便增加学生们对等离子体前沿研究的认识。本书设置了较多的思考题，以帮助学生加深对等离子体理论的理解。本书的编写主要参考了李定和马腾才编写的教材。

作为物质的第四态，等离子体覆盖着几乎整个可见的宇宙。等离子体物理是物理学的重要分支之一，其研究对人类面临的能源、环境、健康和宇宙演化及起源等许多全局性问题的解决具有重大意义，已经成为支撑本世纪产业和科学技术的必要基础。通过本课程的学习，学生应掌握等离子体的基本性质，了解等离子体的描述方法，了解等离子体独特的物理特性和基本规律，了解等离子体在许多尖端科技领域的应用，从而拓展交叉思维能力，为今后更深层次的科学研究及宽口径的就业打下必要的基础。

等离子体的一个基本属性就是集体行为，集体行为来源于带电粒子之间的电磁相互作用。集体行为是等离子体的本征行为，只有当一个体系具有集体行为时，才能称为等离子体。等离子体的许多行为和现象都是由集体行为引起的，如德拜屏蔽、等离子体振荡、等离子体中的波、等离子体输运和等离子体的平衡与稳定性。了解等离子体的集体行为对于理解等离子体的许多行为和现象很有帮助。

感谢刘祖黎教授和刘明海教授在教材编写过程中给予的帮助(包括提供 PPT、资料及建议等)!

魏合林于 2023 年夏

目　录

第 1 章　等离子体概述

1.1　概　　念

我们身边的物质状态一般分为固态、液态和气态，也称为物质的三态，这三种状态是可以相互转换的。以水为例，低温条件下(低于 0 ℃)，水以冰的形式(固态)存在，升高温度(高于 0 ℃，低于 100 ℃)，水变成液态，当温度高于 100 ℃时，水变成气态(水蒸气)(见图 1.1)。如果继续升高温度呢？如果把水加热到几千甚至上万摄氏度，水分子会进行剧烈的热运动，水分子之间会发生剧烈的碰撞，碰撞会使水分子中的原子(O 或者 H)的核外电子脱离原子核的束缚，变成自由电子，而分子(或原子)变成带正电荷的离子。此时，水蒸气将变成由电荷粒子和中性分子组成的系统，电子和离子带的电荷相反，但数量大致相等，因此这种状态的水还保持电中性。当体系中带电粒子的数量达到一定程度，由于带电粒子之间的相互作用为库仑相互作用明显区别于中性粒子之间的相互作用，使体系具有集体行为，这时可以称这个体系处于等离子态，即物质的第四态。

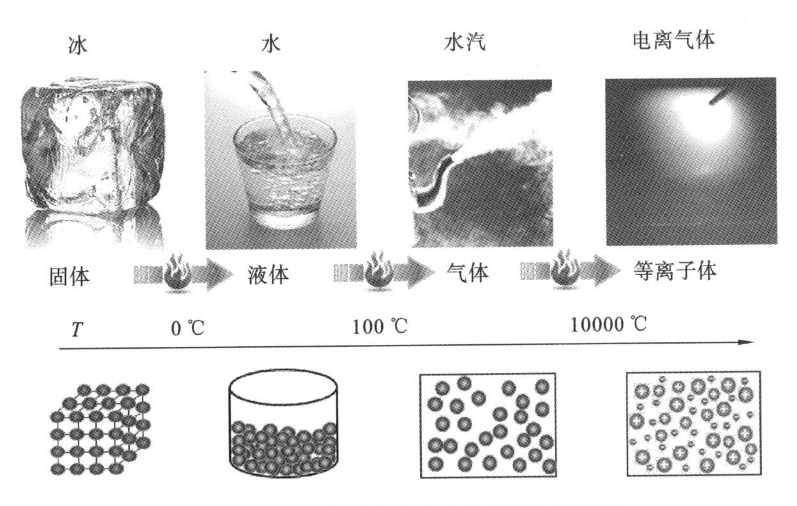

图 1.1　水的三态变化和电离气体(等离子体)

从上面的分析我们可以给等离子体一个定义：由自由电荷(电子、离子等带电粒子)和中性粒子(原子、原子团、分子、微粒等)组成的，具有集体行为的准中性混合气体就称等离子体(又名：电浆，英文：Plasma)。在这个定义中有几个概念需要加以说明。

(1)“自由电荷”：指不被原子核束缚的电子，以及带电粒子(如被电离的原子或者分子等)如图 1.2 所示。

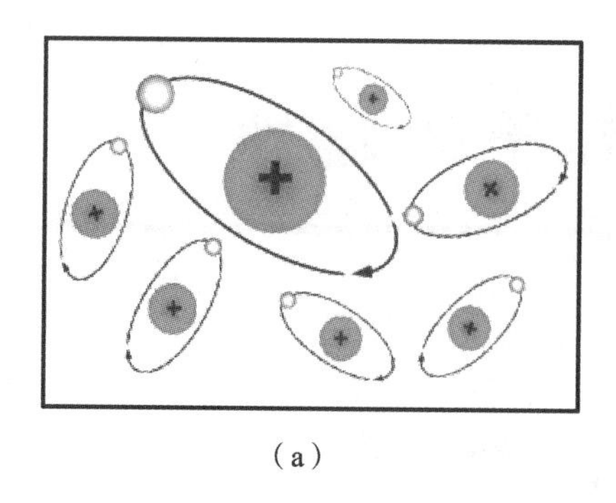

(a)

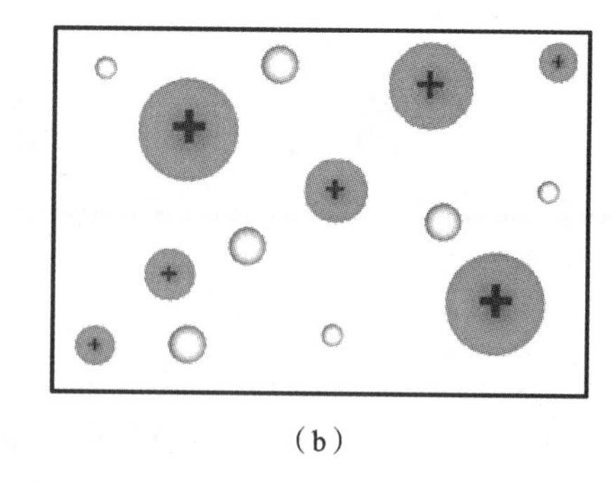

(b)

图 1.2 自由电子

(a) 被原子核束缚的电子;(b) 自由电荷构成的电离气体。

(2)“集体行为”:区分一种物态应看作用于物态基本组元上的作用力。控制物态特性变化的基本作用力,对于固体、液体、气体均有所不同。在中性气体中,粒子之间的作用力很弱,可以忽略,只有当粒子间非常接近时才会发生相互作用,称为二体碰撞。而在等离子体中,带电粒子之间的作用力为电磁力,电磁力是长程力,所以等离子体中带电粒子之间都有相互作用,称为多体碰撞。当体系内某处出现扰动时,理论上所有粒子行为都会受到影响,使整个等离子体对外界扰动作出响应,这就是集体行为。集体行为可通过电磁场作为媒介来表现,等离子体中带电粒子的运动与电磁场(外场及带电粒子运动所产生的电磁场)的运动紧密耦合。集体行为是一个体系称为等离子体的依据。

(3)“准中性”:“等离子体”中的“等离子”就是指在该体系中正负电荷数量大致相等,宏观上表现为电中性。

按照以上等离子体概念(自由电荷构成、具有集体行为以及准中性),那么有些体系也应该称为等离子体,如由正离子/自由电子构成的金属、由电子/空穴的组合半导体、由正、负离子组成的电解质溶液等。这样等离子体概念就被泛化,从而引起不必要的问题。所以,1994 年国家自然科学基金委员会在“等离子体物理学发展战略调研报告”中确定**等离子体是由大量带电粒子组成的非凝聚系统**,强调等离子体体系的非凝聚性,排除了单纯的固态和液态。因此,等离子体是指在宏观上呈电中性的电离态气体,是电子、离子、自由基和各种活性基团等粒子组成的集合体,且具有集体行为。此外,有些非凝聚体系(如电子束和离子束等)并非电中性,但它们具有等离子体的一个重要特征“集体行为”,所以也被称为等离子体。

气体被电离最终形成等离子体,那么电离气体一定是等离子体吗?显然,完全被电离的气体一定是等离子体(电离度 $\alpha=1$),我们下面谈论部分电离气体(电离度 $\alpha<1$)。对于部分电离气体,体系中除带电粒子外,还存在着中性粒子。当带电粒子与中性粒子之间的相互作用强度同带电粒子之间的相互作用相比可以忽略时,带电粒子的运动行为就与中性粒子的存在基本无关,而与完全电离气体构成的等离子体相近,这种情况下的部分电离气体是等离子体。为了直观起见,假设带电粒子与中性粒子之间相互作用的强弱程度用碰撞频率 ν_{en} 表示(注:两种粒子的相互作用只有近距离碰撞这一种形式),由于带电粒子之间的相互作用是复杂的多体作用,为简单起见,可以将其分成两体的库仑碰撞和集体相互作用两部分,分别用库仑碰撞频率 ν_{ee} 和等离子体振荡频率 ω_p 来表征这两种作用的大小(参考本章“等离子体振荡一节”)。因此,如果有 $\mathrm{Max}(\nu_{ee},\omega_p)\gg\nu_{en}$,则中性粒子的作用可以忽略,体系处于等离子体状态。有大量中性

粒子存在的情况往往是低温等离子体，由于带电粒子之间的库仑碰撞截面很大（电磁相互作用），因此当电离气体的电离度 $\alpha>0.1\%$ 时，满足 $\mathrm{Max}(\nu_{ee},\omega_p)\gg\nu_{en}$，可以忽略中性粒子的作用，此时电离气体为等离子体。当 $0.1\%>\alpha>0.01\%$ 时，电离气体仍然具备一些等离子体的性质，但需要考虑中性粒子的影响，此时电离气体为弱电离等离子体。当电离度小于 0.01%，系统中的中性粒子碰撞频率大大超越库仑碰撞频率和等离子体振荡频率时（$\mathrm{Max}(\nu_{ee},\omega_p)\ll\nu_{en}$），体系的等离子体特征消失，这种微弱电离的气体不再是等离子体。

等离子体中有离子和电子，如果两者复合，等离子体就会消失，那么为什么稳定的等离子体能够存在？难道电子和离子两者不复合？当然不是不复合，而是在电子和离子复合的同时，不断有新的电离事件发生，复合与电离达到平衡时，等离子体就能稳定存在。为了不断产生碰撞电离，电子必须有足够的能量去克服原子、分子中的静电势。对于一个处于稳态的等离子体系统（电子温度为 T_e，密度为 n_e），电子的动能可简单表示为 $E_k\approx k_BT_e$，带电粒子之间的平均间距约为 $d\approx(1/n_e)^{1/3}$，则电子的平均势能 $E_p\approx e^2/4\pi\varepsilon_0 d$。所以等离子体要稳定存在，就必须满足

$$\frac{E_k}{E_p}\approx\frac{4\pi\varepsilon_0 k_B T}{n_e^{1/3}e^2}\gg1 \tag{1.1.1}$$

如果 $E_k/E_p\ll1$，系统基本就是中性气体。

1.2　等离子体存在形式

我们生活在地球上，每天早上都能看到初升的太阳，红彤彤的很美丽，看起来也很温暖（见图1.3(a)）。但实际上太阳很热！太阳核心和辐射区的温度达到1000万～1500万摄氏度，对

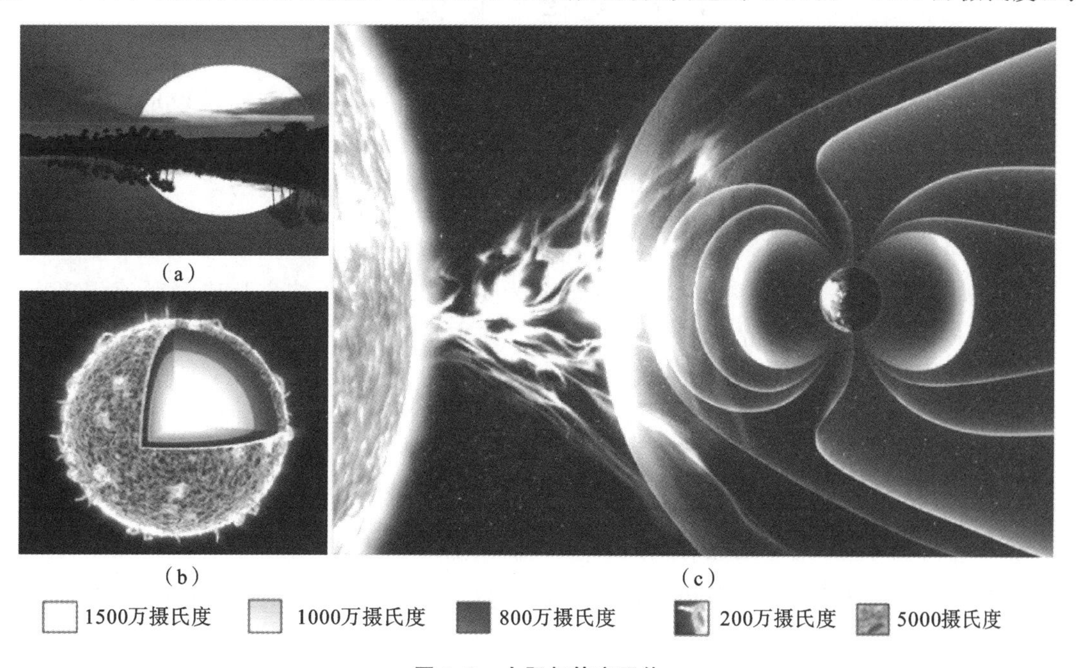

图1.3　太阳与等离子体

(a) 初升的太阳；(b) 太阳结构（底排显示太阳温度）；(c) 太阳-太阳风-地球。

流区约 800 万摄氏度，而太阳大气的温度约 200 万～600 万摄氏度(见图 1.3(b))。因此，太阳是一个由完全电离的气体所构成的星球，或者说太阳是以等离子态存在。在茫茫无际的宇宙空间里，等离子体态是一种普遍存在的物质状态。当我们仰望夏日的夜空，会看到繁星点点，实际上这些繁星都是处于等离子体态的恒星。由地球表面向外，等离子体是几乎所有可见物质的存在形式，大气外侧的电离层、范艾伦辐射带、日地空间的太阳风、太阳日冕、太阳内部、星际空间、星云及星团，毫无例外的都是等离子体。可见宇宙中 99%的物质都处于等离子体态(见图片页)。

既然等离子体分布如此之广，那么为什么地球上自然存在的等离子体很少见？首先我们考虑一下自然界气体中所含电荷情况，处于热平衡的气体总会有一定的电离度 α(由萨哈方程给出)，$\alpha \propto e^{-U_i/kT}$，其中 T 为温度，U_i 为气体电离能(如氮气，$U_i=14.5$ eV)。可以计算出室温条件下氮气的电离度 $\alpha \approx 0$，电离度非常低，这样的中性气体是不具备集体效应，没有等离子体特征，这种气体就不是等离子体。所以，除了闪电、极光和火焰之外，基本上没有其他自然产生的等离子体。

虽然自然产生的等离子体很少，但可以通过很多方式产生等离子体(放电、热致电离、激光照射和微波电离等)，所产生的等离子体具有广泛的应用。例如，在日常生活中有日光灯、电弧、等离子体显示屏和臭氧发生器等；在科学研究过程中有辉光放电、磁控溅射、激光剥落和微波放电等；在工业应用中有等离子体刻蚀、离子注入、镀膜、表面改性、喷涂、烧结、冶炼、加热和有害物处理等；以及在高技术应用中有托卡马克、惯性约束聚变、氢弹、高功率微波器件、离子源、强流束、飞行器鞘套与尾迹等(见图片页)。

1.3 等离子体分类

图 1.4 显示的是各种等离子体存在的参数范围，从温度极低的稀薄极光等离子体，到温度极高的稠密聚变等离子体，温度跨越了 7 个量级，密度跨越了 30 个量级，可见等离子体参数范围极为宽广。等离子体有多种分类方式，如按照温度、密度、电离度和能量等。

1. 按等离子体温度分类

(1) 高温等离子体：当等离子体中离子的温度接近或大于原子结合能时，称为高温等离子体。实际上并没有一个严格的温度界限，一般高温等离子体指的是温度大约处于 $10^8 \sim 10^9$ K，完全电离的等离子体，常见如恒星(太阳)、氢弹和受控热核聚变(磁约束和惯性约束)等离子体等。

(2) 低温等离子体：非完全电离的等离子体，这种等离子体中既有带电粒子，又有中性原子、分子以及基团等，其中带电粒子能量一般在 eV 量级。低温等离子体又分为热等离子体和冷等离子体。热等离子体一般指在高压(1 大气压以上)条件下产生的电离气体，其中各成分的温度约为 $10^3 \sim 10^5$ K。特点是电子、离子和中性成分温度大约相等，如激光、电弧、高频和燃烧等离子体等。冷等离子体是指电离度较低、温度较低条件下产生的等离子体。特点是其中的电子温度较高($10^3 \sim 10^4$ K)、离子和中性气体温度较低，如低压辉光放电等离子体、电晕放电等离子体、介质阻挡放电等离子体等。

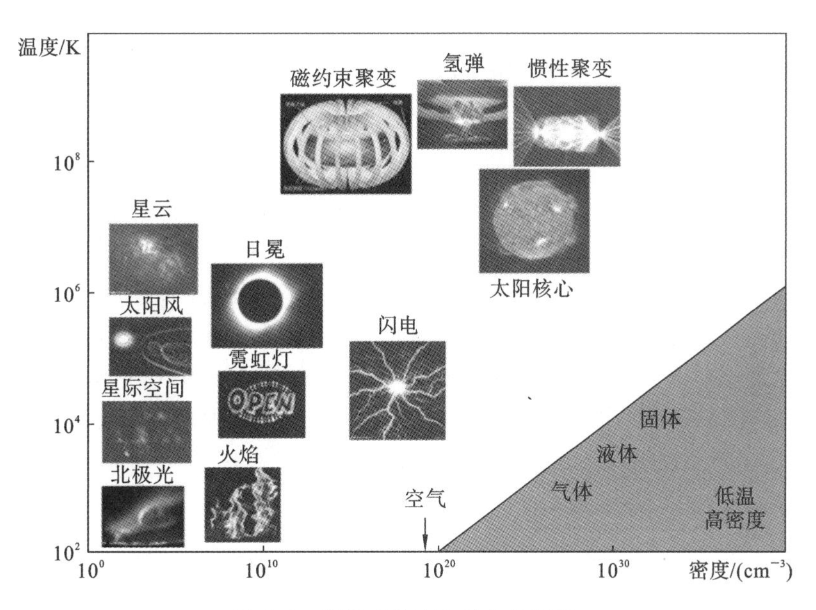

图 1.4　等离子体存在的参数范围

2. 按体系的电离程度分类

(1) 强电离等离子体：α 为电离度，当 $\alpha=1$ 时称为完全电离气体，如日冕和核聚变中的高温等离子体；当 $1>\alpha>0.01$ 时为部分电离气体。以上都称为强电离等离子体。

(2) 弱电离等离子体：当 $0.01>\alpha>10^{-4}$ 时称为弱电离气体，如辉光放电、电晕放电和火焰等离子体等。

3. 按等离子体所处的状态分类

(1) 平衡等离子体：气体压力较高，电子温度与气体温度大致相等的等离子体。如常压下的电弧放电等离子体和高频感应等离子体。

(2) 非平衡等离子体：低气压下或常压下，电子温度远远大于气体温度的等离子体。如低气压下直流辉光放电和高频感应辉光放电，常压下介质阻挡放电等产生的冷等离子体。

4. 其他分类方式

按等离子体的密度分类(稠密等离子体和稀薄等离子体)；按照相互作用强弱分类(弱耦合等离子体和强耦合等离子体等，或者经典等离子体和量子简并等离子体)，等。

1.4　等离子体产生

等离子体含有大量的自由电子和离子，即电子是不受原子核束缚的。实际环境中的物质中的电子都被原子核束缚，所以，要产生等离子体就必须把原子中的电子电离成自由电子。无论是低温等离子体(如辉光放电，激光等离子体等)或者是高温等离子体(恒星和核聚变等离子体等)，其形成都离不开电离过程。在实验室中，有很多方法产生等离子体，如气体放电、微波电离、高能粒子(如射线、粒子和光子等)电离、激光电离、射线辐照及热电离等。目前，最常见和广泛使用的等离子体产生方式是气体放电，而气体放电又分为直流放电和交流放电（或射频放电）。下面就以直流放电为例，分析整个放电过程。

1.4.1 直流放电

典型的直流放电装置如图 1.5(a)所示。在一密封的石英玻璃中充以待放电的气体（如 Ar、N_2 等气体），并插入两个金属电极，气压处于 10～1000 Pa 范围。在两个电极上加直流电压，阴极发射的电子被电场加速，并与气体分子发生电离碰撞（图 1.5(b)），产生新的电子，这些电子在随后的运动过程中发生频繁的电离碰撞，从而产生大量的电子和离子。升高直流电源的电压，当电源电压 V 高于气体的击穿电压 V_S 时，放电管中的气体被击穿，最终形成稳定的放电。气体放电过程可以用汤森放电原理（电子雪崩放电原理）解释（见附录 A）。

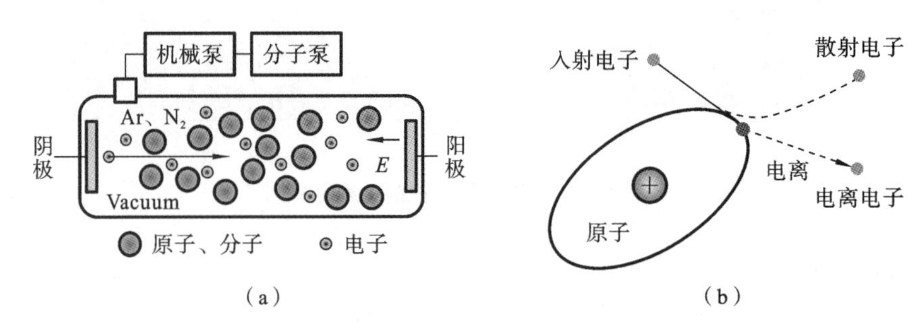

图 1.5 直流放电

(a) 直流放电装置示意图；(b) 碰撞电离过程示意图。

典型的直流放电 I-V 曲线如图 1.6 所示（放电管内充以 1 Torr 的 Ne 气，放电管参数如图所示）。缓慢增加两电极之间的电压，首先能测量到的电流是随机脉冲电流（A 点前），特点是电流小且上升缓慢，电流值由空间的游离电荷数量和外电压决定。电压慢慢升高的过程中，游离电子的运动加快，表现为电流增加。在相同电压条件下，电流大小与外部电离条件有关，如增加放射源或者光照射等。在这个阶段，气体还是绝缘体。继续增加电压，电压在

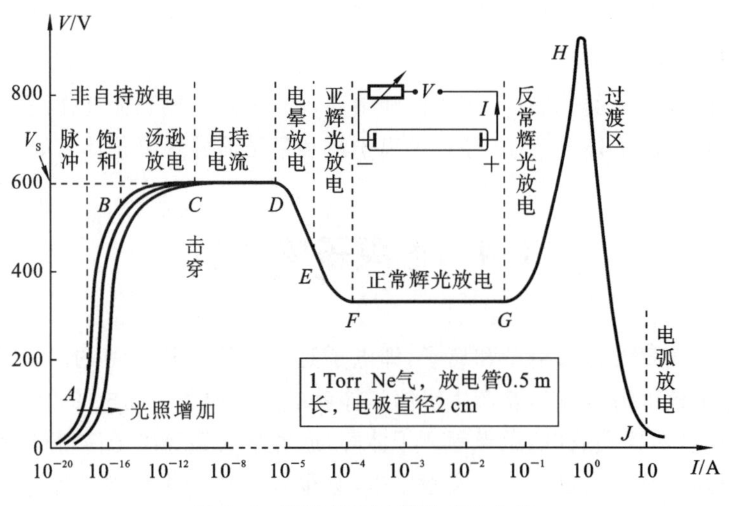

图 1.6 直流放电过程的 I-V 曲线

AB 段，电流值接近饱和，主要是因为没有电离发生，在外部条件一定的情况下，游离电荷不变。当电压超过 B 点到达 BC 段，电流呈指数增长，这一段就叫汤森放电。继续增加电压（C 点），电流将超指数增加，这时电压几乎不变，电流将增加几个数量级，说明气体变成了良导体，换句话说在气体中形成了导电通道，通常称气体被击穿，V_S 为击穿电压。此时，电流与外电离源无关，称为自持放电（CD 段）。值得注意的是在 ABC 段，电流依赖于外电离源，如果没有外电离源，电流将变为零。从 A 点到 D 点，由于激发碰撞比较弱，所以不发光，这一段也称暗放电区。

气体被击穿后会产生大量的自由电子，电子的雪崩电离持续，使导电通道电阻迅速降低（DE 段），放电管中的电流将增加。但此时电压还是较大，而电流较小，随着碰撞数量的增多，激发碰撞会使气体发出淡淡的辉光，所以这个区域也称电晕放电区。随着（电离和激发）碰撞概率的增加，电荷密度增加，电流继续增加，导电性能的增强使放电电压进一步减少，放电所产生的辉光逐渐增强（EF 段），这个区域叫亚辉光放电区。随后的区域（FG 段），电压不变，电流增加数个量级，这个区域辉光稳定且明亮，放电也比较稳定，所以称正常辉光放电区。过 G 点后，电流和电压都呈指数增加，辉光异常明亮，这个区域称反常辉光放电区（GH 段）。过 H 点后，电压急剧降低，电流继续增加，这时，放电区域和放电强度进一步增强，这个区域称过渡区。到达 J 点时，电压很低而电流很大，这时放电进入电弧放电。

D 点以后的区域，电离气体都称为等离子体。工业上常用的等离子体所处区域主要是电晕放电、正常辉光放电和电弧放电等。例如，在等离子体增强化学气相沉积、等离子体显示和等离子体照明中，常用的就是辉光放电。辉光放电等离子体是一种冷等离子体（属于低温等离子体）。在辉光放电过程中，气压一般在 $10^2\sim10^4$ Pa 之间，电流在 1～100 mA 之间，所产生的等离子体中，电子温度约为 1～10 eV。

在稳定的直流辉光放电管中，放电气体呈现出多个明暗相间的结构，从阴极到阳极可以分八个区域（见图 1.7）：分别是阿斯顿暗区、阴极辉光区、阴极暗区、负辉区、法拉第暗区、正柱区、阳极辉光区和阳极暗区。阿斯顿暗区、阴极辉光区和阴极暗区三部分组成阴极区。在阴极区，由阴极发射的电子被加速与气体原子碰撞，使原子激发或电离。阴极区在直流

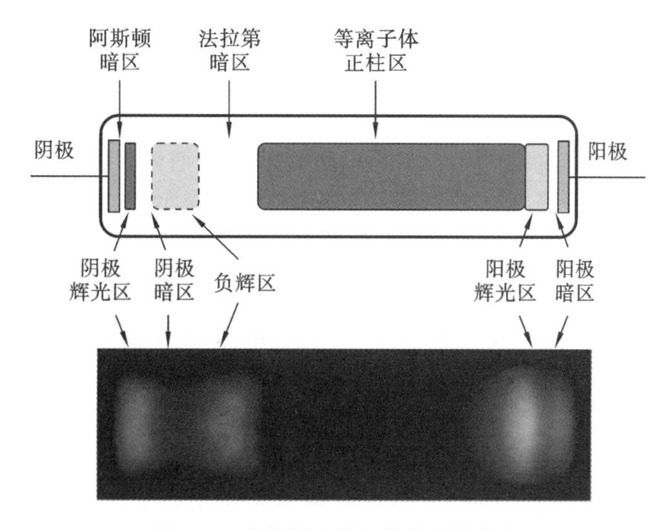

图 1.7 直流辉光放电管中区域分布

放电中是一个极为重要的区域,因为加载在两极间的电压大部分都降在阴极区(参看等离子体鞘层一节)。许多等离子体应用就是利用这一特性实现的(如等离子体刻蚀和离子注入等)。电极间发光最强的区域是负辉区,阴极发出的电子到达这个区域时大部分已经因碰撞损失了能量,且在阴极暗区中因电离所产生的低速电子也进入该区。低速电子会增加粒子间激发和复合的概率,因此使该区域发光增强。由于激发碰撞概率的增加,电子经过负辉区后其能量更低,不足以进一步激发原子或分子,因此这个区域发光较暗,这就是法拉第暗区。相比于负辉区,法拉第暗区中电子和离子密度较小,电场很弱,激发和复合的概率都比较小。法拉第暗区后是正柱区,该区的电场基本上是均匀的,且电子的密度与离子的密度近似相等,所以正柱区是真正意义上的等离子体。正柱区后,接近阳极的区域称为阳极区,包括阳极暗区和阳极辉光区。经过正柱区后,逐渐接近阳极,电子被加速,而离子则被排斥。被加速的电子会与原子或分子产生激发碰撞,从而形成发光的阳极辉光区。经过阳极辉光区后,电子损失能量,不能产生激发碰撞,形成阳极暗区。阳极暗区实质上是阳极鞘层(见等离子体鞘层一节)。如果逐渐缩短极间距离,以上所形成的八个区域会有所变化。例如,随着极间距减少,正柱区和法拉第暗区将逐渐缩短直至消失,而阴极暗区和负辉区不受影响,形成短间隙辉光放电。

直流辉光放电装置结构较简单,制造成本低,且容易实现。但其缺点有:①电离度较低,等离子体密度较低;②电极材料只能是金属材料;③内置电极易受到等离子体中带电粒子的轰击;④电极受到带电粒子的轰击后,电极表面会产生原子溅射,从而影响电极的使用寿命,同时等离子体会因为溅射原子而受到污染。

1.4.2 射频辉光放电

射频就是射频电流,简称 RF,它是一种高频交流变化电磁波。射频放电的基本电离原理与直流辉光放电相同。目前,射频放电被广泛应用于照明、薄膜合成、显示和集成电路制备中。用于产生等离子体的射频频率有 13.56 MHz、27.12 MHz、40.68 MHz 等。国际上常用的射频放电频率为 13.56 MHz。射频放电可以产生大体积稳态的等离子体。射频放电根据耦合形式分为电容耦合和电感耦合,示意图 1.8 同时显示了两种耦合方式(内置电极为电容耦合,外置电极线圈为电感耦合)。无论是电感耦合,还是电容耦合,电极的位置都可以是外置(无电极式)和内置(有电极式),这里的无电极和有电极指的是与等离子体接触的区域有无电极。以电容耦合为例,①无电极式放电是把环形电极以适当间距配置在放电管上,或者把电极分别放置在圆筒形放电管的两侧,加在两个电极上的高频电场能透过放电管(通常是玻璃管)壁使管内的气体电离形成等离子体;②有电极式放电通常采用平行板型(见图 1.8),主要是因为平行板型放电稳定性好和效率高,且容易获得大面积均匀的等离子体,因此这种形式的放电装置在高科技中被广泛使用,如在等离子体增强化学气相沉积制备薄膜的工艺中、在半导体制备工艺中(等离子体刻蚀和离子注入)等。与电容耦合不同的是,感应耦合则是把感应线圈放置在放电管内或者缠绕在放电管上,借高频磁场在放电管内产生的感应电场来产生等离子体。显然,外电极式放电(无论是电容或者电感耦合)都无须将金属电极直接放置在放电空间,也就避免了因电极被溅射而造成的污染,从而可以获得均匀而纯净的等离子体。

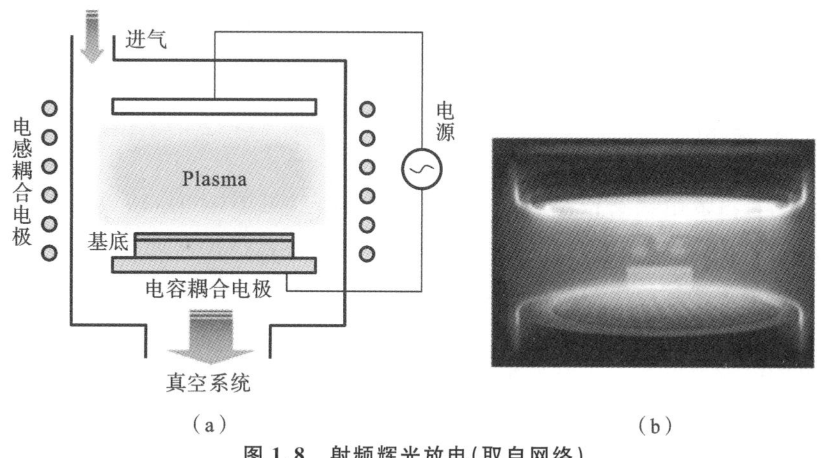

(a)　　(b)

图 1.8　射频辉光放电(取自网络)

(a) 电容/电感耦合射频放电装置示意图;(b) 电容耦合放电。

1.4.3　微波放电

微波是指频率为 0.3～300 GHz 的超高频电磁波。微波放电的电离原理也与直流辉光相同。微波放电与射频放电在原理上有许多相似之处,即利用了电子雪崩放电。在微波放电中,通常采用波导管将微波耦合到放电室内,空间的自由电子在微波电场作用下加速,与中性粒子碰撞并电离,如果微波的输出功率适当,就可以使放电室内的气体击穿,实现持续放电,进而产生稳定的等离子体。通过这种方式所产生的等离子体称为微波等离子体。很显然,这种放电无需在放电管中设置电极,且输入的微波能量可以局域集中,因此通过这种方式可以获得密度较高的等离子体。但单纯的微波等离子体仍然存在密度低和电子能量低等缺点,不利于应用。为了提高等离子体密度和电子能量,可以利用磁镜场对电荷的约束作用,只需在放电区附近加上一对磁线圈即可。图 1.9 是一种微波电子回旋共振(Electron Cyclotron Resonance, ECR)放电装置。由于磁场的存在,微波放电所产生的电子绕磁力线做回旋运动,其运动轨迹得到延长,从而产生更多的电离碰撞,这样等离子体密度就会增加。我们知道电子的回旋频率为 $\omega_{ce}=eB/m_e$,其中 B 是磁感应强度。通过适当地调整磁场的空间分布,使得电子回旋频率 ω_{ce} 在沿放电室的轴向上某一位置与微波的圆频率 ω 一致,那么就会产生共振现象,所以这种放电

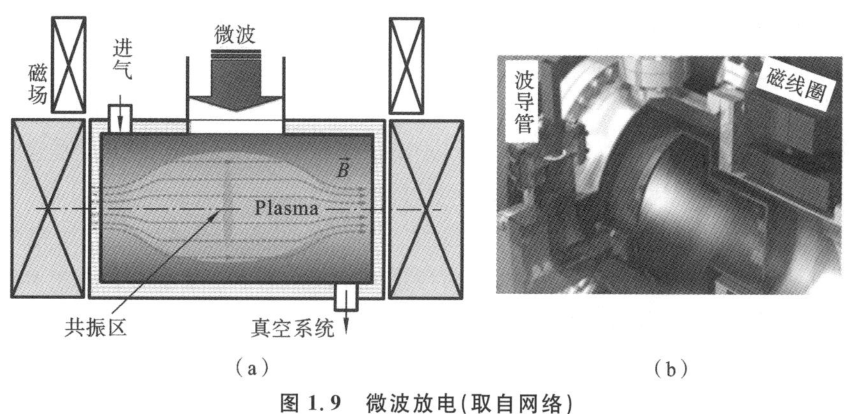

(a)　　(b)

图 1.9　微波放电(取自网络)

(a) ECR 微波放电装置示意图;(b) 微波放电装置。

形式又称为电子回旋共振放电。对于这种类型的放电装置，微波的频率一般为 2.45 GHz，容易计算出发生共振的磁感应强度为 875 高斯。

1.4.4 电晕放电

前面在介绍直流放电伏安特性已经提到过电晕放电(见图 1.6)，该放电是在真空条件下进行的，其特征有大电压和小电流，且在放电过程中会产生淡淡的辉光。但实际上绝大部分的电晕放电发生在常压或者高压条件下。在常压条件下，电晕放电是由于气体介质在不均匀电场中的电离所形成局部自持放电。

比较常见的电晕放电就是尖端放电，如图 1.10 所示，由一根尖端金属柱和一块光滑金属构成的不对称电极系统。一般尖端处的电荷密度远大于光滑平面处的电荷密度，或者说表面电荷密度与曲率半径成反比，即 $\sigma \propto 1/r$，r 为所考察处的曲率半径。表面附近的电场强度为 $E=\sigma/\varepsilon_0 \propto 1/r$，因此，尖端表面附近电场很强，在这个电场的作用下，气体中残留的带电粒子会发生激烈的运动，和中性气体分子发生碰撞，并使分子发生电离和激发，从而产生大量的带电粒子，最终发生放电，同时发出淡淡的辉光，这就是尖端放电。

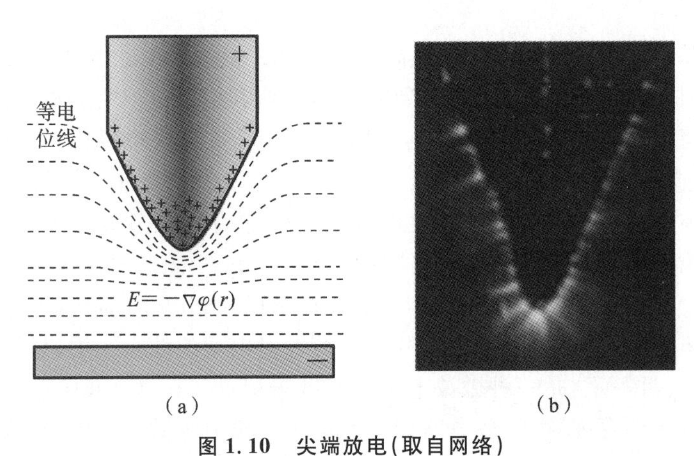

图 1.10 尖端放电(取自网络)

(a) 尖端(电晕)放电原理示意图；(b) 尖端放电实拍。

尖端电极的正负极性不同，电晕放电会有所区别，这是因为电晕放电时，在尖端附近空间电荷的积累和分布不同所造成的。考虑在直流电压作用下，正(或负)极性尖端电极均在表面附近聚集起空间电荷。如果尖端电极为负极性(负电晕，见图 1.11(a))，在尖端施加电场，尖端附近强电场使电子加速引发碰撞电离。然后，负电极尖端附近的电子会被驱离，在靠近负电极表面会聚集起正离子。如果继续加强电场，正离子将被吸进负电极，这个过程会产生一个脉冲电流。此后开始下一个电离及带电粒子运动过程，如此循环往复。该过程所产生的电晕电流具有脉冲形式。反之，如果尖端电极为正极性(正电晕，见图 1.11(b))，则正电极尖端附近的离子将会被驱离，而电子则会到达电极表面与正离子复合，这个过程也会产生脉冲电流。工业上可以利用电晕放电进行静电除尘(见图 1.11(c))、污水处理和空气净化等。据研究，地面上的植物等尖端在大地电场作用下也会产生电晕放电，且这些放电是大气电平衡的重要环节。另外，海洋波浪起伏的表面所溅射的水滴上也会出现电晕放电，这个过程可促进海洋中有机物的生成，也可能是远古地球大气中生物合成氨基酸的有效形式。

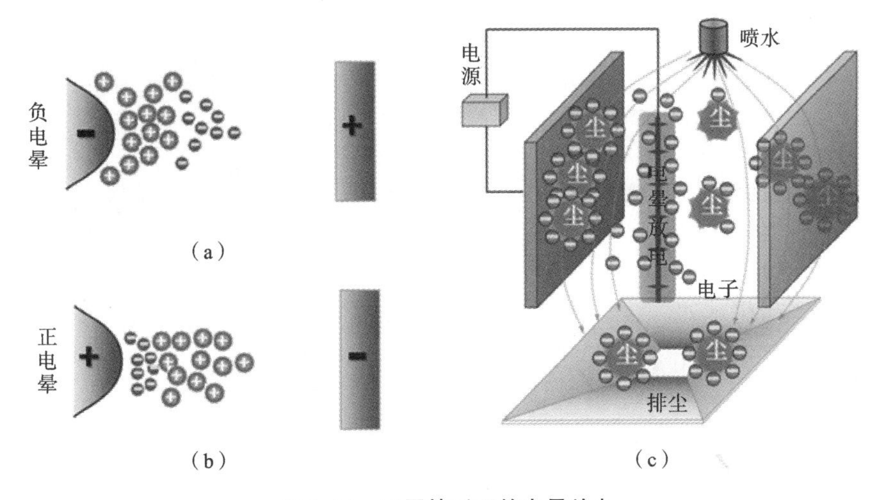

图 1.11　不同情形下的电晕放电

(a) 负电晕放电;(b) 正电晕放电;(c) 电晕放电静电除尘。

1.4.5　介质阻挡放电

前面介绍的各种放电形式通常只使用金属电极,这种仅仅使用金属电极的放电形式有明显的缺点:① 一般只能在低气压条件下进行,高气压条件下需要较高的电压,且容易形成电弧或火花放电;② 放电电流分布不均匀,电极边缘和中心电流有明显差别,不利于放电的应用;③ 处于放电区的电极会被带电粒子轰击溅射或者腐蚀。为了避免这些缺陷,出现了一种新的放电形式,即介质阻挡放电(dielectric barrier discharge,DBD)。介质阻挡放电是把绝缘介质覆盖在金属电极表面或者插入放电空间中的一种气体放电,有时又称为无声放电。介质阻挡放电能够在高气压(10^4~10^6 Pa)和很宽的频率范围(50 Hz 至 1 MHz)内工作。介质阻挡放电的电极结构设计具有多样性(见图 1.12),可用绝缘介质覆盖其中一个或两个电极,也可以将介质直接悬挂于放电空间,并在两个放电电极之间充满工作气体,当两电极间施加足够高的交流电压时,电极间的气体会被击穿而产生放电,这即是介质阻挡放电。在实际应用中,放电电极形状可以是多样式的,如管线式或者平板式。管线式电极结构一般被广泛应用于各种工业化学反应器中,而平板式电极结构则被应用于高分子、薄膜和板材的表面改性、接枝和清洗等应用中。

介质阻挡放电通常是由交流高压电源驱动,随着电压的升高,放电形成的过程可以分为三个阶段:① 当电压较低时,电极间的游离电子无法被加速到较高能量,无法产生大量的电离过程,此时的电流为零;② 随着电压的逐渐提高,电子被加速,电离事件随之增多,反应区域电子数量也相应增加,此时的电流随着电压提高而略有增加。但如果电压没有达到击穿电压,电极间无法形成导电通道,因此反应气体仍然处于绝缘状态;③ 进一步提高电压,电压超过击穿电压,电子会被加速到比较高的能量,高能电子与气体分子碰撞足以产生大量的电离,形成雪崩放电,便会在电极间产生许多微放电丝所形成的导电通道,电流会随着施加的电压提高而迅速增加,另外,由于激发碰撞的存在,发电过程会伴随发光现象。

当电极间的气隙均匀时会产生均匀、漫散和稳定的放电。介质阻挡放电的外观特征远看貌似低气压下的辉光放电,近看时,会发现放电是由大量呈现细丝状的细微放电构成(见

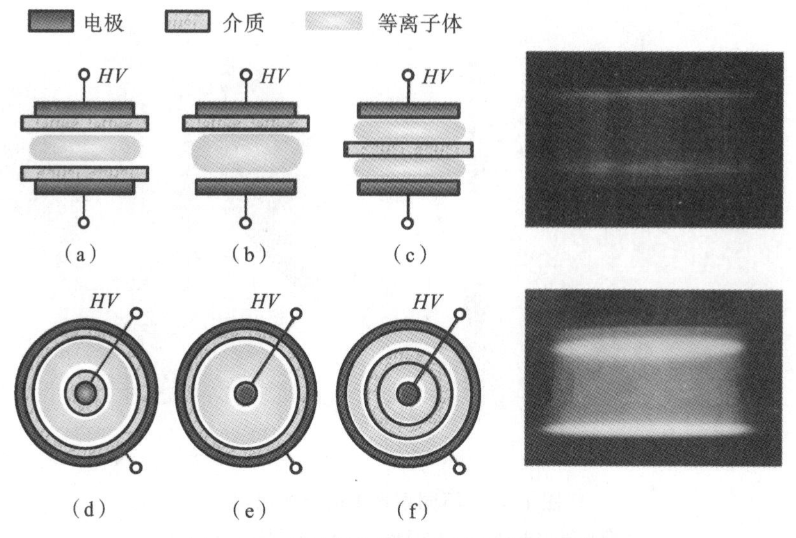

图 1.12 介质阻挡放电(DBD)(取自网络)

(左) DBD 的常用结构;(右) 不同电流条件下的 DBD。

图 1.12)。这些细微放电是由大量快脉冲电流细丝组成,每个电流细丝在放电时空上分布是无规则的。每个细丝放电通道基本为圆柱状(半径约数百微米),脉冲放电持续时间极短(约数十纳秒),但电流密度却很高(高达 0.1~1 kA/cm^2)。当然,以上这些宏观特征会随着电极间所加的功率、频率和介质的不同而有所改变。

1.5 等离子体的描述方法

等离子体的存在形式多种多样,其参数(温度和密度)空间非常宽广,显然一种理论无法准确地描述各种参数的等离子体。等离子体又是一种流体,但其性质比普通流体要复杂得多,因此等离子体也无法用一般流体力学进行描述。但考虑到等离子体一般是一个经典的非相对论的体系,所以一种描述等离子体的基本方法可以适用很大参数范围的等离子体体系。目前等离子体的基本描述方法有单粒子轨道运动、磁流体力学和等离子体动理学理论等。

1. 单粒子轨道运动

单粒子轨道运动适用于稀薄等离子体,对于稠密等离子体也可提供一些描述,但由于没有考虑重要的集体效应,局限性很大。单粒子轨道运动是把等离子体看成由大量独立的带电粒子组成的体系,只讨论单个带电粒子在外加电磁场中的运动,而忽略粒子间的相互作用。单粒子轨道运动的基本方法是求解粒子的运动方程。在均匀恒定磁场条件下,带电粒子受洛伦兹力作用,沿着以磁力线为轴的螺旋线运动(见带电粒子的回旋运动)。基本运动方程为

$$m\frac{d\vec{v}}{dt}=q\vec{v}\times\vec{B} \tag{1.5.1}$$

其中$\vec{v}$是粒子速度,m 是粒子质量,q 是粒子电荷,而 $\vec{B}$ 是磁感应强度。如果还有静电力或重力,或磁场非均匀,则带电粒子除了以磁力线为轴的螺旋线运动外,还有垂直于磁力线的运动——漂移。漂移是粒子轨道理论的重要内容,如静电力引起的电漂移、由重力引起的重力漂

移、由磁场梯度和磁场曲率引起的梯度漂移和曲率漂移等。

粒子轨道理论的另一个重要内容是浸渐不变量(绝热不变量)。当带电粒子在随空间或时间缓慢变化的磁场中运动时,在一级近似条件下,存在着可视为常量的浸渐不变量。比较重要的一个浸渐不变量是带电粒子回旋运动的磁矩。等离子体的磁约束以及地球磁场约束带电粒子形成的辐射带,即范艾伦带等,都可以利用磁矩的浸渐不变性来解释。

2. 磁流体力学

磁流体力学把等离子体当作导电流体处理,它是等离子体的宏观理论。与一般流体不同的是,导电流体除了具有一般流体的重力、压力和黏滞力之外,还有电磁力。当等离子体在磁场中运动时,等离子体内部感生的电流将会产生附加的磁场,并叠加在外加磁场上,同时电荷(电流)在磁场中的运动(流动)会产生机械力,从而会改变电荷(流体)的运动。可见导电流体的运动比普通的中性流体复杂得多。磁流体力学的方程组是流体力学方程组(包括连续性方程、考虑了电磁作用的运动方程和能量方程)和电动力学方程组的联立。

磁流体力学在处理等离子体平衡、等离子体稳定性和等离子体中的波这些问题时具有优势。在高温聚变等离子体中,平衡问题尤为重要。平衡问题是研究聚变等离子体中热应力与磁应力的平衡条件,以及可能的平衡位形。由于聚变等离子体的复杂性,等离子体内会存在多种不稳定性,不稳定性对等离子体平衡具有严重的破坏作用,聚变能否实现,平衡与稳定性问题十分关键。等离子体中另外一个复杂的问题就是等离子体中的波,等离子体受到扰动后就会产生各种形式的波,磁流体力学可研究等离子体中的各种波,如静电波、应力波和电磁波等。但由于磁流体力学没有考虑粒子的速度空间分布,所以无法揭示等离子体的微观不稳定性,以及波和粒子的相互作用等一些重要问题。

3. 等离子体动理学理论

等离子体中有大量的带电粒子,显然可以用统计力学来进行处理。动理论是严谨的等离子体非平衡态统计理论,属于微观理论。由于等离子体中粒子之间的主要作用是长程的库仑作用,因此在外场作用下粒子分布函数随时间的演化方程(即玻尔兹曼方程)为

$$\frac{\partial f}{\partial t}+\vec{v}\cdot\nabla f+\frac{q}{m}(\vec{E}+\vec{v}\times\vec{B})\cdot\frac{\partial f}{\partial\vec{v}}=\left(\frac{\partial f}{\partial t}\right)_{\mathrm{c}} \tag{1.5.2}$$

其中,f 是粒子的分布函数,$(\partial f/\partial t)_{\mathrm{c}}$ 是由于碰撞所引起粒子分布函数的变化。

方程(1.5.2)是等离子体动理论的出发点。根据对碰撞问题的不同处理方式,已经建立的在不同条件下适用的等离子体动理论方程有弗拉索夫方程、福克尔-普朗克方程、朗道方程等。等离子体动理论适宜于研究等离子体中的弛豫过程、输运过程、等离子体中的波,以及微观不稳定性等问题。例如,等离子体动理论可以研究无碰撞条件下波与粒子之间的相互作用(朗道阻尼);等离子体动理论还可以研究起源于速度空间不均匀性等原因所引起的微观不稳定性等。由于等离子体动理论是严格的理论,所以可以导出磁流体理学的连续方程、动量方程和能量方程等。

1.6 等离子体振荡

等离子体中含有大量的电荷,电荷之间的相互作用是库仑力,当其中一个电荷受到扰动,

理论上等离子体内所有的电荷都会受到影响(可谓牵一发而动全身),这就是等离子体的集体行为。等离子体有保持其电中性的特性,但不可能在任何时空尺度上都是电中性的。在某一时刻,某一局部区域受到扰动,电子和离子产生分离,出现非电中性状态。正、负电荷的分离会产生电场力,电荷(特别是电子)在电场力作用下会产生运动以恢复电中性,进一步由于惯性而产生振荡,这就是等离子体振荡(见图 1.13)。等离子体振荡是等离子体的一种本征行为,也是等离子体集体行为的一种表现。

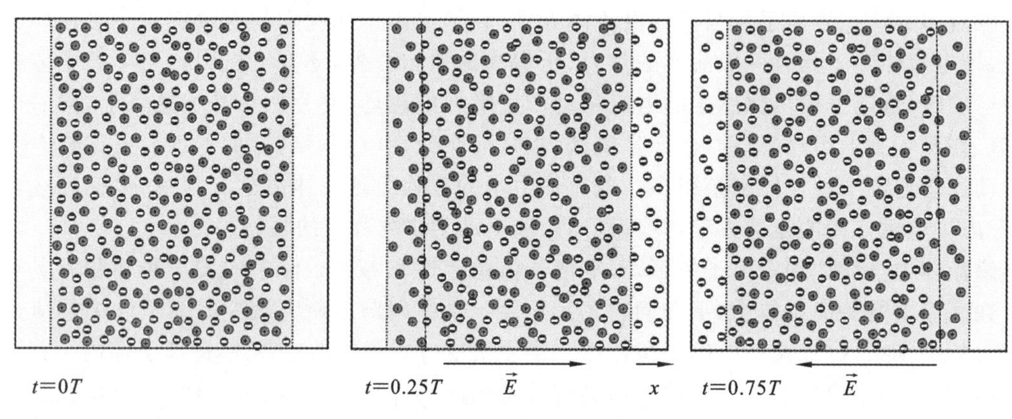

图 1.13 等离子体静电振荡模型

1.6.1 等离子体振荡频率

等离子体是准电中性的(图 1.13,$t=0T$,T 为振荡周期),若等离子体内部受到某种扰动而使其中局部区域内电荷密度不为零(图 1.13,$t=0.25T$),就会产生强的静电恢复力,使等离子体内的电荷发生振荡以恢复电中性,但由于惯性作用,这种振荡不会停止(图 1.13,$t=0.75T$)。用一个图像描述:等离子体受到扰动→电荷分离(大于德拜半径尺度)→产生电场→驱动粒子(电子、离子)运动→"过冲"运动→往返振荡。

等离子体电子振荡的简单数学模型:考虑一片状等离子体区域,电子数密度为 n_e,假设其中的电子相对于离子移动了很小的距离 x,把两个电荷过剩区域近似设想为很薄的面电荷区(图 1.13),只考虑电子的运动(也可直接推导电子/质子的运动,再近似),且离子不动。那么由于电荷分离所产生的电荷面密度为

$$\sigma=en_e x \tag{1.6.1}$$

面电荷区所产生电场为

$$E_x=\frac{\sigma}{\varepsilon_0}=\frac{en_e x}{\varepsilon_0} \tag{1.6.2}$$

设电子的质量为 m_e,于是电子的运动方程(在没有外磁场时)就是

$$n_e m_e\frac{d^2x}{dt^2}=-en_e E_x=-\frac{e^2n_e^2}{\varepsilon_0}x$$

整理后有

$$\frac{d^2x}{dt^2}=-\frac{n_e e^2}{m_e\varepsilon_0}x=-\omega_{pe}^2 x$$

或

$$\frac{d^2x}{dt^2}+\omega_{pe}^2x=0 \tag{1.6.3}$$

这显然就是一个简谐振动方程，振动频率 ω_{pe}

$$\omega_{pe}=\left(\frac{n_e e^2}{m_e\varepsilon_0}\right)^{1/2} \tag{1.6.4}$$

称为等离子体电子振荡频率。电子振荡频率的简洁计算形式为

$$\omega_{pe}\approx 5.65\times 10\sqrt{n(\text{m}^{-3})}\ \text{Hz} \tag{1.6.5}$$

或

$$\omega_{pe}\approx 9\sqrt{n(10^{12}\ \text{cm}^{-3})}\ \text{GHz} \tag{1.6.6}$$

大气中的电离层是稀薄的等离子体，n_e 约为 $10^4\sim10^6\ \text{cm}^{-3}$，它的等离子体电子振荡频率约为 $f_{pe}=\omega_{pe}/2\pi=1\sim10$ MHz。表 1.1 是一些典型等离子体参数，其中包括等离子体振荡频率。

表 1.1　典型等离子体参数

等离子体	n/m^{-3}	T/eV	$\omega_{pe}/\text{s}^{-1}$	λ_D/m	$n\lambda_D^3$
星际气体	10^6	10^{-2}	5.6×10^4	0.74	4.1×10^5
太阳风	10^7	10	1.8×10^5	7.43	4.1×10^9
气体星云	10^9	1	1.8×10^6	0.23	1.2×10^7
日冕	10^{12}	10^2	5.6×10^7	0.07	4.1×10^8
电离层	10^{12}	0.1	5.6×10^7	2.3×10^{-3}	1.2×10^3
气体放电	10^{17}	1	5.6×10^{10}	7.4×10^{-5}	4.1×10^4
弧光放电	10^{20}	1	5.6×10^{11}	7.4×10^{-7}	41
磁约束聚变	10^{20}	10^4	5.6×10^{11}	7.4×10^{-5}	4.1×10^7
激光聚变	10^{28}	10^4	5.6×10^{15}	7.4×10^{-9}	4.1×10^3

上面讨论了等离子体中的电子振荡，事实上我们可以用同样的方法讨论等离子体中的离子振荡。因为如果电子是灼热的，则在离子完成一个振荡的时间内，电子依靠热运动，可以在空间上实现均匀分布，所以有理由假设离子振荡是在均匀的电子背景中产生的，所以可以完全按照导出电子振荡频率那样得到离子振荡频率

$$\omega_{pi}=\left(\frac{n_i e^2}{m_i\varepsilon_0}\right)^{1/2} \tag{1.6.7}$$

讨论电子振荡时认为离子是不动的，或讨论离子振荡时认为电子是均匀的，实际上电子和离子都在运动。选取相对运动坐标，可得相对运动振荡频率，称等离子体振荡频率，其形式上和 ω_{pe} 式一致，只是以折合质量

$$m_{ei}=\frac{m_i m_e}{m_i+m_e} \tag{1.6.8}$$

代替 ω_{pe} 式中的 m_e，则有

$$\omega_p^2=\frac{n_0e^2}{m_{ei}\varepsilon_0}=\frac{m_i n_0 e^2}{m_i m_e\varepsilon_0}+\frac{m_e n_0 e^2}{m_i m_e\varepsilon_0}=\frac{n_0e^2}{m_e\varepsilon_0}+\frac{n_0e^2}{m_i\varepsilon_0}=\omega_{pe}^2+\omega_{pi}^2 \tag{1.6.9}$$

由于 $m_i \gg m_e$，有 $\omega_{pe} \gg \omega_{pi}$，所以一般等离子体振荡接近电子振荡频率，即

$$\omega_p \approx \omega_{pe} = \left(\frac{n_e e^2}{m_e \varepsilon_0}\right)^{1/2} \tag{1.6.10}$$

实际上，通常讲等离子体的振荡频率实际上就是指电子的振荡频率。ω_{pe} 是等离子体的一个重要的物理量，从 ω_{pe} 公式可以看出，等离子体的振荡频率仅仅与电子密度有关，因此，只要等离子体存在，其内部就会产生振荡。所以，等离子体振荡是等离子体的本征行为，是等离子体对于内部扰动在时间上的响应。等离子体振荡也是等离子体集体行为在时间上的一种表现。

1.6.2 振荡频率的物理意义

等离子体内部受到扰动，出现偏离电中性的区域(或等离子体内出现电场)，等离子体会做出响应，最终消除扰动所带来的影响，这个过程所需要的时间即为 $\tau \approx 1/\omega_{pe}$。所以，等离子体振荡频率表示等离子体对内部扰动做出响应的速度，等离子振荡频率高，表明等离子体对电中性偏离的响应快。

等离子体振荡的恢复力是电场力，如果没有能量损失，振荡将永远进行下去。但我们也知道等离子体是一个多粒子系统，粒子之间还存在频繁的碰撞。粒子之间的碰撞会消耗振荡能量，破坏恢复电中性的能力，最终有可能使等离子体振荡消失，这样等离子体就消失了。所以，等离子体存在的一个条件就是要求等离子体振荡频率远大于碰撞频率：$\omega_{pe} \gg \nu_C$，这个条件成为等离子体的一个判据。

根据上面的讨论我们知道等离子体由于扰动而偏离电中性就会产生振荡，振荡就是为了恢复电中性。那么为什么等离子体总是表现出宏观的电中性呢？等离子体在宏观上保持电中性，即要求宏观上电荷密度 $\rho_q = e(n_i - n_e) \approx 0$，其中 e 为电子电荷，n_i 和 n_e 分别为等离子体中的离子和电子密度。假设在等离子体某一区域受到扰动，电子和离子(单电荷)的数目不相等($n_i \neq n_e$)，则该区域就存在一个净电荷密度($\rho_q \neq 0$)，根据高斯定理有(考虑一维情况)

$$\frac{dE}{dx} = \frac{\rho_q}{\varepsilon_0} = \frac{e}{\varepsilon_0}(n_i - n_e) \tag{1.6.11}$$

可以看出，该区域会产生一个静电场，起到恢复电中性的作用。例如，在该区域内，由于扰动使 $n_i > n_e$，就会产生一个正的电场 E，促使 n_i 减少，而 n_e 增加，从而使该区域恢复电中性，反之亦然。

通过上面分析可知，当等离子体受到扰动而偏离电中性，等离子体就会产生响应，等离子体振荡就是一种响应(时间尺度上的响应)，其目的是恢复等离子体的电中性。除了振荡之外，等离子体还有另一种响应：德拜屏蔽，我们将在下一节中介绍。

1.6.3 等离子体激元

金属中的自由电子和处于晶格上的离子形成固体等离子体(见图 1.14)，电子受到扰动会产生振荡，振荡频率 ω_{pe} 仅仅与金属内的自由电子密度有关。当电磁波(频率为 ω)照射到金属表面时，金属表面的自由电子发生振荡(频率为 ω_{pe})，这种振荡会形成一种沿着金属表面传播的近场电磁波。当 $\omega_{pe} = \omega$ 时，电磁波和电子振荡产生共振，电磁波的能量就会有效地转变为金属表面自由电子的振动能。在共振条件下，表面上由于电子振荡产生的电磁场被局限在金属表面很小的范围内并发生增强，称为表面等离激元现象。

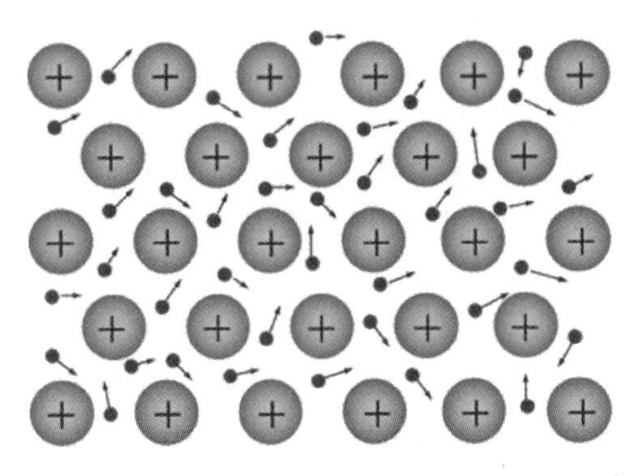

图 1.14　金属中的自由电子

表面等离激元(Surface Plasmon)分为局域表面等离子共振(Local Surface Plasmon Resonance,LSPR)和表面等离极化激元(Surface Plasmon Polariton,SPPs)两种。在金属/介质界面,SPPs将沿着表面传播(见图1.15),由于金属中欧姆热效应,传播过程中其能量将逐渐耗尽,所以SPPs只能传播到有限的距离,大约在纳米或微米数量级。只有当金属表面尺寸可以与SPPs传播距离相比拟时,SPPs效应才会显露出来。

当电磁波入射到由贵金属构成的纳米颗粒上时,如果入射光波频率与贵金属纳米颗粒中电子的振动频率相匹配,则纳米颗粒或金属会对光子能量产生很强的吸收作用,就会发生局域表面等离子体共振(LSPR)的现象(见图1.16)。

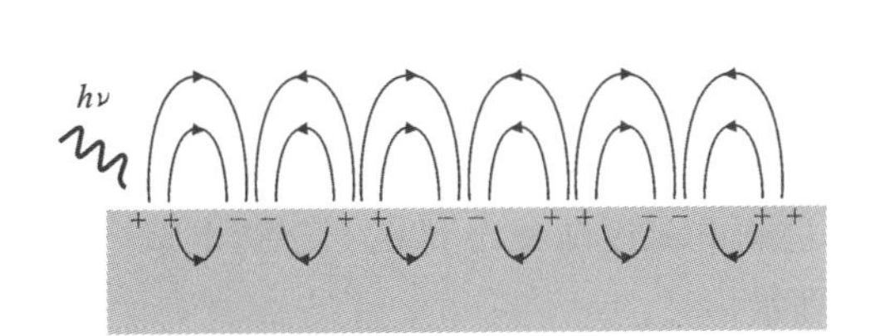

图 1.15　表面等离极化激元

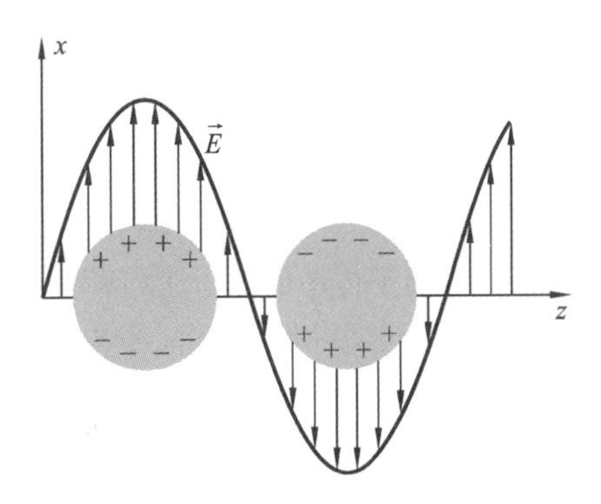

图 1.16　局域表面等离子体共振

1.7　德拜屏蔽效应

1.7.1　德拜屏蔽概念

等离子体和普通的气体有很大区别,中性气体分子之间只有范德瓦尔斯力,而等离子体中的带电粒子之间除了范德瓦尔斯力之外,还有静电力,通常范德瓦尔斯力忽略不计。静电力会使带电粒子周围形成由异性电荷形成的“电荷云”,该“电荷云”会把带电粒子的电场完全“屏蔽”，使一定空间区域外的电荷感知不到该带电粒子的电场，等离子体呈现电中性，这种屏蔽现象称为德拜屏蔽。带电粒子的屏蔽场所占的空间尺度称为德拜长度，用 λ_D 表示。不仅一个电荷周围会产生德拜屏蔽，如果一个区域因受到扰动而出现电场，也会产生德拜屏蔽现象。如同金属对静电场的屏蔽一样，对任何试图在等离子体中建立电场的企图，都会受到等离子体的阻止。这种屏蔽现象在含有自由电荷的体系中都会出现，如等离子体、金属、半导体和电解质等。

有两个概念需要进一步说明：① “屏蔽”：减弱或消除等离子体系统由于内部或外部扰动所产生的变化；电磁学：金属对外电场具有屏蔽作用，故金属内部电场为零；等离子体：在等离子体内部建立电场的企图会被等离子体自身阻止，即等离子体的德拜屏蔽效应。② “电中性”：每个带电粒子附近都存在电场，该电场被周围粒子形成的电荷云完全“屏蔽”时，在一定空间区域外呈现电中性。显然，在 $r \leqslant \lambda_D$ 的微观尺度内，电中性的概念是无效的。

德拜屏蔽的图像：等离子体内部，任何一个带电粒子都会受到周围电荷的屏蔽，所以对每个带电粒子来说，周围都会有“电荷屏蔽云”，而同时，每个带电粒子又都要参与组成其他带电粒子的电荷屏蔽云。也就是说，带电粒子间互为电荷屏蔽云，其总体图像变得十分复杂。我们的描述不得不进行简化，即把要考虑的带电粒子看成“试验粒子”(见图 1.17)，而把其余等离子体看成“本底等离子体”。

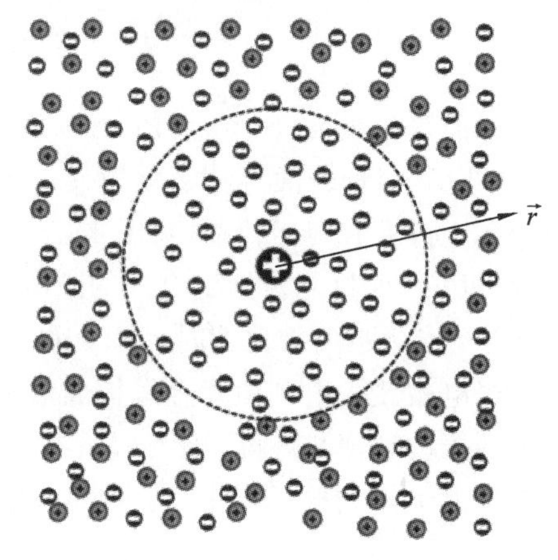

图 1.17　德拜屏蔽示意图

1.7.2　德拜长度

考察等离子体中的一个正电荷(或者考察放置于等离子体中的一个试探离子)(见图 1.17)，电荷为 q。假设离子位于坐标原点，在热力学平衡状态下，由于电荷的静电作用，正离子周围将出现过量的负电荷，随着距电荷 q 的距离 r 增大，过剩电荷逐渐减小到 0。显然，电荷 q 的附近电荷密度 $\rho(r)$不为零，相应的电场可以由高斯定理给出

$$\nabla \cdot E(r)=\rho(r)/\varepsilon_0 \tag{1.7.1}$$

电荷密度为

$$\rho(r)=e[n_i(r)-n_e(r)] \tag{1.7.2}$$

电荷周围的电势 $\varphi(r)$可以由泊松方程给出

$$\nabla^2\varphi(r)=-\rho(r)/\varepsilon_0 \tag{1.7.3}$$

ε_0 是真空中的介电常数。等离子体是一个多粒子系统，假设电荷周围有大量的带电粒子，热平衡时电子和离子服从波尔兹曼分布。电荷周围的电子和离子密度分布分别为

$$\begin{aligned} n_e(r)&=n_0\exp\left[\frac{e\varphi(r)}{k_B T_e}\right] \\ n_i(r)&=n_0\exp\left[-\frac{e\varphi(r)}{k_B T_i}\right] \end{aligned} \tag{1.7.4}$$

显然，从电荷密度方程可以看出，当电势为正时，正电荷周围电子数密度增加，即电子被捕获，

离子被排斥；当电势为负时，电子周围离子数密度增加，即离子被捕获，电子被排斥。方程中的 T_e 和 T_i 分别是电子和离子的温度，k_B 是玻尔兹曼常数，而 n_0 是等离子体密度，即远离 q 处的电荷密度(在此，等离子体是电中性的，即 $n_e=n_i=n_0$)。且在离电荷足够远的位置，电荷的势能应远小于热运动能量，即有 $e\varphi \ll k_B T_e$；$k_B T_i$。将电子和离子密度中指数函数按级数展开，保留到一次项，得到

$$
\begin{aligned}
n_e(r) &= n_0\left[1+\frac{e\varphi(r)}{k_B T_e}\right] \\
n_i(r) &= n_0\left[1-\frac{e\varphi(r)}{k_B T_i}\right]
\end{aligned}
\tag{1.7.5}
$$

为简单起见，假设离子是单次电离，则电荷密度分布为

$$
\rho(r) = -\frac{n_0 e^2 (T_e+T_i)}{k_B T_e T_i}\varphi(r) \tag{1.7.6}
$$

代入泊松方程(式(1.7.3))，则有

$$
\nabla^2 \varphi(r) = \frac{n_0 e^2 (T_e+T_i)}{\varepsilon_0 k_B T_e T_i}\varphi(r) \tag{1.7.7}
$$

可简写为

$$
\nabla^2 \varphi(r) = \frac{\varphi(r)}{\lambda_D^2} \tag{1.7.8}
$$

其中

$$
\lambda_D = \left[\frac{\varepsilon_0 k_B T_e T_i}{n_0 e^2 (T_e+T_i)}\right]^{1/2} \tag{1.7.9}
$$

称为德拜长度。值得注意的是，在上面的推导过程中，我们并没有考虑电荷的属性(电荷的正负、电荷的质量大小等)。实际上由于离子质量远大于电子质量，所以，在考察等离子体中电子的运动时，可以认为离子是不动的，这样离子密度始终是 n_0。利用与上面相同的推导方式很容易获得等离子体中电子德拜长度

$$
\lambda_{De} = \left(\frac{\varepsilon_0 k_B T_e}{n_e e^2}\right)^{1/2} \tag{1.7.10}
$$

由于电子运动比较快，当然在考察等离子体中离子的运动时，可以认为电子形成一个均匀的热背景，这样电子密度始终是 n_0，同样可以获得等离子体离子德拜长度

$$
\lambda_{Di} = \left(\frac{\varepsilon_0 k_B T_i}{n_i e^2}\right)^{1/2} \tag{1.7.11}
$$

显然

$$
\lambda_D = (\lambda_{Di}^{-2} + \lambda_{De}^{-2})^{1/2} \tag{1.7.12}
$$

对于低温等离子体，由于 $T_i \ll T_e$，所以一般把电子的德拜长度看成是等离子体的德拜长度，即

$$
\lambda_D \approx \lambda_{De}
$$

从电子德拜长度公式可以看出：(1)当电子密度增加时，由于每层等离子体包含了较多的电子，所以 λ_D 减小；(2)λ_D 还随着 T_e 的增加而增加，这是因为剧烈的热运动会减弱屏蔽效应；若没有热扰动，电荷云会收缩为一无限薄的层。表 1.1 列出了常见等离子体的德拜长度。德拜长度的简洁计算形式为

$$
\lambda_D = 6.90\times 10\left(\frac{T_e[\mathrm{K}]}{n_e[\mathrm{m}^{-3}]}\right)^{1/2}(\mathrm{m}) = 7.43\times 10^2\left(\frac{T_e[\mathrm{eV}]}{n_e[\mathrm{cm}^{-3}]}\right)^{1/2}(\mathrm{cm}) \tag{1.7.13}
$$

1.7.3 德拜势

在球坐标中,泊松方程(式(1.7.3))可以写成

$$\frac{1}{r^2}\frac{\mathrm{d}}{\mathrm{d}r}\left[r^2\frac{\mathrm{d}\varphi(r)}{\mathrm{d}r}\right]-\frac{1}{\lambda_{\mathrm{D}}^2}\varphi(r)=0 \tag{1.7.14}$$

假设

$$\varphi(r)=u(r)/r \tag{1.7.15}$$

则泊松方程变成

$$\frac{\mathrm{d}^2u(r)}{\mathrm{d}r^2}-\frac{u(r)}{\lambda_{\mathrm{D}}^2}=0 \tag{1.7.16}$$

这是二阶齐次微分方程,其通解为

$$u(r)=A\exp(-r/\lambda_{\mathrm{D}})+B\exp(r/\lambda_{\mathrm{D}}) \tag{1.7.17}$$

代入方程(1.7.15),则有

$$\varphi(r)=\frac{A}{r}\exp(-r/\lambda_{\mathrm{D}})+\frac{B}{r}\exp(r/\lambda_{\mathrm{D}}) \tag{1.7.18}$$

其中,A 和 B 为待定常数,由边界条件决定,当 $r\to\infty$ 时,$\varphi(r)\to0$,所以 $B=0$;当 $r\to0$ 时,是点电荷的势,即 $\varphi(r)=q/4\pi\varepsilon_0 r$,所以 $A=q/4\pi\varepsilon_0$。则电荷周围电势分布(即德拜势)为

$$\varphi(r)=\frac{q}{4\pi\varepsilon_0 r}\exp(-r/\lambda_{\mathrm{D}}) \tag{1.7.19}$$

显然,德拜势等于库仑势乘衰减因子 $\exp(-r/\lambda_{\mathrm{D}})$。随着距离的增加,德拜势的降落比库仑势快得多(见图 1.18)。从图 1.18 可以看出,在距离带电粒子为德拜长度 λ_{D} 的球面(德拜球)上各点,德拜势已降落到库仑势的 1/e,在德拜球外可以基本上感觉不到德拜势。所以,等离子体内部一个电荷产生的静电场,被附近其他电荷屏蔽,其影响所及不超过德拜半径的范围。当然,德拜屏蔽对于电荷电势的屏蔽并不完全,在德拜球以外,还是有微弱的电势泄露出去。

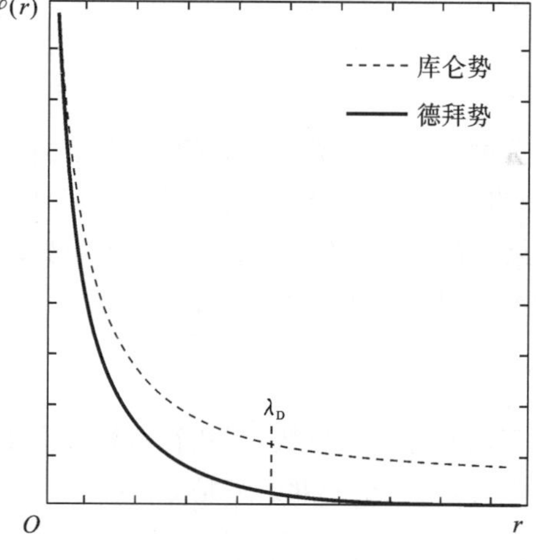

图 1.18 德拜势与库仑势

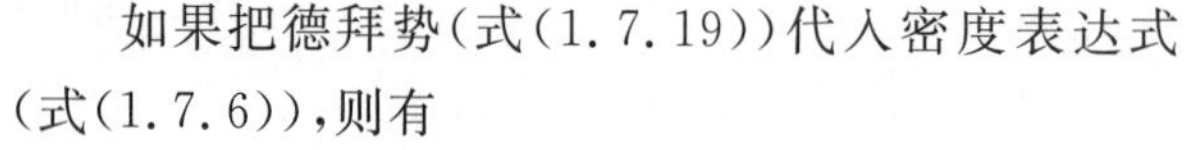

如果把德拜势(式(1.7.19))代入密度表达式(式(1.7.6)),则有

$$\rho(r)=-\frac{n_0e^2(T_{\mathrm{e}}+T_{\mathrm{i}})}{k_{\mathrm{B}}T_{\mathrm{e}}T_{\mathrm{i}}}\frac{q}{4\pi\varepsilon_0 r}\exp(-r/\lambda_{\mathrm{D}})=-\frac{q}{4\pi r\lambda_{\mathrm{D}}^2}\exp(-r/\lambda_{\mathrm{D}})$$

说明德拜球内电荷密度随 r 增大而迅速减少,到达德拜球边缘时,电荷密度接近零,也就是说德拜球外是电中性的,这正是德拜屏蔽的作用。

1.7.4 德拜长度的物理意义

德拜屏蔽是等离子体的本征行为,是等离子体集体行为的表现,也是等离子体对于扰动的空间响应。从上面的分析可知,等离子体中任何一个带电粒子所产生的静电势都会被其周围的异性电荷所屏蔽,所以它的电势只能作用在一定的距离内,超过这个距离,基本上感知不到

这个电荷的存在,这个距离即为德拜长度,是静电作用屏蔽的半径。德拜长度也是等离子体中电荷分离的空间尺度,在比德拜长度短的距离内,电荷分离的现象才会明显。在小于德拜长度的空间尺度内,等离子体中的一个自由电荷周围的电场显著地不为零,因此在小于德拜长度的空间尺度内,等离子体不是电中性的。在大于德拜长度的空间尺度上,由于德拜屏蔽的作用,电场基本为零,等离子体呈现电中性。

由上面的分析可以看出,一个系统成为等离子体的条件是:它的空间尺度 L 必须远大于德拜长度(即 $L\gg\lambda_D$),这个条件成为等离子体的又一个判据。只有满足这个条件,系统在宏观上才能达到电中性,才能称其为等离子体。同时我们也应该注意到,在导出德拜长度时,我们使用了统计分布规律,这就暗示在德拜球内存在大量的正、负带电粒子,也就是说德拜长度远大于粒子之间的平均距离,即 $\lambda_D\gg N^{-1/3}$ 或 $n\lambda_D^3\gg1$(n 是等离子体密度),这个条件也成为等离子体的一个判据。

由于德拜屏蔽,等离子体中带电粒子之间的相互作用被分成两种类型:①当粒子之间的距离小于德拜长度,粒子之间的相互作用基本上不受其他粒子的影响,是通常的库仑相互作用;②当两个粒子之间的距离大于德拜长度,两个粒子之间的相互作用就是被屏蔽后的电势(这个势很小,但并不为零!)。

现在我们已经知道,当等离子体受到扰动出现电荷分离而偏离电中性时,等离子体就会产生集体效应来恢复电中性。集体效应具体表现为德拜屏蔽和等离子体振荡,两者都是等离子体的本征行为,是等离子体对扰动的时空响应。既然德拜屏蔽和等离子体振荡都是等离子体集体效应的表现,那么两者应该可以联系在一起。当等离子体受到扰动,等离子体产生屏蔽是需要的时间的,假设这个时间就是电子以平均热运动速度穿越德拜半径,即

$$t_D=\frac{\lambda_D}{v_{th}}=\left(\frac{\varepsilon_0 m_e}{n_e e^2}\right)^{1/2}=\frac{1}{\omega_{pe}} \tag{1.7.20}$$

显然这个时间就是振荡频率的倒数,也就是等离子体对外加扰动的特征响应时间。式(1.7.20)就把等离子体受到扰动后所产生的两种响应(时空响应)紧密联系起来。

1.8　等离子体鞘层

1.8.1　鞘层的产生

把一块金属放入等离子体中,会发生什么现象呢?如果仔细观察就会发现在等离子体与金属接触处形成一层暗区(不发光区),似乎这一层暗区保护着金属不与等离子体接触,这一薄层明显地偏离电中性,我们把这一薄层称为等离子体鞘层(见图1.19)。凡是与等离子体接触的物体表面都会有等离子体鞘层的存在。

等离子体鞘层是怎么形成的呢?当把一块金属放入等离子体中时,我们可以考察一下等离子体中电子和离子的运动。为简单起见,假设两种电荷的平均动能(温度相同,所以热运动能量相同)相近

$$\frac{1}{2}m_e v_e^2\approx\frac{1}{2}m_i v_i^2 \tag{1.8.1}$$

则有

$$\frac{v_e^2}{v_i^2}\approx\frac{m_i}{m_e}\gg 1 \tag{1.8.2}$$

所以电子的均方根速率比离子的均方根速率大得多。显然，流向金属表面的电子流大大超过离子流，从而使金属表面首先集聚大量电子，金属带负电，即金属电位为负，这个负电位反过来会阻碍电子流向金属，而吸引离子流向金属，最终流向金属的电子流和离子流达到平衡，稳定时金属表面的负电位数值保持不变，一般用 φ_0 表示稳定时金属表面的电势。显然，对于悬浮于等离子体中的金属，$\varphi_0<0$。由于金属的负电性，金属表面附近离子密度显然远大于电子密度，也就是说在金属表面存在一个非电中性的区域。假设稳定时等离子体的电位是 φ，从金属表面到电中性的等离子体之间，电位逐渐从 φ_0 升高到 φ，形成一个“边界电位过渡层”，这就是等离子体鞘层，其厚度通常用 r_s 表示。

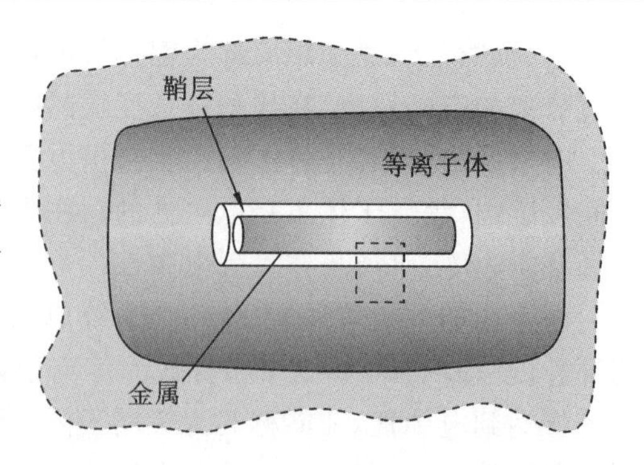

图 1.19　等离子体中金属附近的鞘层

1.8.2　等离子体鞘层厚度和电势分布

从等离子体中取一小块区域(图 1.19 中的虚线部分)，建立坐标系，如图 1.20(a)所示。下面我们来求等离子体鞘层形成以后电位 $\varphi(y)$的分布和鞘层的厚度。利用泊松方程

$$\nabla^2\varphi(y)=-\frac{\rho(y)}{\varepsilon_0} \tag{1.8.3}$$

设鞘层中电子密度和离子密度，在位场 $\varphi(y)$ 作用下按波尔兹曼分布，并利用条件 $e\varphi\ll k_B T_e$；$k_B T_i$，与解德拜势相同的方式(见式(1.7.4)、式(1.7.5)和式(1.7.6))，可以获得方程

$$\frac{d^2\varphi(y)}{dy^2}=\frac{\varphi(y)}{r_s^2} \tag{1.8.4}$$

该方程的解为

$$\varphi(y)=\varphi_0 e^{-y/r_s} \tag{1.8.5}$$

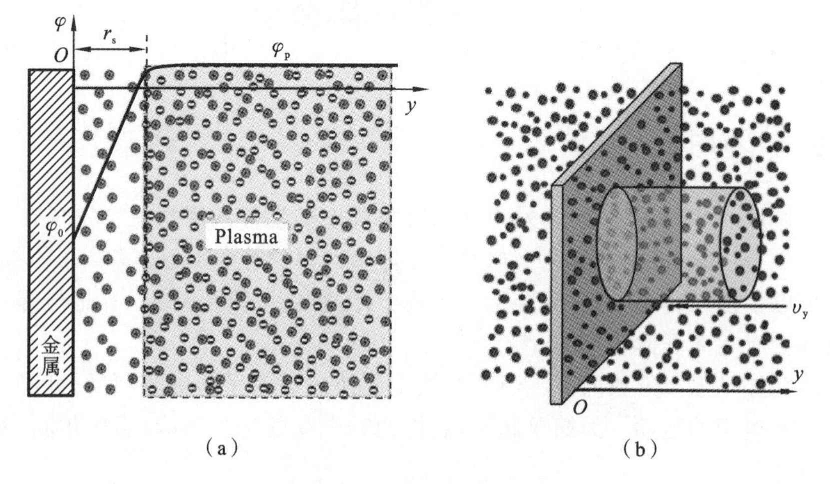

图 1.20　等离子体电势分布

(a) 等离子体鞘层内电荷及电势分布；(b) 金属表面电势计算坐标系。

其中，φ_0 是稳定时金属表面的电势，对于悬浮于等离子体中的金属来讲，φ_0 是负的，所以上式表明电位分布是从 φ_0 指数上升到零。等离子体中电势分布如图 1.20(a)所示，其中 φ_p 为等离子体电位。r_s 为鞘层厚度，由下式给出

$$r_s=\left[\frac{\varepsilon_0 k_B T_e T}{n_0 e^2 (T_e+T_i)_i}\right]^{1/2} \tag{1.8.6}$$

显然，等离子体鞘层厚度与德拜长度表达式完全一样，这并不难理解，因为两者都是等离子体对扰动的空间响应。由上式可以看出，温度越高，使电荷分离的热运动动能越大，所以鞘层的厚度越大；等离子体密度越大，鞘层越薄。在一般放电管中，等离子体的密度是足够大的，等离子体鞘层的厚度远小于放电管的半径，所以放电管内主要部分为电中性的等离子体。值得说明的是：以上模型只是一个静态模型，可以使我们对等离子体鞘层有一个定性的认识。严格的鞘层模型要用到磁流体理论（双流体方程），真实的鞘层厚度可能比德拜长度大几倍。

1.8.3 金属表面电势

从上面的分析可以看出，等离子体鞘层的形成是由于流向金属表面的电子流和离子流达到平衡，最终金属表面电势数值达到稳定，可以根据这一点来计算 φ_0。分别用 Γ_e 和 Γ_i 表示流向金属表面的电子流密度和离子流密度（粒子流密度：单位时间通过单位面积的粒子数）。首先计算电子流密度，假设等离子体密度为 n，取垂直于金属表面为 y 轴（图 1.20(b)），电子流向金属表面的速度为 v_y，考虑到电子的速度分布，则分布在 v 到 $v+dv$ 范围内的电子所产生的电子流密度为

$$\Delta\Gamma_e=v_y\cdot nf_e(v)dv \tag{1.8.7a}$$

对速度积分后就可获得电子流密度

$$\Gamma_e=\int_{v_y>v_{y0}}^{\infty} v_y\cdot nf_e(v)dv \tag{1.8.7b}$$

式中 $f_e(v)$ 为热平衡时电子的速度分布（即麦克斯韦分布）函数。对于没有外场的热力学平衡体系，麦克斯韦分布为

$$f_e(v)=\left(\frac{m_e}{2\pi k_B T_e}\right)^{3/2}\exp\left(-\frac{m_e v^2}{2k_B T_e}\right) \tag{1.8.8}$$

把式(1.8.8)代入式(1.8.7b)后，整理后得电子流密度

$$\Gamma_e=n\left(\frac{m_e}{2\pi k_B T}\right)^{3/2}\int_{v_y>v_{y_0}}\exp\left[-\frac{m_e}{2k_B T}(v_x^2+v_y^2+v_z^2)\right]v_y dv \tag{1.8.9}$$

由于金属表面势负电位的，所以对于电子来讲存在一个积分极限 v_{y0}。积分限 v_{y0} 是这样确定的：并非所有飞向金属表面的电子都能达到表面，只有能量大到足以克服金属表面负电位的电子才能到达，因此到达固体壁的最小动能为

$$\frac{1}{2}m_e v_{y_0}^2=-e\varphi_0 \tag{1.8.10}$$

注意这里 $\varphi_0<0$，所以

$$|v_{y_0}|=\sqrt{\frac{2e\varphi_0}{m_e}} \tag{1.8.11}$$

代入式(1.8.9)后，利用麦克斯韦分布归一化性质有

$$\Gamma_e = n\left[\left(\frac{m_e}{2\pi k_B T}\right)^{1/2}\int_{-\infty}^{\infty}\exp\left(-\frac{m_e v_x^2}{2k_B T}\right)dv_x\right]\cdot\left[\left(\frac{m_e}{2\pi k_B T}\right)^{1/2}\int_{-\infty}^{\infty}\exp\left(-\frac{m_e v_z^2}{2k_B T}\right)dv_z\right]$$

$$\cdot\left[\left(\frac{m_e}{2\pi k_B T}\right)^{1/2}\int_{v_{y_0}}^{\infty}\exp\left(-\frac{m_e v_y^2}{2k_B T}\right)v_y dv_y\right]$$

$$= \left(\frac{k_B T}{2\pi m_e}\right)^{1/2}\exp\left(-\frac{m_e v_{y_0}^2}{2k_B T}\right)$$

已知电子的平均热运动速度为

$$\bar{U}_e = \left(\frac{8k_B T_e}{\pi m_e}\right)^{1/2}$$

电子流密度为

$$\Gamma_e = \frac{1}{4}n\bar{U}_e\exp\left(\frac{e\varphi_0}{k_B T}\right) \tag{1.8.12}$$

同样也可以计算离子密度，由于离子不受固体壁“浮动”电位阻碍，所以没有积分下限 v_{y0} 的限制，可以很简单计算出离子流密度为

$$\Gamma_i = \frac{1}{4}n\bar{U}_i \tag{1.8.13}$$

其中 $\bar{U}_i$ 是离子的平均热运动速度，$\bar{U}_i = (8k_B T_i/\pi m_i)^{1/2}$。当电子流和离子流达到平衡时有 $\Gamma_e = \Gamma_i$，即

$$\frac{1}{4}n\bar{U}_e\exp\left(\frac{e\varphi_0}{k_B T}\right) = \frac{1}{4}n\bar{U}_i \tag{1.8.14}$$

求得

$$\varphi_0 = -\frac{k_B T_e}{e}\ln\left(\frac{m_i T_e}{m_e T_i}\right)^{1/2} \tag{1.8.15}$$

显然，电子的温度越高，则 φ_0 的绝对值越大。从上式可以看出对于悬浮于等离子体中的金属来讲，φ_0 是负的。

1.8.4 等离子体鞘层的玻姆判据

现在我们来讨论一下等离子体鞘层的玻姆判据（即鞘层稳定条件）。从上面的讨论我们知道在等离子体鞘层中有 $n_i > n_e$，设金属电极位于 $y=0$（图 1.20(a)），鞘层边界位于 $y=s$。此处有 $n_0 = n_i = n_e$。一般等离子体电位很低，假设 $\varphi_p \approx 0$。由于离子质量远大于电子，可以认为 $T_i = 0$，即忽略离子的热运动，离子只有基于电场的定向速度。电子温度为 T_e，在鞘层内服从玻尔兹曼分布，即

$$n_e(y) = n_0\exp\left[\frac{e\varphi(y)}{k_B T_e}\right] \tag{1.8.16}$$

这里 y 是距电极表面的距离。由于不考虑离子的热运动，所以它只有在鞘层电场中的加速运动，不考虑离子被电极反射，所以稳定时离子流向电极的离子流密度为常数。设离子离开等离子体进入鞘层的速度为 U_{is}，则有

$$n_i(y)v_i(y) = n_0 U_{is} \tag{1.8.17}$$

其中 n_i 和 v_i 分别是鞘层区离子的密度和速度，n_0 是等离子体密度。根据能量守恒，有

$$\frac{1}{2}m_i U_{is}^2 = \frac{1}{2}m_i v_i^2(y) + e\varphi(y) \tag{1.8.18}$$

联立上面两个方程可得

$$n_i(y)=n_0\left[1-\frac{2e\varphi(y)}{m_iU_{is}^2}\right]^{-1/2} \tag{1.8.19}$$

一般鞘层内电位比较小，即满足条件 $e\varphi \ll k_B T_e$；$m_i U_{is}^2/2$，对式(1.8.16)和式(1.8.19)进行泰勒展开，有

$$\begin{aligned} n_e(y)&=n_0\left[1+\frac{e\varphi(y)}{k_B T_e}\right] \\ n_i(y)&=n_0\left[1+\frac{e\varphi(y)}{m_i U_{is}^2}\right] \end{aligned} \tag{1.8.20}$$

由于 $\varphi<0$，鞘层内 $n_i>n_e$，所以有

$$U_{is}>\left(\frac{k_B T_e}{m_i}\right)^{1/2}=\upsilon_s \tag{1.8.21}$$

其中 υ_s 是离子声速，该不等式称为玻姆判据。其物理意义为：对于无碰撞鞘层(低密度等离子体中，离子平均自由程大于鞘层厚度，此时的鞘层称为无碰撞鞘层)，离子必须以大于声速的速度进入鞘层区。上面声速的表达式有点奇怪，分子是电子的热运动能量，分母为离子质量，和一般的声速表达式不一样，这一点我们在后面会谈到(参见第5章离子静电波一节式(5.4.18))。值得注意的是，我们上面的模型中假设离子温度为零，没有碰撞，没有热运动，而玻姆判据要求离子进入鞘层的速度必须大于声速，那么离子如何获得大于声速的速度？研究者为了解决这个问题，假设在等离子体与鞘层之间存在一个过渡区，称为预鞘层。通过大量研究，现在人们已经知道鞘层区的基本特征，图1.21显示了直流放电等离子体中等离子体区、预鞘层区和鞘层区内电荷密度及电势分布。一般情况下预鞘层的尺寸比鞘层大很多(大约是离子平均自由程)，在预鞘层存在一个小的电场，预鞘层内电场足够弱，不需要违反准中性。离子在这个电场的作用下加速向鞘边缘运动，其能量至少大于 $k_B T_e/2$，至于预鞘层内电场的产生机理目前尚不清楚。

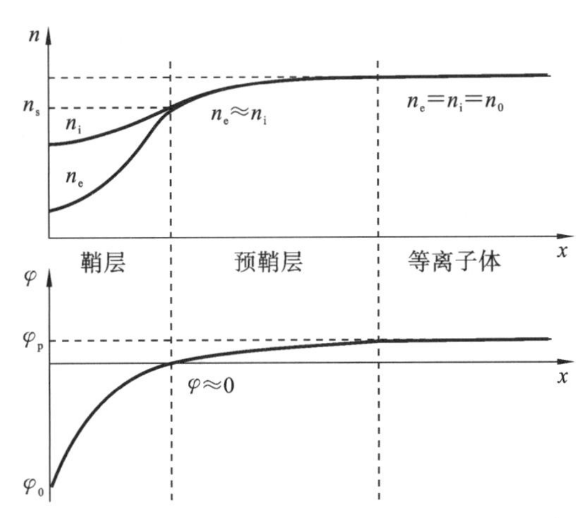

图1.21　等离子体及鞘层内电荷密度与电势分布

1.8.5　等离子体鞘层的作用

上面我们以直流放电为例讨论了等离子体鞘层的厚度、电势分布及鞘层的稳定条件。从式(1.8.15)可以看出对于悬浮于等离子体中的金属来讲，φ_0 是负的；但对于外接有电源的金属

(如金属电极)来讲,φ_0 可正可负,也就是说 φ_0 是受外接电源的控制。无论 φ_0 是正或者负,固体表面都会有鞘层(见图 1.22(a)),正电极形成电子鞘,而负电极形成离子鞘。从鞘层内电势分布可以看出,在鞘层内电场剧烈变化,且施加在等离子体的电压主要降落在等离子体鞘层中。等离子体的这一特性被广泛应用于等离子体化学、注入、刻蚀和溅射等过程中。图 1.23 中显示的就是等离子体鞘层在工件处理和半导体刻蚀等过程中的应用示意图。处于等离子体中的金属(如工件)其电位是负的,等离子体中的离子会被负电位加速并撞击工件,加速离子可以把工件上原子撞击出工件(即溅射),也可以进入金属晶格内部(即注入),或者与表面原子反应(即改性)。在工件上加一个高压($-V$)可以更好地控制鞘层内离子的能量(见图 1.22(a),图 1.23(a))。

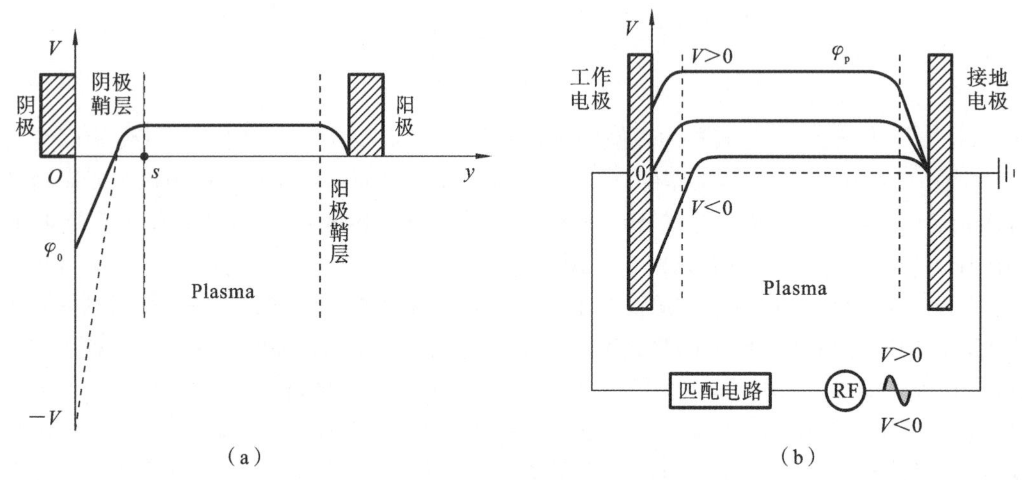

(a)　　(b)

图 1.22　放电等离子体内电势分布

(a) 直流($-V$ 为偏压);(b)射频。

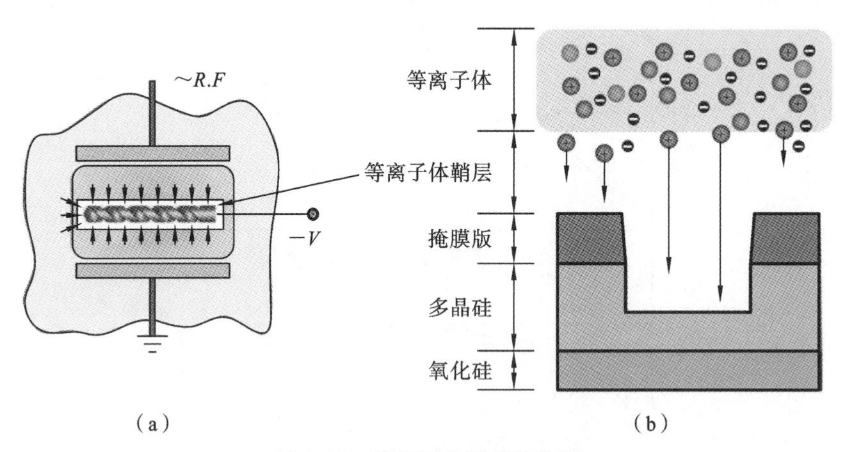

(a)　　(b)

图 1.23　等离子体鞘层的应用

(a) 工件处理;(b)等离子体刻蚀。

近些年来,射频和微波放电所产生的高密度等离子体在微电子工业中得到了越来越广泛的应用,例如利用这种等离子体进行薄膜材料的合成,对金属、电介质和半导体薄膜等进行刻蚀(见图 1.23(b))等。与直流等离子体鞘层相比,射频等离子体鞘层呈现有如下特点:① 鞘层的厚度随时间变化; ② 鞘层内的电场和离子密度等随时空变化;③ 电子和离子都可以参于运动;④ 离子入射到基板上的能量分布将受鞘层的调制;⑤ 鞘层内物理过程存在很强的非线性。研究表明射频等离子体鞘层和直流等离子体鞘层形态相同,但在射频场变化过程中阴极鞘与阳极鞘交替互换。射频放电过程中,其中一个电极接地,电位为零;另一电极接射频电源,为工作电极,其电压正负交替变换(见图 1.22(b))。当工作电极电压为负($V<0$),鞘层形式与直流放电相同,为阴极鞘层;当工作电极电压为正($V>0$),接地电极的鞘层形式与直流放电相同,为阴极鞘层,而工作电极呈现阳极鞘层(见图 1.22(b))。同时在射频场变化过程中,等离子体电位 φ_p 也会变化。

决定射频鞘层特性的关键物理量是外加射频场的频率 ω 和离子等离子体频率 ω_{pi}之比 β,即 $\beta=\omega/\omega_{pi}$。当外加射频场的频率远大于离子等离子体频率时($\beta\gg1$),离子不能瞬时响应射频频率,离子运动由平均场决定,可以假定离子在鞘层中的运动是稳态的;当外加射频场的频率远小于离子等离子体频率时($\beta\ll1$),鞘层中离子运动是由瞬时电势决定的,这时每一时刻的射频鞘层特性都与电势为相应值的直流放电鞘层特性一样。

1.9　等离子体判据

等离子体作为物质的第四态,它的存在无论是在时间和空间上都是有条件的。等离子体的存在条件通常称为判据,共有三个判据。

第一个判据:等离子体作为物质的一种聚集状态必须要求其空间尺度远大于德拜长度,或者要求德拜长度远小于等离子体特征长度,由于在德拜球内不能保证此电中性。所以不满足这个条件,就不可能把等离子体看作电中性的物质聚集态,可以描述为:$L\gg\lambda_D$,其中,L 是等离子体的特征尺寸,λ_D 为德拜长度。

第二个判据:等离子体的德拜长度大于粒子间的平均距离,德拜屏蔽效应是大量粒子的统计效应,统计条件要求德拜球内有大量的粒子,为此必须满足此条件,可以描述为:$\lambda_D\gg n^{-1/3}$,其中,n 是等离子体的粒子数密度。

第三个判据:等离子体粒子之间的碰撞频率要小于等离子体振荡频率,可以描述为:$\omega_p>\nu_c$,其中 ν_c 是粒子之间的碰撞频率。碰撞是热运动阻碍恢复电中性的因素,因此,当满足这个条件时,电子来不及通过碰撞耗散振荡能量,则振荡能维持,保证了等离子体维持电中性。

值得注意的是准中性条件曾作为等离子体判定性标准。中文“等离子体”的含义就是正、负电荷大致相等的带电粒子系统。如果准中性条件不成立,等离子体内部存在较强的静电场,但只要体系满足上面的时空要求(即判据),以集体相互作用为主的等离子体特征同样可以出现,这种体系也称为等离子体。

1.10　等离子体基本参量

1. 粒子数密度

由于等离子体作为一个整体是电中性的,因此应该满足宏观电中性条件,设 n_i 是离子(单

次电离)密度，n_e 是电子密度，n 是等离子体密度，则有

$$n_e = n_i = n \tag{1.10.1}$$

如果等离子体中有中性气体，其密度为 n_a，中性气体的电离度为

$$\eta = \frac{n_i}{n_i + n_a} \approx \frac{n_i}{n_a} = 2.4 \times 10^{21} \frac{T^{3/2}}{n_a} e^{-U_i/k_B T} \tag{1.10.2}$$

该方程即为沙哈方程，其中 T 为中性气体温度，U_i 为中性气体电离能。

2. 等离子体温度

在等离子体热力学中，温度是一个重要的概念。按照经典热力学的定义，当系统处于热力学平衡态时才可用一个系统的温度来表征。处于热力学平衡态的粒子满足麦克斯韦速度分布函数(已经归一化)

$$f(v) = \left(\frac{m}{2\pi k_B T}\right)^{3/2} \exp\left(-\frac{mv^2}{2k_B T}\right) = (2\pi v_{th}^2)^{-3/2} \exp\left(-\frac{v^2}{2v_{th}^2}\right) \tag{1.10.3}$$

其中，m 是粒子质量，v 是粒子速度，T 是粒子系统的温度，v_{th} 是粒子平均热运动速度，k_B 是玻尔兹曼常数。粒子的平均动能 E_k 与温度的关系(在统计力学中，温度是分子热运动的一种度量)为

$$E_k = \frac{\int_{-\infty}^{\infty} \frac{1}{2} mv^2 f(v) d^3 \vec{v}}{\int_{-\infty}^{\infty} f(v) d^3 \vec{v}} = \frac{3}{2} k_B T \tag{1.10.4}$$

达到热平衡的等离子体同样可以定义温度，代表的是带电粒子平均动能的度量。电子和离子的质量相差悬殊，两者通过碰撞交换能量，一般比较缓慢，所以在等离子体内部，首先是各种带电粒子成分各自达到热力学平衡状态，这时就有电子温度 T_e 和离子温度 T_i，只有当等离子体整体达到热力学平衡状态后，它们才有统一的等离子体温度 T。如日光灯管内的等离子体，其中电子温度达到几万摄氏度，而离子温度仅在室温附近。这样的等离子体就没有统一的温度，对于这样的等离子体要用二温模型描述。

对于磁化等离子体，由于垂直于磁场方向上的运动会受磁场的影响。磁场的出现使得沿着磁场方向和垂直于磁场方向上的速度分布可以截然不同，表现为各向异性，可认为在不同方向上的等离子体存在不同的温度。粒子的分布函数为

$$f(v) = \left(\frac{m}{2k\pi T_{/\!/}}\right)^{1/2} \left(\frac{m}{2k\pi T_{\perp}}\right) \exp\left[-\frac{mv_{/\!/}^2}{2kT_{/\!/}} - \frac{mv_{\perp}^2}{2kT_{\perp}}\right] \tag{1.10.5}$$

其中，$v_{\perp}$ 是粒子垂直于磁场的速度，$v_{/\!/}$ 是粒子平行于磁场的速度，$T_{\perp}$ 是粒子垂直于磁场的温度，$T_{/\!/}$ 是粒子平行于磁场的温度，粒子的平行动能和垂直动能分别为

$$\begin{aligned} E_{/\!/k} &= \frac{1}{2} mv_{/\!/}^2 = \frac{1}{2} kT_{/\!/} \\ E_{\perp k} &= \frac{1}{2} mv_{\perp}^2 = kT_{\perp} \end{aligned} \tag{1.10.6}$$

一般来说，温度的国际单位是开尔文(K)，但在等离子体物理学中，温度通常用能量(电子伏特，eV)为单位，即实际上是用 $k_B T$ 为温度的量值。电子伏特和开尔文之间有如下关系

$$T = 1\ \text{eV}/k_B = 11600\ \text{K} \tag{1.10.7}$$

3. 粒子之间的平均距离

如果等离子体中粒子的密度为 n，粒子间平均间距为

$$d \approx n^{-1/3} \tag{1.10.8}$$

4. 朗道长度

等离子体中两个电荷粒子(α 粒子和 β 粒子)相互作用时,两者能够接近的最小距离称为朗道长度。显然,当两个相对运动的带电粒子的动能全部转化为势能时,其距离最近

$$\frac{Z_\alpha Z_\beta e^2}{4\pi\varepsilon_0 \lambda_L} = kT \tag{1.10.9}$$

其中 λ_L 为朗道长度,即

$$\lambda_L = \frac{Z_\alpha Z_\beta e^2}{4\pi\varepsilon_0 kT} = 1.67 \times 10^{-5} Z_\alpha Z_\beta T^{-1} \tag{1.10.10}$$

5. 等离子体参数

我们在前面引入一个数值 $E_k/E_p \gg 1$(式(1.1.1))表示等离子体存在的条件,这个值可以用德拜长度表示,即

$$\frac{E_k}{E_p} \approx \frac{4\pi\varepsilon_0 k_B T}{n_e^{1/3} e^2} = 4\pi k_B \lambda_D^2 n_e^{2/3} \gg 1 \tag{1.10.11}$$

或者

$$\lambda_D \gg n_e^{-1/3} \tag{1.10.12}$$

这正是等离子体的第二个判据。实际上德拜屏蔽是一个统计意义上的概念,这暗示了在一个德拜球中应具有足够多的粒子,我们引入等离子体参数 Λ

$$\Lambda \approx \frac{4}{3}\pi\lambda_D^3 \cdot n_0 \approx N_D \tag{1.10.13}$$

其中 N_D 是德拜球内的粒子数,所以等离子体的第二个判据也可以用等离子体参数 Λ 表示,即 $\Lambda \gg 1$。等离子体参数的对数($\ln\Lambda$)称为库仑对数,它与带电粒子之间的碰撞过程相关的一个参数(参见 3.3.2 节)。

1.11 等离子体发展简史

太阳和闪电可能是人类最先看到的等离子体,但这两种现象都被古人称为神迹。人类能够制造放电时已经到了 19 世纪。等离子体物理的发展大致可以分为三个阶段:第一阶段从 19 世纪初到 20 世纪 50 年代,这个阶段是人们对等离子体现象的观察和基础理论的建立,在这个阶段,通过对最初的放电管中电离气体的观察和总结基本建立等离子体物理基本理论框架;第二个阶段从 20 世纪 50 年代到 20 世纪 80 年代,这个阶段是等离子体物理快速发展的阶段,主要得益于美、苏两个超级大国之间的科技、军事和太空方面的竞赛,使得受控聚变等离子体、电离层及空间等离子体以及在电子器件领域的低温等离子体得到了空前的发展。在这个阶段等离子体物理逐渐成为独立的分支学科;第三阶段从 20 世纪 80 年代直到现在是等离子体物理完善、发展和广泛应用的阶段,高温等离子体发展并在核聚变(磁约束、惯性约束和其他技术)得到充分应用,低温等离子体在半导体、新材料、新能源、军事和通信领域得以迅猛发展和应用。下面简单介绍一下等离子体的发展过程中的一些标志性事件。

1835 年,英国科学家法拉第(Faraday,见图 1.24)研究了气体放电基本现象,发现放电管中发光的亮与暗的特征区域。1858 年,德国物理学家普吕克尔在观察放电管中的放电现象时看到正对阴极的管壁发出绿色的荧光。1876 年,德国物理学家哥尔茨坦认为这是从阴极发出的某种射线,并命名为阴极射线。

1879 年,英国人威廉·克鲁克斯(Crookes,见图 1.25)发现阴极射线在磁场下会发生偏转,首先认识到阴极射线是电荷粒子,并提出"物质第四态"来描述气体放电中产生的电离气体。

1897 年,约瑟夫·约翰·汤姆逊(见图 1.26)根据阴极射线在电磁场作用下的轨迹确定电荷粒子带负电,且测出了电荷的荷质比,确定了电子的存在。

图 1.24 法拉第

图 1.25 克鲁克斯

图 1.26 汤姆逊

1902 年,O. 亥维赛(Heaviside,见图 1.27)和 A. E. 肯内利(Kenneally)为了解释无线电信号跨越大西洋传播这一实验事实,提出了高空存在能反射无线电波的"导电层"的假设,当时称为肯内利-亥维赛层。

1925 年,E. V. 阿普顿(见图 1.28)和 M. A. F. 巴尼特用地波和天波干涉法最先证明了电离层的存在,并划分电离层。

1923 年,德拜(Debye,见图 1.29)提出等离子体屏蔽概念。(德拜在研究电解质时提出,每一个正离子被负电荷占优势的离子云所围绕,同时每一个负离子又被正电荷占优势的离子云所围绕。每一种类型的离子受到带相反电荷离子的"拖引"。1923 年,他研究出表达这个现象的数学式,也就是德拜屏蔽现象)。

图 1.27 O. 亥维赛

图 1.28 阿普顿

图 1.29 德拜

1928 年,朗谬尔(见图 1.30)第一次引入"等离子体"(plasma)表示物质第四态的物质状态，并于1929年提出等离子体静电振荡等重要概念。

1937年，阿尔文(Alfven，见图1.31)指出等离子体与磁场的相互作用在空间和天文物理学中起重要作用，并建立了磁流体力学，磁流体力学理论在现在高温等离子体、空间等离子和恒星演变等领域有广泛应用。他发现了沿着磁力线传播的波，称为阿尔文波。因他在磁流体动力学方面的基本研究和发现，及其发现在等离子体物理中的卓有成效的应用，获得1970年度诺贝尔物理学奖。

1938年，苏联科学家弗拉索夫(见图1.32)导出描述无碰撞等离子体动理学方程，并处理了等离子体电子静电波的色散关系。

图1.30　朗缪尔

图1.31　阿尔文

图1.32　弗拉索夫

1946年，苏联科学家朗道(见图1.33)利用弗拉索夫方程，通过傅立叶和拉普拉斯变换，重新研究了等离子体中电子静电波的色散关系，发现无碰撞等离子体电子静电波也会发生衰减，称为朗道阻尼。

1945—1967年，爆炸了原子弹和氢弹，特别是氢弹的出现促使高温等离子体快速发展。1952年，美国受控热核聚变的“Sherwood”计划开始，英国、法国和苏联也开展了相应的计划，并展开了剧烈的竞争。

1957年10月5日，苏联第一颗人造卫星上天，随后美国也展开一系列太空计划，在太空竞赛过程中发现了一系列的物理现象，这就促成天体等离子体进一步获得发展。

1958年，人们发现等离子体物理是受控热核聚变研究的关键，苏联科学家萨哈若夫(见图1.34)等提出了托卡马克约束等离子体的方式，此后各国之间开展广泛的国际合作。

图1.33　朗道

图1.34　萨哈罗夫

1958年,美国第一颗人造卫星探险者一号升空,1958年3月26日探险者三号升空,范艾伦(见图1.35)通过实验发现在地面上空的地磁场内,有两条宽大的辐射带,科学界将其命名为“范艾伦辐射带”。

1964年,苏联科学家巴索夫(见图1.36)和我国科学家王淦昌(见图1.37)同时提出惯性约束聚变的思想。

图1.35 范艾伦

图1.36 巴索夫

图1.37 王淦昌

20世纪70年代开始低温等离子体由于半导体和集成电路的出现而获得迅猛发展。

思考题

1. 电离气体一定是等离子体吗?反过来呢?

2. 德拜屏蔽效应一定要有异性电荷存在吗?对于完全由同一种电荷构成的非中性等离子体,能够有德拜屏蔽的概念吗?

3. 用电子德拜长度表示等离子体的德拜长度的前提是什么?

4. 由于德拜屏蔽,带电粒子的库仑势被限制在德拜长度内,这是否意味着该带电粒子与德拜球外粒子无相互作用?为什么?

5. 等离子体集体行为的表现有几种?分别是什么?

6. 等离子体的两种本征行为有联系吗?如何联系?

7. 低温等离子体环境下可以实现常规化学方法无法实现的化学过程,其物理原因何在?

8. 作为物质第四种存在形式,对等离子体体系的时空尺度有何要求?

9. 等离子体是绝大多数物质的存在形式,为什么我们感觉不是这样,周围自然存在的以等离子体状态存在的物质很少?

10. 固态、液态、气态之间有明确的相变点,气态到等离子体态有这样的相变点吗?

11. 常规等离子体具有不容忍内部存在电场的禀性,是否意味着等离子体内部不能存在很大的电场,为什么?

12. 等离子体一般由中性粒子电离后产生,其中含有电子和离子,而电子和离子能容易复合形成中性粒子,那么等离子体为何不会因为电子和离子复合而消失呢?

13. 我们的宇宙主要以什么形式存在?

14. 什么是等离子体?如何理解自由、准中性和集体效应?

15. 等离子体判据是什么？举例说明等离子体分类。

16. 为什么等离子体技术在现代工业和前沿科技领域有非常广泛的应用?

17. 什么是德拜屏蔽？说明其物理意义,写出德拜长度表达式。

18. 什么是等离子体振荡？说明其物理意义,写出电子振荡频率表达式。

19. 试计算下列参数条件下等离子体的德拜长度 λ_D 和等离子体振荡频率 ω_p

(1) 磁流体发电机:$T_e=2500$ K,$n=10^{20}/\mathrm{m}^3$;

(2) 低压辉光放电:$k_B T_e=2$ eV,$n=10^{10}/\mathrm{cm}^3$;

(3) 地球的电离层:$k_B T_e=0.1$ eV,$n=10^6/\mathrm{cm}^3$。

20. 等离子体中存在一个带电量为 $q>0$ 的点电荷,试求这时带电体之外的空间电位分布,并给出德拜长度的表达式。(提示:可假定正离子密度为等离子体密度,电子密度满足玻耳兹曼分布,且库仑相互作用远小于粒子热运动的动能)

21. 考虑厚度为 L、边长无限大的均匀等离子体板,初始时等离子体的密度均为 n_0,若将所有电子在垂直于板面方向上作一小位移 x,推导出电子的振荡频率。

22. 试描述悬浮于等离子体的金属表面等离子体鞘层的形成过程;推导鞘层厚度的表达式。

23. 假设一玻璃管被抽成真空,并充以氩气,两个金属电极位于两端,施加一电压使氩气放电形成等离子体,稳定时两电极电位分别是 0(接地)和 V,试推导非接地电极附近电位分布。

第2章 单粒子轨道运动

2.1 引　言

等离子体的参数范围广阔：密度跨越30个数量级，温度跨越7个数量级，对于不同参数范围的等离子体需要采用相应比较合适的理论进行描述。有些等离子体密度比较低，如太阳风（$\sim 5\ m^{-3}$）、星际空间等离子体（$\sim 10^{6}\ m^{-3}$）、电离层等离子体（$\sim 10^{11}\ m^{-3}$）、日晕（$\sim 10^{11}\ m^{-3}$）以及辉光放电等离子体（$\sim 10^{15}\ m^{-3}$）等，电荷之间的距离比较远，而温度相对比较低（$10^{2} \sim 10^{6}$ K），电荷之间的相互作用较弱，可以忽略。这样的等离子体就可以用单粒子轨道理论进行描述。

单粒子轨道理论有两条核心假设：

(1) 对于密度较低的等离子体，可以略去等离子体中带电粒子间的相互作用；

(2) 电荷运动产生的感应场与外加场比起来是小量，忽略电荷运动对外场的影响，或者说电磁场是事先给定的。

单粒子轨道运动理论认为等离子体是由毫无关联的带电粒子所组成的，所以在讨论等离子体中带电粒子的运动时忽略粒子间的相互作用，只讨论单个带电粒子在外加电磁场中的运动。显然，单粒子轨道运动理论适用于较为稀薄的等离子体，但由于没有考虑等离子体的集体行为，使其结果与实际等离子体中带电粒子行为有偏差，且偏差随着等离子体密度增加而变大。特别是对于稠密等离子体只能提供某些简单描述。

粒子轨道运动理论的基本方法是求解带电粒子在外电磁场中的运动方程。若磁场均匀恒定，带电粒子仅受洛伦兹力的作用，其运动轨迹是沿着以磁力线为轴的螺旋线运动。若磁场不均匀，或还存在其他力（如静电力、重力等），则带电粒子除了螺旋线运动外，还有垂直于磁场的运动，即漂移运动。漂移运动是单粒子轨道运动理论的重要内容，如由静电力引起的电漂移、由重力引起的重力漂移、由磁场梯度和磁场曲率引起的梯度漂移和曲率漂移等。单粒子轨道运动理论的另一个重要内容是浸渐不变量。当带电粒子在随空间或时间缓慢变化的磁场中运动时，在一级近似理论中，存在着可视为常量的浸渐不变量。

尽管单粒子轨道理论很简单，但是可以解释很多物理现象，如极光的形成机制、范艾伦辐射带的形成及变化规律、太阳风与地球磁场之间的相互作用以及宇宙射线中高能粒子的来源问题等。

2.2　带电粒子在均匀恒定电磁场中的运动

2.2.1　带电粒子在均匀磁场中的运动

首先考察一个带电粒子在均匀磁场中的运动，磁场的磁感应强度为 $\vec{B}$，电荷的质量为 m，电荷为 q。建立坐标系（见图 2.1），$\vec{B}$ 沿着 z 轴，则在洛伦兹力作用下，电荷的运动方程为

$$m\frac{\mathrm{d}\vec{v}}{\mathrm{d}t}=q\vec{v}\times\vec{B} \tag{2.2.1}$$

把方程（2.2.1）写成分量方程，即

$$\frac{\mathrm{d}v_x}{\mathrm{d}t}=\omega_c v_y;\quad \frac{\mathrm{d}v_y}{\mathrm{d}t}=-\omega_c v_x;\quad \frac{\mathrm{d}v_z}{\mathrm{d}t}=0$$

其中 $\omega_c=qB/m$ 为回旋频率。对 xy 平面上的分量方程进行微分，整理后有

$$\frac{\mathrm{d}^2 v_x}{\mathrm{d}t^2}=-\omega_c^2 v_x;\quad \frac{\mathrm{d}^2 v_y}{\mathrm{d}t^2}=-\omega_c^2 v_y \tag{2.2.2}$$

如果不考虑初相位，方程的解可写为

$$v_x=v_\perp \mathrm{e}^{\mathrm{i}\omega_c t};\quad v_y=\mathrm{i}v_\perp \mathrm{e}^{\mathrm{i}\omega_c t} \tag{2.2.3}$$

其中 $v_\perp$ 是垂直于磁场平面内圆周运动的速度。把上式对速度进行积分就可以获得带电粒子的坐标，即

$$\begin{aligned} x-x_0&=-\mathrm{i}\frac{v_\perp}{\omega_c}\mathrm{e}^{\mathrm{i}\omega_c t}\\ y-y_0&=\frac{v_\perp}{\omega_c}\mathrm{e}^{\mathrm{i}\omega_c t}\end{aligned} \tag{2.2.4}$$

取实部有

$$\begin{aligned} x-x_0&=\frac{v_\perp}{\omega_c}\sin(\omega_c t)\\ y-y_0&=\frac{v_\perp}{\omega_c}\cos(\omega_c t)\end{aligned} \tag{2.2.5}$$

显然，在 xy 平面上，带电粒子的运动轨迹是一个圆周（见图 2.1），即

$$(x-x_0)^2+(y-y_0)^2=\left(\frac{v_\perp}{\omega_c}\right)^2=r_L^2 \tag{2.2.6}$$

其中 r_L 是拉莫尔半径（Larmor radius），$r_L=v_\perp/\omega_c$。

图 2.1 显示的就是带电粒子在磁场中的运动轨迹及投影，在 xy 平面上的投影是个圆。带电粒子的这种运动也称为拉莫尔回旋运动。值得指出的是，回旋运动对应有一个角速度 $\vec{\omega}$，其大小等于回旋频率，即 $\omega=\omega_c$，其方向与磁场平行，即 $\vec{\omega}=-q\vec{B}/m$，有时就用 $-\vec{\omega}_c$ 表示回旋角速度。对于电子来讲，$q=-e$，所以角速度方向与磁场方向相同，对于离子来讲，$q>0$，则角速度方向与磁场方向相反（见图 2.2）。这样，在磁场中正负电荷圆周运动就会产生一个电流，电流的方向和正电荷圆周运动方向相同，该电流所产生的磁场和外磁场相反，所以等离子体是抗磁介质。

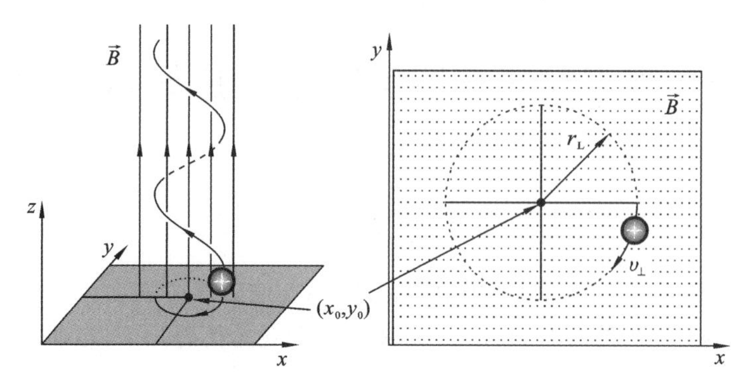

图 2.1　均匀磁场中带电粒子的运动轨迹及在 xy 平面上的投影

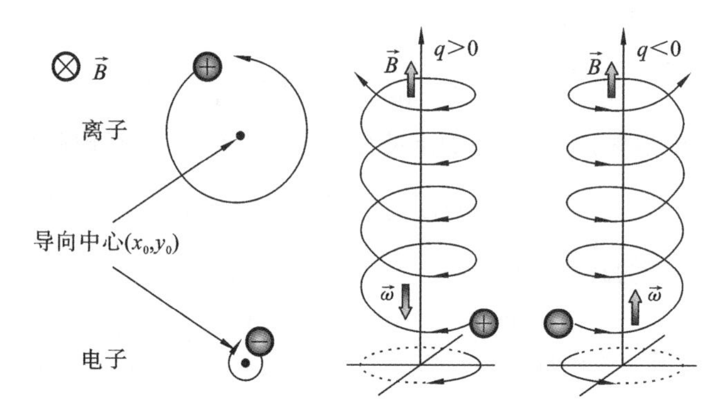

图 2.2　电子和离子的回旋运动及导向中心

带电粒子的回旋频率 ω_c 和拉莫尔半径 r_L 是描述磁场中电荷运动的时空特征尺度，常被用来衡量和比较物理量在空间和时间上的变化程度。由于电子质量远小于离子质量，所以离子的回旋频率远小于电子回旋频率，离子的拉莫尔半径远大于电子的拉莫尔半径，即 $\omega_{ce}\gg\omega_{ci}$，$r_{Li}\gg r_{Le}$(见图 2.2)。方程(2.2.6)中坐标$(x_0, y_0)$称为回旋中心，也称导向中心或引导中心，因此方程描述的是具有固定引导中心(x_0, y_0)的圆形轨道(见图 2.1)。值得注意：以上讨论的仅仅是带电粒子运动轨迹在 xy 平面上的投影，实际上带电粒子在 z 轴方向也有运动(由于不受磁场影响，所以这个方向上是匀速运动)。z 轴方向上的运动也可以认为是导向中心的运动。为了后面更好理解带电粒子的运动，我们可以把带电粒子的螺旋运动分解为两个部分：带电粒子的圆周运动；引导中心沿着磁力线的匀速运动(见图 2.3)。$v_\perp$ 是带电粒子圆周运动速度，而 $v_{/\!/}$ 是其引导中心的运动速度。

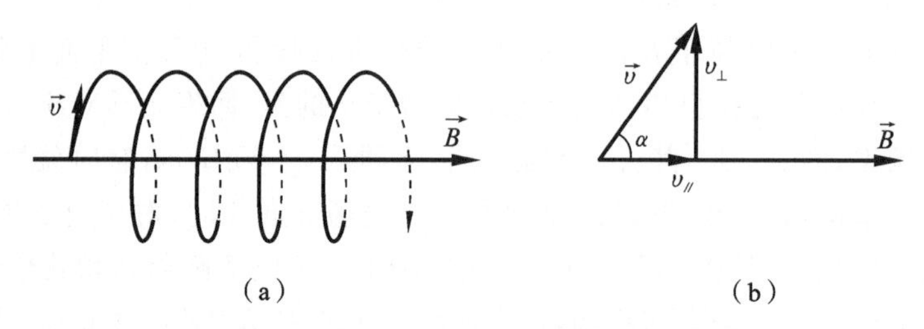

图 2.3　电子和离子的回旋运动及导向中心

我们从带电粒子的螺旋运动轨迹可以发现两个有意思的现象：① 带电粒子的螺旋运动可以看成是带电粒子被磁力线所束缚，假设磁力线无限长，如果没有其他因素的干扰，这个带电粒子将永远沿着磁力线运动，这就是磁约束最初的设想(见图 2.4)；② 当等离子体内存在磁场时，带电粒子都围绕磁力线运动，如果等离子体运动，则等离子体内的磁场也会随着一起运动，磁场就好像被冻结在等离子体中。

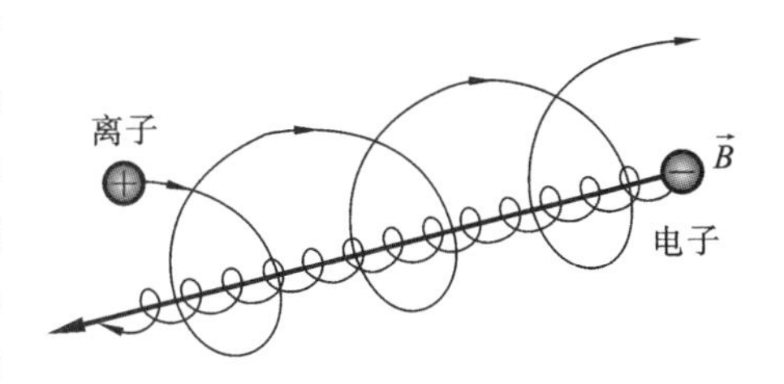

图 2.4　电子和离子被磁力线束缚

处于磁场中的带电粒子绕磁力线做圆周运动，形成一个个小的电流圈，电子和离子旋转方向相反，但形成的电流方向是相同的。回旋运动产生的电流为 $q\omega_c/2\pi$，回旋运动在平面上的投影是一个圆，其面积为 πr_L^2，所以带电粒子回旋运动所产生的磁矩可以表示成(注意 $\vec{\omega}_c=-q\vec{B}/m$)

$$\vec{\mu}=(\pi r_L^2)\left(\frac{q\vec{\omega}_c}{2\pi}\right)=-\frac{r_L^2 q^2 B}{2m}\frac{\vec{B}}{B}=-\left(\frac{m\upsilon_\perp}{qB}\right)^2\frac{q^2 B}{2m}\frac{\vec{B}}{B}=-\frac{m\upsilon_\perp^2}{2B}\frac{\vec{B}}{B}=-\frac{W_\perp}{B}\frac{\vec{B}}{B} \tag{2.2.7}$$

其中 $W_\perp$ 是带电粒子垂直于磁场方向的动能。

2.2.2　带电粒子在均匀电磁场中的漂移运动

假设均匀电场 $\vec{E}$ 和均匀磁场 $\vec{B}$ 垂直，建立坐标系如图 2.5 所示。选电场 $\vec{E}$ 沿着 x 轴方向，磁场 $\vec{B}$ 沿着 z 轴方向，则带电粒子的运动方程为

$$m\frac{\mathrm{d}\vec{\upsilon}}{\mathrm{d}t}=q[\vec{E}+\vec{\upsilon}\times\vec{B}] \tag{2.2.8}$$

沿着磁场方向，带电粒子仍然是匀速运动。在 xy 平面上的分量方程为

$$\frac{\mathrm{d}\upsilon_x}{\mathrm{d}t}=\omega_c\upsilon_y+\frac{\omega_c E_x}{B};\quad \frac{\mathrm{d}\upsilon_y}{\mathrm{d}t}=-\omega_c\upsilon_x \tag{2.2.9}$$

把式(2.2.9)对时间微分，整理后可得

$$\frac{\mathrm{d}^2\upsilon_x}{\mathrm{d}t^2}=-\omega_c^2\upsilon_x;\quad \frac{\mathrm{d}^2\upsilon_y}{\mathrm{d}t^2}=-\omega_c^2\left(\frac{E_x}{B}+\upsilon_y\right) \tag{2.2.10}$$

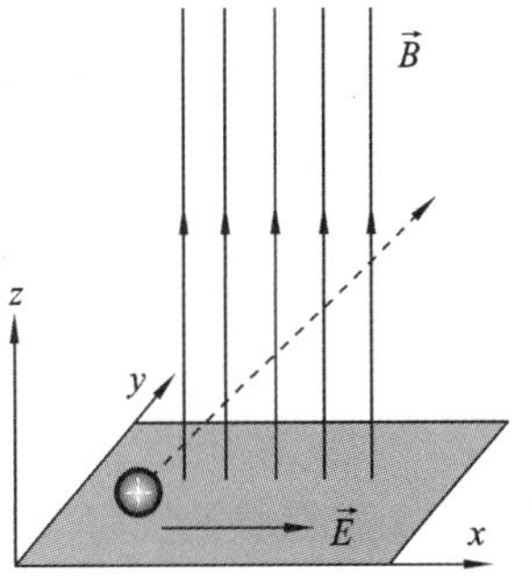

图 2.5　均匀电场和磁场坐标

如果假设

$$\upsilon'_y=\frac{E_x}{B}+\upsilon_y \tag{2.2.11}$$

则有

$$\frac{\mathrm{d}^2\upsilon_x}{\mathrm{d}t^2}=-\omega_c^2\upsilon_x;\quad \frac{\mathrm{d}^2\upsilon'_y}{\mathrm{d}t^2}=-\omega_c^2\upsilon'_y$$

显然上面的方程和没有电场时式(2.2.2)的形式一样，其解可直接写为

$$\upsilon_x=\upsilon_\perp e^{i\omega_c t};\quad \upsilon'_y=i\upsilon_\perp e^{i\omega_c t} \tag{2.2.12}$$

把式(2.2.11)代入式(2.2.12)有

$$\upsilon_x=\upsilon_\perp e^{i\omega_c t};\quad \upsilon_y=\pm i\upsilon_\perp e^{i\omega_c t}-\frac{E_x}{B} \tag{2.2.13}$$

从式(2.2.13)可以看出，xy 平面速度在 x 方向仍然是带电粒子的拉莫尔回旋运动，而 y 方向

的速度多了一项，这一项具有速度量纲。在恒定均匀的电磁场中，这一速度是个常数，该速度称为漂移速度。如果对 xy 平面的速度在一个回旋周期内进行平均，则回旋运动的特征会被抹去，只剩下漂移速度，也就是引导中心的速度，可表示为

$$v_{\mathrm{DE}} = -\frac{E_x}{B} \tag{2.2.14}$$

这个公式仅仅给出了漂移速度的大小，下面我们从矢量角度推导漂移速度的矢量表达式。首先我们把带电粒子的运动速度分解为回旋运动速度和引导中心的漂移运动速度，则有

$$\vec{v} = \vec{v}_c + \vec{v}_{\mathrm{DE}} \tag{2.2.15}$$

代入带电粒子的运动方程(2.2.8)，有

$$m\frac{\mathrm{d}(\vec{v}_c + \vec{v}_{\mathrm{DE}})}{\mathrm{d}t} = q[\vec{E} + \vec{v}_c \times \vec{B} + \vec{v}_{\mathrm{DE}} \times \vec{B}] \tag{2.2.16}$$

注意在均匀电磁场中漂移速度很小，即 $\mathrm{d}\vec{v}_{\mathrm{DE}}/\mathrm{d}t = 0$，再利用方程(2.2.1)，即带电粒子的回旋运动应该满足 $m\mathrm{d}\vec{v}_c/\mathrm{d}t = q\vec{v}_c \times \vec{B}$，所以方程(2.2.16)简化为

$$\vec{E} + \vec{v}_{\mathrm{DE}} \times \vec{B} = 0 \tag{2.2.17}$$

这也是引导中心的漂移速度所满足的方程，两边叉乘 $\vec{B}$，利用矢量恒等式

$$\vec{A} \times (\vec{B} \times \vec{C}) = (\vec{A} \cdot \vec{C})\vec{B} - (\vec{A} \cdot \vec{B})\vec{C}$$

并考虑到漂移速度和磁场垂直(从上面的推导结果可以看出)，可得

$$\vec{E} \times \vec{B} = \vec{B} \times (\vec{v}_{\mathrm{DE}} \times \vec{B}) = \vec{v}_{\mathrm{DE}} B^2 - \vec{B}(\vec{v}_{\mathrm{DE}} \cdot \vec{B}) = \vec{v}_{\mathrm{DE}} B^2$$

结果得

$$\vec{v}_{\mathrm{DE}} = \frac{\vec{E} \times \vec{B}}{B^2} \tag{2.2.18}$$

这就是电场漂移的速度公式。

图 2.6 为在均匀电场和磁场中电子和离子的漂移轨迹示意图；图 2.7 所示为离子在均匀垂直的电磁场中的回旋和漂移空间轨迹。从漂移公式可以看出如下结论。

(1) 在均匀恒定的相互垂直的电场和磁场中，漂移速度是一个常数。

(2) 电漂移速度垂直于磁场和电场。

(3) 电漂移速度与漂移粒子的属性(电荷正负和质量)无关。

(4) 电漂移速度与其拉莫尔回旋半径无关。

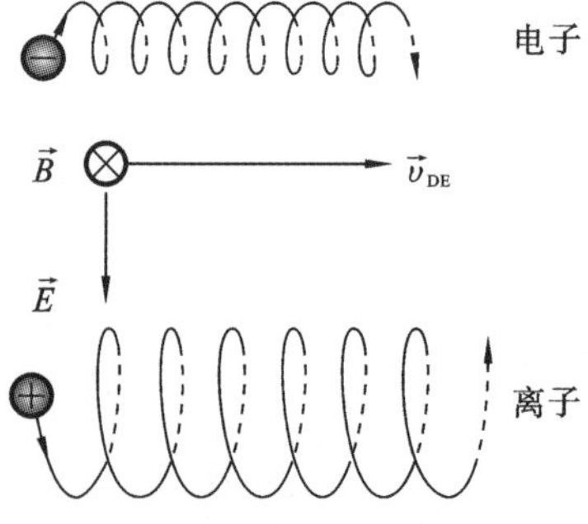

图 2.6 均匀电场和磁场中电荷的漂移示意图

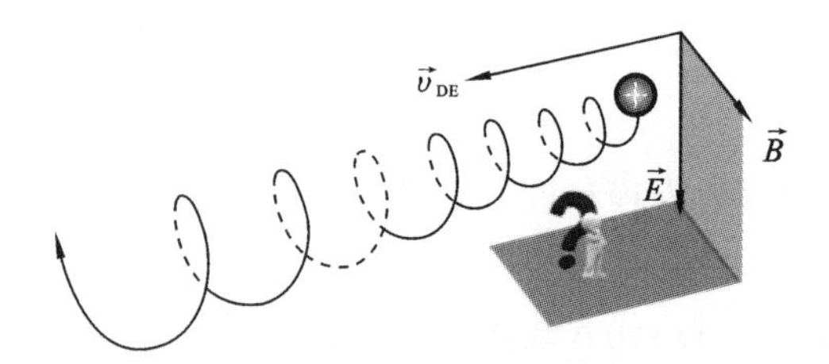

图 2.7 离子在均匀垂直的电磁场中的回旋和漂移空间轨迹

(5) 电子和离子的漂移速度大小相同，方向也相同(见图 2.6)，所以电漂移是等离子体整体漂移，不会产生漂移电流。

电漂移的根源：从拉莫尔回旋半径($r_L = mv_\perp / qB$)可以看出，拉莫尔回旋半径与电荷回旋速度成正比，电荷回旋速度越大，回旋半径就越大。由于电荷回旋运动方向和电场垂直，所以在一个回旋周期内，电荷在前半个回旋周期和后半个回旋周期受电场的影响不同。如图 2.8 所示，沿着电场方向离子速度逐渐增大，r_L 也逐渐增大；而逆向电场方向，离子速度逐渐减小，r_L 也逐渐减小。显然，一个回旋周期内拉莫尔半径在变化，结果致拉莫尔回旋运动轨迹不闭合，在垂直于磁场方向上，电荷的运动轨迹不再是一个封闭的圆，这就是漂移的根源。

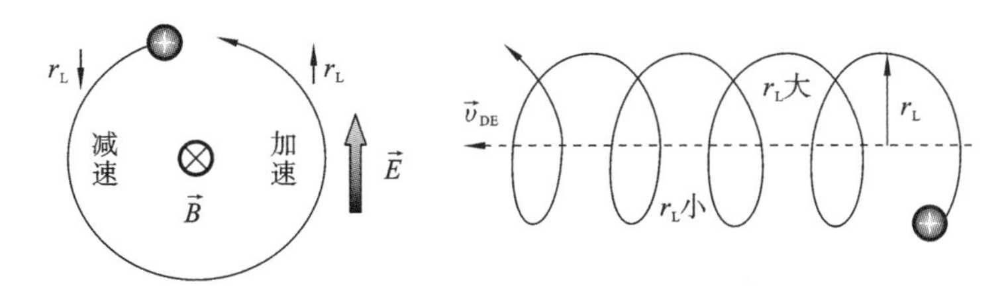

图 2.8　电漂移机制

2.2.3　重力场中的漂移运动

如果把漂移速度公式(式(2.2.18))中的分子和分母同时乘以电荷 q，由于 $\vec{F} = q\vec{E}$，漂移速度公式为

$$\vec{v}_F = \frac{\vec{F} \times \vec{B}}{qB^2} \tag{2.2.19}$$

这个公式表示的是带电粒子在均匀磁场中并加一恒定力 $\vec{F}$ 作用下的漂移速度。如果这个力是电场力，就是上一节讲的电场漂移；如果这个力是重力 $m\vec{g}$，则有

$$\vec{v}_g = \frac{m\vec{g} \times \vec{B}}{qB^2} \tag{2.2.20}$$

这就是重力漂移速度。电子和离子的重力漂移示意图如图 2.9 所示。重力漂移的特点有：

① 重力漂移速度与漂移粒子的属性(电荷和质量)有关；

② 重力漂移与重力和 $\vec{B}$ 都垂直；

③ 离子漂移速度远大于电子漂移速度；

④ 电子和离子的漂移方向相反，因此在等离子体中，重力漂移会产生电荷分离。

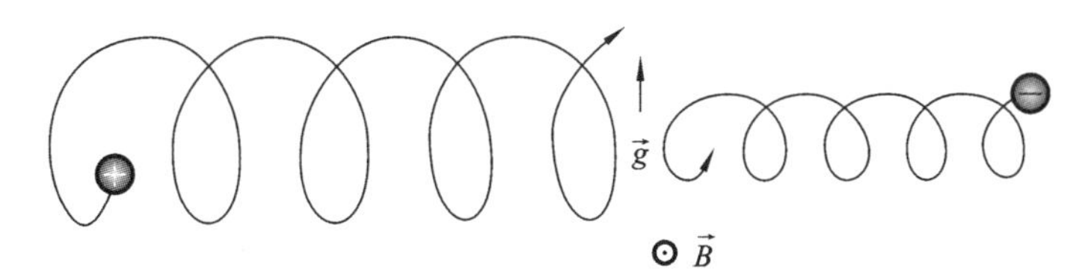

图 2.9　电荷的重力漂移示意图

与电漂移类似，由于电荷回旋运动方向和重力垂直，所以在一个回旋周期内，电荷在前半个回旋周期和后半个回旋周期受重力的影响不同，所以一个回旋周期内回旋速度(或拉莫尔半

径)会发生变化,导致拉莫尔回旋运动轨迹不闭合,在垂直于磁场的方向上,电荷的运动轨迹不再是一个封闭的圆。由于电子和离子的漂移方向相反,重力漂移会产生漂移电流,电流密度(考虑单次电离)为

$$\vec{j}=n(m_{\mathrm{i}}+m_{\mathrm{e}})\frac{\vec{g}\times\vec{B}}{B^2}=\frac{\rho\vec{g}\times\vec{B}}{B^2} \tag{2.2.21}$$

其中 n 是等离子体密度,ρ 是等离子体质量密度。在电离层沿着赤道方向就有一微弱的电流存在(图 2.10(a))。图 2.10(b)显示在重力漂移过程中电荷漂移轨迹。

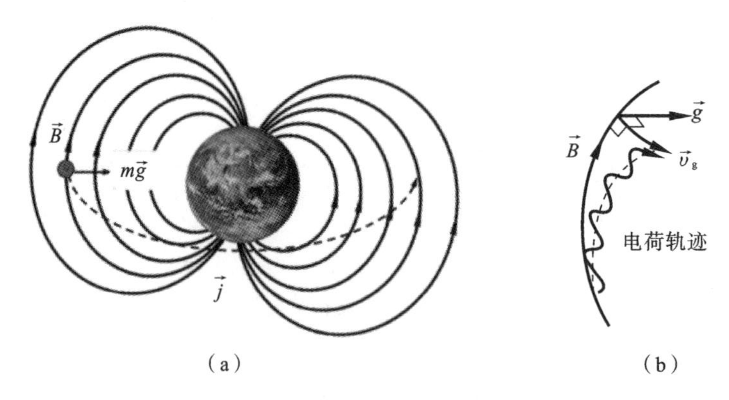

图 2.10 重力漂移的影响

(a) 电离层中沿赤道的重力漂移电流;(b) 地球磁场电荷运动即漂移轨迹。

2.3 带电粒子在非均匀电磁场中的运动

2.3.1 回旋中心(引导中心)近似

前两节讨论的是带电粒子在均匀恒定的电磁场中的运动,是一种理想情况,可以给出确切的运动轨迹。但实际上,均匀恒定的电磁场并不常见,常见的电磁场通常是随空间和时间变化的。当然,无论场如何变化,在电磁场中,带电粒子的运动方程依然是

$$m\frac{\mathrm{d}\vec{v}}{\mathrm{d}t}=q[\vec{E}+\vec{v}\times\vec{B}] \tag{2.3.1}$$

但由于电磁场的不均匀性(随空间变化)和不常定性(随时间变化),很难给出速度的解析表达式。我们前面在处理带电粒子在电磁场中的运动时,把其运动分解成回旋运动加回旋(引导)中心的运动,即

$$\vec{v}=\vec{v}_{\mathrm{c}}+\vec{v}_{\mathrm{DE}} \tag{2.3.2}$$

这两种运动有很明显的特点:回旋运动是个快运动,而引导中心的运动是个慢运动,一般 $v_{\mathrm{c}}\gg v_{\mathrm{DE}}$。在均匀恒定的电磁场中,这两个运动也都是恒定的。当电磁场是不均匀和不常定时,两种运动就不再是恒定的,且求解非常困难。

但在一些特殊条件下,带电粒子在随时空变化的电磁场中的运动是可以求解的,这个条件就是电磁场的缓变条件。所谓的缓变就是指在回旋运动的时空尺度内,电磁场的变化相对较

小(称为缓变场)。用数学语言描述就是电磁场的时(空)非均匀性标长 $T(L)$ 远大于回旋周期 $1/\omega_c$(回旋半径 r_c),可表示成

$$T \gg 1/\omega_c; \quad L \gg r_c \tag{2.3.3}$$

并且在一个回旋周期内,引导中心漂移的距离远小于回旋半径,即

$$v_{DE}/\omega_c \ll r_c \tag{2.3.4}$$

以上两个式子也称为电磁场的时空弱不均匀性条件。更一般地,场 $\vec{A}$(电场或磁场)的空间弱不均匀性条件(或空间缓变条件)可以表示成

$$\left|(\vec{r}_0 \cdot \nabla)\vec{A}\right|_{\vec{r}_0=0} \ll |\vec{A}|_{\vec{r}_0=0} \quad \text{或} \quad \left|(\vec{r}_0 \cdot \nabla)\vec{A}\right|_0 \ll |\vec{A}|_0 \tag{2.3.5}$$

即在一定的空间范围内($\vec{r}_0$,这里是回旋运动轨道内),场的相对变化值为小量。场 $\vec{A}$(电场或磁场)的时间弱不均匀性条件(或时间缓变条件)可以表示成

$$\left|\frac{1}{\omega_c}\frac{\partial \vec{A}}{\partial t}\right|_{\vec{r}_0=0} \ll |\vec{A}|_{\vec{r}_0=0} \quad \text{或} \quad \left|\frac{1}{\omega_c}\frac{\partial \vec{A}}{\partial t}\right|_0 \ll |\vec{A}|_0 \tag{2.3.6}$$

即在一定的时间范围内($1/\omega_c$,这里是回旋周期内),磁场的相对变化值为小量。

如果电磁场满足时空缓变条件,则在处理回旋运动时,可以忽略相对较慢的引导中心的运动;而在处理较慢的引导中心运动时,由于场的缓变特性,回旋运动轨迹近似是完整的圆,这样通过对回旋周期平均的方法,就可以近似地把回旋运动去掉,这就是引导中心近似。实际上,我们对带电粒子的回旋运动已经熟知,在这里我们只关心带电粒子在缓变场中的漂移运动,所以就可以通过对回旋周期平均的方式去掉回旋运动。这相当于用引导中心运动近似代表粒子的运动,将场的变化对回旋运动的影响归结为对引导中心运动的修正(漂移运动)。

2.3.2　均匀磁场和非均匀电场漂移运动

设 $\vec{B}$ 均匀,而 $\vec{E}$ 非均匀,$\vec{B}$ 沿着 z 轴,且 $\vec{E}$ 沿着 x 方向,简单起见,令 $\vec{E}$ 在 y 方向不均匀,用一个简单的余弦函数代表其变化(见图 2.11(a)),即

$$\vec{E}(y) = \vec{E}_0 \cos(ky) \tag{2.3.7}$$

带电粒子的运动方程为

$$m\frac{\mathrm{d}\vec{v}}{\mathrm{d}t} = q[\vec{E}(y) + \vec{v} \times \vec{B}] \tag{2.3.8}$$

式(2.3.8)在 xy 平面上的分量方程为

$$\frac{\mathrm{d}v_x}{\mathrm{d}t} = \omega_c v_y + \frac{\omega_c E(y)}{B}; \quad \frac{\mathrm{d}v_y}{\mathrm{d}t} = -\omega_c v_x \tag{2.3.9}$$

对方程进行微分,整理后有

$$\frac{\mathrm{d}^2 v_x}{\mathrm{d}t^2} = -\omega_c^2 v_x + \frac{\omega_c}{B}\frac{\mathrm{d}E(y)}{\mathrm{d}t}; \quad \frac{\mathrm{d}^2 v_y}{\mathrm{d}t^2} = -\omega_c^2 v_y - \frac{\omega_c^2}{B}E(y) \tag{2.3.10}$$

假设电场的变化满足缓变条件,即 $E_0/B \ll |v_c|$(引导中心的漂移速度远小于带电粒子的回旋速度),作为近似,可以用未扰动轨道(见方程(2.2.5))来计算缓变场中的漂移速度。未扰动时带电粒子的轨道方程(y 方向)为

$$y = y_0 + r_L \cos(\omega_c t) \tag{2.3.11}$$

代入式(2.3.7)后有

$$\vec{E}(y) = \vec{E}_0 \cos[k(y_0 + r_L \cos\omega_c t)] \tag{2.3.12}$$

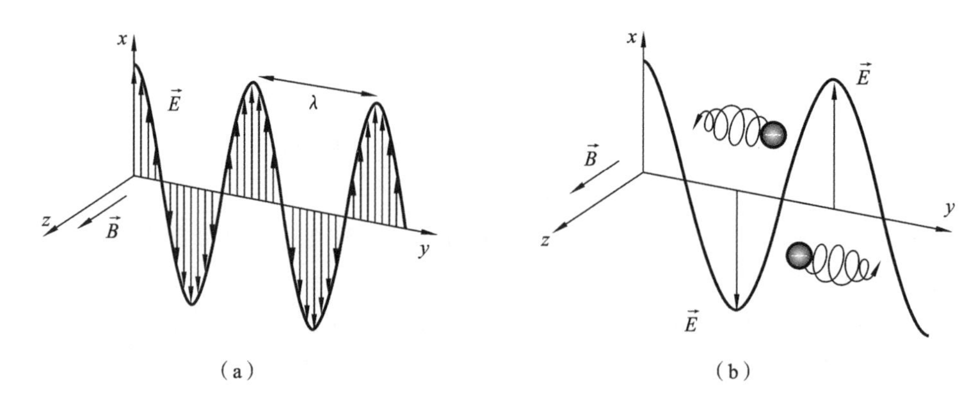

图 2.11 电场中的漂移运动

(a) 非均匀电场坐标系;(b) 电子漂移轨迹示意图。

根据前一节的分析,我们知道在图 2.11(a)所示的电磁场中,带电粒子的漂移一定沿着 y 方向,所以我们主要考虑带电粒子在 y 轴方向的运动,则有

$$\frac{\mathrm{d}^2 v_y}{\mathrm{d}t^2}=-\omega_c^2 v_y-\frac{\omega_c^2}{B}\vec{E}_0\cos[k(y_0+r_L\cos\omega_c t)] \tag{2.3.13}$$

我们关心的是带电粒子导向中心的漂移,在场的弱不均匀条件下,通过对上述方程在一个回旋周期求平均后,可消除回旋运动特征。由于电场很弱,所以加速度可以认为很小,则有

$$0=-\omega_c^2\int_0^{2\pi/\omega_c} v_y\mathrm{d}t-\omega_c^2\frac{E_0}{B}\int_0^{2\pi/\omega_c}\cos[k(y_0+r_L\cos\omega_c t)]\mathrm{d}t$$

右边第一项对回旋周期积分后就是漂移速度,所以带电粒子沿 y 方向漂移速度为

$$\overline{v_y}=-\frac{E_0}{B}\overline{\cos[k(y_0+r_L\cos\omega_c t)]} \tag{2.3.14}$$

展开上式中的余弦项

$$\cos\{k[y_0\pm r_L\cos(\omega_c t)]\}=\cos(ky_0)\cos[kr_L\cos(\omega_c t)]-\sin(ky_0)\sin[kr_L\cos(\omega_c t)]$$

由于弱不均匀近似(缓变条件):$r_L\ll\lambda$ 或 $kr_L\ll 1$,对三角函数进行展开,即

$$\sin[kr_L\cos(\omega_c t)]\approx kr_L\cos(\omega_c t)$$

$$\cos[kr_L\cos(\omega_c t)]\approx 1-\frac{1}{2}k^2r_L^2\cos^2(\omega_c t)$$

最终可得

$$\cos\{k[y_0\pm r_L\cos(\omega_c t)]\}=\cos(ky_0)\left[1-\frac{1}{2}k^2r_L^2\cos^2(\omega_c t)\right]-\sin(ky_0)kr_L\cos(\omega_c t)$$

对一个回旋周期求平均后有

$$\overline{\cos[k(y_0+r_L\cos\omega_c t)]}=\cos ky_0\left(1-\frac{1}{4}k^2r_L^2\right)$$

则带电粒子沿 y 方向的漂移速度为

$$\overline{v_y}=-\frac{E_0}{B}\cos ky_0\left(1-\frac{1}{4}k^2r_L^2\right)=-\frac{E_x(y_0)}{B}\left(1-\frac{1}{4}k^2r_L^2\right)$$

类比式(2.2.14)和式(2.2.18),更一般,可以把漂移速度写成

$$\vec{v}_{DE}=-\frac{\vec{E}\times\vec{B}}{B^2}\left(1-\frac{1}{4}k^2r_L^2\right) \tag{2.3.15}$$

如果我们把电场用更一般的形式表达

$$\vec{E}(\vec{r})=\vec{E}_0\exp(i\vec{k}\cdot\vec{r})$$

就会发现式(2.3.15)中的$(-k^2)$就是对电场的两次微分后的系数。所以，对于任意的电磁场，上式可以写成更一般的形式

$$\vec{v}_{\mathrm{DE}}=\left(1+\frac{1}{4}r_{\mathrm{L}}^2\nabla^2\right)\frac{\vec{E}\times\vec{B}}{B^2}\tag{2.3.16}$$

上式第一项是一般的电漂移公式，第二项表示的是电磁场的空间变化对漂移速度的修正，如果场是均匀的，上式只有第一项。当拉莫尔半径很小时，带电粒子的漂移速度很小，所以这一项也就是有限拉莫尔半径效应。对式(2.3.7)直接求平均(先把式(2.3.12)展开，再求平均)，可得$\overline{\vec{E}}=\vec{E}(y_0)(1-k^2r_{\mathrm{L}}^2/4)$，把$\overline{\vec{E}}$代入电漂移公式即可得式(2.3.16)。图2.11(b)显示的是非均匀电场中电子的漂移轨迹。从漂移公式(式(2.3.16))可以看出：

① 漂移速度垂直于磁场和电场；

② 漂移速度与漂移粒子的属性(电荷和质量)有关；

③ 漂移速度与拉莫尔回旋半径成正比；

④ 漂移速度与场的空间变化程度相关；

⑤ 电子和离子的漂移速度大小不同，所以会产生电荷分离，形成漂移电流。

当平衡等离子体受到扰动时会产生电荷分离，随之相应的就形成不均匀的电场，在这个电场中的电荷漂移又会进一步产生电荷分离，如果此时所产生的电场使原来的扰动电场增强，则会造成等离子体的不稳定性，这种不稳定性称为漂移不稳定性。

2.3.3 带电粒子在梯度磁场中的漂移运动

假设没有电场，且磁场的方向是均匀的，而磁场的大小不均匀(即存在梯度)。磁感应强度的梯度方向与磁场方向垂直(见图2.12(a))。首先可以定性分析一下带电粒子在梯度磁场中的运动，从回旋半径公式($r_{\mathrm{L}}=mv_{\perp}/qB$)可以看出，带电粒子的拉莫尔回旋半径与$B$成反比，$B$越大(小)，回旋半径越小(大)。显然，当带电粒子穿越梯度磁场时，其运动轨迹在垂直于磁场方向上的投影不再是一个封闭的圆，因此，带电粒子在垂直于磁场和磁场梯度方向上产生漂移运动。

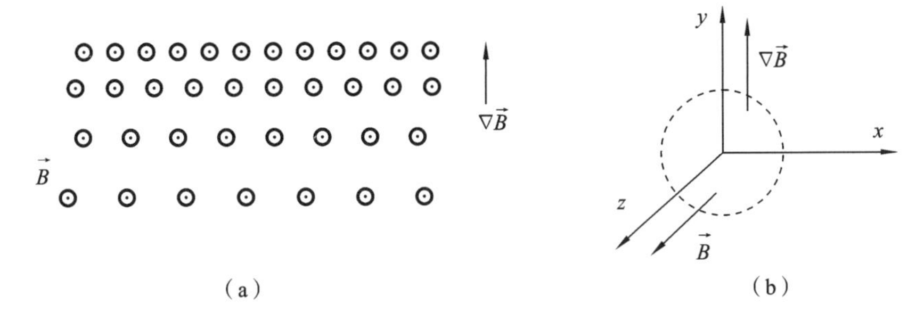

图2.12　梯度磁场

(a) 梯度磁场示意图；(b) 坐标系。

建立坐标系如图2.12(b)所示，带电粒子在这样一个磁场位形中运动时，无论电子或者离子，其回旋半径沿着y方向减小，沿着$-y$方向增加。由于电子和离子螺旋运动方向相反，所

以，离子的导向中心沿着 $-x$ 方向漂移，而电子的导向中心沿着 x 方向漂移(见图 2.13(a))。电子和离子的导向中心漂移方向相反，产生电荷分离，会引起漂移电流。图 2.13(b)显示了电子在梯度磁场中真实的运动轨迹。

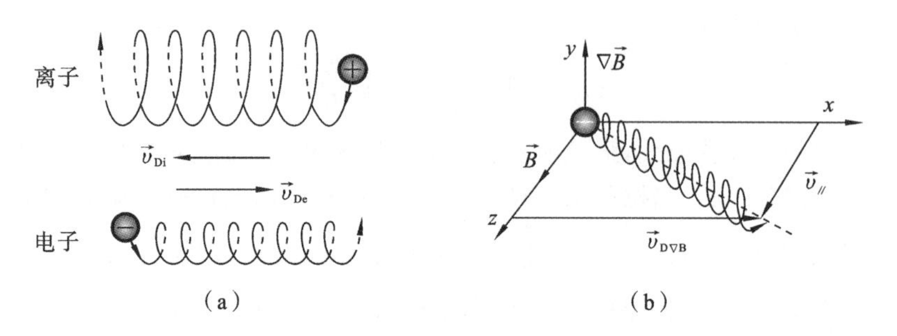

图 2.13 梯度磁场中的电荷漂移

(a) 梯度磁场中电荷漂移示意图；(b) 电子的运动轨迹。

下面我们定量分析在梯度磁场中带电粒子的漂移运动。在弱不均匀性条件下，我们首先将用未扰动轨道加微扰的近似方法计算一个粒子在一个回旋运动中 x 方向和 y 方向的平均力。对于缓变的非均匀磁场，我们可以在回旋中心处把磁场进行泰勒展开，即

$$\vec{B}=\vec{B}_0+(\vec{r}_0\cdot\nabla)\vec{B}_0+\cdots\approx\vec{B}_0+\vec{B}_1 \tag{2.3.17}$$

其中，$\vec{B}_0$ 是回旋中心所在位置处的磁感应强度，$\vec{r}_0$ 是带电粒子相对于回旋中心点的位置矢量，也即拉莫尔回旋位矢。由于缓变条件的存在，所以展开式高阶项可以忽略。$\vec{B}_1$ 表示由于缓变引起的磁感应强度变化。把电荷运动分解成回旋运动加回旋中心的漂移运动

$$\vec{v}=\vec{v}_c+\vec{v}_{D\nabla B} \tag{2.3.18}$$

第二项表示由缓变的非均匀磁场引起的漂移速度。把磁场和速度表达式代入在洛伦兹力作用下的运动方程($m\mathrm{d}\vec{v}/\mathrm{d}t=q\vec{v}\times\vec{B}$)，有

$$m\frac{\mathrm{d}(\vec{v}_c+\vec{v}_{D\nabla B})}{\mathrm{d}t}=q(\vec{v}_c+\vec{v}_{D\nabla B})\times\vec{B}_0+q(\vec{v}_c+\vec{v}_{D\nabla B})\times(\vec{r}_0\cdot\nabla)\vec{B}_0$$

由于回旋速度满足均匀磁场中的运动方程，即

$$m\frac{\mathrm{d}\vec{v}_c}{\mathrm{d}t}=q\vec{v}_c\times\vec{B}_0 \tag{2.3.19}$$

由于漂移速度是小量，可以认为漂移加速度为零，再略去右边最后一项中的二阶小量，则有

$$q\vec{v}_{D\nabla B}\times\vec{B}_0+q\vec{v}_c\times(\vec{r}_0\cdot\nabla)\vec{B}_0=0$$

两边叉乘 $\vec{B}_0$ 后有

$$\vec{B}_0\times(\vec{v}_{D\nabla B}\times\vec{B}_0)=\vec{v}_c\times(\vec{r}_0\cdot\nabla)\vec{B}_0\times\vec{B}_0$$

利用矢量恒等式 $\vec{A}\times(\vec{B}\times\vec{C})=(\vec{A}\cdot\vec{C})\vec{B}-(\vec{A}\cdot\vec{B})\vec{C}$，并注意到漂移速度垂直于磁场方向，可以得到

$$\vec{v}_{D\nabla B}=\frac{1}{B_0^2}\vec{v}_c\times(\vec{r}_0\cdot\nabla)\vec{B}_0\times\vec{B}_0$$

或者

$$\vec{v}_{D\nabla B}=\frac{[q\vec{v}_c\times(\vec{r}_0\cdot\nabla)\vec{B}_0]\times\vec{B}_0}{qB_0^2} \tag{2.3.20}$$

与一般力的漂移公式$\vec{v}_{\mathrm{F}}=\vec{F}\times\vec{B}/qB^2$ 比较，可知带电粒子在梯度磁场中运动时所感知到的等效力为

$$\vec{F}=q\vec{v}_{\mathrm{c}}\times(\vec{r}_0\cdot\nabla)\vec{B}_0 \tag{2.3.21}$$

这个力是瞬时力。根据回旋中心（导向中心）近似，通过对这个力在一个回旋周期内求平均，可以获得平均力，即

$$\langle\vec{F}\rangle=\langle q\vec{v}_{\mathrm{c}}\times(\vec{r}_0\cdot\nabla)\vec{B}_0\rangle$$

其中符号〈〉表示对物理量在一个回旋周期内求平均。已知

$$\vec{v}_{\mathrm{c}}=\vec{\omega}_{\mathrm{c}}\times\vec{r}_0=-\frac{q}{m}\vec{B}_0\times\vec{r}_0$$

平均力$\langle\vec{F}\rangle$为

$$\langle\vec{F}\rangle=\left\langle q\left(-\frac{q}{m}\vec{B}_0\times\vec{r}_0\right)\times(\vec{r}_0\cdot\nabla)\vec{B}_0\right\rangle=\frac{q^2}{m}\langle(\vec{r}_0\cdot\nabla)\vec{B}_0\times(\vec{B}_0\times\vec{r}_0)\rangle$$

利用矢量恒等式$\vec{A}\times(\vec{B}\times\vec{C})=(\vec{A}\cdot\vec{C})\vec{B}-(\vec{A}\cdot\vec{B})\vec{C}$，有

$$\langle\vec{F}\rangle=\frac{q^2}{m}\langle\{\vec{r}_0\cdot[(\vec{r}_0\cdot\nabla)\vec{B}_0]\}\vec{B}_0-\{\vec{B}_0\cdot[(\vec{r}_0\cdot\nabla)\vec{B}_0]\}\vec{r}_0)\rangle \tag{2.3.22}$$

显然，平均力的第一项代表沿着磁场方向的力，而第二项代表的是垂直于磁场的力，所以平均力可以表示成

$$\langle\vec{F}\rangle=\overline{\vec{F}}_{/\!/}+\overline{\vec{F}}_{\perp}$$

其中$\overline{\vec{F}}_{/\!/}$和$\overline{\vec{F}}_{\perp}$分别为

$$\overline{\vec{F}}_{/\!/}=\frac{q^2}{m}\langle\{\vec{r}_0\cdot[(\vec{r}_0\cdot\nabla)\vec{B}_0]\}\vec{B}_0\rangle \tag{2.3.23a}$$

$$\overline{\vec{F}}_{\perp}=-\frac{q^2}{m}\langle\{\vec{B}_0\cdot[(\vec{r}_0\cdot\nabla)\vec{B}_0]\}\vec{r}_0)\rangle \tag{2.3.23b}$$

为了清楚地看出这两个力的具体形式，建立局域直角坐标系（见图 2.14），并设

$$\vec{r}_0=r_0(\sin\theta\,\hat{e}_{\mathrm{x}}+\cos\theta\,\hat{e}_{\mathrm{x}})$$

为不失一般性，先把磁感应强度写成$\vec{B}_0=B_{\mathrm{x}}\hat{e}_{\mathrm{x}}+B_{\mathrm{y}}\hat{e}_{\mathrm{y}}+B_{\mathrm{z}}\hat{e}_{\mathrm{z}}$，把$\vec{r}_0$和$\vec{B}_0$代入$\overline{\vec{F}}_{/\!/}$，则有

$$\overline{\vec{F}}_{/\!/}=\langle r_0(\sin\theta\,\hat{e}_{\mathrm{x}}+\cos\theta\,\hat{e}_{\mathrm{x}})\cdot\Big[(r_0(\sin\theta\,\hat{e}_{\mathrm{x}}+\cos\theta\,\hat{e}_{\mathrm{x}})\cdot\left(\frac{\partial}{\partial x}\hat{e}_{\mathrm{x}}+\frac{\partial}{\partial y}\hat{e}_{\mathrm{y}}+\frac{\partial}{\partial z}\hat{e}_{\mathrm{z}}\right)(B_{\mathrm{x}}\hat{e}_{\mathrm{x}}+B_{\mathrm{y}}\hat{e}_{\mathrm{y}}+B_{\mathrm{z}}\hat{e}_{\mathrm{z}})\Big]\rangle \tag{2.3.24}$$

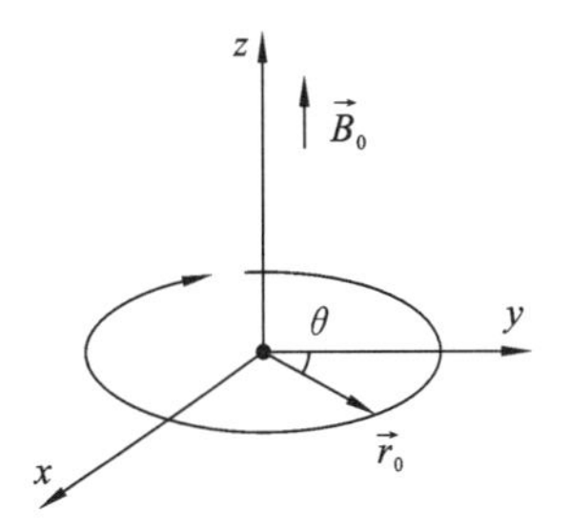

图 2.14　直角坐标系

整理后有

$$\overline{\vec{F}}_{/\!/}=\frac{r_0^2q^2\vec{B}_0}{2m}\left[\frac{\partial B_{\mathrm{x}}}{\partial x}+\frac{\partial B_{\mathrm{y}}}{\partial y}\right] \tag{2.3.25}$$

由于磁场的散度等于零，即$\frac{\partial B_{\mathrm{x}}}{\partial x}+\frac{\partial B_{\mathrm{y}}}{\partial y}+\frac{\partial B_{\mathrm{z}}}{\partial z}=0$，所以上式变为

$$\overline{\vec{F}}_{/\!/}=-\frac{r_0^2q^2B_0}{2m}\frac{\partial B_{\mathrm{z}}}{\partial z}\hat{e}_{\mathrm{z}} \tag{2.3.26}$$

由于带电粒子回旋运动会产生一个磁矩，可以表示为$\mu=r_0^2q^2B/2m$（见式(2.2.7)），所以平行

于磁场的平均力可表示为

$$\vec{\overline{F}}_{/\!/}=-\mu\frac{\partial B_z}{\partial z}\hat{e}_z \tag{2.3.27}$$

其中$(\partial B_z/\partial z)\hat{e}_z$是沿$z$方向磁场的梯度。同样,可推导出垂直于磁场的平均力为

$$\vec{\overline{F}}_{\perp}=-\mu\left(\frac{\partial B_z}{\partial x}\hat{e}_x+\frac{\partial B_z}{\partial y}\hat{e}_y\right) \tag{2.3.28}$$

其中$(\partial B_z/\partial x)\hat{e}_x+(\partial B_z/\partial y)\hat{e}_y$是在$xy$平面上磁场的梯度。因此,以上两个式子也可写成

$$\vec{\overline{F}}_{/\!/}=-\mu\nabla_{/\!/}B_z;\quad \vec{\overline{F}}_{\perp}=-\mu\nabla_{\perp}B_z$$

上面的结论告诉我们当带电粒子在不均匀磁场中运动时,平行于磁场的梯度会使带电粒子感知到一个平行于磁场的力;而垂直于磁场的梯度会使带电粒子感知到一个垂直于磁场的力。总之,在随空间缓慢变化的磁场中,粒子运动仍然具有回旋运动的基本特征,但由于磁场的不均匀性,粒子在一个回旋运动周期内,会经历不同的磁场,粒子感受的磁场实际是在变化的。或者说,带电粒子的回旋轨迹受到影响,一个回旋周期内,这种影响就等效于带电粒子感受到一个附加的力(见图2.15),可表示为

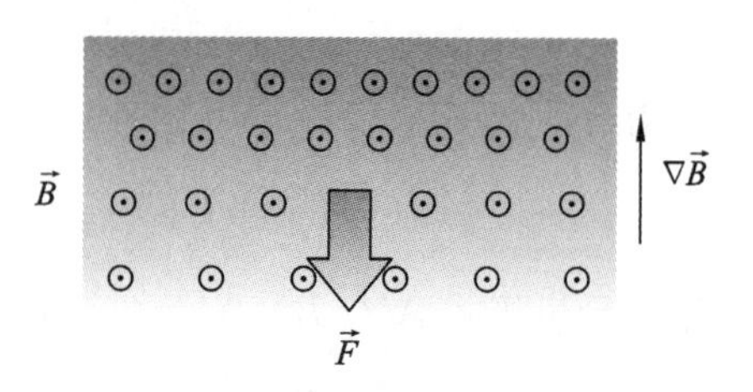

图2.15　梯度磁场中带电粒子感受到的等效力

$$\langle\vec{F}\rangle=\vec{\overline{F}}_{/\!/}+\vec{\overline{F}}_{\perp}=-\mu\nabla_{/\!/}B_z-\mu\nabla_{\perp}B_z=-\mu\nabla B_z$$

不失一般性,可以把等效力写成

$$\vec{F}=-\mu\nabla B \tag{2.3.29}$$

从上式可以看出,带电粒子在梯度磁场中感知到的等效力有以下特点:

① 等效力的方向与磁场梯度相反(图2.15);

② 等效力的大小与磁场梯度大小成正比;

③ 若电子和离子垂直磁场的动能一样,则它们感知到的等效力一样,等效力的大小和方向与带电粒子的电荷属性无关。

把$\vec{F}$代入一般力的漂移公式就可以给出梯度磁场中带电粒子的漂移速度,即

$$\vec{v}_{D\nabla B}=\frac{\mu}{q}\frac{\vec{B}\times\nabla B}{B^2} \tag{2.3.30}$$

也可以表示成

$$\vec{v}_{D\nabla B}=\frac{1}{2}v_{\perp}r_0\frac{\vec{B}\times\nabla B}{B^2} \tag{2.3.31}$$

或者

$$\vec{v}_{D\nabla B}=\frac{mv_{\perp}^2}{2qB}\frac{\vec{B}\times\nabla B}{B}=\frac{W_{\perp}}{q}\frac{\vec{B}\times\nabla B}{B^2} \tag{2.3.32}$$

这里我们可以估计一下梯度漂移速度的数量级,利用式(2.3.31),可以看出

$$\frac{v_{D\nabla B}}{v_{\perp}}\sim\frac{r_0\nabla B}{B}\sim\frac{r_0}{L}\ll 1$$

所以梯度漂移速度很小。梯度漂移有以下特点:

① 梯度漂移速度垂直于磁感应强度和磁场梯度;

② 离子的漂移速度大于电子的漂移速度；

③ 漂移速度与回旋半径成正比；

④ 漂移速度与带电粒子垂直于磁场的动能成正比；

⑤ 正负电荷漂移方向相反，产生电荷分离，在等离子体中会产生漂移电流。

2.3.4 带电粒子在弯曲磁场中的漂移运动

实际存在的磁场都具有一定的弯曲度，如地球磁场（图 2.10(a)）、托卡马克磁场和恒星磁场等，弯曲磁场是一种方向的不均匀性。沿着弯曲磁力线运动的带电粒子一定会感受到一个离心力 $\vec{F}_C$。设磁力线的曲率半径为 R，建立柱坐标系如图 2.16(a)所示。则粒子以 $\vec{v}_{/\!/}$ 的切向速度运动时会受到离心力

$$\vec{F}_C = mv_{/\!/}^2 \frac{\vec{R}}{R^2} \tag{2.3.33}$$

代入一般力的漂移公式，给出由离心力所引起的曲率漂移速度，即

$$\vec{v}_{DC} = \frac{mv_{/\!/}^2}{qB^2} \frac{\vec{R} \times \vec{B}}{R^2} \tag{2.3.34}$$

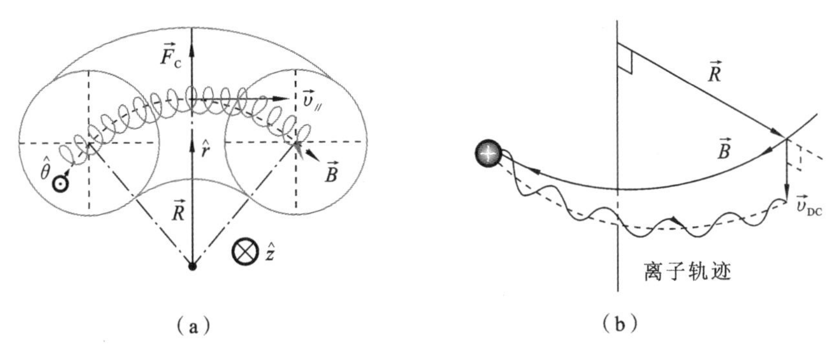

图 2.16　弯曲磁场中的漂移

(a) 弯曲磁场中电荷运动；(b) 离子在弯曲磁场中的漂移轨迹。

图 2.16(b)显示了一个离子在弯曲磁场中的漂移轨迹。从式(2.3.34)可以看出曲率漂移的特点是：

① 曲率漂移速度垂直于磁感应强度和曲率半径；

② 离子的漂移速度大于电子的漂移速度，方向相反，在等离子体中会产生漂移电流；

③ 漂移速度与带电粒子平行于磁场的动能成正比；

④ 漂移速度与弯曲磁场的曲率半径成反比。

对于弯曲磁力线，磁力线分布似乎是均匀的（见图 2.17），但磁感应强度却是不均匀的，下面我们可以证明弯曲磁场在半径方向一定是不均匀的，存在梯度。假设等离子体是稀薄的，电流可以忽略，且不考虑电场，则由安培定律可知

$$\nabla \times \vec{B} = \mu_0 \vec{j} + \frac{1}{c^2} \frac{\partial \vec{E}}{\partial t} = 0 \tag{2.3.35}$$

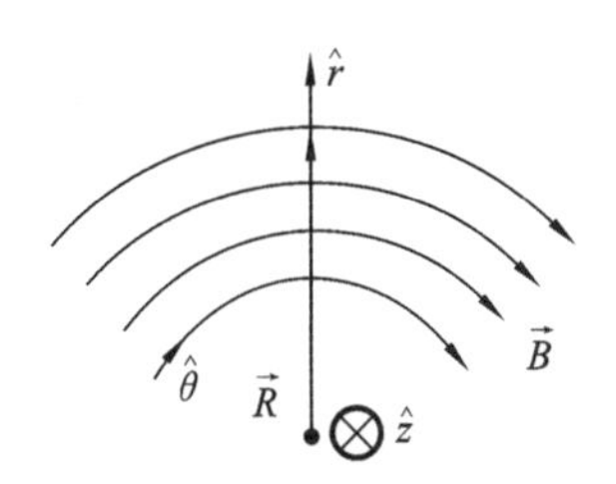

图 2.17　柱坐标中的弯曲磁场

建立柱坐标，如图 2.17 所示，在柱坐标中安培定律为

$$\nabla\times\vec{B}=\left(\frac{1}{r}\frac{\partial B_z}{\partial\theta}-\frac{\partial B_\theta}{\partial z}\right)\hat{r}+\left(\frac{\partial B_r}{\partial z}-\frac{\partial B_z}{\partial r}\right)\hat{\theta}+\left[\frac{1}{r}\frac{\partial(rB_\theta)}{\partial r}-\frac{1}{r}\frac{\partial B_r}{\partial\theta}\right]\hat{z}=0 \tag{2.3.36}$$

在 z 方向没有磁场，且 θ 方向和 r 方向磁场不随 z 变化，根据对称性可知 r 方向磁场不随 θ 变化，即有

$$B_z=0;\quad \frac{\partial B_\theta}{\partial z}=0;\quad \frac{\partial B_r}{\partial z}=0;\quad \frac{\partial B_r}{\partial\theta}=0$$

整理安培定律(式(2.3.36))后可得

$$\frac{1}{r}\frac{\partial(rB_\theta)}{\partial r}=0 \tag{2.3.37}$$

所以有 $rB_\theta=C$，即

$$B_\theta=C/r \tag{2.3.38}$$

显然 B_θ 不是常数，与 r 成反比。这就指出真空中弯曲磁场在半径方向是不均匀的，沿着 $\hat{r}$ 方向有梯度存在，磁场梯度指向曲率中心。假设一个带电粒子在曲率半径为 R 的弯曲磁力线上做回旋运动，必须要同时考虑到梯度漂移和曲率漂移。为此，首先求出曲率半径为 R 的磁力线沿着 $\hat{r}$ 方向的梯度，可对 $B_\theta=C/R$ 两边对 R 微分，可得磁场沿 $\hat{r}$ 方向的梯度

$$\nabla B=-\frac{C}{R^2}\hat{R}=-C\frac{\vec{R}}{R^3} \tag{2.3.39}$$

进一步有 $\frac{\nabla B}{B}=-\frac{\vec{R}}{R^2}$，代入梯度漂移公式(式(2.3.30)～式(2.3.32))，有

$$v_{\mathrm{D}\nabla\mathrm{B}}=\frac{mv_\perp^2}{2qB}\frac{\vec{B}\times\nabla B}{B^2}=\frac{mv_\perp^2}{2qB}\frac{\vec{B}}{B}\times\frac{\nabla B}{B}=-\frac{mv_\perp^2}{2qB}\frac{\vec{B}}{B}\times\frac{\vec{R}}{R^2} \tag{2.3.40}$$

或

$$v_{\mathrm{D}\nabla\mathrm{B}}=\frac{mv_\perp^2}{2qB^2}\frac{\vec{R}\times\vec{B}}{R^2} \tag{2.3.41}$$

所以弯曲磁场中带电粒子的总漂移为(梯度漂移和曲率漂移)

$$\vec{v}_{\mathrm{R}}=\vec{v}_{\mathrm{D}\nabla\mathrm{B}}+\vec{v}_{\mathrm{DC}}=\frac{\vec{R}\times\vec{B}}{qR^2B^2}\left(mv_{/\!/}^2+\frac{1}{2}mv_\perp^2\right) \tag{2.3.42}$$

可以明显看出带电粒子的漂移与粒子的热运动能量有关，如果等离子体是热平衡的，可以用等离子体温度 T 代替热动能。按照能量均分定理，平行磁场方向为一个自由度，垂直于磁场方向有两个自由度，所以有

$$mv_{/\!/}^2/2=k_{\mathrm{B}}T/2;\quad mv_\perp^2/2=k_{\mathrm{B}}T$$

所以弯曲磁场中漂移速度可写成

$$\vec{v}_{\mathrm{R}}=\frac{2k_{\mathrm{B}}T}{q}\frac{\vec{R}\times\vec{B}}{R^2B^2} \tag{2.3.43}$$

从式(2.3.42)和式(2.3.43)可以看出弯曲磁场中漂移速度有以下特点：

① 漂移速度垂直于磁感应强度和曲率半径；

② 漂移速度与弯曲磁场的曲率半径成反比；

③ 漂移速度与带电粒子的热运动速度成正比；

④ 离子的漂移速度大于电子的漂移速度，方向相反，在等离子体中会产生漂移电流；

⑤ 弯曲磁场中正负电荷漂移方向相反，会产生电荷分离和电场，而电场的出现又会产生电漂移，最终会产生等离子体的整体漂移。

简单的约束带电粒子的想法是将磁力线造成闭合的环形(见图 2.18(a)),如同加速器中的磁场形态,带电粒子将始终沿着磁力线运动。然而,在这种磁场位形中,一定存在着曲率漂移和梯度漂移,从而削弱磁场的约束性能。由于弯曲磁场中的漂移将使电子与离子分别向相反方向(如左、右两个方向)运动,其结果会产生电荷分离而形成电场(见图 2.18(b))。如果没有另外的措施消除这种电场,则新生的电场所产生的电漂移会使等离子体整体地向外漂移,最终破坏约束。现在,在托卡马克中的磁场已经相当复杂,它由强的纵场和弱的角向场合成,形成的磁力线具有旋转变换性质,并且旋转变换角很小,这意味着螺旋磁力线沿等离子体柱大大伸展。正是由于这个特点,带电粒子的漂移大大减少,并为等离子体柱克服磁流体力学不稳定性提供了条件。

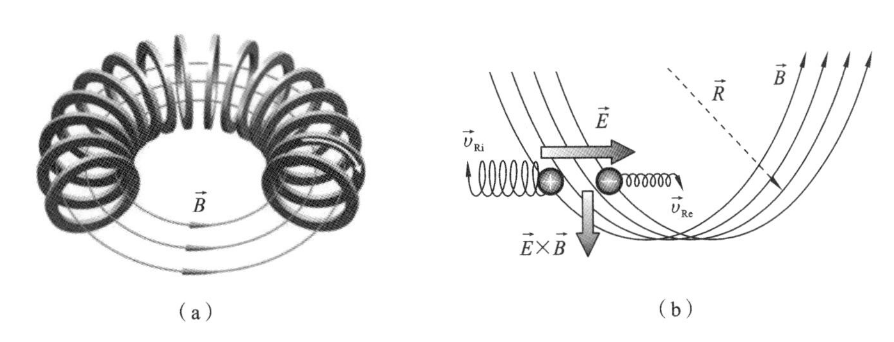

图 2.18　带电粒子约束

(a) 环形磁场;(b) 弯曲磁场中电荷的漂移引起电荷分离,所产生的电场会使等离子体整体漂移至边界。

2.3.5　带电粒子在磁镜场中的运动

上一节我们讨论了带电粒子在不均匀磁场中的漂移,且磁场梯度垂直于磁场($\nabla\vec{B}\perp\vec{B}$)。这一节我们讨论磁场梯度平行于磁场($\nabla\vec{B}/\!/\vec{B}$)的情况。考虑如图 2.19 所示的磁场,其磁场强度大小沿 z 方向变化,或者说磁场梯度沿着 z 方向。令磁场是轴对称的,则有 $B_\theta=0$。由于磁力线的收敛和发散,必然存在分量 B_r,我们下面会看到这个沿径向的磁场分量能产生俘获或捕集带电粒子的力,因此这样位形的磁场也称为磁镜(阱)场。

建立柱坐标如图 2.20 所示,假设磁场为

$$\vec{B}=B_r\hat{e}_r+B_z\hat{e}_z,\quad B_\theta=0 \tag{2.3.44}$$

且磁场主要是沿着 z 轴方向,即 $B_z\gg B_r$,或者说 z 方向磁场的梯度在轴附近变化不大,就可以近似为常数,即 $\partial B_z/\partial z\approx C$。

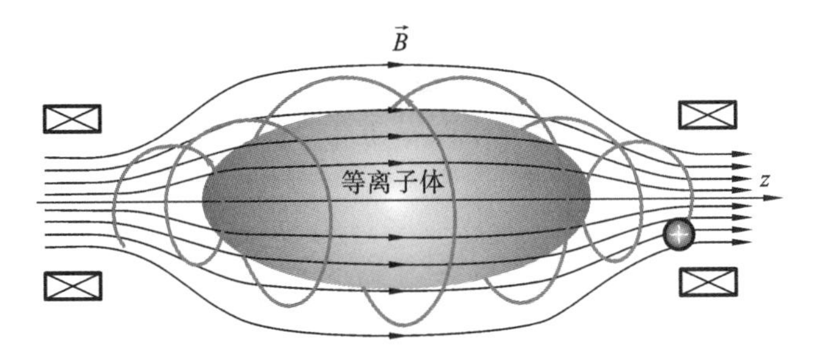

图 2.19　由两个电流线圈形成的磁镜场及电荷运动示意图

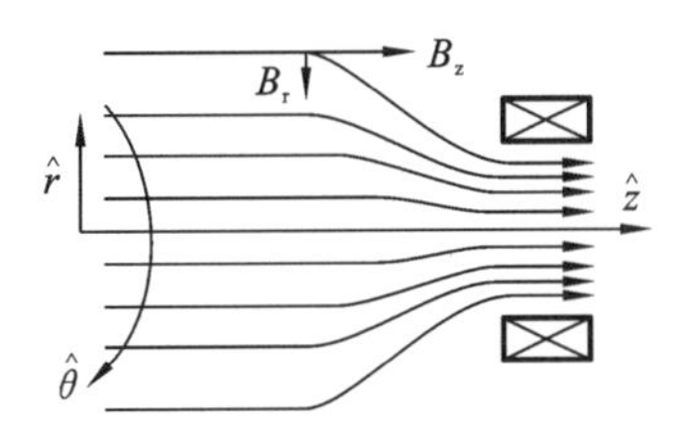

图 2.20　磁镜场及柱坐标

由于磁场的散度为零($\nabla \cdot \vec{B}=0$),柱坐标下有

$$\frac{1}{r}\frac{\partial}{\partial r}(rB_r)+\frac{1}{r}\frac{\partial B_\theta}{\partial \theta}+\frac{\partial B_z}{\partial z}=0 \tag{2.3.45}$$

由于 $B_\theta=0$,所以有

$$\frac{1}{r}\frac{\partial}{\partial r}(rB_r)=-\frac{\partial B_z}{\partial z} \tag{2.3.46}$$

对坐标积分

$$\int_0^r \frac{\partial}{\partial r}(rB_r)\,\mathrm{d}r=-\int_0^r r\frac{\partial B_z}{\partial z}\mathrm{d}r$$

由于$\partial B_z/\partial z \approx C$,所以在轴附近 B_r 可表示成

$$B_r=-\frac{1}{2}r\left[\frac{\partial B_z}{\partial z}\right]_{r=0} \tag{2.3.47}$$

在磁场 $\vec{B}$ 中,带电粒子所受的洛伦兹力 $\vec{F}=q\vec{v}\times\vec{B}$ 在各个坐标轴上的分量分别为

$$\begin{aligned}F_r&=qv_\theta B_z\\F_\theta&=q(-v_r B_z+v_z B_r)\\F_z&=-qv_\theta B_r\end{aligned} \tag{2.3.48}$$

显然式(2.3.48)中的 $v_\theta B_z$ 和 $v_r B_z$ 对应的就是拉莫尔回旋运动。而 F_θ 式中的第二项是一个沿着 θ 方向的力,根据一般力的公式可以知道,这个力可以产生一个沿着 r 方向的漂移,即

$$\vec{v}_{\mathrm{Dr}}=\frac{\vec{F}_\theta\times\vec{B}}{qB^2}=\frac{v_z B_r}{B}\hat{r} \tag{2.3.49}$$

由于 B_r 很小,所以这个漂移非常小,可以忽略。F_z 是一个沿着 z 方向的力(考虑轴线附近区域),这个力是沿着主磁场方向,所以不产生漂移。F_z 的主要作用是能影响离子沿着磁力线方向的运动。把式(2.3.46)中的 B_r 代入 F_z 的表达式,则有

$$F_z=\frac{1}{2}qv_\theta r\frac{\partial B_z}{\partial z} \tag{2.3.50}$$

简单起见,考虑导向中心位于轴上那个离子,对一个回旋周期平均,则有

$$\bar{r}=r_L;\quad \overline{v_\theta}=-v_\perp$$

速度公式中带负号是由于离子回旋运动的方向总是和 $\hat{\theta}$ 方向(沿磁场右手螺旋)相反。所以平均后有

$$\bar{F}_z=-\frac{1}{2}|q|v_\perp r_L\frac{\partial B_z}{\partial z} \tag{2.3.51}$$

利用 $r_L=v_\perp/\omega_c=mv_\perp/qB$,上式可改写成

$$\bar{F}_z=-\frac{1}{2}\frac{mv_\perp^2}{B}\frac{\partial B_z}{\partial z}=-\mu\frac{\partial B_z}{\partial z} \tag{2.3.52}$$

其中 $\mu=mv_\perp^2/2B$,是带电粒子的磁矩。由于$\partial B_z/\partial z$ 就是沿着磁力线方向磁场的梯度,所以可把上式推广到一般情况

$$\vec{F}_{/\!/}=-\mu\nabla_{/\!/}B \tag{2.3.53}$$

可以看出,$\vec{F}_{/\!/}=\vec{F}_z$ 有以下特点:

① 带电粒子在空间不均匀磁场中运动时会感受一个等效力,等效力的方向与磁场梯度相反(见图 2.21);

② 等效力的大小与带电粒子的电荷正负无关，若电子和离子温度一样，则它们感知到的等效力一样；

③ 磁镜场中的等离子体会受到一个指向磁镜中心的力，所以等离子体会被约束。

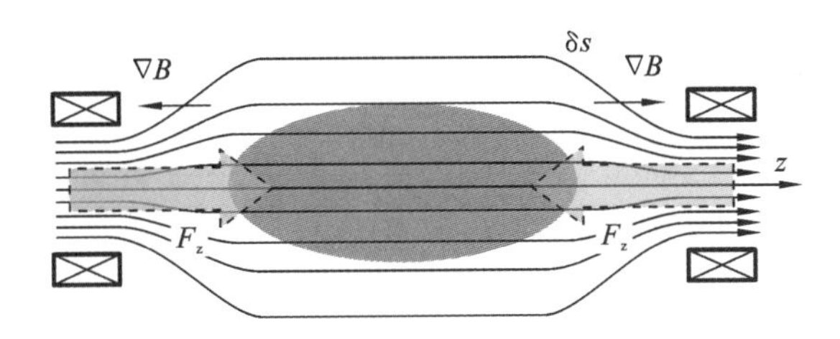

图 2.21　磁镜场及等离子体受力示意图

从式(2.3.52)还可以看出力的大小与垂直于磁场的动能成正比，且与磁感应强度成反比。结果似乎是垂直于磁场的动能越大，受力越大；而且磁感应强度越小受力越大，这显然不正常(注意：磁场不做功，在相同条件下，带电粒子受力不会因为其能量而改变，更不会因为磁场的变小而增加)。从式(2.3.53)可以看出带电粒子感受到的等效力仅与磁矩和磁场梯度有关，如果在缓变场中磁矩不随磁场改变，就不会产生以上反常问题。实际上，我们可以证明当带电粒子在空间缓变的磁场中运动时，虽然拉莫尔半径发生变化，但它的磁矩是一个不变量(绝热不变量，或者浸渐不变量)，这就是磁镜场约束等离子体方案的基础。沿磁力线方向的磁场梯度可以写成

$$\nabla_{/\!/} B = \mathrm{d}B/\mathrm{d}s \tag{2.3.54}$$

其中 $\mathrm{d}s$(或 δs)是沿磁力线取的线元(见图 2.21)。所以磁场梯度等效力式(2.3.53)可以写成 $F_{/\!/} = -\mu \mathrm{d}B/\mathrm{d}s$，根据牛顿第二定律有

$$m\frac{\mathrm{d}v_{/\!/}}{\mathrm{d}t} = -\mu\frac{\mathrm{d}B}{\mathrm{d}s} \tag{2.3.55}$$

两边乘 $v_{/\!/} = \mathrm{d}s/\mathrm{d}t$ 后有

$$\frac{1}{2}m\frac{\mathrm{d}v_{/\!/}^2}{\mathrm{d}t} = -\mu\frac{\mathrm{d}B}{\mathrm{d}t} \tag{2.3.56}$$

磁场不做功，所以带电粒子在随空间缓慢变化的磁场中运动能量守恒，即

$$\frac{\mathrm{d}}{\mathrm{d}t}\left(\frac{1}{2}mv_{/\!/}^2 + \frac{1}{2}mv_{\perp}^2\right) = 0 \tag{2.3.57}$$

根据带电粒子磁矩公式 $\mu = mv_{\perp}^2/2B$，上式可写成

$$\frac{\mathrm{d}}{\mathrm{d}t}\left(\frac{1}{2}mv_{/\!/}^2 + \mu B\right) = 0 \tag{2.3.58}$$

微分后有

$$\frac{1}{2}m\frac{\mathrm{d}v_{/\!/}^2}{\mathrm{d}t} = -\mu\frac{\mathrm{d}B}{\mathrm{d}t} - B\frac{\mathrm{d}\mu}{\mathrm{d}t} \tag{2.3.59}$$

比较式(2.3.56)和式(2.3.59)，可以发现

$$\frac{\mathrm{d}\mu}{\mathrm{d}t} = 0 \quad 或 \quad \mu = C \tag{2.3.60}$$

这就证明了带电粒子在空间缓变的磁场中运动时，其磁矩是一个不变量。

推论：在空间缓变的磁场中，带电粒子回旋轨道所对应的磁通也是一个不变量。简单推导如下

$$\mu=\frac{1}{2}\frac{mv_{\perp}^{2}}{B}=\frac{1}{2}\frac{m}{B}r_{\mathrm{L}}^{2}\omega_{\mathrm{c}}^{2}=\frac{1}{2}\frac{m}{B}r_{\mathrm{L}}^{2}\left(\frac{qB}{m}\right)^{2}=\frac{q^{2}}{2\pi m}\pi r_{\mathrm{L}}^{2}B \tag{2.3.61}$$

而 $\phi=\pi r_{\mathrm{L}}^{2}B$ 就是磁通，所以 $\mu=\frac{q^{2}}{2\pi m}\phi$，即带电粒子的回旋运动轨道所包围的磁通 ϕ 也是不变量（见图 2.22），或者说带电粒子在缓变场中运动时，回旋轨道内磁力线根数是不变的。

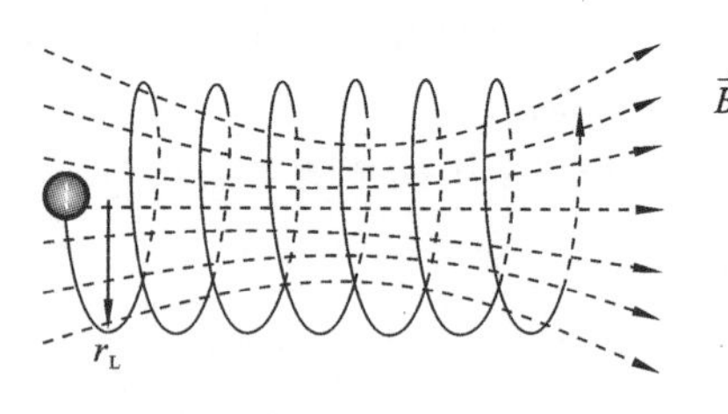

图 2.22　回旋轨道的磁通不变

2.4　带电粒子在随时间缓变的电磁场中的运动

2.4.1　带电粒子在随时间缓变电场中的极化漂移

考虑在空间中均匀，但随时间变化的 $\vec{E}$（见图 2.23），均匀磁场沿着 z 轴，电场沿着 x 轴，为简单起见，假设电场为

$$E_{\mathrm{x}}(t)=E_{0}\mathrm{e}^{\mathrm{i}\omega t} \tag{2.4.1}$$

则带电粒子的运动方程为

$$m\frac{\mathrm{d}\vec{v}}{\mathrm{d}t}=q[\vec{E}(t)+\vec{v}\times\vec{B}] \tag{2.4.2}$$

写成 x 轴和 y 轴分量形式，

$$\frac{\mathrm{d}v_{\mathrm{x}}}{\mathrm{d}t}=\omega_{\mathrm{c}}v_{\mathrm{y}}+\frac{\omega_{\mathrm{c}}E_{\mathrm{x}}(t)}{B};\quad \frac{\mathrm{d}v_{\mathrm{y}}}{\mathrm{d}t}=-\omega_{\mathrm{c}}v_{\mathrm{x}} \tag{2.4.3}$$

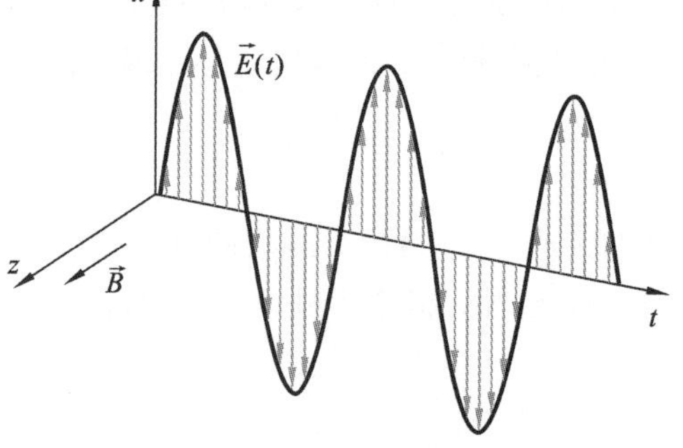

图 2.23　随时间变化的电场

将上述方程对时间再次求导，整理后有

$$\frac{\mathrm{d}^{2}v_{\mathrm{x}}}{\mathrm{d}t^{2}}=-\omega_{\mathrm{c}}^{2}\left(v_{\mathrm{x}}-\frac{\mathrm{i}\omega}{\omega_{\mathrm{c}}B}E_{\mathrm{x}}\right);\quad \frac{\mathrm{d}^{2}v_{\mathrm{y}}}{\mathrm{d}t^{2}}=-\omega_{\mathrm{c}}^{2}\left(v_{\mathrm{y}}+\frac{E_{\mathrm{x}}}{B}\right) \tag{2.4.4}$$

注意，这里用到了 $\mathrm{d}E_{\mathrm{x}}(t)=\mathrm{i}\omega E_{\mathrm{x}}(t)$。令

$$v_{\mathrm{DP}}=\frac{\mathrm{i}\omega}{\omega_{\mathrm{c}}B}E_{\mathrm{x}};\quad v_{\mathrm{DE}}=-\frac{E_{\mathrm{x}}}{B}$$

则方程(2.4.4)变为

$$\frac{\mathrm{d}^{2}v_{\mathrm{x}}}{\mathrm{d}t^{2}}=-\omega_{\mathrm{c}}^{2}(v_{\mathrm{x}}-v_{\mathrm{DP}});\quad \frac{\mathrm{d}^{2}v_{\mathrm{y}}}{\mathrm{d}t^{2}}=-\omega_{\mathrm{c}}^{2}(v_{\mathrm{y}}-v_{\mathrm{DE}}) \tag{2.4.5}$$

当 $\vec{E}$ 缓慢变化时，$\omega^{2}\ll\omega_{\mathrm{c}}^{2}$，可以用未加电场时的速度解方程，为简单起见，假设方程(2.4.5)的近似解写为

$$v_{\mathrm{x}}=v_{\perp}\mathrm{e}^{\mathrm{i}\omega_{\mathrm{c}}t}+v_{\mathrm{DP}};\quad v_{\mathrm{y}}=\mathrm{i}v_{\perp}\mathrm{e}^{\mathrm{i}\omega_{\mathrm{c}}t}+v_{\mathrm{DE}} \tag{2.4.6}$$

可以验证，式(2.4.6)正是方程(2.4.5)的解。可以看出，与没有加电场相比，x 方向和 y 方向都多出一项速度分量。y 方向的速度分量就是原来的电场漂移速度，垂直于 $\vec{E}\times\vec{B}$，但这个速度是以频率 ω 振荡，即

$$\vec{v}_{\mathrm{DE}}=\frac{\vec{E}_0\times\vec{B}}{B^2}\mathrm{e}^{\mathrm{i}\omega t} \tag{2.4.7}$$

而 x 方向的速度分量是一个新的漂移，称为极化漂移(类似于电场在电介质中所引起的极化，因此而得名)，这漂移速度是沿着 $\vec{E}$ 方向。极化漂移速度的矢量形式为

$$\vec{v}_{\mathrm{DP}}=\frac{1}{\omega_{\mathrm{c}}B}\frac{\mathrm{d}\vec{E}}{\mathrm{d}t} \tag{2.4.8}$$

可以看出极化漂移的特点：

① 漂移速度与电荷属性有关；

② 漂移速度与电场方向相同，其大小与电场变化率成正比；

③ 离子的漂移速度大于电子的漂移速度；

④ 电子和离子的漂移方向相反，就引起了极化电流，当 $Z=1$ 时，极化电流可表示为

$$\vec{j}_{\mathrm{P}}=ne(\vec{v}_{\mathrm{DPi}}-\vec{v}_{\mathrm{DPe}})=\frac{n(m_{\mathrm{i}}+m_{\mathrm{e}})}{B^2}\frac{\mathrm{d}\vec{E}}{\mathrm{d}t}=\frac{\rho}{B^2}\frac{\mathrm{d}\vec{E}}{\mathrm{d}t} \tag{2.4.9}$$

如何理解极化漂移呢？考虑一个带电粒子(如离子)开始静止，突然加一向右的电场，离子被加速后感受到磁场的存在，并在洛伦兹力的作用下做洛伦兹运动，由于同时存在的电场使离子产生向下的电漂移运动(见图 2.24(a)右边)。如果电场方向不变，则离子只有向下的电漂移运动。如果电场突然改变方向(向左)，则离子的轨道运动突然有一个向左的加速，回旋中心也会产生一个向左的位移，这就是极化漂移(见图 2.24(a)下边)。接下来，离子又会在电磁场作用下向上漂移(见图 2.24(a)左边)，如此循环往复。图 2.24(b)显示的是一个离子在均匀磁场和随时间缓慢变化的电场中的漂移轨迹。

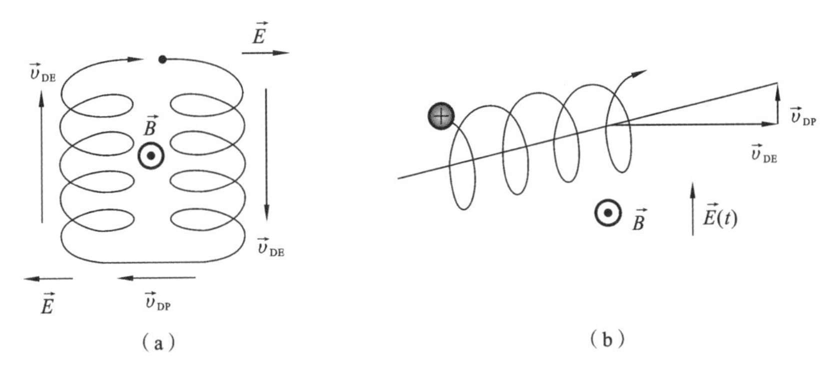

图 2.24　极化漂移

(a) 极化漂移原理示意图；(b) 离子的漂移轨迹。

2.4.2　带电粒子在随时间缓变的磁场中的径向漂移

考虑在空间中均匀，但随时间变化的磁场，例如，一个螺线管所产生的磁场，当线圈中的电流随时间缓慢变化时，磁场也会随时间缓慢变化。假设磁场的变化缓慢(见图 2.25(a))，可以把磁场写成如下形式

$$\vec{B}=B_0\mathrm{e}^{\mathrm{i}\omega t}\hat{z} \tag{2.4.10}$$

由于洛伦兹力总是垂直于 $\vec{v}$，磁场本身不能将能量传递给带电粒子。但是由法拉第定律可知变化的磁场产生感生电场，即

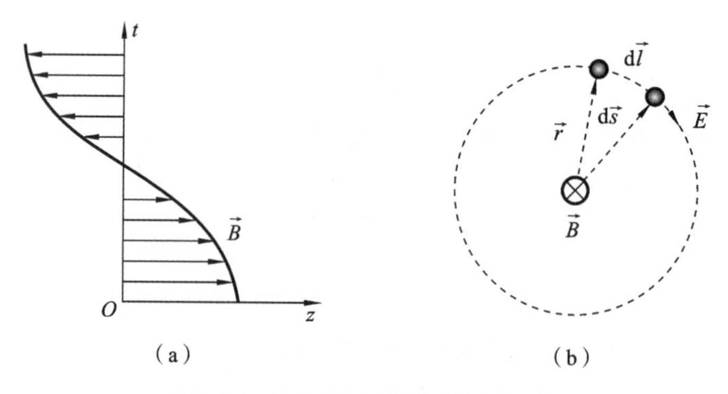

图 2.25　缓变磁场中带电粒子的运动

(a) 随时间变化的磁场；(b) 感生电场。

$$\nabla\times\vec{E}=-\frac{\partial\vec{B}}{\partial t} \tag{2.4.11}$$

法拉第定律的积分形式为

$$\oint\vec{E}\cdot d\vec{l}=-\int_s\frac{\partial\vec{B}}{\partial t}\cdot d\vec{s} \tag{2.4.12}$$

$d\vec{l}$ 是沿着粒子的轨道矢量(见图 2.25(b)),s 是 r_0 轨道包围的面积。如果磁场随时间的变化比较缓慢,则可以把$\partial\vec{B}/\partial t$ 近似看作常数,则有

$$2\pi rE=-\frac{\partial B}{\partial t}\pi r^2 \tag{2.4.13}$$

整理可得随时间缓慢的磁场所产生的感生电场

$$E=-\frac{r}{2}\frac{\partial B}{\partial t} \tag{2.4.14}$$

感生电场方向沿着 $\hat{\theta}$ 方向(见图 2.25(b)),电场会产生电漂移。代入电漂移公式有

$$\vec{v}_{\mathrm{Dt}}=\frac{\vec{E}\times\vec{B}}{B^2}=-\frac{\vec{r}}{2B}\frac{\partial B}{\partial t} \tag{2.4.15}$$

该公式表示的是在空间中均匀且随时间变化磁场所产生的漂移,称为径向漂移。

可以看出径向漂移有以下特点:

① 漂移速度与电荷属性无关,即等离子体中的离子和电子漂移速度的大小和方向相同,使等离子体整体漂移,这也恰恰是电漂移的特点;

② 漂移速度的大小与磁场变化率成正比;

③ 漂移速度沿径向,磁场增加,电荷向中心运动,等离子体收缩;反之,电荷向外运动,等离子体膨胀。

有意思的图像是在随时间缓变的磁场中,随着磁场的增强和减弱,等离子体会有一个收缩和膨胀的变化。假如等离子体处于一个随时间逐渐增强的磁场中,正负电荷会向中心漂移,且回旋半径逐渐变小,漂移轨迹如图 2.26 所示。其实这种现象也可以用前面讲的磁通守恒($\phi=\pi r_{\mathrm{L}}^2B=C$)来解释,如果磁感应强度增加(或减弱),必然会使电荷的拉莫尔回旋半径减小(或增大),所以等离子体会产生压缩(或膨胀)。

在一个柱状等离子体中,如果等离子体表面出现扰动,等离子体中就会产生电流密度变化,相应的磁感应强度会变化。如果某一位置电流密度增加,磁场随时间就会增强,等离

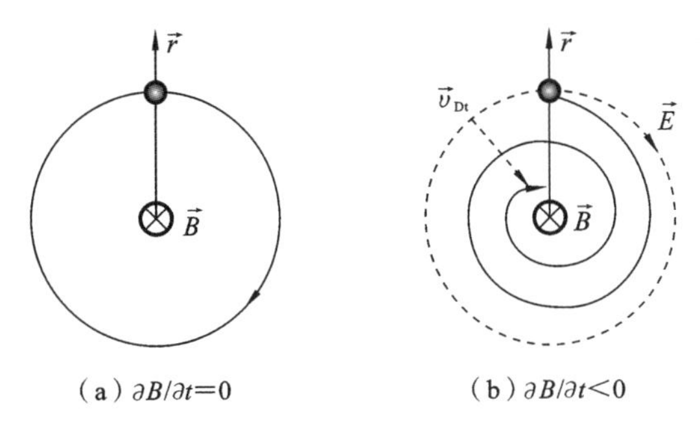

图 2.26　电子的运动轨迹

(a) 恒定磁场；(b) 随时间缓变的磁场。

子体向内收缩；反之，磁场随时间减弱，等离子体就会膨胀，结果柱状等离子体的压缩和膨胀会使其形状发生变化，如图 2.27 所示。如果这种扰动没有得到抑制，最后就演变为腊肠不稳定性。

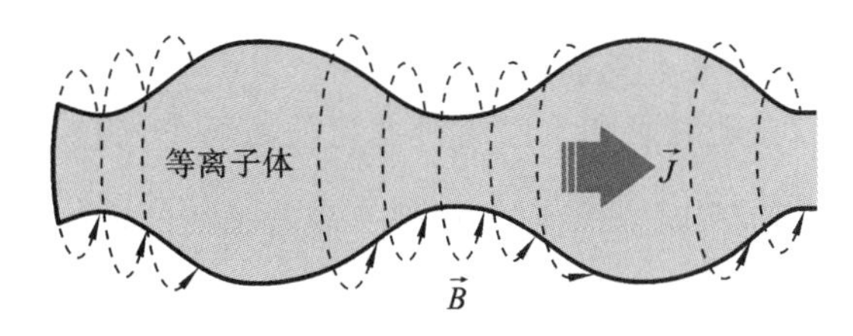

图 2.27　随时间变化磁场会改变柱状等离子体的形状

可以证明带电粒子在随时间缓慢变化的磁场中运动时，它的磁矩是一个不变量。垂直于磁场的运动方程

$$m\frac{\mathrm{d}\vec{v}_{\perp}}{\mathrm{d}t}=q(\vec{E}+\vec{v}_{\perp}\times\vec{B}) \tag{2.4.16}$$

两边同时点乘$\vec{v}_{\perp}$有

$$m\vec{v}_{\perp}\cdot\frac{\mathrm{d}\vec{v}_{\perp}}{\mathrm{d}t}=q\vec{v}_{\perp}\cdot\vec{E}+q\vec{v}_{\perp}\cdot(\vec{v}_{\perp}\times\vec{B})=q\vec{v}_{\perp}\cdot\vec{E} \tag{2.4.17}$$

注意上式右边第二项是等于零的。由于$\vec{v}_{\perp}=\mathrm{d}\vec{l}/\mathrm{d}t$，$\mathrm{d}\vec{l}$ 是带电粒子沿着回旋半径方向的线元矢量，则上式变成

$$\frac{\mathrm{d}}{\mathrm{d}t}\left(\frac{1}{2}mv_{\perp}^{2}\right)=q\vec{E}\cdot\frac{\mathrm{d}\vec{l}}{\mathrm{d}t} \tag{2.4.18}$$

在缓变场中，对上式在一个回旋周期积分，则有

$$\delta\left(\frac{1}{2}mv_{\perp}^{2}\right)=\int_{0}^{\frac{2\pi}{\omega_c}}q\vec{E}\cdot\frac{\mathrm{d}\vec{l}}{\mathrm{d}t}\mathrm{d}t=\oint_{C}q\vec{E}\cdot\mathrm{d}\vec{l}$$

并利用斯托克斯环路积分定理

$$\oint_{C}q\vec{E}\cdot\mathrm{d}\vec{l}=q\int_{s}(\nabla\times\vec{E})\cdot\mathrm{d}\vec{s}$$

利用法拉第定律

$$q\int_{s}(\nabla\times\vec{E})\cdot\mathrm{d}\vec{s}=-q\int_{s}\frac{\partial\vec{B}}{\partial t}\cdot\mathrm{d}\vec{s}$$

当磁场是在缓慢改变时，可把$\partial\vec{B}/\partial t$看成常数，这里$S$是指拉莫尔轨道包围的面，方向按右手螺旋确定，所以磁感应强度和面元相互平行。由于等离子体有抗磁性，对于离子$(\partial\vec{B}/\partial t)\cdot d\vec{s}<0$，而对于电子$(\partial\vec{B}/\partial t)\cdot d\vec{s}>0$，所以方程(2.4.18)变为

$$\delta\left(\frac{1}{2}mv_{\perp}^{2}\right)=q\pi r_{0}^{2}\frac{\mathrm{d}B}{\mathrm{d}t} \tag{2.4.19}$$

式中q是正值，一个周期的平均时间为$\delta T=2\pi/\omega_{c}$，利用$(r_{0}=v_{\perp}/\omega_{c})$，通过简单的变换就可得一个回旋周期内有

$$\delta\left(\frac{1}{2}mv_{\perp}^{2}\right)=q\pi r_{0}^{2}\frac{\mathrm{d}\vec{B}}{\mathrm{d}t}=q\pi\frac{\mathrm{d}B}{\mathrm{d}t}\frac{v_{\perp}^{2}}{\omega_{c}^{2}}=\frac{\frac{1}{2}mv_{\perp}^{2}}{B}\cdot\frac{\mathrm{d}B}{\mathrm{d}t}\frac{2\pi}{\omega_{c}}=\mu\delta B$$

其中$\delta B=\delta T\cdot \mathrm{d}B/\mathrm{d}t$为一个回旋周期内磁场的变化。根据磁矩的定义，上式变为

$$\delta(\mu B)=\mu\delta B \tag{2.4.20}$$

所以有

$$\delta\mu=0 \tag{2.4.21}$$

即在随时间缓慢变化的磁场中，磁矩是不变量。很容易推出，在随时间缓慢变化的磁场中，拉莫尔回旋轨道所包围的磁通也是不变量。

由以上讨论可以看出，在随时间和空间缓慢变化的磁场中，磁矩和磁通都是不变量，即$\mu=\frac{mv_{\perp}^{2}}{2B}=\frac{W_{\perp}}{B}=C$。可以发现，在时空缓变的磁场中，随着磁场的增强，带电粒子的垂直动能增加；而磁场减弱，垂直动能减少。但是我们知道磁场是不做功的，那么带电粒子的垂直能量为何会变化？实际上，带电粒子的总能量是不变的，即$E=W_{\perp}+W_{/\!/}=C$，所以，在磁场的变化过程中，带电粒子的能量在垂直动能和平行动能之间转换。但问题是，这种能量之间的转换一定有力的作用，是什么力呢？简单回顾一下前面内容我们不难发现这个力。在随空间缓慢变化的磁场中，带电粒子会感受一个沿磁场梯度方向的等效力$\vec{F}_{\nabla B}$，而在随时间缓慢变化的磁场中，会产生感生电场，进而带电粒子会受电场力$\vec{F}_{E}$。正是这两个力使得带电粒子的能量在垂直动能和平行动能之间转换。

2.4.3　拓展知识：随时间缓变磁场中的等离子体应用

1. 等离子体输运——磁泵

在随时间缓变的磁场中，等离子体的收缩和膨胀行为可以应用在有毒有害材料的输运过程中（等离子体输运，即磁泵）。在如图2.28所示的磁镜装置中，通过改变M_1和M_2线圈中的电流（即磁场），可以使等离子体向左或者向右的运动。逐渐增加线圈M_1的电流强度，磁场逐渐增强，有$\partial\vec{B}/\partial t>0$，则$M_1$和附近的等离子体向内压缩，再通过等离子体内部的碰撞，迫使等离子体向右输运。当然也可以理解为磁场梯度所产生的向右的等效力增强，使等离子体向右

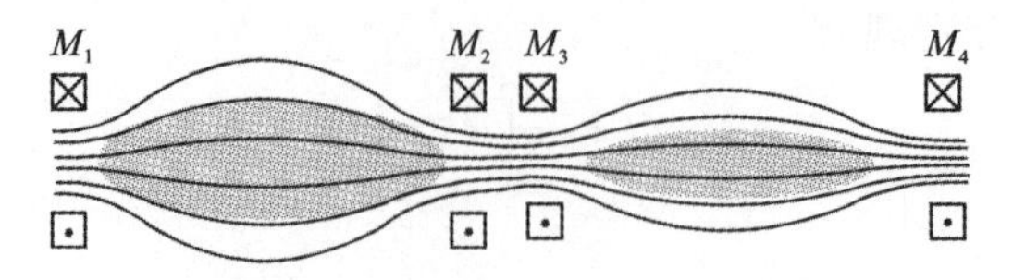

图2.28　磁泵示意图（M_1、M_2、M_3和M_4是线圈）

运动。把多个磁镜串联起来，就可以进行等离子体加热并输运。如图 2.28 所示，等离子体被注入到磁镜 M_1 和 M_2 之间的区域；在线圈 M_1、M_2 上加上脉冲电流以增加磁场，加热等离子体；在 M_1 上加更大的脉冲，就将等离子体传送到 M_3～M_4 区域；再在 M_3、M_4 上加上脉冲，对等离子体继续加热；当然这个装置还可以使用第三级、第四级等。

2. 绝热压缩加热等离子体

可以利用变化磁场对磁场中的等离子体进行加热，图 2.29(a)是两极绝热压缩等离子体加热示意图。随着线圈 M_1 和 M_2 中电流增加，磁场增大，由于磁矩守恒，磁场强度增加，带电粒子的垂直动能增加，再通过碰撞把能量传递到其他带电粒子，这样等离子体就可以得到加热(见图 2.29(a))。当然，此时磁矩守恒不一定成立，但随时间变化的磁场会产生感生电场，电场会使带电粒子能量增加(加热)。

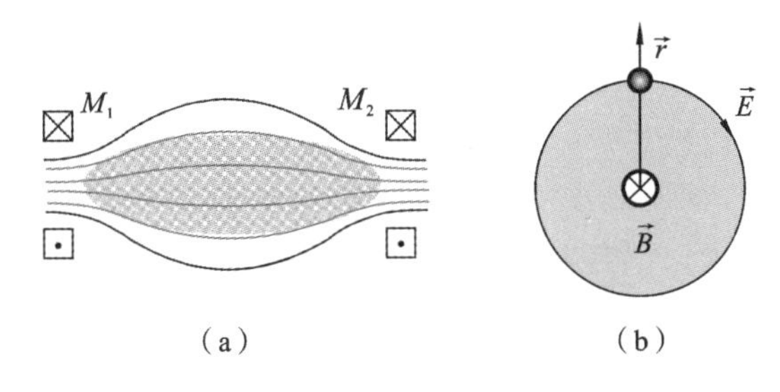

图 2.29　绝热压缩

(a) 绝热压缩等离子体加热示意图；(b) 回旋加热示意图。

3. 回旋加热

假设磁场为 $\vec{B}=\vec{B}_0\cos(\omega_c t)$，注意，其中的 ω_c 是电荷的回旋频率，也就是说磁场以电荷的回旋频率变化。这个变化的磁场所产生的电场为

$$E=-\frac{r_L}{2}\frac{\partial B}{\partial t}=-\frac{r_L}{2}\omega_c\sin(\omega_c t) \tag{2.4.22}$$

这个电场会对做拉莫尔回旋运动(回旋频率 ω_c)的带电粒子持续加速，由于在磁场快速变化条件下，磁矩守恒不成立，所以最终等离子体会被加热(见图 2.29(b))。

4. 等离子体加速与压缩

图 2.30 显示的是洛克希德·马丁公司设计的一款紧凑型聚变反应装置(compact fusion reactor，CFR)，该装置是根据"磁镜约束"原理提出的一种"高 β 聚变反应堆"，其体积较小，可以在飞机、轮船、汽车以及火车上使用，具有较大的潜在商业应用价值。CFR 装置由多个线圈构成，分别有一个中心线圈，一组内部线圈，两组封装线圈和一组磁镜线圈等，各组线圈的参数及数量均可根据需求适当调节。装置内部线圈(internal coils，是一组超导线圈)的电流方向与其他几组线圈电流方向相反，在装置内构成了一个边界附近磁场较强而芯部磁场较弱的磁阱结构(磁镜场)，使高温等离子体能够较好地被约束在装置内部。装置内等离子体的输运及加速都是通过磁线圈中电流的大小变化实现的，聚变过程中等离子体的压缩也是利用中心线圈中强大的磁场及其变化实现的。最新的实验结果表明，CFR 装置中的等离子体在高 β 值条件下具有稳定的膨胀率。研究还表明，在中性氦粒子束对等离子体加热过程中，能使等离子体获得毫秒量级的良好约束，同时装置内会产生高能电子和离子。

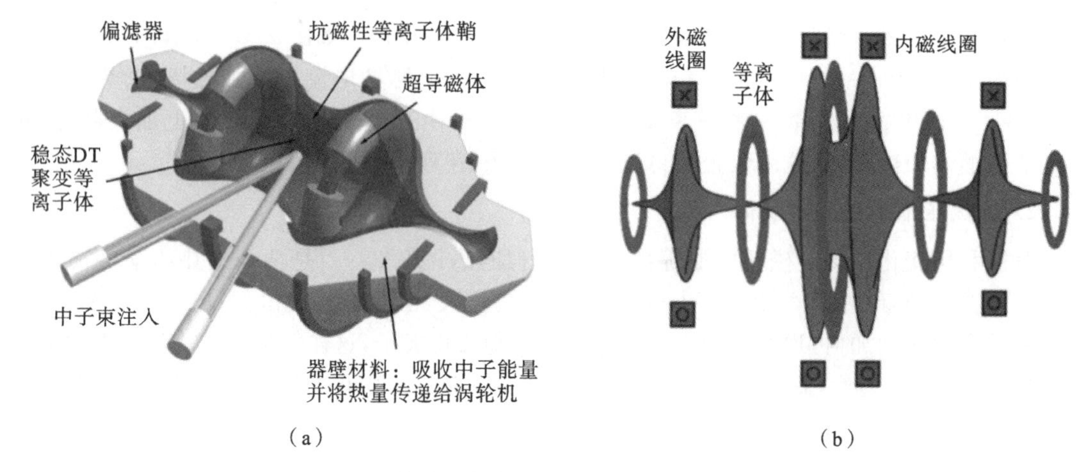

图 2.30　紧凑型聚变反应装置 CFR(来源于网络)

(a) 结构示意图;(b) 等离子体分布。

2.5　绝热不变量(浸渐不变量)

在经典力学中,粒子运动过程或运动状态是采用变量 q(广义坐标)和 p(广义动量)进行描述的,它们是随时间变化的。为了获得粒子的运动规律,一般需要解运动微分方程,往往过程非常复杂。但是存在关于这些变量的某些函数,其值在运动过程中保持恒定,这样的函数称为运动积分。如果能找到一些运动积分,即运动不变量(守恒量:能量和动量守恒等),那么求解粒子的运动规律就会容易很多。等离子体是一个复杂体系,其运动过程也异常复杂,如果也能找到一些运动不变量,对于展现这个复杂系统中带电粒子运动的一些重要特征就变得比较方便。在等离子体物理学中,当系统参数缓慢变化时(如磁感应强度 B),若并不具有完全周期性的运动(这里指的是不闭合的回旋轨迹)的运动积分仍然为常数,则该运动积分可以称为绝热不变量,又称浸渐不变量,或缓渐不变量。数学上是这样描述:由力学原理,当一个粒子做周期运动,或近乎周期性运动时,如果决定粒子运动轨道的力场缓慢变化,即表示场的特性的参量 λ(如磁感应强度 B)在一个周期 τ 内的改变远远小于参量本身(其实就是前面讲的缓变条件),即

$$\tau \cdot \frac{d\lambda}{dt} \ll \lambda \tag{2.5.1}$$

此粒子在一个运动周期内的运动积分

$$J = \oint p \mathrm{d}q \tag{2.5.2}$$

是一个近似不随场改变的物理量,称为绝热不变量(浸渐不变),这里 p 和 q 分别是广义动量和广义坐标,不等式(2.5.1)称为绝热条件。对于带电粒子在磁场中的运动,主要有三个不变量:磁矩 μ,纵向不变量 J 和粒子漂移面包围的磁通量 Φ。

2.5.1　第一个绝热不变量:磁矩

前两节我们已经证明在随时间和空间缓变的磁场中,带电粒子的磁矩是一个不变量。这

里我们通过运动积分同样可以获得这个结论。磁矩不变量对应的周期运动时电荷的拉莫尔回旋运动，广义动量为角动量 $p=mv_{\perp}r_0$，广义坐标为回旋角度 θ，运动积分为

$$\oint p\mathrm{d}q=\oint mv_{\perp}r_0\mathrm{d}\theta=2\pi mv_{\perp}r_0=4\pi\frac{m}{q}\frac{1}{2}\frac{mv_{\perp}^2}{B}=4\pi\frac{m}{q}\mu$$

可以看出，只要 q/m 不变，μ 就是常数。

作为 μ 不变性的一个应用的例子，我们来讨论带电粒子在所谓的磁镜场位形中的运动特点，由此我们可以了解磁镜场约束等离子体的基本原理。考虑由两个平行载流线圈产生的磁场（见图 2.31），在这样的磁场位形中，其中间的磁场 B_0 最小，沿中心轴向两线圈方向，磁场不断增强，线圈中心处的磁场 B_m 最大。

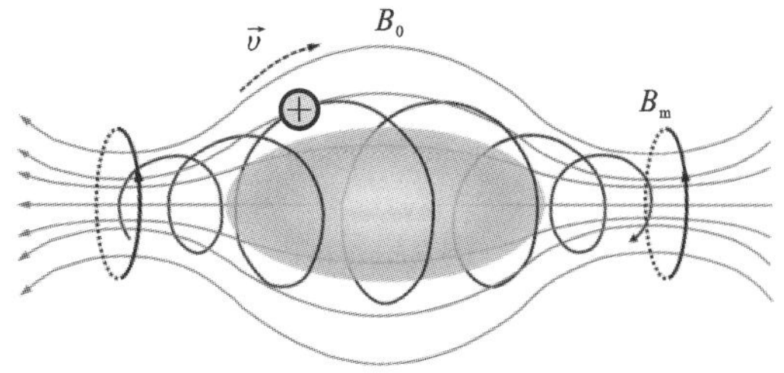

图 2.31　磁镜场示意图

假设带电粒子向磁镜中心运动，磁场逐渐减弱，根据磁矩不变性（$\mu=mv_{\perp}^2/2B=C$），粒子的垂直于磁场的速度变小，由于磁场不做功，粒子的总动能不变（$E=W_{\perp}+W_{/\!/}=C$），因此平行于磁场的速度变大，换句话说，粒子的垂直动能转变成平行动能。当粒子运动过磁镜中心点后，由于磁场逐渐增加，其平行速度逐渐减少，粒子的平行动能转变成垂直动能。当运动到磁颈时，平行速度达到最小，如果磁颈处磁场足够强，平行于磁场的速度降为零，粒子将会被反射。这样带电粒子就会在两个磁颈之间来回运动而被约束，类似于光在两个平行的镜子之间来回反射一样，所以把这样的磁场结构称为磁镜。磁镜约束等离子体的机理也可以从另一个角度解释。磁镜场是缓变的，存在指向磁颈的磁场梯度，所以处于这样的梯度场中的等离子体会感受到一个等效力 $\vec{F}=-\mu\nabla B$，其方向指向磁镜中心（见图 2.31），且与电荷正负无关，所以等离子体被约束在磁镜场中。

是否处于磁镜内的电荷就无法跑出来呢？究竟那些粒子不能被约束呢？一般情况下，初始时刻粒子的平行速度比较小的时候，这些粒子会被约束。但是如果初始平行速度比较大，当该粒子到达磁颈时候还有平行速度，那么这个粒子就会逃逸出去。也就是说在一定条件下，捕集是不完全的。一个特例就是位于轴线上的粒子（见图 2.32(a)），它的垂直速度为零，即磁矩为零，它感知不到磁场梯度所产生的力，也就是说，对该粒子来讲磁镜像不存在一样，该粒子可以直接逸出磁镜。

假设一个带电粒子，它在中间平面处速度、平行于磁场的速度分量及垂直于磁场的速度分量分别为 v_0、$v_{0/\!/}$ 和 $v_{0\perp}$（见图 2.32(a)），而在磁颈处速度，平行和垂直速度分量分别为 v_1、$v_{1/\!/}$ 和 $v_{1\perp}$，根据磁矩不变性有

$$\frac{v_{0\perp}^2}{B_0}=\frac{v_{1\perp}^2}{B_m}\tag{2.5.3}$$

当 B_m 磁场足够大，粒子被反射，即在磁颈处 $v_{1/\!/}=0$，$v_{1\perp}=v_0$，所以有

$$\frac{v_{0\perp}^2}{B_0}=\frac{v_0^2}{B_m}$$

或

$$\frac{B_0}{B_m}=\frac{v_{0\perp}^2}{v_0^2}=\sin^2\theta_m\tag{2.5.4}$$

其中 θ 是平行速度与总速度之间夹角(图 2.32(a)),θ_m 为粒子被反射时所对应的 θ 角,是 θ 的临界值。对于在磁镜中心时 $\theta<\theta_m$ 的那些粒子,由于其平行速度比较大,当其运动到磁颈处还有剩余的平行速度,因此能通过磁颈而逃逸出去。对于 $\theta>\theta_m$ 的那些粒子,其平行速度比较小,当其运动到磁颈处已经没有剩余的平行速度,因此被约束在磁镜中。

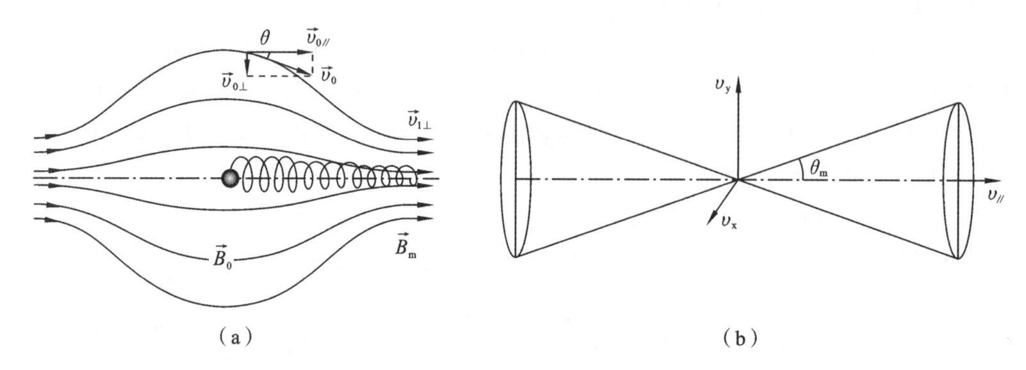

图 2.32 第一个绝热不变量

(a) 磁镜场中电荷粒子不同位置速度分量;(b) 速度空间损失锥示意图。

一般把磁镜场中最强与最弱磁感应强度之比,即

$$R_m=\frac{B_m}{B_0} \tag{2.5.5}$$

称为磁镜比。观察约束于磁镜中的等离子体,其速度分布函数会存在一个以 $2\theta_m$ 为顶角的锥体,称为损失锥(见图 2.32(b))。处于损失锥体内的粒子会逃逸出去,而损失锥体外的粒子会被约束。

2.5.2 第二个绝热不变量:纵向不变量

由前面的讨论我们知道当一个粒子作周期运动,或近乎周期性的运动时,且决定粒子运动轨道的力场缓慢地变化,一定存在一个绝热不变量。磁镜俘获粒子在磁镜间反跳(图 2.33),以"反跳频率"做周期运动。由于这种运动是在缓变的磁场中,所以必存在一个绝热不变量。

考察一个处于磁镜场中并被捕获的粒子,如图 2.33 所示,该粒子在一个运动周期内的作用积分中,广义动量就是 $mv_{/\!/}$,广义坐标就是 s,作用积分为

$$J=\int_{z_1}^{z_2} v_{/\!/}\,\mathrm{d}s \tag{2.5.6}$$

带电粒子的动能为

$$E=\frac{1}{2}mv_{/\!/}^2+\mu B \tag{2.5.7}$$

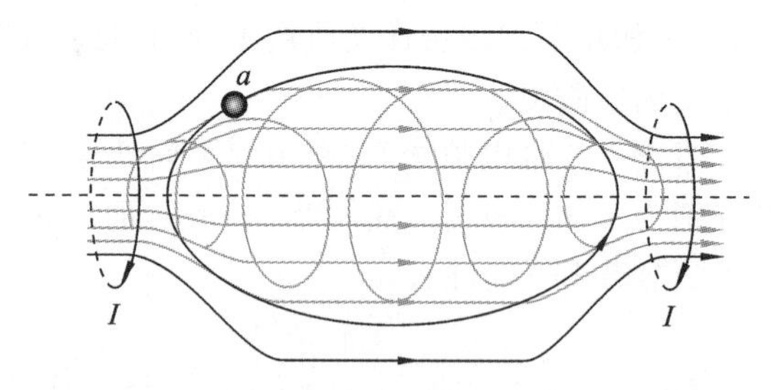

图 2.33 电荷在磁镜场的磁颈间来回反跳

则有

$$v_{/\!/}=\pm\sqrt{\frac{2}{m}(E-\mu B)} \tag{2.5.8}$$

代入作用积分(式(2.5.6)),有

$$J = J(E,z,t) = \int_{z_1}^{z} \left[\frac{2}{m}(E-\mu B)\right]^{1/2} \mathrm{d}z \tag{2.5.9}$$

注意,这里假设 $z_2=z$ 可变,积分中 E,z,t 可变,可以证明(参见马腾才教材《等离子体物理原理》105 页)

$$\frac{\mathrm{d}J}{\mathrm{d}t}=0 \tag{2.5.10}$$

所以 J 是一个绝热不变量,称为纵向不变量。J 的不变性要求带电粒子在相空间运动轨迹所围成的面积保持不变(如图 2.34(a),阴影部分面积)。

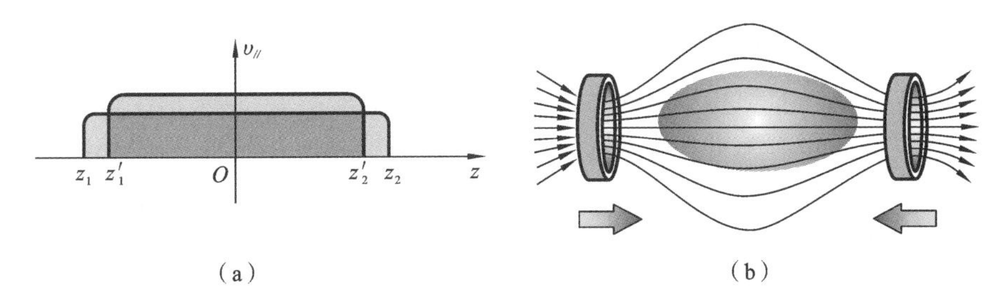

图 2.34　第二个绝热不变量

(a) 电荷在相空间 $z\sim v_{/\!/}$ 中的运动轨迹;(b) 两个磁颈相对运动。

作为纵向不变量的一个应用例子,我们讨论一下处于磁镜场中的等离子体,当磁颈相对运动时(见图 2.34(b))。假设在 $t=0$ 时刻,磁镜的两个磁颈位置为 z_1,z_2,磁镜中带电粒子平行于磁场的速度为 $v_{/\!/}$,在 t'时刻,磁镜的两个磁颈位置为 z'_1,z'_2,平行于磁场的速度为 $v'_{/\!/}$。根据 J 的不变性,要求相空间中轨道围着的面积(阴影部分)相等,设 $L=z_1z_2$,$L'=z'_1z'_2$,且 $L>L'$,则有

$$v'_{/\!/}L'=v_{/\!/}L \tag{2.5.11}$$

或

$$v'_{/\!/}=(L/L')\cdot v_{/\!/}>v_{/\!/} \tag{2.5.12}$$

由于缓变场中磁矩不变,所以磁镜收缩后,带电粒子的总动能为

$$\begin{aligned} W' &= \frac{1}{2}mv'^2_{/\!/}+\frac{1}{2}mv'^2_{\perp}=\frac{1}{2}mv'^2_{/\!/}+\mu B \\ &= \frac{1}{2}mv^2_{/\!/}\left(\frac{L}{L'}\right)^2+\mu B>\frac{1}{2}mv^2_{/\!/}+\mu B \\ &= W \end{aligned} \tag{2.5.13}$$

或

$$W'>W \tag{2.5.14}$$

也就是说,两个相互靠近的磁镜中的等离子体能量增加了。这个结果可以这样理解:当两个线圈形成的磁镜缓慢靠近,运动到磁颈处的等离子体会被反射,相当于磁场的运动能量交给了等离子体,等离子体被加速,这种加速机制首先由费米提出,所以称为费米加速。这种带电粒子的加速机制可以解释宇宙高能粒子的存在。地球沐浴在宇宙射线之中,质子、电子和原子核以极高的速度运动,似乎宇宙射线所拥有的能量没有上限,宇宙射线能量分布在10^{14}至10^{20} eV 及以上。能量在$10^{14}\sim10^{17}$ eV 间的高能粒子,有方向性,可以找出他们在太阳、非太阳起源,

包括银河系内恒星、超新星爆发、脉冲星。但能量超过$10^{17}\sim10^{20}$ eV 及以上的高能粒子，入射方向具有各向同性，没有发现明显的方向性。这表明它们必然来源于银河系外。以这些高能粒子的平均寿命，即使算上相对论的运动时慢或尺缩，都不足以跨越星系间的距离，仿佛就是在虚空中凭空生成，并专门射向我们的一样。意大利物理学家费米于 1949 年提出费米加速现象。宇宙中存在磁云，有强弱磁场区域，当带电粒子被捕获后，由于磁云的相对运动，带电粒子的能量不断增加，这就提供了一种解释高能粒子产生可能的机制。

2.5.3 第三个绝热不变量：磁通不变量

地球磁场磁力线是两极密而赤道稀疏，形成天然的磁镜场，太阳风中的带电粒子进入地球磁场后被捕获，然后将沿着地球磁力线运动在两极之间来回反射。同时由于磁场的不均匀性和弯曲，带电粒子还将沿着垂直于磁力线和梯度方向(纬度方向)漂移。如果地球磁场是严格对称的，带电粒子在地球磁场中漂移会回到同一根磁力线上，这也是一种周期运动。实际上，地球磁场不可能是完全对称的，但带电粒子仍然可近似看成回到同一根磁力线上(见图 2.35)，这一点可以用纵向不变量来进行证明。

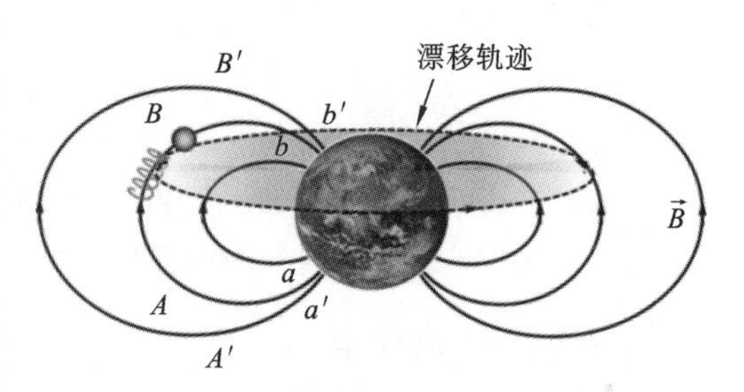

图 2.35 带电粒子在地球磁场中的漂移

利用反证法，假设带电粒子在地球磁场中漂移一周后不会回到同一根磁力线上，出发磁力线为 AB 线，两端反射点为 a、b，回归磁力线为 $A'B'$ 线，两端反射点为 a'、b'。显然有

$$L_{A'B'}>L_{AB};\quad B_{A'B'}<B_{AB} \tag{2.5.15}$$

带电粒子运动过程中能量守恒，有

$$E_k=\frac{1}{2}mv_{/\!/AB}^2+\mu B_{AB}=\frac{1}{2}mv_{/\!/A'B'}^2+\mu B_{A'B'}=E_k' \tag{2.5.16}$$

由于 $B_{A'B'}<B_{AB}$，所以 $v_{/\!/A'B'}>v_{/\!/AB}$，又由于 $L_{A'B'}>L_{AB}$，结果

$$J_{A'B'}>J_{AB} \tag{2.5.17}$$

这与在缓变场中纵向不变量相互矛盾，所以粒子在地球磁场中漂移一周后必须回到同一根磁力线。这种漂移运动也是一种准周期运动，对应于这种准周期运动也存在一个绝热不变量，就是带电粒子绕地球赤道漂移一周所包围的磁通是个不变量，即 $\Phi=BS=C$，其中的 S 中就是漂移一周所围的面积。

2.5.4 范艾伦辐射带与极光

20 世纪初就有研究者提出在离地表一定距离的高空存在一条带电粒子带，其形成原因是太阳在持续不断地发出带电粒子，这些粒子会被地球磁场俘获，并束缚地球磁场中。随着技术的发展，在 1957 年到 1975 年期间，美苏太空竞赛促使人类在太空探索领域的技术得到了迅猛发展。1958 年 1 月 31 日，美国第一颗人造卫星探险者一号升空，当升至 800 km 高空时，卫星上所载盖革计数器读数突然下降至 0，但是科学家以为仪器出现了问题。到 1958 年 3 月 26 日探险者三号升空时，又发生了同样的情况。范艾伦猜测，计数器停止计数并非仪器出问题，可能是由于粒子数目太多，计数器饱和所致。由此，他对盖革辐射计数器进行简单改造，并成功获得了地球上空的粒子数分布。发现在地面上空的地磁场内，有两条宽大的辐射带。这两条辐射带离地面400英里(1英里=1.609344千米)起，向上延伸至15000英里。基于范艾伦对发现这一辐射带的贡献，科学界将其命名为“范艾伦辐射带”。

地球是个大磁体，两极处磁场强，赤道处磁场弱，构成一个天然的磁镜场。来自太阳风中的带电粒子(电子和质子等)被这个磁镜场捕获，带电粒子沿着地磁场在两极之间运动而形成范艾伦辐射带。辐射带分为两层，较低的辐射带在赤道之上延伸约1000～5000 km，内有电子和质子；较高的辐射带约在赤道之上约15000～25000 km处，主要含有电子(见图2.36)。范艾伦辐射带的内层，单位面积每秒有20000个质子通过，是宇宙射线通量的10^4倍。在内层中质子的能量超过了7×10^8电子伏特，他们足以穿透几厘米的铅板。因此，范艾伦带内的高能粒子对空间飞行器、卫星等都有一定危害。在两层辐射带之间的缝隙则是辐射较少的安全地带。

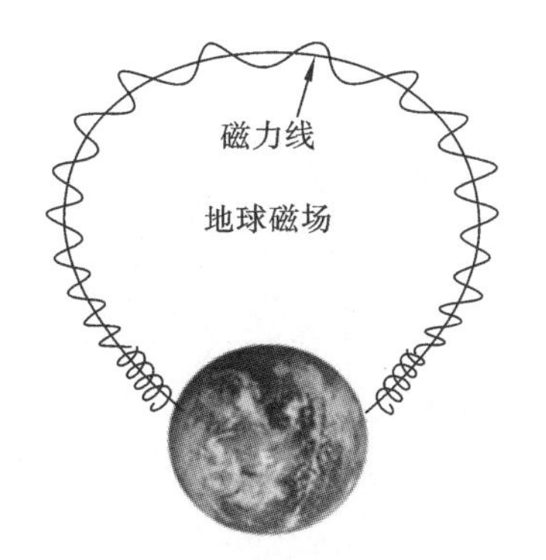

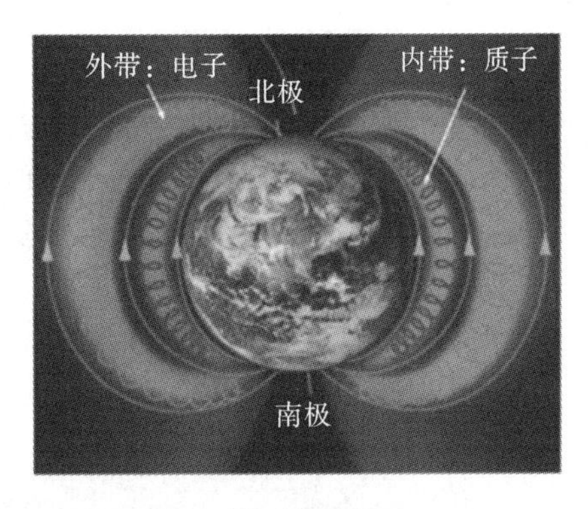

图2.36　范艾伦辐射带的形成及结构(来源于网络)

太阳风和地球磁场相互作用还会产生另外一种自然现象：极光。当太阳发生磁暴时，太阳风中的高能粒子被地球磁层磁力线所捕获，并进入地球大气层(见图2.37)。高能粒子沿着地

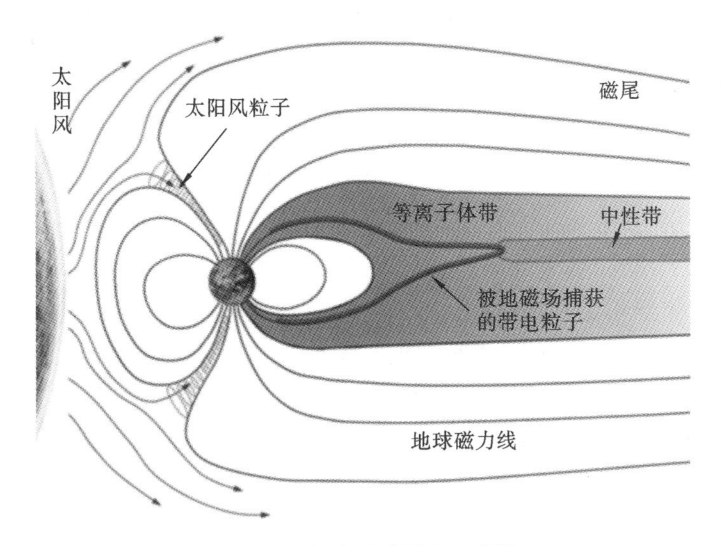

图2.37　极光形成原理示意图

磁场在两极之间运动，并与大气中的分子（主要是 O_2 和 N_2 等）发生频繁的碰撞，从而激发大气分子产生美丽的极光（见图 2.38）。所以，极光出现于高磁纬地区上空，是一种绚丽多彩的发光现象。极光产生的条件有三个：大气、磁场、高能带电粒子。这三者缺一不可。极光不只在地球上出现，太阳系内的其他一些具有磁场的行星上也有极光（见图 2.39）。

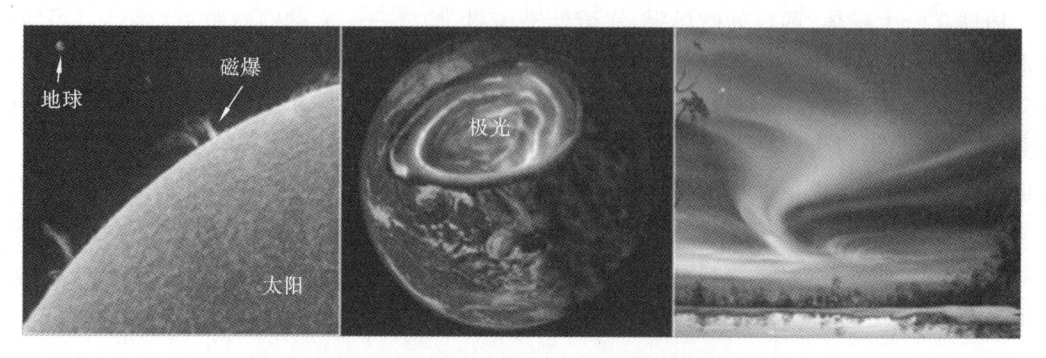

图 2.38　太阳磁爆及地球上北极光（来源于网络）

图 2.39　太阳系三大行星上的极光（来源于网络）

2.6　带电粒子在高频电磁波中的运动

近年来，随着新型和尖端技术的发展，带电粒子在超强和高频电磁场中的运动越来越受到人们的重视。例如，在惯性聚变过程中，超强激光中的等离子体行为和超强激光烧蚀过程中激光与等离子体相互作用等。对于处于高频电磁波中的带电粒子，高频电磁波频率已经和带电粒子的回旋频率相近，而高频电磁波波长和带电粒子的回旋半径相近，此时，漂移不再是一个慢运动，有可能可以和回旋运动比拟。前面使用的空间和时间缓慢变化模型已不再适用。

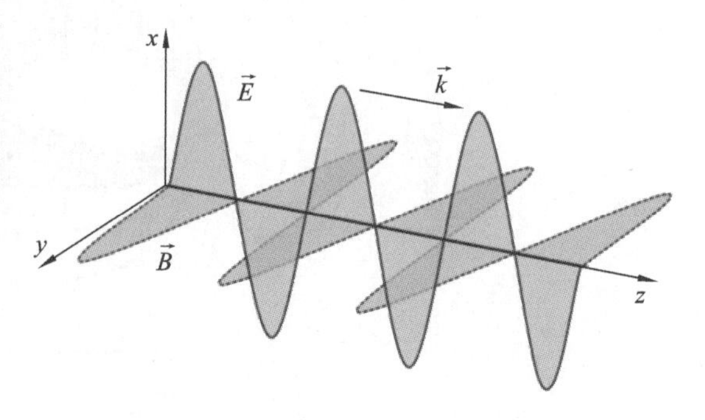

图 2.40　电磁波中电场、磁场及波矢

假设没有静场，建立坐标如图 2.40 所示，电磁波中的电场和磁场为

$$\vec{E}=E_0\cos(kz-\omega t)\hat{e}_x;\quad \vec{B}=B_0\cos(kz-\omega t+\delta)\hat{e}_y \tag{2.6.1}$$

由法拉第定律

$$\nabla\times\vec{E}=-\frac{\partial\vec{B}}{\partial t} \tag{2.6.2}$$

可得 $B_0=\frac{kE_0}{\omega}=\frac{E_0}{v_\varphi}=\frac{E_0}{c}$，由于是在真空中，电磁波的相速度为光速($v_\varphi=c$)。带电粒子在这样的电磁场中所受的电磁力为

$$\vec{F}=q(\vec{E}+\vec{v}\times\vec{B})=\vec{F}_E+\vec{F}_B \tag{2.6.3}$$

其中 $\vec{F}_E$ 是电场力，$\vec{F}_B$ 是磁场力，显然有

$$\frac{\vec{F}_B}{\vec{F}_E}=\frac{vB_0}{E_0}=\frac{v}{c} \tag{2.6.4}$$

在低速情况下(非相对论)，由于 $v\ll c$，磁场力可以忽略，在高速情况下($v\sim c$)，电场力和磁场力具有同量级。定义一个无量纲的参数 α 来衡量电磁波的强弱。

$$\alpha=\frac{|v|}{c}=\frac{eE_0}{m_e\omega c}=8.85\times10^{-10}I^{1/2}\lambda \tag{2.6.5}$$

其中 I 是光强，λ 是波长，当 $\alpha\ll1$ 时为弱场，当 $\alpha\geqslant1$ 时为强场。注意，当 $\alpha\approx1$ 时，电子的颤动速度等于光速，或者称颤动能量等于其静止能量。

2.6.1　在弱电磁波中的颤抖运动

电磁波中的电场(图 2.40)为

$$\vec{E}=E_0\cos(kz-\omega t)\hat{e}_x \tag{2.6.6}$$

电磁波强度(光强)为

$$I=\varepsilon_0cE_0^2/2 \tag{2.6.7}$$

在电磁波强度(光强)较弱时，带电粒子速度远小于光速，不考虑磁力。这样电荷的运动可以写成

$$m\frac{\mathrm{d}\vec{v}(t)}{\mathrm{d}t}=q\vec{E}=qE_0\cos(kz-\omega t)\hat{e}_x \tag{2.6.8}$$

由于电磁波中的电场沿着 x 方向，带电粒子只沿着 x 方向运动，运动速度为

$$\vec{v}(t)=-\frac{qE_0}{m\omega}[\sin(kz-\omega t)-\sin(kz)]\hat{e}_x \tag{2.6.9}$$

如果不考虑初始条件，第一项就是电荷在电磁波中的主要运动特征。这一部分速度为

$$\vec{v}_c(t)=-\frac{qE_0}{m\omega}\sin(kz-\omega t)\hat{e}_x \tag{2.6.10}$$

代表粒子在波中的振动运动，由于这个振动频率就是电磁波频率，属于高频，故而这个速度称为颤抖速度。由于颤抖速度与电荷的质量成反比，所以电子的颤抖速度远大于离子，因此，在电磁波中的电荷的运动只考虑电子的响应，而忽略离子。进一步可以求出电荷的位移为

$$x(t)=-\frac{qE_0}{m\omega^2}\cos(kz-\omega t) \tag{2.6.11}$$

在空间均匀的高频电磁波中，对应的带电粒子的运动情况和电磁波类似(见图 2.40)。但在不均匀的电磁波(如脉冲强激光)中，情况则有所不同。下面我们就考虑在脉冲激光中带电粒子的运动特征。

2.6.2　高频电磁场的作用与有质动力

前面我们用引导中心近似来处理了带电粒子在缓变场中的运动,但这种模型无法处理带电粒子在高频电磁场中的运动。处理高频电磁场下带电粒子的运动问题可以采取类似的方法,即使用振荡中心近似。该方法是将带电粒子的运动分成:以振荡中心作高速振荡运动和振荡中心的相对慢的运动。

脉冲电磁波如图 2.41 所示,电荷粒子在高频电场($E(x)=E_0(x)\cos(\omega t)$)作用下高速运动,只考虑 x 方向运动(一维情况),其运动方程为

$$m\frac{\mathrm{d}^2 x}{\mathrm{d}t^2}=qE_0(x)\cos(\omega t) \tag{2.6.12}$$

带电粒子的运动坐标可写为:振荡中心的缓慢运动和高速振荡,即

$$x=x_0+x_1 \tag{2.6.13}$$

其中,x_0 为振荡中心坐标,代表的是低频缓慢运动,x_1 为高速运动(高频)坐标,即带电粒子受电磁波中高频电场的影响所产生的高速振荡。显然有 $x_0=\bar{x}$,$\bar{x}$ 是对高速运动在一个振荡周期内的平均。值得注意的是带电粒子在均匀的高频电磁波中运动时,振荡中心不动,只有高频振荡,即

$$\begin{aligned} m\frac{\mathrm{d}^2 x_0}{\mathrm{d}t^2}&=0 \\ m\frac{\mathrm{d}^2 x_1}{\mathrm{d}t^2}&=qE_0\cos(\omega t) \end{aligned} \tag{2.6.14}$$

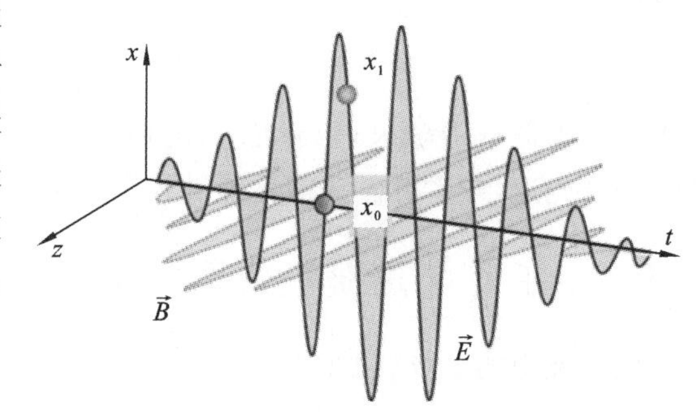

图 2.41　脉冲电磁波中电场坐标

则可以给出

$$x_1=-\frac{qE_0}{m\omega^2}\cos(\omega t) \tag{2.6.15}$$

对于脉冲激光,电磁波中电场的振幅在空间上(x 方向)是变化的,但可以在振荡中心对其进行泰勒展开(忽略高阶项)

$$E(x)=\left[E_0(x_0)+x_1\frac{\mathrm{d}E_0(x_0)}{\mathrm{d}x}\right]\cos(\omega t) \tag{2.6.16}$$

这种情况下带电粒子的运动方程为

$$m\frac{\mathrm{d}^2}{\mathrm{d}t^2}(x_0+x_1)=q\left[E_0(x_0)+x_1\frac{\mathrm{d}E_0(x_0)}{\mathrm{d}x}\right]\cos(\omega t) \tag{2.6.17}$$

根据式(2.6.14),上式简化为

$$m\frac{\mathrm{d}^2 x_0}{\mathrm{d}t^2}=qx_1\frac{\mathrm{d}E_0(x_0)}{\mathrm{d}x}\cos(\omega t) \tag{2.6.18}$$

把式(2.6.15)x_1 代入式(2.6.18)后有

$$\frac{\mathrm{d}^2 x_0}{\mathrm{d}t^2}=-\frac{q^2E_0(x_0)}{m^2\omega^2}\frac{\mathrm{d}E_0(x_0)}{\mathrm{d}x}\cos^2(\omega t) \tag{2.6.19}$$

对一个周期的时间平均

$$\frac{\mathrm{d}^2 x_0}{\mathrm{d}t^2}=-\frac{q^2 E_0}{2m^2\omega^2}\frac{\mathrm{d}E_0}{\mathrm{d}x} \tag{2.6.20}$$

此即为振荡中心的加速度，所以

$$\frac{F_{\mathrm{p}}}{m}=-\frac{q^2 E_0}{2m^2\omega^2}\frac{\mathrm{d}E_0}{\mathrm{d}x}$$

进一步写成

$$F_{\mathrm{p}}=-\frac{q^2}{4m\omega^2}\frac{\mathrm{d}E_0^2}{\mathrm{d}x} \tag{2.6.21}$$

这个力 F_{p} 称为作用在单个粒子上的有质动力(ponderomotive force)。这个力是电场(实际上是光强)的梯度所产生的等效力。更一般地，可以推广到三维情况

$$\vec{F}_{\mathrm{p}}=-\frac{q^2}{4m\omega^2}\nabla\vec{E}^2 \tag{2.6.22}$$

有质动力是带电粒子在空间非均匀的高频电磁场中运动时所感知到的等效力。有质动力是电磁场压力(电磁场能量密度的梯度为压力)，由于带电粒子与电磁场的强烈耦合，电磁场压力可以施加在带电粒子上，这就是有质动力的来源。在现在的激光光场强度很大的情况下，如目前的皮秒和飞秒脉冲激光(脉冲激光及强度分布如图 2.42 所示)，有质动力有时对带电粒子的运动起着重要的作用。由式(2.6.22)可知有质动力的方向与电荷正负无关，总是指向场能密度减少(电场强度减弱)的方向，力的大小与电荷质量成反比，很明显对电子的作用远大于离子，因此，常常考虑有质动力对电子的影响，而忽略对离子的影响。

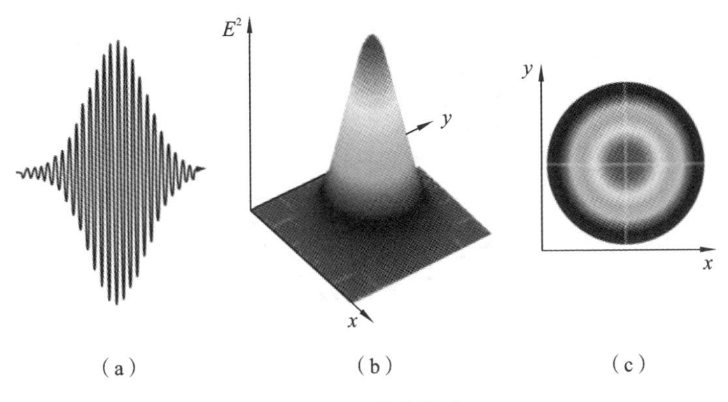

图 2.42　脉冲激光

(a) 脉冲束；(b)和(c)脉冲束强度分布。

根据式(2.6.22)，如果等离子体中出现强场区域，这时有质动力会把强场区域的带电粒子推出去，由于电子和离子质量的差别，在这个过程中，电子被快速推出强场区域，离子基本不动。当然，这并不表明电子在此力的作用下可以抛开离子而独自行动，等离子体的准电中性保证了电子和离子不能够发生较大的分离。不管外界的力最初施加于等离子体中的哪一个成分，最终都是施加于等离子体本身。由于电荷分离所建立双极电场会把离子也拉出强场区。

由有质动力所引起的一个重要现象就是强激光束在等离子体中的自聚焦现象。由于激光束中心处的强度比边缘处大(图 2.42(b)(c))，处于激光束中的等离子体所感受的有质动力方向向外，因而激光束内部的等离子体密度将低于光束外，甚至形成中空结构。由于等离子体的

折射率小于真空折射率,密度越大,折射率越小,这样中空分布的等离子体对激光束起到汇聚的作用,边缘处的光线将折向中心,产生自聚焦现象和成丝(图 2.43(a)(c))。在惯性约束聚变(ICF)中,激光的自聚焦和成丝将影响激光能量在等离子体中的沉积,影响辐照均匀性,破坏内爆对称性,还会增强自生磁场,影响电子能量的传输,因此对 ICF 危害极大。

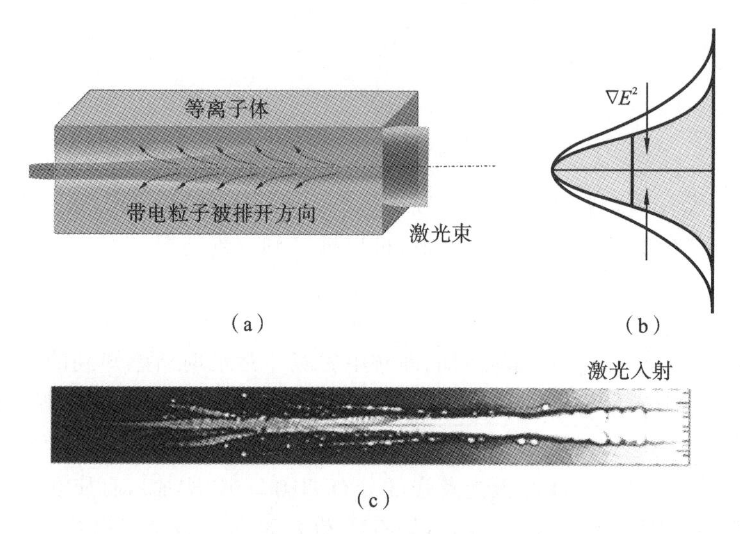

图 2.43 等离子体中的激光

(a) 等离子体中激光自聚焦;(b) 光强分布及梯度;(c) 激光自聚焦和成丝。

2.6.3 超强激光尾场中的电子加速

传统粒子加速器由于受到材料电离击穿阈值的限制,其场强被限制在 100 MV/m。费米曾断言,若用传统的加速器把粒子能量加速到10^{15} eV 量级,加速器的周长需绕地球一周。庞大的空间和高昂的造价制约了传统加速器向更高能量发展,因此,寻找突破传统加速梯度限制的新加速机制迫在眉睫。近几十年来随着超短超强激光脉冲技术、等离子体物理和加速器物理与技术的迅猛发展,激光等离子体尾波加速技术迅速成长为一个新型交叉研究方向。激光等离子体加速(laser plasma accelerator,LPA)是 1979 年由田岛俊树和道森提出的全新加速机制。LPA 是利用超强激光在等离子体中激发出大幅等离子体尾波对带电粒子(尤其是正负电子)进行加速,其尾场场强相较于现有的常规射频腔加速器场强可以提升 1000 倍,达到 GV/cm(10^9 V/cm)量级,为建造桌面式超紧凑型的加速器奠定了基础,也为将来建造基于等离子体的自由电子激光装置和超高能正负电子对撞机提供了可能。

当一束强激光脉冲在亚临界密度(低于激光反射时的密度参见 5.4.4 节电磁波的截止现象)的等离子体中传输时,由于激光脉冲的强度分布特点,激光对带电粒子会产生有质动力,在激光穿过的瞬间,等离子体中的电子在有质动力的推动下运动,并偏离原来的平衡位置(见图 2.44),而由于离子质量远大于电子质量,在激光经过的极短时间内离子几乎处于静止状态,这样离子与偏离平衡位置的电子形成了静电场。当激光穿过该区域后,电子会在静电力的作用下在平衡位置做振荡运动,最终在激光脉冲的尾部就形成了周期性振荡的等离子体密度波(见图 2.45)。

激光尾波的相速度与激光脉冲在等离子体中传播的群速度相近,低于真空中的光速。激

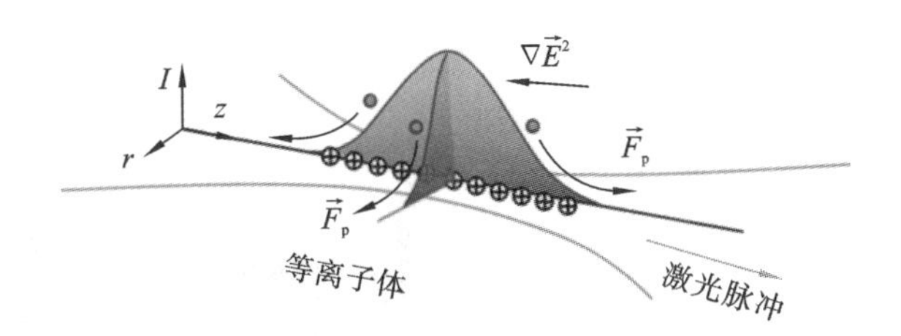

图 2.44　激光束经过等离子体时，有质动力和电子运动示意图

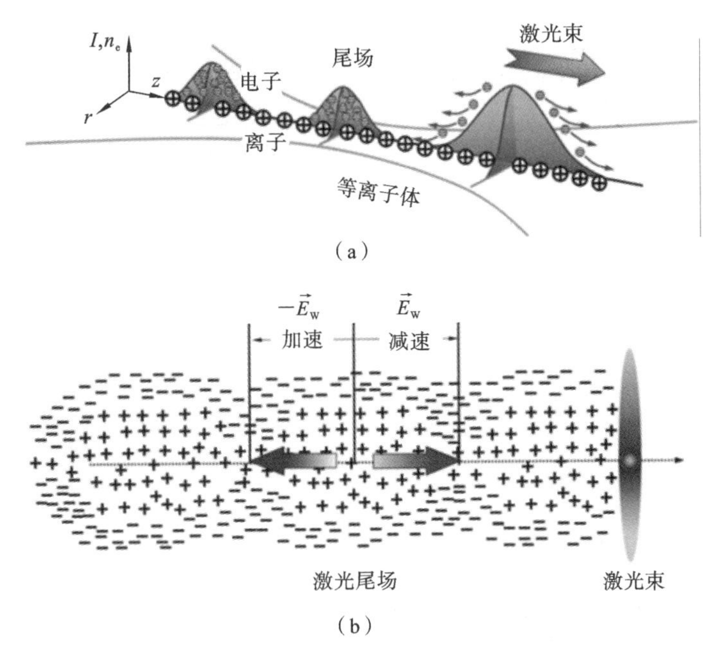

图 2.45　激光尾波

(a) 激光尾场的形成过程；(b) 激光尾波加速原理示意图。

光激发的纵向尾波场(电场)在空间上沿着传播方向呈现正向和反向交替的状态(图 2.45)，由于电子带负电，正向的尾波场对电子起减速作用，是减速场($\vec{E}_W$)；反向的尾波场对电子起加速作用，是加速场($-\vec{E}_W$)。如果尾波场为一个静止的电场，则最终电子会聚集在波节处；而实际上尾波场是以很高的速度(略低于光速)运动着，空间中的电子被激光脉冲所激发的尾波场所“捕获”，并跟随等离子体波一起运动，由于等离子体波的相速度很高，并且尾波场自身很高的加速梯度，于是电子就可能被加速到高能状态。电子在尾波场中的加速过程类似于冲浪运动员的冲浪加速过程：当运动员处于迎浪面且满足一定的速度条件时，会被波浪加速；同样，在尾波场中运动的电子，当其处于电子密度梯度为正值区域(静电分离场为负值)，且满足一定的速度条件时，电子也会被尾波场加速。这就是激光尾流场加速的物理机制。

美国能源部劳伦斯伯克利国家实验室研究组利用 petawatt 激光和等离子体加速粒子。该装置称之为激光等离子体加速器，科学家相信该装置将把几英里长的传统加速器缩小到桌面大小。研究者将粒子置入 9 cm 长的等离子管中，使其加速到 4.25 GeV。在如此短的距离内，粒子获得的能量是传统粒子加速器的 1000 倍，刷新了激光等离子体加速器的加速纪录(图 2.46)。上海交通大学盛政明教授和陈民教授团队提出了一种利用两级激光等离子体加速器产生极高亮度 GeV 伽马射线辐射的新物理方案。该方案有望使得伽马射线辐射源的峰值亮度推向自由电子激光亮度范畴和光子能量拓展至 GeV 量级。

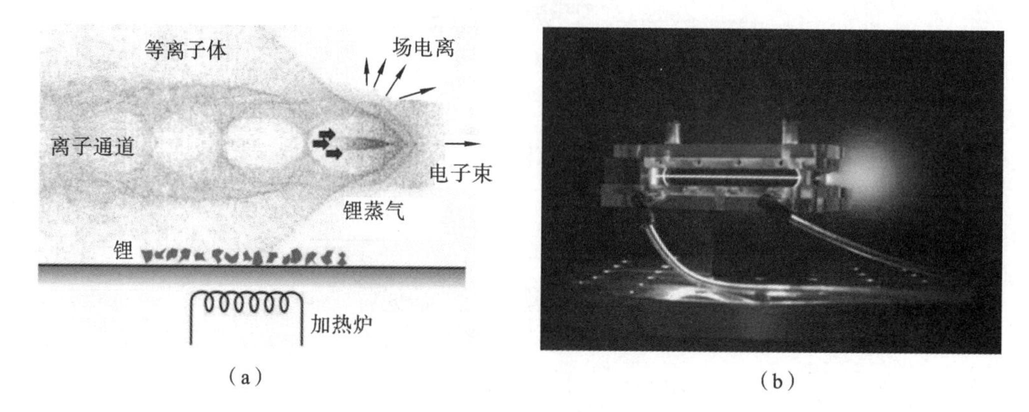

图 2.46　激光尾场加速(来源于网络)

(a) 锂蒸汽中的激光尾场加速;(b) 激光尾波加速桌面装置。

2.7　漂移速度总结

本章涉及的各种物理作用的漂移速度如表 2.1 所示。

表 2.1　漂移速度

名称	漂移速度	物理量
一般力的漂移	$\vec{v}_{DF}=\frac{1}{q}\frac{\vec{F}\times\vec{B}}{B^2}$	一般力
重力漂移	$\vec{v}_{Dg}=\frac{m}{q}\frac{\vec{g}\times\vec{B}}{B^2}$	重力
均匀电场漂移	$\vec{v}_{DE}=\frac{\vec{E}\times\vec{B}}{B^2}$	电场力
非均匀电场漂移	$\vec{v}_{DE}=\left(1+\frac{1}{4}r_L^2\nabla\right)\frac{\vec{E}\times\vec{B}}{B^2}$	电场力
极化漂移	$\vec{v}_{Dp}=\pm\frac{1}{\omega_c B}\frac{d\vec{E}}{dt}$	随时间变化的电场
梯度漂移	$\vec{v}_{D\nabla B}=\frac{\mu}{q}\frac{\vec{B}\times\nabla\vec{B}}{B^2}$	梯度磁场
离心漂移	$\vec{v}_{Dc}=\frac{mv_{/\!/}^2}{q}\frac{\vec{R}_c\times\vec{B}}{R_c^2B^2}$	沿磁力线的离心力
曲率漂移	$\vec{v}_R=\frac{m}{q}\left(v_{/\!/}^2+\frac{1}{2}v_\perp^2\right)\frac{\vec{R}_c\times\vec{B}}{R_c^2B^2}$	弯曲磁场
径向漂移	$\vec{v}_{Dt}=-\frac{\vec{r}}{2B}\frac{dB}{dt}$	随时间变化的磁场

思考题

1. 电漂移公式中在磁场趋于零时，漂移速度无穷大，合理吗？何解？

2. 电漂移与重力漂移的最重要的差别是什么？

3. 从粒子运动轨道图像分析，考察粒子的电漂移速度为什么与下列因素无关：

(1) 电荷的正负；

(2) 粒子质量；

(3) 粒子的速度。

4. 磁力线弯曲的磁场一定是不均匀的，反过来呢？

5. 试分析“镜面”相互接近系统如何传递能量给所捕获的粒子。

6. 若电子、离子的温度相等且各向同性，其等效磁矩之比为多少？

7. 对磁镜场约束的带电粒子，若缓慢地增强磁场，则粒子的垂直能量会增加，磁场本身不会对粒子做功，那么粒子是如何得到能量的？

8. 本章中所处理的粒子在电磁场中的运动可以分成回旋运动与漂移运动的合成，哪些情况我们要求(假设)漂移运动的速度远小于回旋运动速度(实际上就是缓变条件)，哪些情况则不需要这样的假设？

9. 绝热不变量的条件是什么？具体到电子磁矩绝热不变的条件为何？

10. 若磁场不随时间变化，但是不均匀的，那么磁矩绝热不变的缓变条件是什么？

11. (1) $\vec{F}=-\mu\nabla B$ 是不是一个新力？带电粒子处于不均匀磁场中，除了洛伦兹力，还会感受到新的与磁场梯度有关的力？对吗？

(2) 真空中不均匀磁场是否存在这个力？

12. 看似弯曲且分布均匀的磁力线，磁感应强度是不是均匀的？

13. (1) 磁镜能完全约束等离子体吗？

(2) 具有什么样行为的电荷不能被约束？

(3) 如果磁镜场中没有电荷，力 $\vec{F}_{/\!/}$ 还存在吗？

(4) 在空间缓变的磁场中带电粒子的磁矩是一个不变量，根据磁矩的表达式 $\mu=mv_{\perp}^2/2B=C$，可以看出随着磁场的变化，带电粒子垂直于磁场的动能也在随之变化，以保持磁矩不变。比如，磁场增强，带电粒子垂直于磁场的动能增加，反之亦然，但磁场不做功，增加的能量来源于何处？

14. (1) 在随时间缓变的磁场中，等离子体漂移的根源是什么？

(2) 对于柱状等离子体，当磁场增强时，等离子体形状变细，什么原因？

(3) 在随时间缓变的磁场中带电粒子的磁矩是一个不变量，根据磁矩的表达式 $\mu=mv_{\perp}^2/2B$，可以看出随着磁场的变化，带电粒子垂直于磁场的动能也在随之变化，以保持磁矩不变。例如，磁场增强，带电粒子垂直于磁场的动能增加，反之亦然，但磁场不做功，增加的能量来源于何处？

15. 简单的弯曲磁场无法约束等离子体，解释其原因。

16. 利用纵向不变量解释费米加速效应。

17. 证明在随时间和空间缓变的磁场中，磁矩是一个不变量。

18. 在一无限大的等离子体中,磁感应强度在 1 秒钟内由 10 T 降低到 1 T,试问在这个过程中电荷运动的磁矩是否守恒? 如果继续降低磁场;在 1 秒钟内由 1 T 降低到 0.9 T,电荷运动的磁矩是否守恒?

19. 聚变装置中的典型等离子体参数为 $n=5\times10^{19}\ \mathrm{m^{-3}}$,$T=1$ keV;求 ω_{pe} 和 ω_{pi},如磁场为 $B=3$ T,求电子和离子的回旋频率 ω_{ce} 和 ω_{ci},试比较这四个频率的大小。

20. 电子回旋共振(ECR)等离子体源通常工作在 $f=2.45$ GHz,当在频率为 $\omega=\omega_c$ 工作时,对应的磁感应强度 B 是多少? 在该磁场下,计算具有 15 eV 垂直能量($mv_\perp^2/2$)的单带电氩离子($A=40$)的拉莫尔半径。

第3章 等离子体中的碰撞与输运

3.1 引 言

等离子体是一个多粒子系统，其中包括带电粒子（电子和离子）、中性原子及原子团等。等离子体除了受到电磁场的操控之外，还受到另一个微观过程的影响：碰撞过程。从微观角度描述等离子体的碰撞动力学过程，有利于我们研究等离子体的宏观行为（如弛豫过程和输运过程），也有利于我们研究等离子体的其他微观过程（等离子体中的分解、电离、复合、发光和辐射等）。

等离子体中的粒子之间的作用力与常规气体不同，常规气体中粒子之间的弹性碰撞图像比较简单，一般用刚性球碰撞来模拟，即粒子间的相互作用仅仅存在于相互接触的瞬间。在等离子体中，带电粒子间的相互作用是库仑力，库仑力是长程力，所以库仑碰撞与中性粒子间的碰撞有几点重要的差别：① 库仑碰撞是渐近式的，没有明确的相互作用起点和终点；② 库仑碰撞中多体相互作用同时发生，每个粒子都同时与周围很多粒子发生作用碰撞。因此，不同的多粒子体系中粒子的运动轨迹有明显的区别（见图3.1）。我们前面已经介绍过在等离子体中存在一个集体行为：德拜屏蔽，这一点在研究等离子体中的碰撞时必须要考虑。等离子体中带电粒子间的相互作用可分为两部分：德拜球内和外。① 带电粒子之间的间距大于德拜长度时，粒子之间的相互作用势是（德拜）屏蔽势；② 德拜球内带电粒子之间相互作用势时库仑势，所以碰撞就是库仑碰撞。

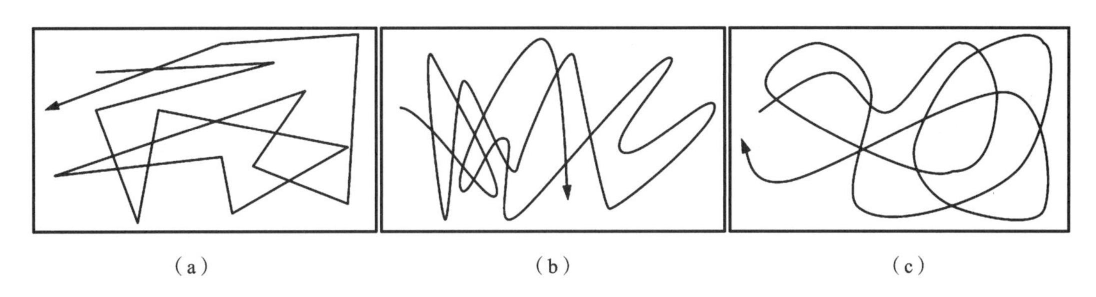

(a)　　(b)　　(c)

图3.1　多粒子系统中粒子运动轨迹

(a) 中性气体中的中性粒子；(b) 弱电离等离子体中的电荷粒子；(c) 强电离等离子体中的电荷粒子。

等离子体中粒子之间的碰撞过程极为复杂，对于弱电离低温等离子体（绝大部分属中性粒子），可以认为二体碰撞（中性粒子之间、带电粒子与中性粒子之间的碰撞）占主导地位。而对于强电离高温等离子体（含少量或不含中性粒子），多体碰撞是主要的。显然，多体碰撞非常复杂，要想描述它们异常困难，一般只能通过近似办法来处理，即利用二体碰撞及其叠加来处理。二体碰撞指两个粒子从远处相互接近，近到一定距离，相互作用会十分强而产生碰撞。

在等离子体中一般有三种基本粒子:正负电荷和中性粒子。这些粒子之间能形成的二体碰撞有:电子-电子、电子-离子、离子-离子、电子-中性粒子、离子-中性粒子和中性粒子-中性粒子六种组合。前三种碰撞为带电粒子之间的碰撞,相互作用为库仑力,称为库仑碰撞。后三种为带电粒子与中性粒子之间的碰撞,需要直接接触才会产生相互作用。本章我们只考虑带电粒子之间的二体库仑碰撞。二体碰撞可近似描述为:将粒子运动轨迹分为碰撞区和碰撞间隙区。在碰撞区,不考虑外场对粒子的作用,而在碰撞间隙区,不考虑粒子之间的相互作用。图 3.2 显示了等离子体中带电粒子间二体碰撞在碰撞区的碰撞情况。

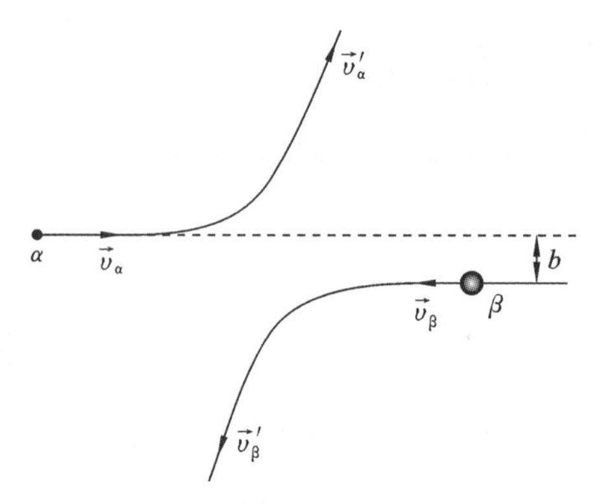

图 3.2 带电粒子间二体碰撞示意图

3.2 等离子体中的二体碰撞

3.2.1 粒子间二体碰撞的一般描述

要了解两个粒子之间的相互作用,就必须知道它们碰撞过程中的一些参数变化,例如,动量和能量变化、碰撞时的最小距离、碰撞参数(瞄准距离)、碰撞的概率(或者碰撞截面)等,掌握这些参数可以进一步研究等离子体的输运过程。在讨论粒子二体碰撞时,我们只考虑粒子在碰撞前后的状态,不考虑碰撞瞬间的细节。考虑 α 类粒子与 β 类粒子的碰撞,假设在碰撞过程中不存在外力对粒子的作用,图 3.3 显示在实验室坐标系和质心坐标系中两个粒子之间的碰撞过程。在实验室坐标系中它们的质量、碰撞前后的速度分别是:m_α,m_β,$\vec{v}_\alpha$,$\vec{v}_\beta$,$\vec{v}'_\alpha$,$\vec{v}'_\beta$。θ 和 χ_c 是实验室坐标系和质心坐标系中的散射角,b 是瞄准距,r_0 和 v_0 分别是质心在实验室坐标系中的坐标和速度,r_α 和 r_β 分别是两个粒子在实验室坐标系中的坐标,质心系中两个粒子碰撞前后的速度分别为$\vec{v}_{\alpha c}$,$\vec{v}_{\beta c}$和$\vec{v}'_{\alpha c}$,$\vec{v}'_{\beta c}$。两个粒子相互作用过程中的动量和能量是守恒的。系统的动量为

$$\vec{p}=\vec{p}_\alpha+\vec{p}_\beta=m_\alpha\vec{v}_\alpha+m_\beta\vec{v}_\beta \tag{3.2.1}$$

碰撞前后动量守恒

$$m_\alpha\vec{v}_\alpha+m_\beta\vec{v}_\beta=m_\alpha\vec{v}'_\alpha+m_\beta\vec{v}'_\beta \tag{3.2.2}$$

系统的总动能

$$K=K_\alpha+K_\beta=\frac{1}{2}m_\alpha\vec{v}_\alpha^2+\frac{1}{2}m_\beta\vec{v}_\beta^2 \tag{3.2.3}$$

碰撞前后能量守恒

$$\frac{1}{2}m_\alpha\vec{v}_\alpha^2+\frac{1}{2}m_\beta\vec{v}_\beta^2=\frac{1}{2}m_\alpha\vec{v}'^2_\alpha+\frac{1}{2}m_\beta\vec{v}'^2_\beta+\Delta E \tag{3.2.4}$$

这里 ΔE 是碰撞引起的粒子内能的总改变量,对于弹性碰撞,显然有 $\Delta E=0$。对于非弹性碰

撞,可分为第一类碰撞 $\Delta E>0$ 和第二类碰撞 $\Delta E<0$。原子从基态跃迁到激发态的碰撞是第一类碰撞的例子,伴随逆过程的碰撞是第二类碰撞的例子。

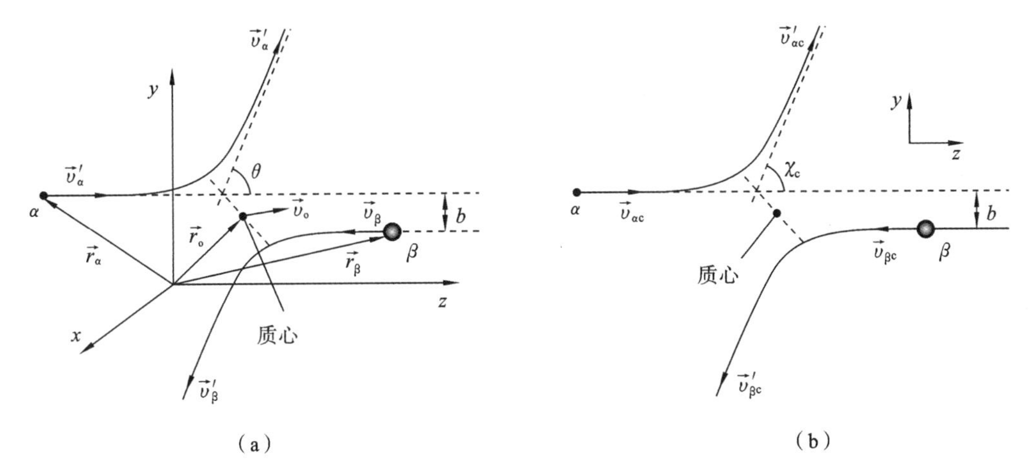

图 3.3 粒子之间二体碰撞

(a) 实验室坐标系;(b) 质心坐标系。

为了更仔细地研究守恒定律,采用质心坐标系统较为方便(如图 3.3(b))。质心在实验室坐标系中的坐标为

$$\vec{r}_o=\frac{m_\alpha\vec{r}_\alpha+m_\beta\vec{r}_\beta}{m_\alpha+m_\beta}\tag{3.2.5}$$

其中$\vec{r}_\alpha$,$\vec{r}_\beta$ 是两个粒子在实验室坐标系下的坐标位矢(如图 3.3(a))。碰撞前后质心在实验室坐标系中的速度分别为

$$\vec{v}_o=\frac{\mathrm{d}\vec{r}_o}{\mathrm{d}t}=\frac{m_\alpha\vec{v}_\alpha+m_\beta\vec{v}_\beta}{m_\alpha+m_\beta}\tag{3.2.6a}$$

$$\vec{v}'_o=\frac{\mathrm{d}\vec{r}'_o}{\mathrm{d}t}=\frac{m_\alpha\vec{v}'_\alpha+m_\beta\vec{v}'_\beta}{m_\alpha+m_\beta}\tag{3.2.6b}$$

由于动量守恒,显然有$\vec{v}_o=\vec{v}'_o$,即质心速度在碰撞过程中是一个常数。因而可以采用质心静止的坐标系,即 $\vec{v}_o=0$,则质心系中两个粒子碰撞前后的速度分别为

$$\begin{aligned}&\vec{v}_{\alpha c}=\vec{v}_\alpha-\vec{v}_o,\quad \vec{v}_{\beta c}=\vec{v}_\beta-\vec{v}_o\\&\vec{v}'_{\alpha c}=\vec{v}'_\alpha-\vec{v}_o,\quad \vec{v}'_{\beta c}=\vec{v}'_\beta-\vec{v}_o\end{aligned}\tag{3.2.7}$$

利用式(3.2.6)很容易推出

$$\begin{aligned}&\vec{v}_{\alpha c}=\frac{m_\beta}{m_\alpha+m_\beta}\vec{v},\quad \vec{v}_{\beta c}=-\frac{m_\alpha}{m_\alpha+m_\beta}\vec{v}\\&\vec{v}'_{\alpha c}=\frac{m_\beta}{m_\alpha+m_\beta}\vec{v}',\quad \vec{v}'_{\beta c}=-\frac{m_\alpha}{m_\alpha+m_\beta}\vec{v}'\end{aligned}\tag{3.2.8}$$

其中

$$\vec{v}=\vec{v}_\alpha-\vec{v}_\beta;\quad \vec{v}'=\vec{v}'_\alpha-\vec{v}'_\beta$$

为两个粒子碰撞前后相对速度。显然,根据式(3.2.8),在质心系中,两个粒子之间的速度有如下关系

$$m_\alpha \vec{v}_{\alpha c}+m_\beta \vec{v}_{\beta c}=0 \tag{3.2.9}$$

或

$$\vec{v}_{\beta c}=-\frac{m_\alpha}{m_\beta}\vec{v}_{\alpha c} \tag{3.2.10}$$

在实验室坐标系和质心坐标系中,两个粒子的相对速度有如下关系

$$\vec{v}=\vec{v}_\alpha-\vec{v}_\beta=\vec{v}_{\alpha c}-\vec{v}_{\beta c} \tag{3.2.11}$$

粒子间的相对速度在两个坐标系中是一样的。利用式(3.2.7),显然,两个粒子碰撞前在实验室坐标系中的速度为

$$\begin{aligned}\vec{v}_\alpha&=\vec{v}_o+\vec{v}_{\alpha c}=\vec{v}_o+\frac{m_\beta}{m_\alpha+m_\beta}\vec{v}\\ \vec{v}_\beta&=\vec{v}_o+\vec{v}_{\beta c}=\vec{v}_o-\frac{m_\alpha}{m_\alpha+m_\beta}\vec{v}\end{aligned} \tag{3.2.12}$$

粒子的总动能

$$K=\frac{1}{2}m_\alpha \vec{v}_\alpha^2+\frac{1}{2}m_\beta \vec{v}_\beta^2=\frac{1}{2}(m_\alpha+m_\beta)\vec{v}_o^2+\frac{1}{2}\frac{m_\alpha m_\beta}{m_\alpha+m_\beta}\vec{v}^2 \tag{3.2.13}$$

若令

$$M=m_\alpha+m_\beta;\quad \mu_{\alpha\beta}=\frac{m_\alpha m_\beta}{m_\alpha+m_\beta} \tag{3.2.14}$$

分别表示两个粒子的总质量和折合质量,则有

$$K=\frac{1}{2}M\vec{v}_o^2+\frac{1}{2}\mu_{\alpha\beta}\vec{v}^2 \tag{3.2.15}$$

即是粒子的总动能等于质心动能加上两个离子相对运动动能。因此,碰撞粒子的运动完全取决于质心速度$\vec{v}_o$和相对速度$\vec{v}$。能量守恒定律可表示为

$$\frac{1}{2}M\vec{v}_o^2+\frac{1}{2}\mu_{\alpha\beta}\vec{v}^2=\frac{1}{2}M\vec{v}'^2_o+\frac{1}{2}\mu_{\alpha\beta}\vec{v}'^2+\Delta E \tag{3.2.16}$$

因为在碰撞过程中质心的速度和动能不变,即$\vec{v}_o=\vec{v}'_o$,所以有

$$\frac{1}{2}\mu_{\alpha\beta}\vec{v}^2=\frac{1}{2}\mu_{\alpha\beta}\vec{v}'^2+\Delta E \tag{3.2.17}$$

上式表明,总动能 K 中只有对应于相对运动能量的那部分才能转换为内能。显然对于碰撞在弹性碰撞下($\Delta E=0$),相对速度的大小不会改变,即 $v=v'$,但是方向是可以改变。

3.2.2　二体碰撞过程中动量及能量变化

考虑 α 和 β 粒子(三维情况下)的二体碰撞,下面我们讨论弹性碰撞时粒子动量和动能的变化。建立直角坐标系(见图 3.4),使碰撞前相对速度$\vec{v}$沿着 z 方向,碰撞前后相对速度$\vec{v}'$夹角为θ(偏转角),方位角为 φ。图 3.4(a)所表示的是从 β 粒子视角观察 α 粒子碰撞前后的运动情况。图 3.4(b)更清楚显示碰撞前后粒子相对速度的变化情况。

1. α 粒子的动量变化

利用式(3.2.8)和式(3.2.12),在实验室坐标系和质心坐标心中,α 粒子碰撞前后其动量的变化是一样,所以有

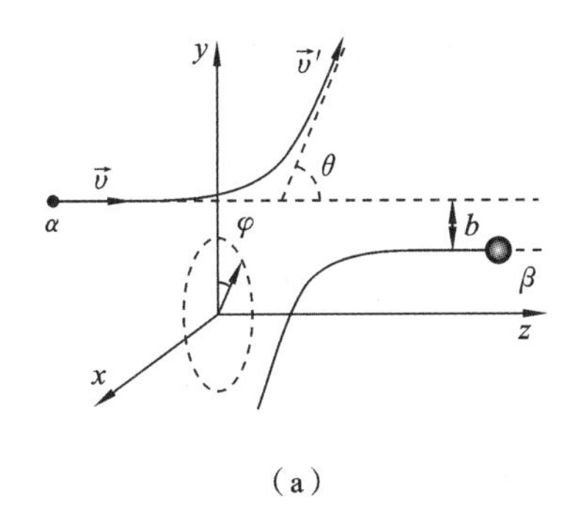

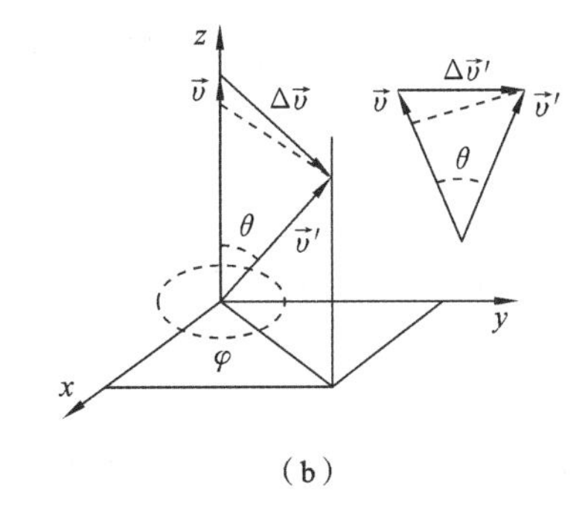

图 3.4　粒子之间二体碰撞

(a) 直角坐标;(b) 碰撞前后速度关系图。

$$\begin{aligned}\Delta\vec{p}_\alpha &= m_\alpha\vec{v}'_\alpha - m_\alpha\vec{v}_\alpha = m_\alpha\vec{v}'_{\alpha c} - m_\alpha\vec{v}_{\alpha c}\\ &= \frac{m_\alpha m_\beta}{m_\alpha+m_\beta}(\vec{v}'-\vec{v}) = \frac{m_\alpha m_\beta}{m_\alpha+m_\beta}\Delta\vec{v}\end{aligned} \tag{3.2.18}$$

其中 $\Delta\vec{v}=\vec{v}'-\vec{v}$(见图 3.4(b)),显然,$\Delta\vec{v}$在 z 轴(即$\vec{v}$方向)的投影为

$$\Delta\vec{v}_z = -(\vec{v}-\vec{v}'\cos\theta) \tag{3.2.19}$$

由于是弹性碰撞,所以碰撞前后相对速度大小不变,即$\vec{v}'=\vec{v}$,则 z 坐标轴上速度变化为

$$\Delta v_z = -v(1-\cos\theta) \tag{3.2.20}$$

显然,z 方向速度变化与方位角 φ 无关。同样,可以给出另外两个坐标轴上的速度变化

$$\begin{aligned}\Delta v_x &= v'\sin\theta\cos\varphi = v\sin\theta\cos\varphi\\ \Delta v_y &= v'\sin\theta\sin\varphi = v\sin\theta\sin\varphi\end{aligned} \tag{3.2.21}$$

上面考虑的是一次碰撞过程中 α 粒子的速度(动量)的变化。这里方位角 φ 仅决定于两个粒子之间的相对位置。碰撞过程中,散射角为 θ 的碰撞,其方位角 φ 是随机的,所以需要对方位角 φ 进行统计平均。由于

$$\int_0^{2\pi}\sin\varphi\mathrm{d}\varphi = 0;\quad \int_0^{2\pi}\cos\varphi\mathrm{d}\varphi = 0$$

显然,对方位角 φ 进行统计平均后有

$$\overline{\Delta v_x}=0,\quad \overline{\Delta v_y}=0,\quad \overline{\Delta v_z}=-v(1-\cos\theta) \tag{3.2.22}$$

所以对 φ 平均后速度变化为

$$\begin{aligned}\Delta\vec{v} &= \overline{\Delta v_x}\hat{e}_x + \overline{\Delta v_y}\hat{e}_y + \overline{\Delta v_z}\hat{e}_z = -(1-\cos\theta)\vec{v}\\ &= -(1-\cos\theta)(\vec{v}_\alpha-\vec{v}_\beta)\end{aligned} \tag{3.2.23}$$

则碰撞前后动量的变化为

$$\Delta\vec{p}_\alpha = \frac{m_\alpha m_\beta}{m_\alpha+m_\beta}\Delta\vec{v} = -\mu_{\alpha\beta}(1-\cos\theta)(\vec{v}_\alpha-\vec{v}_\beta) \tag{3.2.24}$$

从上式看到,动量变化正比于碰撞粒子的相对速度。它对散射角的依赖关系决定于因子$(1-\cos\theta)$。对于对头碰有 $\theta=\pi,\cos\theta=-1$;而对于远碰有 $\theta\to0,\cos\theta\to1$(见图 3.5)。从式(3.2.24)

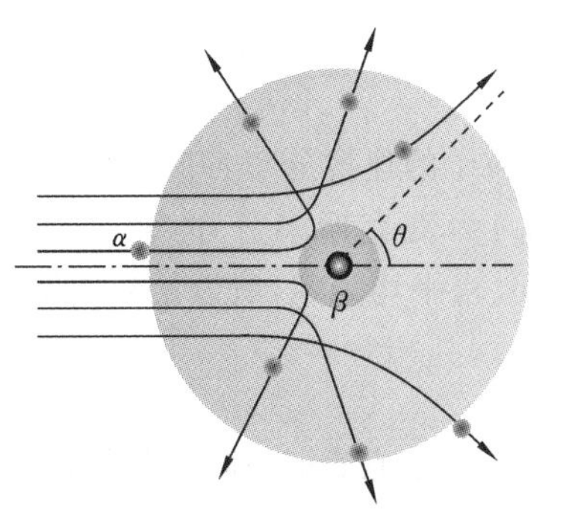

图 3.5　近碰和远碰

可以看出，对 α 粒子与运动较慢的 β 粒子（如大质量粒子等）碰撞的情形 $\vec{v}_\alpha \gg \vec{v}_\beta$，碰撞过程中的动量相对损失为

$$\frac{\Delta\vec{p}_\alpha}{\vec{p}_\alpha}=-\frac{m_\beta}{m_\alpha+m_\beta}(1-\cos\theta) \tag{3.2.25}$$

这个比值的最大值（当 $\cos\theta=-1$，即对头碰）取决于两个粒子的质量比：

(1) 在轻粒子与重粒子碰撞条件下，动量可能相反。

$$m_\alpha \ll m_\beta;\quad |\Delta\vec{p}_\alpha/p_\alpha|=2 \tag{3.2.26}$$

(2) 在质量相近粒子碰撞条件下，动量可能完全损失。

$$m_\alpha \approx m_\beta;\quad |\Delta\vec{p}_\alpha/p_\alpha|=1 \tag{3.2.27}$$

(3) 在重粒子与轻粒子碰撞条件下，动量的最大损失与质量比有关。

$$m_\alpha \gg m_\beta;\quad |\Delta\vec{p}_\alpha/p_\alpha| \propto m_\beta/m_\alpha \tag{3.2.28}$$

2. α 粒子的能量变化

碰撞时 α 粒子在实验室坐标系中的动能变化

$$\Delta K_\alpha=\frac{1}{2}m_\alpha\vec{v}'^2_\alpha-\frac{1}{2}m_\alpha\vec{v}^2_\alpha \tag{3.2.29}$$

利用式(3.2.12)，把上式转换到质心坐标系，即

$$\Delta K_\alpha=\frac{1}{2}m_\alpha(\vec{v}_o+\vec{v}'_{\alpha c})^2-\frac{1}{2}m_\alpha(\vec{v}_o+\vec{v}_{\alpha c})^2=\frac{1}{2}m_\alpha[v_o^2+2\vec{v}_o\cdot\vec{v}'_{\alpha c}+v'^2_{\alpha c}-v_o^2-2\vec{v}_o\cdot\vec{v}_{\alpha c}-v^2_{\alpha c}] \tag{3.2.30}$$

注意，从式(3.2.8)可以看出

$$v^2_{\alpha c}=\vec{v}_{\alpha c}\cdot\vec{v}_{\alpha c}=\left(\frac{m_\beta}{m_\alpha+m_\beta}\right)^2v^2=v'^2_{\alpha c} \tag{3.2.31}$$

所以

$$\Delta K_\alpha=m_\alpha\vec{v}_o\cdot(\vec{v}'_{\alpha c}-\vec{v}_{\alpha c})=\vec{v}_o\cdot\Delta\vec{p}_\alpha \tag{3.2.32}$$

这里使用了动量变化在不同坐标系中是一样这个条件。从式(3.2.6)和式(3.2.24)已知

$$\vec{v}_o=\frac{d\vec{r}_o}{dt}=\frac{(m_\alpha\vec{v}_\alpha+m_\beta\vec{v}_\beta)}{(m_\alpha+m_\beta)};\quad \Delta\vec{p}_\alpha=-\frac{m_\alpha m_\beta}{m_\alpha+m_\beta}(1-\cos\theta)(\vec{v}_\alpha-\vec{v}_\beta)$$

代入式(3.2.32)，有

$$\begin{aligned}\Delta K_\alpha&=\vec{v}_o\cdot\Delta\vec{p}_\alpha=-\frac{(m_\alpha\vec{v}_\alpha+m_\beta\vec{v}_\beta)}{(m_\alpha+m_\beta)}\frac{m_\alpha m_\beta}{m_\alpha+m_\beta}(1-\cos\theta)(\vec{v}_\alpha-\vec{v}_\beta)\\&=-\frac{m_\alpha m_\beta}{(m_\alpha+m_\beta)^2}(1-\cos\theta)\cdot[m_\alpha v_\alpha^2-m_\beta v_\beta^2-(m_\alpha-m_\beta)\vec{v}_\alpha\cdot\vec{v}_\beta]\end{aligned} \tag{3.2.33}$$

如果 β 类粒子的速度分布各向同性，则在对 β 类粒子的速度分布作平均之后，假设 β 粒子速度分布 $f(v_\beta)$ 为麦克斯韦分布，麦克斯韦分布是偶函数，再乘以 v_β 变成奇函数，在区间 $[-\infty,\infty]$ 对 v_β 求平均为零，所以括号内第三项将等于零。并令

$$\kappa_{\alpha\beta}=\frac{2m_\alpha m_\beta}{(m_\alpha+m_\beta)^2} \tag{3.2.34}$$

$\kappa_{\alpha\beta}$ 称为能量传递系数，它表征碰撞粒子之间能量变换的效率。且 $K_\alpha=m_\alpha v_\alpha^2/2$，$K_\beta=m_\beta v_\beta^2/2$，则有

$$\Delta K_\alpha=-\kappa_{\alpha\beta}(1-\cos\theta)(K_\alpha-K_\beta) \tag{3.2.35}$$

$\kappa_{\alpha\beta}$ 值取决于两个粒子的质量比

(1) $m_\alpha \approx m_\beta$；　$\kappa_{\alpha\beta}=0.5$

(2) $m_\alpha \ll m_\beta$；　$\kappa_{\alpha\beta}=2m_\alpha/m_\beta$

(3) $m_\alpha \gg m_\beta$；　$\kappa_{\alpha\beta}=2m_\beta/m_\alpha$

考虑一种特殊情况，电子与重粒子(原子或离子)碰撞，且原子能量不大的条件下，即 $m_\alpha = m_e \ll m_\beta = m_a$，且 $K_a \leqslant K_e$。则电子的速度将远大于原子的速度，即

$$v_e=\sqrt{\frac{2K_e}{m_e}} \gg v_a=\sqrt{\frac{2K_a}{m_a}} \tag{3.2.36}$$

两个粒子的相对速度为

$$\vec{v}=\vec{v}_e-\vec{v}_a=\vec{v}_e \tag{3.2.37}$$

且有

$$\mu_{\alpha\beta}=\frac{m_e m_a}{m_e+m_a}\approx m_e$$

因此，在质心系中的碰撞问题变成了电子在静止原子的场中的运动问题。则电子的动量和能量可以改写

$$\begin{aligned} \Delta\vec{p}_e &= -\vec{p}_e(1-\cos\theta) \\ \Delta K_e &= -2(m_e/m_a)(K_e-K_a)(1-\cos\theta) \end{aligned} \tag{3.2.38}$$

θ 是电子与静止原子碰撞时的散射角。在电子和原子的非弹性碰撞条件下

$$\begin{aligned} \frac{1}{2}\mu_{\alpha\beta}v^2 &= \frac{1}{2}\mu_{\alpha\beta}v'^2+\Delta E \\ \frac{1}{2}m_e v'^2 &= \frac{1}{2}m_e v^2-\Delta E \end{aligned} \tag{3.2.39}$$

这意味着，电子动能的变化等于重粒子内能的变化(如激发和电离)；重粒子的动能不变化。这一结论精确到电子和原子的质量比 m_e/m_a。

3.2.3 碰撞过程中偏转角的表达

两个粒子在碰撞过程中，它们的能量和动量将发生传递，由上面的讨论可以看出粒子间的能量和动量的传递都与碰撞过程中的偏转角 θ 有关，更确切地说与 $(1-\cos\theta)$ 有关。显然，偏转角一定与粒子之间的相互作用力有关。本节将给出偏转角的具体表达形式。简单起见考虑弹性碰撞，即碰撞只引起相对速度的改变。在经典力学中，两个碰撞的粒子的运动方程

$$\frac{d\vec{v}_\alpha}{dt}=\frac{\vec{F}_{\alpha\beta}}{m_\alpha};\quad \frac{d\vec{v}_\beta}{dt}=\frac{\vec{F}_{\beta\alpha}}{m_\beta} \tag{3.2.40}$$

注意这里 $\vec{F}_{\alpha\beta}=-\vec{F}_{\beta\alpha}$(见图 3.6(a))。将式(3.2.40)中的两个方程相减有

$$\frac{d\vec{v}_\alpha}{dt}-\frac{d\vec{v}_\beta}{dt}=\left(\frac{1}{m_\alpha}+\frac{1}{m_\beta}\right)\vec{F}_{\alpha\beta} \tag{3.2.41}$$

即

$$\mu_{\alpha\beta}\frac{d\vec{v}}{dt}=\vec{F}_{\alpha\beta} \tag{3.2.42}$$

这是相对速度方程($\vec{v}=\vec{v}_\alpha-\vec{v}_\beta$)。这里已经假设粒子间的相互作用力只依赖于它们的相对坐标。由式(3.2.42)可知，两个粒子的碰撞导致的相对运动，等效于质量为 $\mu_{\alpha\beta}$ 的试验粒子

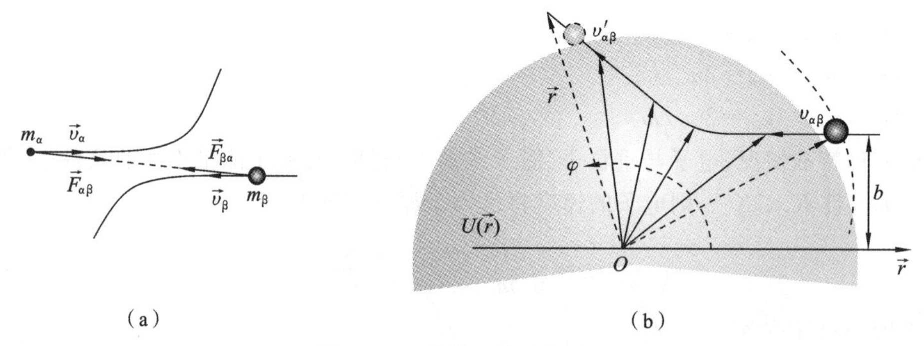

图 3.6　两个粒子的碰撞过程

(a) 碰撞过程中两个粒子间相互作用力；(b) 等效碰撞过程。

在有心场 $\vec{F}_{\alpha\beta}$作用下的运动。粒子之间的相互作用力(如库仑势)，经常可以认为是中心对称的，决定这样的相互作用的势 $U_{\alpha\beta}(\vec{r})$仅仅依赖于碰撞粒子之间的距离$\vec{r}$。所以相互作用力可以写成

$$\vec{F}_{\alpha\beta}=-\nabla U(\vec{r}) \tag{3.2.43}$$

其中$\vec{r}=\left|\vec{r}_\alpha-\vec{r}_\beta\right|$。这时，两个粒子之间的碰撞引起的相对速度的偏转，可以看成该试验粒子初始由无限远处以速度$\vec{v}_{\alpha\beta}$进入中心力场，在力场的作用下，速度发生变化，以速度$\vec{v}'_{\alpha\beta}$飞到无限远处(见图 3.6(b))。建立极坐标如图 3.7，φ 为极角，r 为半径，r_0 为最小距离(即两个粒子相距最近的距离)。由于力场的对称性，从图 3.7(a)很容易得出

$$\theta=\pi-2\varphi(r_0) \tag{3.2.44}$$

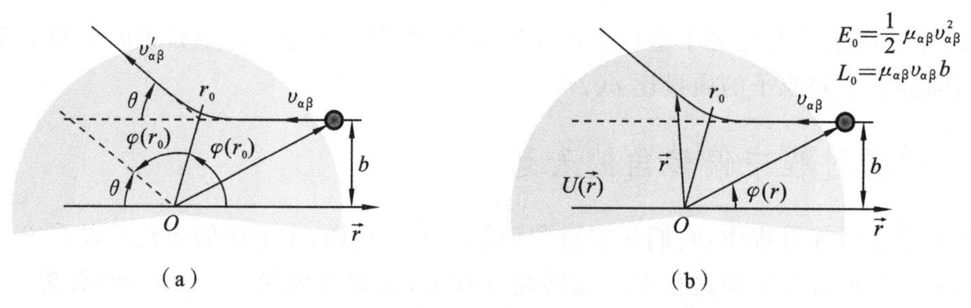

图 3.7　碰撞过程

(a) 极坐标及偏转角；(b) 初始能量和动量矩。

在有心力场中，粒子的机械能(动能＋势能)和动量矩都守恒，即

$$\frac{1}{2}\mu_{\alpha\beta}\left[\left(\frac{\mathrm{d}r}{\mathrm{d}t}\right)^2+\left(r\,\frac{\mathrm{d}\varphi}{\mathrm{d}t}\right)^2\right]+U(r)=\frac{1}{2}\mu_{\alpha\beta}v_{\alpha\beta}^2=E_0 \tag{3.2.45}$$

$$\mu_{\alpha\beta}r^2\,\frac{\mathrm{d}\varphi}{\mathrm{d}t}=\mu_{\alpha\beta}v_{\alpha\beta}b=L_0 \tag{3.2.46}$$

其中 E_0 和 L_0 分别为粒子的初始动能和动量矩(图 3.7(b))，其中 b 为碰撞参数或者瞄准距离。联立式(3.2.45)和式(3.2.46)，可以解出粒子的相速度和角速度分别为

$$\begin{aligned}&\frac{\mathrm{d}r}{\mathrm{d}t}=\frac{1}{\mu_{\alpha\beta}}\sqrt{2\mu_{\alpha\beta}[E_0-U(r)]-L_0^2/r^2}\\&\frac{\mathrm{d}\varphi}{\mathrm{d}t}=L_0/\mu_{\alpha\beta}r^2\end{aligned} \tag{3.2.47}$$

两个方程联立可得

$$\frac{\mathrm{d}\varphi}{\mathrm{d}r}=\frac{L_0}{r^2\sqrt{2\mu_{\alpha\beta}[E_0-U(r)]-L_0^2/r^2}} \tag{3.2.48}$$

显然,从 r_0 到∞对上式积分即为 $\varphi(r_0)$(图 3.7(a)),即

$$\varphi(r_0)=\int_{r_0}^{\infty}\frac{L_0\mathrm{d}r}{r^2\sqrt{2\mu_{\alpha\beta}(E_0-U(r))-L_0^2/r^2}}=\int_{r_0}^{\infty}\frac{b\mathrm{d}r}{r^2\sqrt{1-U(r)/E_0-b^2/r^2}} \tag{3.2.49}$$

其中 $E_0=\mu_{\alpha\beta}v_{\alpha\beta}^2/2$;$L_0=\mu_{\alpha\beta}v_{\alpha\beta}b$,通过以上表达式可以求出 r 最小值,这时要求 $(\mathrm{d}r/\mathrm{d}\varphi)\big|_{r=r_0}=0$,即

$$\left.\frac{\mathrm{d}r}{\mathrm{d}\varphi}\right|_{r=r_0}=\frac{r^2\sqrt{1-U(r_0)/E_0-b^2/r_0^2}}{b}=0 \tag{3.2.50}$$

可得

$$2\mu_{\alpha\beta}(E_0-U(r_0))-L_0^2/r_0^2=0 \tag{3.2.51}$$

或

$$1-U(r_0)/E_0-b^2/r_0^2=0 \tag{3.2.52}$$

由式(3.2.44)和式(3.2.49)可知偏转角的表达式(也即质心系中的散射角)为

$$\theta=\pi-2b\int_{r_0}^{\infty}\frac{\mathrm{d}r}{r^2\sqrt{1-U(r)/E_0-b^2/r^2}} \tag{3.2.53}$$

这就是所谓的经典散射积分,也是在一般有心力场中偏转角和碰撞参数(瞄准距离)之间的关系式。显然,只要知道了中心势场的具体形式,可以求出碰撞过程的一些基本参量。对于电荷粒子碰撞中的库仑势

$$U(r)=\frac{Z_\alpha Z_\beta e^2}{4\pi\varepsilon_0 r} \tag{3.2.54}$$

把 $U(r)$ 代入方程(3.2.52)可得

$$r_0=\frac{b^2}{\sqrt{b^2+b_\perp^2}-b_\perp} \tag{3.2.55}$$

把 $U(r)$ 和 r_0 代入方程(3.2.49)可得

$$\varphi(r_0)=\frac{\pi}{2}-\arcsin\frac{b_\perp}{\sqrt{b^2+b_\perp^2}} \tag{3.2.56}$$

其中

$$b_\perp=\frac{Z_\alpha Z_\beta e^2}{4\pi\varepsilon_0\mu_{\alpha\beta}v_{\alpha\beta}^2} \tag{3.2.57}$$

是散射角为 90°时的瞄准距,称为近碰参量。由于 $\theta=\pi-2\varphi(r_0)$,所以有

$$\frac{\theta}{2}=\arcsin\frac{b_\perp}{\sqrt{b^2+b_\perp^2}} \tag{3.2.58}$$

或

$$\tan\frac{\theta}{2}=\frac{b_\perp}{b} \tag{3.2.59}$$

这就是在库仑势作用下,偏转角和碰撞参数的关系。然而在一般的情况下,原子之间的相互作用势比较复杂,很难得到散射角的解析表达式,通常需要进行数值计算。

3.2.4 微分散射截面的定义及物理意义

上面我们描述了二体弹性碰撞过程和散射过程，可以看出当知道粒子之间的相互作用势及入射粒子的能量，就可以获得碰撞事件中入射粒子的相关参数，如偏转角、速度、能量以及能量损失等。然而，等离子体中含有大量的电荷粒子，这些粒子之间存在频繁的碰撞，碰撞事件的发生通常具有随机性。我们无法精确地确定粒子间的单个碰撞事件，只能给出发生这个碰撞事件的概率。因此，有必要对粒子在等离子体中的碰撞过程进行统计性的描述。

在研究粒子间相互作用过程时，通常引入微分散射截面这个概念来描述入射粒子散射进单位空间立体角中的粒子数。散射截面是描述微观粒子散射概率的一种物理量，有时称为碰撞截面。为了能简单理解这个概念，考虑两个中性粒子之间的碰撞，可以用钢球模型来进行描述。假设一个小球以相对速度$\vec{v}$射向一个大球(见图 3.8(a))，小球半径为 r_α，大球的半径为 r_β，小球运动方向上与大球偏差的垂直距离为 b，一般称为瞄准距离。很显然，当瞄准距离大于两球半径之和时，两个球是无法接触的(不碰撞)，当瞄准距离大于零且小于两球半径之和时一定会产生碰撞，因此引入一个称为总碰撞截面的物理量

$$\sigma_t=\pi(r_\alpha+r_\beta)^2 \tag{3.2.60}$$

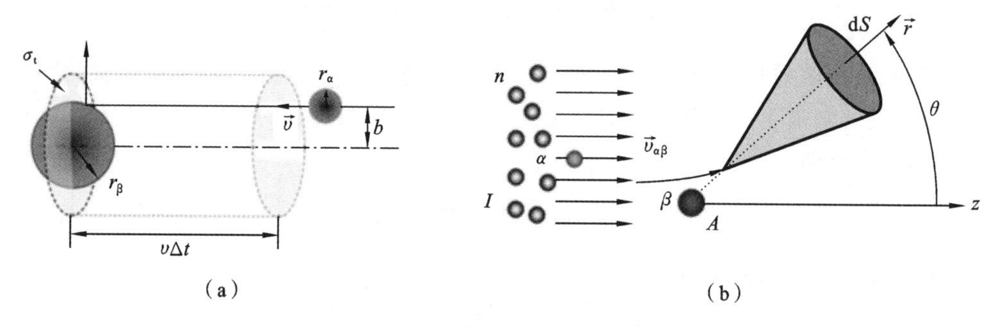

图 3.8 中性粒子的碰撞模型

(a) 钢球碰撞模型；(b) 靶心散射。

若假设 n_α 和 n_β 分别表示小球和大球的密度，则很容易求出小球(大球)碰撞大球(小球)的频率(单位时间碰撞次数)为

$$\nu_\alpha=n_\beta(v\sigma_t);\quad \nu_\beta=n_\alpha(v\sigma_t) \tag{3.2.61}$$

如果再考虑到 β 粒子的运动速度不是一样，即有一个分布 $f_\beta(v_\beta)$，则

$$\begin{aligned}\nu_\alpha&=\int_{-\infty}^{\infty}\vec{v}\,\sigma_t f_\beta(\vec{v}_\beta)\,\mathrm{d}\vec{v}_\beta=\frac{\int_{-\infty}^{\infty}\vec{v}\,\sigma_t f_\beta(\vec{v}_\beta)\,\mathrm{d}\vec{v}_\beta}{\int_{-\infty}^{\infty}f_\beta(\vec{v}_\beta)\,\mathrm{d}\vec{v}_\beta}\cdot\int_{-\infty}^{\infty}f_\beta(\vec{v}_\beta)\,\mathrm{d}\vec{v}_\beta\\&=n_\beta\cdot\langle\vec{v}\,\sigma_t\rangle\end{aligned} \tag{3.2.62}$$

这里 $n_\beta=\int_{-\infty}^{\infty}f_\beta(\vec{v}_\beta)\,\mathrm{d}\vec{v}_\beta$，$\langle\rangle$ 表示统计平均。

中性钢球碰撞模型过于简单，用于描述等离子体中的碰撞过程显然不合适。等离子体是由大量做无规则运动的和相互作用着的带电粒子组成，在这样的体系中，粒子之间的碰撞直接决定着等离子体的宏观特性，这就需要对大量的碰撞过程进行统计平均。我们知道一个粒子

对一个靶心粒子的散射，其散射角依赖于碰撞参数，即依赖于粒子相对于靶心的运动位置。当大量粒子相对于靶心运动，对于其中的某一个粒子而言，它相对于靶心的位置具有随机性。因此需要研究粒子对靶心的散射特性，即需要给出粒子散射的概率描述。

考虑一束密度为 n 的 α 粒子流沿着 z 方向射向位于 A 点的 β 粒子(见图 3.8(b))，A 为散射中心。为简单起见，设 β 粒子不动，且由于碰撞引起的 β 粒子运动可以忽略不计。也可以认为是在质心坐标系处理这个问题，A 位置就是质心。α 粒子相对于 β 粒子的速度为 $v_{\alpha\beta}$。设 I 为 α 粒子流强度(单位时间通过垂直于入射粒子流前进方向单位面积的粒子数)。显然有 $I=nv_{\alpha\beta}$。如图 3.8(b)所示，入射 α 粒子受 A 位置 β 粒子的作用而偏离原来的方向，发生散射，θ 为散射角。单位时间内散射到面积元 $\mathrm{d}S$ 上的粒子数 $\mathrm{d}N$ 应与 $\mathrm{d}S$ 成正比，与 $\mathrm{d}S$ 到 A 点的距离 r 成反比，即

$$\mathrm{d}N\sim\frac{\mathrm{d}S}{r^2}=\mathrm{d}\Omega$$

其中 $\mathrm{d}\Omega$ 是 $\mathrm{d}S$ 对 A 所张的立体角。同时，$\mathrm{d}N$ 还应该与入射粒子流强度 I 成正比，可写为

$$\mathrm{d}N=\sigma I\mathrm{d}\Omega \tag{3.2.63}$$

其中 σ 为比例系数。显然，当入射强度 I 固定时，单位时间内射向立体角 $\mathrm{d}\Omega$ 的粒子数由 σ 决定。σ 与入射粒子、散射中心的性质以及它们之间的相互作用和相对运动有关。σ 的物理意义是一个入射粒子经散射后，散射到 θ 方向单位立体角的几率。它具有面积量纲，所以 σ 也被称为微分散射截面。若用 $\sigma_{\alpha\beta}$ 表示 α 粒子与 β 粒子碰撞过程的微分散射截面，则 $\mathrm{d}N$ 可表示成

$$\mathrm{d}N=\sigma_{\alpha\beta}nv_{\alpha\beta}\mathrm{d}\Omega \tag{3.2.64}$$

应该注意到以上模型中没有考虑方位角的影响，考虑方位角后，散射过程如图 3.9 所示。立体角为 $\mathrm{d}\Omega=\sin\theta\mathrm{d}\theta\mathrm{d}\varphi$。利用该模型，单位时间内，流强为 I 的粒子流被一个 β 类粒子散射后，落入立体角 $\mathrm{d}\Omega$ 的 α 类粒子的数目 $\mathrm{d}N$ 为

$$\mathrm{d}N=\sigma_{\alpha\beta}nv_{\alpha\beta}\mathrm{d}\Omega=\sigma_{\alpha\beta}nv_{\alpha\beta}\sin\theta\mathrm{d}\theta\mathrm{d}\varphi \tag{3.2.65}$$

按经典力学，散射入立体角 $\mathrm{d}\Omega$ 的粒子数等于穿过垂直于入射通量方向的面元的粒子数。如图 3.9 所示，能进入立体角的粒子是碰撞参数在 b 到 $b+\mathrm{d}b$，方位角 $\mathrm{d}\varphi$ 范围内的粒子，形象地说是那些通过面积元 $b\mathrm{d}\varphi\cdot\mathrm{d}b$ 的入射粒子，散射后被散射到对应的立体角元中，所以

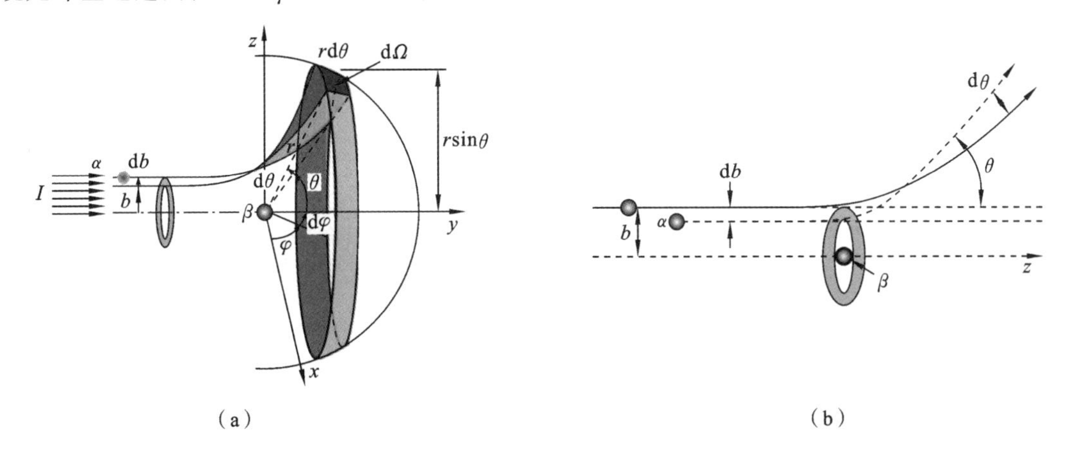

图 3.9　微分散射截面

(a) 三维图像；(b) 二维图像(散射角情况)。

$$dN = Ib\,db\,d\varphi = nv_{\alpha\beta}b\,db\,d\varphi \tag{3.2.66}$$

比较式(3.2.65)和式(3.2.66)可得

$$\sigma_{\alpha\beta} = \frac{b}{\sin\theta}\left|\frac{db}{d\theta}\right| \tag{3.2.67}$$

如果已知了 θ 与 b 之间的关系，可由上式就可以确定微分散射截面。

对于库仑势场中的散射，前面我们已经求出偏转角的表达式 $\tan\frac{\theta}{2} = \frac{b_\perp}{b}$，可以求出微分散射截面为

$$\sigma_{\alpha\beta库} = \frac{b_\perp^2}{4\sin^4\frac{\theta}{2}} \tag{3.2.68}$$

这就是著名的卢瑟福散射公式。显然，这种微分散射截面随散射角的增加而减小，且在 $\theta=0$ 处发散。对于等离子体中的屏蔽库仑势

$$U(r) = \frac{q_\beta}{4\pi\varepsilon_0 r}e^{-r/\lambda_D}$$

采用静电和量子(born 近似)的方法，都可以求出散射微分截面

$$\sigma_{\alpha\beta} = \frac{b_\perp^2}{4}\frac{1}{[\sin^2(\theta/2)+\varepsilon^2]^2}$$

其中

$$\varepsilon^2 = \begin{cases} \dfrac{h}{2\mu_{\alpha\beta}v_{\alpha\beta}\lambda_D}, & \dfrac{v_{\alpha\beta}}{c} > \dfrac{q_\alpha q_\beta}{2\pi\varepsilon_0 hc}(量子) \\ \dfrac{b_\perp}{\lambda_D}, & \dfrac{v_{\alpha\beta}}{c} < \dfrac{q_\alpha q_\beta}{2\pi\varepsilon_0 hc}(经典) \end{cases}$$

微分散射截面的物理意义：散射截面 σ 也可以理解为，一束 α 粒子，发射时候的强度是 $I(=nv_{\alpha\beta})$，也就是单位时间单位面积通过了 I 个粒子。然后受到其他 β 粒子的影响，α 粒子发生了散射，实际上就是分散了，不同地方的粒子强度不等于 I 了，在散射角(偏转角)θ 的地方(见图 3.9)，检测到强度是 I'(其实就是 $dN/d\Omega$)，和原本的强度 I 之比是 $\sigma=I'/I$，就是微分散射截面，σ 当然是 θ 的函数。简单一点理解，一个 α 粒子入射被 β 粒子散射，在 θ 方向单位立体角内接收到 α 粒子的概率就是微分散射截面。散射截面也好、微分散射截面也好，其实都对应着发生散射的概率，只不过散射截面对应的是总的散射概率，微分散射截面对应的是被散射到某个单位立体角内的概率。

3.2.5 碰撞的积分特征量

势场中 α 粒子和 β 粒子碰撞过程的微分截面由式(3.2.67)给出。如果碰撞是对称的，可以认为与方位角无关，所以 $d\Omega = 2\pi\sin\theta d\theta$，对散射角积分后得到库仑势场中 α 粒子和 β 粒子碰撞过程散射总截面(碰撞几率)为

$$S_{\alpha\beta} = \int\sigma_{\alpha\beta}(\theta)d\Omega = 2\pi\int_0^\pi\sigma_{\alpha\beta}(\theta)\sin\theta d\theta \tag{3.2.69}$$

α 类粒子与 β 类粒子碰撞频率(可参见图 3.8 和(3.2.61)式)定义为

$$\nu_{\alpha\beta}(v_{\alpha\beta}) = n_\beta v_{\alpha\beta}S_{\alpha\beta}(v_{\alpha\beta}) \tag{3.2.70}$$

其中，$v_{\alpha\beta}$ 为两个粒子的相对速度，n_β 为 β 粒子的密度(见图3.10)。按照截面的经典图像，它决

定 α 类粒子轰击 β 类粒子靶的次数。事实上，单位时间内这样的轰击数等于速度与碰撞截面积和靶（β 类粒子）密度的乘积。

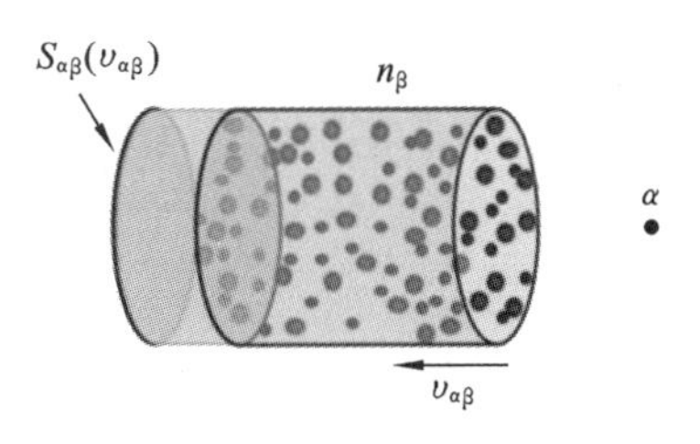

图 3.10　碰撞频率示意图

碰撞频率的理解：$S_{\alpha\beta}(\upsilon_{\alpha\beta})$ 表示的是一个 α 类粒子轰击 β 类粒子所对应的总截面，$n_\beta \upsilon_{\alpha\beta}$ 表示的是单位面积上在单位时间内 α 类粒子轰击到的 β 类粒子数，所以 $\nu_{\alpha\beta}(\upsilon_{\alpha\beta})$ 代表的是 α 类粒子与 β 类粒子碰撞频率。

一个简单的例子就是钢球模型，如果 α 类粒子和 β 类粒子分别是半径为 r_α 和 r_β 的刚性球，则碰撞的散射总截面为

$$S_{\alpha\beta} = \pi(r_\alpha + r_\beta)^2 \tag{3.2.71}$$

则 α 类粒子与 β 类粒子碰撞频率为

$$\nu_{\alpha\beta}(\upsilon) = n_\beta \upsilon_{\alpha\beta} \pi(r_\alpha + r_\beta)^2 \tag{3.2.72}$$

碰撞频率的倒数给出碰撞之间的平均时间

$$\tau_{\alpha\beta}(\upsilon) = 1/\nu_{\alpha\beta}(\upsilon_{\alpha\beta}) \tag{3.2.73}$$

用它还可以确定自由程——碰撞之间的距离

$$\lambda_{\alpha\beta} = \upsilon_{\alpha\beta}\tau_{\alpha\beta}(\upsilon_{\alpha\beta}) = 1/n_\beta S_{\alpha\beta}(\upsilon_{\alpha\beta}) \tag{3.2.74}$$

值得注意的是，把式(3.2.67)代入式(3.2.69)，散射总截面为

$$S_{\alpha\beta} = 2\pi\int_0^\infty b\mathrm{d}b \tag{3.2.75}$$

显然这个积分是无穷大，也就是说 α 类粒子与 β 类粒子碰撞积分是发散的。之所以出现这样的结果，主要是因为在这个过程中没有考虑到远、近碰撞影响的差别，也就是说没有考虑 θ 角的影响。前面我们讨论二体碰撞知道，两个粒子碰撞，其间能量和动量发生传递，且这个能量和动量的传递都与碰撞过程中的偏转角有关。为了描述弹性碰撞对粒子运动的影响，通常引入表征碰撞时动量和能量变化的权重因子$(1-\cos\theta)$。这时，截面表达式为

$$S_{\alpha\beta}^t = 2\pi\int_0^\pi \sigma_{\alpha\beta}(\theta)(1-\cos\theta)\sin\theta\mathrm{d}\theta \tag{3.2.76}$$

上式定义的积分截面称为动量传输截面或输运截面。权重因子$(1-\cos\theta)$对远碰撞（当 $\theta\to 0$ 时）接近于零，因而对所有类型的电子-原子和离子-原子相互作用积分都收敛。有了积分截面后，接着可以引进与输运截面相联系的碰撞积分特征量，如有效碰撞频率、碰撞之间的时间和自由程等

$$\begin{aligned}\nu_{\alpha\beta}^t(\upsilon_{\alpha\beta}) &= n_\beta S_{\alpha\beta}^t(\upsilon_{\alpha\beta})\upsilon_{\alpha\beta}\\ \tau_{\alpha\beta}^t(\upsilon_{\alpha\beta}) &= 1/n_\beta S_{\alpha\beta}^t(\upsilon_{\alpha\beta})\upsilon_{\alpha\beta}\\ \lambda_{\alpha\beta}^t(\upsilon_{\alpha\beta}) &= 1/n_\beta S_{\alpha\beta}^t(\upsilon_{\alpha\beta})\end{aligned} \tag{3.2.77}$$

这些结果也可以推广到其他类型的相互作用，对于非弹性碰撞，也可以定义碰撞总截面为

$$S_{\alpha\beta}^j = 2\pi\int_0^\pi \sigma_{\alpha\beta}^j(\theta)(1-\cos\theta)\sin\theta\mathrm{d}\theta \tag{3.2.78}$$

这里(j)表示第 j 类非弹性碰撞。自然，截面表达式的积分在所有情况下都是收敛的。可以象弹性碰撞那样引进非弹性碰撞的频率、碰撞间隔时间和自由程

$$\begin{aligned}\nu_{\alpha\beta}^j(\upsilon_{\alpha\beta}) &= n_\beta S_{\alpha\beta}^j(\upsilon_{\alpha\beta})\upsilon_{\alpha\beta}\\ \tau_{\alpha\beta}^j(\upsilon_{\alpha\beta}) &= 1/n_\beta S_{\alpha\beta}^j(\upsilon_{\alpha\beta})\upsilon_{\alpha\beta}\\ \lambda_{\alpha\beta}^j(\upsilon_{\alpha\beta}) &= 1/n_\beta S_{\alpha\beta}^j(\upsilon_{\alpha\beta})\end{aligned} \tag{3.2.79}$$

3.3 等离子体中的库仑碰撞

3.3.1 库仑碰撞

上面介绍的二体碰撞只是单纯地考虑两个粒子之间的相互作用，可以用于处理等离子体中带电粒子与中性离子之间的碰撞，但并不适用于等离子体中带电粒子之间的碰撞过程。等离子体中带电粒子之间的碰撞与一般二体碰撞显然有很大区别：① 一个带电粒子作为散射中心，由于德拜屏蔽效应，它对被散射带电粒子的作用范围是德拜半径范围量级，对于距离大于德拜半径的带电粒子，可以近似看成没有相互作用，所以碰撞参数 b 的最大值为 λ_D（见图 3.11(a)）；② 散射中心对德拜球内所有带电粒子同时发生作用，因此等离子体中带电粒子的相互作用一般是多体相互作用。但是，一般在研究等离子体中相互作用时，在一定的条件下可以用两体碰撞来近似，而多体碰撞看成是孤立的二体碰撞的叠加。

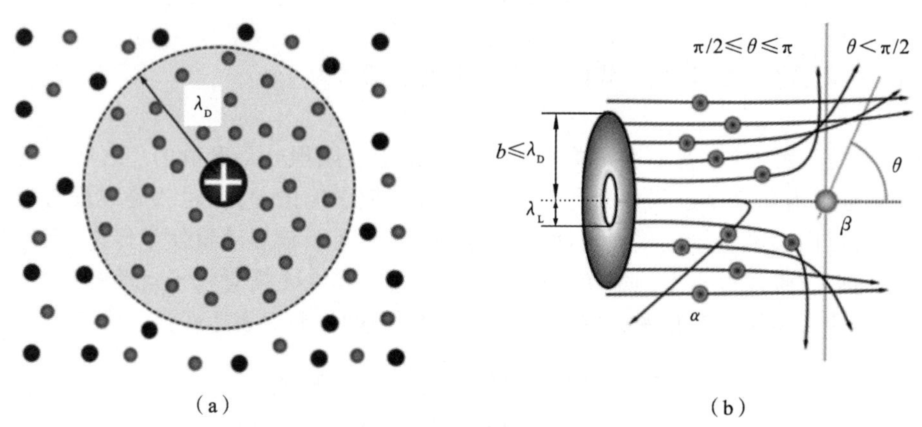

图 3.11 等离子体中带电粒子之间的碰撞

(a) 德拜屏蔽；(b) 碰撞参数范围与近碰和远碰。

3.3.2 库仑对数

对于等离子体中的碰撞过程，我们已经知道碰撞参数 b 的最大值为 λ_D，那么碰撞参数 b 的取值范围如何？已知散射角与碰撞参数有密切的关系，见式(3.2.58)，即 $\tan\dfrac{\theta}{2}=\dfrac{b_\perp}{b}$，其中 $b_\perp=\dfrac{Z_\alpha Z_\beta e^2}{4\pi\varepsilon_0\mu_{\alpha\beta}v_{\alpha\beta}^2}$，$b_\perp$ 是散射角为 90°时的瞄准距，但其物理意义现在还不清楚。显然 $b_\perp$ 是一个与粒子相对速度相关的量。对于多粒子系统，通过统计平均可以求出它的平均值。如果是热平衡系统，则粒子的平均动能就是温度，即有 $\mu_{\alpha\beta}\langle v_{\alpha\beta}^2\rangle\approx k_B T$，则有

$$\langle b_\perp\rangle=\frac{Z_\alpha Z_\beta e^2}{4\pi\varepsilon_0\mu_{\alpha\beta}\langle v_{\alpha\beta}^2\rangle}=\frac{Z_\alpha Z_\beta e^2}{4\pi\varepsilon_0 k_B T}=\lambda_L \tag{3.3.1}$$

也就是说，$\langle b_\perp\rangle$ 就是郎道长度（两个电荷能接近的最小距离）。显然当碰撞参数在 $0\leqslant b\leqslant\langle b_\perp\rangle$，散射角 $\pi/2\leqslant\theta\leqslant\pi$（大角散射），这类碰撞称为近碰撞（见图 3.11(b)），碰撞截面为 $S_{\alpha\beta近}$

$=\pi\lambda_L^2$；当碰撞参数在$\langle b_\perp\rangle<b\leqslant\lambda_D$，则散射角 $\theta<\pi/2$（小角散射），这类碰撞称为远碰撞。显然，远碰撞的碰撞截面（对于库仑碰撞）有

$$S_{\alpha\beta远}=2\pi\int_{\theta_{\min}}^{\theta_{\max}}\sigma_{\alpha\beta}(\theta)(1-\cos\theta)\sin\theta\mathrm{d}\theta=2\pi\int_{\theta_{\min}}^{\theta_{\max}}\frac{b_\perp^2}{4\sin^4\dfrac{\theta}{2}}(1-\cos\theta)\sin\theta\mathrm{d}\theta$$

$$=4\pi b_\perp^2\ \ln\sin\frac{\theta}{2}\Bigg|_{\theta_{\min}}^{\theta_{\max}} \tag{3.3.2}$$

上式中的 $\theta_{\max}$一般是指散射角为90°的碰撞，所以 $\theta_{\max}=\pi/2$。考虑远碰撞，上式中的 $\theta_{\min}$所对应的散射参数为 $b_{\max}=\lambda_D$，由式(3.2.59)可知

$$\tan\frac{\theta_{\min}}{2}=\frac{b_\perp}{b_{\max}}=\frac{b_\perp}{\lambda_D} \tag{3.3.3}$$

由于 $\lambda_D\gg b_\perp$，$\theta_{\min}$很小，有 $\cos\theta_{\min}/2\approx1$，所以

$$\sin\frac{\theta_{\min}}{2}\approx\frac{b_\perp}{\lambda_D} \tag{3.3.4}$$

把 $\theta_{\max}$和式(3.3.4)代入式(3.3.2)可得

$$S_{\alpha\beta远}\approx4\pi b_\perp^2\left(-0.35-\ln\left(\frac{b_\perp}{\lambda_D}\right)\right)\approx4\pi b_\perp^2\ln\left(\frac{\lambda_D}{b_\perp}\right) \tag{3.3.5}$$

也可以表示成

$$S_{\alpha\beta远}\approx4\pi b_\perp^2\ln\Lambda \tag{3.3.6}$$

其中 $\ln\Lambda\approx\ln\dfrac{\lambda_D}{\langle b_\perp\rangle}\approx\ln\left(\dfrac{T^{3/2}}{e^2n^{1/2}}\right)$，称为库仑对数，在一般的等离子体中库仑对数的数值一般在10～20之间。表3.1显示几个典型等离子体体系中的库仑对数，可以看出一般库仑对数变化不大。显然

$$\frac{S_{\alpha\beta远}}{S_{\alpha\beta近}}\approx4\ln\Lambda\gg1 \tag{3.3.7}$$

表3.1　典型的等离子体系统中的库仑对数

等离子体类型	电子温度/eV	电子密度/m^3	lnΛ
电离层	10^{-1}	10^{12}	14.0
辉光放电	10^{0}	10^{20}	12.0
磁约束	10^{4}	10^{20}	13.7
聚变堆	10^{4}	10^{21}	16.0
激光等离子体	10^{4}	10^{28}	6.8

换句话说：在等离子体中所发生的碰撞，远碰撞是主要的。等离子体中带电粒子的散射过程可以看成是由多次远碰（小角散射）叠加的结果（见图3.12）。利用远碰撞截面可以获得等离子体中带电粒子之间的各种与碰撞有关的参数。库仑对数是库仑碰撞过程中出现的一个参量，其大小反映库仑碰撞过程小角散射与大角散射过程的相对重要性。库仑对数数值越大，表明小角散射过程越重要。

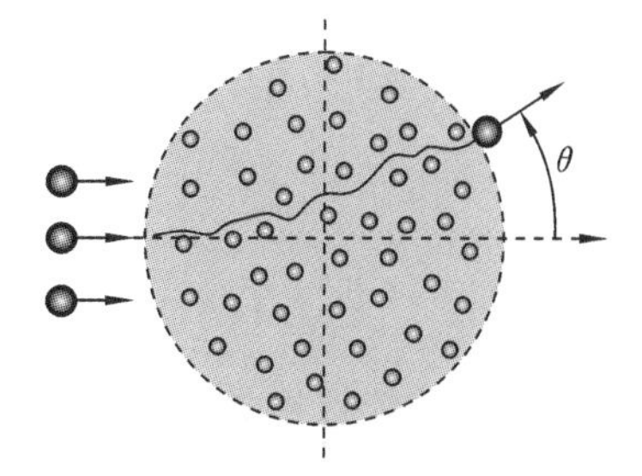

图3.12　等离子体中粒子的散射示意图

3.3.3 库仑对数与碰撞相关物理参量

1. 库仑对数与碰撞能量损失

前面我们已经知道两个粒子单次碰撞过程中粒子能量的损耗，即式(3.2.35)：

$$\Delta K_\alpha = -\kappa_{\alpha\beta}(1-\cos\theta)(K_\alpha - K_\beta) \tag{3.3.8}$$

如果散射中心开始静止($K_\beta=0$)，能量损失为

$$\Delta K_\alpha = \frac{m_\alpha v_\alpha^2}{2}\frac{4m_\alpha m_\beta}{(m_\alpha+m_\beta)^2}\sin^2\frac{\theta}{2} \tag{3.3.9}$$

根据散射角公式 $\tan\frac{\theta}{2}=\frac{b_\perp}{b}$，可知

$$\sin^2\frac{\theta}{2}=\frac{1}{(b/b_\perp)^2+1} \tag{3.3.10}$$

所以能量损失可表示为

$$\Delta K_\alpha = \frac{m_\alpha v_\alpha^2}{2}\frac{4m_\alpha m_\beta}{(m_\alpha+m_\beta)^2}\frac{1}{(b/b_\perp)^2+1} \tag{3.3.11}$$

对于远碰撞，即小角度散射，若 θ 很小，则 $b/b_\perp \gg 1$，所以，在单次碰撞时的能量损耗近似是

$$\Delta K_\alpha = \frac{m_\alpha v_\alpha^2}{2}\frac{4m_\alpha m_\beta}{(m_\alpha+m_\beta)^2}\left(\frac{b_\perp}{b}\right)^2 \tag{3.3.12}$$

如果我们想知道粒子在一段距离上的能量损耗到底有多大，那么我们要加上在该距离内的所有碰撞中各相关碰撞参数 b 的影响。如图 3.13 所示，α 粒子以速度 v_α 入射到密度为 n_β 的 β 粒子区域内，考虑一个以为 b 半径，厚度为 db 的区域，在 dl 长度内撞击 β 粒子数为 $n_\beta dl\cdot 2\pi b db$，每次碰撞的能量损失由式(3.3.12)表示，所以总的能量损耗表示为

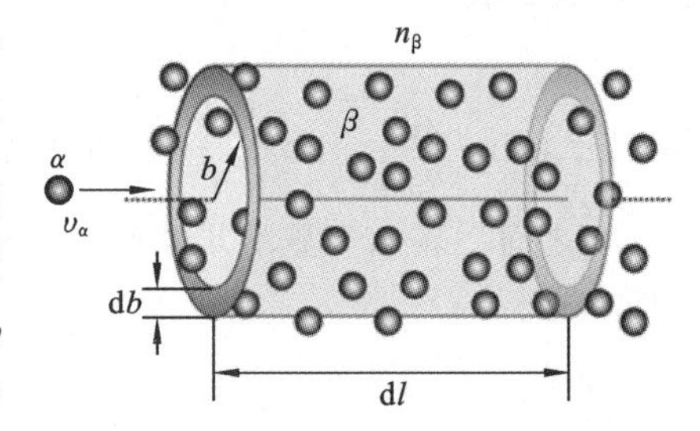

图 3.13　碰撞过程能量损失示意图

$$dK_\alpha = n_\beta dl\frac{m_\alpha v_\alpha^2}{2}\frac{4m_\alpha m_\beta}{(m_\alpha+m_\beta)^2}\int_{b_{\min}}^{b_{\max}}\left(\frac{b_\perp}{b}\right)^2 2\pi b db \tag{3.3.13}$$

所以单位长度上的能量损失为

$$\begin{aligned}\frac{dK_\alpha}{dl} &= n_\beta\frac{m_\alpha v_\alpha^2}{2}\frac{4m_\alpha m_\beta}{(m_\alpha+m_\beta)^2}\int_{b_{\min}}^{b_{\max}}\left(\frac{b_\perp}{b}\right)^2 2\pi b db \\ &= n_\beta\frac{m_\alpha v_\alpha^2}{2}\frac{m_\alpha m_\beta}{(m_\alpha+m_\beta)^2}8\pi b_\perp^2\,[\ln b]_{\mathrm{bmin}}^{\mathrm{bmax}}\end{aligned} \tag{3.3.14}$$

由于 $b_{\min}=b_\perp\approx\lambda_\perp$；$b_{\max}=\lambda_D$，则有

$$\frac{dK_\alpha}{dl}=8\pi n_\beta K_\alpha \kappa_{\alpha\beta} b_\perp^2 \ln|\Lambda| \tag{3.3.15}$$

其中 $b_\perp=\frac{Z_\alpha Z_\beta e^2}{4\pi\varepsilon_0\mu_{\alpha\beta}v_{\alpha\beta}^2}$，$\ln\Lambda\approx\ln\frac{\lambda_D}{\langle b_\perp\rangle}\approx\ln\left(\frac{T^{3/2}}{e^2 n^{1/2}}\right)$。上式表示了在等离子体中单位长度上粒子碰撞所产生的能量损失。

2. 库仑对数与碰撞参量

我们在处理等离子体中的输运过程时，往往需要了解带电粒子之间的碰撞参量，如碰撞截

面、碰撞频率和平均自由程等。把 $b_{\perp}$ 代入式(3.3.6)后得粒子碰撞的截面积为

$$S_{\alpha\beta远} \approx \frac{Z_\alpha^2 Z_\beta^2 e^4}{4\pi\varepsilon_0^2 \mu_{\alpha\beta}^2 v_{\alpha\beta}^4} \ln\Lambda \tag{3.3.16}$$

其中 $\mu_{\alpha\beta} = m_\alpha m_\beta/(m_\alpha + m_\beta)$ 上为折合质量，我们根据式(3.3.16)很容易给出等离子体中电荷之间(电子-电子、电子-离子和离子-离子，为简单起见，只考虑单次电离)的碰撞截面

$$S_{ee} = \frac{e^4}{\pi\varepsilon_0^2 m_e v_{ee}^4} \ln\Lambda; \quad S_{ei} = \frac{e^4}{4\pi\varepsilon_0^2 m_e v_{ei}^4} \ln\Lambda; \quad S_{ii} = \frac{e^4}{\pi\varepsilon_0^2 m_i v_{ii}^4} \ln\Lambda \tag{3.3.17}$$

根据式(3.2.77)，可得电荷平均自由程

$$\lambda_{ee} = \frac{\pi\varepsilon_0^2 m_e v_{ee}^4}{ne^4 \ln\Lambda}; \quad \lambda_{ei} = \frac{4\pi\varepsilon_0^2 m_e v_{ei}^4}{ne^4 \ln\Lambda}; \quad \lambda_{ii} = \frac{\pi\varepsilon_0^2 m_i v_{ii}^4}{ne^4 \ln\Lambda}, \tag{3.3.18}$$

和电荷之间的平均碰撞频率

$$\nu_{ee} = \frac{ne^4 \ln\Lambda}{16\sqrt{\pi}\varepsilon_0^2 m_e^{1/2} T_e^{3/2}}; \quad \nu_{ei} = \frac{ne^4 \ln\Lambda}{32\sqrt{\pi}\varepsilon_0^2 m_e^{1/2} T_e^{3/2}}; \quad \nu_{ii} = \frac{ne^4 \ln\Lambda}{16\sqrt{\pi}\varepsilon_0^2 m_i^{1/2} T_i^{3/2}} \tag{3.3.19}$$

或者

$$\nu_{ee} = 5.8 \times 10^{-6} n \ln\Lambda / T_e^{3/2}; \quad \nu_{ei} = 2.9 \times 10^{-6} n \ln\Lambda / T_e^{3/2}$$

推导平均碰撞频率的过程中，已经利用麦克斯韦分布对粒子动能进行了平均，即利用了 $\mu_{\alpha\beta}\langle v_{\alpha\beta}^2\rangle \approx k_B T$。平均碰撞频率可以看出，高温等离子可以看成是无碰撞的(T_e 很大，碰撞频率趋于零)。

3.3.4 电阻率

电阻表示导体对电流阻碍作用的大小，导体的电阻越大，表示导体对电流的阻碍作用越大。不同导体的电阻一般不同，电阻是导体本身的一种特性。电阻可表示为 $R = \rho L/S$，S 是导体的截面积、L 是导体的长度，ρ 是电阻率。我们知道电阻实际上是金属晶格对电子输运的阻碍(见图 3.14(a))。经典电子论(特鲁特模型)认为金属的电阻是由于电子与晶格碰撞的结果，电阻率可以表示为

$$\rho = \frac{m_e v_T}{ne^2 \lambda} = \frac{m_e \nu}{ne^2} \tag{3.3.20}$$

其中 λ 表示电子的平均自由程，n 为金属中自由电子的平均密度，e 为电子电量，m_e 表示电子的质量，v_T 为电子的热运动速率，ν 为电子与晶格的平均碰撞频率。金属内的自由电子和晶格上的离子构成的是固体等离子体，导体中的晶格是规则排列的，而一般的等离子体是无序的，那么等离子体中的电阻和电阻率应该如何表示呢？

当有一电场施加于等离子体上时(见图 3.14(b))，等离子体中的电荷将在电场作用下定向运动，正离子沿着电场运动，而负电荷沿着电场的反方向运动，形成电流。初始时电荷的运动速度随着外电场的增加而增加，电流也随之增加，但电荷之间的库仑碰撞将阻碍电荷运动速度(或电流)的进一步增加，随着碰撞次数的增加，最终电荷运动速度(或电流)趋于一个稳定值。稳定时，电流密度 $\vec{J}$ 与电场强度 $\vec{E}$ 之间关系如下

$$\vec{E} = \eta \vec{J} \tag{3.3.21}$$

其中比例系数 η 称为等离子体电阻率。由于离子质量远大于电子质量，所以，可以认为离子不动，电流的贡献主要来源于电子。稳定的时候，电子受到的电场力与电荷之间碰撞所产生的摩

擦力达到平衡。电子受到的电场力为

$$\vec{F}_e = -en_e\vec{E} \tag{3.3.22}$$

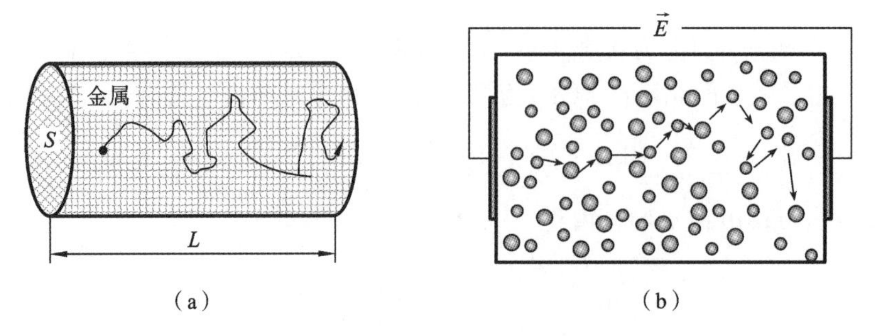

(a)　　(b)

图 3.14　不同物质中电荷的运动

(a) 金属中电荷的运动;(b) 等离子体中电荷的运动。

我们已经知道电子与离子单次碰撞过程中,电子的动量损失(见式(3.2.24))为

$$\Delta\vec{p}_e = -\frac{m_e m_i}{m_e + m_i}(1-\cos\theta)(\vec{v}_e - \vec{v}_i) \approx -m_e(\vec{v}_e - \vec{v}_i) \tag{3.3.23}$$

因此对于密度为 $n_0 = n_e = n_i$,平均碰撞频率为 ν_{ei} 的等离子体,电子与离子之间碰撞所产生的摩擦力(单位时间内动量的传递)可以表示成

$$\vec{F}_{ei} = -m_e n_i\langle\nu_{ei}\rangle(\vec{v}_e - \vec{v}_i) = \frac{m_e\langle\nu_{ei}\rangle}{e}\vec{J} \tag{3.3.24}$$

注意 $\vec{J} = en_i(\vec{v}_i - \vec{v}_e)$。由于平衡时电子受合力为零,即 $\vec{F}_e = \vec{F}_{ei}$,则有

$$\vec{E} = \frac{m_e\langle\nu_{ei}\rangle}{n_e e^2}\vec{J} \tag{3.3.25}$$

与式(3.2.21)比较后可得等离子体电阻率

$$\eta = \frac{m_e\langle\nu_{ei}\rangle}{n_e e^2} \tag{3.3.26}$$

比较上式和式(3.3.20),不难发现等离子体电阻率和金属中的电阻率表达式相同。已知 $\nu_{ei} = \frac{ne^4\ln\Lambda}{32\sqrt{\pi}\varepsilon_0^2 m_e^{1/2} T_e^{3/2}}$,所以等离子体电阻率可以表示成为

$$\eta = \frac{m_e^{1/2} e^2 \ln\Lambda}{32\sqrt{\pi}\varepsilon_0^2 T_e^{3/2}} \tag{3.3.27}$$

对于单次电离的等离子体,把有关常数代入上式,得

$$\eta = 5.2\times10^{-5}\frac{\ln\Lambda}{T_e^{3/2}}\quad(\Omega\cdot\mathrm{m}) \tag{3.3.28}$$

可以看出,完全电离等离子体的电阻率仅仅取决于电子的温度,而与等离子体密度没有关系,这一点令人惊奇,要知道一般来说,电流密度应该与带电粒子的密度成正比。实际上,在等离子体中,稳定的时候,电子受到的电场力与体系中电荷之间碰撞所产生的摩擦力达到平衡,体系中电子受到的电场力与电子密度成正比(见式(3.3.22)),而摩擦力是与离子密度成正比(见式(3.3.24))。由于等离子体的电中性,要求电荷密度相等,因此在电阻率中两者抵消。另外,我们也注意到,η 反比于 $T_e^{3/2}$,换句话说,随着等离子体温度的提高,电阻率迅速下降。这和我们对电阻率的认知有所不同。因为在等离子体中,当加热等离子体时,库仑碰撞截面会迅

速减小，即碰撞概率会迅速下降，所以电阻率随温度升高迅速下降。进一步可以看出，对于高温等离子体，几乎可称为“理想磁流体（导体）”，或者说等离子体是无碰撞的流体，内部没有电阻。

归纳一下等离子体电阻率的特性：① 与等离子体密度无关，或者说电流与载流子多少无关，原因是电流与电荷密度成正比，而摩擦力与密度也成正比，所以两者抵消了；② 与 T 的1.5次方成正比，高温下变成良导体，所以欧姆加热只适用于低温，高温等离子体无法利用欧姆加热；③ 碰撞频率与粒子运动速度的 3 次方成正比，即速度小，碰撞频繁，而速度大则碰撞几率小，换句话说，等离子体中的电流是由高能电子携带。

3.4　输运过程的经验定律

3.4.1　等离子体中的碰撞

当多粒子系统初始处于非平衡态时，系统的一些基本参量（如密度、速度和温度等）通常是不均匀的，通过粒子间的碰撞，使这些参量逐渐趋于均匀，系统也逐渐向平衡态发展。在这个发展过程中，系统中会产生质量、动量和能量的迁移过程，这些过程就称为输运过程。输运过程是多粒子系统所特有的行为，影响着系统诸多的物理性质。

输运过程与粒子的属性及粒子间相互作用的特征有密切关系。首先，由于电离度的不同，等离子体中所含粒子种类有很大区别，这里我们只简单讨论弱电离等离子体和强电离等离子体。所谓的弱电离：各种碰撞频率满足 $\nu_{en} \gg \nu_{ei}, \nu_{ee}, \nu_{in} \gg \nu_{ii}, m_e\nu_{ei}/m_i$；所谓的强电离：各种碰撞频率满足 $\nu_{en} \ll \nu_{ei}, \nu_{ee}, \nu_{in} \ll \nu_{ii}, m_e\nu_{ei}/m_i$。其中，$\nu_{en}$、$\nu_{ei}$、$\nu_{ee}$、$\nu_{in}$ 和 ν_{ii} 分别是电子-中性粒子、电子-离子、电子-电子、离子-中性粒子以及离子-离子的碰撞频率。弱电离等离子体可以看成是由电子、离子（可能有多种离子）和中性粒子（可能有多种成分）组成的多元体系；而强电离等离子体仅有电子和离子（可能有多种离子和极少量的中性粒子）。为了简单起见，本章假设只有一种单电离离子，忽略其他过程（如电离、复合及电荷转移等过程）。

其次，粒子之间的相互作用不同，对于强电离等离子体的输运过程有以下特征：

（1）输运过程是由带电粒子间的电磁相互作用所决定的，电磁相互作用是长程力，由于德拜屏蔽效应的存在，在德拜长度范围内带电粒子间的相互作用为库仑作用（即库仑碰撞）；在德拜长度范围以外，带电粒子间的相互作用是德拜势（与集体行为相关）。等离子体中以粒子之间的碰撞（带电粒子之间，带电粒子与中性粒子之间）为机制的输运过程称为经典输运。当等离子体中激发起集体运动时，常可使输运过程大大增强，产生反常输运现象，反常输运现象普遍存在于等离子体中。

（2）外磁场对等离子体的输运过程产生巨大的影响，特别是磁场将直接影响粒子在垂直于磁场方向的运动，使输运性质出现明显的各向异性，即平行于磁场和垂直于磁场的运动差异。显然，平行于磁场方向运动的输运过程与无磁场情形相同。而垂直于磁场方向则不同，若无碰撞，则带电粒子在垂直于磁场的方向作快速回旋运动，粒子的回旋中心在垂直方向不会移动，所以使垂直于磁场方向的扩散和热传导大为削弱。在复杂的磁场位形中，输运现象变得十分复杂。

(3) 等离子体中的不同成分(电子和离子)由于质量差异,其输运参数有显著不同:① 于电子扩散系数远大于离子扩散系数;② 电子热导率远大于离子热导率;③ 离子黏滞系数远大于电子黏滞系数。由于电子的扩散速度远比离子快,电子的快速损失必然使等离子体中出现电场,此电场使电子损失减慢、离子损失加快,达到准稳态时,电子和离子的通量相等,这称为双极扩散,其通量与离子扩散流同量级。

严格处理等离子体输运问题要从微观的动理学方程(粒子分布函数的玻尔兹曼方程)出发。但在很多情况中只需了解一些宏观量(如密度、平均速度、电流密度、温度等)的变化,便可从含有相互作用的磁流体方程组(连续性方程、运动方程、广义欧姆定律及能量方程等)出发进行研究,这些方程称为输运方程。实际上,这些磁流体方程组完全可以从玻尔兹曼方程获得。在研究等离子体输运时,大部分情况下,可以把问题看成是定态的,即在方程中没有含时间导数项。研究输运过程的目的是为了获得一系列的输运系数(扩散系数、黏滞系数、电导率、热导系数等),这些系数表示输运过程的强弱。下面介绍几个输运经验定律。

3.4.2 扩散过程

扩散过程是指某一物理量从强大的区域向弱小的区域转移的过程。例如磁场的扩散(见磁扩散)和粒子扩散等。这里主要讨论等离子体中带电粒子的扩散,在等离子体中,当带电粒子的数密度分布不均匀时,由于粒子之间的碰撞,会使该电荷粒子从密度高的区域向密度低的区域迁移,减少等离子体内粒子的密度起伏,这个过程称为扩散过程。非磁化等离子体中电荷粒子的扩散主要由密度不均匀(见图 3.15)和电场所引起。

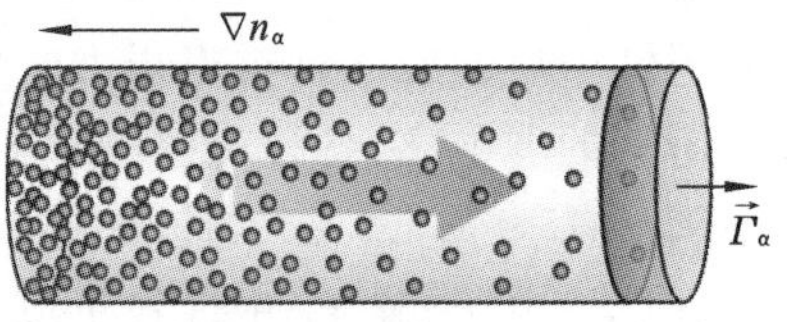

图 3.15 粒子扩散过程示意图

等离子体中,α 粒子密度的非均匀性可以用密度梯度∇n_α 来表示。单位时间内通过垂直于密度梯度的单位面积的粒子个数可以用粒子流通量 $\vec{\Gamma}_\alpha$ 来表示。实验研究发现粒子流通量 $\vec{\Gamma}_\alpha$ 大小与粒子密度梯度∇n_α 成正比,但方向相反。这就是扩散的菲克定律,可表示为

$$\vec{\Gamma}_\alpha = -D_\alpha \nabla n_\alpha \tag{3.4.1}$$

这是个实验定理,其中 D_α 就是粒子的扩散系数,可以由实验测定。

3.4.3 热传导过程

当等离子体中某种粒子的温度空间分布不均匀时候,通过粒子间的碰撞,使热量从温度高处向温度低处迁移,以减少空间各处温度差别,这个过程称为热传导过程(见图 3.16)。等离子体中,α 粒子温度的非均匀性可以用密度梯度∇T_α 来表示。单位时间内通过垂直于温度梯度的单位面积的热量可以用热流密度 $\vec{q}_\alpha$ 来表示。实验研究发现热流密度 $\vec{q}_\alpha$ 与粒子温度梯度∇T_α 成正比,但方向相反。这就是扩散的傅立叶定律,可表示为

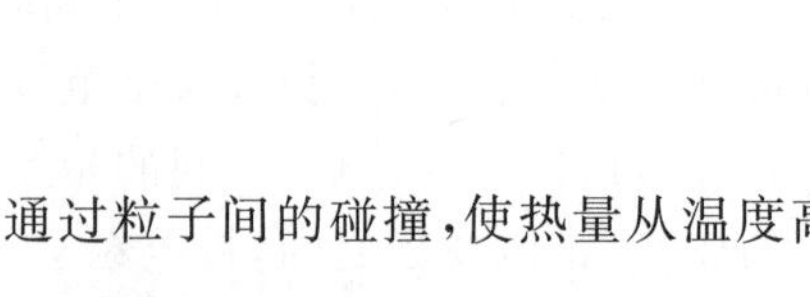

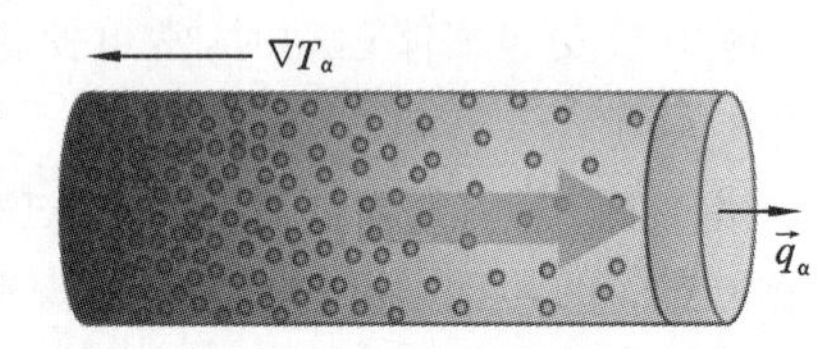

图 3.16 热传导过程示意图

$$\vec{q}_\alpha = -\kappa_\alpha \nabla T_\alpha \tag{3.4.2}$$

该方程描述了热传导过程的宏观规律，其中 κ_α 就是粒子的热传导系数，可以由实验测定。

3.4.4　黏滞过程

等离子体作为一种流体，具有流体的一般特性，比如易流动性和黏性。流体在静止时虽不能承受切应力，但在运动时，对相邻两层流体间的相对运动即相对滑动速度是有抵抗的，这种抵抗力称为黏性应力。当等离子体中某种粒子的流动速度在空间上不均匀时，通过粒子之间的碰撞，粒子动量将会在不同速度的流层之间迁移，而使得各部分宏观的相对速度消失，这一过程称为黏滞过程，也称为摩擦过程，因为该过程中，部分的宏观机械运动转化为热运动。黏性过程依赖于流体的性质，并显著地随温度而变化（见图 3.17）。

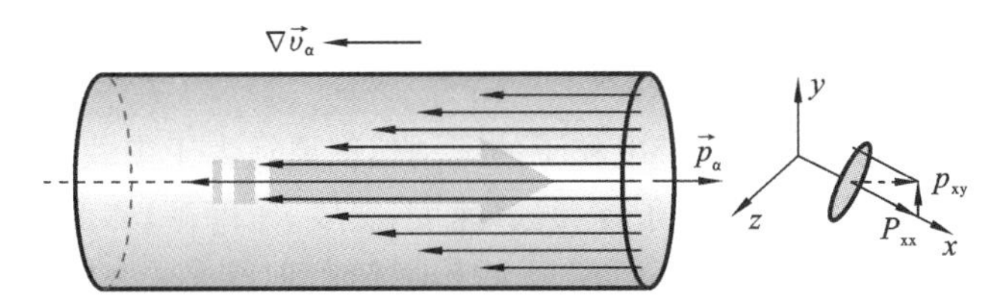

图 3.17　黏滞过程示意图

等离子体中，α 粒子平均速度的非均匀性可以用流动速度的梯度 $\nabla\vec{v}_\alpha$ 来表示。单位时间内通过垂直于速度梯度的单位面积的动量流可以用 $\vec{p}_\alpha$ 来表示。这是一个二阶张量，共有九个分量。p_{xy} 和 p_{xx} 分别表示单位时间穿越垂直于 x 轴的单位面积的 x 方向和 y 方向的动量。实验表明，动量流 $\vec{p}$ 与粒子流动速度的梯度 $\nabla\vec{v}_\alpha$ 成正比，但方向相反。这就是牛顿黏滞定律，表示为

$$\vec{p}_\alpha = -\xi\nabla\vec{v}_\alpha \tag{3.4.3}$$

该方程描述了黏滞过程的宏观规律，其中 ξ 就是粒子的黏滞系数，可以由实验测定。

扩散过程、热传导过程和黏滞过程都是由于碰撞引起的不可逆输运过程。扩散过程对应着粒子数的输运，热传导过程对应着能量的输运，而黏滞过程对应着动量的输运。这些过程都是与粒子之间的碰撞密不可分，其中的输运系数可以由实验测定。

3.5　非磁化弱电离等离子体中的输运过程

3.5.1　迁移率与扩散系数

在等离子体中，实际上同时存在粒子密度、温度和速度的不均匀性，这些不均匀性会驱动等离子体中粒子的运动。对于弱电离等离子体（如射频辉光放电等离子体），带电粒子与中性粒子之间的碰撞占优势。非磁化等离子体中带电粒子（如 α 粒子）的运动可以用流体运动方程（参见磁流体力学一章 4.3 节）描述

$$n_\alpha m_\alpha\left(\frac{\mathrm{d}\vec{v}_\alpha}{\mathrm{d}t}\right) + \nabla p_\alpha = q_\alpha n_\alpha\vec{E} + \vec{M}_{\alpha n} \tag{3.5.1}$$

其中

$$\vec{M}_{\alpha n}=-\vec{M}_{n\alpha}=\nu_{\alpha n}n_\alpha\frac{m_\alpha m_n}{m_\alpha+m_n}(\vec{v}_n-\vec{v}_\alpha) \tag{3.5.2}$$

为碰撞的两种粒子(α 粒子与中性粒子)之间的动量交换,也称摩擦项(两种粒子单次碰撞过程中的动量交换,见式(3.2.18))。$\nu_{\alpha n}$是两种粒子之间的平均碰撞频率,$\vec{v}_n$ 是中性粒子的运动速度。假设等离子体可以看成是理想气体,则

$$p_\alpha=n_\alpha T_\alpha \tag{3.5.3}$$

则运动方程变成

$$m_\alpha\frac{\mathrm{d}\vec{v}_\alpha}{\mathrm{d}t}=q_\alpha\vec{E}-\frac{1}{n_\alpha}\nabla(n_\alpha T_\alpha)+m_{\alpha n}\nu_{\alpha n}(\vec{v}_n-\vec{v}_\alpha) \tag{3.5.4}$$

其中 $m_{\alpha n}=\dfrac{m_\alpha m_n}{m_\alpha+m_n}$,为两种粒子的折合质量。

在等离子体中,当有电场存在时带电粒子的运动速度要远大于中性粒子的运动速度,所以可以忽略中性粒子的定向速度。等离子体参数(速度、温度、密度等)的变化是由频繁的碰撞和外场引起的,所以这些参数变化的特征时间远大于碰撞时间(即 $\tau\nu_{\alpha n}\gg1$,其中 τ 是等离子体参数变化的特征时间,$\nu_{\alpha n}$为带电粒子与中性粒子之间的平均碰撞频率),在这样的条件下可以忽略左边的惯性项,则有

$$0=q_\alpha\vec{E}-\frac{1}{n_\alpha}\nabla(n_\alpha T_\alpha)-m_{\alpha n}\nu_{\alpha n}\vec{v}_\alpha \tag{3.5.5}$$

于是有

$$\vec{v}_\alpha=\frac{q_\alpha}{m_{\alpha n}\nu_{\alpha n}}\vec{E}-\frac{T_\alpha}{m_{\alpha n}\nu_{\alpha n}}\frac{\nabla n_\alpha}{n_\alpha}-\frac{1}{m_{\alpha n}\nu_{\alpha n}}\nabla T_\alpha=\vec{v}_{\alpha E}+\vec{v}_{\alpha n}+\vec{v}_{\alpha T} \tag{3.5.6}$$

该方程的每一项都有非常明确的物理意义,由几个特征量可知这三项分别对应电场下的迁移运动、密度梯度和温度梯度引起的扩散运动(见图 3.18)。

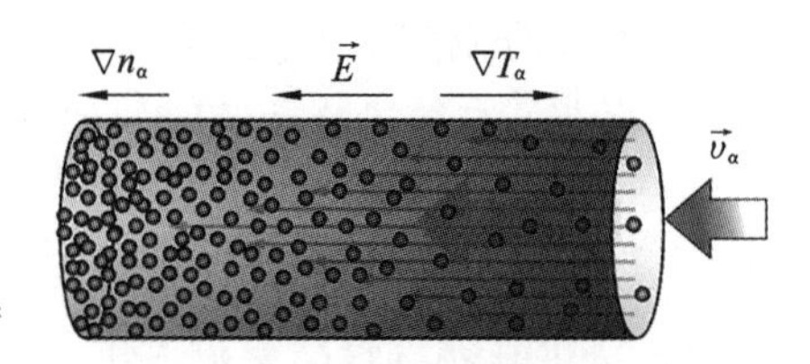

图 3.18　非磁化等离子体中粒子输运过程示意图

1. 电场中的迁移运动

第一项为

$$\vec{v}_{\alpha E}=b_\alpha\vec{E} \tag{3.5.7}$$

表示电荷粒子在电场中的定向运动,其中,$b_\alpha=q_\alpha/m_{\alpha n}\nu_{\alpha n}$ 为迁移率。如果密度和温度是均匀的,则电荷的速度方程(3.5.6)变成$\vec{v}_\alpha=\vec{v}_{\alpha E}$,即

$$q_\alpha\vec{E}=m_{\alpha n}\nu_{\alpha n}\vec{v}_\alpha \tag{3.5.8}$$

这个方程是一个力的平衡方程,说明在等离子体中,如果没有温度和密度梯度,则摩擦力和电场力的平衡使得电荷粒子作定向运动。

2. 扩散运动

第二项为

$$\vec{v}_{\alpha n}=-\frac{T_\alpha}{m_{\alpha n}\nu_{\alpha n}}\frac{\nabla n_\alpha}{n_\alpha} \tag{3.5.9}$$

这个速度由于粒子密度的不均匀性引起,方向沿密度梯度反方向。前面我们在介绍粒子扩散

过程一节中引入了粒子流通量 $\vec{\Gamma}_\alpha$，单位时间内通过垂直于密度梯度的单位面积的粒子个数，或者说它表示单位时间通过垂直于速度方向上单位面积的粒子数，这里的速度指的是扩散速度 $\vec{v}_{\alpha n}$，所以 $\vec{\Gamma}_\alpha$ 可以写成

$$\vec{\Gamma}_\alpha = n_\alpha \vec{v}_{\alpha n} \tag{3.5.10}$$

把式(3.5.9)代入即可得

$$\vec{\Gamma}_\alpha = -\frac{T_\alpha}{m_{\alpha n}\nu_{\alpha n}}\nabla n_\alpha \tag{3.5.11}$$

比较上式和式(3.4.1)，则有

$$D_\alpha = \frac{T_\alpha}{m_{\alpha n}\nu_{\alpha n}} \tag{3.5.12}$$

就是粒子的扩散系数。如果不考虑电场和温度梯度作用，则式(3.5.9)改写为

$$m_{\alpha n}\nu_{\alpha n}\vec{v}_\alpha = -\frac{T_\alpha}{n_\alpha}\nabla n_\alpha \tag{3.5.13}$$

这个方程也是一个力的平衡方程，说明在等离子体中摩擦力和(密度梯度引起的)压力梯度平衡使得电荷粒子产生扩散运动。如果把粒子的平均热运动速度($\langle v_\alpha^2\rangle \approx T_\alpha/m_{\alpha n}$)代入扩散系数，有

$$D_\alpha \approx \frac{\langle v_\alpha^2\rangle}{\nu_{\alpha n}} \tag{3.5.14}$$

再利用 $\langle v_\alpha\rangle \approx \lambda_{\alpha n}/\tau_{\alpha n}$；$\nu_{\alpha n} = 1/\tau_{\alpha n}$，$\lambda_{\alpha n}$ 是粒子的平均自由程，而 $\tau_{\alpha n}$ 是碰撞时间，把 $\lambda_{\alpha n}$ 和 $\tau_{\alpha n}$ 代入上式后有

$$D_\alpha \approx \lambda_{\alpha n}^2/\tau_{\alpha n} \tag{3.5.15}$$

从扩散系数的这种表达式可以看出，带电粒子扩散过程是碰撞所致，粒子运动趋于无规则行走，或者说扩散运动就是由于碰撞引起的无规则运动。

3. 热扩散运动

第三项为

$$\vec{v}_{\alpha T} = -\frac{1}{m_{\alpha n}\nu_{\alpha n}}\nabla T_\alpha \tag{3.5.16}$$

或

$$m_{\alpha n}\nu_{\alpha n}\vec{v}_{\alpha T} = -\nabla T_\alpha \tag{3.5.17}$$

这个方程又是一个力的平衡方程，说明在等离子体中摩擦力和(温度梯度引起的)压力梯度平衡使得电荷粒子产生扩散运动。如果令

$$D_\alpha^T = \frac{T_\alpha}{m_{\alpha n}\nu_{\alpha n}} \tag{3.5.18}$$

表示热扩散系数，则

$$\vec{v}_{\alpha T} = -D_\alpha^T \frac{\nabla T_\alpha}{T_\alpha} \tag{3.5.19}$$

很容易验证迁移率与扩散系数有如下关系

$$\frac{\mathrm{D}_\alpha}{b_\alpha} = \frac{T_\alpha}{q_\alpha} \tag{3.5.20}$$

称为爱因斯坦关系。一般情况下：$\nu_{\alpha n} \propto m_\alpha^{-1/2}$，见式(3.4.19)。对于弱电离热等离子体有 $T_e \approx$

T_i，所以有

$$|b_e|\gg|b_i|;\quad D_e\gg D_i \tag{3.5.21}$$

这说明在弱电离等离子体中，电子的迁移率和扩散比离子快得多，这主要是在同一个环境条件下，电子的质量远小于离子质量，所以在外场条件下，电子可以迅速获得较大的速度增量。考虑到等离子体中对电导有贡献的是电子和离子，电子和离子的定向运动速度为

$$\begin{aligned}\vec{v}_e&=-b_e\vec{E}-D_e\frac{\nabla n_e}{n_e}-D_e^T\frac{\nabla T_e}{T_e}\\ \vec{v}_i&=b_i\vec{E}-D_i\frac{\nabla n_i}{n_i}-D_i^T\frac{\nabla T_i}{T_i}\end{aligned} \tag{3.5.22}$$

注意 $m_{en}=\dfrac{m_e m_n}{m_e+m_n}\approx m_e$； $m_{in}=\dfrac{m_i m_n}{m_i+m_n}\approx m_i/2$，所以由此产生的总电流密度为(假设等离子体 $n_e\approx n_i$)

$$\begin{aligned}\vec{J}&=en(\vec{v}_i-\vec{v}_e)=en(b_e+b_i)\vec{E}\\ &\quad+e(D_e-D_i)\nabla n+en\left(D_e^T\frac{\nabla T_e}{T_e}-D_i^T\frac{\nabla T_i}{T_i}\right)\end{aligned} \tag{3.5.23}$$

因为输运系数反比于质量，通常可以忽略式(3.5.23)中的离子项。

$$\vec{J}=enb_e\vec{E}+eD_e\nabla n+enD_e^T\frac{\nabla T_e}{T_e} \tag{3.5.24}$$

第一项决定等离子体在恒定电场中的电导率

$$\vec{J}=enb_e\vec{E}=\sigma\vec{E} \tag{3.5.25}$$

其中 σ 为等离子体的电导率，即

$$\sigma=enb_e=\frac{ne^2}{m_e\nu_{en}} \tag{3.5.26}$$

所以，等离子体电阻率

$$\eta=\frac{m_e\nu_{en}}{ne^2} \tag{3.5.27}$$

这和前面的式(3.3.26)一样。显然，随着电子与中性粒子碰撞频率的增加，导电率会降低。如果没有温度梯度，电子和离子流通量分别为

$$\begin{aligned}\vec{\Gamma}_e&=n_e b_e\vec{E}-D_e\nabla n_e\\ \vec{\Gamma}_i&=n_i b_i\vec{E}-D_i\nabla n_i\end{aligned} \tag{3.5.28}$$

3.5.2 双极扩散

前面讨论了带电粒子在电场、密度梯度和温度梯度作用下的定向运动问题。由于迁移率和扩散系数反比于质量，所以电子的迁移率和扩散系数要比离子的大很多。如果假设某一区域中心等离子体密度(满足电中性)比较高，必然会向周围扩散。考查在平板金属板(半径无限大)中等离子体的扩散情况，设在初始时刻在整个金属板区域处处都满足准电中性条件。随后由于电子扩散流远大于离子扩散流，因此，电子快速到达金属板，所以金属板将带负电，而在金属板之间的空间内正电荷几乎不动，其结果是电子和离子分离(见图3.19)。电荷分离导致电场的形成，它将提高离子向金属板的运动速度，并且阻尼电子的运动。随着带电粒子扩散过程的持续，电场上升，直到电子流和离子流相等。空间电荷将不再进一步变化，即建立起准稳状

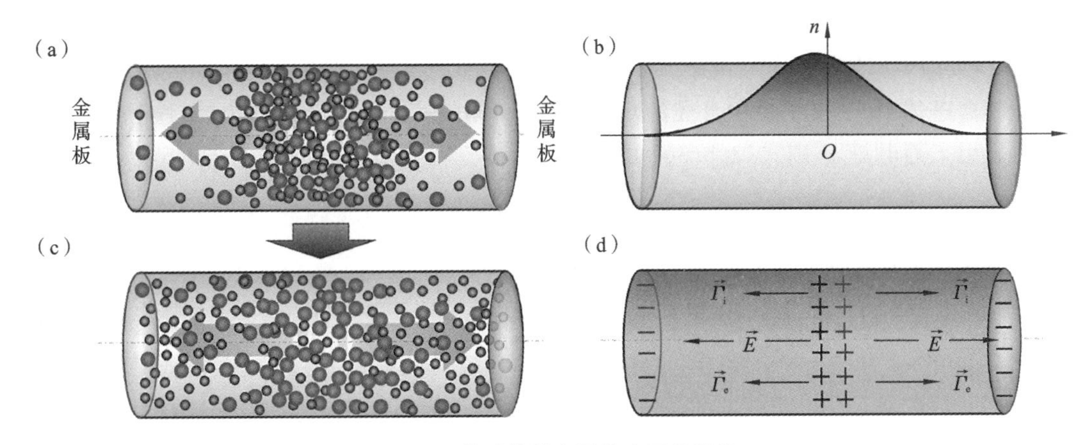

图 3.19　非磁化等离子体中双极扩散

(a) 初始时刻带电粒子分布情况(大小灰色球分别代表离子和电子)；(b) 初始时刻密度分布曲线；(c) 扩散过程中带电粒子分布情况；(d) 双击扩散过程中粒子流通量及电场。

态。等离子体中带电粒子在其密度梯度和电场同时作用下的运动状态称双极性扩散，这种扩散状态称为双极扩散。

1. 双极电场及双极扩散系数

在非均匀等离子体中，电子流通量和离子流通量已由式(3.5.28)给出(忽略热扩散过程)，平衡时有 $\vec{\Gamma}_e=\vec{\Gamma}_i$，假设等离子体能保持电中性，即 $n_e=n_i$，可求出所要的 E 场

$$\vec{E}_A=\frac{D_e-D_i}{b_e-b_i}\frac{\nabla n}{n} \tag{3.5.29}$$

称为双极电场，是由电荷扩散所建立的电场。由于 $D_e\gg D_i$；$b_e\gg b_i$，且 $\frac{D_e}{b_e}=-\frac{T_e}{\mathrm{e}}$，则

$$\vec{E}_A=-\frac{T_e}{\mathrm{e}}\frac{\nabla n}{n} \tag{3.5.30}$$

说明电场方向与密度梯度方向相反，这和我们前面的讨论结果一致。把式(3.5.29)代入式(3.5.28)，用 $\vec{\Gamma}$ 和 n 表示粒子流通量和等离子体密度，则

$$\vec{\Gamma}=nb_e\frac{D_e-D_i}{b_e-b_i}\frac{\nabla n}{n}-D_e\nabla n=-D_a\nabla n \tag{3.5.31}$$

其中

$$D_a=\frac{b_iD_e+|b_e|D_i}{|b_e|+b_i} \tag{3.5.32}$$

称为双极扩散系数。由于 $|b_e|\gg|b_i|$，则有

$$D_a=D_i\left(1+\frac{b_i}{|b_e|}\frac{D_e}{D_i}\right) \tag{3.5.33}$$

利用爱因斯坦关系，即 $\frac{D_e}{|b_e|}=\frac{T_e}{e}$；$\frac{D_i}{b_i}=\frac{T_i}{e}$，双极扩散系数可写成

$$D_a\approx D_i\left(1+\frac{T_e}{T_i}\right) \tag{3.5.34}$$

当 $T_e=T_i$(热等离子体或者高温等离子体)，有 $D_a\approx 2D_i$，说明双极扩散系数和离子扩散系数

有相同的数量级。

2. 电子的密度分布

在等离子体中，双极扩散中形成的双极电场是静电场，即由自由电子和离子分离所产生，这样可以引入静电势 φ，则式(3.5.30)可写成

$$\vec{E}_A = -\frac{T_e}{e}\frac{\nabla n}{n} = -\nabla\varphi \tag{3.5.35}$$

所以静电势梯度为

$$\nabla\varphi = \frac{T_e}{e}\frac{\nabla n}{n} \tag{3.5.36}$$

积分后有

$$\varphi - \varphi_0 = \frac{T_e}{e}\ln\frac{n}{n_0}$$

或

$$n = n_0\exp\left[\frac{e(\varphi-\varphi_0)}{T_e}\right] \tag{3.5.37}$$

φ_0 和 n_0 分别表示中心处的电势和密度。说明电荷粒子扩散达到稳态时，电子分布为玻尔兹曼分布(T:eV)。需要指出的是，双极扩散现象只有在满足等离子体判据($L \gg \lambda_D$)的时候才会发生。如果电荷体系的宏观尺寸太小时($L \ll \lambda_D$)，由于电荷扩散所产生的电场很小，可以忽略，所以不会产生双极扩散。双极扩散也会存在于半导体中，一般多是指一种载流子(主要是少数载流子)的扩散。但是如果在大注入情况下，电子和空穴的浓度相当，也会产生双极扩散。

3.5.3 气体放电等离子体中带电粒子密度分布

1. 长柱形容器内带电粒子密度的径向分布

柱状等离子体在实际应用中很多，如柱状辉光放电、金属有机化学气相沉积及照明等。作为一个例子，我们利用双极扩散来讨论一个长柱形容器内放电等离子体中的电荷密度分布。在这样的等离子体中有一个纵向电场用以维持稳态气体放电。当容器长度远大于直径的情况下，可以认为等离子体参数不依赖于纵向坐标。这样我们可以只讨论截面内的分布(见图 3.20)。

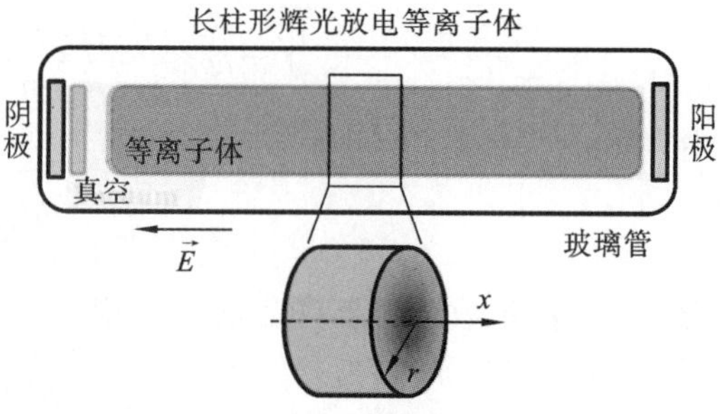

图 3.20 柱状等离子体示意图

如果假设沿截面方向电子加热条件相同，可以认为电子温度是常数。由于离子和原子之间的剧烈能量交换，离子温度通常远低于电子温度，并沿截面变化较小。所以可以认为电子和离子的温度都是常数。前面我们已经讨论了粒子流通量，平衡时电子流通量和离子流通量相等，可以表示成

$$\vec{\Gamma} = n\vec{v} = -D_a\nabla n \tag{3.5.38}$$

所以电荷的定向运动速度为

$$\vec{v} = -D_a\frac{\nabla n}{n} \tag{3.5.39}$$

其中 $D_a=\dfrac{b_i D_e+|b_e|D_i}{|b_e|+b_i}$为双极扩散系数。考虑容器中的电荷扩散到容器壁，离子和电子在到达器壁时会复合，所以接近壁处的等离子体密度基本为零。利用磁流体连续性方程（见磁流体力学一章式 4.2.35）

$$\frac{\partial n}{\partial t}+\nabla\cdot(n\vec{v})=0 \tag{3.5.40}$$

把式(3.5.39)代入上式后有

$$\frac{\partial n}{\partial t}-D_a\nabla^2 n=0 \tag{3.5.41}$$

这个方程称为扩散方程，该方程可以研究带电粒子的密度随空间和时间的变化。值得注意的是，这个方程是在无电场和无源条件下得到的，许多实验中，用连续电离和等离子体注入来补偿损失，以维持等离子体处于恒稳态。为了计算这种情况下的密度分布，应当在连续性方程中加上一个源项

$$\frac{\partial n}{\partial t}-D_a\nabla^2 n=Q(r) \tag{3.5.42}$$

一般 $Q(r)$为正，代表存在一个维持稳定等离子体的源，且$\partial n/\partial t>0$，在恒稳态时有$\partial n/\partial t=0$。则在稳态时有

$$\nabla^2 n=-\frac{Q(\vec{r})}{D_a} \tag{3.5.43}$$

这是一个有关 $n(r)$的泊松型方程，它的解依赖于源项。一般源项是提供电荷粒子（如通过电离碰撞产生电荷粒子）以维持等离子体，所以通常可以把源项写成

$$Q(\vec{r})=\frac{\delta n}{\delta t} \tag{3.5.44}$$

显然，这一表述形式是与电离碰撞有关有源项，它随时间变化。碰撞项决定单位体积内的电离和复合效率。对于最简单的情况，考虑直接电离是显著影响粒子平衡的唯一过程，即

$$\frac{\delta n}{\delta t}=\nu^i n \tag{3.5.45}$$

其中 $\nu^i=\langle n_n\sigma_{en}^i\nu_{en}\rangle$，表示平均电离率，电离碰撞通常发生在电子与中性粒子时间，n_n 表示中性粒子的密度，σ_{en}^i表示电离碰撞截面，ν_{en}表示电子与中性粒子碰撞频率。所以连续性方程表示成

$$\frac{\partial n}{\partial t}-D_a\nabla^2 n=\frac{\delta n}{\delta t} \tag{3.5.46}$$

在恒稳态

$$D_a\nabla^2 n+\frac{\delta n}{\delta t}=0 \tag{3.5.47}$$

在柱对称的等离子体中密度只依赖于半径，所以在柱坐标中扩散方程可写成

$$D_a\frac{1}{r}\frac{\mathrm{d}}{\mathrm{d}r}\left(r\frac{\mathrm{d}n}{\mathrm{d}r}\right)+\nu^i n=0 \tag{3.5.48}$$

该方程为零阶贝赛尔方程，它的有界解为贝塞尔函数，即

$$n=n_0 J_0(r/\Lambda) \tag{3.5.49}$$

其中 $J_0(x)=1-(x/2)^2+\dfrac{(x/2)^4}{(2!)^2}-\dfrac{(x/2)^6}{(3!)^2}+\cdots$，$\Lambda=\sqrt{D_a/\nu^i}$为扩散长度。为了使密度在边界

$r=a$(边界)处等于零,贝赛尔函数在这一点应该是零点。贝赛尔函数零根的数目是无穷的,但只有对应第一个根的解才有物理意义,因为只有它在 $r<a$ 区域才是正的(见图 3.21(a))。

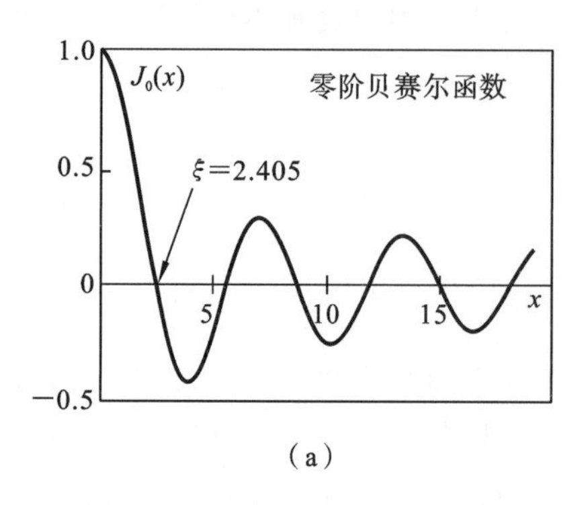

(a)

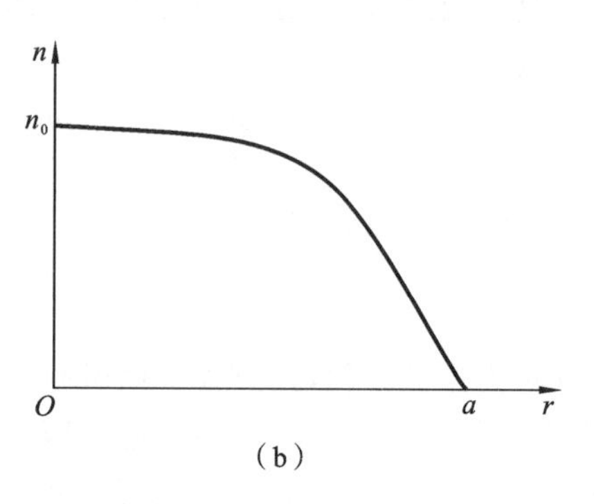

(b)

图 3.21　柱对称等离子体的密度

(a) 零级贝塞尔函数;(b) 柱状等离子体密度径向分布。

求得 $\xi=2.405=a/\Lambda$,所以扩散长度为 $\Lambda=a/2.405$,扩散长度决定电离率和双极扩散系数之间的关系。进一步求得电离碰撞频率为:$\nu^{i}=D_a/\Lambda^2=5.8D_a/a^2$,其决定了平衡时的电离率。最终可以给出电荷密度分布为

$$n=n_0J_0(2.405r/a) \tag{3.5.50}$$

所以我们可以求得粒子密度的径向分布(见图 3.22(b)),但这不是密度的绝对值(n_0 值未定,依赖于初始条件)。在所讨论的情况下,密度依赖于放电的纵向电流,电流密度通过电子迁移率与外场相联系着(式(3.5.28)),在纵向密度均匀的情况下有

$$\vec{J}=enb_e\vec{E}_0 \tag{3.5.51}$$

其中 E_0 为外加电场,b_e 为电子的迁移率。把式(3.5.50)代入电流密度,并对等离子体横截面积分就可以算出总电流

$$\begin{aligned} I &= \int_S J\,\mathrm{d}s = \int_S enb_eE_0\,\mathrm{d}s = en_0E_0b_e\int_S J_0(2.405r/a)\,\mathrm{d}s \\ &= en_0E_0b_e\int_0^a J_0(2.405r/a)2\pi r\mathrm{d}r \end{aligned} \tag{3.5.52}$$

所以

$$n_0=\frac{2.3I}{\pi a^2eb_eE_0}=\frac{2.3m_e\nu_{ea}}{\pi a^2e^2}\frac{I}{E_0} \tag{3.5.53}$$

以上我们考察的是电荷密度沿径向分布情况,下面我们继续考察电荷密度在轴向的分布。

2. 在板片中的密度分布

平行板型电极是一种产生等离子体的常用电极(见图 3.22),当等离子体形成并稳定以后,两电极之间的放电是自持的,自身可以维持稳定的等离子体。当然这种自持还是靠电离碰撞的存在。等离子体参数变化的特征时间远大于碰撞时间,即 $\tau\nu_{an}\gg1$,或者我们关心的是在比较短的时间内电极之间轴向密度分布,则可以略掉碰撞产生的粒子项,即源项。连续性方程(3.5.41)可写为

$$\frac{\partial n}{\partial t}=D_a\,\nabla^2 n \tag{3.5.54}$$

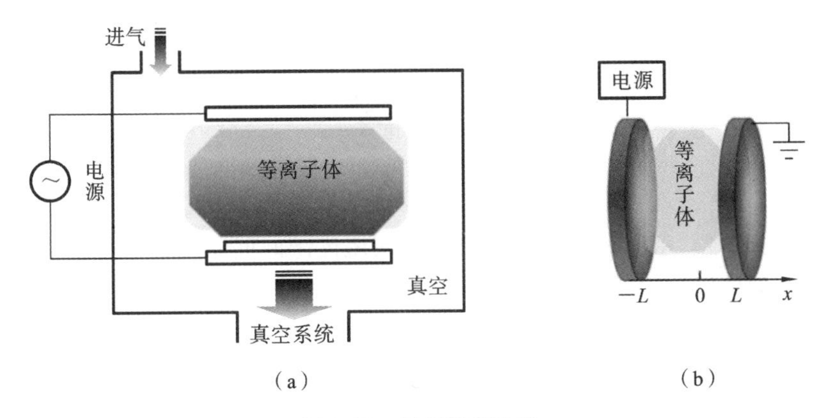

(a)　　　　(b)

图 3.22　平行板型电极

(a) 平行板型等离子体系统；(b) 平行板型电极模型。

用分离变量法求解扩散方程。令

$$n(x,t)=T(t)S(x) \tag{3.5.55}$$

即分为随时间分布与空间分布两部分，代入后有

$$\frac{\partial}{\partial t}[T(t)S(x)]=D_a\nabla^2[T(t)S(x)] \tag{3.5.56}$$

整理后有

$$\frac{1}{T(t)}\frac{\partial T(t)}{\partial t}=\frac{D_a}{S(x)}\nabla^2 S(x) \tag{3.5.57}$$

由于左边仅与时间有关，而右边仅与空间有关，所以它们必须等于一个常数，设为$-1/\tau$，则与时间有关的部分为

$$\frac{1}{T(t)}\frac{\partial T(t)}{\partial t}=-\frac{1}{\tau} \tag{3.5.58}$$

这个方程的解为

$$T(t)=T_0 e^{-t/\tau} \tag{3.5.59}$$

与空间有关的部分为

$$\frac{D_a}{S(x)}\nabla^2 S(x)=-\frac{1}{\tau} \tag{3.5.60}$$

或

$$\nabla^2 S(x)=-\frac{1}{D_a\tau}S(x) \tag{3.5.61}$$

这是一个空间变化扩散型方程，对于一维情况，其解为

$$S(x)=A\cos\frac{x}{(D_a\tau)^{1/2}}+B\sin\frac{x}{(D_a\tau)^{1/2}} \tag{3.5.62}$$

考虑到电荷密度的对称性，可以去掉方程中的正弦项，所以

$$S(x)=A\cos\frac{x}{(D_a\tau)^{1/2}} \tag{3.5.63}$$

且根据边界条件，边界处密度应该为零，即当$x=\pm L$时，有$S=0$，所以要求

$$\frac{L}{(D_a\tau)^{1/2}}=\frac{\pi}{2} \tag{3.5.64}$$

或

$$\tau=\left(\frac{2L}{\pi}\right)^2\frac{1}{D_a} \tag{3.5.65}$$

根据式(3.5.59)和式(3.5.63),最终获得电荷密度为

$$n(x,t)=AT_0\mathrm{e}^{-t/\tau}\cos\frac{\pi x}{2L}=n_0\mathrm{e}^{-t/\tau}\cos\frac{\pi x}{2L} \tag{3.5.66}$$

这称为最低(阶)扩散模,密度分布是余弦形的峰值密度随时间指数衰减(见图3.23(a))。这个衰减是由于无源的缘故而产生的。当然,存在着峰值多于一个的较高阶扩散模,假定初始密度由图3.23(b)中的一条曲线所示,这样一个任意的分布可以展成傅立叶级数

$$n(x)=n_0\left[\sum_l \alpha_l\cos\frac{\left(l+\frac{1}{2}\right)\pi x}{L}+\sum_m b_m\sin\frac{m\pi x}{L}\right] \tag{3.5.67}$$

引入试探解,可得第 l 阶模的衰变时间常数为

$$\tau_l=\left[L/\left(l+\frac{1}{2}\right)\pi\right]^2\frac{1}{D_a} \tag{3.5.68}$$

对应于较小时间常数 τ_l,衰变较快,峰值密度随时间指数衰减如图3.23(b)所示。

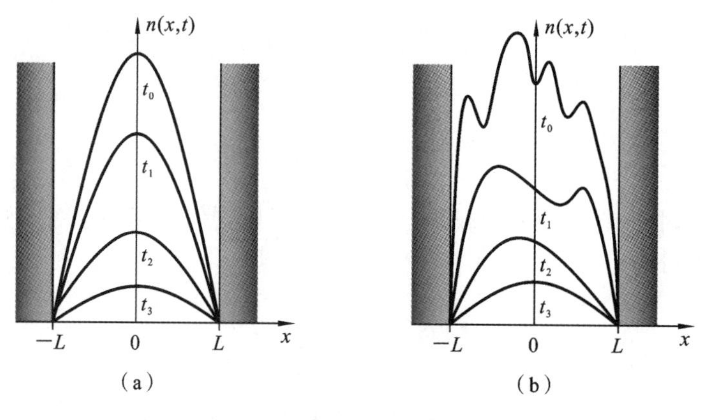

图3.23 密度分布随时间衰减

(a) 低阶扩散模;(b) 高阶扩散模。

3.6 均匀恒定磁场中弱电离等离子体中的输运过程

在很多等离子体的实际研究和应用中,等离子体中总是存在磁场,如在低温等离子体(弱电离)领域有电子回旋共振放电和磁控溅射等,在工业应用领域有磁泵和磁流体发电等,在半导体领域有离子注入等,在高温等离子体领域有磁约束核聚变等。下面我们将研究均匀恒定磁场中弱电离等离子体中的输运过程。考虑到磁场的存在(见图3.24),带电粒子的定向运动运动方程描述(参见磁流体力学一章中关于运动方程一节)即

$$n_\alpha m_\alpha\frac{\mathrm{d}\vec{v}_\alpha}{\mathrm{d}t}=-\nabla(n_\alpha T_\alpha)+n_\alpha q_\alpha\vec{E}+q_\alpha(\vec{v}_\alpha\times\vec{B}_0)-n_\alpha m_{\alpha\mathrm{n}}\nu_{\alpha\mathrm{n}}(\vec{v}_\alpha-\vec{v}_\mathrm{n}) \tag{3.6.1}$$

方程右边各项分别为:热压力梯度项($p_\alpha=n_\alpha T_\alpha$)、电场力项、洛伦兹力项和碰撞过程中粒子间

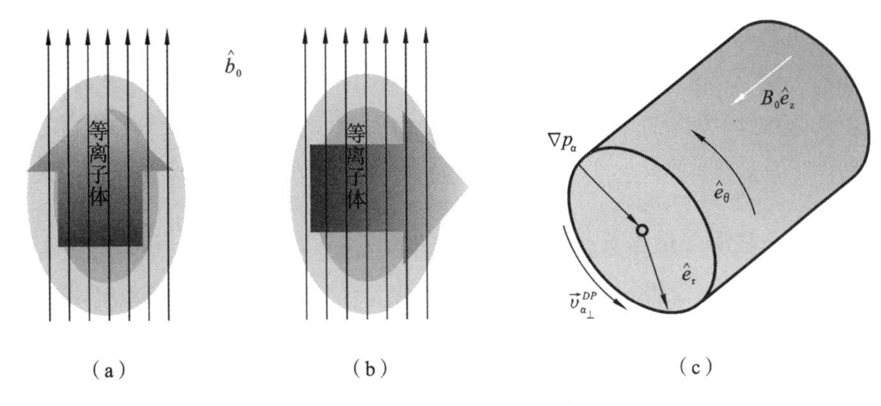

图 3.24　磁化等离子体示意图

(a) 平行于磁场；(b) 垂直于磁场；(c) 抗磁漂移。

的动量交换项，也称摩擦项(两种粒子单次碰撞过程中的动量交换，见式(3.2.18))。在弱电离等离子体中，电荷密度远低于中性粒子密度，因此带电粒子与中性粒子的碰撞频率(与粒子密度成正比)远大于带电粒子之间的碰撞频率。如果假设等离子体参数变化的特征时间远大于碰撞时间，即 $\tau\nu_{\alpha n}\gg 1$，与 3.5.1 节处理相似(忽略惯性项)，为简单起见，假设带电粒子的定向运动速度远大于中性粒子的定向运动速度。稳态条件下，运动方程变为

$$q_\alpha\vec{E}+q_\alpha(\vec{v}_\alpha\times\vec{B}_0)-\frac{1}{n_\alpha}\nabla(n_\alpha T_\alpha)-m_{\alpha n}\nu_{\alpha n}\vec{v}_\alpha=0 \tag{3.6.2}$$

是关于速度 $\vec{v}_\alpha$ 的矢量代数方程。

1. 平行于磁场方向

方程(3.6.2)在磁场方向上的投影(见图 3.24(a))给出等式

$$q_\alpha\vec{E}_{/\!/}-\frac{1}{n_\alpha}\nabla_{/\!/}(n_\alpha T_\alpha)-m_{\alpha n}\nu_{\alpha n}\vec{v}_{\alpha/\!/}=0 \tag{3.6.3}$$

由于磁场方向不存在洛仑兹力，所以解得电荷粒子的运动速度与没有磁场时的情况相同，即

$$\vec{v}_{\alpha/\!/}=\frac{q_\alpha}{m_{\alpha n}\nu_{\alpha n}}\vec{E}_{/\!/}-\frac{T_\alpha}{m_{\alpha n}\nu_{\alpha n}}\frac{\nabla_{/\!/}n_\alpha}{n_\alpha}-\frac{T_\alpha}{m_{\alpha n}\nu_{\alpha n}}\frac{\nabla_{/\!/}T_\alpha}{T_\alpha} \tag{3.6.4}$$

或

$$\vec{v}_{\alpha/\!/}=b_{\alpha/\!/}\vec{E}_{/\!/}-D_{\alpha/\!/}\frac{\nabla_{/\!/}n_\alpha}{n_\alpha}-D_{\alpha/\!/}^{\mathrm{T}}\frac{\nabla_{/\!/}T_\alpha}{T_\alpha} \tag{3.6.5}$$

其中

$$b_{\alpha/\!/}=\frac{q_\alpha}{m_{\alpha n}\nu_{\alpha n}};\quad D_{\alpha/\!/}=D_{\alpha/\!/}^{\mathrm{T}}=\frac{T_\alpha}{m_{\alpha n}\nu_{\alpha n}} \tag{3.6.6}$$

分别称为纵向迁移率和纵向扩散系数，这和没有磁场时候的表达形式一样，显然是由于沿着磁场方向带电粒子的运动不受磁场影响。

2. 垂直于磁场方向

在垂直于磁场平面上方程的投影(见图 3.24(b))为

$$q_\alpha\vec{E}_\perp+m_\alpha\frac{q_\alpha B_0}{m_\alpha}(\vec{v}_{\alpha\perp}\times\hat{b}_0)-\frac{1}{n_\alpha}\nabla_\perp(n_\alpha T_\alpha)-m_{\alpha n}\nu_{\alpha n}\vec{v}_{\alpha\perp}=0 \tag{3.6.7}$$

整理有

$$m_{\alpha n}\nu_{\alpha n}\vec{v}_{\alpha\perp}=m_\alpha\omega_{c\alpha}(\vec{v}_{\alpha\perp}\times\hat{b}_0)+q_\alpha\vec{E}_\perp-\frac{1}{n_\alpha}\nabla_\perp(n_\alpha T_\alpha) \tag{3.6.8}$$

其中 $\hat{b}_0=\vec{B}_0/B_0$ 为磁场方向的单位矢量，$\omega_{c\alpha}=|q_\alpha|B_0/m_\alpha$ 为电荷粒子的回旋频率。所以

$$\vec{v}_{\alpha\perp}=\frac{m_\alpha\omega_{c\alpha}}{m_{\alpha n}\nu_{\alpha n}}(\vec{v}_{\alpha\perp}\times\hat{b}_0)+\frac{q_\alpha}{m_{\alpha n}\nu_{\alpha n}}\vec{E}_\perp-\frac{1}{m_{\alpha n}\nu_{\alpha n}n_\alpha}\nabla_\perp(n_\alpha T_\alpha) \tag{3.6.9}$$

两边同时叉乘 $\hat{b}_0$，并利用矢量运算 $(\vec{v}_{\alpha\perp}\times\hat{b}_0)\times\hat{b}_0=-\vec{v}_{\alpha\perp}$，则有

$$\vec{v}_{\alpha\perp}\times\hat{b}_0=-\frac{m_\alpha\omega_{c\alpha}}{m_{\alpha n}\nu_{\alpha n}}\vec{v}_{\alpha\perp}+\frac{q_\alpha}{m_{\alpha n}\nu_{\alpha n}}\vec{E}_\perp\times\hat{b}_0-\frac{1}{m_{\alpha n}\nu_{\alpha n}n_\alpha}\nabla_\perp(n_\alpha T_\alpha)\times\hat{b}_0 \tag{3.6.10}$$

联立方程(3.6.9)和方程(3.6.10)解出 $v_{\alpha\perp}$，可表示为

$$\vec{v}_{\alpha\perp}=\vec{v}_{\alpha\perp}^{DE}+\vec{v}_{\alpha\perp}^{DP}+\vec{v}_{\alpha\perp}^{TE}+\vec{v}_{\alpha\perp}^{TD} \tag{3.6.11}$$

下面对上式进行简单讨论：

(1) 式(3.6.11)中第一项为

$$\vec{v}_{\alpha\perp}^{DE}=\frac{\vec{E}\times\hat{b}_0}{B_0(1+\nu_{\alpha n}^2/\omega_{c\alpha}^2)}=b_{\alpha\perp}^{DE}(\vec{E}\times\hat{b}_0) \tag{3.6.12}$$

该项表示的电荷粒子横越磁场时由于电磁场所引起的电迁移速度，其中 $b_{\alpha\perp}^{DE}=\dfrac{1}{B_0(1+\nu_{\alpha n}^2/\omega_{c\alpha}^2)}$ 是相应的迁移率。当碰撞频率远小于回旋频率的时候，即 $\nu_{\alpha n}\ll\omega_{c\alpha}$，电迁移速度变成

$$\vec{v}_{\alpha\perp}^{DE}=\frac{\vec{E}\times\vec{B}_0}{B_0^2} \tag{3.6.13}$$

正是均匀电磁场中的电漂移速度。

(2) 式(3.6.11)中第二项为

$$\vec{v}_{\alpha\perp}^{DP}=\frac{\hat{b}_0\times\nabla(n_\alpha T_\alpha)}{n_\alpha q_\alpha B_0(1+\nu_{\alpha n}^2/\omega_{c\alpha}^2)}=D_{\alpha\perp}^{DP}\left(\hat{b}_0\times\frac{\nabla p_\alpha}{p_\alpha}\right) \tag{3.6.14}$$

该项表示的电荷粒子横越磁场时由于压强梯度而引起的抗磁漂移速度，其中 $D_{\alpha\perp}^{DP}=\dfrac{T_\alpha}{q_\alpha B_0(1+\nu_{\alpha n}^2/\omega_{c\alpha}^2)}$ 是相应的扩散系数。当碰撞频率远小于回旋频率($\nu_{\alpha n}\ll\omega_{c\alpha}$)的时候有

$$\vec{v}_{\alpha\perp}^{DP}=\frac{1}{n_\alpha q_\alpha B_0^2}(\vec{B}_0\times\nabla p_\alpha) \tag{3.6.15}$$

正是磁场中流体的抗磁漂移速度(见图 3.24(c))(见磁流体力学一章关于抗磁漂移的内容)。这些结果说明碰撞频率不能忽略时，由于电荷与中性粒子之间的碰撞使得电荷的电漂移和流体的抗磁漂移减少，这个很容易理解，因为碰撞总是阻碍电荷的运动。反之，当碰撞频率远大于回旋频率的时候，即 $\nu_{\alpha n}\gg\omega_{c\alpha}$，因子 $1/(1+\nu_{\alpha n}^2/\omega_{c\alpha}^2)$ 很小，所以，可以把由电场和压力梯度所引起的漂移效应忽略不计。

(3) 式(3.6.11)中第三项为

$$\vec{v}_{\alpha\perp}^{TE}=\frac{q_\alpha\nu_{\alpha n}\vec{E}_\perp}{m_\alpha(\nu_{\alpha n}^2+\omega_{c\alpha}^2)}=b_{\alpha\perp}\vec{E}_\perp \tag{3.6.16}$$

称为横向迁移速度，其中 $b_{\alpha\perp}=\dfrac{q_\alpha\nu_{\alpha n}}{m_\alpha(\nu_{\alpha n}^2+\omega_{c\alpha}^2)}$ 是横向迁移率。

(4) 式(3.6.11)中第四项为

$$\vec{v}_{\alpha\perp}^{TD}=-\frac{\nu_{\alpha n}T_\alpha}{m_\alpha(\nu_{\alpha n}^2+\omega_{c\alpha}^2)}\left[\frac{\nabla_\perp T_\alpha}{T_\alpha}+\frac{\nabla_\perp n_\alpha}{n_\alpha}\right]=-D_{\alpha\perp}\frac{\nabla_\perp n_\alpha}{n_\alpha}-D_{\alpha\perp}^{T}\frac{\nabla_\perp T_\alpha}{T_\alpha} \tag{3.6.17}$$

称为横向扩散速度，其中 $D_{\alpha\perp}=D_{\alpha\perp}^{T}=\dfrac{\nu_{\alpha n}T_{\alpha}}{m_{\alpha}(\nu_{\alpha n}^{2}+\omega_{c\alpha}^{2})}$是横向扩散系数。

3. 关于输运系数的讨论

(1) 横向输运系数满足爱因斯坦关系

$$\frac{b_{\alpha\perp}}{D_{\alpha\perp}}=\frac{q_{\alpha}}{T_{\alpha}} \tag{3.6.18}$$

(2) 纵向和横向输运系数的比较相差一个因子：$1+\omega_{c\alpha}^{2}/\nu_{\alpha n}^{2}$，弱磁场或者强碰撞，有 $\nu_{\alpha n}\gg\omega_{c\alpha}$，在该条件下，电荷粒子的输运系数和没有磁场时候是一样的。主要由于电荷与中性粒子之间剧烈的碰撞削弱了磁场的作用，或者说在两次碰撞之间电荷的洛伦兹回旋运动轨道很短，所以磁场的作用很弱。强磁场或者弱碰撞，有 $\nu_{\alpha n}\ll\omega_{c\alpha}$，在该条件下，电荷粒子的输运系数强烈依赖磁场，或者说，在两次碰撞之间，电荷绕磁力线运动很多圈，因此碰撞对电荷运动的作用很弱。

(3) 强磁场条件下 $\nu_{\alpha n}\ll\omega_{c\alpha}$，横向输运系数可以表示成

$$b_{\alpha\perp}=\frac{m_{\alpha}\nu_{\alpha n}}{q_{\alpha}B_{0}^{2}},\quad D_{\alpha\perp}=D_{\alpha\perp}^{T}=\frac{m_{\alpha}\nu_{\alpha n}T_{\alpha}}{q_{\alpha}^{2}B_{0}^{2}}\quad\propto\frac{1}{B_{0}^{2}} \tag{3.6.19}$$

可以看出：强磁场条件下，横越磁场的电荷输运系数与磁感应强度的平方成反比，这时经典输运理论的一个重要结论。

(4) 强磁场条件下 $\nu_{\alpha n}\ll\omega_{c\alpha}$，有

$$\left|\frac{b_{\alpha\perp}}{b_{\alpha/\!/}}\right|=\frac{D_{\alpha\perp}}{D_{\alpha/\!/}}=\frac{\nu_{\alpha n}^{2}}{\omega_{c\alpha}^{2}}\ll1 \tag{3.6.20}$$

说明在强磁场中，横向输运系数比纵向输运系数小很多，因为横越磁场的电荷输运系数与磁感应强度的平方成反比，这也正是磁场对电荷粒子的约束作用。利用粒子热运动平均速度，即 $v_{\alpha}\approx\sqrt{T_{\alpha}/m_{\alpha}}$，可把横向扩散系数写成

$$D_{\alpha\perp}=\frac{\nu_{\alpha n}T_{\alpha}}{m_{\alpha}\omega_{c\alpha}^{2}}\approx\left(\frac{v_{\alpha}}{\omega_{c\alpha}}\right)^{2}\nu_{\alpha n}\sim\frac{r_{c\alpha}^{2}}{\tau} \tag{3.6.21}$$

$r_{c\alpha}$为回旋半径，τ 为平均碰撞时间。说明电荷粒子横越磁场的扩散可以看成是无规则运动，平均步长约为拉莫尔半径量级(见图 3.25)，这种类似无规行走的轨迹主要是碰撞和拉莫尔回旋运动共同作用的结果。

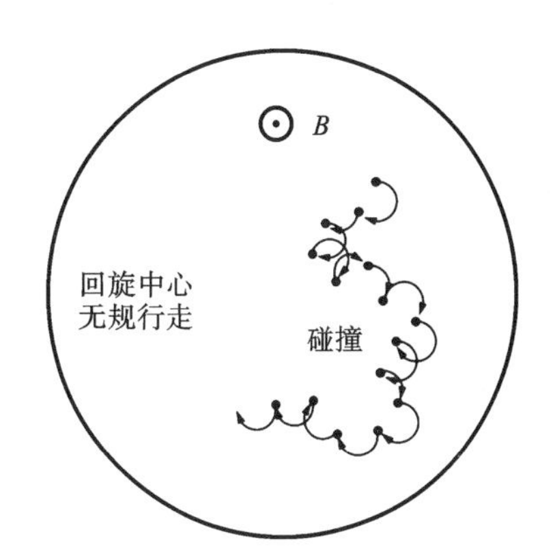

图 3.25 磁化等离子体中回旋中心无规行走

(5) 强磁场条件下 $\nu_{\alpha n}\ll\omega_{c\alpha}$，横向输运系数

$$b_{\alpha\perp}=\frac{m_{\alpha}\nu_{\alpha n}}{q_{\alpha}B_{0}^{2}},\quad D_{\alpha\perp}=D_{\alpha\perp}^{T}=\frac{m_{\alpha}\nu_{\alpha n}T_{\alpha}}{q_{\alpha}^{2}B_{0}^{2}} \tag{3.6.22}$$

与粒子的质量和碰撞频率成正比。而前面我们已经讨论过，无磁场时输运系数：迁移率为 $b_{\alpha}=\dfrac{q_{\alpha}}{m_{\alpha}\nu_{\alpha n}}$，扩散系数为 $D_{\alpha}=\dfrac{T_{\alpha}}{m_{\alpha}\nu_{\alpha n}}$，所以，相比可以发现，横向和纵向输运数之比(如迁移率)恰恰就是 $\omega_{c\alpha}^{2}/\nu_{\alpha n}^{2}$。换句话说横向输运系数比纵向输运系数小 $\omega_{c\alpha}^{2}/\nu_{\alpha n}^{2}$，通常，将这个比称为带电粒子的磁化率(注意要和等离子体磁化率区分)，表征的是磁场对带电粒子横越磁场输运的影响。

当然对于磁化等离子体中任意方向运动的流体，可以把速度写成

$$\vec{v}=\vec{v}_{/\!/}+\vec{v}_{\perp}=b_{/\!/}\vec{E}_{/\!/}+b_{\perp}\vec{E}_{\perp}+b_{\mathrm{d}}(\vec{E}\times\hat{b}_0)$$

$$-D_{/\!/}\frac{\nabla_{/\!/}p}{p}-D_{\perp}\frac{\nabla_{\perp}p}{p}+D_{\mathrm{d}}\left(\hat{b}_0\times\frac{\nabla p}{p}\right) \tag{3.6.23}$$

整理一下,把迁移率和扩散系数表示成张量,则有

$$\vec{v}=\vec{\vec{b}}\cdot\vec{E}-\vec{\vec{D}}\cdot\frac{\nabla p}{p} \tag{3.6.24}$$

其中迁移率和扩散系数张量分别为

$$\vec{\vec{b}}=\begin{vmatrix} b_{\perp} & b_{\mathrm{d}} & 0 \\ -b_{\mathrm{d}} & b_{\perp} & 0 \\ 0 & 0 & b_{/\!/} \end{vmatrix}=\begin{vmatrix} \dfrac{q\nu_{\alpha\mathrm{n}}}{m_{\alpha}(\nu_{\alpha\mathrm{n}}^2+\omega_{\mathrm{c}\alpha}^2)} & \dfrac{1}{B_0(1+\nu_{\alpha\mathrm{n}}^2/\omega_{\mathrm{c}\alpha}^2)} & 0 \\ -\dfrac{1}{B_0(1+\nu_{\alpha\mathrm{n}}^2/\omega_{\mathrm{c}}^2)} & \dfrac{q\nu_{\alpha\mathrm{n}}}{m_{\alpha}(\nu_{\alpha\mathrm{n}}^2+\omega_{\mathrm{c}\alpha}^2)} & 0 \\ 0 & 0 & \dfrac{q}{m_{\alpha}\nu_{\alpha\mathrm{n}}} \end{vmatrix}$$

$$\vec{\vec{D}}=\begin{vmatrix} D_{\perp} & D_{\mathrm{d}} & 0 \\ -D_{\mathrm{d}} & D_{\perp} & 0 \\ 0 & 0 & D_{/\!/} \end{vmatrix}=\begin{vmatrix} \dfrac{\nu_{\alpha\mathrm{n}}T}{m_{\alpha}(\nu_{\alpha\mathrm{n}}^2+\omega_{\mathrm{c}\alpha}^2)} & \dfrac{T}{qB_0(1+\nu_{\mathrm{n}}^2/\omega_{\mathrm{c}\alpha}^2)} & 0 \\ -\dfrac{T}{qB_0(1+\nu_{\alpha\mathrm{n}}^2/\omega_{\mathrm{c}\alpha}^2)} & \dfrac{\nu_{\alpha\mathrm{n}}T}{m_{\alpha}(\nu_{\alpha\mathrm{n}}^2+\omega_{\mathrm{c}\alpha}^2)} & 0 \\ 0 & 0 & \dfrac{T}{m_{\alpha}\nu_{\alpha\mathrm{n}}} \end{vmatrix}$$

电流密度的一般形式为

$$\vec{j}=en(\vec{v}_{\mathrm{i}}-\vec{v}_{\mathrm{e}})=en\left(\vec{\vec{b}}_{\mathrm{e}}-\vec{\vec{b}}_{\mathrm{i}}\right)\cdot\vec{E}-en\left(\vec{\vec{D}}_{\mathrm{i}}\cdot\frac{\nabla p_{\mathrm{i}}}{p_{\mathrm{i}}}-\vec{\vec{D}}_{\mathrm{e}}\cdot\frac{\nabla p_{\mathrm{e}}}{p_{\mathrm{e}}}\right) \tag{3.6.25}$$

电导率张量为

$$\vec{\vec{\sigma}}=en(\vec{\vec{b}}_{\mathrm{i}}+\vec{\vec{b}}_{\mathrm{e}}) \tag{3.6.26}$$

思考题

1. 等离子体和中性气体中粒子之间的碰撞各有什么特点(作用势、范围、单体多体等)?

2. 电荷粒子之间、中性粒子之间、中性粒子和电荷粒子之间相互作用有何区别?

3. 假设两个粒子之间的碰撞散射角为 θ,试问:

(1) 粒子之间的远碰和近碰是如何区分的?

(2) 对头碰过程中粒子动量的相对损失取决于什么?

(3) 能量传递系数取决于什么?

(4) 如果是电子与一个重粒子碰撞,电子动能和重粒子动能的变化分别是多少?

4. 两个粒子在碰撞过程中,它们的能量和动量将发生传递,粒子间的能量和动量的传递除了与碰撞过程中粒子的速度和质量有关外,更重要的是与什么参量有关?

5. 在库仑势中,粒子散射角主要由什么参量决定的?

6. 在有心力场中,利用粒子的机械能(动能+势能为常数)和角动量守恒推导偏转角表达式。如果有心力场为库仑势,给出偏转角表达式。

7. 试表述微分散射截面的物理意义。

8. 在一个氢等离子体柱中，电子与中性粒子的碰撞截面约为 $\sigma=6\pi a_0^2$，其中 $a_0=0.53\times10^{-10}$ m 是氢原子的第一玻尔半径。如果氢等离子体柱中没有磁场，气压为 $p=1$ Torr，电子温度为 $T_e=2$ eV。

(1) 假设 σv 对速度分布的平均值为 σv_T，计算扩散系数。

(2) 如果沿着柱的电流密度为 2×10^3 Am^{-2}，等离子体密度为 10^{16} m^{-3}，沿柱的电场是多少？

9. 利用稳态条件下带电粒子的运动方程，推导出等离子体双极扩散系数。

10. 证明双极扩散系数比离子扩散系数大，而比电子扩散系数小。

11. 温度 T 时，在等离子体中放置一金属平板，假设等离子体（密度为 n）中电子和离子皆满足麦克斯韦分布，证明单位时间穿过单位面积的总离子数为 $n\bar{v}/4$，其中 $\bar{v}=(8k_B T/\pi m)^{1/2}$（提示：粒子流的微分式为 $d\vec{\Gamma}=nf(\vec{v})\vec{v}\,d\vec{v}$）。

12. 为什么高温等离子体通常被看成是无碰撞等离子体？

13. 考虑等离子体中的电子与离子碰撞，如果假设离子不动，随着电子速度的增加，电子与离子的碰撞概率是增加还是减少？为什么？

第4章　磁流体力学

4.1　磁流体力学的发展及应用

等离子体的参数范围很宽，从稀薄等离子体（如空间等离子体）到稠密等离子体（如聚变等离子体），粒子密度范围跨越约30个量级。要准确处理不同密度的等离子体，需要建立相应的物理模型。对于稀簿的等离子体，粒子之间的相互作用较弱，集体效应可以忽略，且带电粒子的运动对电磁场的贡献也可以忽略，因此可采用单粒子轨道理论来研究等离子体在事先规定的电磁场中的运动。而对于实际应用的等离子体，如放电等离子体、激光等离子体以及聚变等离子体等，电荷粒子密度高，粒子之间有频繁的相互作用，且电荷运动会影响其电磁环境，即 E 场和 B 场是不能事先规定的，而应由带电粒子本身的位置和运动决定。所以必须考虑场与电荷粒子之间的自洽关系，也就是说，需要给出一个在一定边界条件下的自洽方程组来揭示电荷粒子运动和场之间的关系。研究等离子体在电磁场中的运动有两种方法：磁流体力学（宏观理论）和动理学理论（微观理论）。

等离子体是一个多粒子系统，是一个由带电粒子和中性粒子组成的动力学系统，粒子之间的相互作用既频繁又复杂，研究这样的系统最好的办法是动理学理论。等离子体动理学用统计物理学的方法研究分布函数的演变，把宏观过程与等离子体微观动力学过程联系起来，如把等离子体输运过程（如扩散、热传导、黏滞、电阻率等）与电磁场对分布函数的作用联系起来。该理论还能够讨论很多用宏观理论（磁流体力学）所不能讨论的现象，例如平衡等离子体中的电子等离子体振荡所受的阻尼（即朗道阻尼）问题，以及等离子体中的不稳定性、湍流和辐射问题等。但动理学理论的数学分析很困难，故在处理实际问题时，应用磁流体力学比较方便。

流体力学是研究流体的力学运动规律及其应用的学科，包含有多种粒子的等离子体完全符合流体的特征，如易流动性、黏滞性和可压缩性等。当等离子体的特征长度和时间远大于粒子的平均自由程和平均碰撞时间时，等离子体可以看成是处于局部热平衡状态，因此，等离子体可以像通常的流体那样去描述，如可以定义温度、速度、压强、密度等流体力学和热力学参量。但与普通流体不同的是，等离子体还含有大量的带电粒子，其运动规律会受电磁场的影响，所以更确切地说等离子体是一种导电流体。把等离子体当作导电的流体来处理，除了具有一般流体的重力、压强、黏滞力外，还有电磁力。当导电流体在磁场中运动时，流体内部感生的电流会产生附加的磁场，同时电流在磁场中流动导致的机械力又会改变流体的运动。因此，导电流体的运动比通常的流体复杂得多。

导电流体在电磁场里运动时，流体中就会产生电流，此电流与磁场相互作用，产生洛伦兹力，从而改变流体的运动，同时此电流又导致电磁场改变。对这类问题进行理论探讨，必须既考虑其力学效应，又考虑其电磁效应。描述导电流体的理论方程就是磁流体力学方程组，它是导电流体在磁场中运动所遵循的物理规律的数学表达式，用来研究运动的导电流体和磁场相互作用过程中各物理量间的变化关系。磁流体力学基本方程组包括考虑介质运动的电动力学方程组和考虑磁场力的流体力学基本方程组，此方程组应用于等离子体的充分条件是碰撞起支配作用(电磁力-长程力-集体行为)，即粒子碰撞的平均自由程远小于宏观变化的特征长度，而粒子碰撞的时间间隔远小于宏观变化的特征时间。电动力学方程组包括麦克斯韦方程组、洛伦兹力公式和欧姆定律。在许多情况下，必须把电动力学方程组中的欧姆定律推广为广义欧姆定律。在流体力学基本方程组中的运动方程上必须添加电磁场作用于导电流体的力，即洛伦兹力。在能量方程上必须添加电磁场引起的热能增加率。

1832年，法拉第首次提出有关磁流体力学的问题。他根据海水切割地球磁场产生电动势的想法，试图测量泰晤士河两岸间的电位差(见图4.1(a))，但因河水电阻大、地球磁场弱和测量技术差，未达到目的。1937年，哈特曼根据法拉第的想法，对水银在磁场中的流动进行了定量实验，并成功地提出黏性不可压缩磁流体力学流动(即哈特曼流动)的理论计算方法。1940—1948年，阿尔文提出带电粒子在磁场中运动轨道的"引导中心"理论、磁冻结定理、磁流体动力学波(即阿尔文波)和太阳黑子(见图4.1(b))理论，推动了磁流体力学的发展。1950年，伦德奎斯特(Lundqvist)首次探讨了利用磁场来保存等离子体的所谓磁约束问题，即磁流体静力学问题。受控热核反应中的磁约束，就是利用这个原理来约束温度高达1亿摄氏度量级的等离子体的(见图4.1(c))。1951年，伦德奎斯特给出了一个稳定性判据，这个课题的研究至今仍很活跃。磁流体力学理论和应用研究包括以下几个方向。

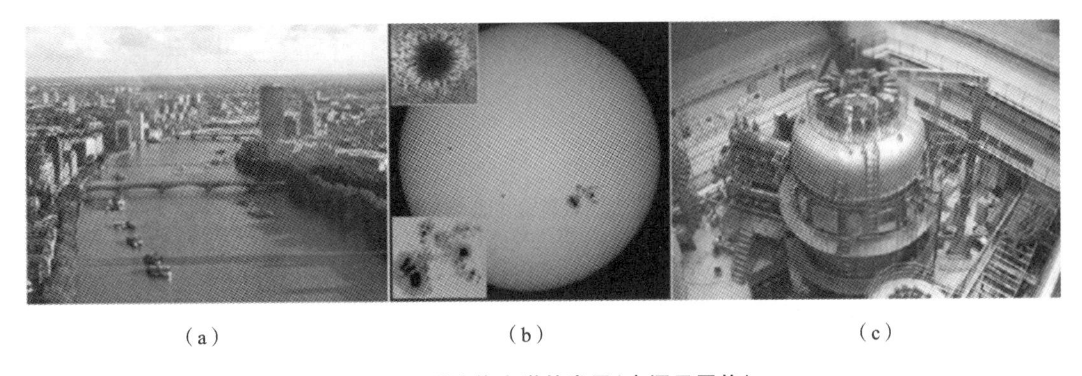

(a) (b) (c)

图4.1 磁流体力学的发展(来源于网络)

(a) 泰晤士河；(b) 太阳黑子；(c) EAST装置。

(1) 天体等离子体研究：宇宙中恒星和星际气体都是等离子体，而且有磁场，故磁流体力学首先在天体物理、太阳物理和地球物理中得到发展和应用。当前，关于太阳的研究课题有：太阳磁场的性质和起源，磁场对日冕、黑子、耀斑的影响。此外还有太阳风与地球磁场相互作用产生的弓形激波，新星、超新星的爆发，地球磁场的起源等问题。

(2) 受控热核聚变反应：根据爱因斯坦的质能方程，在原子核聚变的过程中会产生质量损失，这部分质量转化为能量。在氘氚聚变过程中，两个原子核只有相互靠得很近时才可能发生聚变，但原子核都是带正电的，要相互靠近必须克服它们间的静电排斥力。这就要求氘核要有足够高的动能，只有把氘氚气体加热到很高的温度，才可能使原子核具有很大的热运动能量，据估算，温度需达到1亿摄氏度以上。这样高的温度，聚变燃料都完全电离，处于高温高密度等离子体状态。这样的高温等离子体无法用传统的容器进行储存，目前约束高温等离子体的方法有两种：磁约束和惯性约束。图4.2显示的是磁约束托卡马克示意图，研究这样极端条件下的等离子体需要使用磁流体理论。

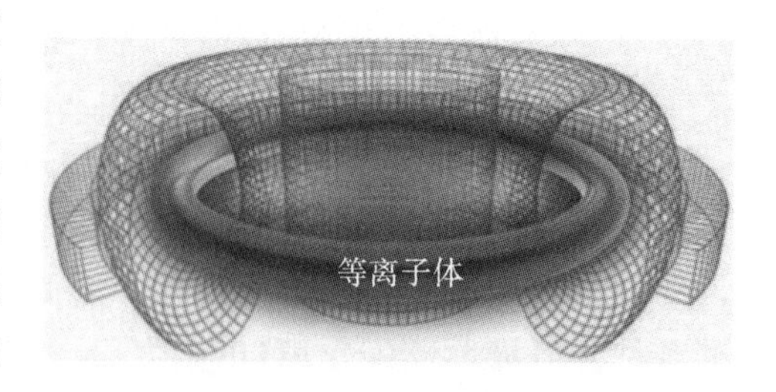

图4.2　托卡马克等离子体环示意图(来源于网络)

(3) 磁流体发电：等离子体本来含有带正负电的粒子，利用霍尔效应把正负电荷分开就会产生电(见图4.3)。这样电机就不需要转动部件，并且极大提高发电效率，既可节省能源，又能减轻污染。例如煤燃烧磁流体发电技术，煤燃烧可获得10^6℃以上的高温等离子气体，这些带电粒子高速穿越强磁场时，气体中的带电粒子受磁力作用产生霍尔效应，最终产生直流电。

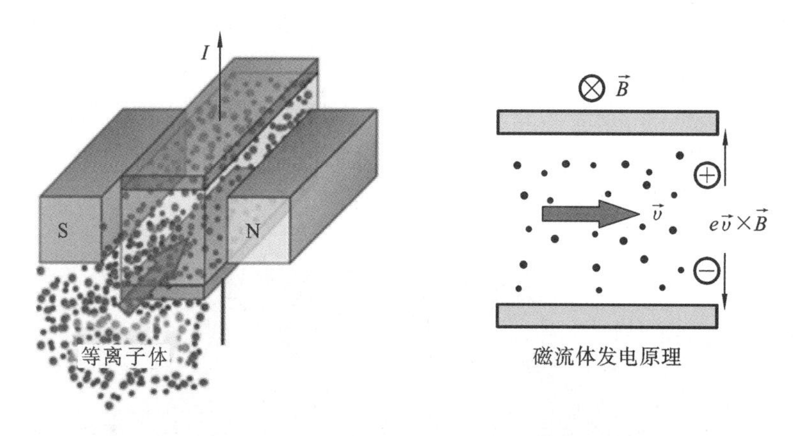

图4.3　磁流体发电装置及原理示意图

(4) 电磁泵：在单粒子轨道运动一章，我们讲过带电粒子在非均匀磁场中会感知到一个等效力，电磁泵就是利用磁场和导电流体中电流的相互作用产生等效力，从而推动流体运动的一种装置。例如液态金属(液体等离子体)电磁泵，已用于核能动力装置中传热回路内液态金属的传输，冶金和铸造工业中熔融金属的自动定量浇注和搅拌，化学工业中汞、钾、钠等有害和危险流体的输送等方面。在一些核能反应堆特别是快中子堆中都使用了电磁泵。

(5) 电磁推进：用多级磁镜场所产生的磁场等效力加速等离子体，使等离子体高速喷射而产生推力，以获得比化学火箭大得多的比冲(单位量的推进剂所产生的冲量)。目前可以得到比用化学燃料高1～2个数量级的排气速度，所以电磁推进系统的比冲比化学燃料推进系统的高得多。电磁推进是人造地球卫星和行星际飞行器中的一种比较理想的推进方法。

4.2　流体力学方程组

4.2.1　流体

流体是受任何微小剪切力作用都能连续变形的物体，通俗地说就是易流动的物体，它分两种：液体（有自由表面的流体）和气体（没有自由表面，可以充满容纳它的整个空间）。流体的性质如下。

（1）易流动性：流体在静止时不能承受切向应力，不管多小的切向应力，都会引起其中各流体元彼此间的相对位移，而且取消力的作用后，流体元之间并不恢复其原有位置。正是流体的这一基本特性使它能同刚体和弹性体区别开来。刚体和弹性体也是连续介质，但是刚体中质点之间的距离不论其上作用的外力如何都将保持不变；而在弹性体中，当作用力在数值上达到某一界限时，系统中各点间的距离可以改变，但消除了力的作用之后，各点相互关系又恢复原有状态。相反地，流体能够有任意大的变形。因此，流体在静止时只有法应力而没有切应力，流体的这个宏观性质称为易流动性。

（2）黏滞性：流体在运动时，对相邻两层流体间的相对运动即相对滑动速度是有抵抗的，这种抵抗力称为黏性应力，流体所具有的这种抵抗两层流体相对滑动的性质称为黏性，黏性大小依赖于流体的性质，并显著地随温度而变化。实验表明，黏性应力的大小与黏性及相对速度成正比。液体的黏性来源于内摩擦（两层流体间分子内聚力和分子动量交换的宏观表现），当两层液体做相对运动时，临近的两层液体分子的平均距离增加，产生吸引力，即内聚力。气体的黏性气体分子的随机运动范围大，流层之间的分子交换频繁，该过程中，分子会交换动量，称摩擦力，亦称切应力。

（3）压缩性：流体的体积或密度在受到一定压力或温度差的条件下可以改变，这个性质称为压缩性。真实流体都是可以压缩的，它的压缩程度依赖于流体的性质及外界条件。液体在通常的压力或温度下，压缩性很小，因此在一般情形下液体可以近似地看成是不可压缩的。

4.2.2　流体力学方法

流体是一个多粒子系统，如何研究流体呢？最简单的思路是利用牛顿力学对每一个流体粒子进行跟踪，然后通过统计获得整个流体的运动和性质，但这显然是不可能的，因为我们所面对的是庞大的粒子数（$10^{20}\ \mathrm{cm^{-3}}$）。如果你仔细观察流体就会发现，流体中小范围内的流体粒子具有相同的物理特性（速度、温度、受力等），这就为我们研究流体提供了一个很好的思路：我们可以把邻近具有相同物理参量的流体粒子看成一个整体，称为流体元。这样就可以建立如下的流体数学模型：假设整个流体由流体元连续无空隙填充而成，这就是流体的连续介质模型，流体元（或称为流体质点）是流体中微观上充分大、宏观上充分小的一个单元。流体元的特征之一就是宏观上充分地小，与放置在流体中的实物比微不足道；流体元的特征之二就是微观上充分地大，比分子平均自由程大，能进行统计平均，流体元内部粒子的平均物理性质不受单个粒子离散运动的影响，即微观运动可被完全平滑掉而得到平滑的宏观参数，如密度、速度、温度等。流体力学方法是通过对大量流体元的研究最终获得流体的运动特征。

有了数学模型，接下来仍然面临研究方法的确立问题。用一个形象的例子说明一下，如果把现代城市道路上的汽车当成流体元，如何了解城市的车流状况（见图 4.4）？一般我们有两种办法获得某时段城市交通情况，第一种办法就是获取每辆车的北斗位置信息，统计后就可以知道车流情况。但这种方法的数据量很大，实际也没有必要，我们通常只会对交通比较繁忙的路口信息感兴趣，所以我们只要获得这些位置的车流就可以了，这就是第二种办法，通过繁忙交通路口的摄像头观察车流情况。研究流体也是采用这两种办法，分别对应于拉格朗日法和欧拉法。

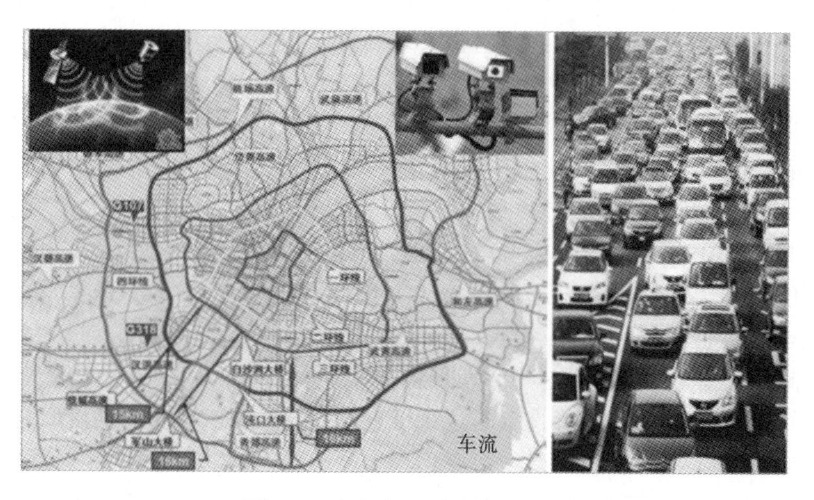

图 4.4　城市车流（来源于网络）

1. 拉格朗日法（随体法）

拉格朗日法是力学中质点运动描述方法在流体力学中的推广，它研究流场中个别流体元在不同的时间其位置、流速、压力等物理量的变化，流体元也称为流体质点。拉格朗日法着眼于流体质点运动的描述，该方法是追随某一个流体质点的运动，或者说是以流场中某一质点作为描述对象，描述它的位置及其他的物理量对时间的变化，从而研究整个流场。

如图 4.5(a)所示的流体元(a,b,c)，这里(a,b,c)是用于标记流体质点的（就像运动场上的运动员编号，见图 4.5(b)），不同的流体元，(a,b,c)是不同的。所以，流体质点的运动规律可以表示为

$$A=A(a,b,c,t) \tag{4.2.1}$$

其中 t、a、b 和 c 称为拉格朗日变数。A 可以是标量、矢量和张量，如位移、速度、加速度、密度、压强和温度等。例如，位置矢量、坐标分量、速度和密度可以分别表示成

$$\begin{aligned}&\vec{r}=\vec{r}(a,b,c,t)\\&x=x(a,b,c,t);\quad y=y(a,b,c,t);\quad z=z(a,b,c,t)\\&\vec{v}=\vec{v}(a,b,c,t);\quad n=n(a,b,c,t)\end{aligned} \tag{4.2.2}$$

如果(a,b,c)不变，而 t 改变，获得的是某流体质点的运动规律，如图 4.5(a)所示，流体质点在 t_1 时刻位于空间位置(x_1,y_1,z_1)，t_2 时刻它运动到空间位置(x_2,y_2,z_2)。如果 t 不变，而(a,b,c)改变，获得的是某时刻不同流体质点某物理量的分布情况。拉格朗日法关注的是某一

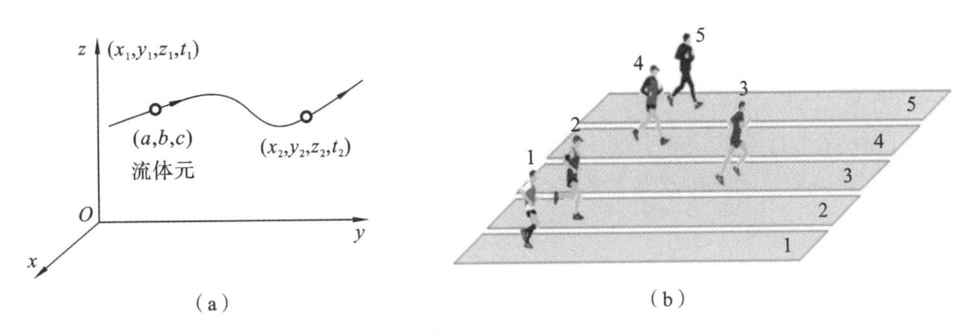

图 4.5 拉格朗日法

(a) 流体质点运动轨迹;(b) 运动员示意图。

个质点的运动,所以和质点力学运动规律一样,流体元的速度和加速度可直接写成

$$\vec{v}=\frac{\partial \vec{r}(a,b,c,t)}{\partial t};\quad \vec{a}=\frac{\partial \vec{v}(a,b,c,t)}{\partial t} \tag{4.2.3}$$

拉格朗日法的物理概念清晰,但处理问题十分困难,除个别问题外,拉格朗日法在实际中很少应用。

2. 欧拉法(局部法)

与拉格朗日法不同,欧拉法着眼点不是流体质点,而是空间点。欧拉法是研究各空间点处流体流过时的物理量(如速度、压力、密度等)及其随时间的变化情况,或是研究在某时刻流场中各空间点流体物理量的分布。对于流场中某空间点的物理量属于哪一个流体质点,欧拉法并不关心。也就是说,对于某空间点,欧拉法不关心流体质点从什么地方来或者到什么地方去,只关心流体流过时的物理量及其变化。欧拉法是把空间一固定点(x,y,z)的物理量看成时间的函数来研究的(见图 4.6(a))。就像在运动场上的教练员(代表空间点),他对经过他面前的运动员不关心,他关心的是运动员的成绩好坏(见图 4.6(b))。流体质点的速度及其分量可分别表示为

$$\begin{aligned}
&\vec{v}=\vec{v}(\vec{r},t)\\
&v_x=v_x(x,y,z,t)\\
&v_y=v_y(x,y,z,t)\\
&v_z=v_z(x,y,z,t)
\end{aligned} \tag{4.2.4}$$

图 4.6 欧拉法

(a) 不同流体质点经过空间点;(b) 示意图,“教练”为空间点。

其中(x,y,z,t)称为欧拉变数。如果(x,y,z)固定不变,t可变,则我们得到的是不同时刻t经过空间确定点(x,y,z)的不同流体质点的速度。如果t固定不变,(x,y,z)可变,则我们得到的是确定时刻t空间中流体质点的速度分布(速度场)。在实际研究工作中,欧拉法比较常用,比如在风洞中研究飞行器的飞行性能(见图 4.7),我们仅仅对流过飞行器特殊位置的流体感兴趣,实验过程中,我们只需在这些特殊位置安装传感器件即可(传感器位置就相当于欧拉法中的空间点)。

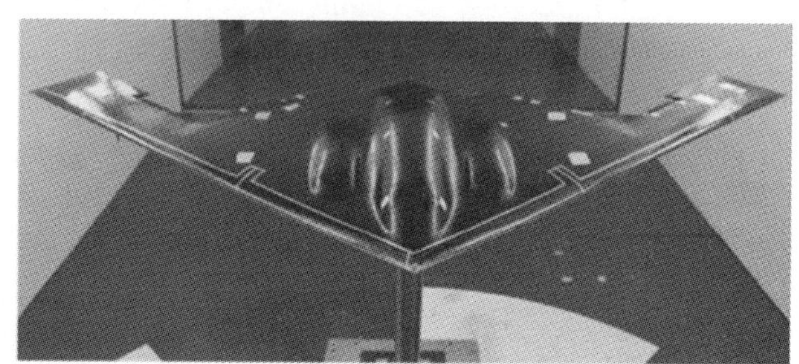

图 4.7　风洞实验(来源于网络)

从速度表达式可以看出,欧拉法对物理量的描述主要有两个参量:空间$\vec{r}$和时间t。如果一个物理量不随(随)空间变化,称这个物理量是(非)均匀的;如果一个物理量不随(随)时间变化,称这个物理量是(非)常定的。例如,随位置变化的速度场是非均匀的,不随位置变化的速度场就是均匀的;随时间变化的速度场是非常定的,而不随时间变化的速度场为常定的。

上面我们给出了空间点的速度表达式$\vec{v}(x,y,z,t)$,(x,y,z)是空间点,空间点是不动的,怎么会有速度呢?值得指出的是,这里的速度不是空间点的速度,而是流过空间点流体元的速度,至于说是哪个流体元不重要。同样,空间点的加速度指的是流过空间点的流体元的加速度,加速度该如何表达呢?从速度表达式$\vec{v}(\vec{r},t)$可以看出,描述速度的主要有空间和时间这两个参量,显然加速度就是由速度在空间和时间上的变化所引起的,或者说加速度来源于速度在空间上的非均匀性和速度在时间上的非常定性。

首先,考虑时间的贡献,不同流体元经过空间固定点(x,y,z)时,该点速度怎么随时间变化?由于速度在时间上的非常定性,不同时刻流过空间点的流体元速度不同(见图 4.8(a)中两个流体元(a,b,c)和(a',b',c'))。犹如你作为观察者站在桥上观察桥下的流水,你可能发现水流快了或者慢了,你所观察的是不同的流体元,但快和慢是你观察的流体的速度,显然这个速度是时间的函数,随时间变化。这里关注的对象是坐标点(观察者),欧拉变数(x,y,z,t)中,(x,y,z)不变,而t在变化。因此,速度随时间的变化(偏微分)可以表示成$\partial\vec{v}/\partial t$,称为局部微商(或当地微商)。

其次,考虑空间的贡献,给定时刻经过空间点(x,y,z)的流体元(a,b,c)的速度怎么随时间变化?关注的对象是经过坐标点的流体元(a,b,c)。这个时候,坐标(x,y,z)就应该看成是可变的,因为在无限小时间间隔δt内,流体元正经过该点进入新位置(见图 4.8(b))。犹如你作为流体元经过一座桥(空间点)时,你的位置在流入和流出桥面时是不同的,时间也不同。因此,(x,y,z)是时间的函数。那么,速度对时间的微分应该写成$\frac{\partial\vec{v}}{\partial x}\frac{\partial x}{\partial t}$,$\frac{\partial\vec{v}}{\partial y}\frac{\partial y}{\partial t}$,$\frac{\partial\vec{v}}{\partial z}\frac{\partial z}{\partial t}$,所以,同时

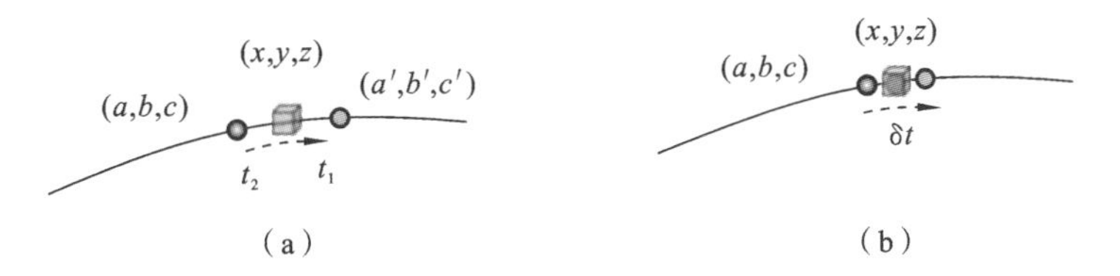

图 4.8　流体元速度的变化

(a) 不同流体元经过空间点；(b) 一个流体元经过空间点。

考虑空间和时间的贡献，加速度就应该是

$$\frac{\mathrm{d}\vec{v}}{\mathrm{d}t}=\frac{\partial \vec{v}}{\partial t}+\frac{\partial \vec{v}}{\partial x}\frac{\partial x}{\partial t}+\frac{\partial \vec{v}}{\partial y}\frac{\partial y}{\partial t}+\frac{\partial \vec{v}}{\partial z}\frac{\partial z}{\partial t}=\frac{\partial \vec{v}}{\partial t}+\vec{v}_x\frac{\partial \vec{v}}{\partial x}+\vec{v}_y\frac{\partial \vec{v}}{\partial y}+\vec{v}_z\frac{\partial \vec{v}}{\partial z}$$

或

$$\vec{a}=\frac{\partial \vec{v}}{\partial t}+(\vec{v}\cdot\nabla)\vec{v} \tag{4.2.5}$$

可以看出，加速度实际上是速度对时间的全微分。如图 4.9 所示，实际上一个流体元流过一个空间点时，它的速度应该表示为

$$\vec{v}=\vec{v}[x(t),y(t),z(t),t] \tag{4.2.6}$$

对时间全微分后就得到加速度。在欧拉法中，加速度的表达式可分为两个部分：第一部分是速度对时间的偏微分，可称其为时变加速度(也称局部微商或者当地微商)，这一部分主要是速度场的非常定性对加速度的贡献；第二部分是速度对空间坐标的微商，可称其为位变加速度(也称迁移微商或者随流微商)，这一部分主要是速度场的不均匀性对加速度的贡献。

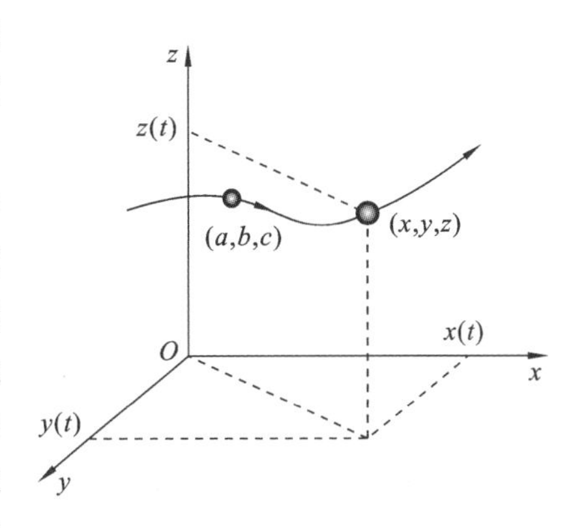

图 4.9　流体元(a,b,c)经过空间点(x,y,z)

上面我们讨论的是流体场的非均匀性和非常定性对流体元的速度的影响。实际上，流体元的任何物理量(标量、矢量或张量)都可能受到流体场的非均匀性和非常定性的影响。所以，任何物理量对时间的微分都由局部微商(或当地微商)和迁移微商(或随流微商)组成，即

$$A=\frac{\partial A}{\partial t}+(\vec{v}\cdot\nabla)A \tag{4.2.7}$$

该方程就称质点导数，A 可以是标量、矢量或张量，如对于标量函数 φ、矢量函数 $\vec{F}$ 和张量函数 $\vec{\vec{T}}$，有

$$\varphi=\frac{\partial \varphi}{\partial t}+(\vec{v}\cdot\nabla)\varphi \tag{4.2.8}$$

$$\vec{F}=\frac{\partial \vec{F}}{\partial t}+(\vec{v}\cdot\nabla)\vec{F} \tag{4.2.9}$$

$$\vec{\vec{T}}=\frac{\partial \vec{\vec{T}}}{\partial t}+(\vec{v}\cdot\nabla)\vec{\vec{T}} \tag{4.2.10}$$

拉格朗日法和欧拉法分别利用不同的方法描述同一流体问题，本质上来讲二者等价，所以

这两种方法是可以相互转换的。

(1) 欧拉法转换成拉格朗日法：t 时刻流体元(a,b,c)经过某一空间点(x,y,z)(见图4.9)，则位置可以表示成

$$x=x(a,b,c,t);y=y(a,b,c,t);z=z(a,b,c,t) \tag{4.2.11}$$

而流体元的某一物理量

$$\vec{F}=\vec{F}(x,y,z,t) \tag{4.2.12}$$

则有

$$\vec{F}(x,y,z,t)=\vec{F}(x(a,b,c,t),y(a,b,c,t),z(a,b,c,t),t)=f(a,b,c,t) \tag{4.2.13}$$

(2) 拉格朗日法转换成欧拉法：同样，t 时刻流体元(a,b,c)经过某一空间点(x,y,z)，反解方程(4.2.11)可得流体元(a,b,c)在空间点(x,y,z)的坐标方程

$$\begin{aligned} a&=a(x,y,z,t)\\ b&=b(x,y,z,t)\\ c&=c(x,y,z,t) \end{aligned} \tag{4.2.14}$$

而流体元的某一物理量

$$f=f(a,b,c,t) \tag{4.2.15}$$

则有

$$f(a,b,c,t)=f(a(x,y,z,t),b(x,y,z,t),c(x,y,z,t),t)=F(x,y,z,t) \tag{4.2.16}$$

(3) 两种方法的对比：拉格朗日法描述流体元某物理量的随体变化，着眼于流体元本身，强调的是流体元运动历史，这种方法思路简单，但实际上只能对有限个流体元进行描述，所以该方法并不常用；而欧拉法描述流体元某物理量的空间变化，着眼于空间点，强调时空关联对物理量的影响，是一种场的处理方式，目前流体研究中常常采用的就是欧拉法。

4.2.3 应力张量

无论是拉格朗日法或者是欧拉法，研究的过程中都涉及流体元的运动，因此必须考虑流体元的受力情况。在某一给定的瞬间，从流动的理想流体中任取一微平行六面体(见图 4.10)。这个流体元在一定外部环境下，可能受多种力，如重力、电磁力和惯性力等，还有就是在其运动时与周围其他流体元之间的摩擦力等。可以看出这些力有明显的区别，有些力与流体元的体积成正比(重力、电磁力和惯性力等)，有些力与流体元的面积成正比(摩擦力等)。所以把这些力分为两类：体积力和面积力。体积力是长程力，可以穿越空间作用到流体元上(见图 4.11(a))，常见的体积力有引力和电磁力等，体积力与流体元的体积成正比。单位质量单位体积流体上的体积力

$$f(x,y,z,t)=\lim_{\delta\tau\to 0}\frac{\delta\vec{F}}{\rho\delta\tau} \tag{4.2.17}$$

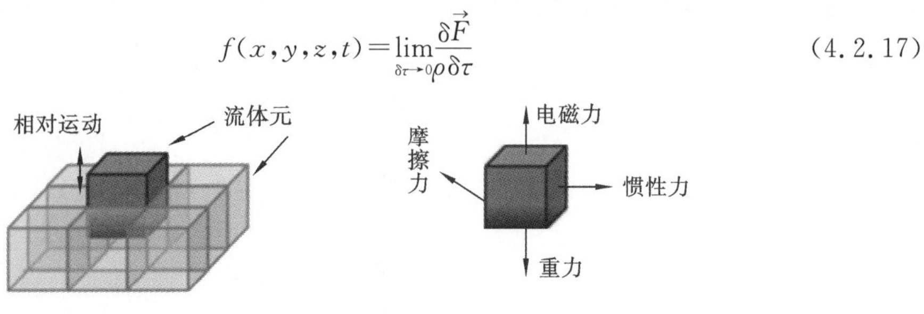

图 4.10 流体元

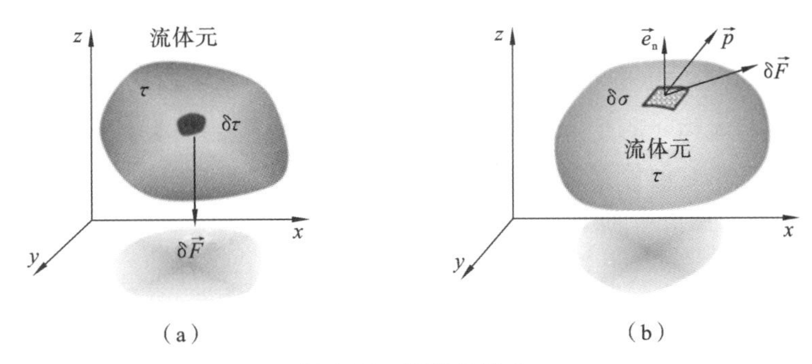

（a）　　　（b）

图 4.11　流体元受力

(a) 体积力;(b) 面积力。

单位体积流体上的体积力

$$\rho f(x,y,z,t)=\lim_{\delta\tau\to 0}\frac{\delta\vec{F}}{\delta\tau} \tag{4.2.18}$$

面积力是短程力,面积力只有通过相互接触才能发挥作用(见图 4.11(b)),常见的面积力有压应力和黏性切应力等,面积力与表面积和方位有关。通常作用在单位面积上的面积力又称为应力,可由下式表示

$$\vec{p}(x,y,z,t)=\lim_{\delta\sigma\to 0}\frac{\delta\vec{F}}{\delta\vec{\sigma}} \tag{4.2.19}$$

值得注意的是该式中的三个矢量($\vec{p}$、$\delta\vec{F}$ 和 $\delta\vec{\sigma}$)的方向没有必然的关联(见图 4.11(b))。体积力与面积力的区别:体积力是空间点的单值函数,可以在流体内形成一个矢量场;而每一点上的面积力随着受力面取向的不同而有无穷多个数值。一般应力是空间位置和面元法向单位矢量的函数。应力通常表示成

$$\vec{p}=\frac{\mathrm{d}\vec{f}}{\mathrm{d}\vec{\sigma}} \tag{4.2.20}$$

其中面元矢量为

$$\mathrm{d}\vec{\sigma}=\mathrm{d}\sigma\,\hat{e}_n \tag{4.2.21}$$

其中,$\hat{e}_n$ 为面元法线方向的单位矢量,一般 $\vec{p}$ 不平行于 $\hat{e}_n$。$\vec{p}$ 在法线上的投影称为法应力,用 $\vec{p}_n$ 表示;$\vec{p}$ 在切面上的投影称为切应力,用 $\vec{p}_t$ 表示(见图 4.12(a))。

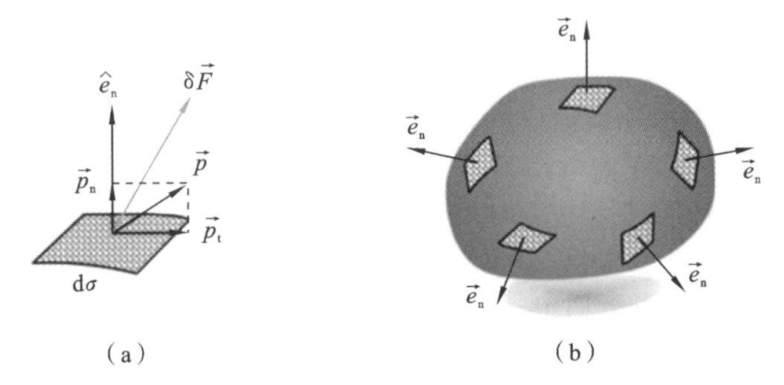

（a）　　　（b）

图 4.12　流体元受力分析

(a) 法应力和切应力;(b) 无穷多的面元取向。

流体元所受应力随着面元取向的不同而有无穷多个数值(见图 4.12(b),注意:流体元很

小，这里为了说明问题，把流体元画得很大，图中所画的面元法向各是一种可能的取向）。如果我们对流体元 M 任意方向上的相应的应力都清楚的话，我们就可以说对流体元所受应力完全了解。我们可以证明流体元所受应力可以表示成面元的单位法向矢量（$\hat{e}$）与某个张量（$\vec{\vec{P}}$）的乘积。这个张量是一个空间位置的单值函数，与面元的方向无关。如图 4.13 所示，在流体中取一个流体元 $OABC$（直角四面体），其斜面 ABC 的面元为 $\mathrm{d}\vec{\sigma}_{\mathrm{n}}$，方向由内而外。另外三个面分别为 $\mathrm{d}\sigma_{\mathrm{x}}$，$\mathrm{d}\sigma_{\mathrm{y}}$ 和 $\mathrm{d}\sigma_{\mathrm{z}}$，方向都沿着坐标轴反方向。则有

$$\mathrm{d}\sigma_{\mathrm{x}}=\mathrm{d}\vec{\sigma}_{\mathrm{n}}\cdot\hat{e}_{\mathrm{x}};\quad \mathrm{d}\sigma_{\mathrm{y}}=\mathrm{d}\vec{\sigma}_{\mathrm{n}}\cdot\hat{e}_{\mathrm{y}};\quad \mathrm{d}\sigma_{\mathrm{z}}=\mathrm{d}\vec{\sigma}_{\mathrm{n}}\cdot\hat{e}_{\mathrm{z}}$$

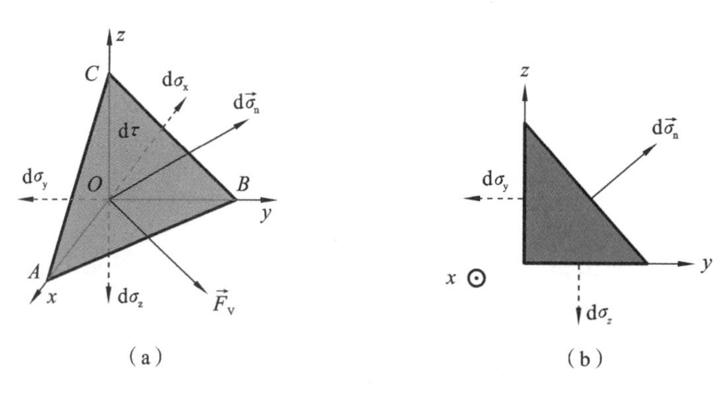

图 4.13　流体元受力的张量分析

(a) 流体元及面元取向；(b) yz 面上的投影情况。

设斜面 ABC 的应力为 $\vec{p}_{\mathrm{n}}$，另外三个面所受到的应力分别为 $\vec{p}_{\mathrm{x}}$，$\vec{p}_{\mathrm{y}}$ 和 $\vec{p}_{\mathrm{z}}$。值得注意的是应力的方向不一定沿着面元的法向方向。相应的四个面上的面积力可以分别表示成

$$\vec{p}_{\mathrm{n}}\mathrm{d}\sigma_{\mathrm{n}},\quad \vec{p}_{\mathrm{x}}\mathrm{d}\sigma_{\mathrm{x}},\quad \vec{p}_{\mathrm{y}}\mathrm{d}\sigma_{\mathrm{y}},\quad \vec{p}_{\mathrm{z}}\mathrm{d}\sigma_{\mathrm{z}}$$

则流体元所受总的面积力表示成

$$\vec{F}_{\mathrm{S}}=\vec{p}_{\mathrm{n}}\mathrm{d}\sigma_{\mathrm{n}}-\vec{p}_{\mathrm{x}}\mathrm{d}\sigma_{\mathrm{x}}-\vec{p}_{\mathrm{y}}\mathrm{d}\sigma_{\mathrm{y}}-\vec{p}_{\mathrm{z}}\mathrm{d}\sigma_{\mathrm{z}} \tag{4.2.22}$$

设流体元的体积为 $\mathrm{d}\tau$，流体元还受体积力的作用，可表示成 $\vec{F}_{\mathrm{M}}\mathrm{d}\tau$，设流体元的加速度为 $\vec{a}_{\mathrm{M}}$，流体元的质量密度为 ρ，则根据牛顿第二定律有

$$\vec{F}_{\mathrm{M}}\mathrm{d}\tau+\vec{p}_{\mathrm{n}}\mathrm{d}\sigma_{\mathrm{n}}-\vec{p}_{\mathrm{x}}\mathrm{d}\sigma_{\mathrm{x}}-\vec{p}_{\mathrm{y}}\mathrm{d}\sigma_{\mathrm{y}}-\vec{p}_{\mathrm{z}}\mathrm{d}\sigma_{\mathrm{z}}=\rho\mathrm{d}\tau\vec{a}_{\mathrm{M}} \tag{4.2.23}$$

由于流体元宏观上很小，所以其坐标为无限小，则体积元就是三阶无穷小，可忽略。所以上式中含有体积元的项都可以忽略，则有

$$\vec{p}_{\mathrm{n}}\mathrm{d}\sigma_{\mathrm{n}}=\vec{p}_{\mathrm{x}}\mathrm{d}\sigma_{\mathrm{x}}+\vec{p}_{\mathrm{y}}\mathrm{d}\sigma_{\mathrm{y}}+\vec{p}_{\mathrm{z}}\mathrm{d}\sigma_{\mathrm{z}} \tag{4.2.24}$$

而几个面元之间有如下关系

$$\begin{aligned}\mathrm{d}\sigma_{\mathrm{x}}&=\mathrm{d}\vec{\sigma}_{\mathrm{n}}\cdot\hat{e}_{\mathrm{x}}=\mathrm{d}\sigma_{\mathrm{n}}\cos\theta_{\mathrm{x}}=\alpha\mathrm{d}\sigma_{\mathrm{n}}\\ \mathrm{d}\sigma_{\mathrm{y}}&=\mathrm{d}\vec{\sigma}_{\mathrm{n}}\cdot\hat{e}_{\mathrm{y}}=\mathrm{d}\sigma_{\mathrm{n}}\cos\theta_{\mathrm{y}}=\beta\mathrm{d}\sigma_{\mathrm{n}}\\ \mathrm{d}\sigma_{\mathrm{z}}&=\mathrm{d}\vec{\sigma}_{\mathrm{n}}\cdot\hat{e}_{\mathrm{z}}=\mathrm{d}\sigma_{\mathrm{n}}\cos\theta_{\mathrm{z}}=\gamma\mathrm{d}\sigma_{\mathrm{n}}\end{aligned} \tag{4.2.25}$$

其中 α，β，γ 分别是面元 $\mathrm{d}\vec{\sigma}_{\mathrm{n}}$ 的方向余弦，把式(4.2.25)代入式(4.2.24)，可得

$$\vec{p}_{\mathrm{n}}=\alpha\vec{p}_{\mathrm{x}}+\beta\vec{p}_{\mathrm{y}}+\gamma\vec{p}_{\mathrm{z}} \tag{4.2.26}$$

把应力 $\vec{p}_{\mathrm{n}}$ 在三个坐标轴上进行投影，即

$$\begin{aligned}p_{\mathrm{nx}}&=\alpha p_{\mathrm{xx}}+\beta p_{\mathrm{yx}}+\gamma p_{\mathrm{zx}}\\ p_{\mathrm{ny}}&=\alpha p_{\mathrm{xy}}+\beta p_{\mathrm{yy}}+\gamma p_{\mathrm{zy}}\\ p_{\mathrm{nz}}&=\alpha p_{\mathrm{xz}}+\beta p_{\mathrm{yz}}+\gamma p_{\mathrm{zz}}\end{aligned} \tag{4.2.27}$$

其中 p_{xx}，p_{yy}，p_{zz}是法应力，而 p_{xy}，p_{yz}，p_{zx}是切应力，应力共有 9 个分量。如果这 9 个量已知，则任意方向 $d\vec{\sigma}_n$ 的应力都可以求出，这样流体元的应力情况就完全清楚了。定义一个应力张量

$$\overleftrightarrow{P}=\begin{bmatrix} p_{xx} & p_{yx} & p_{zx} \\ p_{xy} & p_{yy} & p_{zy} \\ p_{xz} & p_{yz} & p_{zz} \end{bmatrix} \tag{4.2.28}$$

方程(4.2.27)可改写成

$$\vec{p}=\hat{e}_n \cdot \overleftrightarrow{P} \tag{4.2.29}$$

也就是说作用在任意一个以$\hat{e}_n$ 为单位矢量的流体元上的应力可以表示为$\hat{e}_n$ 与应力张量$\overleftrightarrow{P}$的乘积。由于理想流体没有黏性，所以切应力为零。作用在任意一个面上的应力只有压应力

$$\overleftrightarrow{P}=\begin{bmatrix} p_{xx} & 0 & 0 \\ 0 & p_{yy} & 0 \\ 0 & 0 & p_{zz} \end{bmatrix} \tag{4.2.30}$$

对于处于平衡的理想流体

$$\overleftrightarrow{P}=\begin{bmatrix} -p & 0 & 0 \\ 0 & -p & 0 \\ 0 & 0 & -p \end{bmatrix}=-p\overleftrightarrow{I} \tag{4.2.31}$$

其中 p 为压强，$\overleftrightarrow{I}$为单位张量。

4.2.4　流体力学方程组

上面我们给出了流体模型，并分析了流体元的受力情况，那么下面是不是就可以利用欧拉法和牛顿定律对流体元(流体质点)的运动进行分析了？我们应该注意到，流体模型中的流体元不是一个质点(几何点)，他是宏观小，但微观大的一个结构，内含有大量的粒子，在流体元的运动过程中会和周围流体交换质量、动量和能量(见图 4.14)。因此，研究流体首先要建立一套描述流体的方程组，然后根据初始和边界条件求解流体方程，最终获得流体运动的具体形态、随时间的变化以及流体与其边界之间的相互作用规律。流体方程组的建立依据流体流动所遵循的物理规律：质量守恒定律、动量守恒定律和能量守恒定律。同时还应该考虑到流体宏观参量之间的关系，所以还可能用到热力学第二定律、傅里叶传热定律和状态方程等。

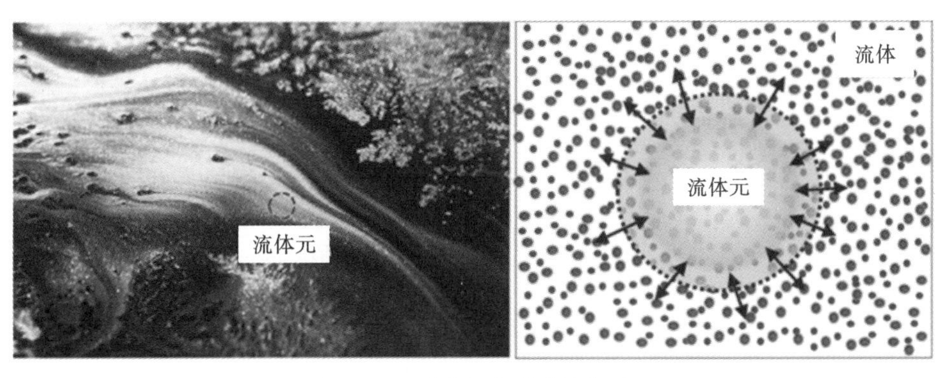

图 4.14　流体运动时的流体元

1. 连续性方程

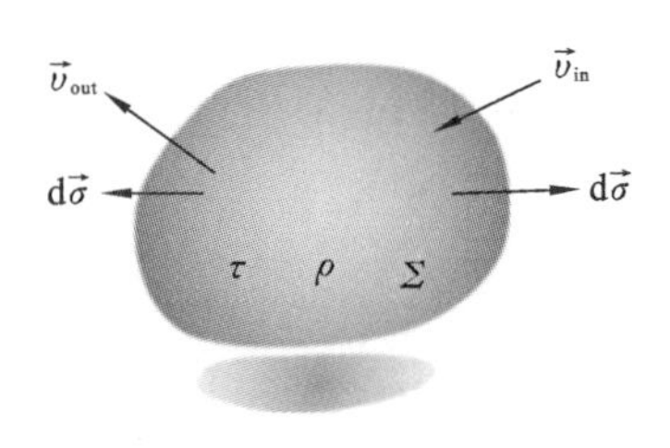

图 4.15 流体元的质量变化

不管流体进行何种流动，流体必须满足质量守恒定律。下面我们从质量守恒定律来推导流体的连续性方程。考虑一个体积为 τ 的流体元(见图 4.15)，其表面积为 Σ，流体的总质量为$\int_{\tau}\rho \mathrm{d}\tau$。单位时间从这个体积里流出的质量为$\int_{\Sigma}\rho\,\vec{v}_{\text{out}}\cdot \mathrm{d}\vec{\sigma}$，单位时间向这个体积里流入的质量为$-\int_{\Sigma}\rho\,\vec{v}_{\text{in}}\cdot \mathrm{d}\vec{\sigma}$。注意$\vec{v}_{\text{in}}$ 和 $\mathrm{d}\vec{\sigma}$ 方向相反，所以为负。

单位时间体积里质量变化(质量的增加量)为

$$-\int_{\Sigma}\rho\vec{v}_{\text{in}}\cdot \mathrm{d}\vec{\sigma}-\int_{\Sigma}\rho\,\vec{v}_{\text{out}}\cdot \mathrm{d}\vec{\sigma}=-\int_{\Sigma}\rho(\vec{v}_{\text{in}}+\vec{v}_{\text{out}})\cdot \mathrm{d}\vec{\sigma}=-\oint_{\Sigma}\rho\,\vec{v}\cdot \mathrm{d}\vec{\sigma} \tag{4.2.32}$$

根据质量守恒定律，单位时间流体元内质量增量等于单位时间流入流体元体质量减去单位时间流出流体元体质量，所以有

$$\frac{\partial}{\partial t}\int_{\tau}\rho \mathrm{d}\tau=-\oint_{\Sigma}\rho\,\vec{v}\cdot \mathrm{d}\vec{\sigma} \tag{4.2.33}$$

根据矢量分析中的高斯散度定理可知，一个矢量通过一闭合面的通量等于该矢量的散度对该闭合面所包围的体积的体积积分，即

$$\frac{\partial}{\partial t}\int_{\tau}\rho \mathrm{d}\tau=-\int_{\tau}\nabla\cdot(\rho\vec{v})\mathrm{d}\tau \tag{4.2.34}$$

如果设所选取的流体元的体积不随时间改变，对时间的微分可以放入积分号内，则有

$$\frac{\partial\rho}{\partial t}+\nabla\cdot(\rho\vec{v})=0 \tag{4.2.35}$$

这就是**连续性方程**。利用质点导数，连续性方程也可以写成

$$\frac{\mathrm{d}\rho}{\mathrm{d}t}+\rho\nabla\cdot\vec{v}=0 \tag{4.2.36}$$

对于常定流体，连续性方程变成

$$\nabla\cdot(\rho\vec{v})=0 \tag{4.2.37}$$

对于不可压缩流体，则有

$$\nabla\cdot\vec{v}=0 \tag{4.2.38}$$

2. 运动方程

如果一个系统不受外力或所受外力的矢量和为零，那么这个系统的总动量保持不变，这就是动量守恒定律。如果所受外力的矢量和不为零，那么合力就等于总动量的变化率。如果设所选取的流体元的体积和密度不随时间改变，则总动量的改变可写成

$$\frac{\mathrm{d}}{\mathrm{d}t}\int_{\tau}\rho\vec{v}\,\mathrm{d}\tau=\int_{\tau}\rho\,\frac{\mathrm{d}\vec{v}}{\mathrm{d}t}\mathrm{d}\tau \tag{4.2.39}$$

考虑一个体积为 τ 的流体元(见图 4.16)，其表面积为 Σ，流体的密度 ρ。流体元所受外力主要有重力和应力，其矢量和为

$$\int_{\tau}\rho\vec{g}\,\mathrm{d}\tau+\oint_{\Sigma}\overleftrightarrow{P}\cdot \mathrm{d}\vec{\sigma}=\int_{\tau}\rho\vec{g}\,\mathrm{d}\tau+\int_{\tau}\nabla\cdot\overleftrightarrow{P}\,\mathrm{d}\tau \tag{4.2.40}$$

上式已经使用了高斯散度定理。根据动量守恒定律，有

$$\int_{\tau}\rho\,\frac{\mathrm{d}\vec{v}}{\mathrm{d}t}\mathrm{d}\tau=\int_{\tau}\rho\vec{g}\,\mathrm{d}\tau+\int_{\tau}\nabla\cdot\overleftrightarrow{P}\,\mathrm{d}\tau \tag{4.2.41}$$

由于体积 τ 是任意的，去掉积分符号后有

$$\rho\,\frac{\mathrm{d}\vec{v}}{\mathrm{d}t}=\rho\vec{g}+\nabla\cdot\overleftrightarrow{P} \tag{4.2.42}$$

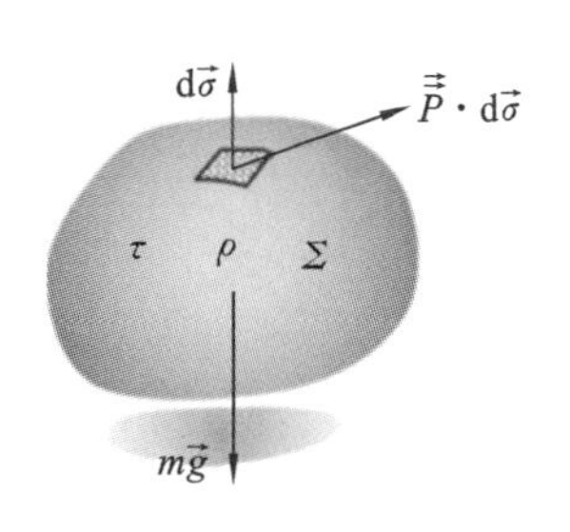

图 4.16　流体元受力及动量变化

这就是**运动方程**。对于理想流体，应力张量为 $\overleftrightarrow{P}=-p\overleftrightarrow{I}$，其中 p 为压强，$\overleftrightarrow{I}$ 为单位张量。由于 $\nabla\cdot\overleftrightarrow{P}=-\nabla\cdot p\overleftrightarrow{I}=-\nabla p$，所以运动方程也可以写成

$$\rho\,\frac{\mathrm{d}\vec{v}}{\mathrm{d}t}=\rho\vec{g}-\nabla p \tag{4.2.43}$$

3. 能量方程

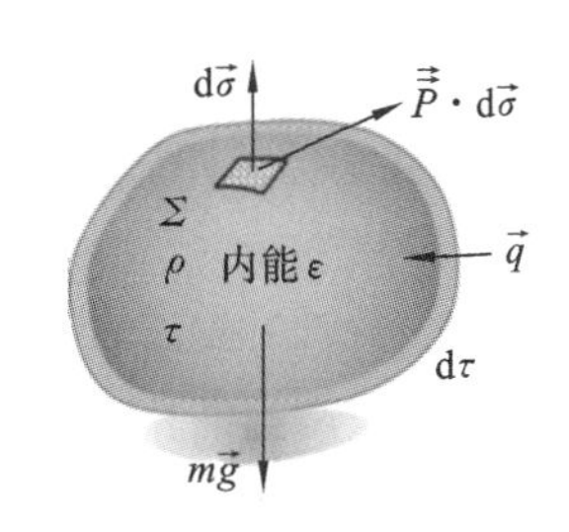

图 4.17　流体元受力做功

考虑一个体积为 τ 的流体元(见图 4.17)，其表面积为 Σ，流体的密度 ρ，系统的内能密度是 ε，假设这个体积元是一个封闭流体元。首先要了解这个体系的总能量，如果不考虑化学反应及其他原因(如相变等)对体系能量的影响，那么这个体系的总能量有动能和内能(内能：物体内部由于分子或原子的热运动所具有的能量，可以包括分子相互作用势能，分子内原子的振动能等)，所以流体元的总能量密度可以表示为 $\int_{\tau}\rho\left(\varepsilon+\frac{v^2}{2}\right)\mathrm{d}\tau$。

根据能量守恒定律，体积 τ 内流体的动能和内能的改变率等于单位时间内体积力和表面力所做的功减去从表面流出的热能。单位时间体积力(这里就是重力)和表面力(这里指应力)做功及从表面流出的热能分别表示成

$$\int_{\tau}\rho\vec{g}\cdot\vec{v}\,\mathrm{d}\tau;\quad \oint_{\Sigma}(\overleftrightarrow{P}\cdot\vec{v})\cdot\mathrm{d}\vec{\sigma};\quad -\int_{\tau}\nabla\cdot\vec{q}\mathrm{d}\tau$$

其中 $\vec{q}$ 为热流矢量，表示单位时间通过单位面积流出的热量。热流矢量 $\vec{q}$ 由傅立叶定律给出

$$\vec{q}=-\kappa\nabla T \tag{4.2.44}$$

其中 κ 是导热率，T 为温度。根据能量守恒定律有

$$\frac{\mathrm{d}}{\mathrm{d}t}\int_{\tau}\rho\left(\varepsilon+\frac{v^2}{2}\right)\mathrm{d}\tau=\int_{\tau}\rho\vec{g}\cdot\vec{v}\,\mathrm{d}\tau+\oint_{\Sigma}(\overleftrightarrow{P}\cdot\vec{v})\cdot\mathrm{d}\vec{\sigma}-\oint_{\Sigma}\vec{q}\cdot\mathrm{d}\vec{\sigma} \tag{4.2.45}$$

如果设所选取的流体元的体积和密度不随时间改变，并根据矢量分析中的高斯散度定理，则上式可写成

$$\int_{\tau}\rho\,\frac{\mathrm{d}}{\mathrm{d}t}\left(\varepsilon+\frac{v^2}{2}\right)\mathrm{d}\tau=\int_{\tau}\rho\vec{g}\cdot\vec{v}\,\mathrm{d}\tau+\int_{\tau}\nabla\cdot(\overleftrightarrow{P}\cdot\vec{v})\mathrm{d}\tau-\int_{\tau}\nabla\cdot\vec{q}\mathrm{d}\tau \tag{4.2.46}$$

由于体积 τ 是任意的，去掉积分符号后有

$$\rho\,\frac{\mathrm{d}}{\mathrm{d}t}\left(\varepsilon+\frac{v^2}{2}\right)=\rho\vec{g}\cdot\vec{v}+\nabla\cdot(\overleftrightarrow{P}\cdot\vec{v})-\nabla\cdot\vec{q} \tag{4.2.47}$$

这就是**能量方程**。如果把等离子体看成是理想流体，应力张量为 $\overleftrightarrow{P}=-p\overleftrightarrow{I}$，其中 p 为压强，有时能量方程也可以写成

$$\rho\,\frac{\mathrm{d}}{\mathrm{d}t}\left(\varepsilon+\frac{v^2}{2}\right)=\rho\vec{g}\cdot\vec{v}-\nabla p\cdot\vec{v}-\nabla\cdot\vec{q} \tag{4.2.48}$$

值得注意的是，当不考虑热传导和内能的变化，能量方程就不需要了，因为利用运动方程也可以推导出能量方程，只要在运动方程两边点乘速度$\vec{v}$即可。这样我们就获得了研究一般流体的流体方程组

连续性方程：
$$\frac{d\rho}{dt}+\rho\nabla\cdot\vec{v}=0 \tag{4.2.49}$$

运动方程：
$$\rho\frac{d\vec{v}}{dt}=\rho\vec{g}-\nabla\cdot\overleftrightarrow{P} \tag{4.2.50}$$

能量方程：
$$\rho\frac{d}{dt}\left(\varepsilon+\frac{v^2}{2}\right)=\rho\vec{g}\cdot\vec{v}+\nabla\cdot(\overleftrightarrow{P}\cdot\vec{v})-\nabla\cdot\vec{q} \tag{4.2.51}$$

4.3 磁流体力学方程组

磁流体力学方程组是导电流体所遵循的物理规律的数学表达式，用来研究在磁场中运动的导电流体与磁场的相互作用，及其所引起的各物理量的变化，并求解电磁场和流场中各物理量的分布。磁流体力学基本方程组包括考虑介质运动的电动力学方程组和考虑磁场力的流体力学基本方程组，此方程组应用于等离子体的充分条件是碰撞起支配作用，即粒子碰撞的平均自由程远小于宏观变化的特征长度，而粒子碰撞的时间间隔远小于宏观变化的特征时间。

4.3.1 考虑电磁力的流体力学方程

上面我们给出了一般流体的流体力学方程组，方程中没有电磁作用，显然不能用以描述等离子体。当这些方程应用于等离子体的时候，需要做适当的改变。等离子体是一种流体，它必须服从流体的连续性方程。如果不考虑等离子体中的电离、复合以及化学反应等过程，那么这个方程无需改变

$$\frac{d\rho}{dt}+\rho\nabla\cdot\vec{v}=0 \tag{4.3.1}$$

运动方程是由动量守恒(总动量的改变率等于所受到的合力)推导出来的，所以对于等离子体，在原来的运动方程中加入洛伦兹力即可。洛伦兹力为

$$\vec{f}=\rho_q\vec{E}+\vec{J}\times\vec{B} \tag{4.3.2}$$

其中 $\vec{E}$，$\vec{B}$ 和 $\vec{J}$ 分别是电场、磁感应强度和电流密度，ρ_q 是电荷密度。则描述等离子体的运动方程变成

$$\rho\frac{d\vec{v}}{dt}=\rho\vec{g}-\nabla p+\rho_q\vec{E}+\vec{J}\times\vec{B} \tag{4.3.3}$$

等离子体中带电粒子的运动必然会产生热量，所以在能量方程中必须考虑焦耳热 $\vec{E}\cdot\vec{J}$，则描述等离子体的能量方程变成

$$\rho\frac{d}{dt}\left(\varepsilon+\frac{v^2}{2}\right)=\rho\vec{g}\cdot\vec{v}+\nabla\cdot(\overleftrightarrow{P}\cdot\vec{v})-\nabla\cdot\vec{q}+\vec{E}\cdot\vec{J} \tag{4.3.4}$$

由于流体元很小，所以重力的作用很小，通常可以忽略。所以用于描述等离子体的流体方程组形式为

$$\frac{d\rho}{dt}+\rho\nabla\cdot\vec{v}=0 \tag{4.3.5a}$$

$$\rho\frac{d\vec{v}}{dt}=-\nabla p+\rho_q\vec{E}+\vec{J}\times\vec{B} \tag{4.3.5b}$$

$$\rho\frac{d}{dt}\left(\varepsilon+\frac{v^2}{2}\right)=\nabla\cdot(\vec{\vec{P}}\cdot\vec{v})-\nabla\cdot\vec{q}+\vec{E}\cdot\vec{J} \tag{4.3.5c}$$

应该注意到，上述方程中的 p 和 $\rho=n_q m_q$ 之间有关系，由状态方程表示

$$p=p(\rho,T) \tag{4.3.6}$$

对于绝热过程，一般可以写成

$$p\rho^{-\gamma}=\text{const} \tag{4.3.7}$$

其中 $\gamma=c_p/c_V$ 为比热比，c_p 和 c_V 是定压和定容热容。一般 $\gamma=(2+N)/N$，N 为自由度数，在三维情况下的 $N=3$，γ 为 5/3。对于等温过程，状态方程为

$$p/\rho=\text{const} \tag{4.3.8}$$

方程(4.3.5)～(4.3.8)就构成描述等离子体的流体方程组。

4.3.2 电动力学方程组

前面已经说过，等离子体可以看成是导电流体，导电流体在电磁场里运动时，流体与磁场相互作用，产生洛伦兹力，从而改变流体的运动，而流体的运动又会改变电磁场。等离子体中电磁场是由麦克斯韦方程组来描述，包括法拉第定律（电磁感应定律，表示时变磁场产生电场）、安培定律（运动电荷产生磁场）、泊松方程（高斯定理）和无散度条件（磁通连续性原理），即

$$\nabla\times\vec{E}=-\frac{\partial\vec{B}}{\partial t}$$

$$\nabla\times\vec{B}=\mu_0\vec{j}+\frac{1}{c^2}\frac{\partial\vec{E}}{\partial t}$$

$$\nabla\cdot\vec{E}=\frac{\rho_q}{\varepsilon_0}$$

$$\nabla\cdot\vec{B}=0$$

其中 ρ_q 是电荷密度，c 是光速。方程中电场与电流密度之间关系是由欧姆定律确定。建立静止坐标系 K，如图 4.18 所示，$\vec{E}$ 是电场，$\vec{J}$ 是电流密度，$\vec{u}$ 是在静止坐标系中流体在电场作用下的定向运动速度。在静止坐标系 K 中欧姆定律为

$$\vec{J}=\sigma\vec{E} \tag{4.3.9}$$

其中 σ 是电导率。同时，电流密度也可以表示成

$$\vec{J}=\rho_q\vec{u} \tag{4.3.10}$$

而实际上，等离子体一般是运动着的，也就是说导电流体相对于静止坐标系 K 是运动的。建立一个随流体一起运动的坐标系 K'，假设两个坐标系相对运动的速度为 $\vec{v}$（实际上就是流体的运动速度，见图 4.18）。在运动坐标系 K' 中，假设电场、电流密度和电荷运动速度分别为 $\vec{E}'$，

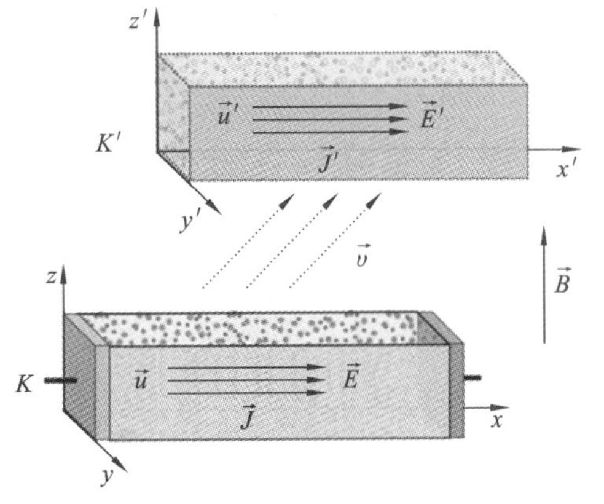

图 4.18 静止坐标系和运动坐标系中欧姆定律

$\vec{J}'$和$\vec{u}'$。显然，无论在什么坐标系，欧姆定律形式不变，即

$$\vec{J}'=\sigma\vec{E}'=\rho_q\vec{u}' \tag{4.3.11}$$

两个坐标系中的定向速度和相对运动速度有如下关系

$$\vec{u}=\vec{v}+\vec{u}' \tag{4.3.12}$$

所以有

$$\vec{J}'=\rho_q\vec{v}'=\rho_q(\vec{u}-\vec{v})=\vec{J}-\rho_q\vec{v} \tag{4.3.13}$$

进一步有

$$\vec{J}=\vec{J}'+\rho_q\vec{v}=\sigma\vec{E}'+\rho_q\vec{v} \tag{4.3.14}$$

如果没有磁场存在，在两个坐标系中的电场没有区别。当存在磁场$\vec{B}$时，两个坐标系中的电场有区别，运动流体切割磁力线会产生的感应电场，所以运动坐标系中电场为

$$\vec{E}'=\vec{E}+\vec{v}\times\vec{B} \tag{4.3.15}$$

代入式(4.3.14)即有

$$\vec{J}=\sigma(\vec{E}+\vec{v}\times\vec{B})+\rho_q\vec{v} \tag{4.3.16}$$

该式就是导电流体中的欧姆定律。公式中有三项，分别是电场驱动的传导电流、切割磁力线产生的感应电流和流体运动所形成的运流电流。等离子体一般可以看成良导体，当作用于等离子体场的波长远大于流体运动的特征长度(即$\frac{c}{\omega}\gg L$，或$\frac{L}{cT}\ll 1$)，传导电流远大于运流电流，可以忽略运流电流，导电流体的欧姆定律的常用形式

$$\vec{J}=\sigma(\vec{E}+\vec{v}\times\vec{B}) \tag{4.3.17}$$

另外，根据等离子体判据，等离子体振荡频率远大于带电粒子间碰撞频率($\omega_{pe}\gg\nu_{ei}$)，$\frac{\sigma}{\varepsilon_0\omega}\gg 1$，或$\frac{\varepsilon_0}{\sigma T}\ll 1$，这里$\sigma\approx\frac{ne^2}{m_e\nu_{ei}}$；$\omega\approx\omega_{pe}=\left(\frac{n_e e^2}{\varepsilon_0 m_e}\right)^{1/2}$，电场变化所产生的影响可以忽略，电动力学方程组中的法拉第定律变成

$$\nabla\times\vec{E}=-\frac{\partial\vec{B}}{\partial t} \tag{4.3.18}$$

值得注意的是，麦克斯韦方程组中只有法拉第定律和安培定律是独立的，泊松方程和无散度条件不是独立的，可以从法拉第定律和安培定律推导出来(对两个方程取散度即可，可以自行推导)。

4.3.3 完整的磁流体方程组

综合上面关于流体方程组和电动力学方程组，描述等离子体完备的磁流体方程组

$$\frac{d\rho}{dt}+\rho\nabla\cdot\vec{v}=0$$

$$\rho\frac{d\vec{v}}{dt}=-\nabla p+\vec{J}\times\vec{B}$$

$$p\rho^{-\gamma}=\mathrm{const}$$

$$\nabla\times\vec{E}=-\frac{\partial\vec{B}}{\partial t}$$

$$\nabla\times\vec{B}=\mu_0\vec{J}$$
$$\vec{J}=\sigma(\vec{E}+\vec{v}\times\vec{B})$$

方程组共有14个未知参量，分别是$\rho,p,\vec{v},\vec{E},\vec{B},\vec{J}$，而刚好有14个标量方程，所以方程组是完备的。

面对等离子体这样的复杂的导电流体，参数范围跨越极宽，条件极其复杂，有时候需要针对其特殊性建立相应的模型和方程组进行研究。如果把等离子体看成是理想的导电流体，对于理想的导电流体，没有黏滞、没有传热和电阻，因此，欧姆定律就变成了

$$\vec{E}+\vec{v}\times\vec{B}=0 \tag{4.3.19}$$

上面推导磁流体方程时，我们把等离子体看成一种成分的导体，然而宏观上等离子体是由两种以上的成分组成的流体，显然所构成的方程极其复杂。对于弱电离等离子体，等离子体中有多种粒子存在，除了带电粒子之外还有中性粒子，如O_2辉光放电等离子体，其内部存在电子、不同价位的O离子以及中性O基团等。这时不能再把等离子体看成只有一种成分的导电流体，此时，等离子体由更多相互贯穿的电荷粒子组成。因此，描述弱电离等离子体，方程组除了需要电子流体方程与离子流体方程之外，还需要一个(或几个)中性粒子的流体方程。

4.3.4 双磁流体方程组和广义欧姆定律

1. 双磁流体方程组

对于完全电离的等离子体(如聚变等离子体)，体系内只存在两种电荷(电子和离子)。由于电子和离子质量差别很大，它们对于电磁场的响应速度也有很大差别，需要把电子和离子的流体方程分开，所以描述完全电离等离子用的是双成分磁流体方程组。通常，在双流模型中，电子和离子都被认为是独立运动的，可以分别写出它们的流体力学方程组。双流模型特别适应于那种电子和离子流体之间远没有达到热力学平衡的等离子体。这两种粒子之间通过碰撞产生相互的联系。

下面建立双成分的磁流体力学方程组。如果不考虑电离、复合、化学反应以及核反应等过程，同时把等离子体看成理想气体，利用$\rho=n_q m_q$，则电子和离子的连续性方程和状态方程可以直接写出：

$$\frac{\partial n_e}{\partial t}+n_e\nabla\cdot\vec{v}_e=0;\quad \frac{\partial n_i}{\partial t}+n_i\nabla\cdot\vec{v}_i=0 \tag{4.3.20}$$

$$p_e=n_e k_B T_e;\quad p_i=n_i k_B T_i \tag{4.3.21}$$

对于电子和离子，可以直接给出运动方程(这里利用了等离子体电中性条件$n=n_e=n_i$)

$$nm_e\frac{d\vec{v}_e}{dt}+\nabla p_e=-en(\vec{E}+\vec{v}_e\times\vec{B}) \tag{4.3.22}$$

$$nm_i\frac{d\vec{v}_i}{dt}+\nabla p_i=en(\vec{E}+\vec{v}_i\times\vec{B}) \tag{4.3.23}$$

很显然，这两个方程给出的电子和离子运动方程是完全独立的，相互没有任何关联，这和实际情况相去甚远，因为在(完全电离的)等离子体中，电子和离子会有频繁的碰撞(见图4.19)。如果不考虑非弹性碰撞，只考虑弹性碰撞，电子和离子在碰撞过程中会交换动量，宏观上产生的摩擦力会影响电荷的运动，所以以上运动方程必须加上碰撞项。也就是说在运动方程中必

须考虑碰撞过程中粒子流动量之间的传递 $\vec{M}_{\alpha\beta}$。$\vec{M}_{ie}$ 为单位时间内电子流传给离子流的动量，$\vec{M}_{ei}$ 为单位时间内离子流传给电子流的动量。等离子体中电荷粒子碰撞时满足牛顿第三定律，相应地有 $\vec{M}_{ie}=-\vec{M}_{ei}$（见图 4.19）。这样对每一种成分（电子和离子）可以写出运动方程

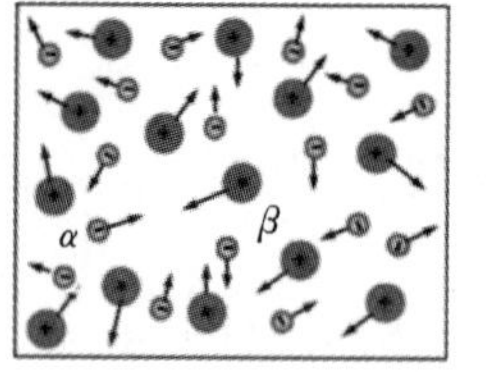

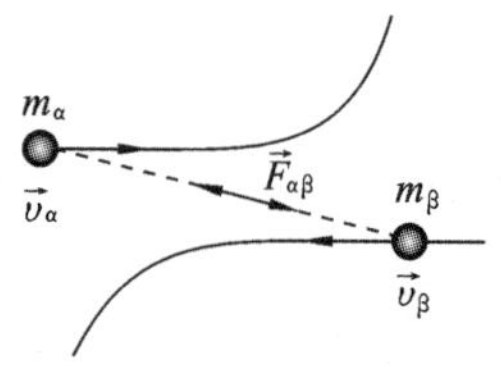

图 4.19　两个粒子做弹性碰撞

$$nm_e\frac{d\vec{v}_e}{dt}+\nabla p_e=-en(\vec{E}+\vec{v}_e\times\vec{B})+\vec{M}_{ei} \tag{4.3.24}$$

$$nm_i\frac{d\vec{v}_i}{dt}+\nabla p_i=en(\vec{E}+\vec{v}_i\times\vec{B})+\vec{M}_{ie} \tag{4.3.25}$$

在第 3 章中我们讨论过两个粒子在弹性碰撞过程中动量的变化（见式(3.2.18)），即

$$\vec{M}_{\alpha\beta}=\frac{m_\alpha m_\beta}{m_\alpha+m_\beta}(\vec{v}_\beta-\vec{v}_\alpha) \tag{4.3.26}$$

设等离子体中电子和离子之间的平均碰撞频率为 ν_{ei}，则单位时间内动量的传递可以表示成

$$\vec{M}_{ei}=-\vec{M}_{ie}=\nu_{ei}n\frac{m_e m_i}{m_e+m_i}(\vec{v}_i-\vec{v}_e) \tag{4.3.27}$$

其中 m_e 和 m_i 分别是电子和离子的质量，$\vec{v}_e$ 和 $\vec{v}_i$ 分别为电子和离子的速度，n 为等离子体密度。这里没有考虑碰撞过程中偏转角的影响（即没有分辨近碰和远碰的区别，参考第 3 章）。把 $\vec{M}_{ei}$（或 $\vec{M}_{ie}$）代入运动方程(4.2.24)和方程(4.2.25)，就可以分别获得完整的电子和离子运动方程。最终我们可以给出完备的双成份磁流体方程组

$$\begin{aligned}
&\frac{\partial n_j}{\partial t}+n_j\nabla\cdot\vec{v}_j=0\\
&n_j m_j\left(\frac{d\vec{v}_j}{dt}\right)+\nabla p_j=q_j n_j(\vec{E}+\vec{v}_j\times\vec{B})+\nu_{jk}n_j\frac{m_j m_k}{m_j+m_k}(\vec{v}_j-\vec{v}_k)\\
&p_j\rho_j^{-\gamma}=\text{const}\quad j,k=e,i\\
&\nabla\times\vec{E}=-\frac{\partial\vec{B}}{\partial t}\\
&\nabla\times\vec{B}=\mu_0\vec{J}\\
&\vec{J}=\sigma(\vec{E}+\vec{v}\times\vec{B})
\end{aligned} \tag{4.3.28}$$

2. 广义欧姆定律

我们知道电荷在电场作用下的定向运动（如金属中电子的运动）由欧姆定律（$\vec{J}=\sigma\vec{E}$）描述；上一节我们也给出了在电磁场中运动的导电流体由新的欧姆定律（$\vec{J}=\sigma(\vec{E}+\vec{v}\times\vec{B})$）描述。如果导电流体由一种电荷构成，且不考虑磁场所引起的各向异性，这个欧姆定律很清晰。对于含有两种成分（电子和离子）的等离子体，需要重新考察欧姆定律的形式，因为，① 需要考虑电子和离子的质量不同对电流密度的影响；② 需要考虑电子和离子在磁场中的运动不同对电流密度的影响；③ 需要考虑导电流体的压力对电流密度的影响。下面我们来讨论这些问题。

由于电子的质量很小，所以在电子运动方程中的惯性项通常不予考虑，则式(4.3.28)中电子的运动方程变为

$$\nabla p_e = -en(\vec{E} + \vec{v}_e \times \vec{B}) + \frac{en}{\sigma}\vec{J} \tag{4.3.29}$$

其中

$$\sigma = \frac{ne^2(m_e + m_i)}{m_e m_i \nu_{ei}} \approx \frac{ne^2}{m_e \nu_{ei}} \tag{4.3.30}$$

为等离子体电导率(见第 3 章式(3.3.26)，$\sigma=1/\eta$)，ν_{ei} 为电子和离子间的碰撞频率。电流密度也可以写成

$$\vec{J} = en(\vec{v}_i - \vec{v}_e) \tag{4.3.31}$$

则有

$$\vec{v}_e = \vec{v}_i - \vec{J}/en \tag{4.3.32}$$

两边叉乘 $\vec{B}$，有

$$\vec{v}_e \times \vec{B} = \vec{v}_i \times \vec{B} - (\vec{J} \times \vec{B})/en \tag{4.3.33}$$

把上式代入式(4.3.29)，同时把$\vec{v}_i$ 改成$\vec{v}$，则电子的运动方程变为

$$\nabla p_e = -en(\vec{E} + \vec{v} \times \vec{B}) + \vec{J} \times \vec{B} + \frac{en}{\sigma}\vec{J} \tag{4.3.34}$$

注意，方程中的$\vec{v}$是离子速度。整理后可得电流密度表达式为

$$\vec{J} = \sigma\left[(\vec{E} + \vec{v} \times \vec{B}) - \frac{1}{en}\vec{J} \times \vec{B} + \frac{1}{en}\nabla p_e\right] \tag{4.3.35}$$

这是**广义欧姆定律**一般的形式。显然，广义欧姆定律比导电流体内的欧姆定律(式(4.3.17))复杂。下面我们简单讨论一下这个广义欧姆定律。

显然电流密度由三项组成：分别为洛伦兹力项 $\sigma(\vec{E}+\vec{v}\times\vec{B})$、霍尔电动力项 $-\sigma\vec{J}\times\vec{B}/en$ 和电子热压力梯度项 $\sigma\nabla p_e/en$。与传统的欧姆定律相比之下多出霍尔电动力项和电子热压力梯度项。

(1) 霍尔电动力项。

$$\vec{J}_{霍尔} = -\frac{\sigma}{en}\vec{J} \times \vec{B} \tag{4.3.36}$$

霍尔电动力项反映的是磁场对等离子体中电流的影响。如图 4.20 所示的等离子体薄片，沿着 y 方向有一电流，磁场沿着 x 方向，则电子(离子)受到一个向下(向上)的洛伦兹力。在洛伦兹力的作用下，电荷的运动形成的电流就是霍尔电动力项。

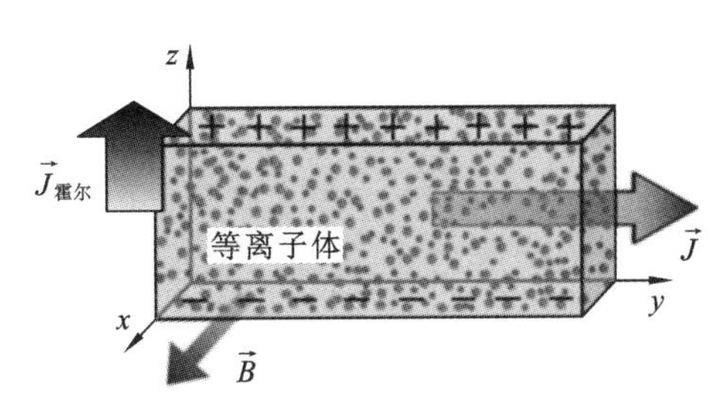

图 4.20　霍尔电动力项示意图

这里值得指出的是，虽然正、负电荷在磁场作用下对电流密度都有贡献，但由于电子运动速度远大于离子，所以在广义欧姆定律中主要考虑的是电子贡献。从推导过程可以看到，广义欧姆定律中的洛伦兹力项和霍尔电动力项合起来就是电子的贡献。

(2) 电子热压力梯度项。

$$\vec{J}_{pe} = \frac{\sigma}{en}\nabla p_e \tag{4.3.37}$$

这一项主要是由等离子体中的电子热压力不均匀性引起，也就是电子密度的非均匀性或者非均匀加热所产生的电流，相当于电子密度梯度或者温度梯度引起电荷分离。虽然电荷分

离过程中，离子也会受到影响，但是离子运动远远小于电子运动，可以忽略。

(3) 电子热压力梯度项和霍尔电动力项的大小。

由于电荷的质量很小，所以在运动方程中可以忽略与质量有关的项，如果只有磁场，而没有电场，忽略电荷分离所产生电场的影响(实际上电场很小)，则方程(4.3.24)加方程(4.3.25)后可得

$$\nabla p \approx en(\vec{v}_i - \vec{v}_e) \times \vec{B} = \vec{J} \times \vec{B} \tag{4.3.38}$$

该等式说明在运动方程中的电子热压力梯度项和霍尔电动力项具有相同的数量级，进一步，在广义欧姆定律中电子热压力梯度项和霍尔电动力项也应该有相同的数量级，所以我们只考察一下霍尔电动力项的大小即可。利用电导率公式

$$\frac{\sigma}{en} = \frac{e}{m_e \nu_{ei}} = \frac{\omega_{ce}}{B\nu_{ei}} \tag{4.3.39}$$

所以有

$$\frac{\sigma}{en}(\vec{J} \times \vec{B}) = \frac{\omega_{ce}}{\nu_{ei}} \frac{(\vec{J} \times \vec{B})}{B} \tag{4.3.40}$$

也就是说在广义欧姆定律中电子热压力梯度项和霍尔电动力项的大小决仅仅取决于 ω_{ce}/ν_{ei}。

① 当回旋频率远远小于碰撞频率，即弱场中，可以把电子热压力梯度项和霍尔电动力项忽略，这样广义欧姆定律回归到一般的欧姆定律形式。

② 当回旋频率远远大于碰撞频率，即强场中，电子热压力梯度项和霍尔电动力项具有相当大的数值，将对电流密度产生比较重要的贡献。

③ 进一步指出，霍尔电动力项代表磁场对于等离子体中电子运动的影响所产生的电流，是霍尔效应引起电荷分离对电流密度的贡献；电子热压力梯度是电子密度梯度或者温度梯度引起电荷分离对电流密度的贡献。

④ 值得指出的是，由于离子质量远大于电子，所以等离子体中电子的贡献是电流，而离子的贡献是惯性。

3. 电导率张量

从上面的分析可以看出等离子体中电子热压力梯度和霍尔电动力具有相同的效应，如果我们把压强梯度等效于一个附加电场，而洛伦兹项具有电场的量纲，也可以看成一个等效电场，所以用一个总等效电场 $\vec{E}^*$ 表示，即

$$\vec{E}^* = \vec{E} + \vec{v} \times \vec{B} + \frac{1}{en}\nabla p_e \tag{4.3.41}$$

这样广义欧姆定律变成

$$\vec{J} = \sigma \vec{E}^* - \frac{\omega_{ce}}{B\nu_{ei}}(\vec{J} \times \vec{B}) \tag{4.3.42}$$

可以写出对应的三个分量

$$\begin{aligned} J_x &= \sigma \vec{E}_x^* - \frac{\omega_{ce}}{B\nu_{ei}}(J_y B_z - J_z B_y) \\ J_y &= \sigma \vec{E}_y^* - \frac{\omega_{ce}}{B\nu_{ei}}(J_z B_x - J_x B_z) \\ J_z &= \sigma \vec{E}_z^* - \frac{\omega_{ce}}{B\nu_{ei}}(J_x B_y - J_y B_x) \end{aligned} \tag{4.3.43}$$

为简单起见，建立如图 4.21 所示的坐标系，则上述方程变成

$$
\begin{aligned}
J_x &= \sigma \vec{E}_x^* - \frac{\omega_{ce}}{\nu_{ei}} J_y \\
J_y &= \sigma \vec{E}_y^* + \frac{\omega_{ce}}{\nu_{ei}} J_x \\
J_z &= \sigma \vec{E}_z^*
\end{aligned}
\tag{4.3.44}
$$

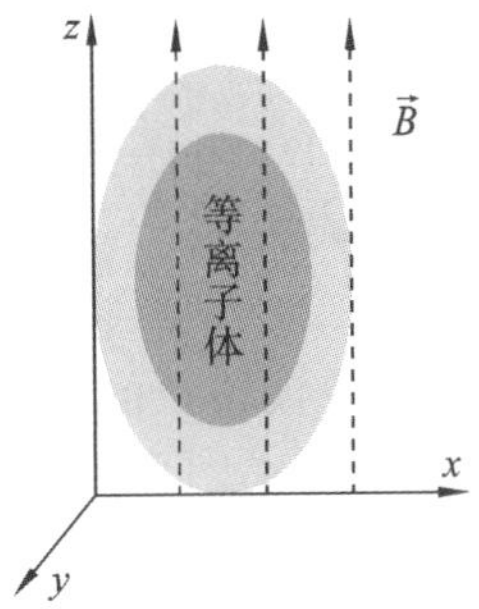

整理后有

$$
\begin{aligned}
J_x &= \frac{\sigma}{1+\omega_{ce}^2/\nu_{ei}^2}\left(\vec{E}_x^* - \frac{\omega_{ce}}{\nu_{ei}} \vec{E}_y^*\right) \\
J_y &= \frac{\sigma}{1+\omega_{ce}^2/\nu_{ei}^2}\left(\frac{\omega_{ce}}{\nu_{ei}} \vec{E}_x^* + \vec{E}_y^*\right) \\
J_z &= \sigma \vec{E}_z^*
\end{aligned}
\tag{4.3.45}
$$

图 4.21　磁化等离子体坐标

或写成

$$\vec{J} = \vec{\vec{\sigma}} \cdot \vec{E}^* \tag{4.3.46}$$

其中，$\vec{\vec{\sigma}}$为电导率张量

$$
\vec{\vec{\sigma}} = \frac{\sigma}{1+\omega_{ce}^2/\nu_{ei}^2}
\begin{vmatrix}
1 & -\dfrac{\omega_{ce}}{\nu_{ei}} & 0 \\
\dfrac{\omega_{ce}}{\nu_{ei}} & 1 & 0 \\
0 & 0 & 1+\dfrac{\omega_{ce}^2}{\nu_{ei}^2}
\end{vmatrix}
\tag{4.3.47}
$$

是由于磁场导致等离子体的导电行为产生各向异性。

4.4　磁应力(磁压力和磁张力)

从运动方程(4.3.38)和广义欧姆定律(式(4.3.35))可以看出等离子体中电子热压力梯度 ∇p 和洛伦兹力(或霍尔电动力，$\vec{J}\times\vec{B}$)不仅具有相同的数量级和相同的量纲，而且具有相同的效应，如产生力从而影响电荷的运动；引起电荷分离从而影响电流密度等。我们在前面讨论流体元受力情况时知道热压力梯度可以看成是应力张量的散度($\nabla p = -\nabla \cdot \vec{\vec{P}}$)，那么，洛伦兹力($\vec{J}\times\vec{B}$)是否也可以写成某一个应力张量的散度？下面我们对洛伦兹力进行一些变换，洛伦兹力为

$$\vec{f} = \vec{J}\times\vec{B} \tag{4.4.1}$$

结合安培定律

$$\nabla\times\vec{B} = \mu_0 \vec{J} \tag{4.4.2}$$

把 $\vec{J}$ 代入式(4.4.1)，有

$$\vec{f} = \vec{J}\times\vec{B} = \frac{1}{\mu_0}(\nabla\times\vec{B})\times\vec{B} \tag{4.4.3}$$

利用矢量运算$\nabla(\vec{a}\cdot\vec{b}) = \vec{a}\times(\nabla\times\vec{b}) + \vec{b}\times(\nabla\times\vec{a}) + (\vec{a}\cdot\nabla)\vec{b} + (\vec{b}\cdot\nabla)\vec{a}$，有

$$\nabla(\vec{B}\cdot\vec{B}) = 2\vec{B}\times(\nabla\times\vec{B}) + 2(\vec{B}\cdot\nabla)\vec{B}$$

则

$$\vec{f}=-\frac{1}{2\mu_0}\nabla B^2+\frac{1}{\mu_0}(\vec{B}\cdot\nabla)\vec{B} \tag{4.4.4}$$

再利用矢量运算$\nabla\cdot(\vec{a}\vec{b})=(\vec{a}\cdot\nabla)\vec{b}+(\nabla\cdot\vec{a})\vec{b}$，有

$$\nabla\cdot(\vec{B}\vec{B})=(\vec{B}\cdot\nabla)\vec{B}+(\nabla\cdot\vec{B})\vec{B}=(\vec{B}\cdot\nabla)\vec{B}$$

则作用在磁流体上的洛伦兹力可写成

$$\vec{f}=-\frac{1}{2\mu_0}\nabla B^2+\frac{1}{\mu_0}\nabla\cdot(\vec{B}\vec{B}) \tag{4.4.5}$$

利用张量关系$\nabla\varphi=\nabla\cdot(\varphi\overleftrightarrow{I})$，则$\nabla B^2=\nabla\cdot(B^2\overleftrightarrow{I})$，洛伦兹力变成

$$\vec{f}=\frac{1}{\mu_0}\nabla\cdot(\vec{B}\vec{B}-\frac{1}{2}B^2\overleftrightarrow{I})=\nabla\cdot\overleftrightarrow{T} \tag{4.4.6}$$

可以看出洛伦兹力$(\vec{J}\times\vec{B})$的确可以写成某一个应力张量$\overleftrightarrow{T}$的散度。$\overleftrightarrow{T}$为磁应力张量，是电磁应力张量中的磁场应力部分，表示成

$$\overleftrightarrow{T}=\frac{1}{\mu_0}\left(\vec{B}\vec{B}-\frac{1}{2}B^2\overleftrightarrow{I}\right) \tag{4.4.7}$$

显然，磁应力张量中的第一项与磁场方向有关，第二项与磁场方向无关。洛伦兹力$\vec{f}$是体积力，若取一个流体元(见图 4.22(a))，则磁场作用在这流体元上的洛伦兹力为

$$F=\int_\tau f\,\mathrm{d}\tau=\int_\tau\nabla\cdot\overleftrightarrow{T}\,\mathrm{d}\tau \tag{4.4.8}$$

式中τ为体积元的体积，如果用Σ表示体积元的面积，利用高斯定理，则有

$$F=\oiint_\Sigma\overleftrightarrow{T}\cdot\mathrm{d}\vec{\sigma}=\oiint_\Sigma\overleftrightarrow{T}\cdot\vec{e}_{\mathrm{n}}\mathrm{d}\sigma=\oiint_\Sigma\vec{T}_{\mathrm{n}}\mathrm{d}\sigma \tag{4.4.9}$$

其中$\vec{T}_{\mathrm{n}}$是作用在面元$\mathrm{d}\sigma$上的面积力，是磁应力张量在面元法向上的分量(注意不一定平行于法向)，如图 4.22(a)所示，进一步，这个力是区域外的磁场对于以$\hat{e}_{\mathrm{n}}$为法向的面元上的作用力。显然，这个力是面积力，可写成

$$\vec{T}_{\mathrm{n}}=\overleftrightarrow{T}\cdot\vec{e}_{\mathrm{n}}=\frac{1}{\mu_0}[\vec{B}(\vec{B}\cdot\vec{e}_{\mathrm{n}})-\frac{1}{2}B^2\vec{e}_{\mathrm{n}}] \tag{4.4.10}$$

可以看出，面元上的力由两项组成：第一项是沿着磁力线方向的力，符号由磁场和面元法向之间的夹角决定，这个力称为张应力(磁张力)；第二项是沿着面元法线方向的力，符号为负，即与面元法线方向相反，因此这个力称为压应力(磁压力)。如果假设磁场与面元法向之间的夹角为θ(见图 4.22(b))，则有

$$\vec{T}_{\mathrm{n}}=\frac{B^2}{\mu_0}\cos\theta\vec{b}-\frac{B^2}{2\mu_0}\vec{e}_{\mathrm{n}}=\vec{T}_{\mathrm{nt}}+\vec{T}_{\mathrm{np}} \tag{4.4.11}$$

则$\vec{T}_{\mathrm{nt}}$和$\vec{T}_{\mathrm{np}}$分别为磁张力和磁压力

$$\vec{T}_{\mathrm{nt}}=\frac{B^2}{\mu_0}\cos\theta\hat{b};\quad \vec{T}_{\mathrm{np}}=-\frac{B^2}{2\mu_0}\hat{e}_{\mathrm{n}} \tag{4.4.12}$$

其中$\hat{b}$为磁场方向的单位矢量。因此，磁场作用在流体元上的力等效于各向同性的磁压力加上沿着磁感应线方向的磁张力(见图 4.22(b))，向外的箭头表示面元法向，向内的箭头为磁压力，向上(θ在一、二象限)和向下(θ在三、四象限)的箭头表示磁张力(箭头的长短形象地表示力的大小)。图 4.23(a)显示的是均匀磁场中的小流体柱受磁应力情况。在磁化等离子体中，磁力线可以约束带电粒子，所以带电粒子和磁力线可以看成一个整体。等离子体中沿着磁力

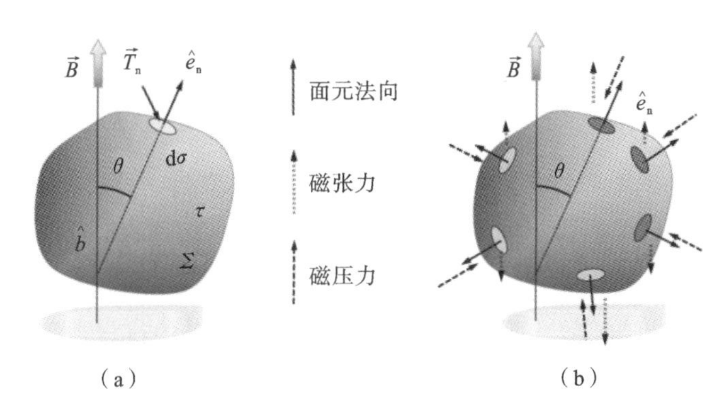

图 4.22　流体元分析

(a) 流体元上的磁应力;(b) 磁张力和磁压力。

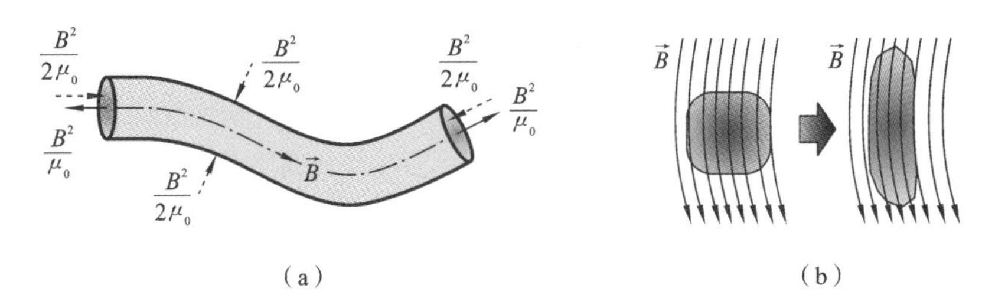

图 4.23　小流体柱分析

(a) 柱状等离子体受磁应力作用;(b) 应力使等离子体产生形变。

线的流体柱受到磁张力的作用,就像扯动一根橡皮筋一样,所以在等离子体中的磁力线可以看成是一根弹性绳(在磁声波一节我们会看到,有一应力波会沿着磁力线传播)。

如果考虑由恒星发射出来的任意形状的等离子体,由于磁应力的作用,会被拉伸变形(见图 4.23(b))。这就是为什么太阳风所抛射出来的等离子体会像拉面团一样(见图 4.24)。

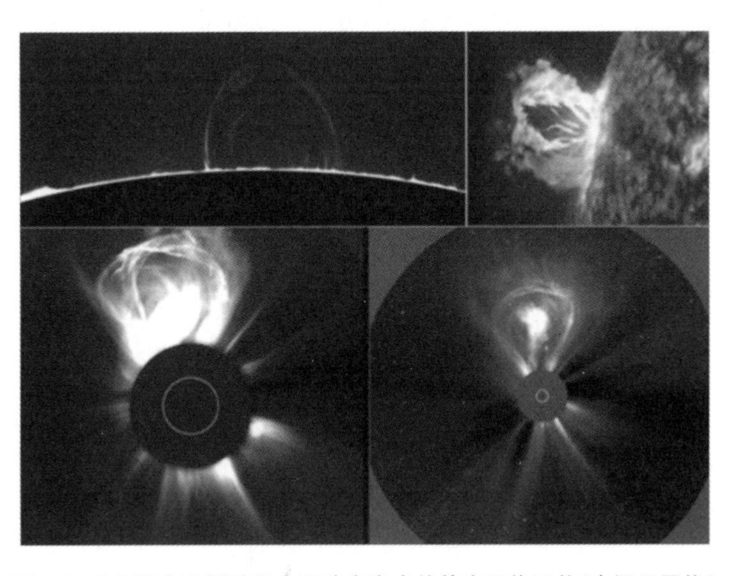

图 4.24　太阳在磁爆过程中所喷发出来的等离子体形状(来源于网络)

4.5 磁扩散与磁冻结

自然界的等离子体中总是存在磁场(如恒星等离子体、太阳风等),等离子体和磁场之间总是存在相互作用。磁场与等离子体的运动由于洛伦兹力的作用而相互影响和牵制,上一节我们讨论的磁应力就是磁场对等离子体的作用。反过来,等离子体对磁场的作用主要表现为磁场在等离子体中的冻结与扩散这两个相互矛盾的效应。扩散的过程则是这两者之间存在着彼此相互渗透的运动,而冻结的含义是等离子体与磁力线之间没有相对的运动。在等离子体中,磁场的扩散和冻结是磁流体力学理论最简单且又非常有用的图像。

4.5.1 磁感应方程

联立安培定律和欧姆定律(考虑弱磁场和稠密等离子体,霍尔电动力和电子热压力项可以忽略,所以不用广义欧姆定律)

$$\begin{aligned}\nabla\times\vec{B}&=\mu_0\vec{J}\\ \vec{J}&=\sigma(\vec{E}+\vec{v}\times\vec{B})\end{aligned}\tag{4.5.1}$$

有

$$\vec{E}=-\vec{v}\times\vec{B}+\frac{1}{\mu_0\sigma}\nabla\times\vec{B}\tag{4.5.2}$$

注意:我们的目的是研究磁场与等离子体作用,需要消除电场,对上式两边取旋度,即

$$\nabla\times\vec{E}=-\nabla\times(\vec{v}\times\vec{B})+\frac{1}{\mu_0\sigma}\nabla\times(\nabla\times\vec{B})$$

利用法拉第感应定律$\nabla\times\vec{E}=-\partial\vec{B}/\partial t$ 和$\nabla\times(\nabla\times\vec{B})=\nabla(\nabla\cdot\vec{B})-\nabla^2\vec{B}=-\nabla^2\vec{B}$ 可获得磁感应方程

$$\frac{\partial\vec{B}}{\partial t}=\nabla\times(\vec{v}\times\vec{B})+\eta_{\mathrm{m}}\nabla^2\vec{B}\tag{4.5.3}$$

其中 $\eta_{\mathrm{m}}=\frac{1}{\mu_0\sigma}$称为磁黏滞系数(磁黏滞可以理解为磁场与导电流体之间的相互作用)。方程(4.5.3)表示的是磁场与等离子体作用时,磁场随时间的变化规律,方程右边第二项明显就有扩散特点,故称为扩散项。方程右边第一项是对流项,由于$(\vec{v}\times\vec{B})$平行于磁场方向等于零,所以对流项表示由于流体横越磁场运动所引起磁场的变化。显然,磁场在等离子体中的行为和等离子体状态取决于这两项的竞争,它们的比值为

$$\frac{|\nabla\times(\vec{v}\times\vec{B})|}{|\eta_{\mathrm{m}}\nabla^2\vec{B}|}\approx\frac{|\vec{v}\times\vec{B}|}{|\eta_{\mathrm{m}}\nabla\times\vec{B}|}\approx\frac{UB}{\eta_{\mathrm{m}}BL^{-1}}=\frac{UL}{\eta_{\mathrm{m}}}\tag{4.5.4}$$

其中 U 为等离子体特征速度,其中 L 为等离子体特征尺度。和流体理论相仿,我们定义磁雷诺数(Magnetic Reynolds Number)

$$R_{\mathrm{m}}=\frac{UL}{\eta_{\mathrm{m}}}\tag{4.5.5}$$

在普通流体中,雷诺数表征的是流体的动力学特征(在流体力学中雷诺数越小意味着黏性力影

响越显著，越大意味着惯性影响越显著）。所不同的是，磁雷诺数表征的是磁流体的动力学特征，磁雷诺数表示了磁黏滞对磁场运动影响的程度。磁雷诺数是一个无量纲参数，当磁雷诺数很大时，磁黏性作用可以忽略，磁流体可视为理想的导电流体，而在相反的情况下，与磁黏性相关的磁扩散过程起主导作用。它是用于判断磁场在磁流体中是处于冻结还是扩散的一个参数。下面就讨论磁扩散效应和磁冻结效应。

4.5.2 磁扩散效应

如果导电流体的 $\sigma\to 0$，则磁黏滞系数 $\eta_m\to\infty$，进而 $R_m\ll 1$，或者说流体没有对流，近似把等离子体看成没有流动和对流，所以 $\nabla\times(\vec{v}\times\vec{B})\to 0$，磁感应方程变成

$$\frac{\partial\vec{B}}{\partial t}=\eta_m\nabla^2\vec{B} \tag{4.5.6}$$

这就是磁扩散方程。这个方程与分子扩散方程（菲克第二定律）类似，所以有时磁黏滞系数 η_m 也被称为磁扩散系数。这个方程的意义为等离子体内由于某些原因导致磁场的减弱，这样磁场由强向弱的区域扩散，力图减弱磁场在边界的突变。在平衡条件下，等离子体内部的磁场低于外部，这时磁场由无等离子区域向等离子体区扩散，或磁场对等离子体的渗透。考虑一维情况，建立坐标系如图 4.25(a)所示，则扩散方程可表示成

$$\frac{\partial B(x,t)}{\partial t}=\eta_m\frac{\partial^2 B(x,t)}{\partial x^2} \tag{4.5.7}$$

边界条件

$$t=0,\quad x=0,\quad B(0)=B_0$$
$$t=0,\quad x\neq 0,\quad B(x)=0$$

可以给出方程(4.5.7)的高斯解为

$$B(x,t)=\frac{B_0}{\sqrt{\pi\eta_m t}}\exp\left(-\frac{x^2}{\eta_m t}\right) \tag{4.5.8}$$

该解中 $B_0/\sqrt{\pi\eta_m t}$ 表示磁感应强度随时间的变化（$t\uparrow, B\downarrow$）；而 $\eta_m t$ 表示的是磁感应强度的范围随时间的变化（$t\uparrow, \eta_m t\uparrow$ 即磁场范围变宽）。磁场在等离子体中的分布随时间的变化如图 4.25(b)所示。我们可以估算一下磁扩散过程的特征空间和时间尺度，磁场进入到等离子体一段距离后，迅速衰减到原来的 $1/e$，这个深度定义为穿透深度，用 L_m 来表示。显然，磁场或者磁力线不能深入等离子体。磁场进入等离子体 L_m 所需要的特征时间 τ_m 为

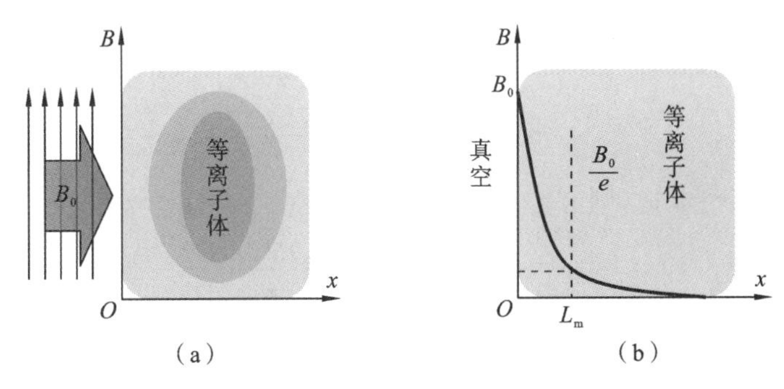

图 4.25　磁场与等离子体的相互作用

(a) 真空中磁场渗入等离子体；(b) 磁场在等离子体中的衰减。

$$\tau_{\rm m}=\frac{L_{\rm m}^2}{\eta_{\rm m}}=\mu_0\sigma L_{\rm m}^2 \tag{4.5.9}$$

$\tau_{\rm m}$ 也被称为趋肤时间。显然，流体的导电率 σ 越大，磁场扩散越慢，对于理想导体有 $\sigma\to\infty$；$\tau_{\rm m}\to\infty$，显然此时磁场不扩散。对于导电率有限的导电流体，时间 τ 内磁场扩散深度为

$$l_{\rm m}=\sqrt{\eta_{\rm m}\tau}=\sqrt{\frac{\tau}{\mu_0\sigma}} \tag{4.5.10}$$

这个也称为趋肤厚度。当等离子体中所发生的过程很快时，或者说在特征时间 τ 内，磁场在等离子体内扩散深度 l 远远小于等离子体特征尺寸 L，或满足

$$\tau\ll\tau_{\rm m}=\mu_0\sigma L^2 \tag{4.5.11}$$

此时，等离子体就可以被看成是理想导体($\sigma\to\infty$)。

值得注意的是：以上结论的得出是利用了一个假设，即等离子体没有对流，这显然与实际情况不相符，实际上在等离子体中是有对流的。对于非静止的导电流体，磁场或者磁力线可以进入等离子体。那么问题是进入等离子体的磁场能否稳定，其方向能否维持？或者说，假设磁场进入等离子体且维持稳态，需要什么条件？所以我们考虑稳态时的磁感应方程变成

$$\nabla\times[(\vec{v}\times\vec{B})-\eta_{\rm m}\nabla\times\vec{B}]=0 \tag{4.5.12}$$

或者

$$(\vec{v}\times\vec{B})-\eta_{\rm m}\nabla\times\vec{B}=0$$

两边叉乘 $\vec{B}$，有

$$\vec{B}\times(\vec{v}\times\vec{B})-\eta_{\rm m}\vec{B}\times(\nabla\times\vec{B})=0 \tag{4.5.13}$$

这是一个关于运动流体速度与磁场相互关系，我们可以把速度分解成平行和垂直于磁场的两个方向，我们对平行于磁场的速度不感兴趣(因为平行于磁场方向$(\vec{v}\times\vec{B})$等于零)，垂直于磁场的速度

$$\vec{v}_\perp B^2=\eta_{\rm m}[\vec{B}\times(\nabla\times\vec{B})]_\perp \tag{4.5.14}$$

利用安培定律，则有

$$\vec{v}_\perp=\frac{1}{B^2\mu_0\sigma}[\vec{B}\times(\nabla\times\vec{B})]_\perp=-\frac{1}{B^2\sigma}\vec{J}_\perp\times\vec{B} \tag{4.5.15}$$

而稳态时运动方程变成$\nabla p=\vec{J}\times\vec{B}$(实际上表示的是稳态时的力学平衡，见式(4.3.38))，所以式(4.5.15)变成

$$\vec{v}_\perp=-\frac{\nabla_\perp p}{B^2\sigma} \tag{4.5.16}$$

如果假设温度是均匀的，则有

$$\vec{v}_\perp=-\frac{(T_{\rm i}+T_{\rm e})\nabla_\perp n}{B^2\sigma} \tag{4.5.17}$$

利用电导率公式 $\sigma\approx ne^2/m_{\rm e}\nu_{\rm ei}$，则有

$$\vec{v}_\perp=-\frac{m_{\rm e}\nu_{\rm ei}(T_{\rm i}+T_{\rm e})}{e^2B^2}\frac{\nabla_\perp n}{n} \tag{4.5.18}$$

或者

$$\vec{v}_\perp=-D_{\rm e\perp}\frac{\nabla_\perp n}{n} \tag{4.5.19}$$

其中

$$D_{e\perp}=\frac{m_e\nu_{ei}(T_i+T_e)}{e^2B^2}=\frac{\nu_{ei}(T_i+T_e)}{m_e\omega_{ce}^2} \tag{4.5.20}$$

$D_{e\perp}$ 是流体垂直于磁场的扩散系数。上述等式说明垂直于磁场的流速与垂直于磁场的密度梯度之间的关系。值得注意的是，这个等式成立的前提是稳态条件，所以在具有有限碰撞频率的等离子体中，只有存在横越磁场的稳态扩散流，磁场才能扩散到等离子体中，并稳定存在于等离子体中，且磁场的方向可以得到维持。然而，从扩散系数表达式可以看出 $B\uparrow$，$D_{e\perp}\downarrow$，所以当磁场足够大的时候，横向扩散可以被限制在很小的范围内。

磁扩散的物理本质是什么？表面上看，磁场扩散到等离子体中时，其强度减弱了(见图4.26(a))。进一步分析可以发现，磁扩散本质是电磁感应。从电动力学方程组(麦克斯韦方程组)可以看出，等离子体和磁场之间相互影响，等离子体电流可以产生磁场，而磁场又会影响电荷的运动，改变等离子体电场和电流。在相互作用过程中，由于欧姆损耗，一部分磁场的能量转换成热能，所以磁场减弱了。我们可以从能量角度分析一下，在等离子体中取一个流体元(见图4.26(b))，磁场中的磁流体元受到一个各向同性的磁压力作用，当流体元边界运动的过程中，这个磁压力会做功。图中 $\mathrm{d}l$ 是流体元边界变化尺寸，τ 是流体元体积，$B^2/2\mu_0$ 磁压力。磁压力对面元 $\mathrm{d}\sigma$ 做功可表示为

$$\Delta W_m=\left(\frac{B^2}{2\mu_0}\mathrm{d}\sigma\right)\mathrm{d}l=\frac{B^2}{2\mu_0}\mathrm{d}\tau \tag{4.5.21}$$

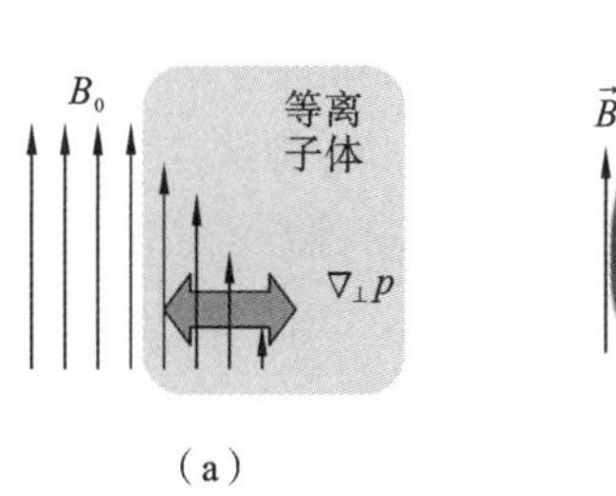

(a)

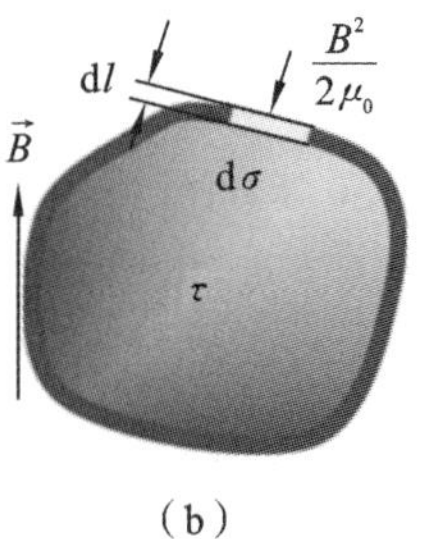

(b)

图4.26　磁扩散

(a) 磁场在等离子体中衰减；(b) 磁场做功。

对流体元体积积分后可得磁场对流体元做功为

$$W_m=\frac{1}{2\mu_0}\int_\tau B^2\mathrm{d}\tau \tag{4.5.22}$$

磁压力对面元 $\mathrm{d}\sigma$ 做功的功率为

$$\frac{\partial W_m}{\partial t}=\frac{1}{\mu_0}\int_\tau \vec{B}\cdot\frac{\partial\vec{B}}{\partial t}\mathrm{d}\tau \tag{4.5.23}$$

磁扩散方程 $\frac{\partial\vec{B}}{\partial t}=\eta_m\nabla^2\vec{B}$，则有

$$\vec{B}\cdot\frac{\partial\vec{B}}{\partial t}=\eta_m\vec{B}\cdot\nabla^2\vec{B}$$

已知 $\nabla\times(\nabla\times\vec{B})=\nabla(\nabla\cdot\vec{B})-\nabla^2\vec{B}=-\nabla^2\vec{B}$，再利用安培定律 $\nabla\times\vec{B}=\mu_0\vec{J}$，则有

$$\vec{B}\cdot\frac{\partial\vec{B}}{\partial t}=-\mu_0\eta_m\vec{B}\cdot(\nabla\times\vec{J})$$

根据矢量运算 $\nabla\cdot(\vec{A}\times\vec{B})=\vec{B}\cdot(\nabla\times\vec{A})-\vec{A}\cdot(\nabla\times\vec{B})$，则有

$$\vec{B}\cdot\frac{\partial\vec{B}}{\partial t}=-\mu_0\eta_m[\nabla\cdot(J\times B)+(\nabla\times B)\cdot J] \tag{4.5.24}$$

磁压力的功率为

$$\begin{aligned}\frac{\partial W_m}{\partial t}&=-\eta_m\int_\tau[\nabla\cdot(J\times B)+(\nabla\times B)\cdot J]\mathrm{d}\tau\\&=-\eta_m\int_\Sigma(J\times B)\cdot\mathrm{d}\sigma-\eta_m\int_\tau(\nabla\times B)\cdot J\mathrm{d}\tau\end{aligned} \tag{4.5.25}$$

由于洛伦兹力是体积力，所以上式右边第一项对面积积分应该等于零，这样磁压力的功率是

$$\frac{\partial W_m}{\partial t}=-\int_\tau(\nabla\times\vec{B})\cdot\vec{J}\mathrm{d}\tau=-\mu_0\eta_m\int_\tau\vec{J}\cdot\vec{J}\mathrm{d}\tau=-\int_\tau\frac{J^2}{\sigma}\mathrm{d}\tau \tag{4.5.26}$$

由此可见，导电流体磁能的减少是由于电阻引起的欧姆损耗，磁能变成了流体的热能，所以磁扩散的本质是在电磁感应中，磁场的能量变成了焦耳热。

4.5.3　磁冻结效应

我们在单粒子轨道理论中已经讨论过有限拉莫半径效应，该效应描述的就是当磁场很大时，带电粒子回旋半径非常小，基本没有漂移，只能围绕某一根磁力线运动，或者说带电粒子被强磁场所约束。反过来看，被约束在磁力线上的电荷粒子高速运动的时候会把约束它的磁场一起带走，这就是磁冻结的单粒子图像。从磁流体角度看，当导电流体在磁场运动，切割磁力线会产生感应电场$\vec{E}'=\vec{v}\times\vec{B}$。对于理想导体导电率趋于无穷$\sigma\to\infty$，没有电阻，没有感生电动势，所以有$\vec{E}'=\vec{v}\times\vec{B}=0$，或$\vec{v}\times\vec{B}=0$，所以$\vec{v}\,/\!/\,\vec{B}$，所以导电流体只有在磁力线上运动，没有垂直于磁力线的运动，这样导电流体内任意一个封闭曲线所圈定的磁力线根数不变，或者穿越导电流体内任意一个曲面的磁通不变，即磁冻结的流体图像。我们利用磁感应方程来证明这一图像。

对于理想导体，其导电率趋于无穷，$\sigma\to\infty$，$\eta_m=\dfrac{1}{\mu_0\sigma}\to0$，磁感应方程(4.5.3)变成

$$\frac{\partial\vec{B}}{\partial t}=\nabla\times(\vec{v}\times\vec{B}) \tag{4.5.27}$$

这个方程称为冻结方程，它所代表的图像是：磁场的变化如同磁力线黏附于流体质元上，或者说，磁力线被冻结在导电流体中。直观上，方程的意义很难看出来，下面我们从另一个侧面来展现该方程的意义。可以证明：理想导电流体中，流体元在运动过程中被流体元所包裹的磁力线根数(或者磁通)是不变的，这也就是磁冻结的图像。

如图 4.27 所示，理想流体中一个流体元，其投影面就是一个由边长 L 围成的面元，其面积为 S，我们考察穿越这个面元的磁通变化。这个面元的磁通为

$$\Phi=\iint_S\vec{B}\cdot\mathrm{d}\vec{S} \tag{4.5.28}$$

我们前面讲过，任何物理量的变化都是由于流体中场的非均匀性和非常定性引起的，所以磁通的变化由两部分组成：随时间的变化和随空间的变化。首先，磁场随时间变化，而面元边界不变，如图 4.27(a)所示，则其对磁通的贡献为

$$\left.\frac{\Delta\Phi}{\Delta t}\right|_{\text{空间}}=\iint_S\frac{\partial\vec{B}}{\partial t}\cdot\mathrm{d}\vec{S} \tag{4.5.29}$$

其次，磁场不随时间变化，而面元边界的运动会引起面元面积变化(见图 4.27(b))，单位时间

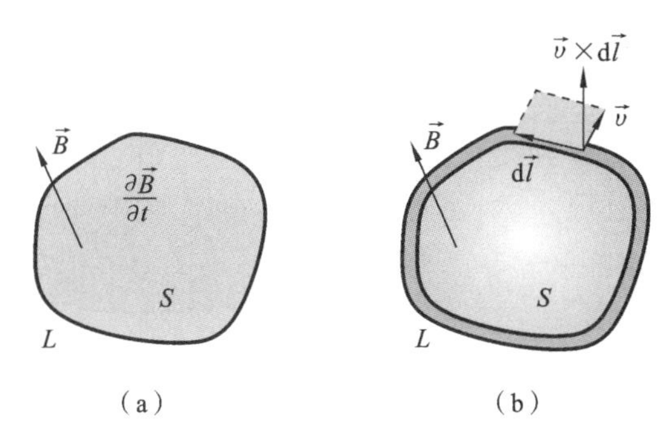

图 4.27 磁通的变化

(a) 流体元边界固定,磁场变化;(b) 磁场不变,边界变化。

内面元的面积变化为

$$\delta\vec{S}=\vec{v}\times d\vec{l}$$

所以单位时间内整个面元边界运动导致磁通随空间的变化为

$$\left.\frac{\Delta\Phi}{\Delta t}\right|_{时间}=\oint_L\vec{B}\cdot\delta\vec{S}=\oint_L\vec{B}\cdot(\vec{v}\times d\vec{l})=-\oint_L(\vec{v}\times\vec{B})\cdot d\vec{l} \tag{4.5.30}$$

利用矢量运算的交换律以及斯托克斯定理

$$\left.\frac{\Delta\Phi}{\Delta t}\right|_{空间}=-\oint_L(\vec{v}\times\vec{B})\cdot d\vec{l}=-\iint_S\nabla\times(\vec{v}\times\vec{B})\cdot d\vec{S} \tag{4.5.31}$$

综合式(4.5.29)和式(4.5.31),磁通的变化为

$$\frac{d\Phi}{dt}=\left.\frac{\Delta\Phi}{\Delta t}\right|_{空间}+\left.\frac{\Delta\Phi}{\Delta t}\right|_{时间}=\iint_S\frac{\partial\vec{B}}{\partial t}\cdot d\vec{S}-\iint_S\nabla\times(\vec{v}\times\vec{B})\cdot d\vec{S} \tag{4.5.32}$$

或

$$\frac{d\Phi}{dt}=\iint_S\left[\frac{\partial\vec{B}}{\partial t}-\nabla\times(\vec{v}\times\vec{B})\right]\cdot d\vec{S} \tag{4.5.33}$$

根据理想导电流体的磁感应方程(4.5.27)可知

$$\frac{d\Phi}{dt}=0 \tag{4.5.34}$$

这个结果表明:在理想导电流体中,任何一个流体元所包裹的磁通是不变的,或者任意流体曲面中的磁通不随时间改变,也就是说,处于导电流体中的磁力线与流体质元黏附在一起,随着流体一起运动,即:磁力线被冻结在导电流体中。注意:只有把等离子体看成理想导体才有这个结论。

上面讨论的是在流体中,流体元运动过程中所圈定的磁力线的根数(磁通)是不变的,在单粒子轨道运动中,我们也讨论过,在缓变场中电荷螺旋运动轨道所包围的磁通不变(或磁矩不变)。两者图像有点类似,图 4.28(a)和(b)有两个图像的比较。

当导电率较高的导电流体在磁场中作切割磁力线的运动时,该导电流体内就会产生感生电流,而感生电流所产生的磁场又阻止导电流体在外磁场中的相对运动。因此,当电导率趋于无穷,则导电流体不能在垂直于磁力线的方向运动,磁力线只能随导电流体一起运动,这现象称为磁力线被冻结在导电流体中,或说导电流体黏在磁力线上。严格说,磁力线冻结是指:① 通过和理想导电流体一起运动的任何封闭回线所包围的面的磁通量是常数;② 在理想导

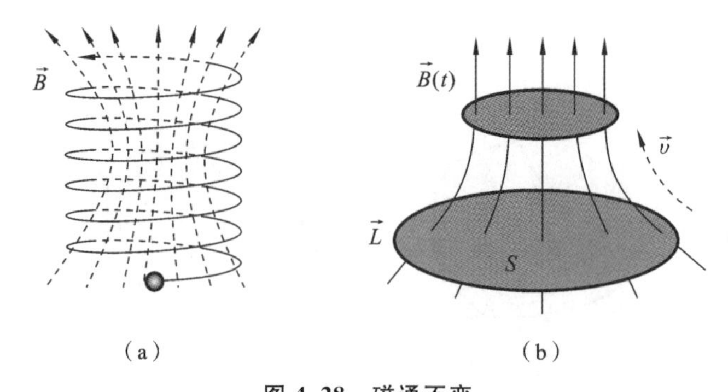

图 4.28　磁通不变

(a) 单粒子轨道图像;(b) 磁流体图像。

电体中,初始时位于一条磁力线上的流体元,以后一直位于同一条磁力线上。

磁冻结的图像是在理想导电流体中,一闭合曲线或一流体元,在运动过程中,其内所包含的磁力线根数不变。如图 4.29 所示,磁冻结分为两种:① 绝对磁冻结,即磁力线被冻结在等离子体中流体元中,不和等离子体产生相对运动,等离子体流体元运动过程中将拖动磁力线一起运动,磁力线形状发生变化;② 相对磁冻结,即在等离子体流体元运动过程中,磁力线可以进出等离子体流体元,但等离子体流体元中磁力线根数不变,很显然,等离子体和磁力线有相对运动,或者说等离子体会切割磁力线,相对磁冻结会在等离子体建立电场。

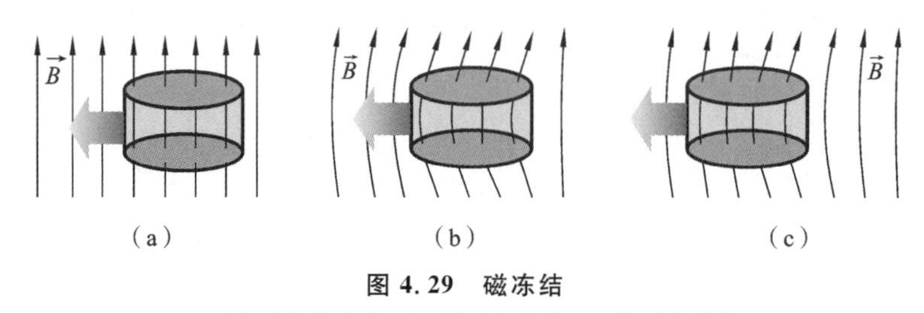

图 4.29　磁冻结

(a) 流体元初始状态;(b) 绝对磁冻结;(c) 相对磁冻结。

由雷诺数表达式 $R_m=\mu_0\sigma UL$,我们可以发现,使 $R_m\gg1$ 满足的条件可以是 $\sigma\to\infty$(理想导电流体)或者 $L\to\infty$。在实验室中,等离子体很难满足以上两个条件,所以在实验室等离子体中不会发生磁冻结,实验室等离子体中的磁场很容易扩散到外面。但在空间等离子体中($L\to\infty$),一般均为绝对冻结,即在理想磁流体中,流体不能作垂直于磁力线的相对流动,流体携带着磁场运动,不同区域的流体和磁场不能交融,即磁场拓扑不能改变,这就是理想冻结效应。宇宙等离子体中磁场冻结的实例:太阳爆发所发射的太阳风中总是携带着磁场,这也就是为什么宇宙空间的等离子体通常称为磁云的原因。

通过以上分析我们可以发现磁冻结图像可以看成是由一根磁力线和黏附在其上的导电流体元所构成。进一步,我们可以推导出磁冻结方程的另外一种表述:在理想导电流体中,初始时位于一条磁力线上的流体元,以后一直位于同一条磁力线上,或者说等离子体中的流体元和所包裹的磁力线可以看成一个整体(见图 4.30),可以证明磁冻结方程可表示成

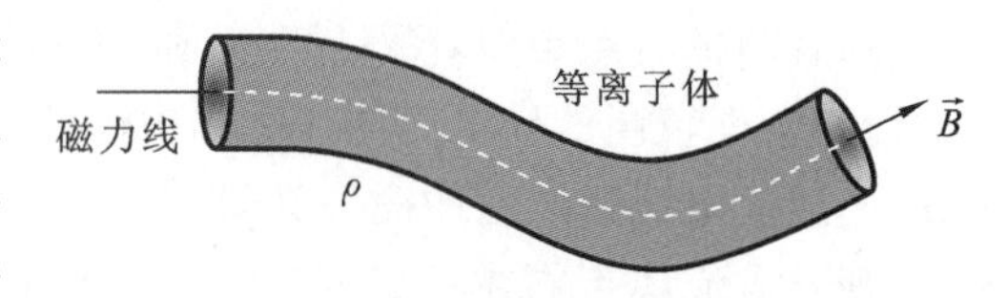

图 4.30　理想导电流体中流体元和磁力线可以看成一个整体

$$\frac{\mathrm{d}}{\mathrm{d}t}\left(\frac{\vec{B}}{\rho}\right)=\left(\frac{\vec{B}}{\rho}\cdot\nabla\right)\vec{v} \tag{4.5.35}$$

证明:磁冻结方程

$$\frac{\partial\vec{B}}{\partial t}=\nabla\times(\vec{v}\times\vec{B}) \tag{4.5.36}$$

利用矢量运算,有

$$\nabla\times(\vec{v}\times\vec{B})=(\vec{B}\cdot\nabla)\vec{v}-(\vec{v}\cdot\nabla)\vec{B}+\vec{v}(\nabla\cdot\vec{B})-\vec{B}(\nabla\cdot\vec{v})$$

磁场是无散的,所以有

$$\frac{\partial\vec{B}}{\partial t}+(\vec{v}\cdot\nabla)\vec{B}=(\vec{B}\cdot\nabla)\vec{v}-\vec{B}(\nabla\cdot\vec{v}) \tag{4.5.37}$$

根据物质导数表述$\frac{\mathrm{d}\vec{B}}{\mathrm{d}t}=\frac{\partial\vec{B}}{\partial t}+(\vec{v}\cdot\nabla)\vec{B}$,则有

$$\frac{\mathrm{d}\vec{B}}{\mathrm{d}t}=(\vec{B}\cdot\nabla)\vec{v}-\vec{B}(\nabla\cdot\vec{v}) \tag{4.5.38}$$

已知连续性方程

$$\frac{\mathrm{d}\rho}{\mathrm{d}t}+\rho\nabla\cdot\vec{v}=0 \tag{4.5.39}$$

导出$\nabla\cdot\vec{v}$并代入式(4.5.38)有

$$\frac{\mathrm{d}\vec{B}}{\mathrm{d}t}=(\vec{B}\cdot\nabla)\vec{v}+\frac{\vec{B}}{\rho}\frac{\mathrm{d}\rho}{\mathrm{d}t} \tag{4.5.40}$$

整理有

$$\rho\frac{\mathrm{d}\vec{B}}{\mathrm{d}t}-\vec{B}\frac{\mathrm{d}\rho}{\mathrm{d}t}=(\vec{B}\cdot\nabla)\vec{v} \tag{4.5.41}$$

方程左边就是$\frac{\mathrm{d}}{\mathrm{d}t}\left(\frac{\vec{B}}{\rho}\right)$,所以

$$\frac{\mathrm{d}}{\mathrm{d}t}\left(\frac{\vec{B}}{\rho}\right)=\left(\frac{\vec{B}}{\rho}\cdot\nabla\right)\vec{v} \tag{4.5.42}$$

这个方程是把磁力线和导电流体看成一个整体,即认为磁力线是具有质量的磁力线,所以方程(4.5.42)描述的就是导电流体中有质量磁力线的运动方程。既然流体元和它所依附的磁力线是一个整体,那么从方程也可以看出,初始时位于一条磁力线上的流体元,以后一直位于同一条磁力线上。进一步还可证明,在理想导电流体中,沿磁力线上的一根线元矢量在运动过程中也满足上面的方程,即

$$\frac{\mathrm{d}}{\mathrm{d}t}(\delta\vec{l})=(\delta\vec{l}\cdot\nabla)\vec{v} \tag{4.5.43}$$

证明:如图 4.31 所示,取一段流体线元,长度为 $\delta\vec{l}$,这段线元在运动过程中,其长度的变化是由于两端运动变化所引起,所以有

$$\frac{\mathrm{d}}{\mathrm{d}t}(\delta\vec{l})=(\vec{v}_2-\vec{v}_1)_{\delta l}=\delta\vec{l}\cdot\frac{\partial\vec{v}}{\partial l} \tag{4.5.44}$$

或

$$\frac{\mathrm{d}}{\mathrm{d}t}(\delta\vec{l})=(\delta\vec{l}\cdot\nabla)\vec{v} \tag{4.5.45}$$

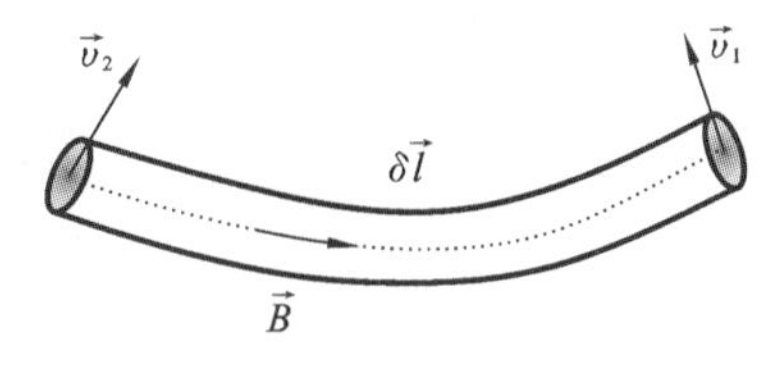

图 4.31 沿磁力线上的一根流体线元

这个方程和方程(4.5.42)具有相同的形式。

比较方程(4.5.42)和方程(4.5.45)可以发现,如果磁场与流体线元矢量初始平行,则时时平行,且量值的比值不变。如果初始流体元位于同一根力线上,则二者将始终位于同一根力线上。假设 $t=t_0$ 时刻,$\delta\vec{l}_0 /\!/ \vec{B}_0$,而且流体线位于一根磁力线上,由于它们都满足同一个方程,所以可以把它们的关系写成

$$\delta\vec{l}_0=\varepsilon\frac{\vec{B}_0}{\rho_0} \tag{4.5.46}$$

同理,在 t 时刻,$\delta\vec{l} /\!/ \vec{B}$,可以把它们的关系写成

$$\delta\vec{l}=\varepsilon\frac{\vec{B}}{\rho} \tag{4.5.47}$$

显然有

$$\frac{\vec{B}_0}{\rho_0\delta\vec{l}_0}=\frac{\vec{B}}{\rho\delta\vec{l}} \tag{4.5.48}$$

更一般,有

$$\frac{B_0}{\rho_0 l_0}=\frac{B}{\rho l} \tag{4.5.49}$$

l 是导电流体中任意一段流体长度,所以,对于理想导电流体有

$$\frac{B}{\rho l}=C \tag{4.5.50}$$

从此方程可以看出,在导电流体中,如果密度变化不大,磁场与磁力线长度成比例改变,磁力线长度越长,则磁场越强,这个结论说明冻结在导电流体中的磁力线像一根具有弹性的弦,磁力线拉长,(张力)增强,即磁场越强。这个结论也可以这样理解:在理想的导电流体中,当磁力线被拉伸,依附其上的等离子体流体元在垂直于磁场的方向收缩,其电流密度与截面积成反比变化,所以电流密度会增加,根据安培定律,磁场会增强。当然,由于磁通量不变,流体元处的磁场强度同样与截面积成反比,磁场会增强。

利用方程(4.5.50)可以解释太阳发电机原理。太阳或者恒星等离子体可以看成是理想的导电流体,恒星所产生的磁场被冻结在等离子体中,这种冻结是绝对的磁冻结,等离子体和磁力线完全黏附在一起。根据方程(4.5.50),冻结在等离子体中的磁力线像一根有弹性的弦,磁力线拉长,磁场越强。太阳存在着赤道转得快,而两极慢的情况。这样初始的场位形将被这种差别改变(见图 4.32),太阳赤道附近的磁力线长度不断被拉长,最终可以浮出太阳表面。在

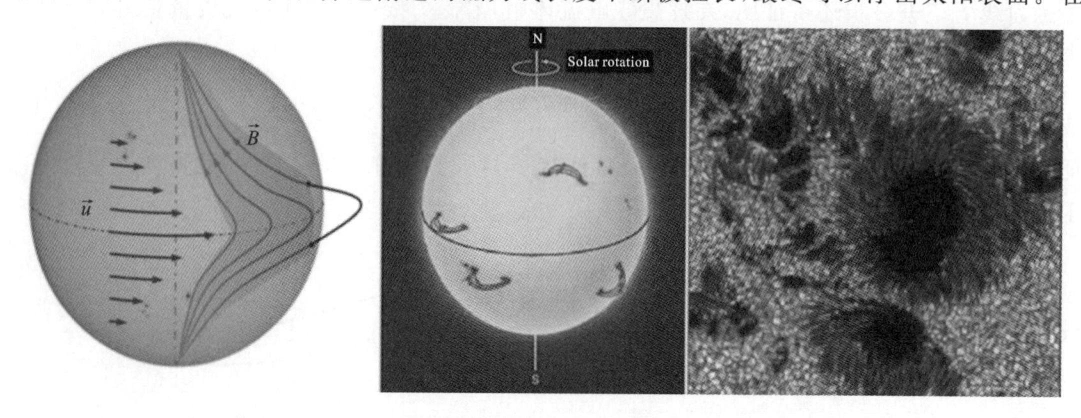

图 4.32 太阳发电机原理及太阳黑子的产生(来源于网络)

这个过程中，磁场就从普通的几个高斯被放大到几千高斯，而浮出太阳表面磁力线就形成了双极黑子，这就是太阳发电机原理，太阳的动能转化成了磁能。

4.6　均匀定常磁场中的抗磁漂移

4.6.1　抗磁性漂移(垂直于磁场的流体漂移)

在单粒子轨道理论中，带电粒子在磁场中运动时，存在电场、重力、磁场的梯度和曲率漂移等。由于一个导电流体元由很多带电粒子组成，如果单个粒子的导向中心具有垂直于 $\vec{B}$ 的漂移，是否整个流体元也具有这样的漂移？下面我们来讨论这个问题，由于我们关注的焦点是漂移，所以忽略碰撞项，为了方便，忽略下标。流体运动方程为

$$\rho\frac{\mathrm{d}\vec{v}}{\mathrm{d}t}=\rho_{\mathrm{q}}(\vec{E}+\vec{v}\times\vec{B})-\nabla p \tag{4.6.1}$$

从方程可以看到除了电磁力之外，还有应力 ∇p，它是一个统计量。电磁力可以使单粒子运动的导向中心产生漂移，那么，∇p 会不会使流体产生漂移呢？由于电荷质量比较小，且我们关心的是运动比较慢的漂移，所以方程左边可以忽略，所以改写运动方程为

$$\rho_{\mathrm{q}}(\vec{E}+\vec{v}\times\vec{B})-\nabla p=0 \tag{4.6.2}$$

令 $\vec{B}$ 和 $\vec{E}$ 是均匀的，但 n 和 p 有一个梯度，如图 4.33(a)所示的等离子体柱，磁场垂直于压强梯度，所以我们只需关心垂直于磁场方向的运动。用 $\vec{B}$ 叉乘方程，有

$$qn[\vec{E}\times\vec{B}+(\vec{v}_{\perp}\times\vec{B})\times\vec{B}]-\nabla p\times\vec{B}=0 \tag{4.6.3}$$

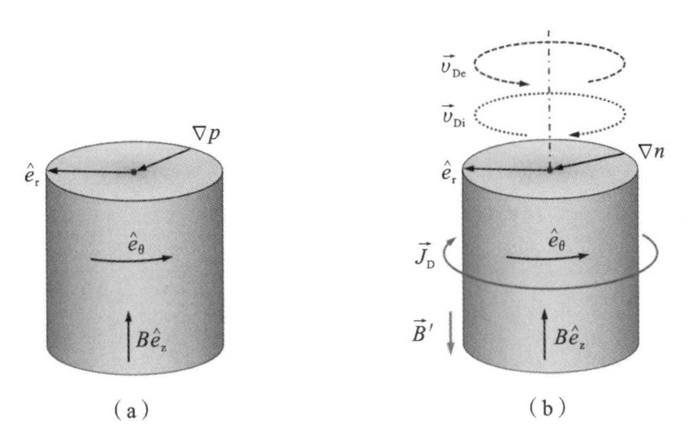

图 4.33　等离子体的抗磁性漂移

(a) 等离子体柱及柱坐标；(b) 抗磁漂移及电荷漂移速度。

利用矢量运算，展开第二项后，有

$$qn[\vec{E}\times\vec{B}+\vec{B}(\vec{v}_{\perp}\cdot\vec{B})-\vec{v}_{\perp}B^2]-\nabla p\times\vec{B}=0 \tag{4.6.4}$$

方程左边第二项显然为零，整理后得

$$\vec{v}_{\perp}=\frac{\vec{E}\times\vec{B}}{B^2}-\frac{\nabla p\times\vec{B}}{qnB^2}=\vec{v}_{\mathrm{E}}+\vec{v}_{\mathrm{D}} \tag{4.6.5}$$

结果说明，在等离子体柱中，垂直于磁场方向的漂移速度分为两个部分：第一部分是我们熟知的导向中心的电场漂移；第二部分是一个新的漂移，称为抗磁漂移（从下面讨论中可以看出为什么用这个名字）。抗磁漂移速度为

$$\vec{v}_D = \frac{\vec{B} \times \nabla p}{qnB^2} \tag{4.6.6}$$

显然抗磁漂移具有以下特点：① 抗磁漂移是从流体方程推到出来，所以抗磁漂移是流体的漂移，且抗磁漂移与带电粒子的导向中心无关（导向中心没有移动）；② 抗磁漂移方向与电荷正负有关，流体中的电子流与离子流漂移方向相反，会产生漂移电流；③ 抗磁漂移与电荷质量无关；④ 抗磁漂移速度垂直于磁场和压力梯度。

对于等离子体的准静态绝热过程：$p=\gamma n k_B T$，其中，n 是等离子体密度，k_B 是玻尔兹曼常数，T 是温度，γ 是比热比，即 $\gamma = c_p/c_V$，c_p 和 c_V 分别为定压比热和定容比热。建立柱坐标（图 4.33(a)），磁场沿着$\hat{e}_z$ 方向，压强梯度沿$\hat{e}_r$ 负方向，如果假设等离子体中温度是均匀的（$\nabla p = \gamma k_B T \nabla n$），则可以将抗磁性漂移写成

$$\vec{v}_D = \frac{\gamma k_B T}{qB} \frac{\hat{e}_z \times \nabla n}{n} \tag{4.6.7}$$

由于离子和电子以相反的方向漂移，就会产生漂移电流。对于 $\gamma=1$，为简单起见，设$\nabla n = -n'\hat{e}_r$，则电子和离子的抗磁漂移速度分别为

$$\vec{v}_{De} = \frac{k_B T_e}{eB} \frac{n'}{n} \hat{e}_\theta; \quad \vec{v}_{Di} = -\frac{k_B T_i}{eB} \frac{n'}{n} \hat{e}_\theta \tag{4.6.8}$$

电子和离子的抗磁漂方向相反（见图 4.33(b)），产生净电流。抗磁性电流为

$$\vec{J}_D = en(\vec{v}_{Di} - \vec{v}_{De}) = k_B(T_i + T_e) \frac{\vec{B} \times \nabla n}{B^2} = -k_B(T_i + T_e) \frac{1}{eB} \frac{n'}{n} \hat{e}_\theta \tag{4.6.9}$$

等离子体中电子和离子的抗磁漂移速度以及总的漂移电流（抗磁性电流）如图 4.33(b)所示，显然有这个漂移电流可以产生一个磁场 $\vec{B}'$，这个磁场与原磁场方向相反，这就是为什么把等离子体中的这个与应力有关的漂移称为抗磁漂移的原因。

下面我们来讨论抗磁漂移的形成原因，图 4.34 为离子抗磁漂移示意图，密度梯度由上而下，磁场指向纸外，单个离子绕磁场做拉莫尔回旋运动轨迹也显示在图中。在等离子体中取一个流体元（图中阴影部分），显然，通过任何体积元向右的运动的离子比向左的离子多。因为向右的离子是来自高密度区，而向左的离子是来自低密度区。最终等离子体整体形成一个向右的漂移。我们注意到抗磁漂移速度及电流都与电荷质量无关，这主要是因为，抗磁漂移是由于回旋运动和热运动综合的结果，而这两个运动速度都与质量成反比，相互抵消，所以抗磁漂移与电荷质量无关。

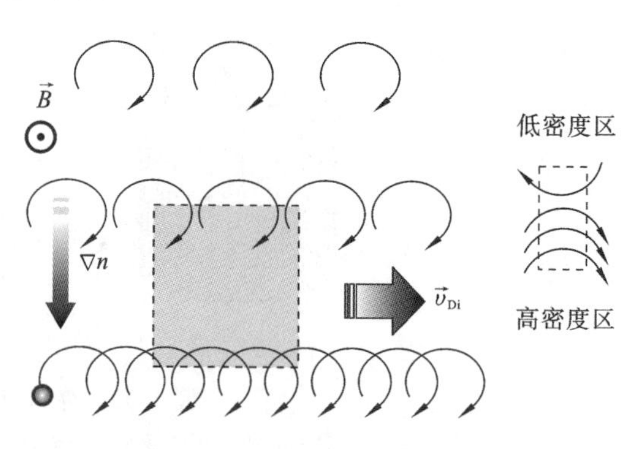

图 4.34　离子抗磁漂移示意图

单粒子轨道模型和流体模型是处理导电流体的两个模型，两者必然有一定的内在联系，如两者在处理电漂移、重力漂移和其他有外力产生的漂移问题上具有等效性。但是毕竟两者是两种不同的物理模型，因此处理某些问题所获得的结果完全不同。在单粒子轨道模型中只讨

论单个粒子的运动，所以没有统计概念，不均匀电磁场能产生漂移，如果导向中心不漂移，就不会产生净电流(一个回旋周期平均后电流为零)；在流体模型中流体元包含众多粒子，必须从统计的角度来考虑，即使导向中心不移动，但流体的不均匀性(压强梯度)可以产生漂移，由于磁场不改变粒子的能量，因此不会改变粒子的速度分布，所以尽管磁场的弯曲和梯度可以使单粒子产生漂移，但不会使均匀流体产生漂移。

4.6.2　玻尔兹曼关系(平行于磁场的流体运动)

我们现在研究如图 4.35 所示的一个等离子体柱，$\vec{B}$ 和∇n(或∇p)都沿着 z 轴方向，由于磁场和密度梯度都沿着 z 轴，所以运动方程为

$$\rho \frac{\mathrm{d}v_z}{\mathrm{d}t}=\rho_q E_z-\nabla_z p \tag{4.6.10}$$

如果假设温度是均匀的，则

$$mn \frac{\mathrm{d}v_z}{\mathrm{d}t}=qnE_z-k_B T \frac{\mathrm{d}n}{\mathrm{d}z} \tag{4.6.11}$$

该方程表明导电流体平行于磁场方向上的运动特点。在静电和压力梯度的联合作用下，导电流体沿 $\vec{B}$ 运动。由于电子质量很小，忽略惯性项，并取 $q=-e$，则有

$$qnE_z=-k_B T \frac{\mathrm{d}n}{\mathrm{d}z} \tag{4.6.12}$$

明显地，这是一个电场力和压力的平衡方程。在平行于磁场方向上，如果存在密度梯度，由于电子运动速度远大于离子，所以会产生电荷分离，进而产生电场，电场会使系统恢复电中性(恢复均匀)。这个方程也可以写成

$$e \frac{\mathrm{d}\phi}{\mathrm{d}z}=\frac{k_B T}{n}\frac{\mathrm{d}n}{\mathrm{d}z} \tag{4.6.13}$$

或

$$\frac{\mathrm{d}}{\mathrm{d}z}\left(\frac{e\phi}{k_B T}\right)=\frac{\mathrm{d}}{\mathrm{d}z}(\ln n) \tag{4.6.14}$$

所以

$$n=n_0 \mathrm{e}^{\frac{e\varphi}{k_B T}} \tag{4.6.15}$$

这恰好是电子的玻尔兹曼关系式，n_0 是平衡时等离子体密度，φ 是电势。显然，电子在平行于磁场的方向上是不受磁场影响的。虽然轻的电子运动很快，会产生电荷分离，但电子不能完全离开离子，因此作用在电子上的静电力和压力梯度必须接近于平衡，这就导致了玻尔兹曼关系。图 4.35 显示等离子体电子密度、力、电势及电场之间的关系。考虑作用在电子上的梯度压力 $\vec{F}_p$，这个力驱动活动的电子离开中心，留下的离子产生电势 φ 和电场 $\vec{E}$，它在电子上的作用力 $\vec{F}_E$ 与 $\vec{F}_p$ 相反，当它们平衡时，才达到稳定态。

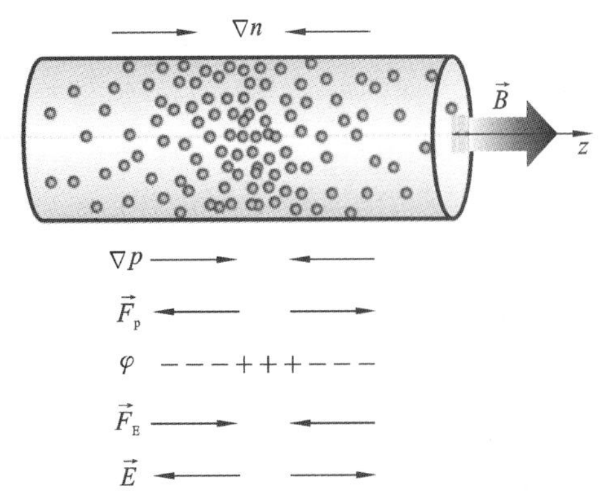

图 4.35　等离子体电子密度、力、电势及电场之间的关系

4.7　磁流体动力学平衡与等离子体约束

我们这一节将利用流体方程组简单讨论等离子体的平衡与稳定性。所谓平衡就是使作用在所有等离子体流体元上的合力达到平衡，是约束等离子体的第一步。通常，受到约束的等离子体总是存在着压力梯度，这种梯度产生的力总是试图使等离子体占据更多的空间，进而“烟消云散”。在无磁场的等离子体中，等离子体流体元上用于抗衡压力梯度的力依赖于中性气体的碰撞而产生的“摩擦力”。在有磁场的情况下，洛伦兹力起着平衡等离子体压力的作用，这就是各种类型磁约束等离子体装置的基础，等离子体平衡问题的研究主要针对有磁场的情况。一般来说，由于磁场位形的复杂性，平衡问题的精确计算非人力可以胜任，但我们仍然可以通过对基础原理的分析得到一些清晰的图像。

我们知道磁场具有约束带电粒子的能力，带电粒子可以沿着磁力线自由地移动，而在垂直于磁场方向受到限制。显然，不能将粒子明显地限制在直线磁场里，因为电荷粒子很容易沿磁力线逃逸。如果把磁力线弯曲成没有起始端的圆环，似乎可以有效地约束等离子体，但是，弯曲的磁场会有曲率漂移和梯度漂移，这两种漂移都会产生电荷分离，继而电荷分离所形成电场又会导致等离子体整体的电漂移，最终等离子体会漂移出约束区(见图 4.36)。

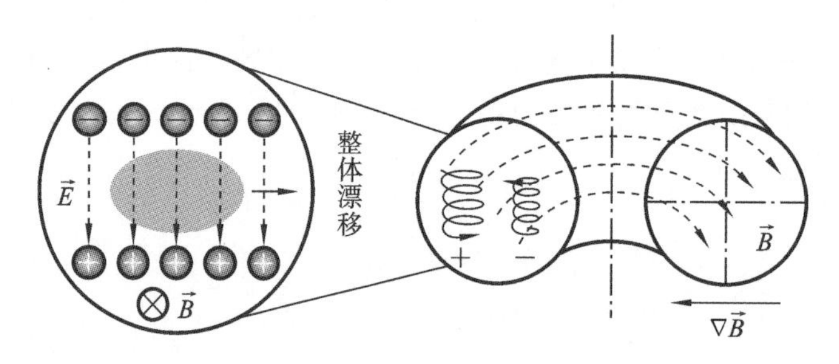

图 4.36　环形磁场约束等离子体

目前在磁约束聚变等离子体装置(TOKAMAK)中所使用的磁场异常复杂，如图 4.37(a)所示。对于这么复杂的磁场位形，利用磁流体方程直接求解是不可能的，所以需要对该磁场位形进行简化(见图 4.37(b)和(c))，可以把磁场局部看成两种约束方式：θ 箍缩和 z 箍缩。θ 箍缩是利用 θ 方向的电流产生的磁场(沿着 z 方向)约束等离子体；而 z 箍缩是利用 z 方向的电流产生的磁场(沿着 θ 方向)约束等离子体。这两种等离子体约束方式都是静态问题，如果再假设等离子体是稳定的，没有漂移，则可以不考虑电场，运动方程(4.3.5b)变为

$$\nabla p=\vec{J}\times\vec{B} \tag{4.7.1}$$

加上法拉第定律

$$\nabla\times\vec{B}=\mu_0\vec{J} \tag{4.7.2}$$

就可以解决这两种约束过程中的平衡问题。

4.7.1　θ 箍缩(Pinch)平衡方程

考虑无限长等离子体柱(见图 4.37(b))，在外围薄金属环中通一电流 I_θ，该电流在等离

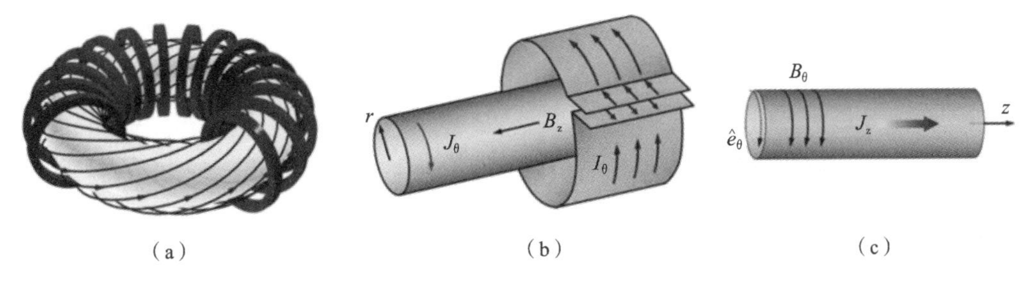

图 4.37　托卡马克模型

(a) 托卡马克磁场简化模型;(b) θ 箍缩;(c) z 箍缩。

子体中产生一个沿着 z 轴的磁场 $\vec{B}$,该磁场会在等离子体中感应出一个电流。感应电流密度 $\vec{J}$ 沿 θ 方向流动,显然等离子体会感受一个洛伦兹力 $\vec{J}\times\vec{B}$,方向沿 $\hat{r}$ 负方向,所以等离子体被向内压缩(这就是箍缩名称的来历)。假设等离子体在 z 方向是均匀,磁场 $\vec{B}$ 仅有 z 分量,电流 $\vec{J}$ 仅有 θ 分量,∇p 仅有 r 分量。根据以上条件,以上运动方程和法拉第定律变成

$$(\nabla p)_r=(\vec{J}\times\vec{B})_r$$
$$(\nabla\times\vec{B})_\theta=(\mu_0\vec{J})_\theta \tag{4.7.3}$$

在柱坐标下,上面方程变成

$$J_\theta B_z-\frac{\partial p}{\partial r}=0$$
$$-\frac{\partial B_z}{\partial r}=\mu_0 J_\theta \tag{4.7.4}$$

联立后有

$$\frac{B_z}{\mu_0}\frac{\partial B_z}{\partial r}+\frac{\partial p}{\partial r}=0 \tag{4.7.5}$$

整理后

$$\frac{\partial}{\partial r}\left(\frac{B_z^2}{2\mu_0}+p\right)=0 \tag{4.7.6}$$

因此有

$$\frac{B_z^2}{2\mu_0}+p=C \tag{4.7.7}$$

这个就是 θ 箍缩的平衡方程。边界处 $C=B_0^2/2\mu_0$,B_0 为边界磁场。式(4.7.7)表明 θ 箍缩中等离子体的平衡是由磁压力和热压力(压强)之和与边界上磁压力达到平衡来实现的。这个平衡方程表示要想维持稳定的平衡,必须要求压强高的地方磁场弱,而压强低的地方磁场强(见图4.38),之所以磁场分布有如此形状是抗磁漂移所致(见抗磁漂移一节)。

热压力和磁压力的比值称为等离子体的 β 值,即

$$\beta=\frac{2\mu_0 p}{B_z^2} \tag{4.7.8}$$

这一参量可以衡量磁场对等离子体约束的“效率”。在磁约束聚变过程中,β 是一个重要参量,反映约束一定热压强的等离子体需要多强的磁场。通常 $0\leqslant\beta\leqslant 1$,认为值越大,约束就越好。为了达到聚变反应,必须使等离子体的温度增高(p 增加),磁场减弱,即提高 β 值。但磁场减弱会降低约束性。一般低 β 是指 $\beta\ll 1$ 的情况;高 β 是指 $\beta\approx 1$ 的情况。低 β 和高 β 在空间物理

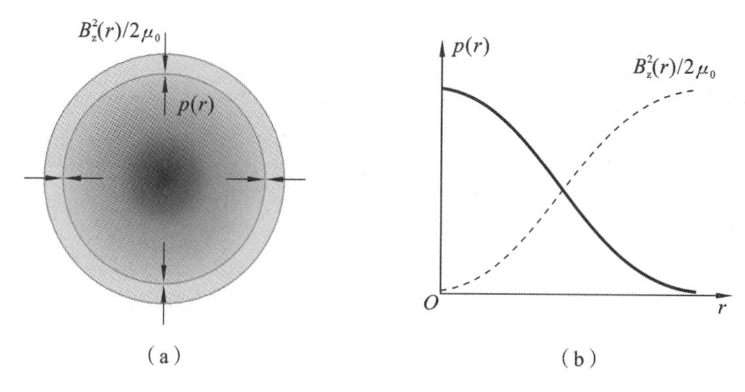

图 4.38　θ 箍缩中的压强和磁压力平衡

(a)示意图;(b) 等离子体中的应力分布。

现象中都经常碰到。

4.7.2　z 箍缩平衡方程

在磁约束聚变装置 TOKAMAK 中,等离子体被自身电流所产生的磁场所约束,这种现象实际上在金属导线中也会产生。如图 4.39 所示,当细金属导线瞬间加一大电流,金属导线会汽化成等离子体,极短的时间内等离子体柱内流过大电流 $\vec{J}$,该电流会产生极向磁场 $\vec{B}$。这个磁场和电流相互作用而产生的洛伦兹力 $\vec{F}$ 总是指向中心轴,因而等离子体柱被向内箍缩,并在箍缩过程中等离子体的密度和温度增加,因而其动力压强增加。例如一个直径为 1.27×10^{-5} m 的金属丝,通一 10^4 A 的电流,可以产生的磁感应强度约 157.5 T(这个磁场目前在实验都很难实现),当然这么大的电流,金属瞬间就会汽化成等离子体,等离子体在这个力的作用下产生 2×10^6 MPa 向内的压应力。

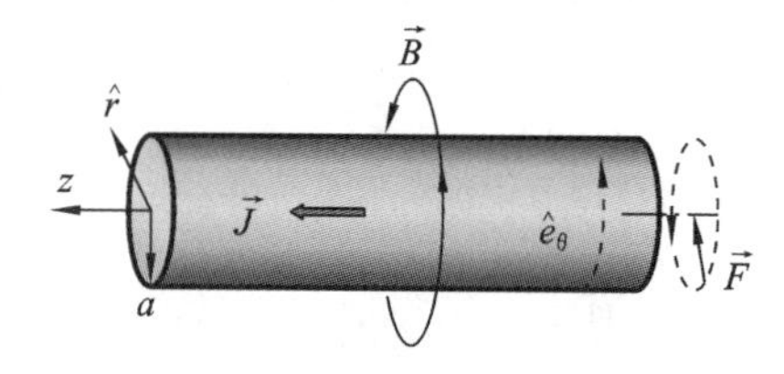

图 4.39　z 箍缩柱坐标

可以想象,如果不考虑收缩过程中粒子的各种损失和导致放电柱破裂的不稳定性,那么在小于磁场向等离子体扩散的时间之内,动力压强和磁压强之间有可能达到平衡,这时柱半径不随时间改变,称为平衡箍缩。只要磁压强大于动力压强,柱半径就将随时间变化,这是个动力学过程,称为动力箍缩。

建立柱坐标如图 4.39 所示,电流在 z 方向流动,等离子体在 z 方向是均匀的,因此由于对称性,磁场 $\vec{B}$ 仅有 θ 分量,电流 $\vec{J}$ 仅有 z 分量,∇p 仅有 r 分量。根据以上条件,以上运动方程和法拉第定律变成

$$
\begin{aligned}
(\nabla p)_r &= (\vec{J}\times\vec{B})_r \\
(\nabla\times\vec{B})_z &= (\mu_0\vec{J})_z
\end{aligned}
\tag{4.7.9}
$$

在柱坐标下,上面方程变成

$$
\begin{aligned}
&-J_zB_\theta-\frac{\partial p}{\partial r}=0 \\
&\frac{1}{r}\frac{\partial}{\partial r}(rB_\theta)=\mu_0J_z
\end{aligned}
\tag{4.7.10}
$$

联立后有

$$\frac{B_\theta}{\mu_0 r}\frac{\partial}{\partial r}(rB_\theta)-\frac{\partial p}{\partial r}=0 \tag{4.7.11}$$

整理后

$$\frac{B_\theta^2}{\mu_0 r}+\frac{\partial}{\partial r}\left(\frac{B_\theta^2}{2\mu_0}+p\right)=0 \tag{4.7.12}$$

这就是 z 箍缩的平衡方程，第二项是由磁压力和热压力组成，第一项为额外项，额外项的作用相当于磁张力，它是由磁力线的弯曲造成的。

思考题

1. 简述研究流体运动的两种方法；写出物质导数，解释每一项的意义。
2. 简述体积力和表面力，洛伦兹力和磁应力都是体积力吗？
3. 证明：应力可以表示成小面元的单位法向矢量与某个张量的乘积。
4. 写出磁应力（磁张力和磁压力）表达式，分析其特点（大小和方向）。
5. 什么是磁扩散和磁冻结？磁扩散的物理本质是什么？简述绝对磁冻结和相对磁冻结。
6. 试证明通过随完全导电流体一起运动的任何封闭回线所围成的曲面的磁通量是常数。
7. 抗磁漂移的根源是什么？
8. 磁应力是洛伦兹力作用在一个磁流体质元上所表现出来的等效力，是新的力吗？
9. 磁场中如果没有导电流体，磁应力存在吗？等离子体中正负电荷受到的磁应力相同吗？
10. 当磁场与等离子体相遇（见图 4.40）会发生什么？磁场会有什么变化？等离子体呢？
11. 通常称磁爆所喷发出来的太阳风为磁云（见图 4.41），是因为这些等离子体中总是携带很强的磁场，那么磁云内部的磁场哪里来的？

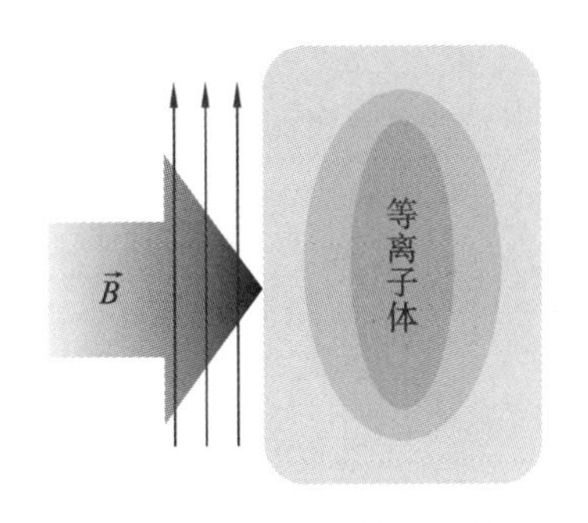

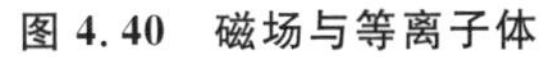
图 4.40　磁场与等离子体

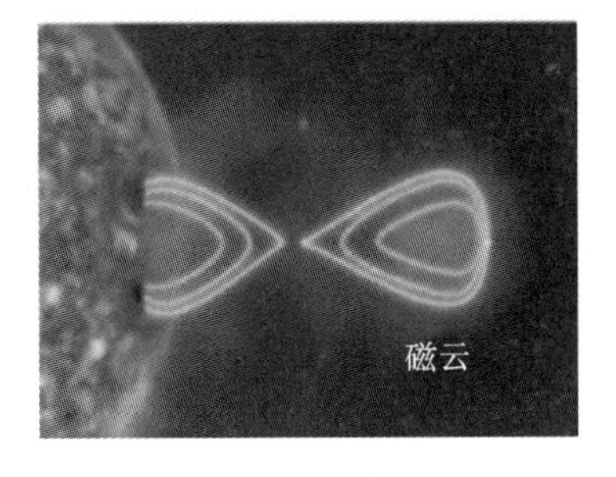

图 4.41　磁云

12. 试解释能量方程(4.3.4)中为何没有磁场 B？
13. 密度为$10^{20}\ \mathrm{m^{-3}}$、温度为 10 keV、半径为 0.1 m 的等离子体柱表面通过 10^6 A 的电流。
(1) 求表面磁的磁压。
(2) 求 $\vec{J}\times\vec{B}$（洛伦兹力）。
(3) 等离子体是将被压缩还是膨胀？
14. 对理想磁流体，磁冻结效应也可以表示成$\frac{\mathrm{d}}{\mathrm{d}t}\left(\frac{\vec{B}}{\rho}\right)=\left(\frac{\vec{B}}{\rho}\cdot\nabla\right)\vec{v}$，即对任何与磁场垂直

的流体元在运动过程中,流体元处的磁场与密度之比保持不变,试证明之。

15. 证明:考虑电荷守恒方程,麦克斯韦方程组中的两个散度方程可以由另外两个旋度方程得到。

16. 假设有一等离子体柱,柱内等离子体密度梯度沿柱轴方向,可写为∇n,在柱轴方向加一磁场$\vec{B}$,试推导柱内等离子体遵循玻尔兹曼分布。

17. 试利用电子的运动方程推导处广义欧姆定律,并分析各项物理意义。

18. 试推导磁流体力学中的连续性方程和运动方程。

19. 为什么在完备的磁流体方程组中没有能量方程?

20. 如果理想导电流体中有垂直于磁力线的流动(即$v\times B\neq0$),会有什么结果?

21. 假设等离子体密度为$8\times10^{23}\ \mathrm{m^{-3}}$,试问约束温度为1 keV和10 keV的等离子体所需要的磁感应强度是多少?

第5章 等离子体中的波

5.1 引 言

波是某一物理量的扰动或振动在空间逐点传递时形成的运动,波是自然界普遍存在的一种物理现象。波为我们提供了一种通过实验和理论手段去了解物质各种性质的途径。当处于平衡状态的等离子体受到扰动时,内部会产生响应:集体运动,其结果是这种扰动将传播到等离子体的其他区域,如果扰动是稳定的,就会形成稳定的等离子体波。等离子体的许多应用与等离子体波密切相关,通过处理等离子体中的波可以方便地了解等离子体的各种性质。在受控热核聚变实验中,波是一种诊断手段,用以无干扰地探测高温等离子体中的粒子密度、温度和非热涨落等。高强度的波还可用于等离子体的加热、电流驱动等。天体物理和空间物理中的许多现象,如各种爆发、辐射、极光和粒子加速等,其机制常与等离子体中的波动和不稳定性有关;电磁波在电离层中传播和反射的知识对保证和改善无线电通信的质量是至关重要的(见图5.1(a))。我们之所以每天能看到太阳、漫天的繁星以及银河星云,实际上都是由于(恒星)等离子体所发出的电磁波;外太空的哈勃望远镜能拍摄到遥远河外星系,也是因为等离子体所发射的电磁波(见图5.1(b))。对等离子体中波的研究是等离子体物理学中重要的基本组成部分。

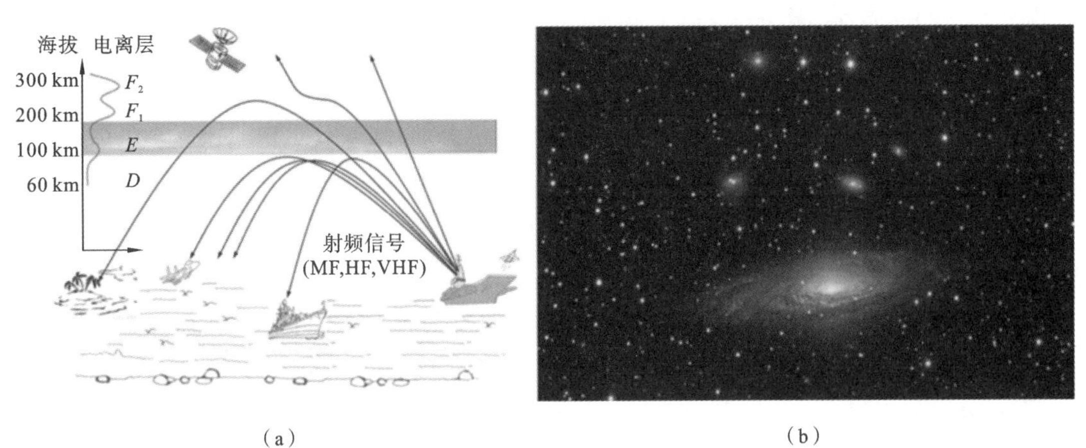

(a) (b)

图5.1 等离子体中的波(来源于网络)

(a) 电离层及电磁波信号传输;(b) 星河。

等离子体中的波包含两个内容:等离子体自身产生的波(集体运动)和电磁波在等离子体中的传播。如果平衡等离子体受到扰动,在等离子体中产生了局部的电荷分离,产生静电场,从而诱发波:① 静电场作为恢复力会产生静电振荡,一定的温度赋予电子热压强,使振荡得以在等离子体内部传播,形成静电纵波,称为朗缪尔波;② 微小的电荷分离会引起静电场,使电子与离子的运动耦合起来,形成离子声波(或离子静电波),离子声波也是以热压强为恢复力的,但离子静电波由热压力和屏蔽的电子静电力共同作用产生;③ 等离子体中出现的扰动静电场也会产生电磁波;④对于理想导电的流体,磁力线会"冻结"于其上,像一根根绷紧的弹性弦,横向的扰动可以沿磁力线传播,形成剪切阿尔文波。等离子体中可以传播电磁波,但有一个截止频率(等离子体频率),低于此频率的电磁波将被反射,不能在等离子体传播。

在等离子体中同时存在三种力:热压力、静电力和磁应力。它们对于等离子体的扰动都起着弹性恢复力的作用。因此等离子体不像一般的弹性体,波动现象非常丰富,存在着声波(热压力驱动)、纵波(静电力驱动)、横波(电磁力驱动)以及它们的混杂波。另外,等离子体的电荷响应差异(质量不同)、等离子体空间不均匀性(密度梯度)、等离子体各向异性(外磁场)以及速度空间的不均匀性,也使等离子体波呈现多样性和复杂性。

等离子体波的描述方法包括流体力学描述和动理学描述。流体描述是将等离子体看成是电子流和离子流组成的连续介质,把双流体方程和介质中的麦克斯韦方程组联立,从波动方程出发讨论等离子体波。优点是能讨论等离子体波的传播的一般特性;针对各种具体的波,考虑到具体的与该波有关的物理因素,保留重要的因素,剔除次要的因素,然后将流体方程和麦克斯韦方程联立并线性化,讨论波的性质。这种方法简单直观,本章就采用这种方法。动理学描述是将带电粒子速度分布演化方程和麦克斯韦方程组联立求解,这种方法除了可以研究波的一般性质,还可以进一步研究各种波和粒子的共振作用等。

5.2 波的描述方法和色散关系

5.2.1 波的表示方法

我们已经知道物质处于等离子体的状态下有着丰富和复杂的波动现象。由傅立叶分析法知道,无论这种波多么复杂,都可以分解成简单的分量叠加,这些分量中的任意一个都是一种简单的波——简谐波,可以表达成

$$f(\vec{r},t)=\sum_n a_n e^{i(\vec{k}_n\cdot\vec{r}-\omega_n t)} \tag{5.2.1}$$

其中,下标 n 表示第 n 个分量参数,a_n 为振幅,ω_n 为频率,$\vec{k}_n$ 为波矢(其大小为波数)。所以在我们以下的讨论中只考虑小振幅振荡所对应的波,即简谐波。等离子体中任何一个小振幅扰动量(如电场、磁场、速度等)都可以写成简谐波。例如,电磁波(如图 5.2(a))中的磁感应强度和电场可分别表示为

$$\begin{aligned}\vec{B}(\vec{r},t)&=\vec{B}_0 e^{i(\vec{k}\cdot\vec{r}-\omega t)}\\ \vec{E}(\vec{r},t)&=\vec{E}_0 e^{i(\vec{k}\cdot\vec{r}-\omega t+\varphi_0)}\end{aligned} \tag{5.2.2}$$

其中 φ_0 为初相位,进一步电场也表示成

$$\vec{E}(\vec{r},t)=\vec{E}_c e^{i(\vec{k}\cdot\vec{r}-\omega t)} \tag{5.2.3}$$

其中 $\vec{E}_c$ 为复振幅。所以任何物理量的波动都可表示为

$$\vec{A}(\vec{r},t)=\vec{A}_0 e^{i(\vec{k}\cdot\vec{r}-\omega t)} \tag{5.2.4}$$

其中，$\vec{A}_0$ 是波动的复振幅，$\vec{k}\cdot\vec{r}-\omega t$ 是相位，ω 为频率，$\vec{k}$ 为波矢，代表波的传播方向（$\vec{A}/\!/\vec{k}$ 为纵波，$\vec{A}\perp\vec{k}$ 为横波），$\vec{k}$ 的大小称为波数，即为 $k=2\pi/\lambda$（λ 为波长）。沿着 x 方向传播的单色平面波（见图 5.2(a)），可表示为

$$A(x,t)=A_0 e^{i(kx-\omega t)}$$

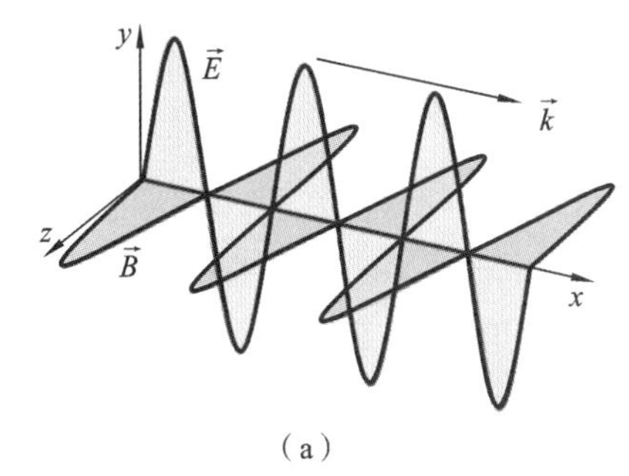

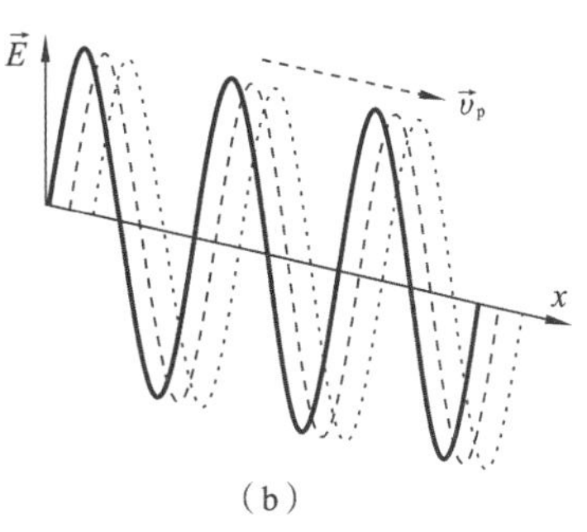

(a)　　(b)

图 5.2　波的传播

(a) 电磁波传播；(b) 相速度及波形传播。

5.2.2　相速度

相速度 v_φ 定义为波上常相位点的运动速度，即

$$\frac{d(kx-\omega t)}{dt}=0 \tag{5.2.5}$$

所以相速度 v_p 表示为

$$v_p=\frac{dx}{dt}=\frac{\omega}{k} \tag{5.2.6}$$

其方向与波矢相同，如果 ω/k 是正的，则波向右运动；如果是负的，则向左运动。波的相速度也称为相位速度，或简称相速，是指波相位传播的速度。通俗地讲，相速度就是波的形状向前运动的速度（见图 5.2(b)）。

5.2.3　群速度

实际上，现实中单色的平面波并不存在，我们所见到的都是合成波，即由不同频率的波所合成。现在考虑一种最简单的情况，即两个接近于等频的余弦波的合成

$$\begin{aligned}A_1&=A_0\cos[(k+\Delta k)x-(\omega+\Delta\omega)t]\\A_2&=A_0\cos[(k-\Delta k)x-(\omega-\Delta\omega)t]\end{aligned} \tag{5.2.7}$$

A_1 和 A_2 的频率差为 $2\Delta\omega$。由于每个波必须有相应的相速度 ω/k，因此就必须考虑到传播波数的差 $2\Delta k$。合成波为

$$A_1+A_2=2A_0\cos[(\Delta k)x-(\Delta\omega)t]\cos(kx-\omega t) \tag{5.2.8}$$

这是一个余弦调制波，很容易发现振幅也是位置和时间的函数，这个振幅就是携带波信息的包络线（见图 5.3），以速度 $\Delta\omega/\Delta k$ 传播。取极限 $\Delta\omega\to 0$，定义群速度（包络线的运动速度）为

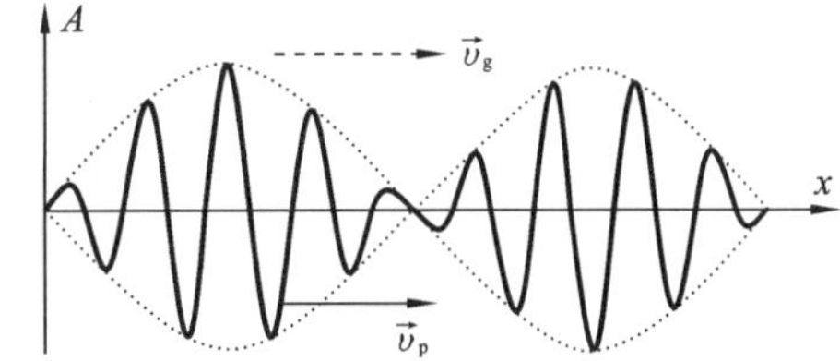

图 5.3　群速度与相速度

$$v_g=\frac{d\omega}{dk} \tag{5.2.9}$$

所以群速度表示许多不同频率的正弦波的合成信号(包络线)在介质中传播的速度。不同频率正弦波的振幅和相位不同,在色散介质中,相速不同,故在不同的空间位置上的合成信号形状会发生变化。群速是包络波上任一恒定振幅点的推进速度,是一个代表能量的传播速度。群速度不能超过光速,因为群速度表示波所携带“信息”在空间的传播快慢。而相速度可以超过光速,相速度是常相位点的移动速度,不携带任何信息。

5.2.4 波的偏振

波的偏振即是波的极化,是指空间固定点波矢量 $\vec{E}$ 的端点在 $2\pi/\omega$ 时间(一个周期)内的轨迹(见图 5.4)。一般偏振多是指电磁波中的电场矢量的端点在一个周期内的轨迹。假设电磁波在 z 方向传播,则电场在 x 和 y 轴都有分量,一般可以写成

$$\vec{E}(\vec{r},t)=(E_x\hat{e}_x+E_y\hat{e}_y)e^{i(kz-\omega t)} \tag{5.2.10}$$

其中 E_x 和 E_y 为复振幅,表示成

$$E_x=E_{x0}e^{i\alpha};\quad E_y=E_{y0}e^{i\beta} \tag{5.2.11}$$

其中各参数都为实数,若假设 xy 方向两个分量的相位差为 $\delta=\beta-\alpha$,则有

$$\vec{E}(\vec{r},t)=(E_{x0}\hat{e}_x+E_{y0}e^{i\delta}\hat{e}_y)e^{i(kz-\omega t+\alpha)} \tag{5.2.12}$$

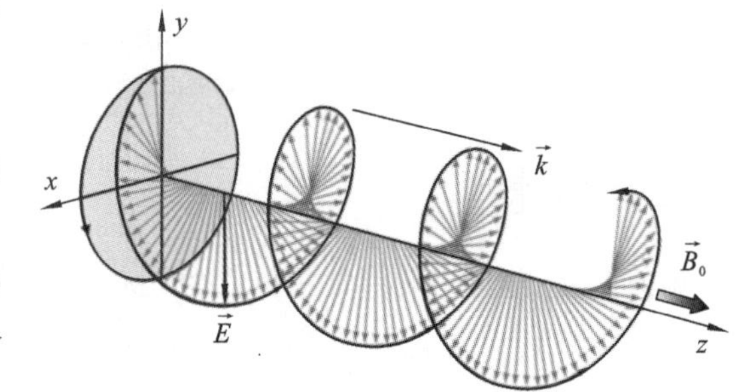

图 5.4 波的偏振(电场的矢量端轨迹)

一般这个方程所表示的是:空间每一个固定点上的电场矢量随时间在垂直于 z 轴的平面内旋转,其矢端的轨迹在 xy 面上的投影是一个椭圆(见图 5.4)。

为了给一个清晰的物理图像,我们考虑一个特例,假设相位差为 $\delta=\pm\pi/2$,则

$$\vec{E}(\vec{r},t)=(E_{x0}\hat{e}_x\pm iE_{y0}\hat{e}_y)e^{i(kz-\omega t+\alpha)} \tag{5.2.13}$$

电场在 x 和 y 方向的分量(实部)分别为

$$\begin{aligned}E_x(z,t)&=E_{x0}\cos(kz-\omega t+\alpha)\\E_y(z,t)&=\mp E_{y0}\sin(kz-\omega t+\alpha)\end{aligned} \tag{5.2.14}$$

显然有

$$\frac{E_x^2(z,t)}{E_{x0}^2}+\frac{E_y^2(z,t)}{E_{y0}^2}=1 \tag{5.2.15}$$

这是一个 xy 平面上的椭圆方程。简单讨论一下方程(5.2.15):

① 若 $E_{y0}\neq E_{z0}$,对应的波是椭圆偏振波(见图 5.5(a));

② 若 $E_{y0}=E_{z0}$,对应的波是圆偏振波,$\vec{E}(\vec{r},t)=(E_{x0}\hat{e}_x\pm iE_{y0}\hat{e}_y)e^{i(kz-\omega t+\alpha)}$,取正号对应的波为左旋椭圆偏振波,取负号对应的波为右旋椭圆偏振波(见图 5.5(b));

③ 若 $\delta=2n\pi$,则有

$$\frac{E_{yR}}{E_{y0}}=\frac{E_{zR}}{E_{z0}} \tag{5.2.16}$$

对应的波为线性偏振波(见图 5.5(a))。

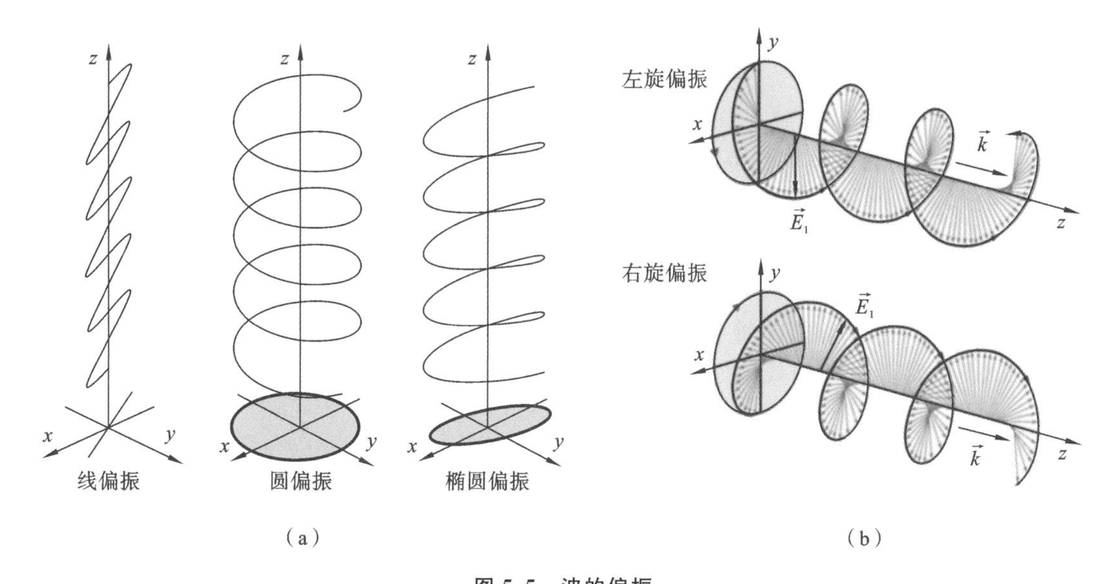

图 5.5 波的偏振

(a) 线、圆和椭圆偏振;(b) 左旋和右旋偏振。

5.2.5 波的色散关系

不同频率的波在同一种介质中具有不相同的传播速率,称其为色散,传播介质称为色散介质。我们常见的棱镜可以把自然光分开成不同的颜色,以及彩虹等都是色散现象(见图 5.6),是由于在玻璃和水滴中,不同频率的电磁波传播速率不同所致。假设空间有两列波,频率稍微不同,有各自的传播速率。若最终形成的波的包络线也具有和原来两列波相同的速率(群速),称为无色散,介质为无色散介质;若最终形成的波的包络线和原来两列波的速率(群速)不相同,称其为有色散,介质为色散介质。利用相速度公式(式(5.2.6))和群速度公式(式(5.2.9)),可以给出瑞利群速公式,即

$$v_g = v_p + k\frac{dv_p}{dk} = v_p - \lambda\frac{dv_p}{d\lambda} \tag{5.2.17}$$

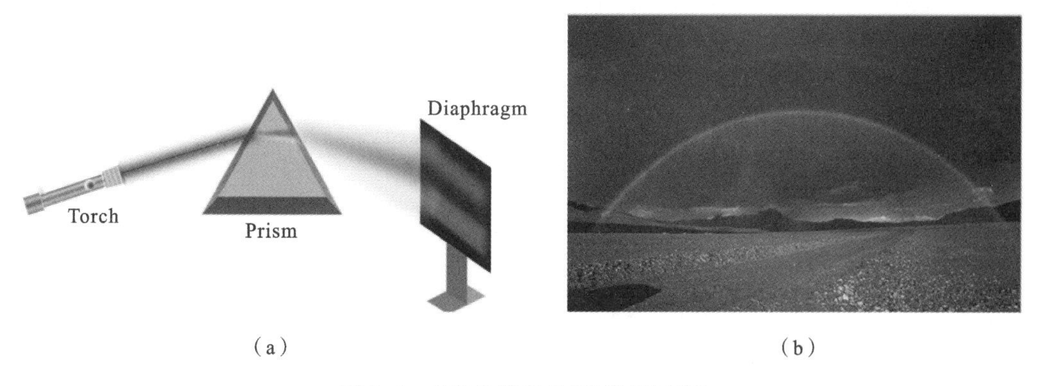

图 5.6 光的色散现象(来源于网络)

(a) 棱镜散射;(b) 彩虹。

如果 $\mathrm{d}v_p/\mathrm{d}\lambda=0\rightarrow v_g=v_p$，则称介质为无色散；若 $\mathrm{d}v_p/\mathrm{d}\lambda>0\rightarrow v_g<v_p$，则称介质为正色散；若 $\mathrm{d}v_p/\mathrm{d}\lambda<0\rightarrow v_g>v_p$，则称介质为负色散。色散关系在处理波的传播和研究传播介质性质的过程中具有非常重要的意义。色散关系通常是指波在介质中传播时其频率与波矢之间的关系，即 $\omega=\omega(k)$，为了直观起见，通常用波矢 k 作为横轴，频率 ω（或者折射率 N）作为纵轴，把色散关系用曲线形式表示，称为色散曲线（如图 5.7 所示的就是等离子体中电磁波和静电波的色曲线）。

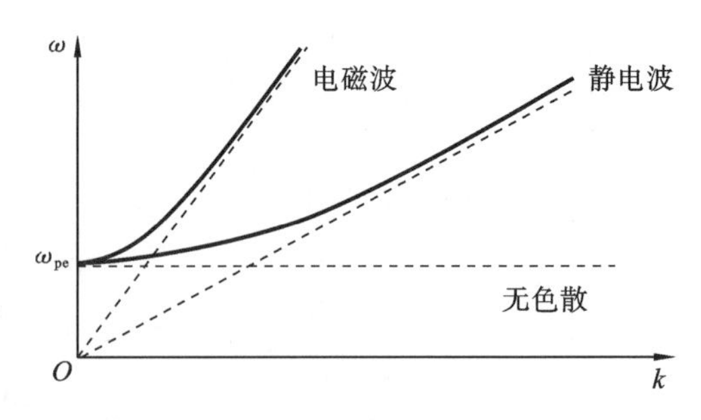

图 5.7　等离子体中电磁波和静电波的色散曲线

处理等离子体中波的思路是首先给等离子体系统一个小幅度的扰动，然后将磁流体方程组线性化，可以获得到一套线性齐次方程组，它们存在非零解的条件是系数组成的行列式为零，由此获得色散关系。有了色散关系就可以进一步研究波的传播特性，以及等离子体的性质。若由色散关系所确定的 ω 或 k 的分量具有虚部，如 $\omega=\omega_1(k)+\mathrm{i}\omega_2(k)$，代入扰动平面波后，则有

$$\vec{A}(\vec{r},t)=\vec{A}\mathrm{e}^{\mathrm{i}(\vec{k}\cdot\vec{r}-\omega t)}=\vec{A}\mathrm{e}^{\mathrm{i}(k\cdot r-\omega_1 t)+\omega_2 t} \tag{5.2.18}$$

则表示此模式的波的振幅会随时间衰减或增长（视虚部的正负而定），如果波的振幅随时间衰减，则波是稳定的；如果波的振幅随时间增长，则波就是不稳定的，同时系统也会出现不稳定性。已知色散关系后，可得波的相速和群速，以及截止和共振等知识；再回到场振幅的线性方程组，可进一步求出各场振幅之间的比例和波的偏振状态等。

5.3　磁流体力学波

5.3.1　中性气体中的声波

在中性气体中，声波是气体分子的密度变化以热压力为恢复力所产生的波，声速与粒子热运动速度同数量级，我们可以简单地利用流体方程研究一下普通空气中声波的传播速度。忽略黏滞性，描写中性气体的方程只有连续性方程、运动方程和状态方程（见磁流体力学方程组一节，不考虑电磁力），即

$$\begin{aligned}&\frac{\partial\rho}{\partial t}+\nabla\cdot(\rho\vec{v})=0\\&\rho\frac{\mathrm{d}\vec{v}}{\mathrm{d}t}=-\nabla p\\&p\rho^{-\gamma}=\mathrm{const}\end{aligned} \tag{5.3.1}$$

这里我们把气体看成理想流体，应力张量为 $\vec{\vec{P}}=-p\vec{\vec{I}}$，$\vec{\vec{I}}$ 为单位张量，所以 $\nabla\cdot\vec{\vec{P}}=-\nabla\cdot p\vec{\vec{I}}=-\nabla p$。对状态方程求梯度有

$$\nabla p=\frac{\gamma p}{\rho}\nabla\rho \tag{5.3.2}$$

把运动方程改写成

$$\rho\left[\frac{\partial\vec{v}}{\partial t}+(\vec{v}\cdot\nabla)\vec{v}\right]=-\frac{\gamma p}{\rho}\nabla\rho \tag{5.3.3}$$

加上连续性方程就形成了描述中性气体中声波的方程组。若在原来静止均匀的中性气体中有一小幅度的扰动,这个扰动将使系统的参数(密度、压强和速度)发生变化,假设扰动后参数为

$$\rho=\rho_0+\rho_1;\quad p=p_0+p_1;\quad \vec{v}=\vec{v}_1$$

下标 0 代表平衡量,下标 1 表示扰动量。由于平衡量是空间均匀的,且不随时间和空间变化,即

$$\frac{\mathrm{d}\rho_0}{\mathrm{d}t}=0;\quad \nabla\rho_0=0;\quad \frac{\mathrm{d}p_0}{\mathrm{d}t}=0;\quad \nabla p_0=0$$

假设小扰动量比平衡量小很多,把扰动后的物理量代入方程组,略去二阶小量后有

$$\begin{aligned}\rho_0\frac{\partial\vec{v}_1}{\partial t}&=-\frac{\gamma p_0}{\rho_0}\nabla\rho_1\\ \frac{\mathrm{d}\rho_1}{\mathrm{d}t}+\rho_0\nabla\cdot\vec{v}_1&=0\end{aligned} \tag{5.3.4}$$

由于扰动量是小振幅扰动,所以我们可以假设小振幅扰动为简谐波形式(相当于对上述方程进行傅里叶展开),即任何扰动量都可写成 $\vec{A}=\vec{A}\mathrm{e}^{\mathrm{i}(\vec{k}\cdot\vec{r}-\omega t)}$,代入扰动后的方程组,则方程中对时间求导变成 $-\mathrm{i}\omega$,对坐标求导变成 $\mathrm{i}k$,所以有

$$\begin{aligned}-\mathrm{i}\omega\rho_0\vec{v}_1&=-\mathrm{i}k\frac{\gamma p_0}{\rho_0}\rho_1\\ -\mathrm{i}\omega\rho_1+\mathrm{i}k\rho_0\vec{v}_1&=0\end{aligned} \tag{5.3.5}$$

这个方程有解的条件是系数组成的行列式为零,有

$$\frac{\omega^2}{k^2}=\frac{\gamma p_0}{\rho_0} \tag{5.3.6}$$

这就是中性气体中声波的色散关系。声波的相速度为

$$v_s=\frac{\omega}{k}=\sqrt{\frac{\gamma p_0}{\rho_0}} \tag{5.3.7}$$

所以中性气体中声波的色散关系也可以写成

$$\omega=\pm kv_s \tag{5.3.8}$$

从声波的相速度 v_s 可以看出声波的恢复力是气体的压力 p_0,声波是低频纵波,传播原理如图 5.8 所示。在非磁化等离子体中,离子受到扰动后也会产生一个低频声波,其产生机制和中性气体产生声波的机制一样,所以式(5.3.8)也称离子声波的色散关系。

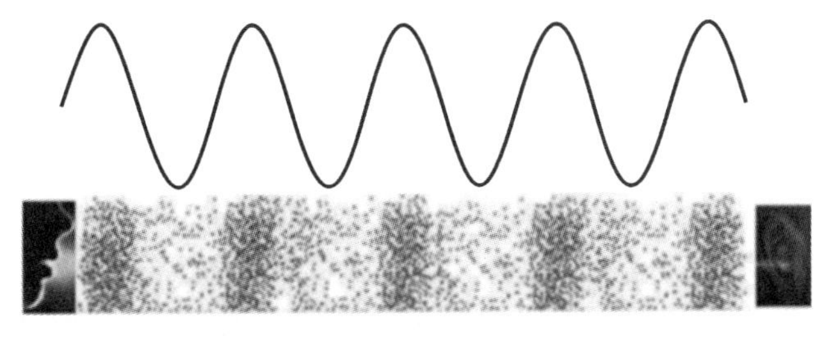

图 5.8　中性气体中声波(等离子体中的离子声波)原理

5.3.2 阿尔文波

在磁流体力学一章我们已经知道，在理想的导电流体中，磁力线被冻结在导电流体中。磁力线和依附其上的导电流体元可以看成是一个具有质量的弦，如果现在在垂直于磁力线方向有扰动（或者说抖动这根弦），会发生什么？

由于我们这里讨论的是离子产生的低频波，所以把电子看成是均匀的热背景。如图 5.9 所示，假如离子在垂直于磁力线方向有一个运动，由于磁冻结，磁力线会随着离子运动而发生弯曲。弯曲的磁力线上的流体受力情况如图 5.9(b)所示，两端受磁张力作用，最终流体元受一个向左的合力 $\vec{F}_{\mathrm{T}}$。还存在一个弯曲磁力线产生的梯度磁场等效力 $\vec{F}_{\nabla \mathrm{B}}$，这个力很小可以忽略。离子在这个力 $\vec{F}_{\mathrm{T}}$ 的作用下反向运动（图中流体元受力用虚箭头表示），由于惯性，最终离子和磁力线一起发生振荡，这个振荡将沿着磁力线传播出去，这就是阿尔文波。下面我们来讨论这个问题。

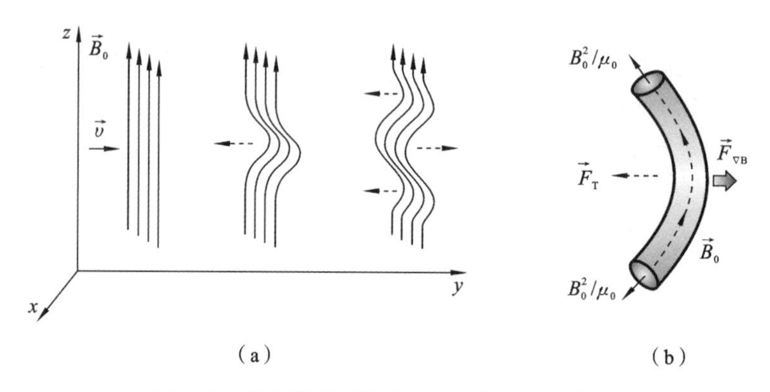

图 5.9　磁力线受到扰动产生阿尔文波示意图

现在考虑磁场中均匀无边界的等离子体，假设等离子体是没有黏性的理想导电流体，但是可压缩的。考虑低频波（离子所产生），忽略电子运动（看成热背景）。前面我们讨论过，当磁场存在时，磁流体会受到一个沿着磁力线方向的张力（磁张力），而且当磁流体在垂直于磁场方向出现扰动时，磁力线像一根有质量的弹性弦。为了凸现磁应力的作用，这里暂时不考虑热应力，所以不需要连续性方程和状态方程。这样描述磁流体的方程组应该为

$$\begin{cases}\rho\dfrac{\mathrm{d}\vec{v}}{\mathrm{d}t}=\vec{J}\times\vec{B}\\ \nabla\times\vec{E}=-\dfrac{\partial\vec{B}}{\partial t}\\ \nabla\times\vec{B}=\mu_0\vec{J}\\ \vec{E}+\vec{v}\times\vec{B}=0\end{cases}\tag{5.3.9}$$

注意：这是单一流体方程组。设扰动前流体是静止的，即没有运动、没有电流且没有电场，磁场沿着 z 轴，如图 5.10(a)所示。若在原来静止均匀的离子流体中有一小幅度的扰动，这个扰动将使系统的参数（电场、电流密度、磁感应强度和速度）发生变化，假设扰动前后参数为

$$\vec{v}_0=0;\vec{J}_0=0;\vec{E}_0=0;\vec{B}_0=B_0\,\hat{e}_z;\vec{v}=\vec{v}_1;\vec{J}=\vec{J}_1;\vec{E}=\vec{E}_1;\vec{B}=\vec{B}_0+\vec{B}_1$$

且磁感应强度平衡量与时空无关，即 $\mathrm{d}B_0/\mathrm{d}t=0;\nabla\times B_0=0$。设小振幅扰动为简谐波形式（相

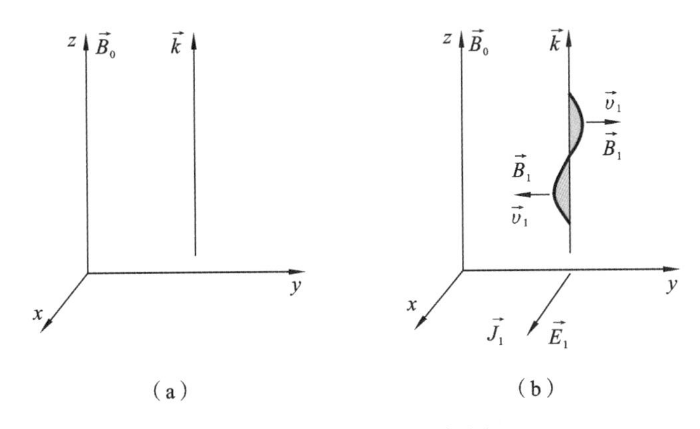

图 5.10　磁流体的扰动分析

(a) 沿着磁力线传播的波坐标系；(b) 各个扰动量矢量方向。

当于对上述方程进行傅里叶展开)，即 $A_1 \propto e^{i(\vec{k}\cdot\vec{r}-\omega t)}$，把以上物理量及扰动量代入方程组(5.3.9)，忽略二阶小量，整理后很容易获得

$$\begin{cases} -i\omega\rho\vec{v}_1=\vec{J}_1\times\vec{B}_0 \\ i\vec{k}\times\vec{E}_1=i\omega\vec{B}_1 \\ i\vec{k}\times\vec{B}_1=\mu_0\vec{J}_1 \\ \vec{E}_1+\vec{v}_1\times\vec{B}_0=0 \end{cases} \tag{5.3.10}$$

前面已经说过，扰动方向沿着垂直于磁场方向，根据扰动方程组(5.3.10)可以很容易获得其他各扰动量的方向，如图 5.10(b)所示。也就是说运动速度(沿 y 方向)、电场以及电流密度(沿 x 方向)都垂直于磁场(沿 z 方向)，而波的传播方向沿着磁场方向，根据各矢量方向可以把方程(5.3.10)变为

$$\begin{cases} i\omega\rho v_{1y}=J_{1x}B_0 \\ ikE_{1x}=i\omega B_{1y} \\ ikB_{1y}=\mu_0 J_{1x} \\ E_{1x}=v_{1y}B_0 \end{cases} \tag{5.3.11}$$

联立后利用消元法容易获得

$$\frac{\omega^2}{k^2}=\frac{B_0^2}{\mu_0\rho} \tag{5.3.12}$$

该式就是阿尔文波的色散关系，阿尔文波的波速(相速度)为

$$v_A=\sqrt{\frac{B_0^2}{\mu_0\rho}} \tag{5.3.13}$$

所以阿尔文波的色散关系也写成

$$\omega=\pm k v_A \tag{5.3.14}$$

比较离子声速式(5.3.7)和阿尔文波速式(5.3.13)，可以发现 B_0^2/μ_0 相当于应力 p，而 B_0^2/μ_0 恰恰就是磁张力，所以，阿尔文波是由磁张力引起的沿着磁力线传播的波。等离子体受到扰动后，总磁感应强度为

$$\vec{B}=\vec{B}_0+\vec{B}_1=B_0\hat{e}_z+B_1\hat{e}_y\exp[i(kz-\omega t)] \tag{5.3.15}$$

由于 $\vec{B}_0 \perp \vec{B}_1$，磁力线不再是平直的，变成了弯曲的(见图 5.11)，所以阿尔文波有时称为剪切阿尔文波。由于磁力线有张力，起到弹性恢复力的作用，这个恢复力产生沿着磁力线方向传播的波。由于扰动量方向和波矢方向垂直，所以阿尔文波是横波。

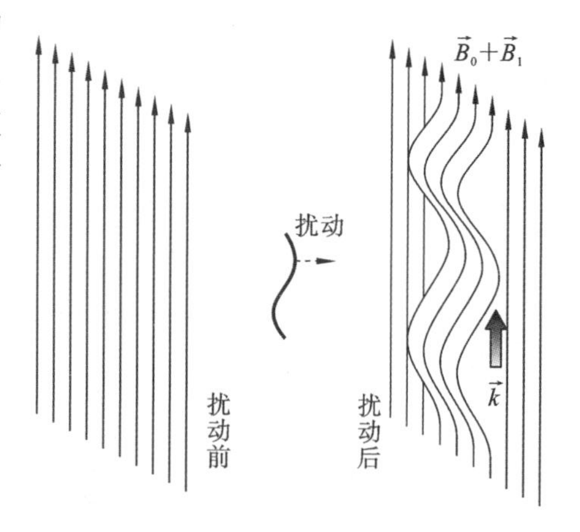

图 5.11　阿尔文波物理图像

前面我们说过，如果把等离子体看成是理想流体，则磁流体元和磁场冻结在一起，磁力线像一根有质量的弹性弦，利用这个模型我们同样可以推导出阿尔文波速。假设沿着磁力线方向单位长度单位面积流体元体积位单位 1，质量为 ρ，而已知单位面积内的磁力线数目 B，所以每根磁力线单位长度质量为 ρ/B_0，另一方面，单位面积上受的磁张力为 B_0^2/μ_0，则每根磁力线上受的磁张力为 B_0/μ_0。这样我们把理想导线流体中的磁感应线看成具有一定质量密度和一定张力的弹性弦。磁感应线张力提供垂直于磁感应线方向的恢复力，使流体元振动沿着磁感应线方向传播，这个就是阿尔文波的形成机制，显然，单根弦的密度和其上的恢复力为 ρ/B_0 和 B_0/μ_0，类比中性气体声速公式可得阿尔文波速为$v_A=\sqrt{B_0^2/\mu_0\rho}$。

值得说明的是，我们在讨论阿尔文波时忽略了热应力的作用，显然这不符合实际情况。在磁化等离子体中，热应力和磁应力共同作用还会形成另一支波：磁声波。所以在磁化等离子体中，有三支流体力学波：离子声波、阿尔文波和磁声波。

阿尔文波因瑞典物理学家阿尔文首先提出而得名，属于“磁流体力学波”，是磁化等离子体内沿磁场方向传播的特殊低频电磁波。阿尔文波存在于晶体、地球大气层及宇宙空间的等离子体内，对于许多等离子体现象有重要作用。阿尔文波的速度远小于光速，并且不随波的频率而变化。在从太阳到行星磁层的星际空间中观测到的许多磁场的起伏场都属于阿尔文波(见图 5.12)，绝大部分是从太阳向外传播的。在高纬度地面上观测到的一些频率在 0.001～10 赫兹范围的地磁脉动，属于这种沿地磁场传播的阿尔文波(见图 5.13)。因为与等离子体一起振动的磁场是横向振动，所以阿尔文波与一般的电磁波相似，也具有横电磁波的特性。

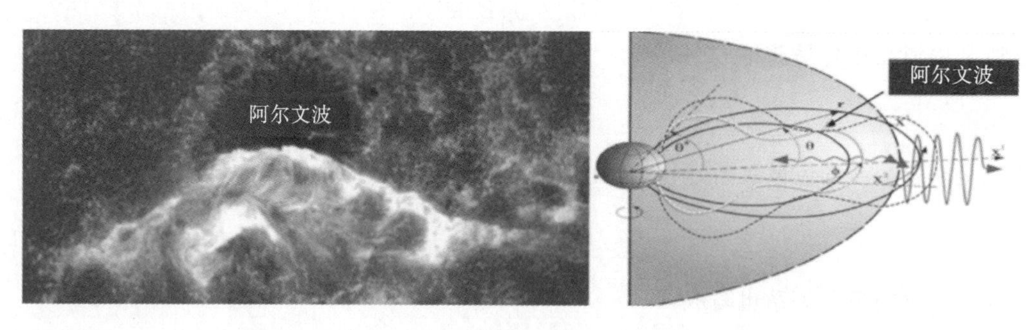

图 5.12　太阳和地球磁场中的阿尔文波(来源于网络)

日冕从太阳表面向外延伸 100 多万公里，温度也超过 100 万摄氏度，而光球层(太阳表面)只有 6000 摄氏度。温度为何以及如何按这种方式增长，几十年来一直困扰着科学家。独特的磁场振荡从太阳表面向上扩展到日冕中形成阿尔文波，从太阳表面向上扩展到日冕中，平均速

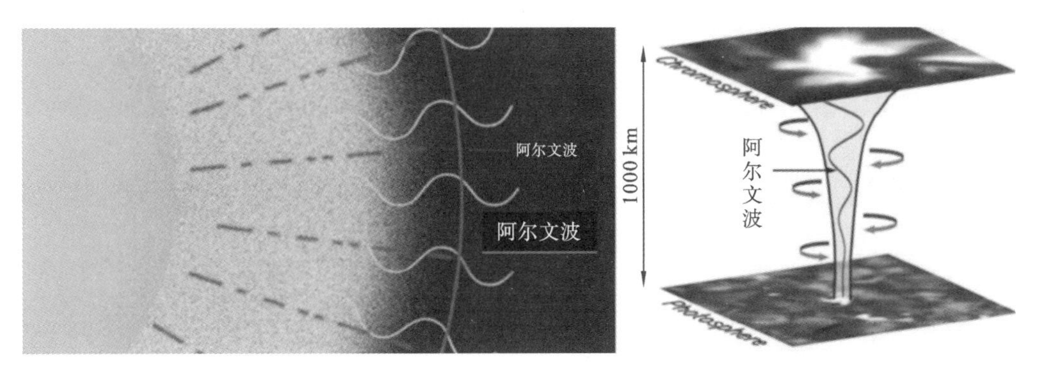

图 5.13　太阳阿尔文波加速日冕等离子体(来源于网络)

度超过每秒数十公里,太阳所喷发出的带电粒子被阿尔文波捕获并加速(见单粒子轨道运动一章中"激光尾场加速"一节,或见动理论一章"朗道阻尼"一节),最后把等离子体加热到几百万度的高温[12-14]。

在太阳磁爆期间,地球场会受到强烈的扰动,强烈的扰动会拉动地球的磁场,太阳风中的等离子体被地球磁场捕获后,磁力线就像一根具有质量的弦(有点像橡皮筋),沿着磁力线就会产生波——阿尔文波。通常阿尔文波发生在离地面大约 13 万公里的地方。由于地球的磁引力,这些波接近地球就会加速。电子的速度也会被这些阿尔文波加速,电子被加速的过程有点像冲浪运动(见动理论一章"朗道阻尼"一节)。当这些被加速的电子最终到达地球稀薄的高层大气时,它们会与氧和氮分子发生碰撞——也就是极光(见图 5.14)。电子被阿尔文波加速现象已经在实验得到验证[15]。

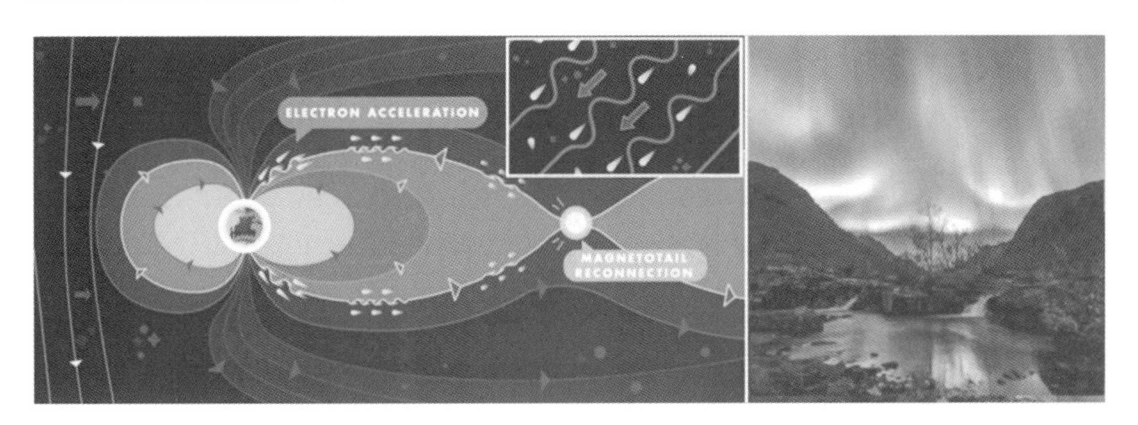

图 5.14　地球磁场中的阿尔文波加速电子,在极地产生极光(来源于网络)

5.3.3　磁流体力学波

对于等离子体这样的导电流体,当有外磁场存在的时候,情况就和一般中性流体有很大的区别,在中性流体中只有热应力作为恢复力,产生声波。而导电流体除了存在热应力之外,还存在电磁作用(静电力和磁应力),所以除了产生声波之外,还会产生其他的波。以下研究过程中我们考察的条件是:磁场中,等离子体均匀无边界、可压缩,且为理想导电流体。只考虑低频波(注意这里所讨论的等离子体中只有电子和离子,低频波是离子产生的),忽略电子运动,有热应力，密度有扰动。所以仍然使用理想单流体方程组：

$$\begin{cases}\dfrac{\partial\rho}{\partial t}+\nabla\cdot(\rho\vec{v})=0\\ \rho\left(\dfrac{\mathrm{d}\vec{v}}{\mathrm{d}t}\right)=-\nabla p+\vec{J}\times\vec{B}\\ \nabla\times\vec{E}=-\dfrac{\partial\vec{B}}{\partial t}\\ \nabla\times\vec{B}=\mu_0\vec{J}\\ \vec{E}+\vec{v}\times\vec{B}=0\\ p\rho^{-\gamma}=\mathrm{const}\end{cases}\tag{5.3.16}$$

假设平衡时，没有宏观的运动，即：$\vec{v}_0=\vec{E}_0=\vec{J}_0=0$；$\rho_0\neq0$；$\vec{B}_0\neq0$，为了简单起见，先假设 $\vec{B}_1=0$。设考虑偏离平衡的小扰动，即 $\vec{E}=\vec{E}_1$；$\vec{B}=\vec{B}_0$；$\vec{v}=\vec{v}_1$；$\vec{J}=\vec{J}_1$；$\rho=\rho_0+\rho_1$。首先，把状态方程对坐标进行微分，有

$$\rho^{-\gamma}\nabla p-\gamma\rho^{-\gamma-1}p\nabla\rho=0$$

或

$$\nabla p=v_s^2\nabla\rho_1\tag{5.3.17}$$

其中 v_s 是离子声波（离子产生的低频波）的相速度 $v_s=\sqrt{\gamma p/\rho}$，代入运动方程，有

$$\rho\left(\frac{\mathrm{d}\vec{v}}{\mathrm{d}t}\right)=-v_s^2\nabla\rho_1+\vec{J}\times\vec{B}\tag{5.3.18}$$

然后对法拉第定律取旋度，再与安培定律合并整理后有

$$\nabla(\nabla\cdot\vec{E})-\nabla^2\vec{E}=-\mu_0\frac{\partial\vec{J}}{\partial t}\tag{5.3.19}$$

理想单流体方程组变成

$$\begin{cases}\dfrac{\partial\rho}{\partial t}+\nabla\cdot(\rho\vec{v})=0\\ \rho\left(\dfrac{\mathrm{d}\vec{v}}{\mathrm{d}t}\right)=-v_s^2\nabla\rho_1+\vec{J}\times\vec{B}\\ \nabla(\nabla\cdot\vec{E})-\nabla^2\vec{E}=-\mu_0\dfrac{\partial\vec{J}}{\partial t}\\ \vec{E}+\vec{v}\times\vec{B}=0\end{cases}\tag{5.3.20}$$

把扰动量代入，忽略二次小量，有

$$\begin{cases}\dfrac{\partial\rho_1}{\partial t}+\rho_0\nabla\cdot\vec{v}_1=0\\ \rho_0\left(\dfrac{\partial\vec{v}_1}{\partial t}\right)=-v_s^2\nabla\rho_1+\vec{J}_1\times\vec{B}\\ \nabla(\nabla\cdot\vec{E}_1)-\nabla^2\vec{E}_1=-\mu_0\dfrac{\partial\vec{J}_1}{\partial t}\\ \vec{E}_1+\vec{v}_1\times\vec{B}_0=0\end{cases}\tag{5.3.21}$$

设小振幅扰动为简谐波形式，即 $A_1\propto\mathrm{e}^{\mathrm{i}(\vec{k}\cdot\vec{r}-\omega t)}$，则很容易获得

$$
\begin{cases}
\omega\rho_1 - \rho_0 \vec{k} \cdot \vec{v}_1 = 0 \\
\omega\rho_0 \vec{v}_1 = v_s^2 \rho_1 \vec{k} - \mathrm{i}\vec{J}_1 \times \vec{B} \\
-\vec{k}(\vec{k} \cdot \vec{E}_1) + k^2 \vec{E}_1 = -\mathrm{i}\omega\mu_0 \vec{J}_1 \\
\vec{E}_1 + \vec{v}_1 \times \vec{B}_0 = 0
\end{cases}
\tag{5.3.22}
$$

消去 $\vec{E}_1$，$\vec{J}_1$ 和 ρ_1 得到

$$
\omega^2 \vec{v}_1 = v_s^2 (\vec{k} \cdot \vec{v}_1)\vec{k} + \frac{k^2 \vec{B}_0 \times (\vec{v}_1 \times \vec{B}_0) - (\vec{B}_0 \times \vec{k})(\vec{k} \cdot (\vec{v}_1 \times \vec{B}_0))}{\mu_0 \rho_0}
\tag{5.3.23}
$$

令 $\vec{k} = k\,\hat{e}_k$，$\vec{B}_0 = B_0 \hat{b}$，代入上式，简单变换和整理后有

$$
\left(\frac{\omega^2}{k^2} - \frac{B_0^2}{\mu_0 \rho_0}\right)\vec{v}_1 = v_s^2\, \hat{e}_k (\hat{e}_k \cdot \vec{v}_1) - \frac{B_0^2}{\mu_0 \rho_0}\{[\hat{b}(\vec{v}_1 \cdot \hat{b})] + (\hat{b} \times \hat{e}_k)[\vec{v}_1 \cdot (\hat{b} \times \hat{e}_k)]\}
$$

其中，$v_A = \sqrt{\dfrac{B_0^2}{\mu_0 \rho}}$为阿尔文波相速度，若相速度 $v_p = \dfrac{\omega}{k}$，则有

$$
(v_p^2 - v_A^2)\vec{v}_1 = v_s^2\, \hat{e}_k (\hat{e}_k \cdot \vec{v}_1) - v_A^2 \{[\hat{b}(\vec{v}_1 \cdot \hat{b})] + (\hat{b} \times \hat{e}_k)[\vec{v}_1 \cdot (\hat{b} \times \hat{e}_k)]\}
\tag{5.3.24}
$$

这个方程就是磁流体力学波的色散关系。

我们关心的实际上是波的色散关系的真实图像，即相速度与波矢之间的关系，为了做到这一点，我们必须对方程进一步简化，写成分量形式。建立如图 5.15 所示的坐标系，不失一般性，设波矢 $\vec{k}$ 位于 yz 平面，磁感应强度 $\hat{b}$ 沿着 z 轴。则有

$$
\begin{cases}
\hat{e}_k = \sin\theta\, \hat{e}_y + \cos\theta\, \hat{e}_z \\
\hat{b} \times \hat{e}_k = -\sin\theta\, \hat{e}_x
\end{cases}
\tag{5.3.25}
$$

图 5.15　磁流体力学波坐标系

把色散方程分解成三个坐标轴上的分量

$$
(v_p^2 - v_A^2)(v_{1x}\hat{e}_x + v_{1y}\hat{e}_y + v_{1z}\hat{e}_z) = v_s^2 \sin\theta (v_{1y}\sin\theta + v_{1z}\cos\theta)\hat{e}_y
$$
$$
+ v_s^2 \cos\theta (v_{1y}\sin\theta + v_{1z}\cos\theta)\hat{e}_z - v_A^2 v_{1z}\hat{e}_z - v_A^2 v_{1x}\sin^2\theta\, \hat{e}_x
$$

整理后获得三个坐标轴上的方程分别为

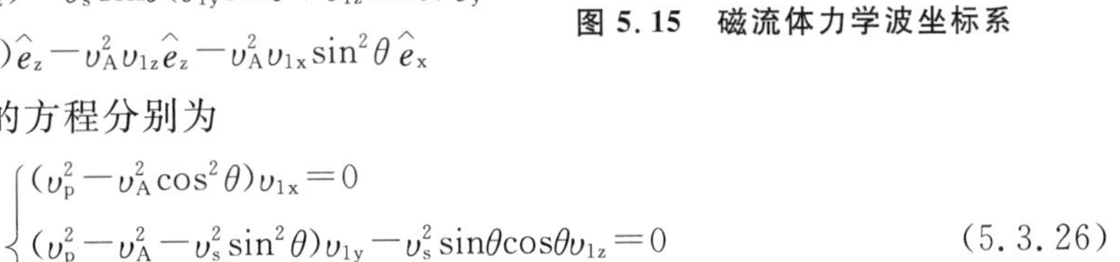

$$
\begin{cases}
(v_p^2 - v_A^2 \cos^2\theta) v_{1x} = 0 \\
(v_p^2 - v_A^2 - v_s^2 \sin^2\theta) v_{1y} - v_s^2 \sin\theta\cos\theta\, v_{1z} = 0 \\
-v_s^2 \sin\theta\cos\theta\, v_{1y} + (v_p^2 - v_s^2 \cos^2\theta) v_{1z} = 0
\end{cases}
\tag{5.3.26}
$$

这个方程有解的条件是系数组成的行列式为零，即

$$
\begin{vmatrix}
v_p^2 - v_A^2 \cos^2\theta & 0 & 0 \\
0 & v_p^2 - v_A^2 - v_s^2 \sin^2\theta & -v_s^2 \sin\theta\cos\theta \\
0 & -v_s^2 \sin\theta\cos\theta & v_p^2 - v_s^2 \cos^2\theta
\end{vmatrix} = 0
\tag{5.3.27}
$$

该方程有三个解，分别是

$$
\begin{cases}
v_p^2 = v_{pA}^2 = v_A^2 \cos^2\theta \\
v_p^2 = v_{p\pm}^2 = \dfrac{1}{2}(v_s^2 + v_A^2)\left[1 \pm \sqrt{1 - \dfrac{4 v_s^2 v_A^2 \cos^2\theta}{(v_s^2 + v_A^2)^2}}\right]
\end{cases}
\tag{5.3.28}
$$

以上三个解皆是磁流体力学波的色散关系，由此可见，在磁化等离子体中传播的低频波有

三种模式。显然，第一个方程对应的模式与声速无关，这个波就是阿尔文波，不过此时，波矢与磁场之间有一个角度 θ，所以称为斜阿尔文波。简单讨论一下：① 斜阿尔文波的相速和群速都是 $\upsilon_p=\pm\upsilon_A\cos\theta$，因此，阿尔文波是无色散的($\upsilon_g=\upsilon_p$)；② 在垂直于磁场方向 $\theta=\pi/2$，波的相速度为零，不能传播；③ $\theta=0$ 对应的就是前面讲的沿磁力线传播的阿尔文波。阿尔文波我们已经讨论过，这里不再赘述，下面讨论另外两支波。

1. 磁声波

磁流体力学波色散关系第二个方程所对应的两个模式都与磁应力和热应力有关，称为磁声波，一般情况下磁声波既不是横波，也不是纵波。当

$$\frac{\upsilon_s^2\upsilon_A^2\cos^2\theta}{(\upsilon_s^2+\upsilon_A^2)^2}\ll 1 \tag{5.3.29}$$

即 $\cos^2\theta\ll 1$，或 $\upsilon_s\ll\upsilon_A$，或 $\upsilon_s\gg\upsilon_A$ 时，可以利用泰勒展开获得两个模式的波，即

$$\begin{cases}\upsilon_{p+}^2\approx\upsilon_s^2+\upsilon_A^2\\ \upsilon_{p-}^2\approx\dfrac{\upsilon_s^2\upsilon_A^2}{\upsilon_s^2+\upsilon_A^2}\cos^2\theta\end{cases} \tag{5.3.30}$$

显然，$\upsilon_{p+}\gg\upsilon_{p-}$，因而分别称为快波和慢波。比较后发现三支磁流体力学波相速度关系

$$\upsilon_{p-}<\upsilon_{pA}<\upsilon_{p+}$$

接下来我们来讨论某些特殊情形，即平行和垂直于磁场方向波的传播情况。

① 当 $\theta=0$，平行于磁场方向时，色散关系中第二个方程变成

$$\upsilon_p^2=\upsilon_{p\pm}^2=\frac{1}{2}[(\upsilon_s^2+\upsilon_A^2)\pm|\upsilon_s^2-\upsilon_A^2|] \tag{5.3.31}$$

显然，当 $\upsilon_s>\upsilon_A$ 时，有 $\upsilon_{p+}=\upsilon_s$；$\upsilon_{p-}=\upsilon_A$，快波变成声波，慢波变成阿尔文波(见图 5.15(a))；当 $\upsilon_s<\upsilon_A$ 时，有 $\upsilon_{p+}=\upsilon_A$；$\upsilon_{p-}=\upsilon_s$，快波变成阿尔文波，慢波变成声波(见图 5.15(b))。

② 当 $\theta=\pi/2$，垂直于磁场方向时，色散关系中第二个方程变成

$$\upsilon_p^2=\upsilon_{p\pm}^2=\frac{1}{2}[(\upsilon_s^2+\upsilon_A^2)(1\pm 1)] \tag{5.3.32}$$

显然，无论当 $\upsilon_s>\upsilon_A$ 或 $\upsilon_s<\upsilon_A$ 时，有 $\upsilon_{p+}=\sqrt{\upsilon_s^2+\upsilon_A^2}=\upsilon_M$；$\upsilon_{p-}=0$，慢波消失了，只有快波可以传播。此时，快波是由两个恢复力共同作用：磁应力和热压力，所以这个波称为磁声波，可以认定 υ_M 是磁声波波速。当 $B_0=0$ 时，它转变成寻常的声波。在有磁场的情况下，纵波的速度大于声波，这是由于磁场使等离子体在垂直于磁场方向具有附加的弹性。如果磁化等离子体受到扰动，如在某点(假设为原点)处在任意方向的一个扰动，那么在 xz 平面上这个扰动的波前(行进速度就是相速度，与波矢方向相同)如图 5.16 所示。

2. 磁声波的直观物理图象

我们直接从磁流体方程出发来理解磁场在波动过程中的作用，从法拉第定律和欧姆定律 $\nabla\times\vec{E}=-\partial\vec{B}/\partial t$；$\vec{E}+\vec{\upsilon}\times\vec{B}=0$，则有

$$\frac{\partial\vec{B}}{\partial t}=\nabla\times(\vec{\upsilon}\times\vec{B}) \tag{5.3.33}$$

设扰动为$\vec{\upsilon}=\vec{\upsilon}_1$；$\vec{B}=\vec{B}_0+\vec{B}_1$，则有

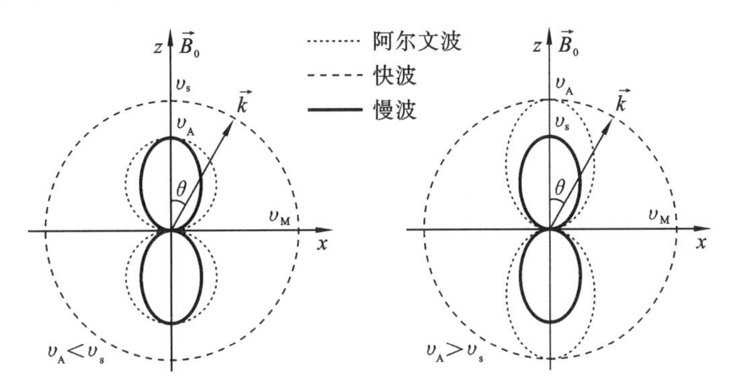

图 5.16　磁流体力学波中三支波的相速度、波矢与 θ 的关系

$$\frac{\partial \vec{B}_1}{\partial t}=(\vec{B}_0\cdot\nabla)\vec{v}_1-(\vec{v}_1\cdot\nabla)\vec{B}_0 \tag{5.3.34}$$

假设扰动为平面波，即 $\exp[i(\vec{k}\cdot\vec{r}-\omega t)]$，则有

$$\vec{B}_1=\vec{B}_0\left(\frac{\vec{k}}{\omega}\cdot\vec{v}_1\right)-\vec{v}_1\left(\frac{\vec{k}}{\omega}\cdot\vec{B}_0\right) \tag{5.3.35}$$

该方程显示了几个矢量之间的关系，显然

① 当 $\vec{k}/\!/\vec{B}_0$；$\vec{k}\perp\vec{v}_1$，$\vec{B}_1=-\frac{k}{\omega}B_0\vec{v}_1$，$\vec{B}_1\perp\vec{B}_0$，对应于阿尔文波（横波）；

② 当 $\vec{k}/\!/\vec{B}_0$；$\vec{k}/\!/\vec{v}_1$，$\vec{B}_1=0$，对应于声波（纵波）；

③ 当 $\vec{k}\perp\vec{B}_0$；$\vec{k}/\!/\vec{v}_1$，$\vec{B}_1=\frac{k}{\omega}v_1\vec{B}_0$，对应于磁声波（纵波）。

我们前面已经对于声波和阿尔文波的物理图像进行了讨论，现在我们来看看磁声波的物理图像。可以看出，磁声波中的扰动磁场平行于主磁场，而波矢垂直于磁场方向传播，引起磁力线的疏密变化（见图 5.17），因此磁声波传播的恢复力除热压力之外，还有磁压力。

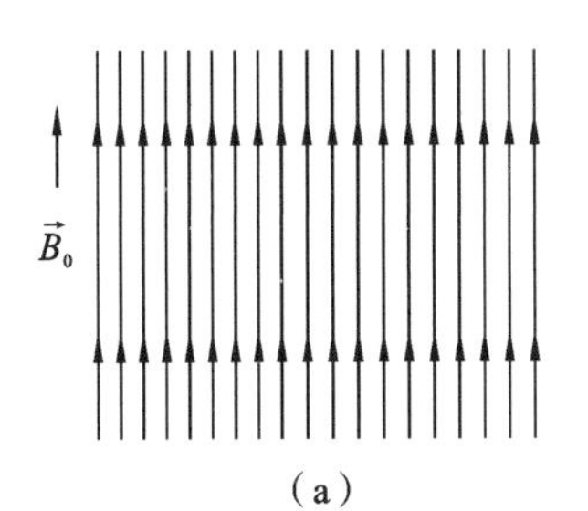

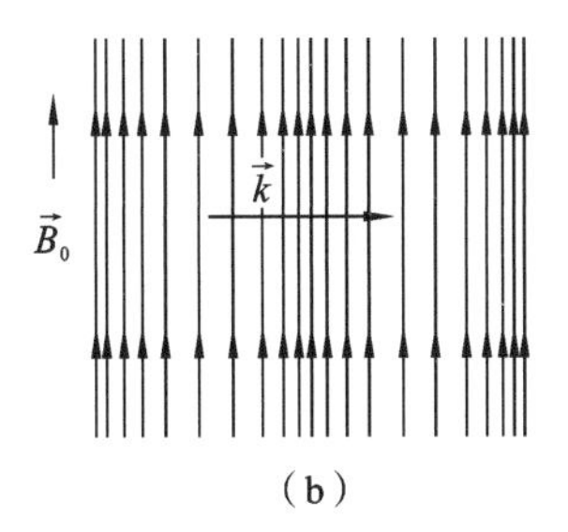

（a）　（b）

图 5.17　磁声波物理图像

(a) 扰动前；(b)扰动后。

值得注意的是：在实际的等离子体中，由于恢复力的复杂性，同时存在热压力和磁应力，当等离子体受到扰动后，会同时激起由热压力产生的声波，由磁张力产生的阿尔文波（横波），以及由热压力和磁压力同时作用产生的磁声波（压缩波）。图 5.18 显示了任意方向上，快波、慢波和斜阿尔文波都是同时存在的。

古人曾认为地球被球状天体包围着，这些球状天体运行过程中会制造美妙的音乐。地球上的人类可以说是生活在一个巨大的乐器之中，这听起来有点不可思议，但是现代科学证实该观点从某种程度上是可信的。地球存在多种声波，当它们穿过太空介质时与压力产生谐振。这些声波并非与地球的声波完全一样，太空中充满等离子体，而不是正常气体，构成带电粒子的不同物质状态将受到电场和磁场的影响，这种类型的交互反应将促进产生等价于等离子体的声波——磁声波(见图 5.19)。

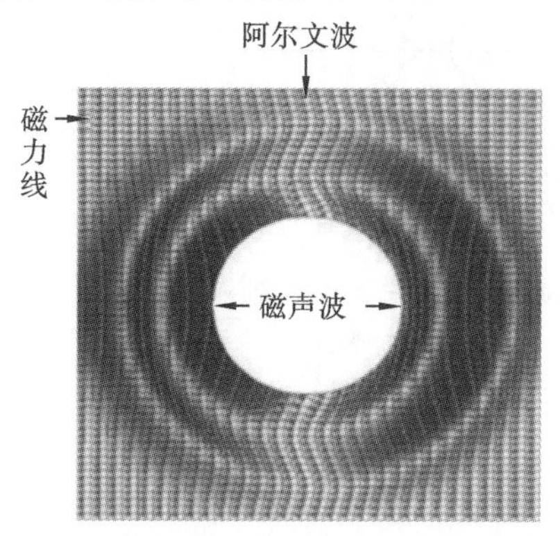

图 5.18 磁流体力学波(来源于网络)

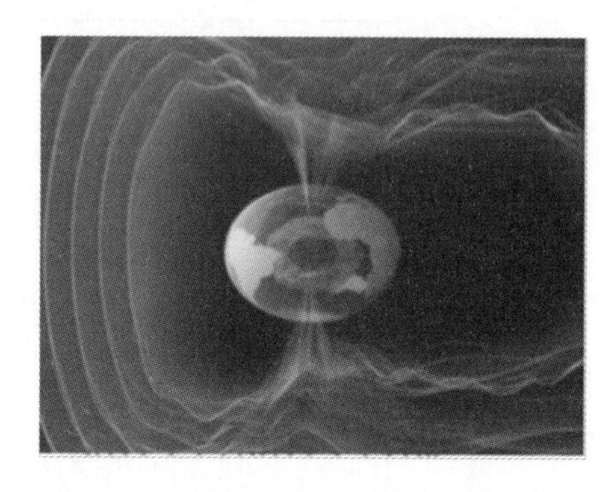

图 5.19 地球磁场中的磁声波(来源于网络)

5.4 非磁化等离子体中的波

5.4.1 电子静电波(朗缪尔波)

我们知道离子的质量远远大于电子的质量，所以电子的运动速度远大于离子的速度，这样我们可以把离子看成是不动的。如果等离子体受到扰动，使得电子与均匀的离子本底有个位移，将会建立电场，它将把电子拉回到原来的位置。由于惯性，电子将冲过平衡位置，并以特征频率围绕它们的平衡轴振荡，这个特征频率被认为是等离子体频率(ω_p)。这个振荡在一定条件下可以在等离子体中传播形成静电波(或称朗缪尔波，有时也称为空间电荷波，如图 5.20(a)所示)。处理朗缪尔波的思路和前面处理阿尔文波一样，不过需要把双流体方程和介质中的麦克斯韦方程组联立，从波动方程出发进行讨论，对方程进行线性化，最后给出色散关系，这种方法简单直观。下面我们研究非磁化等离子体中由电子产生的高频静电波，假设无限大的一维等离子体中不存在磁场，运动比较慢的离子被认为均匀分布固定在空间中。这里我们要讨论的是静电波，所以不考虑对磁场的扰动，显然不使用麦克斯韦方程组(但需要使用泊松方程，因为有电荷分离)。则描述电子静电波的磁流体方程包括：

$$\begin{cases}\dfrac{\partial n_e}{\partial t}+\nabla\cdot(n_e\vec{v}_e)=0\\ n_e m_e\left[\dfrac{\partial\vec{v}_e}{\partial t}+(\vec{v}_e\cdot\nabla)\vec{v}_e\right]=-en_e\vec{E}-\nabla p_e\\ p_e\rho_e^{-\gamma}=\text{const}\\ \nabla\cdot\vec{E}=\dfrac{e}{\varepsilon_0}(n_i-n_e)\end{cases}\tag{5.4.1}$$

假设扰动前等离子体是静止的，即没有运动、没有电场，电子和离子的密度就是等离子体密度 n_0。则扰动后密度、电场和速度分别为：$n_e=n_0+n_{e1}$；$n_i=n_0$；$\vec{E}=\vec{E}_1$；$\vec{v}_e=\vec{v}_{e1}$。把上面的方程线性化。考虑一维运动，略去二阶小量。对状态方程微分后有 $\nabla p_e=\gamma_e k_B T_e \nabla n_e$，则式(5.4.1)化为

$$\begin{cases}\dfrac{\partial n_{e1}}{\partial t}+n_0\dfrac{\partial v_{e1}}{\partial x}=0\\ n_0 m_e\dfrac{\partial v_{e1}}{\partial t}=-en_0E_1-\gamma_e k_B T_e\dfrac{\partial n_{e1}}{\partial x}\\ \dfrac{\partial E_1}{\partial x}=-\dfrac{e}{\varepsilon_0}n_{e1}\end{cases}\tag{5.4.2}$$

对于小振幅扰动，假设小振幅扰动为简谐波形式，即 $A_1\propto e^{i(kx-\omega t)}$，则很容易获得

$$\begin{cases}-i\omega n_{e1}=-n_0 ikv_{e1}\\ -i\omega n_0 m_e v_{e1}=-en_0E_1-\gamma_e k_B T_e ikn_{e1}\\ ikE_1=-\dfrac{e}{\varepsilon_0}n_{e1}\end{cases}\tag{5.4.3}$$

联立三个方程，利用消元法，整理后可得

$$\omega^2=\frac{e^2n_0}{\varepsilon_0 m_e}+\gamma_e k^2\frac{k_BT_e}{m_e}\tag{5.4.4}$$

进一步简化后，上式变为

$$\omega^2=\omega_{pe}^2+\frac{\gamma_e}{2}k^2v_{th}^2\tag{5.4.5}$$

这就是非磁化等离子体中的电子静电波(朗缪尔波)的色散关系，其中，$v_{th}=\sqrt{2k_BT_e/m_e}$ 是电子平均热运动速度，$\omega_{pe}=\left(\dfrac{e^2n_0}{\varepsilon_0 m_e}\right)^{1/2}$ 是电子振荡频率，由于 $v_{th}^2=2\omega_{pe}^2\lambda_{De}^2$，所以色散关系也可以写成

$$\omega^2=\omega_{pe}^2(1+\gamma_e k^2\lambda_{De}^2)\tag{5.4.6}$$

从所得的色散关系可以看出，朗缪尔波的传播是有条件的，即只有当 $\omega>\omega_{pe}$ 朗缪尔波才能传播。但当这个条件不满足时候有 $k\leqslant 0$，所以波是不能传播的。当波的频率增加到接近电子振荡频率的2倍($\omega\approx 2\omega_{pe}$)时，即 $\gamma_e k^2\lambda_{De}^2\approx 1$，进入短波区域，可得相速度为

$$v_p\approx\sqrt{\gamma_e}\,v_{th}\tag{5.4.7}$$

此时波的相速度与电子的热速度很相近 $v_p\sim v_{th}$，结果，波与粒子发生强烈的相互作用，这时，流体理论已经不能处理这类问题，需要等离子体动理学来处理，一般来说短波朗缪尔波是强阻尼的。所以朗缪尔波的传播频率宽度为 $\Delta\omega\approx\omega_{pe}$。

下面我们将对电子静电波的色散关系进行简单讨论。

(1) 当 $k^2\lambda_{De}^2\ll 1$，或 $\lambda_{De}\ll\lambda$，即长波(低频)近似条件下(在冷等离子体极限的条件下，T_e 很小)，或者 $k^2v_{th}^2\to 0$，色散关系变成 $\omega=\omega_{pe}$。电子静电波退化成电子静电振荡，或朗缪尔振荡。振荡很难被认为是一种“正常”的波，因为它不传播能量或信息。等离子体振荡频率是从流体方程获得的，所以上式也是等离子体经典振荡的色散关系。我们注意以下几点：① 由于色散关系中没有波矢 k，所以可以理解为，对于任意的 k，波的频率都取为等离子体振荡频率；② 相速度

可以取任何值；③ 群速度为零。之所以这个振荡不能传播，主要是因为我们没有考虑热运动。

(2) 当 $k^2\lambda_{De}^2 \gg 1$，或 $\lambda_{De} \gg \lambda$，即短波(高频)近似条件下，有

$$v_p = \frac{\omega}{k} = \sqrt{\frac{\gamma_e}{2}} v_{th} \tag{5.4.8}$$

或 $v_p \sim v_{th}$，波的相速度与电子的热速度很相近，结果，波与粒子发生强烈的相互作用，朗缪尔波被阻尼(朗道阻尼，见动理论一章)，所以朗缪尔波的不能传播。

朗缪尔波的色散谱如图 5.20(b)所示。在色散谱上取一点 A，相速度和群速度如图 5.20(b)所示。可以发现，群速度总是小于热运动速度，而相速度总是大于热运动速度。而且还可以看出：① 当波矢 k 趋近于无穷大(大的 k 值，小 λ 值)时，相速度和群速度接近热运动速度，因此信息以近似热速度传播(实际上由于阻尼现象的存在，k 很大时候，朗缪尔波也不能传播)；② 当波矢 k 趋近于无穷小(小的 k 值，大 λ 值)时，尽管 v_p 大于 v_{th}，但群速度很小，信息以远慢于 v_{th} 的速度传播。这是因为在 λ 大时密度梯度小，热运动几乎不携带净动量进入到邻近层中。当波长趋近于无穷时，群速度为零，波就不能传播。

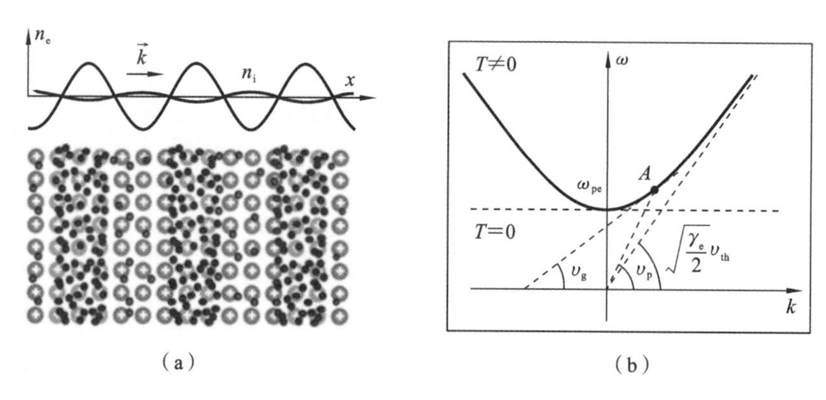

图 5.20　朗缪尔波

(a) 电子静电波-空间电荷波；(b) 电子静电波色散曲线。

5.4.2　离子静电波/声波

前面在讨论朗缪尔波时认为离子的质量无穷大，离子是不移动的，这样所获得的是不包括离子效应的高频波(电子静电波)。实际上离子的质量是有限的，离子移动比较慢，因此离子将对等离子体中的低频波产生影响，离子与高频波之间几乎没有什么关系。

我们知道当磁化等离子体受到扰动时会产生三支磁流体力学波：快波、慢波和阿尔文波(见磁流体力学波一节)，而在沿着磁场的方向只有声波和阿尔文波，这里的声波由离子所产生，是低频波，它是由热压力(离子间的碰撞)作为恢复力进行传播的。但值得注意的是前面讨论时没有考虑电子的作用，由于电子的质量很小，无论是高频或者是低频都会影响到它的运动，因此在描述等离子体中离子所产生的低频波时，必须考虑电子的影响。我们下面就讨论这支低频波，假设没有磁场，不考虑磁场的扰动，显然不需要麦克斯韦方程组。忽略摩擦项后，等离子体双流体方程组变为

$$\begin{cases} \dfrac{\partial n_e}{\partial t}+\nabla\cdot(n_e\vec{v}_e)=0 \\ \dfrac{\partial n_i}{\partial t}+\nabla\cdot(n_i\vec{v}_i)=0 \\ n_e m_e\dfrac{d\vec{v}_e}{dt}+\nabla p_e=-en_e\vec{E} \\ n_i m_i\dfrac{d\vec{v}_i}{dt}+\nabla p_i=en_i\vec{E} \\ p_e\rho_e^{-\gamma}=\text{const} \\ p_i\rho_i^{-\gamma}=\text{const} \\ \nabla\cdot\vec{E}=\dfrac{e(n_i-n_e)}{\varepsilon_0} \end{cases} \tag{5.4.9}$$

设扰动前等离子体密度为 $n_{e0}=n_{i0}=n_0$，扰动前等离子体是静止的，没有电流，且没有电场，扰动后参数为$\vec{v}_e=\vec{v}_{e1}$；$\vec{v}_i=\vec{v}_{i1}$；$n_e=n_{e0}+n_{e1}$；$n_i=n_{i0}+n_{i1}$；$\vec{E}=\vec{E}_0+\vec{E}_1$。首先对状态方程微分后有$\nabla p_e=\gamma_e k_B T_e\nabla n_e$，$\nabla p_i=\gamma_i k_B T_i\nabla n_i$，然后代入运动方程。再把扰动后物理量代入双流体方程，略去二阶小量，同时由于电子质量小，忽略电子惯性项，所以电子连续性方程也不需要（我们只关心离子产生的低频波，所以当电子惯性项被忽略后，电子的扰动速度不是我们所关心的，这样连续性方程就没有必要了）。则扰动后方程组变成（考虑一维情况）

$$\begin{cases} \dfrac{\partial n_{i1}}{\partial t}+n_0\dfrac{\partial v_{i1}}{\partial x}=0 \\ \gamma_e k_B T_e\dfrac{\partial n_{e1}}{\partial x}+en_0E_1=0 \\ n_0 m_i\dfrac{\partial v_{i1}}{\partial t}+\gamma_i k_B T_i\dfrac{\partial n_{i1}}{\partial x}-en_0E_1=0 \\ \dfrac{\partial E_1}{\partial x}=\dfrac{e(n_{i1}-n_{e1})}{\varepsilon_0} \end{cases} \tag{5.4.10}$$

对于小振幅扰动，假设小振幅扰动为简谐波形式，即 $A_1\propto e^{i(kx-\omega t)}$，则方程(5.4.10)线性化后很容易获得

$$\begin{cases} -i\omega n_{i1}+in_0kv_{i1}=0 \\ i\gamma_e k_B T_e k n_{e1}+en_0E_1=0 \\ -in_0m_i\omega v_{i1}+i\gamma_i k_B T_i k n_{i1}-en_0E_1=0 \\ ikE_1=e(n_{i1}-n_{e1})/\varepsilon_0 \end{cases} \tag{5.4.11}$$

利用消元法，容易得到

$$\left[\omega^2-k^2\frac{\gamma_i k_B T_i}{m_i}-k^2\frac{\gamma_e k_B T_e}{m_i(1+\gamma_e k^2\lambda_{De}^2)}\right]n_{i1}=0 \tag{5.4.12}$$

其中 λ_{De}是电子的德拜长度，这个方程有非平凡解的条件是系数为零，即有

$$\omega^2-k^2\frac{\gamma_i k_B T_i}{m_i}-k^2\frac{\gamma_e k_B T_e}{m_i(1+\gamma_e k^2\lambda_{De}^2)}=0 \tag{5.4.13}$$

整理后可得离子产生的低频波的色散关系为

$$\frac{\omega^2}{k^2}=\frac{\gamma_i k_B T_i}{m_i}+\frac{\gamma_e k_B T_e}{m_i(1+\gamma_e k^2\lambda_{De}^2)} \tag{5.4.14}$$

显然产生低频波的恢复力有两个：一个是离子的热压力(上式右边第一项)，另一个与静电场有关(上式右边第二项，该项是一个奇怪的组合，分子是电子的热运动能量；分母 m_i 是离子质量，而 λ_{De} 是静电屏蔽范围，下面我们会分析它的物理意义)。和电子静电波类似，离子静电波也可以称为空间电荷波(见图 5.21(a))。

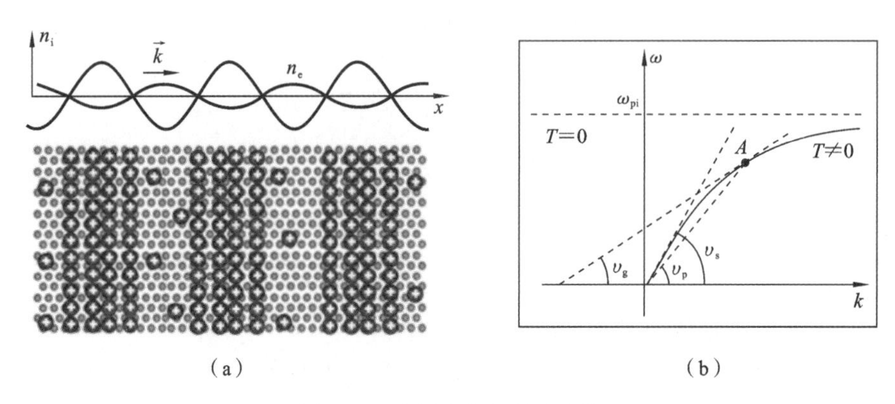

图 5.21　离子静电波示意曲线

(a) 离子静电波-空间电荷波；(b) 离子静电波(声波)色散曲线。

【讨论】(1) 当 $k^2\lambda_{De}^2\ll1$，或 $\lambda_{De}\ll\lambda$，即长波(低频)近似条件下，色散关系变为

$$\frac{\omega^2}{k^2}=\frac{\gamma_i k_B T_i}{m_i}+\frac{\gamma_e k_B T_e}{m_i} \tag{5.4.15}$$

该方程表示的是离子声波的色散关系，此时相当于电子被德拜屏蔽后，离子几乎感知不到电子电势的存在，这时等离子体可近似看成由离子构成的没有电场的气体，所以这时的波就是离子声波。定义离子的声速

$$v_s=\sqrt{\frac{\gamma_i k_B T_i}{m_i}+\frac{\gamma_e k_B T_e}{m_i}} \tag{5.4.16}$$

离子声波的色散关系

$$\omega^2=k^2v_s^2 \tag{5.4.17}$$

与中性气体声波相速 $v_s=\sqrt{\frac{\gamma p_0}{\rho_0}}=\sqrt{\frac{\gamma k_B T}{m}}$ 相比较，我们发现当气体温度趋于零时，中性气体中声波不存在；而等离子体离子温度为零时，离子声波仍然存在。考虑到对于低频波，电子的压缩过程是等温的，取 $\gamma=1$，当 $T_i=0$ 时离子声速为

$$v_s=\sqrt{\frac{k_B T_e}{m_i}} \tag{5.4.18}$$

注意公式中的质量为离子质量，而分子却是与电子热运动速度有关的量，如何理解呢？从离子声速表达式可以看出，在等离子体中驱动离子声波有两种力：离子的热压力和电荷分离的静电力。当等离子体中离子受到低频扰动而形成稠密和稀疏的区域时，一方面由于离子的热运动使离子扩散，这对应于 v_s 式(5.4.16)的第一项，这一项与中性气体驱动力是类似的。另一方面，从电子和离子运动方程可以看出，声速式(5.4.16)中的第二项是由电场力引起，当等离子体出现扰动，电子运动较快，某一区域会出现离子过剩，而离子的过剩会产生电场，这个电场又受到周围电子的屏蔽，然而这个屏蔽效应是不完全的，还有量级为 T_e/e 的电势泄漏出来，这对

应于第二项。这个电场作用在离子上使离子由稠密区向稀疏区运动。值得注意的是，从电子的运动方程(5.4.10)可以看出，这个过程中所产生的电场与电子的热压力是平衡的，所以这里的离子波叫声波，而非静电波。一般的试验条件下，德拜长度非常小，所以对于波长远大于德拜长度的低频波，等离子体会出现离子声波。

(2) 当 $k^2\lambda_{De}^2 \gg 1$，或 $\lambda_{De} \gg \lambda$，即短波(高频)近似条件下，有

$$\omega^2 = k^2 \frac{\gamma_i k_B T_i}{m_i} + \frac{k_B T_e}{m_i \lambda_{De}^2} \tag{5.4.19}$$

或

$$\omega^2 = \omega_{pi}^2 + \frac{1}{2} k^2 \gamma_i v_{thi}^2 \tag{5.4.20}$$

这就是在短波近似条件下离子静电波的色散关系，和在长波近似条件下获得的电子静电波的色散关系形式一样。

离子静电波的色散谱如图 5.21(b)所示。在色散谱上取一点 A，相速度和群速度如图所示。可以发现，群速度和相速度总是小于离子声速。当波矢 k 趋近于无穷时，即为高频，离子可以看成不动，即 $T=0$，群速度接近零。在小的 k 值(大 λ 值)时，群速度和相速度都接近于离子声速，信息以声速传播。

比较一下离子静电波和朗缪尔波的色散谱(见图 5.22)。朗缪尔波或者电子静电波的色散关系，小 k 值静电波基本上是恒频的(ω_{pe})，而大 k 值时变成恒速的(v_{th})；离子静电波的色散关系，小 k 静电波基本上是恒速的(v_s)，存在大的 k 值时变成恒频的(ω_{pi})。在 ω_{pi} 和 ω_{pe} 之间的区域任何静电波都不能传播(禁带)，另外在 $k^2\lambda_{De}^2 \approx 1$ 区域电子静电波不能传播(朗道阻尼)，在 $k^2\lambda_{De}^2 \gg 1$ 区域离子声波(静电波)也不能传播(变成振荡)。

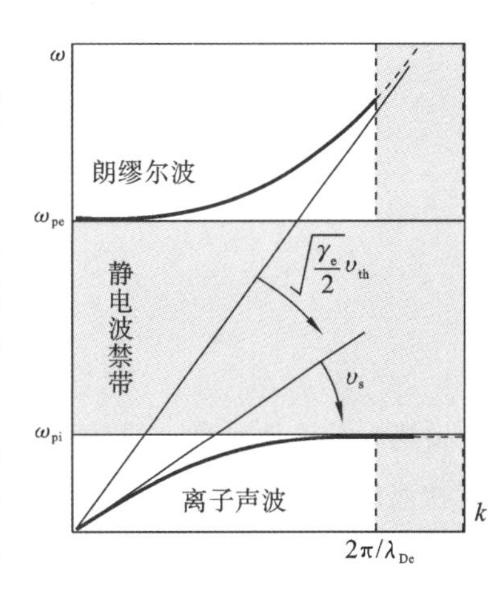

图 5.22　电子和离子静电波色散关系比较

离子波和电子波的色散曲线有根本的差异，小波数低频扰动电子看成是均匀的；大波数高频扰动离子看成是均匀的。电子波是高频波，离子由于质量大不能响应，电子是在静止的离子的背景上做振荡，通过电子热压力传播出去。离子波是低频波，离子是在动态均匀的电子背景上做振荡，通过离子热压力传播出去。离子波是由于受到低频扰动产生的电荷分离(没有碰撞)，电荷分离建立的电场使得离子振荡；电子对于这种扰动也有响应，但是这种电荷分离产生的电场被电子的热压力所抵消，换句话说，这个电场不会引起电子振荡，另一方面电子质量小，运动快，在离子振荡一个周期内，可以把电子看成是均匀的。无论是电子或者离子，扰动电场产生振荡，热压力使振荡传播。电子静电波在短波长无法传播，而离子静电波在长波无法传播。

5.4.3　电磁波

上面我们讨论了当处于平衡态的非磁化等离子体受到扰动，就会出现电荷分离，产生静电场 $\vec{E}_1$，从而出现电子静电波和离子静电波。显然，扰动场 $\vec{E}_1$ 除了诱发两支静电波外，还可以

产生高频电磁波，因为扰动电场 $\vec{E}_1$ 必然产生扰动磁场 $\vec{B}_1$。它们通过电磁感应的方式在等离子体中传播，并且可以脱离等离子体而传播开去。这一点与前面讨论的静电波不同，静电波是纵波，它不能脱离等离子体而存在。下面我们将讨论这一支电磁波。

电磁波是横波，其传播方向 k 与电场和磁场垂直（见图 5.23）。对于非磁化等离子体，可以不考虑零级磁场所以（$\vec{B}_0=0$）。对于高频电磁波，可以忽略离子的运动（$\vec{v}_i=0;n_i=n_e=n_0$）。讨论电磁波时不考虑电子密度的变化，所以不需要连续性方程（实际上可以不考虑热压力项），显然也不需要泊松方程。描述非磁化等离子体中的高频电磁波的方程组为

$$\begin{cases}\nabla\times\vec{E}=-\dfrac{\partial\vec{B}}{\partial t}\\[2mm]\nabla\times\vec{B}=\mu_0\vec{j}+\dfrac{1}{c^2}\dfrac{\partial\vec{E}}{\partial t}\\[2mm]nm_e\dfrac{\mathrm{d}\vec{v}_e}{\mathrm{d}t}+\nabla p_e=-en\vec{E}\\[2mm]\vec{j}=-en_0\vec{v}_e\end{cases}\tag{5.4.21}$$

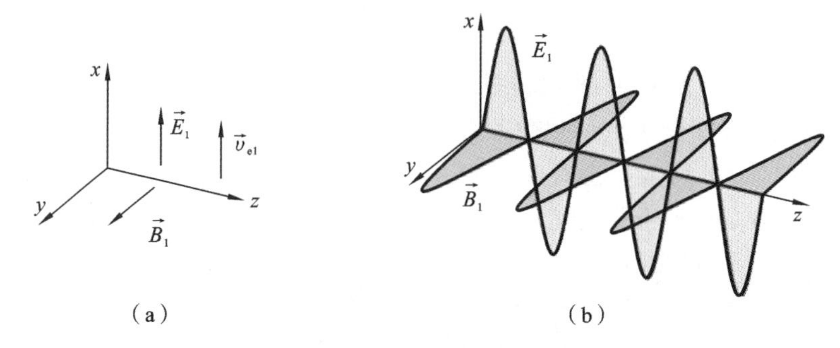

图 5.23　非磁化等离子体中扰动矢量关系图

设扰动前流体是静止的，即没有运动、压强是均匀的、没有电流、没有电场和磁场，因此扰动后物理量为$\vec{v}_e=\vec{v}_{e1}$，$\vec{j}=\vec{j}_1$，$\vec{E}=\vec{E}_1$，$\vec{B}=\vec{B}_1$，$p_e=p_{e0}+p_{e1}$，各扰动量之间关系如图 5.23 所示，代入式(5.4.21)后，忽略二级小量，有

$$\begin{aligned}\nabla\times\vec{E}_1&=-\frac{\partial\vec{B}_1}{\partial t}\\\nabla\times\vec{B}_1&=-\mu_0en_0\vec{v}_{e1}+\mu_0\varepsilon_0\frac{\partial\vec{E}_1}{\partial t}\\n_0m_e\frac{\mathrm{d}\vec{v}_{e1}}{\mathrm{d}t}+\nabla p_{e1}&=-en_0\vec{E}_1\end{aligned}\tag{5.4.22}$$

注意：由于电磁波是横波，扰动量（速度、电场和磁场）都垂直于波矢，而热应力梯度平行于波矢，所以在垂直波失方向上，梯度为零（也可以认为热压力对电磁波没有贡献，所以不考虑热压力）。对方程(5.4.22)中的安培定律对时间求导，在联立几个方程，即得

$$-\nabla\times(\nabla\times\vec{E}_1)-\mu_0\varepsilon_0\frac{\partial^2\vec{E}_1}{\partial t^2}=\frac{\mu_0e^2n_0\vec{E}_1}{m_e}\tag{5.4.23}$$

这就是电场的波动方程。

取扰动量为平面波形式，对于小振幅扰动，假设小振幅扰动为简谐波形式，即 $A_1\propto$

$e^{i(\vec{k}\cdot\vec{r}-\omega t)}$，如果把扰动量直接代入方程(5.4.22)，可得几个扰动矢量之间的关系(见图 5.23(a))。把扰动量代入方程(5.4.23)，则很容易获得

$$k^2E_1-\omega^2\mu_0\varepsilon_0E_1=-\frac{\mu_0e^2n_0E_1}{m_e}$$

这个方程有非平凡解的条件是系数为零，即有

$$\omega^2=k^2c^2+\omega_{pe}^2 \tag{5.4.24}$$

这就是非磁化等离子体中电磁波的色散关系。电磁波(见图 5.23(b))的相速度为

$$v_p^2=c^2+\frac{\omega_{pe}^2}{k^2} \tag{5.4.25}$$

显然，电磁波的相速度大于光速($v_p\geqslant c$)，当 $k\to\infty$ 接近光速。电磁波的群速度为

$$v_g=c^2/v_p \tag{5.4.26}$$

该速度小于光速。

电磁波与电子静电波的色散关系相似(图 5.24(a))，但是，色散关系实际上是非常不同的(图 5.24(b))。大波数 k，电磁波以接近速度 c 传播，远大于电子静电波的热速度 v_{th}。更重要的区别是，对于短波(大波数 k)，根据动理学理论，电子静电波是强阻尼的，而这时电磁波变成普通光波，其传播特性就像在真空中一样，等离子体的存在好像对它不产生任何影响。由上面分析我们可以看出，当等离子体受到扰动，在等离子体中会出现扰动电场，这个电场可以引起静电波和一支电磁波。

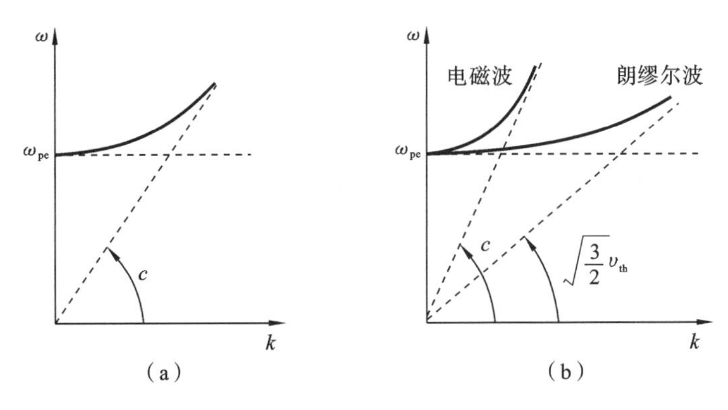

图 5.24　电磁波和电子静电波的色散

(a) 非磁化等离子体中电磁波色散曲线；(b) 电磁波与静电波色散关系比较。

5.4.4　电磁波的截止现象

如果令 $N=ck/\omega$ 为等离子体折射率，则非磁化等离子体中电磁波的色散关系式(5.4.25)也可以写成

$$N^2=1-\omega_{pe}^2/\omega^2 \tag{5.4.27}$$

图 5.25 显示的是色散关系式(5.4.27)、式(5.4.25)和式(5.4.26)。显然从式(5.4.27)可以看出，当 $\omega<\omega_{pe}$ 或者 $\omega/\omega_{pe}<1$ 时，$N^2<0$(折射率或者波矢为虚数)，波就不能传播，这些频率范围称为禁止带，其他区域波是可以传播，称为传播带(见图 5.25)。图 5.26(b)同时展现了等离子体中电磁波群速和相速与光速之间的关系。

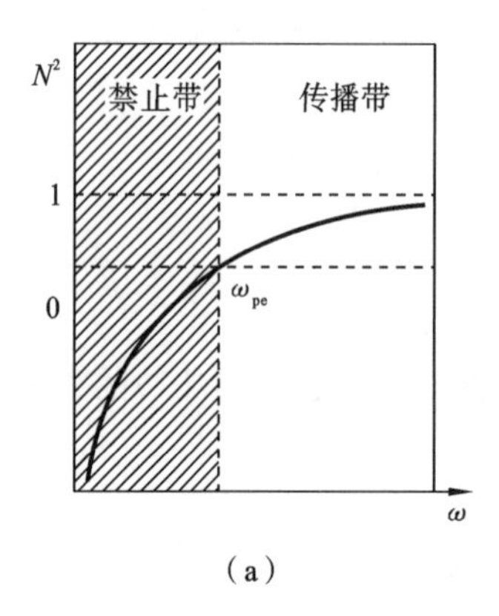

(a)

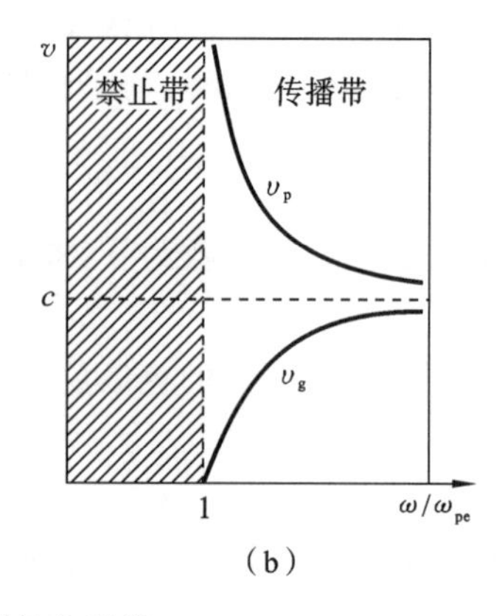

(b)

图 5.25　电磁波色散谱

(a) $N^2 \sim \omega$ 关系；(b) 群速和相速 $v \sim \omega/\omega_{pe}$ 关系。

当 $\omega < \omega_{pe}$ 电磁波不能传播这种现象称为截止现象。当一束频率为 ω 的电磁波(值得说明的是，这里的电磁波也可以是等离子体自身受到扰动所产生的电磁波)由真空入射到由边缘向里密度不断增加的非均匀等离子体时(见图5.26)，随着波向里传播，$\omega_{pe} = \left(\dfrac{n_0 e^2}{\varepsilon_0 m_e}\right)^{1/2}$ 随着等离子体密度的增加而不断增大，而 k^2 越来越小，深入到等离子体一定距离，该点的密度使得 $\omega = \omega_{pe}$ 时，k 等于零，这是个临界点。若继续深入，密度继续增加，使得 $\omega < \omega_{pe}$ 时，k 变成虚数，波不能传播。所以电磁波从满足 $\omega = \omega_{pe}$ 的那个临界点开始就不能传播了。满足 $\omega = \omega_{pe}$ 的等离子体密度称为临界密度，其表达式为

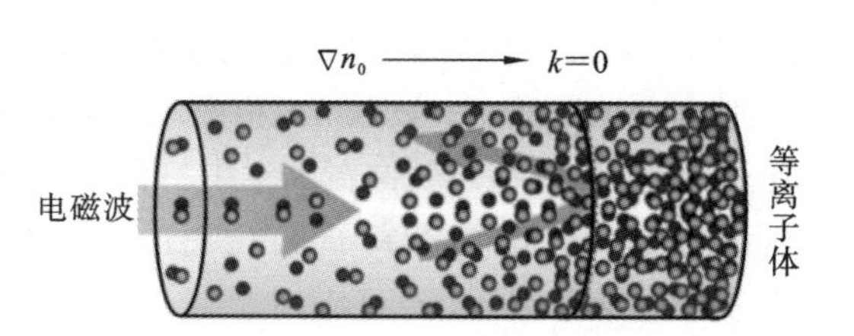

图 5.26　等离子体中电磁波截止现象示意图

$$n_c = \frac{\varepsilon_0 m_e \omega^2}{e^2} \tag{5.4.28}$$

显然，对于一定频率的电磁波，它只能在 $n < n_c$ 的等离子体中传播。如果频率可变，则仅当 $\omega > \omega_{pe}$ 时，电磁波才能传播，$\omega < \omega_{pe}$ 不能传播，$\omega = \omega_{pe}$ 称为截止频率。当 $\omega/\omega_{pe} \leqslant 1$ 电磁波不能传播，所以称为禁止带；而电磁波 $\omega/\omega_{pe} > 1$ 可以传播，称为传播带(见图 5.25(b))。对于大多数实验室等离子体，截止频率处于微波区域。为什么 $k<0$ 的波不能传播？根据色散关系(5.4.24)可知，如果 $\omega < \omega_{pe}$，这时波数 k 为虚数，即

$$k = \mathrm{i}\omega_{pe}/c(1 - \omega^2/\omega_{pe}^2)^{1/2} = \mathrm{i}\alpha \tag{5.4.29}$$

则有

$$E(x,t) = E_0 \mathrm{e}^{\mathrm{i}(kx - \omega t)} = E_0 \mathrm{e}^{-\alpha x} \mathrm{e}^{-\mathrm{i}\omega t} \tag{5.4.30}$$

波随空间坐标指数衰减，所以不能传播。当入射波的振幅衰减到原值的 $1/e$ 时的厚度为反射趋肤深度，以 δ 表示，可得

$$\delta = \frac{1}{\alpha} = \frac{c}{\omega_{pe}}\left(1 - \frac{\omega^2}{\omega_{pe}^2}\right)^{-1/2} \tag{5.4.31}$$

如何理解电磁波在等离子体中的截止现象？从经典物理角度理解：一个频率为 ω 的电磁

波传入等离子体，其电矢量会在等离子体中激发频率为 ω_{pe} 的等离子体振荡，从而电磁波消耗一部分能量，剩下的能量才有可能继续传播。如果电磁波的能量都被等离子体振荡吸收了（$\omega=\omega_{pe}$），就无法在等离子体中传播，如果 $\omega<\omega_{pe}$，电磁波能量不足以激发一个等离子体振荡，这时电磁波就会被反射。

从量子力学角度理解：就是一个频率为 ω（能量为 $\hbar\omega$）的光子（photon）射入等离子体，要先激发一个频率为 ω_{pe}（能量为 $\hbar\omega_{pe}$）的"等离子激元"（plasmon），然后其余下的能量才能继续传播。如果这个光子的能量不足以激发一个"等离子激元"，就会被反射回来。根据不确定原理，这个光子在传播方向上的不确定性可以用 $\Delta x\Delta p\sim\hbar$ 或 $\Delta x\Delta p\sim 1$ 表示，即 $\Delta x\sim\lambda\sim c/\omega\sim c/\omega_{pe}$（$\lambda$ 是电磁波的波长）。这个"不确定性"正是所谓"趋肤深度"。

5.4.5　补充知识：电磁波色散关系及截止现象的相关应用

1. 利用电磁波色散关系和截止现象诊断等离子体密度

假设一束电磁波（$E_0 e^{i(kx-\omega t)}$）穿越宽度为 l 等离子体后，电磁波的相位变化为 $\Delta\varphi=kl$。由 $N=ck/\omega$，可以把相位变化表示为 $\Delta\varphi=\omega Nl/c$，根据式（5.4.27）可得

$$\Delta\varphi=l\omega\sqrt{1-\omega_{pe}^2/\omega^2}/c$$

只要测出电磁波经过等离子体的相位变化 $\Delta\varphi$，就可以计算出等离子体的振荡频率 ω_{pe}，而 $\omega_{pe}^2=n_0e^2/m_2\varepsilon_0$，最终可以计算出等离子体的密度 n_0。$\Delta\varphi$ 的测量一般使用微波干涉技术，如图 5.27（a）所示，利用两束微波，一束经过等离子体，一束作为参考束，两束微波干涉后，测出干涉条纹的变化即可确定 $\Delta\varphi$。

也可以利用透射法直接测量等离子体振荡频率 ω_{pe}。如图 5.27（b）所示，由天线发射一束微波穿越等离子体，假设发射天线由小及大连续改变微波频率，此时由于 $\omega<\omega_{pe}$，微波在等离子体中是不能传播，微波被反射后进入接收天线。当发射频率增加到 $\omega=\omega_{pe}$，继续增加满足条件 $\omega>\omega_{pe}$ 时，电磁波就可以在等离子体中传播，接收天线就接收不到微波信号。根据条件 $\omega=\omega_{pe}$，就可以测量出等离子体的密度 n_0。

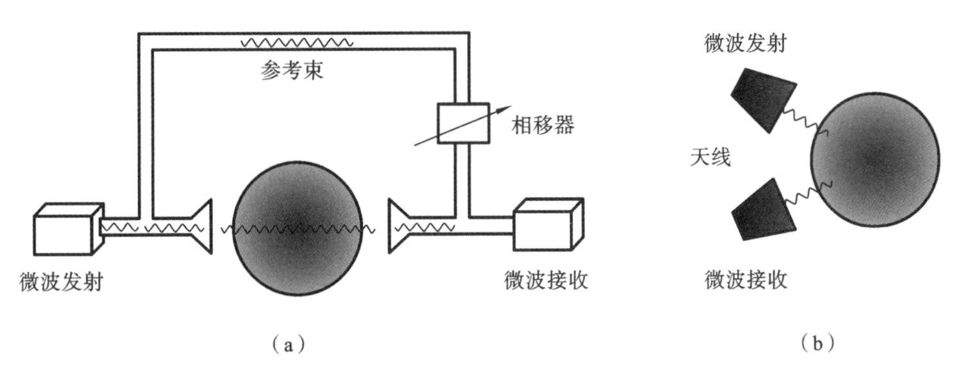

图 5.27　诊断等离子体密度

（a）微波干涉法测量等离子体密度；（b）利用截止现象测等离子体密度示意图。

2. 短波通信问题

根据电磁波在等离子体中传播的截止现象，地面之间的短波通信频率（利用电离层反射，

见图 5.28(a))要求满足条件 $f<f_{pe}$,其中 f_{pe} 为电离层等离子体振荡频率。如考虑到其他因素,最高可用的地面通信频率是 30 MHz 及以下频率。而地面与卫星之间的通信,要求穿透电离层到达外层空间,所以要求信号频率 $f>f_{pe}$,约高于 30 MHz。电视频段满足这个要求,电视信号能够穿透电离层而到达外层空间而被通信卫星接收,然后再向地球转发。实际短波通信还会受到诸多因素的影响:因为电离层、电子密度等是随着太阳的辐射、昼夜、季节、地理位置等改变而改变,而且太阳黑子、磁暴等对电离层也有影响。图 5.28(b)显示的是不同海拔高度等离子体频率的变化情况,同时给出各种电磁波的截止和反射情况。

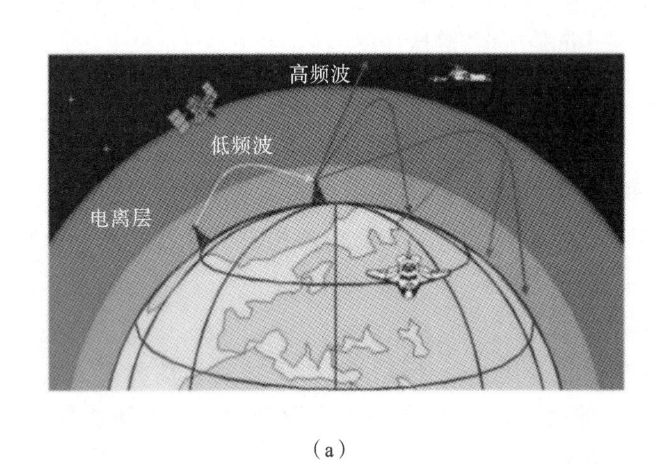

(a)

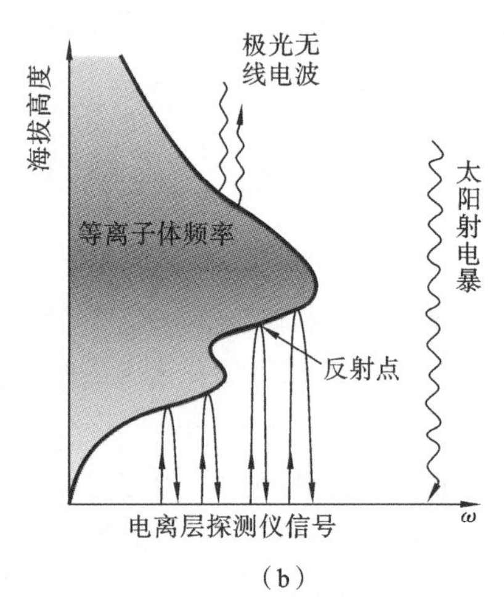

(b)

图 5.28 短波通信

(a) 电离层与空间通讯;(b) 电离层等离子体频率分布与电磁波传播。(来源于网络)

3. 电子回旋共振放电过程中微波传输问题

电子回旋共振(ECR)放电(图 1.9)通常使用的微波频率为 $f_{ECR}=2.45$ GHz,再外加一个磁场使电子回旋频率与外加微波频率共振,很容易算出磁场的磁感应强度为 875 G。根据电磁波在等离子体中的截止现象,利用式(1.6.6),可以计算出这个微波能够传播的等离子体密度为

$$n=(f_{ECR}/9)^2\times10^{12}\ \text{cm}^{-3}\approx7.4\times10^{10}\ \text{cm}^{-3}$$

这个频率显然和实际放电参数不一致,在实际的 ECR 放电中,等离子体的密度范围为($10^8\sim10^{14}$ cm^{-3}),那么 f_{ECR} 如何能在 $n>10^{10}$ cm^{-3} 的等离子体中传播呢?这里我们要实际考虑一下实验装置的尺寸和微波的波长,微波的波长为 12.2 cm,而实际实验装置的尺寸大约在 10 cm 范围(小于一个波长),所以这个范围的等离子体属于在微波近场。这种条件下不受以上截止条件的限制。

4. 金属为什么多是亮晶晶,古时候镜子是什么做的?

因为固体金属里的自由电子密度很高,所以其对电磁波的截止频率大都在紫外的范围,对整个可见光谱都是反射的。固体金属里的自由电子密度是$10^{22}\sim10^{23}$ cm^{-3},对应的等离子体频率 f_{pe}大约在10^{16} Hz 的范围,在紫外的频谱区。所以一般的固体金属对整个可见光谱($\sim10^{14}$ Hz)都是"截止"的。古代镜子多数为铜镜,而秦时有金镜,汉时有铁镜,晋时有银华镜,清代以后才出现了玻璃镜。铜镜也是利用截止这一简单原理。

5.5　磁化等离子体中的波

上一节我们介绍了非磁化等离子体中的波，共有三类波：静电波、应力波和电磁波，对应的恢复力分别是：静电力和热应力。如果在此基础上施加一磁场 $\vec{B}_0$ 于等离子体上，会有什么波产生呢？很显然，磁场的出现使得电荷的受力情况发生变化，新出现的一个力：洛伦兹力，也将参与影响等离子体中的波。磁场的出现使恢复力变成为静电力、热应力和磁应力，所以波的种类仍然是三类：静电波、应力波和电磁波，不过每一类波变得复杂起来。由于磁应力对应的阿尔文波和磁声波(包括快波和慢波)已经在前面讨论过，这里我们只讨论静电波和电磁波。

我们注意到在磁化等离子体中有三个重要的物理量：磁场 $\vec{B}_0$、扰动电场 $\vec{E}_1$ 和波矢 $\vec{k}$。为了以后讨论方便，这里先用一些简单的名词来描述这几个矢量之间的关系(图 5.29 显示了几个矢量之间的一种关系)。用“平行”和“垂直”两词将被用来表示波矢 $\vec{k}$ 相对于未扰动磁场 $\vec{B}_0$ 的方向；而用“纵向”和“横向”两词用于指出波矢 $\vec{k}$ 与扰动电场 $\vec{E}_1$ 之间的关系。假设未扰动磁场不随时间和空间变化，由法拉第定律可以获得扰动电场和磁场之间的关系为

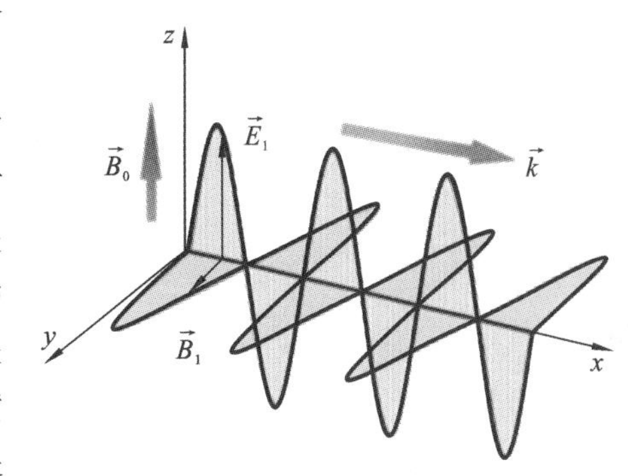

图 5.29　磁化等离子体中的几个关键矢量

$$\nabla\times\vec{E}_1=-\partial\vec{B}_1/\partial t \tag{5.5.1}$$

设扰动用简谐平面波形式(即 $A_1\propto e^{i(\vec{k}\cdot\vec{r}-\omega t)}$)，则容易得到

$$\vec{k}\times\vec{E}_1=\omega\vec{B}_1 \tag{5.5.2}$$

① 若 $\vec{B}_1=0$，则有 $\vec{k}/\!/\vec{E}_1$，该波是纵波，即静电波；② 若 $\vec{B}_1\neq0$，则有 $\vec{B}_1\perp\vec{E}_1$，$\vec{B}_1\perp\vec{k}$，再若 $\vec{k}\perp\vec{E}_1$，该波是横波，即电磁波。

当然不是所有波都能用上述术语表示，当波与磁场成某一角度传播时，就既不是平行的也不是垂直的，对这类波，在小扰动近似下可看成是沿着磁场和垂直磁场传播的两种波的叠加。

5.5.1　垂直于磁场的静电电子振荡和高混杂波

由于平行于磁场方向的静电波和我们前面讨论的非磁化情况一样，这里就只讨论垂直于磁场的高频静电波。磁场 $\vec{B}_0$ 垂直于的电子振荡，由于考虑的是静电波，所以不考虑扰动磁场(即 $\vec{B}_1=0$)，不使用麦克斯韦方程组。由于离子质量大，对高频振荡不能响应，所以可以忽略离子的运动，把离子看成固定的正电荷本底，离子密度为等离子体密度 $n_i=n_0$。首先忽略热运动，于是描述高频静电振荡的磁流体方程组为

$$\begin{cases}\dfrac{\partial n_e}{\partial t}+\nabla\cdot(n_e\vec{v}_e)=0\\[2mm] n_e m_e\left[\dfrac{\partial\vec{v}_e}{\partial t}+(\vec{v}_e\cdot\nabla)\vec{v}_e\right]=-en_e(\vec{E}+\vec{v}_e\times\vec{B})\\[2mm] \nabla\cdot\vec{E}=\dfrac{e(n_0-n_e)}{\varepsilon_0}\end{cases} \tag{5.5.3}$$

与非磁化等离子体中情况相比，多了磁场引起的洛伦兹力项。考虑 $\vec{k}/\!/\vec{E}_1$ 的纵波，选择 x 轴在 $\vec{k}$ 和 $\vec{E}_1$ 方向，z 轴在 $\vec{B}_0$ 方向，如图 5.30(a)所示。设扰动前流体是静止的，即没有运动、没有电流，且没有电场，不考虑扰动磁场，未扰动密度不随时间和空间变化，即 $\vec{v}_e=\vec{v}_{e1}$；$n_e=n_{e0}+n_{e1}$；$\vec{E}=\vec{E}_1$；$\nabla n_0=0$；$\partial n_0/\partial t=0$，代入方程(5.5.3)，忽略二阶小量，则线性化方程组为

$$\begin{cases}\dfrac{\partial n_{e1}}{\partial t}+n_0\nabla\cdot\vec{v}_{e1}=0\\ m_e\dfrac{\partial\vec{v}_{e1}}{\partial t}=-e(\vec{E}_1+\vec{v}_{e1}\times\vec{B}_0)\\ \nabla\cdot\vec{E}_1=-\dfrac{e}{\varepsilon_0}n_{e1}\end{cases}\tag{5.5.4}$$

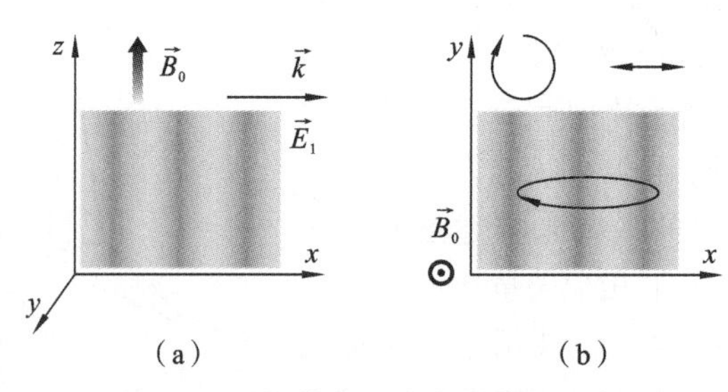

图 5.30　磁化等离子体中的高频混杂波

假设小振幅扰动为简谐波形式，即 $A_1\propto e^{i(\vec{k}\cdot\vec{r}-\omega t)}$，为方便起见去掉下标 e，则很容易获得

$$\begin{cases}-i\omega n_1+in_0\vec{k}\cdot\vec{v}_1=0\\ -i\omega m\vec{v}_1=-e(\vec{E}_1+\vec{v}_1\times\vec{B}_0)\\ i\vec{k}\cdot\vec{E}_1=-en_1/\varepsilon_0\end{cases}\tag{5.5.5}$$

根据坐标及波的传播方向，波矢和电场都沿着 x 方向，将方程写成分量形式

$$\begin{cases}-i\omega n_1+in_0kv_{1x}=0\\ -i\omega mv_{1x}+eE_{1x}+ev_{1y}B_0=0\\ -i\omega mv_{1y}-ev_{1x}B_0=0\\ ikE_{1x}+en_1/\varepsilon_0=0\end{cases}\tag{5.5.6}$$

把方程(5.5.6)中的第二和第三个方程联立后容易得到

$$v_{1x}=\frac{eE_{1x}}{im\omega(1-\omega_{ce}^2/\omega^2)}\tag{5.5.7}$$

其中，$\omega_{ce}=eB_0/m$ 是电子回旋频率。显然，当 $\omega=\omega_{ce}$ 时，v_{1x} 变成无穷大，且电场随 v_{1x} 改变符号，连续不断加速电子(见图5.31)，这就是电子回旋共振。方程(5.5.7)与方程(5.5.6)联立后容易得到

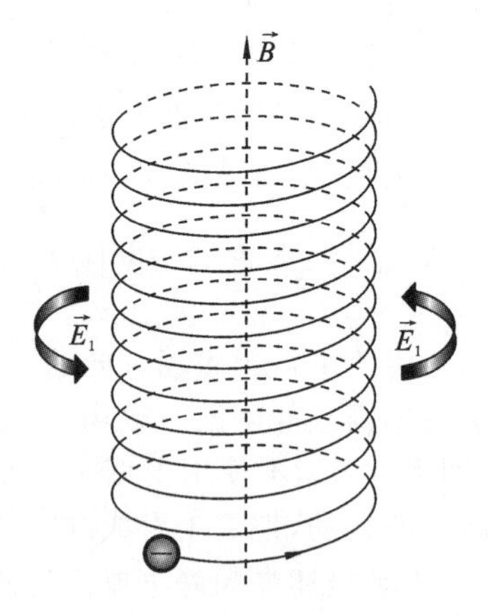

图 5.31　电子的回旋共振

$$\left(1-\frac{\omega_{ce}^2}{\omega^2}\right)E_1=\frac{\omega_{pe}^2}{\omega^2}E_1\tag{5.5.8}$$

因此，垂直于磁场的静电电子振荡色散关系是

$$\omega^2=\omega_{pe}^2+\omega_{ce}^2=\omega_h^2\tag{5.5.9}$$

ω_h 称为高混杂频率，式(5.5.9)也称高混杂波静电振荡的色散关系。等离子体对于垂直于磁

场的扰动的相应是一个频率为 ω_h 的振荡，这个频率就称为高混杂频率，也称为上杂化频率，穿过 $\vec{B}$ 传播的静电电子波具有这个频率，由于忽略了热运动，所以高混杂波静电波群速度为零，波不能传播。而沿着 $\vec{B}$ 传播的高频静电波与磁场为零时候一样，即频率为 $\omega=\omega_{pe}$ 的静电振荡。

高混杂波静电振荡的物理图像：在没有外磁场时，若等离子体中电子受到 x 方向的扰动而造成电荷分离，则在扰动电场作用下，电子在平衡位置附近以频率 ω_{pe} 振荡，其轨道是一条直线。由于振荡，电子形成压缩和稀松的区域。现在引入垂直于粒子运动方向的外磁场，洛伦兹力将使电子运动有沿 y 方向的分量，电子轨道变成了椭圆(见图 5.29(b))。这时作用在电子上有两种恢复力：静电力和洛伦兹力。恢复力增加使频率大于等离子体振荡频率。当外磁场趋向于零时，式中的 ω_{ce} 趋向于零，回到等离子体振荡。等离子体密度趋近零时，ω_{pe} 趋向零，静电力也随密度而趋近零，于是得到简单的拉莫尔回转。

下面研究电子热运动对高混杂振荡的影响。只要在线性化运动方程中增加电子热压力项即可。于是电子运动方程修改成

$$n_e m_e\left[\frac{\partial \vec{v}_e}{\partial t}+(\vec{v}_e\cdot\nabla)\vec{v}_e\right]=-en_e(\vec{E}+\vec{v}_e\times\vec{B})-\nabla p_e \tag{5.5.10}$$

状态方程为 $\nabla p_e=\gamma_e k_B T_e\nabla n$(假设温度均匀)，注意对于二维情况，$\gamma_e=2$，和非磁化等离子体中的电子静电波处理方式一样，对运动方程、连续性方程和泊松方程线性化后，容易得到色散关系为

$$\omega^2=\omega_{pe}^2+\omega_{ce}^2+k^2 v_{th}^2=\omega_h^2+k^2 v_{th}^2 \tag{5.5.11}$$

这是高混杂波的色散关系，驱动这个波的有三个恢复力：静电力、洛伦兹力和电子热压力。显然群速度不为零，这个波是垂直于磁场的静电振荡通过电子的热运动而传播。

5.5.2　垂直于磁场的低混杂振荡和低混杂波

现在讨论受离子影响的低频静电波，这时离子的运动将起主要作用。研究离子的运动必须考虑电子的影响，所以需要用到双流体方程，不考虑碰撞的影响和扰动磁场。另外，在考虑离子所产生的低频波时，电子的快运动很容易使系统达到电中性，不需要泊松方程，所以对于静电波有双流体方程为

$$\begin{cases}\dfrac{\partial n_{e1}}{\partial t}+n_0\nabla\cdot\vec{v}_{e1}=0\\[2ex] m_e n_0\dfrac{\partial \vec{v}_{e1}}{\partial t}+\gamma_e T_e\nabla n_{e1}+en_0(\vec{E}_1+\vec{v}_{e1}\times\vec{B}_0)=0\end{cases} \tag{5.5.12a}$$

$$\begin{cases}\dfrac{\partial n_{i1}}{\partial t}+n_0\nabla\cdot\vec{v}_{i1}=0\\[2ex] m_i n_0\dfrac{\partial \vec{v}_{i1}}{\partial t}+\gamma_i T_i\nabla n_{i1}-en_0(\vec{E}_1+\vec{v}_{i1}\times\vec{B}_0)=0\end{cases} \tag{5.5.12b}$$

还有一个条件：$n_{e1}\approx n_{i1}$。这一组矢量方程组求解比较困难，我们只讨论几种特殊情况。

1. 平行于磁场传播的离子静电波/声波

对于静电波有 $\vec{k}/\!/\vec{E}_1$，设波矢 $\vec{k}$ 和 $\vec{E}_1$ 沿着 z 方向，z 轴在 $\vec{B}_0$ 方向，如图 5.32(a)所示。这时的情况和前面我们推导非磁化等离子体中离子声波是相同的，所获得的就是离子声波的色散关系。下面简单推导一下，忽略电子的惯性项，由于考虑平行于磁场的离子静电波，所以电子的连续性方程和泊松方程就不需要了，方程(5.5.12)变为

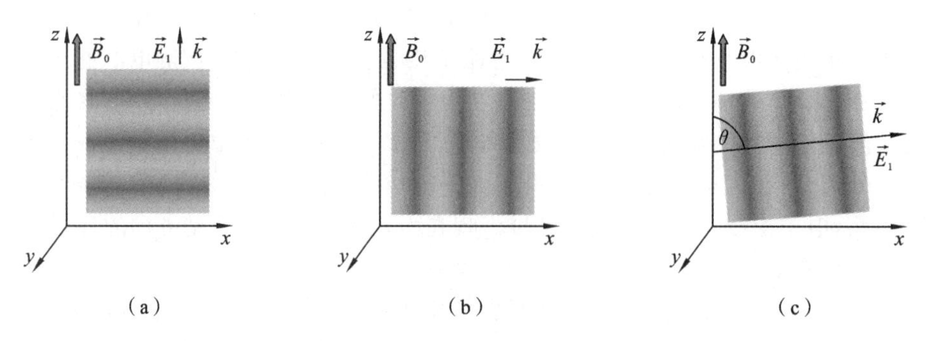

图 5.32　磁化等离子体中的低频混杂振荡/波几种特殊情况

$$\begin{cases}\gamma_e k_B T_e \nabla n_{e1} + e n_0 \vec{E}_1 = 0 \\ \dfrac{\partial n_{i1}}{\partial t} + n_0 \nabla \cdot \vec{v}_{i1} = 0 \\ m_i n_0 \dfrac{\partial \vec{v}_{i1}}{\partial t} + \gamma_i k_B T_i \nabla n_{i1} - e n_0 \vec{E}_1 = 0 \\ n_{e1} \approx n_{i1}\end{cases} \tag{5.5.13}$$

该方程已经被扰动化。假设小振幅扰动为简谐波形式，即 $A_1 \propto e^{i(\vec{k}\cdot\vec{r}-\omega t)}$，则很容易获得

$$\begin{cases}i\gamma_e k_B T_e \vec{k} n_{e1} + e n_0 \vec{E}_1 = 0 \\ -i\omega n_{i1} + i n_0 \vec{k} \cdot \vec{v}_{i1} = 0 \\ -i n_0 m_i \omega \vec{v}_{i1} + i\gamma_i k_B T_i \vec{k} n_{i1} - e n_0 \vec{E}_1 = 0 \\ n_{i1} \approx n_{e1}\end{cases} \tag{5.5.14}$$

由于波矢 $\vec{k}$、$\vec{E}_1$ 和 $\vec{B}_0$ 都沿着 z 方向，实际上变成一维问题，利用消元法可得离子静电波的色散关系

$$\frac{\omega^2}{k^2} = \frac{\gamma_i k_B T_i}{m_i} + \frac{\gamma_e k_B T_e}{m_i (1 + \gamma_e k^2 \lambda_{De}^2)} \tag{5.5.15}$$

由于考虑的是离子低频波，可以利用长波（低频）近似，即 $k^2 \lambda_{De}^2 \ll 1$，色散关系变为

$$\frac{\omega^2}{k^2} = \frac{\gamma_i k_B T_i}{m_i} + \frac{\gamma_e k_B T_e}{m_i} \tag{5.5.16}$$

该方程表示的是离子声波的色散关系。离子声速为

$$v_s = \sqrt{\frac{\gamma_i k_B T_i}{m_i} + \frac{\gamma_e k_B T_e}{m_i}} \tag{5.5.17}$$

和前面讨论的离子声波式(5.4.15)一样。

2. 垂直于磁场传播的低频混杂静电波

由于是静电波，即 $\vec{k} /\!/ \vec{E}_1$。设波矢 $\vec{k}$ 和 $\vec{E}_1$ 沿着 x 方向，z 轴在 $\vec{B}_0$ 方向，如图 5.32(b)所示。方程(5.5.12)中电子和离子的连续性方程线性化后变为

$$\begin{cases}-i\omega n_{e1} + i n_0 k v_{ex} = 0 \\ -i\omega n_{i1} + i n_0 k v_{ix} = 0\end{cases} \tag{5.5.18}$$

注意，尽管波矢沿着 x 方向，但是垂直于磁场方向上（xy 平面）电子的运动都有分量，所以方程

(5.5.12)中电子的运动方程线性化的分量式为

$$\begin{cases} -\mathrm{i}\omega n_0 m_e v_{ex} + \mathrm{i}\gamma_e k_B T_e k n_{e1} + e n_0 E_1 + e n_0 v_{ey} B_0 = 0 \\ -\mathrm{i}\omega n_0 m_e v_{ey} - e n_0 v_{ex} B_0 = 0 \end{cases} \tag{5.5.19}$$

而离子的运动方程线性化的分量式为

$$\begin{cases} -\mathrm{i}\omega n_0 m_i v_{ix} + \mathrm{i}\gamma_i k_B T_i k n_{i1} - e n_0 E_1 - e n_0 v_{iy} B_0 = 0 \\ -\mathrm{i}\omega n_0 m_i v_{iy} + e n_0 v_{ix} B_0 = 0 \end{cases} \tag{5.5.20}$$

根据方程(5.5.19)和方程(5.5.20)可以求出电子和离子 x 方向的速度分别为

$$\begin{cases} v_{ex} = \dfrac{-\mathrm{i}e\omega E_1}{m_e(\omega^2 - \omega_{ce}^2 - \gamma_e k^2 v_{the}^2)} \\ v_{ix} = \dfrac{\mathrm{i}e\omega E_1}{m_i(\omega^2 - \omega_{ci}^2 - \gamma_i k^2 v_{thi}^2)} \end{cases} \tag{5.5.21}$$

由于电子的快运动很容易使系统达到电中性,所以 $n_{e1} \approx n_{i1}$,根据方程(5.5.18),可得 $v_{ex} \approx v_{ix}$,所以有

$$\frac{-\mathrm{i}e\omega E_1}{m_e(\omega^2 - \omega_{ce}^2 - \gamma_e k^2 v_{the}^2)} = \frac{\mathrm{i}e\omega E_1}{m_i(\omega^2 - \omega_{ci}^2 - \gamma_i k^2 v_{thi}^2)}$$

其中 v_{the},v_{thi} 分别是电子和离子的热运动速度。由于 $m_i \gg m_e$,则有

$$\omega^2 = \omega_{ce}\omega_{ci} + k^2\left(\frac{\gamma_e k_B T_e}{m_i} + \frac{\gamma_i k_B T_i}{m_i}\right) \tag{5.5.22}$$

所以低混杂波的色散关系为

$$\omega^2 = \omega_{ce}\omega_{ci} + k^2 v_s^2 = \omega_{LH}^2 + k^2 v_s^2 \tag{5.5.23}$$

其中 $\omega_{LH} = \sqrt{\omega_{ce}\omega_{ci}}$ 为低频混杂频率。

低混杂波的色散关系的物理图像:

(1) 低温条件下,假设电子和离子温度都接近于零,即 $T_e = 0$;$T_i = 0$,色散关系变成 $\omega^2 \to \omega_{LH}^2$,即此时只是一个静电振荡,不会传播。电子和离子质量相差极大,怎么产生这样的振荡呢?先假设开始没有扰动,电荷都围绕磁场 $B_0\hat{e}_z$ 回旋运动。如果在 x 方向有低频扰动,就会在 x 方向产生静电场 $E_1\hat{e}_x$,($E_1 \propto \exp[\mathrm{i}(kx - \omega t)]$),由于电子反应快,首先受 $E_1\hat{e}_x$ 作用,并在 y 方向产生漂移振荡 $E_1 B_0 \hat{e}_x \times \hat{e}_z$,电子在 y 方向的漂移会产生 y 方向的电荷分离和静电场 $E'_1\hat{e}_y$,这个电场又是电子在 x 方向产生漂移振荡 $E'_1 B_0 \hat{e}_y \times \hat{e}_z$。当电子振荡频率接近低频混杂频率时,电子和离子速度接近,等离子体达到电中性,形成低频振荡,这就是低频混杂静电振荡。由于温度低、热压低,所以这个振荡不传播。

(2) 如果 $T_e \neq 0$,就存在电子热压力,这个恢复力的存在可以使低频混杂振荡在等离子体中传播,这就是低频混杂静电波。色散关系为 $\omega^2 = \omega_{LH}^2 + k^2 v_s^2$。当磁场不存在时,可得 $\omega^2 = k^2 v_s^2$,就是离子声波。

3. 近乎垂直于磁场方向传播的静电离子回旋波

如图 5.31(c)所示($\theta \to \pi/2$),假设离子温度为零(质量大,可认为不动),而电子温度不为零,由于波矢和扰动电场近乎垂直于磁场,对于大质量的离子运动而言,可以认为扰动就沿着 x 方向。而小质量的电子受到相互垂直的电场和磁场的影响会产生 y 方向的漂移运动,所以扰动电场在 z 方向也有小的分量,电子可以沿着这个方向运动,以实现对离子的德拜屏蔽,如

果假设电子服从玻尔兹曼分布，即 $n_e = n_{e0}\exp(-e\varphi/k_B T_e)$，其中 φ 为电势，如果假设扰动前没有电场，那么这个势也为零，出现扰动后，扰动势 φ_1 很小，利用泰勒展开可得

$$n_e \approx n_{e0}(1 - e\varphi_1/k_B T_e) \tag{5.5.24}$$

由于受到扰动，密度可写为 $n_e = n_{e0} + n_{e1}$，而 n_{e0} 就等于等离子体密度 n_0，所以扰动密度为

$$n_{e1} = en_0\varphi_1/k_B T_e \tag{5.5.25}$$

注意，扰动场和势有关系 $\vec{E}_1 = -\nabla\varphi_1$。值得注意的是，由于电子质量小运动快，所以在研究离子波的时候，电子对离子的影响仅表现为扰动场 $\vec{E}_1$（或者扰动势 φ_1），这样双流体方程就不需要电子方程了，描述离子回旋波的线性化方程组为

$$\begin{aligned}&\frac{\partial n_{i1}}{\partial t} + n_0\nabla\cdot\vec{v}_{i1} = 0\\&m_i\frac{\partial\vec{v}_{i1}}{\partial t} = e\vec{E}_1 + e\vec{v}_{i1}\times\vec{B}_0 = -e\nabla\varphi_1 + e\vec{v}_{i1}\times\vec{B}_0\end{aligned} \tag{5.5.26}$$

该方程已经被扰动化。假设小振幅扰动为简谐波形式，即 $A_1 \propto e^{i(\vec{k}\cdot\vec{r}-\omega t)}$，则很容易获得

$$\begin{aligned}&-i\omega n_{i1} + ikn_0 v_{ix} = 0\\&-i\omega m_i v_{ix} = -iek\varphi_1 + ev_{iy}B_0\\&-i\omega m_i v_{iy} = -ev_{ix}B_0\end{aligned} \tag{5.5.27}$$

注意：$n_{e1} = en_0\varphi_1/k_B T_e \approx n_{i1}$，上述方程组消元后有

$$(\omega^2 - k^2 v_s^2 - \omega_{ci}^2)v_{ix} = 0 \tag{5.5.28}$$

或

$$\omega^2 = k^2 v_s^2 + \omega_{ci}^2 \tag{5.5.29}$$

这就是静电离子回旋波（electrostatic ion-cyclotron wave，EIC）的色散关系。如果没有磁场，等离子体中离子会产生声波，有磁场后，洛伦兹力将使离子的运动状态发生改变，离子的运动轨迹从原来的直线振荡变成了椭圆振荡，这时的恢复力有两个，即离子的热压力的磁场的洛伦兹力，这种椭圆振荡在离子热压力作用下在等离子体中传播。

5.5.3 垂直于磁场的高频电磁波

对于磁化等离子体中的高频电磁波，不考虑离子的运动。设等离子体是冷的，不考虑热压力，所以连续性方程、泊松方程和状态方程都不需要。这样描述高频电磁波的流体方程为

$$\begin{cases}\nabla\times\vec{E} = -\dfrac{\partial\vec{B}}{\partial t}\\\nabla\times\vec{B} = \mu_0\vec{J} + \dfrac{1}{c^2}\dfrac{\partial\vec{E}}{\partial t}\\n_0 m_e\dfrac{\mathrm{d}\vec{v}_e}{\mathrm{d}t} + en_0(\vec{E} + \vec{v}_e\times\vec{B}_0) = 0\\\vec{J} = -en_0\vec{v}_e\end{cases} \tag{5.5.30}$$

设初始没有扰动，等离子体没有运动和电场，设扰动前流体是静止的，即没有运动、没有电流，且没有电场，未扰动场不随时间和空间变化，即$\vec{v}_e = \vec{v}_{e1}$；$\vec{J} = \vec{J}_1$；$\vec{E} = \vec{E}_1$，$\nabla\times\vec{E}_0 = 0$；$\partial\vec{E}_0/\partial t = 0$；$\nabla\times\vec{B}_0 = 0$；$\partial\vec{B}_0/\partial t = 0$，代入方程(5.5.3)，忽略二阶小量，对上面方程进行线性化，则有

$$\begin{cases} \nabla\times\vec{E}_1=-\dfrac{\partial\vec{B}_1}{\partial t} \\ \nabla\times\vec{B}_1=\mu_0\vec{J}_1+\dfrac{1}{c^2}\dfrac{\partial\vec{E}_1}{\partial t} \\ n_0m_e\dfrac{\partial\vec{v}_{e1}}{\partial t}+en_0(\vec{E}_1+\vec{v}_{e1}\times\vec{B}_0)=0 \\ \vec{J}_1=-en_0\vec{v}_{e1} \end{cases} \tag{5.5.31}$$

电磁波是横波，即 $\vec{k}\perp\vec{B}_0$ 和 $\vec{k}\perp\vec{E}_1$。值得注意的是，此时，$\vec{E}_1$ 方向有两种选择：① $\vec{E}_1/\!/\vec{B}_0$；② $\vec{E}_1\perp\vec{B}_0$，如图 5.33(a)所示。

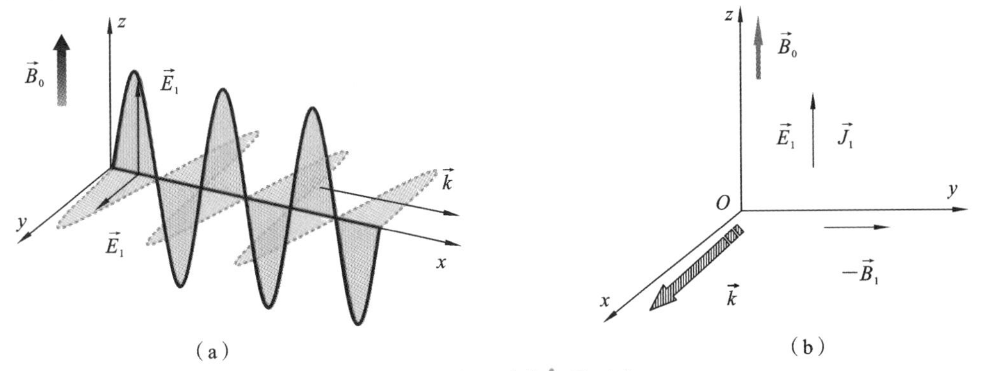

图 5.33 电磁波的矢量形式

(a) 垂直于磁场传播的电磁波电场矢量两个方向；(b) 寻常波物理量矢量关系。

1. 寻常波($\vec{E}_1/\!/\vec{B}_0$)

先考虑扰动电场平行于磁场(见图 5.33(b))。假设各物理量小振幅扰动为简谐波形式，即 $A_1\propto e^{i(\vec{k}\cdot\vec{r}-\omega t)}$，则式(5.5.31)中的法拉利定律和安培定律变成

$$\begin{cases} i\vec{k}\times\vec{E}_1=i\omega\vec{B}_1 \\ i\vec{k}\times\vec{B}_1=\mu_0\vec{J}_1-i\omega\dfrac{1}{c^2}\vec{E}_1 \end{cases} \tag{5.5.32}$$

很容易获得扰动场与扰动电流密度与磁场及波矢之间的关系

$$\vec{k}\perp\vec{B}_1\perp\vec{E}_1/\!/\vec{B}_0$$
$$\vec{k}\perp\vec{B}_1\perp\vec{J}_1/\!/\vec{B}_0$$

各矢量关系如图 5.33(b)所示，这就意味着电子的运动仅沿着 z 方向，所以只需考虑 $\vec{B}_0$ 方向(即 z 方向)的运动，此时运动方程变为

$$n_0m_e\frac{\partial\vec{v}_{e1}}{\partial t}+en_0\vec{E}_1=0 \tag{5.5.33}$$

加上另外三个方程

$$\begin{cases} \nabla\times\vec{E}_1=-\dfrac{\partial\vec{B}_1}{\partial t} \\ \nabla\times\vec{B}_1=\mu_0\vec{J}_1+\dfrac{1}{c^2}\dfrac{\partial\vec{E}_1}{\partial t} \\ \vec{J}_1=-en_0\vec{v}_{e1} \end{cases} \tag{5.5.34}$$

式(5.5.33)和式(5.5.34)构成描述寻常波的方程组。应该注意到，这个方程组和我们在描述

非磁化均匀等离子体中电磁波的方程(5.4.21)是一样的,也就是说,当扰动电场和外磁场一致的时候,电磁波不受外磁场的影响,电磁波的色散关系为

$$\omega^2 = k^2c^2 + \omega_{pe}^2 \tag{5.5.35}$$

所以 $\vec{E}_1 /\!/ \vec{B}_0$ 所对应的波称为寻常波(O 波),"寻常波"是一种不受磁场影响的波。寻常波的色散关系和没有磁场时的电磁波的色散关系一样,其色散谱如图 5.25 所示。对于 O 波,在 $0<\omega<\omega_{pe}$ 区间波不能传播,称为截止带;而在 $\omega>\omega_{pe}$ 区间波能传播,称为传播带。

2. 非寻常波($\vec{E}_1 \perp \vec{B}_0$)

当 $\vec{E}_1 \perp \vec{B}_0$ 时,电子运动显然将受到 $\vec{B}_0$ 的影响,产生洛伦兹运动,所以色散关系就会改变。对于垂直于磁场方向的扰动电场(见图 5.34(a)),电子的运动受到电场和磁场的共同影响,所以 $\vec{E}_1$ 和 $\vec{v}_{e1}$ 都有 x 和 y 的分量,不失一般性,假设波矢沿着 x 方向,各个物理量之间关系如图 5.34(a)所示,让 $\vec{E}_1$ 和 $\vec{v}_{e1}$ 具有 x 和 y 两个分量,可写为

$$\vec{E}_1 = E_x\hat{e}_x + E_y\hat{e}_y;\quad \vec{v}_{e1} = v_x\hat{e}_x + v_y\hat{e}_y \tag{5.5.36}$$

既然电场在 xy 都有分量,那么非寻常波的 $\vec{E}$ 矢量就是椭圆偏振的,分量 E_x 和 E_y 以相位差 90°振荡,所以总电场矢量 $\vec{E}_1$ 矢尖在每个波周期沿椭圆运动一次(如图 5.34(a))。描述高频电磁波的线性化方程组为

$$\begin{cases} n_0 m_e \dfrac{\partial \vec{v}_{e1}}{\partial t} + en_0(\vec{E}_1 + \vec{v}_{e1} \times \vec{B}_0) = 0 \\ \nabla \times \vec{E}_1 = -\dfrac{\partial \vec{B}_1}{\partial t} \\ \nabla \times \vec{B}_1 = -\mu_0 en_0 \vec{v}_{e1} + \dfrac{1}{c^2}\dfrac{\partial \vec{E}_1}{\partial t} \end{cases} \tag{5.5.37}$$

这样把矢量方程写成分量式,注意各矢量的方向,并假设小振幅扰动为简谐波形式,即 $A_1 \propto e^{i(\vec{k}\cdot\vec{r}-\omega t)}$,则上面矢量方程组变成

$$\begin{cases} -i\omega m_e v_{ex} + eE_x + ev_{ey}B_0 = 0 \\ -i\omega m_e v_{ey} + eE_y - ev_{ex}B_0 = 0 \\ -\omega B_z + kE_y = 0 \\ \mu_0 en_0 v_{ey} + i\omega E_y/c^2 - ikB_z = 0 \\ \mu_0 en_0 v_{ex} + i\omega E_x/c^2 = 0 \end{cases} \tag{5.5.38}$$

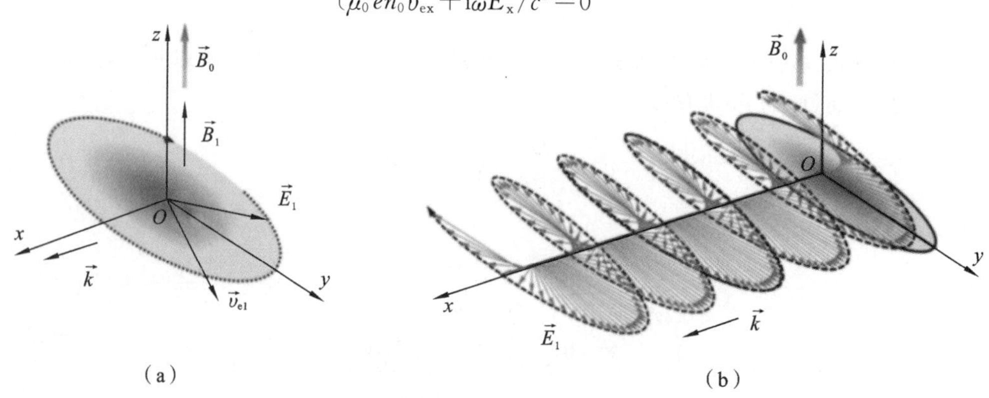

图 5.34　非寻常波

(a) 非寻常波物理量矢量关系;(b) 电磁波偏振示意图。

5个未知数,5个方程,利用消元法,留下 E_x 和 E_y 后有

$$\begin{cases}\left(1-\dfrac{\omega^2}{\omega_{pe}^2}\right)E_x+\mathrm{i}\,\dfrac{\omega_{ce}}{\omega\omega_{pe}^2}(c^2k^2-\omega^2)E_y=0\\ \mathrm{i}\,\dfrac{\omega\omega_{ce}}{\omega_{pe}^2}E_x+\left(1+\dfrac{c^2k^2}{\omega_{pe}^2}-\dfrac{\omega^2}{\omega_{pe}^2}\right)E_y=0\end{cases} \tag{5.5.39}$$

方程有解的条件是系数行列式为零,整理后有

$$(\omega_{pe}^2-\omega^2)(\omega_{pe}^2+c^2k^2-\omega^2)+\omega_{ce}^2(c^2k^2-\omega^2)=0$$

或

$$(\omega_{HH}^2-\omega^2)c^2k^2+(\omega_{pe}^2-\omega^2)^2-\omega_{ce}^2\omega^2=0 \tag{5.5.40}$$

其中 ω_{HH} 是上杂化频率,$\omega_{HH}^2=\omega_{pe}^2+\omega_{ce}^2$。经过一些代数运算简化这个式子,得到

$$\frac{c^2k^2}{\omega^2}=1-\frac{\omega_{pe}^2}{\omega^2}\frac{\omega_{pe}^2-\omega^2}{\omega_{HH}^2-\omega^2} \tag{5.5.41}$$

一般折射率可以表示成 $N=c/v_p=ck/\omega$,所以上式也可以表示成

$$N^2=1-\frac{\omega_{pe}^2}{\omega^2}\frac{\omega_{pe}^2-\omega^2}{\omega_{HH}^2-\omega^2} \tag{5.5.42}$$

这就是非寻常波(X波)的色散关系。它是一种部分横向、部分纵向的电磁波,传播方向垂直于 $\vec{B}_0$,且 $\vec{E}_1$ 与 $\vec{B}_0$ 垂直。在空间固定点来看,矢端的轨迹是一个椭圆,所以它是椭圆偏振波(见图5.33(b))。

3. 截止与共振

非寻常波的色散关系相当复杂,为了分析波的传播特性,定义截止和共振这样的术语,在分析其意义时是相当有用的。当折射率变零时,也就是波长变成无穷大时,在等离子体中出现截止。当折射率变为无穷大时(波长为零时),等离子体中发生共振。当电磁波通过 ω_{pe}(电子振荡频率)和 ω_{ce}(电子回旋频率)正在变化的区域传播时,可能发生截止和共振现象。从非寻常波的色散关系可以看出,如果频率为 ω 的电磁波在等离子体中传播,假设外加磁场受到的扰动较小,可以看成是不变的,这个时候电磁波的截止和共振仅决定于等离子体密度。一般来说,波在截止点被反射,在共振点被吸收(见图5.35)。下面讨论非寻常波的共振和反射。

(1) 共振:令方程(5.5.41)中的 k 或令方程(5.5.42)中的 N 趋于无穷大,能得到非寻常波的共振点。对任何有限 ω 值,$k\to\infty$,意味着 $\omega\to\omega_{HH}$,因此共振就发生在等离子体中满足下列条件的点

$$\omega^2=\omega_{HH}^2=\omega_{pe}^2+\omega_{ce}^2 \tag{5.5.43}$$

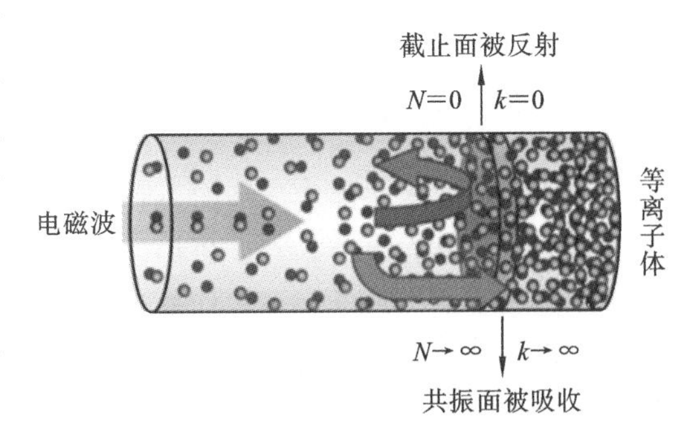

图5.35　等离子体中电磁波的截止与共振示意图

也就是说当电磁波的频率等于高混杂波静电振荡频率时,波不能传播($\lambda=0$)。可以看出,在给定的波接近于共振点时,其相速度(ω/k)和群速度($\mathrm{d}\omega/\mathrm{d}k$)都趋于零,电磁波转化为上杂化静电振荡(带电粒子振荡和回旋运动),所以波的能量被吸收(共振吸收)。等离子体共振对电磁波在等离子体中的传播起重要作用。当接近共振频率时,波的阻尼和热噪声水平急剧增加。在共振频率附近的电磁波的折射率($N\gg$

1)很大,波变慢,相速度远小于光速,并出现等离子体和波之间有效的相互作用。

(2) 截止:令方程(5.5.41)中的 k 等于零,就求出非寻常波的截止点。截止点为满足下列条件的点

$$\frac{\omega_{pe}^2}{\omega^2}\frac{\omega_{pe}^2-\omega^2}{\omega_{HH}^2-\omega^2}=1 \tag{5.5.44}$$

这个方程 ω 有 4 个解,舍弃 2 个负值(习惯上我们一般认为频率是正值,负值没有意义),还存在两个不同的截止频率 ω_R 和 ω_L,即

$$\begin{cases}\omega_R=\dfrac{1}{2}[\omega_{ce}+(\omega_{ce}^2+4\omega_{pe}^2)]\\ \omega_L=\dfrac{1}{2}[-\omega_{ce}+(\omega_{ce}^2+4\omega_{pe}^2)]\end{cases} \tag{5.5.45}$$

截止频率 ω_R 和 ω_L 分别被称为右旋截止和左旋截止。至于为什么这么称呼,下一节再解释。可以看出 ω_R 稍微大于 ω_{pe};而 ω_L 稍微小于 ω_{pe}。垂直于磁场的电磁波的色散曲线如图5.36所示(非寻常波－X 波的色散曲线)。我们已经知道,当 $N^2<0$ 时,波是不能传播的,因为 k 是虚数,只有 $N^2>0$ 时波才能传播。对于 X 波,在 $0<\omega<\omega_L$,$\omega_{HH}<\omega<\omega_R$ 区间,波不能传播,称为截止带;在 $\omega_L<\omega<\omega_{HH}$,$\omega>\omega_R$ 区间,波能传播,称为传播带(见图 5.36)。

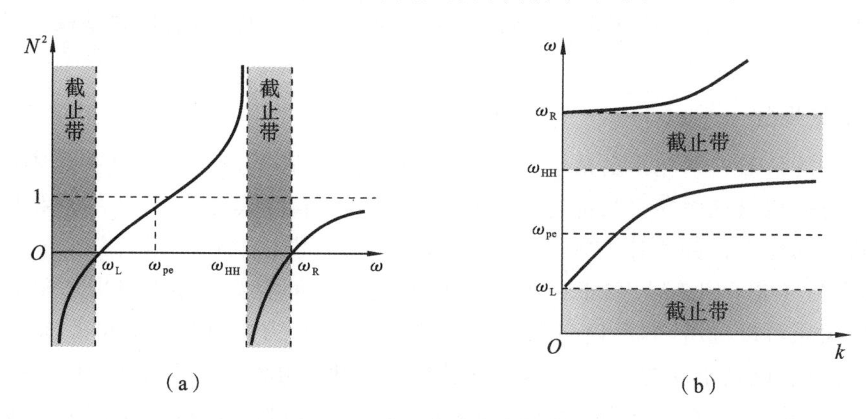

图 5.36　非寻常波的色散曲线

5.5.4　平行于磁场的高频电磁波

我们在讨论等离子体中的波时,似乎平行于磁场传播的波都不受磁场的影响,比如静电波和应力波(声波)。在讨论垂直于磁场传播的电磁波,如果扰动电场方向和磁场平行,这个电磁波也不受磁场影响。那么现在我们要讨论的是平行于磁场的电磁波,是不是也不受磁场影响呢? 大家应该知道,表面上我们是在谈论波,但波是由电荷的运动所产生的,只要我们所讨论的波由平行于磁场方向电荷的运动产生,那么这个波就不受磁场的影响,如平行于磁场的静电波和应力波,以及电场平行于磁场的电磁波。这里我们要讨论的是平行于磁场传播的电磁波,电荷的运动是垂直于磁场的,所以磁场会参与影响波的行为。

现在,令 $\vec{k}$ 沿着 z 轴并让 $\vec{E}_1$ 和 $\vec{v}_{e1}$ 具有 x 和 y 两个分量

$$\begin{cases}\vec{E}_1=E_x\hat{x}+E_y\hat{y}\\ \vec{v}_{e1}=v_x\hat{x}+v_y\hat{y}\end{cases} \tag{5.5.46}$$

既然电场在 xy 都有分量，波的 $\vec{E}_1$ 矢量是椭圆偏振的，分量 E_x 和 E_y 以相位差 90°振荡，所以总电场矢量 $\vec{E}_1$ 矢尖在每个波周期沿椭圆运动一次。椭圆运动方向有两个，即有两个偏振方向：左旋偏振和右旋偏振，如图 5.37 所示。从物理上看，离子左旋对应于左手（见图 5.37(a)）；电子右旋对应于右手（见图 5.37(b)）。描述高频电磁波的方程组仍然是式(5.5.30)，线性化后方程组变为

$$\begin{cases} \nabla\times\vec{E}_1=-\dfrac{\partial\vec{B}_1}{\partial t} \\ \nabla\times\vec{B}_1=\mu_0\vec{J}_1+\dfrac{1}{c^2}\dfrac{\partial\vec{E}_1}{\partial t} \\ n_0m_e\dfrac{\partial\vec{v}_{e1}}{\partial t}+en_0(\vec{E}_1+\vec{v}_{e1}\times\vec{B}_0)=0 \\ \vec{J}_1=-en_0\vec{v}_{e1} \end{cases} \tag{5.5.47}$$

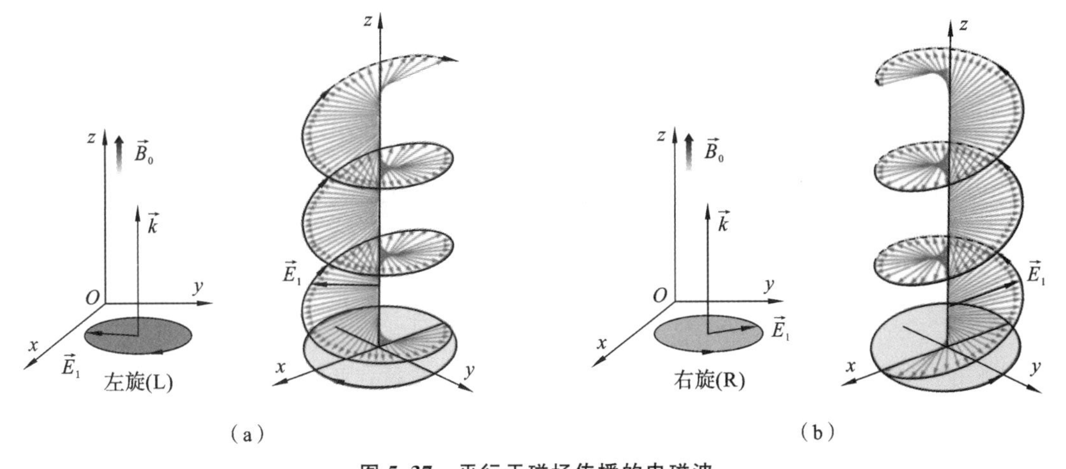

图 5.37　平行于磁场传播的电磁波

(a) 左旋偏振；(b) 右旋偏振。

安培定律对时间求导有

$$\nabla\times\frac{\partial\vec{B}_1}{\partial t}=\mu_0\frac{\partial\vec{J}_1}{\partial t}+\frac{1}{c^2}\frac{\partial^2\vec{E}_1}{\partial t^2} \tag{5.5.48}$$

把法拉第定律和电流密度代入式(5.5.48)后得

$$-\nabla\times(\nabla\times\vec{E}_1)=-e\mu_0n_0\frac{\partial\vec{v}_{e1}}{\partial t}+\frac{1}{c^2}\frac{\partial^2\vec{E}_1}{\partial t^2} \tag{5.5.49}$$

或

$$\nabla^2\vec{E}_1-\nabla(\nabla\cdot\vec{E}_1)=-e\mu_0n_0\frac{\partial\vec{v}_{e1}}{\partial t}+\frac{1}{c^2}\frac{\partial^2\vec{E}_1}{\partial t^2} \tag{5.5.50}$$

用简谐波形式代替各矢量，则方程变成

$$-k^2\vec{E}_1+\vec{k}(\vec{k}\cdot\vec{E}_1)=\mathrm{i}\omega e\mu_0n_0\vec{v}_{e1}-\frac{\omega^2}{c^2}\vec{E}_1 \tag{5.5.51}$$

由于波矢和扰动电场垂直，所以上式变为

$$-c^2k^2\vec{E}_1+\omega^2\vec{E}_1=\mathrm{i}\omega e\frac{1}{\varepsilon_0}n_0\vec{v}_{e1} \tag{5.5.52}$$

写成分量

$$\begin{aligned}(\omega^2-c^2k^2)E_x&=\mathrm{i}\,\frac{en_0\omega}{\varepsilon_0}v_{ex}\\(\omega^2-c^2k^2)E_y&=\mathrm{i}\,\frac{en_0\omega}{\varepsilon_0}v_{ey}\end{aligned}\tag{5.5.53}$$

把式(5.5.47)中的运动方程也写成分量式，有

$$\begin{cases}-\mathrm{i}\omega m_e v_{ex}+eE_x+ev_{ey}B_0=0\\-\mathrm{i}\omega m_e v_{ey}+eE_y-ev_{ex}B_0=0\end{cases}\tag{5.5.54}$$

把式(5.5.53)和式(5.5.54)四个方程联立，消去 v_{ex} 和 v_{ey}，整理后有

$$\begin{cases}(\omega^2-c^2k^2-\omega_{pe}^2)E_x+\mathrm{i}\,\dfrac{\omega_{ce}}{\omega}(\omega^2-c^2k^2)E_y=0\\\mathrm{i}\,\dfrac{\omega_{ce}}{\omega}(\omega^2-c^2k^2)E_x-(\omega^2-c^2k^2-\omega_{pe}^2)E_y=0\end{cases}\tag{5.5.55}$$

方程有解的条件是其系数行列式为零，即得

$$(\omega^2-c^2k^2-\omega_{pe}^2)^2=\frac{\omega_{ce}^2}{\omega^2}(\omega^2-c^2k^2)^2\tag{5.5.56}$$

两边开方后有

$$1-\frac{c^2k^2}{\omega^2}-\frac{\omega_{pe}^2}{\omega^2}=\pm\frac{\omega_{ce}}{\omega}\left(1-\frac{c^2k^2}{\omega^2}\right)\tag{5.5.57}$$

经过简单变换和整理可得折射率

$$N^2=1-\frac{\omega_{pe}^2}{\omega^2(1\mp\omega_{ce}/\omega)}\tag{5.5.58}$$

这就是平行于磁场传播的电磁波的色散关系，由于这个方程有两个解，所以电磁波有两支，方程取正号和负号分别对应左旋偏振波（L 波）和右旋偏振波（R 波）（见图 5.37）。由于它们的色散关系仅与 k^2 有关，$\vec{E}$ 矢量的旋转方向与 k 的符号无关；对于在反方向传播的波，偏振是相同的。概括地讲，沿着 $\vec{B}_0$ 传播的主要是右旋（R）和左旋（L）圆偏振的电磁波；而垂直于 $\vec{B}_0$ 传播的电磁波是线偏振波（O 波）和椭圆偏振波（X 波）。

【讨论】(1) 对于右旋圆偏振波（R 波）

$$N^2=1-\frac{\omega_{pe}^2}{\omega^2(1-\omega_{ce}/\omega)}\tag{5.5.59}$$

电场矢量旋转方向和电子回旋方向相同，电场能不断加速电子（图 5.38(a)），波能量转化为电子动能，提供一种加热等离子体的途径，即为电子回旋共振加热。共振条件是 $\omega=\omega_{ce}$，$k^2\to\infty$，还可以发现，R 波还存在截止点，条件为

$$1-\frac{\omega_{pe}^2}{\omega^2(1-\omega_{ce}/\omega)}=0\tag{5.5.60}$$

即

$$\omega^2-\omega\omega_{ce}-\omega_{pe}^2=0\tag{5.5.61}$$

这个方程有两个解，取正解，即

$$\omega_R=\frac{1}{2}\left[\omega_{ce}+(\omega_{ce}^2+4\omega_{pe}^2)^{1/2}\right]\tag{5.5.62}$$

这恰恰是非寻常右旋截止频率 ω_R（见式(5.5.45)）。

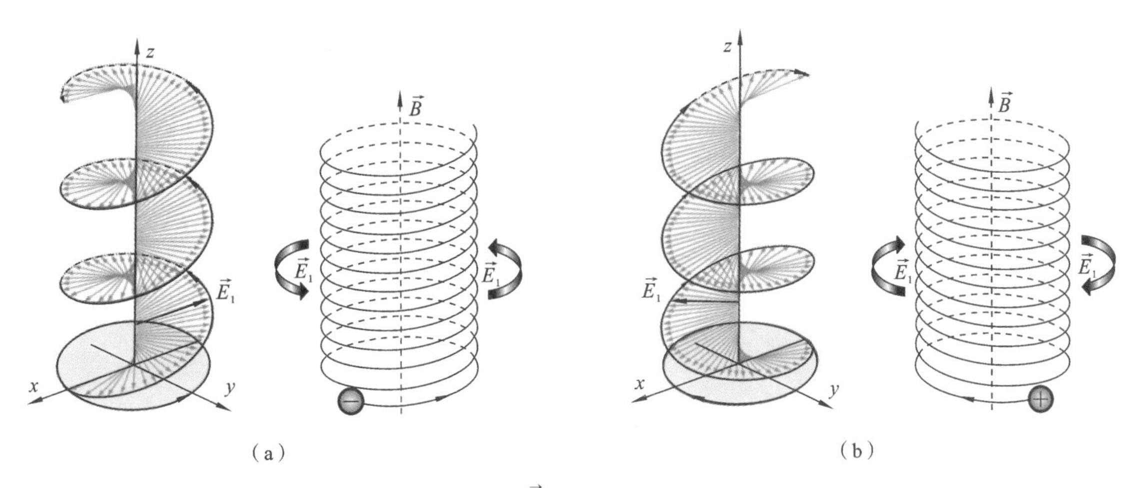

图 5.38　沿 $\vec{B}_0$ 方向传播的电磁波

(a) 右旋偏振波共振加速电子示意图;(b) 左旋偏振波共振加速离子示意图。

(2) 对于左旋圆偏振波(L 波)

$$N^2=1-\frac{\omega_{pe}^2}{\omega^2(1+\omega_{ce}/\omega)} \tag{5.5.63}$$

由于与电子运动方向相反,所以没有共振点,从上式也可以看出这一点,但 L 波存在截止点,即满足条件

$$1-\frac{\omega_{pe}^2}{\omega^2(1+\omega_{ce}/\omega)}=0 \tag{5.5.64}$$

即

$$\omega^2+\omega\omega_{ce}-\omega_{pe}^2=0 \tag{5.5.65}$$

这个方程有两个解,取正解,即

$$\omega_L=\frac{1}{2}[-\omega_{ce}+(\omega_{ce}^2+4\omega_{pe}^2)^{1/2}] \tag{5.5.66}$$

这恰恰是非寻常右旋截止频率 ω_L(见式(5.5.45))。如果在推导过程中考虑离子的运动,将发现 L 波电场矢量与离子旋转方向相同(见图 5.38(b)),发生离子回旋共振现象,离子可以被加速。R 与 L 波的色散图如图 5.39 所示,L 波在低频时有一个截止带 $\omega<\omega_L$,和一个传播带 $\omega>\omega_L$。R 波在 $\omega_{ce}<\omega<\omega_R$ 有一个截止带,和一个传播带 $\omega>\omega_R$。但存在第二个传播带,其频率低于 ω_{ce},速度 $v_p<c$,这个低频区域称为哨声波模(whistler mode)。哨声波首先在一战中电报通信时被探测到,它的频率在音频范围,哨声波一般是由闪电所产生。闪电通常会产生一个宽频带的电磁波脉冲,当这个电磁波传播到电离层就会激发处这样的低频波。哨声波一旦在地球磁层中产生,就会沿磁力线从地球的一个半球传播到另一个半球。从其色散关系式(5.5.59)可以看出,当 $\omega\ll\omega_{ce}$ 时有

$$N^2=\frac{c^2k^2}{\omega^2}\approx\frac{\omega_{pe}^2}{\omega_{ce}\omega} \tag{5.5.67}$$

所以哨声波的相速度和群速度分别为

$$v_p=\frac{c\sqrt{\omega_{ce}\omega}}{\omega_{pe}};\quad v_g=\frac{2c\sqrt{\omega_{ce}\omega}}{\omega_{pe}} \tag{5.5.68}$$

都正比于 ω，也就是说波的频率越高，其相速度和群速度越快，所以哨声波包的高频部分先到达探测器。哨声波对研究电离层现象非常重要，常常被用来测量电离层等离子体密度。

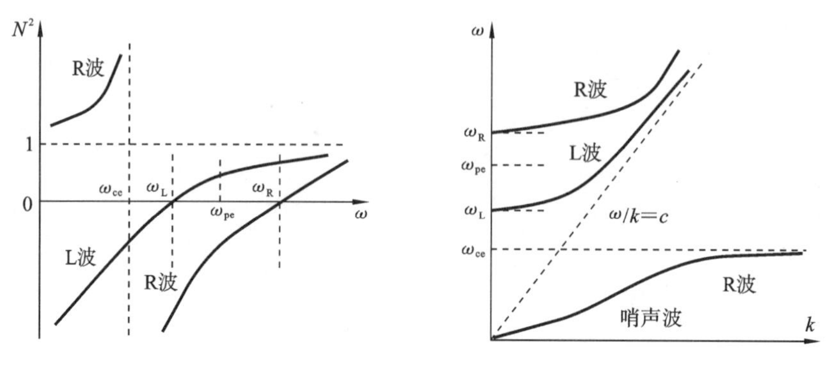

图 5.39　R 波与 L 波的色散曲线($\omega_L>\omega_{ce}$)

5.6　磁化等离子体中的螺旋波

5.6.1　螺旋波研究进展简介

在磁化等离子体中，平行于磁场方向存在两支电磁波：左旋波和右旋波。可以看出右旋电磁波存在共振现象，当电磁波频率等于非寻常右旋截止频率 ω_R 时，可以对电子进行加速。显然，在这个频率 $\omega=\omega_R$，电磁波是没有办法在等离子体中传播。但右旋波在很低的频率($\omega<\omega_{ce},\omega_{pe},\omega_R$)时存在一个传播带(即哨声波)。值得指出的是，在非磁化等离子体中，当电磁波的频率低于等离子体频率($\omega<\omega_{pe}$)时是不能传播的，但是在磁化等离子体中，低频电磁波可以传播。这里谈论的是在无界等离子体中传播的低频哨声波，那么在受限等离子体中是否有这样的哨声波存在吗？

1960 年，Aigrain 首先提出在固体等离子体(半导体)中存在哨声波，并命名为螺旋波[16]，因为波沿着磁场传播时电场矢量端(偏振)描绘出一条螺旋线。1964 年，Lehane 首先报道了螺旋波在气体等离子体中传输性质[17]。二十世纪六七十年代前螺旋波理论取得较大的发展，但螺旋波的实验和应用研究并没有受到足够的重视。直到 1970—1985 年，Boswell 实验发现螺旋波激发放电具有非常高的电离效率[18]。图 5.40 显示了 Boswell 型天线激发螺旋波的实验装置(石英管内径 10 cm，长 120 cm，磁感应强度约 10～1600 G)，实验中使用的激发源为 13.56 MHz 的射频(RF)电源，石英管内气压为 0.2 Pa，外加磁场强度为0.045 T。在以上实验条件下，获得了高达 $10^{18}\ \mathrm{m}^{-3}$ 的电子数密度(见图 5.41(a))。对于相同输入功率，螺旋波产生的等离子体密度比电容或感应耦合等离子体大一个数量级。进一步研究发现，等离子体区域中性原子几乎完全电离，50%的原子发生了二次电离。

现在的研究还表明，磁化等离子体的密度与输入功率和外加磁场(或电流)有密切的关系(图 5.41(b)，Shunjiro[19])。低输入功率和低磁场条件下，放电呈现出典型的电容耦合放电等离子体模式(CCP)，随着输入功率的增加或者磁场的增加，放电逐渐变为感应耦合放电等离子

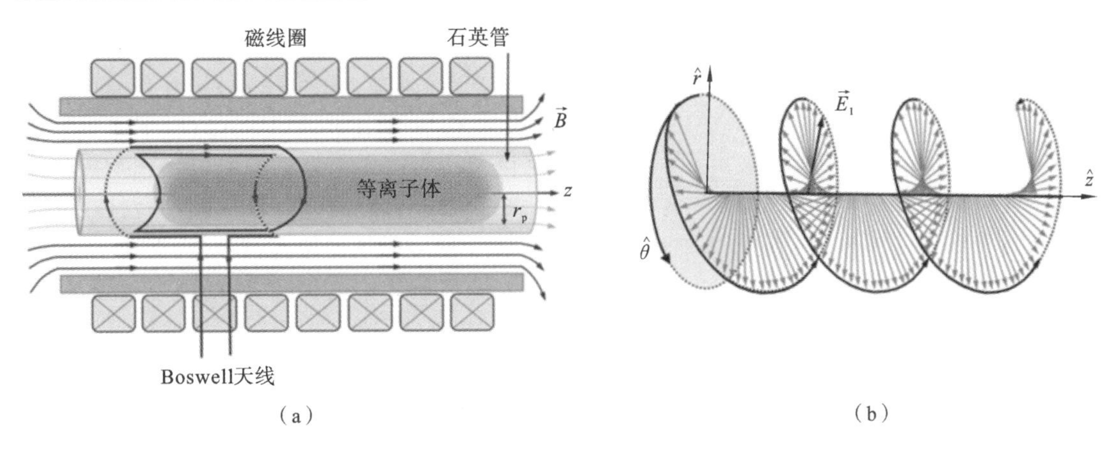

图 5.40 Boswell 型天线激发螺旋波

(a) 实验装置示意图;(b) 右旋螺旋波。

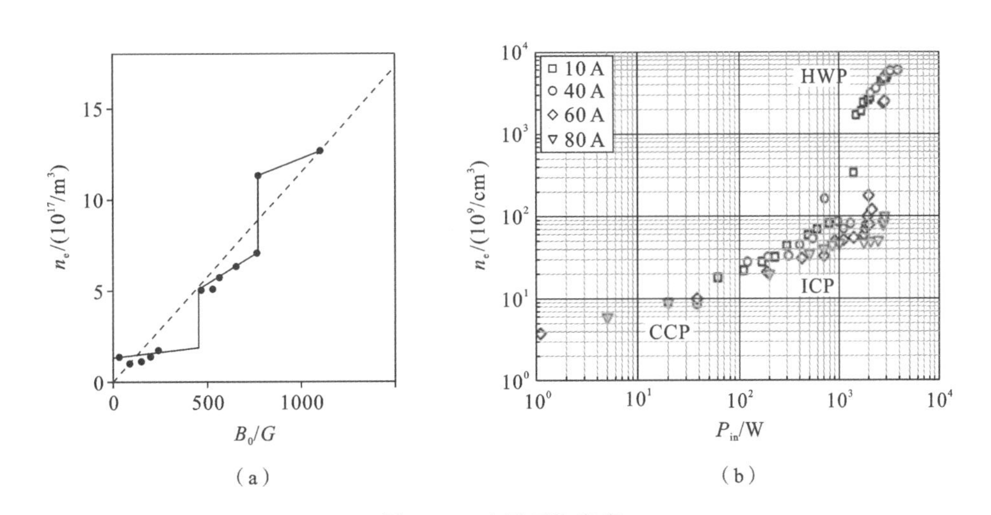

图 5.41 电子平均密度

(a) 电子平均密度与磁场关系(实线是实验点,虚线是螺旋波色散关系式(5.6.17));(b) 电子平均密度与输入功率及电流(或磁场强度)的关系(Shunjiro[19])。

体(ICP),最后经过一个密度跳跃到螺旋等离子体放电(HWP)。另外发现从 ICP 模式跳跃到高密度 HWP 模式所需的最小输入功率随着静态磁场强度(轴向分量,由天线电流控制)的增加而增加。RF 射频电源、天线和等离子体可以看成一个电路,随着输入等离子体的功率以及等离子体内部(密度、电阻、电容及其他参数等)的变化,放电等离子体的模式从 CCP 到 ICP 最后到 HWP。具体原因目前还不十分清楚。

螺旋波产生如此高密度的等离子体,具有如此高的电离效率,背后的原因还不十分清楚。目前比较一致的观点认为:首先是初始磁场的作用,包括:① 增加趋肤深度,使螺旋波穿透整个等离子体;② 有助于约束电子增加电子密度及共振加速时间;③ 为调节等离子体参数提供额外的调整参量等。其次是朗道阻尼作用,螺旋波在传播过程中与等离子体之间的相互作用,当波的相速度和电子的热运动速度相近时,电子可以从波中获取能量(朗道阻尼,见第 7 章)。螺旋波的朗道阻尼效应首先由 Chen 提出[20],但后期他发现朗道阻尼无法完全解释 RF 能量在等离子体中的沉淀。最后是表面静电波吸收和阻尼效应，Chen[21]和 Shamrai[22]等人认为天线在激发螺旋波（H 波）的同时在等离子体边界处（$r=r_p$）激发一个静电波，也称为表面静电波。由于该波首先由 Trivelpiece A W 和 Gould R W 两位科学家提出[23]，所以该波也称为 Trivelpiece -Gould 波，或 TG 波。TG 波是一个定位于径向边界附近的静电电子回旋波。这种波以与磁场成一定角度传播，被称为 TG 模式。螺旋波（H 波）和 TG 波的传播特性主要由磁场强度及等离子体密度确定。外加稳恒的静磁场时，随着磁场的增大，在这两支波中，H 波的阻尼程度较弱，RF 能量无法通过 H 波大量沉淀到等离子体中；但 TG 波的阻尼很强，因此大部分的 RF 能量通过强阻尼的 TG 波转移给等离子体。

5.6.2 螺旋波的色散关系

方程（5.5.59）给出沿磁场方向传播的右旋电磁波（$\vec{k}\,/\!/\,\vec{B}$）的色散关系。如果电磁波不是完全平行于磁场，而是有一个角度 θ 时，则色散关系变为

$$N^2=\frac{c^2k^2}{\omega^2}=1-\frac{\omega_{\mathrm{pe}}^2}{\omega^2(1-\omega_{\mathrm{ce}}\cos\theta/\omega)} \tag{5.6.1}$$

由于螺旋等离子体密度很高，即 $\omega\ll\omega_{\mathrm{pe}}$，且对于低频哨声波有 $\omega\ll\omega_{\mathrm{ce}}$，忽略上式中的“1”，上式变为

$$\frac{c^2k^2}{\omega^2}=\frac{\omega_{\mathrm{pe}}^2}{\omega\omega_{\mathrm{ce}}\cos\theta} \tag{5.6.2}$$

假设磁场沿着 z 轴，可把电磁波波矢分为垂直于磁场和平行于磁场，即 $\vec{k}=\vec{k}_z+\vec{k}_\perp$，而 $\cos\theta=\vec{k}_z/\vec{k}$，则

$$\frac{c^2k^2}{\omega^2}=\frac{\omega_{\mathrm{pe}}^2}{\omega\omega_{\mathrm{ce}}\cos\theta}=\frac{\omega_{\mathrm{pe}}^2k}{\omega\omega_{\mathrm{ce}}k_z} \tag{5.6.3}$$

把 $\omega_{\mathrm{pe}}=\left(\frac{ne^2}{m\varepsilon_0}\right)^{1/2}$ 和 $\omega_{\mathrm{ce}}=eB/m$ 代入并整理，则有

$$k=\frac{\omega}{k_z}\frac{en\mu_0}{B} \tag{5.6.4}$$

这就是螺旋波的色散关系。为了更直观地理解螺旋波，我们将从磁流体方程直接推导色散关系式（5.6.4）。假设等离子体是理想导电流体，并忽略离子运动，欧姆定律为 $\vec{E}+\vec{v}\times\vec{B}=0$，电流密度可以写成 $\vec{j}=-en\vec{v}$，这样欧姆定律就变成了

$$\vec{E}=\vec{j}\times\vec{B}/en \tag{5.6.5}$$

利用麦克斯韦方程组

$$\nabla\times\vec{E}=-\frac{\partial\vec{B}}{\partial t} \tag{5.6.6}$$

$$\nabla\times\vec{B}=\mu_0\vec{j} \tag{5.6.7}$$

把式（5.6.5）代入式（5.6.6）后有

$$\frac{\partial\vec{B}}{\partial t}=-\nabla\times(\vec{j}\times\vec{B}/en) \tag{5.6.8}$$

对方程（5.6.7）两边取散度，有 $\nabla\cdot\vec{j}=0$，而 $\nabla\cdot\vec{B}=0$。则上式变成

$$\frac{\partial\vec{B}}{\partial t}=-\frac{1}{en}[(B\cdot\nabla)\vec{j}-(\vec{j}\cdot\nabla)\vec{B}] \tag{5.6.9}$$

一般螺旋波是有界的哨声波，因为它的传播被局限于圆柱体内（见图5.40）。为了简单起见，假设等离子体在z和θ方向上是均匀的，扰动量变化为螺旋状$f \sim e^{i(k_z z-\omega t+m\theta)}$，这里波沿着$z$方向传播，波长为$2\pi/k_z$，而波的振幅在$\theta$方向以$\cos(m\theta)$变化，其中$m$是$\theta$方向的波数（或称为方位角波数）。假设扰动后$\vec{E}=\vec{E}_1$，$n=n_0+n_1$，$\vec{j}=\vec{j}_1$，$\vec{B}=\vec{B}_0+\vec{B}_1$，且初始磁场不随时空变化。对方程(5.6.9)进行线性化，忽略二阶小量，为了简单，略去下标“1”，则有

$$i\omega\vec{B}=(ik_z B_0/en_0)\vec{j} \tag{5.6.10}$$

与方程(5.6.7)联立后有

$$\vec{B}=\left(\frac{\omega}{k_z}\frac{\mu_0 en_0}{B_0}\right)^{-1}\nabla\times\vec{B} \tag{5.6.11}$$

设

$$k=\frac{\omega}{k_z}\frac{\mu_0 en_0}{B_0}=\frac{\omega}{k_z}\frac{\omega_{pe}^2}{\omega_{ce}c^2}$$

这就是色散关系式(5.6.3)。则方程(5.6.11)变成

$$\nabla\times\vec{B}=k\vec{B} \tag{5.6.12}$$

两边取旋度后有

$$\nabla^2\vec{B}+k^2\vec{B}=0 \tag{5.6.13}$$

把方程(5.6.12)代入方程(5.6.7)有

$$\vec{j}=(k/\mu_0)\vec{B} \tag{5.6.14}$$

显然电流密度和磁场时平行的。如果只考虑磁场在z方向的分量，在柱坐标下，方程(5.6.13)可写为

$$\frac{\partial^2 B_z}{\partial r^2}+\frac{1}{r}\frac{\partial B_z}{\partial r}+\left(T^2-\frac{m^2}{r^2}\right)B_z=0 \tag{5.6.15}$$

这是m阶的贝塞尔方程，其中$T^2=k^2-k_z^2$，显然T就是横向波数$k_\perp$。贝塞尔方程在$r=0$处的有限解是

$$B_z=CJ_m(k_\perp r) \tag{5.6.16}$$

在边界处有

$$mkJ_m(k_\perp r_p)=0,\quad k_\perp r_p\ll 1$$

假设实验中天线产生最低的径向模($m=1$)，$k_\perp r_p$可以取一阶贝塞尔根（式(3.83)）。因此，当$k_\perp\gg k_z$时，有

$$\frac{3.83}{r_p}=\frac{\omega}{k_z}\frac{n_0 e\mu_0}{B_0}\propto\frac{\omega}{k_z}\frac{n_0}{B_0} \tag{5.6.17}$$

这就是有界螺旋波的色散关系。上式表明，对于一个给定的模式，等离子体密度应该与B_0成正比。或者说，如果固定ω、半径r_p（或$k_\perp$）和波长$2\pi/k_z$（通过调整天线的长度），则n/B必然不变。因此，在以上简化的螺旋波中，等离子体的密度随磁感应强度线性增加。当然这个结论在磁场比较大时成立，对低场($B_0<100$ G)不成立。

5.6.3　螺旋波激发及天线类型

上面我们已经假设螺旋波可以简单地写成

$$\vec{E},\vec{B}\sim e^{i(kz-\omega t+m\theta)} \tag{5.6.18}$$

波沿着 z 方向传播，波长为 $2\pi/k$，m 是 θ 方向的波数（方位角波数），$m=1$ 是一种随 $\cos\theta$ 变化的右手螺旋（RH）极化模式（θ 随着 t 的增加而增加）。螺旋波 $m=1$ 模式在传播过程中其电场矢量的变化显示在图 5.42(a)（Chen[20,21]），电场分布不会因旋转而改变，当波在 z 方向（$\vec{B}$ 方向）传播时，静止的观察者会看到 $\vec{E}$ 矢量端沿顺时针旋转。$m=0$ 是一种方位角对称的模式，如图 5.42(b)所示，与 $m=1$ 模式完全不同，在传播过程中每个半周期中电场从静电模式（电场为径向直线）变成电磁模式（电场变为沿方位方向）。图 5.43 显示在均匀等离子体中螺旋波模式 $m=1$（见图 5.43(a)）和模式 $m=-1$（见图 5.43(b)）的电场（虚线）和磁场（实线）位形，并随波沿着轴线传播下去。

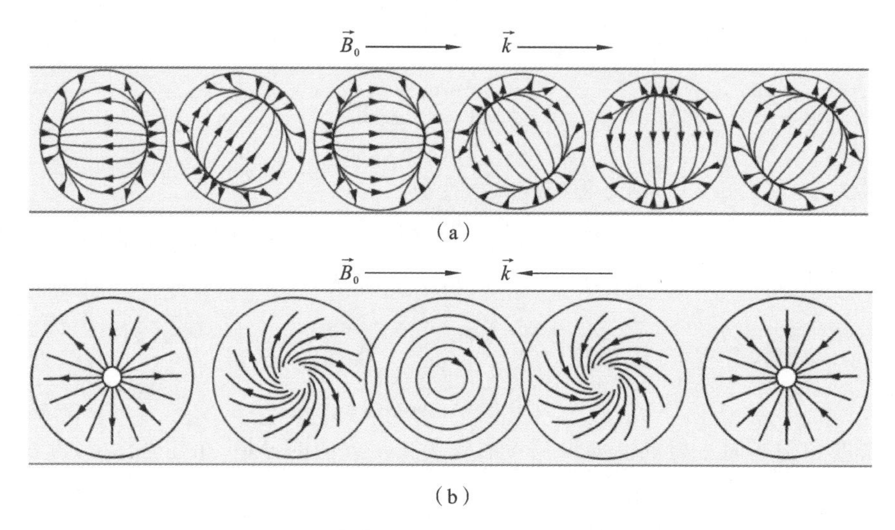

图 5.42 螺旋波传播过程中电场矢量的变化

(a) 模式 $m=1$（$\vec{E}$ 矢量端顺时针旋转）；(b) 模式 $m=0$，螺旋波在每个半周期中从纯静电变为纯电磁（Chen[20,21]）。

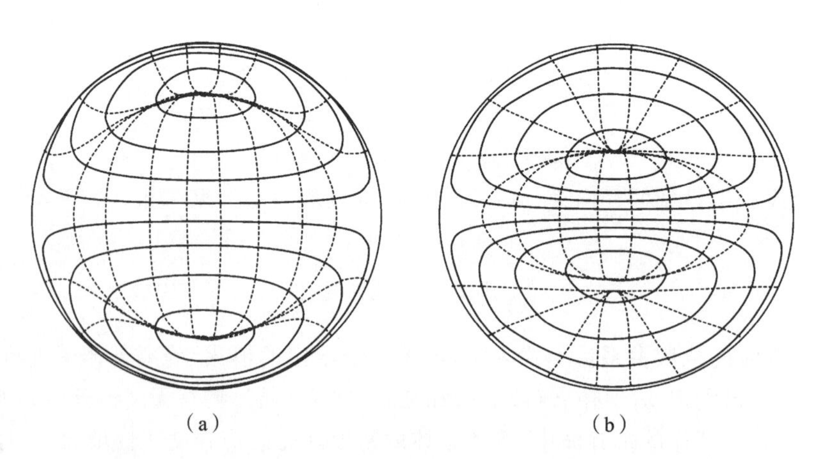

图 5.43 均匀等离子体中螺旋波的电场（虚线）和磁场（实线）

(a) 模式 $m=1$；(b) 模式 $m=-1$（Chen[20,21]）。

实验中，射频（RF）功率通过螺旋波天线耦合到等离子体中，不同形状的天线可以用来发射特定的螺旋波模式。图 5.44 展示了目前常用几种耦合天线：Nagoya Ⅲ型天线（名古屋天线）、Boswell 型天线和螺旋型天线，包括右手（RH）和左手（LH）螺旋形天线。Nagoya Ⅲ（N3）

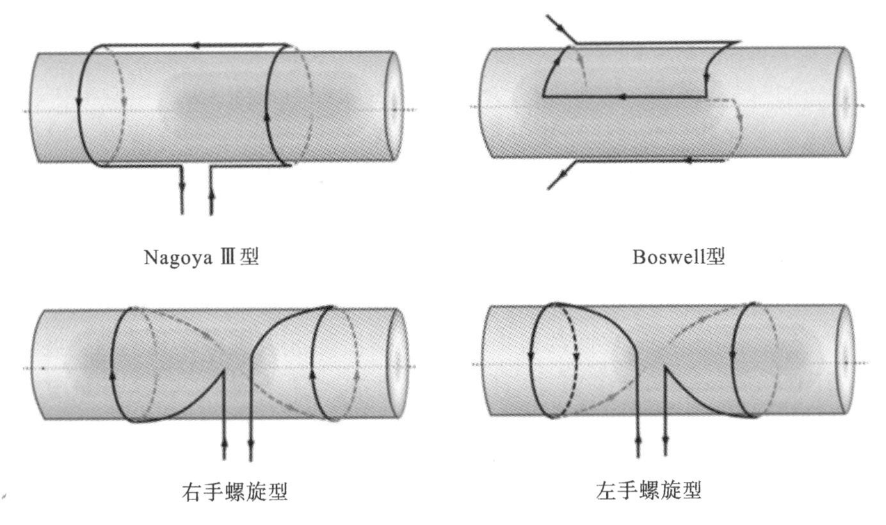

图 5.44　常见螺旋波激发天线类型

型天线可以看作是右旋和左旋天线的组合，可以激发$|m|=1$模式。N3 天线更容易激发$m=+1$模式的螺旋波，且容易激发放电和产生高密度的等离子体。在实际应用中，$m=-1$模式很难被检测到。Boswell 型天线是改进的 Nagoya Ⅲ型天线，顶部和底部支腿分成两根导线，从而使天线由两个分开的半部分组成。Boswell 型天线也可以激发$|m|=1$模式。螺旋型天线由位于两侧的两个环经过两个螺旋带彼此错位 180°连接组成。在$\vec{B}_0$方向上激发$m=+1$模式的螺旋波，在$\vec{B}_0$反方向同时激发$m=-1$模式的螺旋波。所以可以采用单个螺旋天线以不同模式对电场进行双向激发，用于产生和加热等离子体。对于$m=-1$模式的螺旋波，可以用一个简单的环或两个电流在相反方向的分离环进行激发。

5.6.4　螺旋波等离子体应用

在等离子体的各种应用过程中，电子和离子各自扮演着不同的角色，如电子在材料制备过程中起主要作用，而在刻蚀、注入、溅射和推进等过程中则主要使用离子。但无论什么应用，都需要低气压和高密度的等离子体。因此螺旋波等离子体源由于其具有效率高、密度高、工作气压低、外加磁场低、无内电极、静态均匀性好以及磁场约束大等特点，在超大规模集成电路工艺、微机械加工、新型薄膜材料制备、材料表面改性、等离子体推进以及气体激光器等方面有广泛的应用前景。目前开展比较多的研究包括薄膜制备、溅射成膜、刻蚀以及等离子体推进等。

螺旋波等离子体含有高密度的带电粒子，这些带电粒子可以激发化学反应过程中各反应物的化学活性，因此，利用螺旋波等离子体进行薄膜沉积具有诸多优势。特别是可以在较低的温度条件下完成优质薄膜的生长。国内外对螺旋波等离子体薄膜沉积比较重视，开展了广泛的实验研究。常用的薄膜沉积设备示意图如图 5.45(a)所示。系统包括射频电源、双鞍型螺旋波天线、磁场线圈、真空室、进气系统以及真空系统等。真空系统的本底真空一般10^{-3} Pa，然后充工作气体至几 Pa，外加磁场一般数百高斯，射频电源功率约数百瓦。在这样的条件下可以获得等离子体密度约$10^{15}\sim10^{18}/m^3$。高密度的等离子体可以在较低的温度和气压下获得较高的沉积效率。利用 HWP-CVD 技术可以在低温(～300 ℃)条件下利用 SiH_4 气体在

Si(100)或玻璃衬底上制备了晶粒分布均匀纳米 Si 薄膜;利用 SiH_4 和 N_2 为反应气体制备 SiN 薄膜,并在低温度和气压条件下以较高的沉积速率制备低 H 含量的 SiN 薄膜等。利用螺旋等离子体制备的材料还包括 ZnO、TiO_2、SiON、纳米碳和石墨烯等。

高质量的金属氧化物(MO)对于其应用及其重要,如高质量的 MO 薄膜一般具有较高的热/化学稳定性和较宽的电子能带隙,而且多种 MO 薄膜对可见光谱透明,从紫外到远红外范围有较高的折射率。因此,MO 薄膜被广泛应用,如电子设备、光学和硬涂层、光催化剂和生物医学应用。螺旋波等离子体可以在较低的温度、气压、磁场和功率条件下获得较高的等离子体密度,这对于制备高质量材料具有明显的优势。更重要的是,它还允许在较低的压力下保持高密度,从而减少目标之间和衬底之间的碰撞次数,从而增加沉积速率。利用螺旋波辅助反应溅射(helicon assisted reactive sputtering, HARES)制备 MO 薄膜,实验设备如图 5.45(b)所示。设备包括溅射室、底部腔室、溅射靶、基底、射频电源、螺旋波天线、直流偏压电源、真空系统和进气系统等。功率在 50~1000 W 之间的 13.56 MHz 的射频电源通过双鞍天线耦合到等离子体。系统本底真空约为10^{-3} Pa。在螺旋波等离子体辅助下,采用低场螺旋等离子体溅射工艺直接利用低温等离子体制备具有非晶或纳米晶金红石结构的 TiO_2 薄膜。

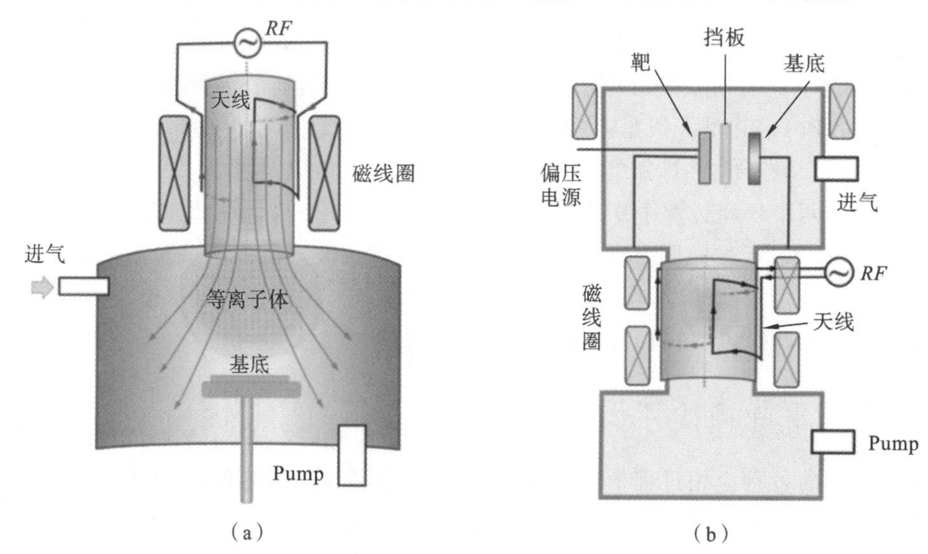

图 5.45 螺旋波等离子体

(a) 螺旋波等离子体增强化学气相沉积系统(HWP-CVD);

(b) 螺旋波辅助反应溅射系统(HARES)。

螺旋波是在径向受限磁化等离子体中传播的右旋偏振电磁波,电离度很高,可产生高密度的等离子体(10^{16}~10^{19} m^{-3}),有望成为未来空间电推进系统极具吸引力的电离源。以螺旋波等离子体作为工质的推进器除了具有高的电离率外,还具有无电极烧蚀、寿命长以及比冲高等优点,在未来长寿命深空探测器和卫星动力系统中具有广阔的应用前景,受到国内外学者的广泛关注。目前国内外已开发处发用于不同的空间电推进系统,包括可变比冲磁等离子体火箭(variable specific impulse magnetoplasma rocket, VASIMR)、螺旋波双层推力器(helicon double layer thruster, HDLT)和螺旋波霍尔推力器(helicon hall effect thruster, HHT)等。其中,VASIMR 是美国约翰逊空间中心研制的可变比冲磁等离子体火箭,该火箭采用螺旋波等离子体作为离化推进剂,火箭具有功率大、推力大、比冲高等优点,并且在恒定功率下比冲可调节。此外，HDLT 又称为螺旋波等离子体推力器（helicon plasma thruster，HPT），是一种无电极式等离子体推力器，具有结构相对简单和质量较轻而紧凑等有点，以惰性气体（氩气）为工质，比冲可达 13 km/s，若以氢气为工质，比冲高达 40 km/s，在卫星的位置保持和姿态控制，轨道机动和深空探测等方面具有广泛的应用前景。

5.7　等离子体中的波总结

等离子体中静电波、电磁波、应力波的物理性质如表 5.1 所示。

表 5.1　等离子体中的三种波

属性	振荡源	传播及场条件	色散关系	名称
静电波	电子	$\vec{B}_0=0$ 或 $\vec{k}/\!/\vec{B}_0$	$\omega^2=\omega_{pe}^2(1+\gamma_e k^2\lambda_{De}^2)$	朗缪波
		$\vec{k}\perp\vec{B}_0$	$\omega^2=\omega_{pe}^2+\omega_{ce}^2+\gamma_e k^2 v_{th}^2$	高混杂波
	离子	$\vec{B}_0=0$ 或 $\vec{k}/\!/\vec{B}_0$	$\frac{\omega^2}{k^2}=\frac{\gamma_i k_B T_i}{m_i}+\frac{\gamma_e k_B T_e}{m_i(1+\gamma_e k^2\lambda_{De}^2)}$	离子静电波
		绝对 $\vec{k}\perp\vec{B}_0$	$\omega^2=\omega_{ce}\omega_{ci}+k^2 v_s^2$	低频混杂波
		近乎 $\vec{k}\perp\vec{B}_0$	$\omega^2=k^2 v_s^2+\omega_{ci}^2$	静电离子回旋波
电磁波	电子	$\vec{B}_0=0$	$\omega^2=\omega_{pe}^2+k^2c^2$	电磁波
		$\vec{k}\perp\vec{B}_0$；$\vec{E}_1/\!/\vec{B}_0$	$\omega^2=\omega_{pe}^2+k^2c^2$	寻常波
		$\vec{k}\perp\vec{B}_0$；$\vec{E}_1\perp\vec{B}_0$	$\frac{c^2k^2}{\omega^2}=1-\frac{\omega_{pe}^2}{\omega^2}\frac{\omega_{pe}^2-\omega^2}{\omega_{HH}^2-\omega^2}$	非寻常波
		$\vec{k}/\!/\vec{B}_0$ 右旋	$\frac{c^2k^2}{\omega^2}=1-\frac{\omega_{pe}^2/\omega^2}{1-\omega_{ce}/\omega}$	右旋波
		$\vec{k}/\!/\vec{B}_0$ 左旋	$\frac{c^2k^2}{\omega^2}=1-\frac{\omega_{pe}^2/\omega^2}{1+\omega_{ce}/\omega}$	左旋波
	离子	$\vec{k}/\!/\vec{B}_0$	$\omega^2=k^2 v_A^2$	阿尔文波
		$\vec{k}\perp\vec{B}_0$	$\omega^2/k^2=v_s^2+v_A^2$	磁声波
应力波	电子			无
	离子	$\vec{B}_0=0$	$\omega^2/k^2=v_s^2$	声波

5.8　等离子体中的波简史及人物小传

1902 年，Kennely 和 Heaviside 提出了无线电在大气层中传播的概念并进行了初步理论研究。无线电波可以通过电离层反射，这样可能把无线电波远距离传播，如穿越大西洋。1925 年，Appleton，Nichois 和 Schelleng 发现了电离层的存在，无线电传播必须考虑电离层的作用。1931 年，哈特里建立完整的理论，称为阿普尔敦一哈特里磁离子理论。

同一个时期，另一个方向的研究也在同时进行，那就是等离子体振荡现象。1926 年，Penning 对等离子体振荡进行了初步研究。1928 年，Langmuir 和 Tongks 建立了等离子体振荡完整体系。等离子体振荡是在研究气体放电时发现的一种振荡。1934 年，A. A. 符拉索夫、Л. Д. 朗道分别研究了等离子体振荡的动理论，朗道更揭示了无碰撞等离子体中波的一种阻尼（朗道阻尼），它是由等离子体中波和共振粒子的相互作用引起的。有关等离子体中波的另一个重要贡献者是 H. 阿尔文在宇宙电动力学方面的研究。1942 年，阿尔文指出磁力线可以看成绷紧的弹性弦，"弹拨"磁力线会产生沿磁力线方向传播的横波，现称阿尔文波，阿尔文的预言完全由尔后的实验所证实。这些先驱者的工作为等离子体中波的研究奠定了基础。

图 5.46 汉尼斯·阿尔文

【人物小传】 汉尼斯·阿尔文（见图 5.46，Hannes Alfvén，1908 年 5 月 30 日—1995 年 4 月 2 日），瑞典等离子体物理学家、天文学家，致力于磁流体动力学领域的研究，其成果被广泛应用天体物理学、地质学等学科。1970 年诺贝尔物理学奖得主。初时为工程师，后来转为研究及教授等离子学及电子工程。阿尔文在 20 世纪 30～40 年代，为建立宇宙物理学的重要领域——电磁流体力学作出了贡献。他最主要的贡献是发现磁流体中的阿尔文波。1942 年，阿尔文在太阳黑子的理论研究中发现，处在磁场中的导电流体，在一定条件下可以使磁力线像振动的弦那样运动，出现一种磁流体波。这种波后来被称为阿尔文波。但当时人们并不理会他的这个发现，因为按照传统的电磁理论，在导电介质中是不可能存在电磁波的。过了 7 年，即一直到 1949 年，阿尔文波才首先在液态金属中被观察到，1959 年又在等离子体中得到证实，终于受到应有的重视。这一发现在等离子体物理、天体物理和受控热核反应中都有重要应用。此外，他还提出过处理带电粒子在磁场中运动的"导向中心"近似法，这种方法可较便捷地求得带电粒子在磁场中的运动规律。从 1943 年起，阿尔文系统地发表了关于太阳系的天体演化方面的论文，对于宇宙磁场的起源、太阳系的质量分布与结构、地球与月亮系统的起源与演化、彗星的性质与起源、小行星带的演化等方面，都作出了重要的贡献，提出过与大爆炸起源说不同的宇宙早期演化学说。他提出了以电流为主要对象的宇宙电动力学研究方法（通常实验室电动力学以场为主要对象），在等离子体理论研究中有效地把天体现象与实验室测量结果结合起来，取得了卓越的成就。由于他在磁流体动力学和等离子体物理学方面的重大贡献，获得 1970 年诺贝尔物理学奖。

图 5.47 欧文·朗缪尔

【人物小传】 欧文·朗缪尔（见图 5.47，Irving Langmuir，1881 年 1 月 31 日—1957 年 8 月 16 日），美国化学家、物理学家，1932 年诺贝尔化学奖得主。朗缪尔最为著名成就是"同心圆原子结构理论"。朗缪尔还研究了热离子发射现象，是早期研究等离子体的科学家之一，1928 年他首次提出"等离子体"这个词以描述气体放电管里的物质。从 1909 年至 1950 年，在通用电气公司，朗缪尔推进了物理和化学的一些领域，发明了充气的白炽灯、氢焊接技术，而他也因为在表面化学上的工作被授予 1932 年诺贝尔化学奖。他是第一个成为诺贝尔奖得主的工业化学家，美国新墨西哥州索科罗附近的"朗缪尔大气实验室(Langmuir laboratory for atmospheric research)"以他的名字命名,而美国表面化学的研究期刊也名为"朗缪尔(langmuir)"。朗缪尔引入了电子温度这个概念,1924 年,他又发明了量度温度和质量的方法——朗缪尔探针(Langmuir probe)。一战后,朗缪尔在原子论上工作,定义了当今的同位素和化合价这些概念。他和 Katherine Blodgett 一起研究薄膜,引进了"单分子层"(monolayer)这个概念。二战时他研制军事用具,包括将战机翼上的冰溶掉的方法,他发现了将干冰和碘化合物存于低温,可用作人工降雨。

思考题

1. 什么是波的相速度和群速度?写出表达式。

2. 13.56 MHz 辐射的自由空间波长是多少?求真空中的波长,波速是 c。

3. 5 eV 氦等离子体中的离子声速度是多少?[$k_B T=5$ eV]

4. 试求出下列色散关系的相速度和群速度。

(1) $\omega^2=k^2c^2\left(1+\dfrac{c^2}{v_A^2}\right)^{-1}$;

(2) $\omega=k^2c^2\omega_{cl}/\omega_p^2$。

5. 阿尔文波具有什么特点?从相速度表达式能否看其是如何产生的?

6. 推导非磁化等离子体中电磁波色散关系,并描述截止现象。

7. 等离子体振荡频率 ω_{pe} 是波的截止频率,还是共振频率?

8. 试证明,$T_i=0$ 时,线性化的双流体方程组所预言的离子声波频率为 $\omega=kv_s(1+k^2\lambda_{De}^2)^{-1/2}$。

9. 忽略带电粒子的热运动(不考虑热压力),利用双流体方程讨论带电粒子的静电振荡,求出离子的振荡频率。

10. 我们在讨论电子静电波时忽略了摩擦项 $-mn\nu_e\vec{v}$,如果不忽略这一项,试给出电子静电波的色散关系,并讨论摩擦项的作用。

11. 计算下列等离子体中的阿尔文波速:

(1) 固态等离子体 $n\sim10^{28}$ m^{-3},$B\sim10^3$ G;

(2) 实验室等离子体 $n\sim10^{20}$ m^{-3},$B\sim10^4$ G;

(3) 电离层等离子体 $n\sim10^{11}$ m^{-3},$B\sim1$ G;

(4)星际等离子体 $n\sim10^7$ m^{-3},$B\sim10^{-3}$ G。

12. 电磁波在磁化等离子体中传播时,要保证电磁波进入等离子体后是寻常波,应该如何做?

13. 等离子体受到扰动后会产生波,试问等离子体中哪些波是电子响应所引起的?哪些是离子响应所引起的?哪些是电子离子共同响应所引起的?在这些波中电子(或离子)不起作用的主要原因有哪些?

14. 试推导普通流体中声波的色散关系。

15. 为什么在非磁化等离子体中只有当 $\omega>\omega_{pe}$ 时电磁波才能传播?

16. 把等离子体看成是理想导电流体,设等离子体温度为零,不考虑电子的作用,试推导出沿磁力线传播的阿尔文波的色散关系。

17. 试描述阿尔文波和磁声波的物理图像。

18. 磁声波的恢复力是什么?

19. 推导非磁化等离子体中电子静电波的色散关系。

20. 等离子体温度为零时声波还存在吗? 是什么驱动声波的传播? 在普通流体中,如果温度为零声波还存在吗?

第6章　等离子体平衡与稳定性

6.1 引　言

我们知道约束等离子体必须满足平衡条件，只有满足平衡条件的等离子体才能被约束，但这是一个充分条件，还需注意的另一个条件就是稳定性。平衡是指在一定的时间期限内，特征参量不发生显著变化的系统状态。显然如果这个期限是无限长，则系统会处于热力学平衡态。稳定性是描述系统在给定时间内是否处于平衡态或者平衡态的演变。实验表明，无论什么样的磁约束位形都伴随着等离子体的不稳定性，导致等离子体的损失和输运系数的异常增大，限制等离子体的约束时间。所以，研究等离子体的不稳定性，阐明其物理机理，探索等离子体稳定化的方法，是热核聚变等离子体物理研究的一个中心课题。

图6.1显示了几种常见的稳定平衡和不稳定平衡。稳定平衡是指系统在任何扰动下的平衡都是稳定的；不稳定平衡是指系统在任何扰动下的平衡都是不稳定的；不平衡指系统在任何条件下都无法达到平衡；亚平衡指小扰动条件下系统处于平衡态，当扰动幅度大于一定数值系统就失去平衡；随遇稳定指系统处于任何状态及任何扰动条件下平衡都是稳定的；线性稳定/非线性不稳定平衡是指小扰动下系统的平衡是稳定的，而在大扰动下系统的平衡是不稳定的；而线性不稳定/非线性稳定平衡是指在小扰动下系统的平衡是不稳定的，在大扰动下系统的平衡是稳定的。

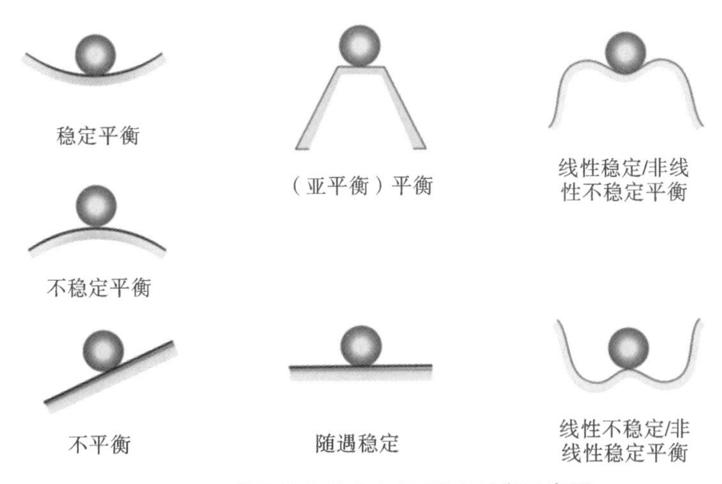

图6.1　常见的几种稳定/不稳定平衡示意图

当一个力学系统处在力学平衡状态（总受力为零）时，如受到一个小扰动力（其幅度用一个物理参量 ζ_1 表示）的作用会偏离平衡态，这时系统的总能量产生小的变化，系统的平衡态随时间演变一般分成三种情况(见图 6.2):如图 6.2(a)所示,如果扰动使系统总能量增加,则扰动能就会转变成系统的总能,这样扰动辐度 ζ_1 就随时间而减少,这就是阻尼的扰动,系统是稳定的;如图 6.2(b)所示,当扰动是波动情况下,扰动能和系统总能量相互转化,扰动辐度 ζ_1 不随时间改变,系统是稳定的;如图 6.2(c)所示,在不稳定的扰动下,系统会进入总能更低的状态,从而把一部分能量转给了扰动,使扰动辐度 ζ_1 随时间而增长,使系统不稳定。

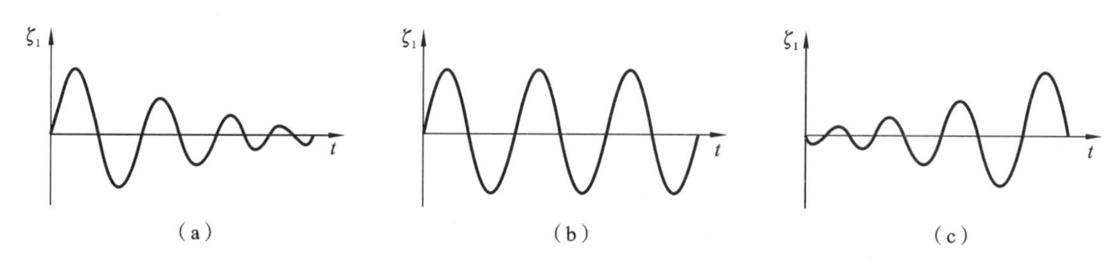

图 6.2 系统在平衡态附近随时间扰动的三种情况

(a) 阻尼扰动:稳定;(b) 波动扰动:稳定;(c) 增长扰动:不稳定。

我们可以简单分析一下扰动过程的发展,对力学平衡的系统进行小扰动导致系统偏离平衡态,若令 ζ_1 为起始扰动幅度(代表任何一种物理量),在小幅度(线性)扰动情况下它随时间变化一般具有以下关系:$d\zeta_1/dt=\gamma\zeta_1$,其中 γ 是比例系数。其解有如下特征:$\zeta_1\sim\exp(\gamma t)$。显然,起始扰动幅度随时间指数增长,这里系数 γ 通常称为不稳定性的增长率。如果增长率 γ 是负数,扰动幅度随时间指数衰减,对应于阻尼扰动(见图 6.2(a)),系统是稳定的;如果增长率 γ 是虚数,扰动幅度随时间波动变化,对应于波动扰动(见图 6.2(b)),系统也是稳定的;如果增长率 γ 是正数,扰动幅度随时间指数增加,对应于指数扰动(见图 6.2(c)),系统是不稳定的。

等离子体偏离热力学平衡的性质有两类方式:一类是等离子体宏观参量(如密度、温度、压强及其他热力学量)的不均匀性,由此产生的不稳定性使等离子体整体的形状改变,称为宏观不稳定性或位形空间不稳定性,可用磁流体力学分析,故又称磁流体力学不稳定性(宏观不稳定性:发展的区域远大于粒子的回旋半径和德拜长度等微观尺度的不稳定,会造成等离子体大范围的扰动,对平衡具有严重的破坏作用);另一类是等离子体的速度空间分布函数偏离麦克斯韦分布,由此产生的不稳定性称为微观不稳定性或速度空间不稳定性,可用等离子体动理论分析,故又称动理论不稳定性。

等离子体的不稳定性(无论宏观、微观)也可按引起它的驱动能量分类:如磁能引起的电流不稳定性,等离子体向弱磁场区膨胀时能引起的交换不稳定性,密度、温度梯度产生的等离子体膨胀能引起的漂移不稳定性,以及非麦克斯韦分布或压强各向异性对应的自由能引起的速度空间不稳定性等。众所周知,主导等离子体行为的主要是电场和磁场,因此,无论是宏观不稳定性或微观不稳定性,还可以进一步分为静电不稳定性和电磁不稳定性。由于电子与离子质量相差较大,所以在等离子体中电荷分离总是存在,电荷分离就会产生静电场,所以静电不稳定性就是与电荷分离过程及其演变有关的不稳定性。从安培定律可以看出,电流可以产生磁场,所以对电流密度的扰动和演变会产生电磁不稳定性,该过程可以引起磁场的弯曲、压缩和膨胀等。

等离子体不稳定性的分析方法有直观分析、简正模分析和能量原理等。直观分析方法就是直接分析等离子体的受力情况,然后对平衡位形以某种扰动后分析作用于等离子体上力的变化。如果扰动引起的作用力使起始扰动向增大的方向发展,则等离子体是不稳定的。反之,如果扰动引起的作用力使起始扰动向减小的方向发展,则等离子体是稳定的。这种方法能直观地分析宏观不稳定性的产生机制,但是这种方法很难给出不稳定性增长率(一个预判不稳定性时间尺度的指标)。

简正模分析方法是将随时间变化的扰动量表示成傅里叶分量的形式(在等离子体中的波这一章就是利用该方法),即

$$\vec{A}_1(\vec{r},t)=\vec{A}_1 e^{i(\vec{k}\cdot\vec{r}-\omega t)} \tag{6.1.1}$$

代入磁流体力学方程中,可将基本方程组线性化,并进行时空的傅里叶变换。这样可以得到一套场变量傅里叶振幅的线性齐次方程组,它们存在非零解的条件是系数组成的行列式为零,则可以得到色散关系

$$f(\omega,k)=0 \quad 或 \quad \omega=\omega(k)$$

一般频率可写成

$$\omega(k)=\omega_r(k)+i\gamma(k) \tag{6.1.2}$$

这里系数 γ 通常称为不稳定性的增长率。因此,系统的稳定性就可以由 γ 的实虚和正负来分析。这种分析法能够给出平衡位形稳定性的比较完整的知识。

能量原理是考察系统势能是否为极小值来判断系统的稳定性。该方法是先赋予平衡系统一小的扰动,然后通过研究系统偏离平衡位形后系统势能的变化,最终确定等离子体体系的稳定性。如果对于所有可能的偏离平衡的位移扰动,系统的势能增加,则扰动动能减少,等离子体体系是稳定的;反之是不稳定的。这种方法的最大优点是对于复杂磁场位形有可能判断等离子体体系的稳定性,但该方法不能给出系统不稳定性增长率。

6.2　等离子体力学平衡

6.2.1　平衡方程

通常情况下等离子体总是非均匀的,这种不均匀性并不影响等离子体的应用,有时候可能在某些特殊场合我们正是要利用等离子体这种不均匀性,这时等离子体系统的平衡与稳定并不重要。但在某些应用中我们需要非均匀的等离子体达到平衡,为了达到这个目的,应当有某些力作用在等离子体上来约束它。例如核聚变过程中,我们利用磁场和电流所产生的安培力。只有等离子体所受到的力(热压力、安培力等)相互抵消,等离子体才能平衡。下面我们利用直观分析法研究磁流体力学平衡问题。描述等离子体的运动方程为

$$\rho\left(\frac{\partial\vec{v}}{\partial t}+\vec{v}\cdot\nabla\vec{v}\right)=-\nabla p+\rho_q\vec{E}+\vec{J}\times\vec{B} \tag{6.2.1}$$

如果描述的等离子体体系处于静态,且惯性可以忽略时,方程左边和右边的电场项可以忽略,则运动方程就变为所谓的平衡方程

$$\nabla p=\vec{J}\times\vec{B} \tag{6.2.2}$$

这个方程说明静态等离子体的平衡是由于热压力和安培力相互抵消而实现的。从平衡方程可以看出

$$\vec{B}\cdot\nabla p=0;\quad \vec{J}\cdot\nabla p=0 \tag{6.2.3}$$

这表明，等离子体的压强沿着磁力线和电流线没有空间变化(即没有梯度)。很明显，对等离子体而言，在磁场和电流方向上就不存在任何来自于磁场的作用力，因为洛伦兹力 $\vec{J}\times\vec{B}$ 垂直于电流和磁场(见图 6.3(a))，所以等离子体可以在这些方向上自由扩张(不存在力差)。另外，由于∇p 总是垂直于等压面，所以以上方程也表明磁力线和电流线均位于等压面上。如果我们想用磁场约束等离子体，那么，等压面就应该是闭合曲面，且一个一个嵌套形成边界上压强为零、中心区域压强最大的曲面系统。因为这时，磁力线和电流线能覆盖在等压面上，形成对等离子体的封闭约束。覆盖在等压面上的磁力线最终形成一个由磁力线所形成的面，称为磁面。图 6.3(b)所示的就是环形托卡马克磁面和 EAST 托卡马克截面磁场位形，对应的就是一个一个相互嵌套在一起的磁面。

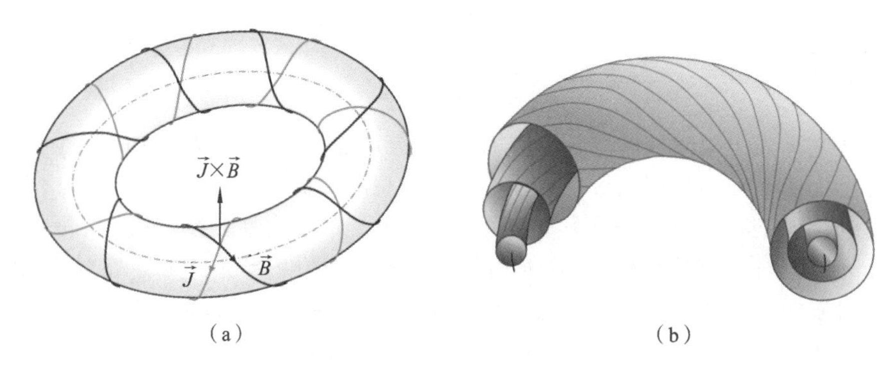

图 6.3　平衡等离子体系统

(a) 平衡等离子体中 $\vec{J}$、$\vec{B}$ 和$\nabla p=\vec{J}\times\vec{B}$ 之间的正交示例，环形表面表示等压面，黑色线表示磁力线，灰色线表示电流密度线；(b) 环形托卡马克磁面示意图。

把平衡方程与麦克斯韦方程中的安培定律$\nabla\times\vec{B}=\mu_0\vec{J}$ 联立可得

$$\nabla p=\mu_0^{-1}(\nabla\times\vec{B})\times\vec{B} \tag{6.2.4}$$

利用矢量运算$\nabla(\vec{a}\cdot\vec{b})=a\times(\nabla\times b)+b\times(\nabla\times a)+(b\cdot\nabla)a+(a\cdot\nabla)b$，可得

$$(\nabla\times\vec{B})\times\vec{B}=-\frac{1}{2}\nabla(\vec{B}\cdot\vec{B})+(\vec{B}\cdot\nabla)\vec{B}$$

可得平衡方程的另一种表达形式

$$\nabla\left(p+\frac{B^2}{2\mu_0}\right)=\frac{1}{\mu_0}(\vec{B}\cdot\nabla)\vec{B} \tag{6.2.5}$$

一般来讲，等离子体的不稳定性通常发生在垂直于磁场方向(见图 6.4(a))，如互换不稳定性、腊肠不稳定性、扭曲不稳定性、气球模不稳定性以及螺旋不稳定性等。所以我们只关心方程(6.2.5)的垂直分量，利用

$$(\vec{B}\cdot\nabla)\vec{B}=(\vec{B}\cdot\nabla)B\hat{b}=\hat{b}(\vec{B}\cdot\nabla)B+B^2(\hat{b}\cdot\nabla)\hat{b} \tag{6.2.6}$$

显然这个方程的第一项是沿着磁场方向，第二项是垂直于磁场方向(见图 6.4(b))，所以

$$\nabla_\perp\left(p+\frac{B^2}{2\mu_0}\right)=\frac{B^2}{\mu_0}(\hat{b}\cdot\nabla)\hat{b} \tag{6.2.7}$$

如果令

$$\vec{\kappa}=(\hat{b}\cdot\nabla)\hat{b} \tag{6.2.8}$$

代表磁场的弯曲率，则有

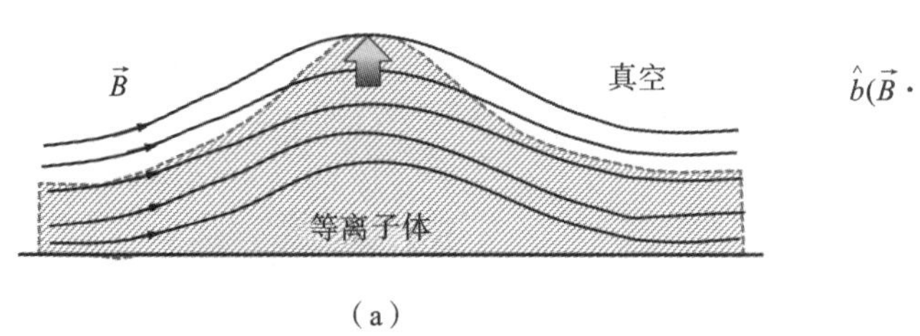

(a)

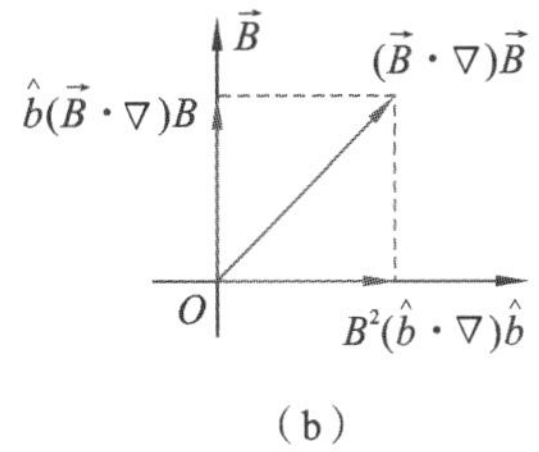

(b)

图 6.4　等离子体的不稳定性

(a) 不稳定性通常发生在垂直于磁场;(b) 磁场分解。

$$\nabla_\perp\left(p+\frac{B^2}{2\mu_0}\right)=\frac{B^2}{\mu_0}\vec{\kappa} \tag{6.2.9}$$

该方程表面,在垂直于磁场方向上,等离子体的热压和磁压之和是靠磁场的弯曲来实现平衡的。在直柱等离子体中,当磁力线为直线时

$$\nabla_\perp\left(p+\frac{B^2}{2\mu_0}\right)=0 \tag{6.2.10}$$

或者

$$p+\frac{B^2}{2\mu_0}=\frac{B_0^2}{2\mu_0} \tag{6.2.11}$$

B_0 是边界磁场。这个平衡方程和前面讨论过的 θ 箍缩中等离子体的平衡方程一样,平衡的实现是由各向同性的磁压力和等离子体热应力(压强)之和与边界磁压力达到平衡(见图 4.38)。在一个柱状等离子体中,平衡的实现要求中心压强高的地方磁场弱,而边缘压强低的地方磁场强,形成磁颈结构。平衡等离子体为什么会形成中心弱边界强的磁场位形呢? 为回答这个问题,我们用 $\vec{B}$ 叉乘平衡方程(6.2.2),即

$$\vec{B}\times\nabla p=\vec{B}\times(\vec{J}\times\vec{B})=\vec{J}(\vec{B}\cdot\vec{B})+\vec{B}(\vec{J}\cdot\vec{B}) \tag{6.2.12}$$

则垂直于磁场方向的电流密度(注意 $\vec{J}_\perp\cdot\vec{B}=0$)为

$$\vec{J}_\perp=\frac{\vec{B}\times\nabla p}{B^2} \tag{6.2.13}$$

如果是绝热过程,利用 $p=nk_\mathrm{B}T$,假设温度是均匀的,则逆磁电流密度为

$$\vec{J}_\mathrm{D}=-(k_\mathrm{B}T_\mathrm{i}+k_\mathrm{B}T_\mathrm{e})\frac{\vec{B}\times\nabla n}{B^2} \tag{6.2.14}$$

这个结果和磁流体力学所得结果一致。可见边缘强中心弱的磁场是由于抗磁电流的缘故,逆磁电流削弱了等离子体中的磁场。

6.2.2　磁面与磁通

在自然环境中的等离子体(如恒星、辐射带等)或者某些人工等离子体(如磁约束聚变等)的研究过程中,我们会发现等离子体总是和磁场密不可分。由于这些磁场自身的特点,如上面我们已经谈到过的平衡等离子体中,磁力线位于等压面上,引入磁面的概念对于我们描述和分析等离子体在磁场中的行为大为有利。

磁面是由磁力线组成的空间曲面,磁面与磁面不会相交,如果一根磁力线与某一个磁面相交,则这根磁力线一定完全落在这个磁面上。磁面的法线与磁场垂直。如果一根磁力线绕着

一个轮胎状的环不断延伸，将形成一个环形的磁面，如图 6.5(a)所示。在托卡马克磁约束装置中，等离子体就是被约束在一层一层套着的磁面上。也就是说在托卡马克装置中，磁场是由众多磁面嵌套而成，中心磁面退化为磁轴，如图 6.3 和图 6.5(b)所示。

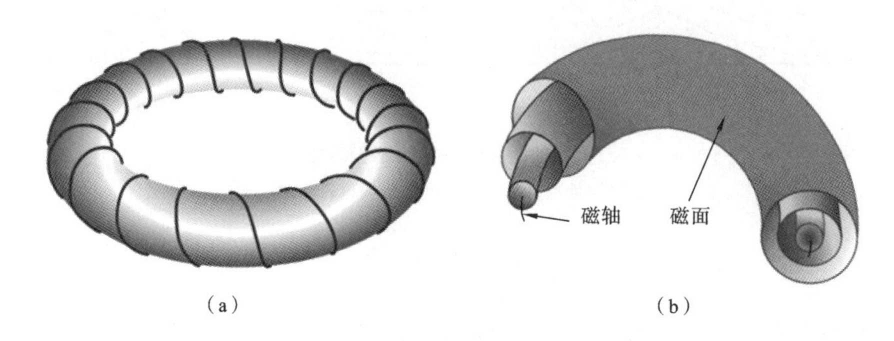

图 6.5 磁面

(a) 一根磁力线绕轮胎形成的磁面；(b) 托卡马克磁面结构。

在托卡马克装置中，每个磁面都由一根磁力线绕成，并用一个物理量 $q(r)$ 来表征，其中 r 是小环半径方向的坐标，这个物理量人们称之为“安全因子”，数值上等于磁力线绕大环的圈数和绕小环的圈数之比。显然 $q(r)$ 是随着小环半径连续变化的，所以一定是由分立的有理数和这些有理数之间的连续的无理数组成，所以磁面也分为有理磁面和无理磁面。显然，有理磁面的磁力线沿着环向走了有限圈后自我闭合，磁面上的磁力线比较稀疏。无理磁面上的磁力线却是无限地绕下去，从而铺满整个磁面。因为在等离子体中磁力线自身的“张力”，所以无理磁面非常“结实”，而有理磁面比较“软”。

磁通是通过任意一给定曲面的磁力线的总量，即

$$\Phi = \int_S \vec{B} \cdot d\vec{S} \tag{6.2.15}$$

利用高斯定理和磁场的无散性

$$\oint \vec{B} \cdot d\vec{S} = \int \nabla \cdot \vec{B} dV = 0 \tag{6.2.16}$$

可以证明进/出某一封闭体积的磁通均相等。在该封闭体积上任意取一条封闭曲线，上式表明通过张于该封闭曲线上的任何曲面的磁通都相同(穿越的磁力线根数相同)。如图 6.6 所示，三个面(S_1，S_2 和 S_3)磁通皆相同。在一个磁面上均匀的任一变量(电流密度、压力、温度等)可称为面量，磁通 Φ 是面量。因此可以用 $\Phi=C$ 来表示这个磁面。根据式(6.2.3)可知，在静态等离子体平衡时，电流密度、压力和磁场都是面量。

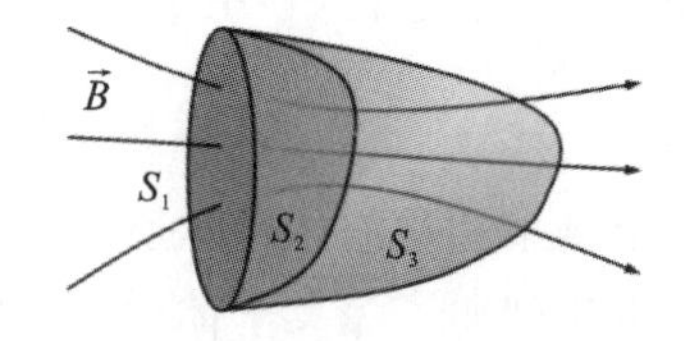

图 6.6 几个曲面的磁通示意图

托卡马克磁约束装置磁场位形如图 6.7 所示，右边插图表明方向(环向和极向)，图 6.8 表明各方向上磁通。环向磁通 Φ_T，即环向磁场 $\vec{B}_\Phi$ 通过等离子体环的小截面 $\vec{S}_T$ 的磁通为

$$\Phi_T = \int_{S_T} \vec{B} \cdot d\vec{S} = \int_{S_T} B_\Phi dS \tag{6.2.17}$$

极向磁通 Φ_P，即极向磁场 $\vec{B}_\theta$ 通过等离子体环的磁轴向环面上辐射所作的割面 $\vec{S}_P$ 的磁通为

$$\Phi_P = \int_{S_P} \vec{B} \cdot d\vec{S} = \int_{S_P} B_\theta dS \tag{6.2.18}$$

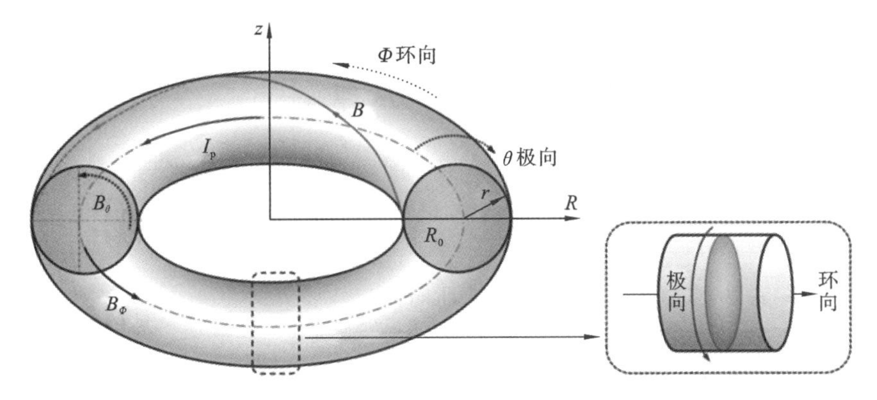

图 6.7　托卡马克环形磁场及环向和极向

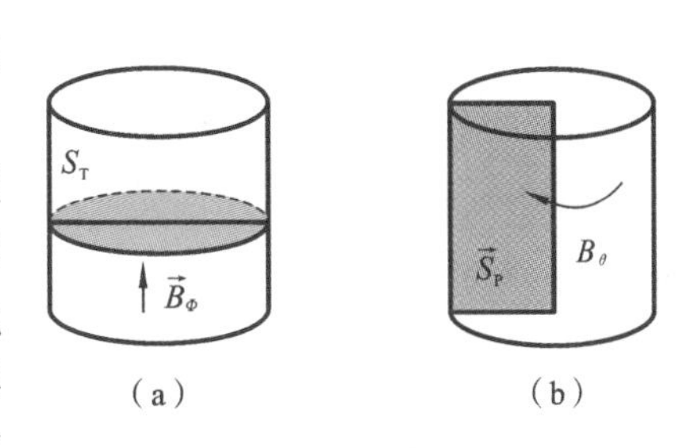

(a)　　(b)

图 6.8　磁通

(a) 环向磁通；(b) 极向磁通。

我们在前面已经讨论过，如果描述的等离子体体系处于静态，则惯性可以忽略。从平衡方程可以看出 $\vec{B}\cdot\nabla p=0$；$\vec{J}\cdot\nabla p=0$，等离子体的压强沿着磁力线和电流线没有空间变化。由于 ∇p 总是垂直于等压面，所以以上方程也表明磁力线和电流线均位于等压面上。由此可见，平衡时等离子体压强沿着磁力线和电流线没有梯度，即在任意一磁面上压强为常数。换句话说，磁场、压强和电流密度都是磁面的函数，也可用磁通表示

$$p=p(\Phi),\quad J=J(\Phi)$$

6.2.3　一维螺旋磁场平衡方程

托卡马克磁约束装置的磁场位形是一种被称之为螺旋箍缩的磁场位形，该磁场是环形磁场，且具有轴对称。解决这样一个磁场中的等离子体问题最方便的坐标是柱状坐标系 $(\hat{r},\hat{\theta},\hat{z})$，如图 6.9 所示。根据磁场和等离子体位形，磁场和电流密度没有 $\hat{r}$ 方向分量，等离子体圆柱中的电流密度为 $\vec{J}=[0,J_\theta(r),J_z(r)]$，该电流产生的磁约束磁场为 $\vec{B}=[0,B_\theta(r),B_z(r)]$。这时，在柱坐标条件下压强梯度可表示为

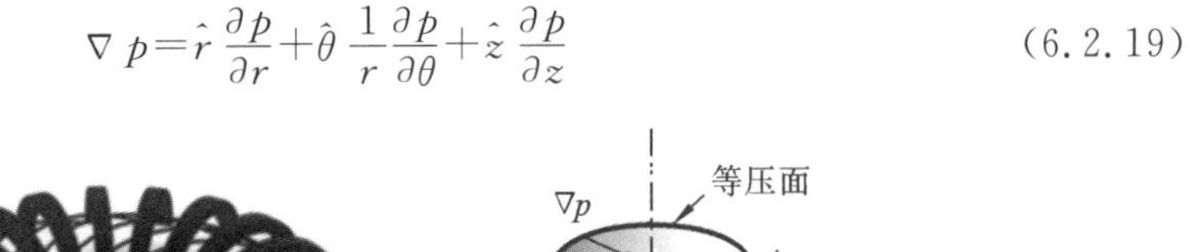

$$\nabla p=\hat{r}\frac{\partial p}{\partial r}+\hat{\theta}\frac{1}{r}\frac{\partial p}{\partial \theta}+\hat{z}\frac{\partial p}{\partial z} \tag{6.2.19}$$

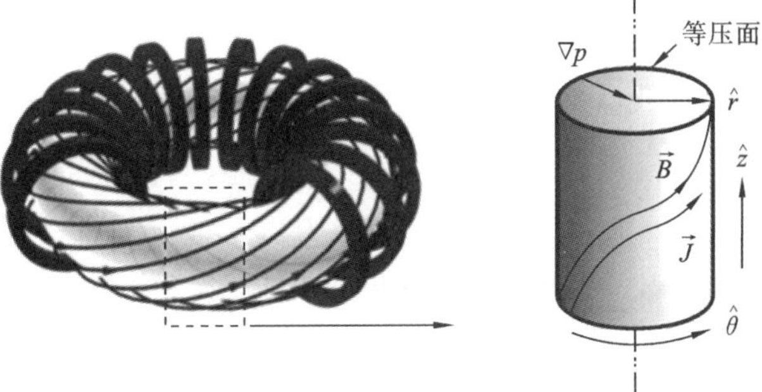

图 6.9　托卡马克磁场(来源于网络)及所建立的柱坐标

由于压强梯度只沿 $\hat{r}$ 方向，所以在柱坐标中平衡方程(6.2.2)为

$$\begin{pmatrix} \partial p/\partial r \\ 0 \\ 0 \end{pmatrix} = \begin{vmatrix} \hat{r} & \hat{\theta} & \hat{z} \\ 0 & J_\theta & J_z \\ 0 & B_\theta & B_z \end{vmatrix}$$

或

$$\frac{\mathrm{d}p}{\mathrm{d}r} = J_\theta B_z - J_z B_\theta \tag{6.2.20}$$

其中 B_θ，J_θ 为极向磁场和电流密度，B_z，J_z 是环向磁场和电流密度。下面引入磁通函数可以使平衡问题的研究大大简化。假设环向磁轴半径为 R_0，小环半径为 a，图 6.10 显示了磁场位形的方向以及积分面元。则极向磁通为

$$\Phi_{\mathrm{P}} = \int_{S_{\mathrm{P}}} B_\theta \mathrm{d}S = \int_0^a B_\theta 2\pi R_0 \cdot \mathrm{d}r = 2\pi R_0 \int_0^a B_\theta \mathrm{d}r \tag{6.2.21}$$

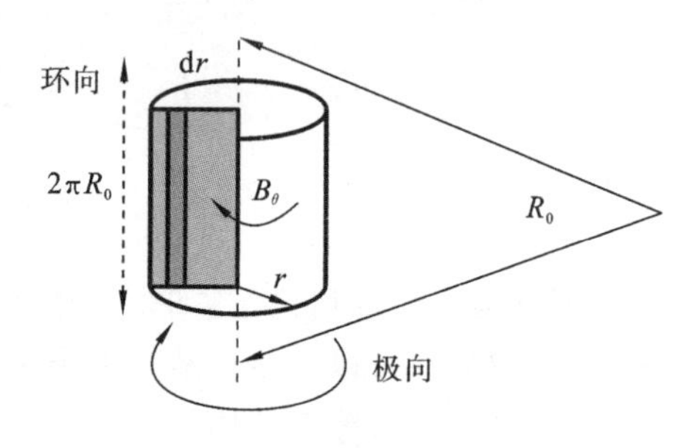

图 6.10　环向和极向以及积分面元

两边对 r 求导后有

$$B_\theta = \frac{1}{2\pi R_0}\frac{\mathrm{d}\Phi_{\mathrm{P}}}{\mathrm{d}r} = \frac{\mathrm{d}\Phi_{\mathrm{P}}/2\pi R_0}{\mathrm{d}r} = \frac{\mathrm{d}\Phi}{\mathrm{d}r} \tag{6.2.22}$$

其中

$$\Phi = \Phi_{\mathrm{P}}/2\pi R_0 \tag{6.2.23}$$

为磁通函数。忽略等离子体内电场变化对磁场的影响，根据安培定律有

$$\vec{J} = \mu_0^{-1}\nabla\times\vec{B} \tag{6.2.24}$$

柱坐标中安培定律为

$$\vec{J} = \frac{1}{\mu_0}\nabla\times\vec{B} = \frac{1}{\mu_0}\left\{\left(\frac{1}{r}\frac{\partial B_z}{\partial\theta} - \frac{\partial B_\theta}{\partial z}\right)\hat{r} + \left(\frac{\partial B_r}{\partial z} - \frac{\partial B_z}{\partial r}\right)\hat{\theta} + \left[\frac{1}{r}\frac{\partial}{\partial r}(rB_\theta) - \frac{1}{r}\frac{\partial B_r}{\partial\theta}\right]\hat{z}\right\} \tag{6.2.25}$$

根据对称性和等离子体位形，环向电流密度和极向电流密度分别为

$$J_z = \frac{1}{\mu_0 r}\frac{\mathrm{d}(rB_\theta)}{\mathrm{d}r} = \frac{1}{\mu_0 r}\frac{\mathrm{d}}{\mathrm{d}r}\left(r\frac{\mathrm{d}\Phi}{\mathrm{d}r}\right) \tag{6.2.26}$$

$$J_\theta = -\frac{1}{\mu_0}\frac{\mathrm{d}B_z}{\mathrm{d}r} \tag{6.2.27}$$

则极向电流为

$$I_{\mathrm{p}} = \int_{S_{\mathrm{p}}} J_\theta \mathrm{d}S = \int\left(-\frac{1}{\mu_0}\frac{\mathrm{d}B_z}{\mathrm{d}r}\right)\cdot 2\pi R_0 \mathrm{d}r = -\frac{2\pi}{\mu_0}R_0 B_z \tag{6.2.28}$$

或写成

$$B_z = -\mu_0 I \tag{6.2.29}$$

其中 $I = I_{\mathrm{p}}/2\pi R_0$，为电流函数。则极向电流密度的表达式变为

$$J_\theta = -\frac{1}{\mu_0}\frac{\mathrm{d}B_z}{\mathrm{d}r} = \frac{\mathrm{d}I}{\mathrm{d}r} \tag{6.2.30}$$

把式(6.2.22)、式(6.2.26)、式(6.2.29)和式(6.2.30)代入式(6.2.20)，则有

$$\frac{1}{\mu_0 r}\frac{\mathrm{d}\Phi}{\mathrm{d}r}\frac{\mathrm{d}}{\mathrm{d}r}\left(r\frac{\mathrm{d}\Phi}{\mathrm{d}r}\right)=-\frac{\mathrm{d}p}{\mathrm{d}r}-\mu_0 I(r)\frac{\mathrm{d}I}{\mathrm{d}r} \tag{6.2.31}$$

由于压强和电流密度是磁面的函数，也是磁通的函数，所以

$$\frac{1}{\mu_0 r}\frac{\mathrm{d}\Phi}{\mathrm{d}r}\frac{\mathrm{d}}{\mathrm{d}r}\left(r\frac{\mathrm{d}\Phi}{\mathrm{d}r}\right)=-\frac{\mathrm{d}p}{\mathrm{d}\Phi}\frac{\mathrm{d}\Phi}{\mathrm{d}r}-\mu_0 I(r)\frac{\mathrm{d}I}{\mathrm{d}\Phi}\frac{\mathrm{d}\Phi}{\mathrm{d}r} \tag{6.2.32}$$

简单整理后有

$$\frac{1}{r}\frac{\mathrm{d}}{\mathrm{d}r}\left(r\frac{\mathrm{d}\Phi}{\mathrm{d}r}\right)=-\mu_0\frac{\mathrm{d}p(\Phi)}{\mathrm{d}\Phi}-\mu_0^2 I(\Phi)\frac{\mathrm{d}I(\Phi)}{\mathrm{d}\Phi} \tag{6.2.33}$$

该方程称为一维 Grad-Shafranov 平衡方程（也简称为 G-S 方程）。这一个方程内有三个参数（Φ,p,I），直接求解是不可能的，必须有特殊的解法。

我们在磁流体力学波一章利用流体方程处理过 θ 箍缩和 z 箍缩问题，这里我们利用 G-S 方程简单处理这两个问题。对于 θ 箍缩，考虑无限长柱状等离子体，z 方向均匀；由于对称性，磁场 $\vec{B}$ 仅有 z 分量，电流 $\vec{J}$ 仅有 θ 分量（见图 6.11(a)）。磁场为 $\vec{B}=[0,0,B_z(r)]$，电流密度为 $\vec{J}=[0,J_\theta(r),0]$。由于 $B_\theta=0$，由式(6.2.22)知道 $\mathrm{d}\Phi/\mathrm{d}r=0$。所以一维 G-S 平衡方程变成

$$-\mu_0\frac{\mathrm{d}p}{\mathrm{d}\Phi}-\mu_0^2 I(\Phi)\frac{\mathrm{d}I}{\mathrm{d}\Phi}=0 \tag{6.2.34}$$

或

$$\frac{\mathrm{d}p}{\mathrm{d}\Phi}=-\mu_0 I(\Phi)\frac{\mathrm{d}I}{\mathrm{d}\Phi} \tag{6.2.35}$$

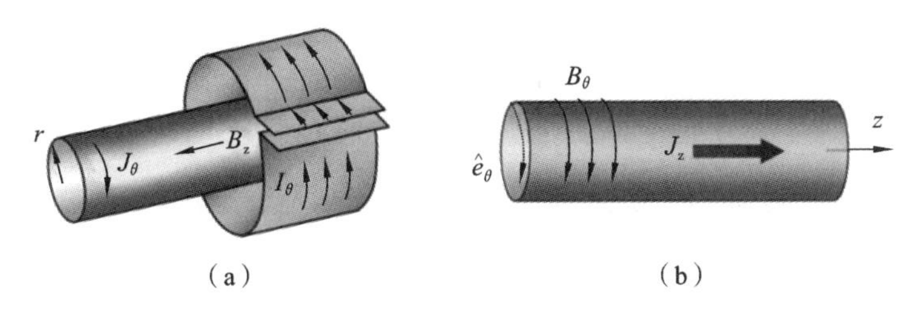

图 6.11　G-S 方程解法

(a) θ 箍缩及柱坐标图；(b) z 箍缩及柱坐标。

对上式积分，利用 $B_z=-\mu_0 I$，则有

$$p+\frac{\mu_0}{2}I^2=p+\frac{B_z^2}{2\mu_0}=\frac{B_0^2}{2\mu_0} \tag{6.2.36}$$

对于一个等离子体柱来讲，上式中的 B_0 是边界磁感应强度。

对于 z 箍缩，考虑无限长柱状等离子体，z 方向均匀；由于对称性，磁场 $\vec{B}$ 仅有 θ 分量，电流 $\vec{J}$ 仅有 z 分量（见图 6.11(b)）。磁场为：$\vec{B}=[0,B_\theta(r),0]$，电流密度为：$\vec{J}=[0,0,J_z(r)]$。由于 $J_\theta=0$，由式(6.2.30)知道 $\mathrm{d}I/\mathrm{d}r=0$。所以一维 G-S 平衡方程变成

$$\frac{1}{r}\frac{\mathrm{d}}{\mathrm{d}r}\left(r\frac{\mathrm{d}\Phi}{\mathrm{d}r}\right)=-\mu_0\frac{\mathrm{d}p}{\mathrm{d}\Phi} \tag{6.2.37}$$

利用式(6.2.22)，有

$$\frac{1}{r}\frac{\mathrm{d}}{\mathrm{d}r}(rB_\theta)=-\frac{\mu_0}{B_\theta}\frac{\mathrm{d}p}{\mathrm{d}r} \tag{6.2.38}$$

变换和整理后有

$$\frac{1}{\mu_0 r}B_\theta^2+\frac{1}{2\mu_0}\frac{\mathrm{d}(B_\theta^2)}{\mathrm{d}r}=-\frac{\mathrm{d}p}{\mathrm{d}r} \tag{6.2.39}$$

或

$$\frac{\mathrm{d}}{\mathrm{d}r}\left(p+\frac{B_\theta^2}{2\mu_0}\right)=-\frac{B_\theta^2}{\mu_0 r} \tag{6.2.40}$$

这就是 z 箍缩中静态等离子体的平衡方程。可以看出,这些结果和磁流体力学这一章结论一样。

6.3 双流不稳定性

微观不稳定性的种类多不胜举,其中较简单的例子是双流不稳定性。双流不稳定性是一种静电微观不稳定性,引起这种不稳定性的能量来源于束流的动能。当两束带电粒子在等离子体中作反向运动时(见图 6.12),如在等离子体加热技术中,高能电子束射入等离子体中,电子束的能量就会激发不稳定性,称为双流不稳定性。不稳定的产生是由于粒子的能量转换为扰动波的能量,当然波能量又会通过朗道阻尼或其他参量过程转化为粒子的能量。双流不稳定性是等离子体物理学中的一个重要问题。

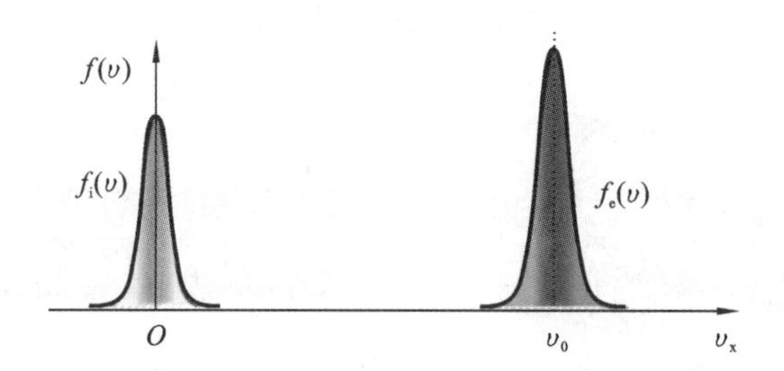

图 6.12　等离子体中电子和离子速度分布函数,激发双流不稳定性

为了简单起见,我们在相对于离子静止的参考系中看电子运动产生的不稳定性。假设电子相对于离子有一个整体速度$\vec{v}_0$,忽略电子、离子间的碰撞对动量的贡献,并假定等离子体是冷等离子体 $T_e=T_i=0$(忽略了等离子体压强),并且为了简化模型而去掉磁场,或者令电子流沿着磁场 $\vec{B}$ 方向运动,这样离子和电子的运动方程就分别为

$$m_i n_i\left[\frac{\partial \vec{v}_i}{\partial t}+(\vec{v}_i\cdot\nabla)\vec{v}_i\right]=en_i\vec{E}$$

$$m_e n_e\left[\frac{\partial \vec{v}_e}{\partial t}+(\vec{v}_e\cdot\nabla)\vec{v}_e\right]=-en_e\vec{E}$$

已知扰动前离子不动$\vec{v}_{i0}=0$,且$\vec{v}_{e0}=\vec{v}_0$ 在空间上是均匀的,使得$(\vec{v}_{i1}\cdot\nabla)\vec{v}_{i0}=0$ 及$(\vec{v}_{e1}\cdot\nabla)\vec{v}_{e0}=0$,等离子体的电中性要求 $n_e=n_i=n_0$,忽略二阶小量后,运动方程简化为

$$\begin{cases} m_i n_0\dfrac{\partial \vec{v}_{i1}}{\partial t}=en_0\vec{E}_1 \\ m_e n_0\left[\dfrac{\partial \vec{v}_{e1}}{\partial t}+(\vec{v}_0\cdot\nabla)\vec{v}_{e1}\right]=-en_0\vec{E}_1 \end{cases} \tag{6.3.1}$$

假设小振幅扰动为简谐波形式，即 $A_1 \propto e^{i(k \cdot z-\omega t)}$，且令 z 与$\vec{v}_0$ 和 $\vec{E}_1$ 同方向。对上面两个方程进行平面波分析得到

$$\begin{cases} -i\omega m_i n_0 v_{i1} = e n_0 E_1 \\ i m_e n_0 (-\omega + k v_0) v_{e1} = -e n_0 E_1 \end{cases} \tag{6.3.2}$$

得到离子和电子的扰动速度为

$$v_{i1} = \frac{ieE_1}{\omega m_i}; \quad v_{e1} = \frac{-ieE_1}{m_e(\omega - k v_0)} \tag{6.3.3}$$

同样对离子和电子的连续性方程进行简化，注意在我们的模型中，扰动前密度在时空上是均匀的，所以$\vec{v}_{i0}=0$；$\nabla n_0=0$，且有 $n_{i1}(\nabla \cdot \vec{v}_{i0})=(\vec{v}_{i0}\cdot\nabla)n_{i1}=(\vec{v}_{i1}\cdot\nabla)n_{i0}=0$，所以连续性方程变为

$$\begin{cases} \dfrac{\partial n_{i1}}{\partial t} + n_0 \nabla \cdot \vec{v}_{i1} = 0 \\ \dfrac{\partial n_{e1}}{\partial t} + n_0 \nabla \cdot \vec{v}_{e1} + (\vec{v}_0 \cdot \nabla) n_{e1} = 0 \end{cases} \tag{6.3.4}$$

假设小振幅扰动为简谐波形式，即 $A_1 \propto e^{i(kz-\omega t)}$，对上面两式进行线性化得到

$$n_{i1} = \frac{k n_0 v_{i1}}{\omega}; \quad n_{e1} = \frac{k n_0 v_{e1}}{\omega - k v_0} \tag{6.3.5}$$

从上面两式看出扰动产生了电荷分离，出现电荷密度不为零，需要使用泊松方程

$$\nabla \cdot \vec{E}_1 = e(n_{i1} - n_{e1})/\varepsilon_0$$

线性化后有

$$ik\varepsilon_0 E_1 = e(n_{i1} - n_{e1}) \tag{6.3.6}$$

联立方程(6.3.3)、方程(6.3.5)和方程(6.3.6)后得

$$\varepsilon_0 ikE = e(ienkE)\left[\frac{1}{m_i\omega^2} + \frac{1}{m_e(\omega - k v_0)^2}\right] \tag{6.3.7}$$

整理后有

$$1 = \frac{\omega_{pi}^2}{\omega^2} + \frac{\omega_{pe}^2}{(\omega - k v_0)^2} \tag{6.3.8}$$

这就是双流不稳定性的色散关系，其中 ω_{pi} 和 ω_{pe} 是离子和电子的振荡频率。色散关系式(6.3.8)是一个关于 ω 的四次方程，原则上对于任意 k 可以求解，有四个根，一般情况下为复数 $\omega=\omega_R+i\omega_I$，当 $\omega_I>0$ 时对应于波的增长解，当 $\omega_I=0$ 时对应波的正常模不随时间变化，当 $\omega_I<0$ 时对应于波的阻尼解。当认为 $m_e/m_i\to 0$ 时，忽略方程(6.3.8)第一项后有

$$\omega = k v_0 \pm \omega_{pe} \tag{6.3.9}$$

当考虑 $m_e/m_i \neq 0$ 时，方程(6.3.8)的特性需要整体考查，将色散方程右边作为一个函数 $F(\omega,k)$，然后讨论函数随 ω 和 k 变化趋势，即

$$F(\omega,k) = \frac{\omega_{pi}^2}{\omega^2} + \frac{\omega_{pe}^2}{(\omega - k v_0)^2} \tag{6.3.10}$$

当给定 $k v_0$ 时，函数 $F(\omega,k)$在 $\omega=0$ 和 $\omega=k v_0$ 有奇异点，如图 6.13 所示，直线 $F(\omega,k)=1$ 给出满足色散关系的 ω 值。显然此函数在 $0<\omega<k v_0$ 区域有一极小值。若此极小值小于 1，则方程有四个实根，所对应的均为稳定的静电振荡，流场引起粒子的扰动就是稳定的，这种情况对应图 6.13(a)中的曲线；若极小值大于 1，则有两个实根，两个共轭的复根，其中虚部为负的一支对应着增长的静电不稳定性，对应图 6.13(b)中的曲线；极小值正好为 1 时，处于临界状

态，四个根均为实数，其中两个为相等的重根。

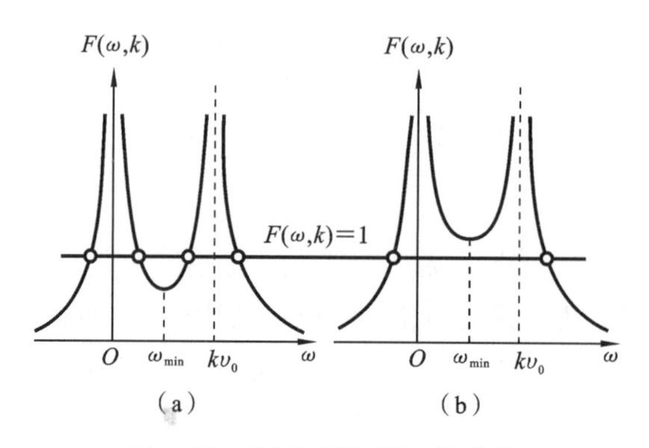

图 6.13　双流不稳定性色散曲线

因此，我们可以通过判断的函数 $F(\omega,k)$ 的极小值来确定这种束等离子体系统静电不稳定性的条件，即为 $F_{\min}(\omega,k)>1$。根据$\partial F/\partial\omega=0$，并假定 $m_e/m_i\ll 1$，得到

$$\omega_{\min}=\left(\frac{m_e}{m_i}\right)^{1/3}k^2\upsilon_0^2\Big/\left(1+\left(\frac{m_e}{m_i}\right)^{1/3}\right)\approx\left(\frac{m_e}{m_i}\right)^{1/3}k^2\upsilon_0^2 \tag{6.3.11}$$

假定 $\omega/k\upsilon_0\gg 1$，并将方程(6.3.11)代入方程(6.3.10)得到

$$F(\omega,k)\approx\frac{\omega_{pi}^2}{\left(\dfrac{m_e}{m_i}\right)^{2/3}k^2\upsilon_0^2}+\frac{\omega_{pe}^2}{k^2\upsilon_0^2} \tag{6.3.12}$$

由上式可以看出，当$|k\upsilon_0|<\omega_{pe}$时，$F_{\min}(\omega,k)>1$，由此可知不稳定的波数范围是

$$-\omega_{pe}/\upsilon_0<k<\omega_{pe}/\upsilon_0 \tag{6.3.13}$$

我们换一种方式来讨论，把式(6.3.9)ω 代入式(6.3.8)右边第一项，并假设为 ω_0(初始时刻的扰动频率)，则可得

$$\omega\approx k\upsilon_0\pm \mathrm{i}\omega_{pe}\Big/\sqrt{\frac{m_e\omega_{pe}^2}{m_i\omega_0^2}-1} \tag{6.3.14}$$

显然，不稳定增长率为

$$\gamma=\omega_{pe}\Big/\sqrt{\frac{m_e\omega_{pe}^2}{m_i\omega_0^2}-1} \tag{6.3.15}$$

如果 $\gamma=0$，则 $\omega\approx k\upsilon_0$，显然这是一个共振条件，当粒子的运动速度和扰动波的相速度相近时，发生强烈的能量交换，这是一种波动式扰动，系统是稳定的。如果 $\gamma\neq 0$，系统稳定与否取决于 $m_e\omega_{pe}^2/m_i\omega_0^2$ 的大小。显然，当

$$m_e\omega_{pe}^2/m_i\omega_0^2<1 \tag{6.3.16}$$

时，γ 是虚数，扰动是波动，所以系统是稳定的。当

$$m_e\omega_{pe}^2/m_i\omega_0^2>1 \tag{6.3.17}$$

或者

$$\omega_0/\omega_{pe}<(m_e/m_i)^{1/2} \tag{6.3.18}$$

时，系统有可能不稳定，但要注意 $\omega_0\sim k\upsilon_0\pm\omega_{pe}$，当取正号时上述条件不可能满足(因为 $\omega_0/\omega_{pe}\approx k\upsilon_0/\omega_{pe}+1\gg(m_e/m_i)^{1/2}$)。所以，只有当 $\omega_0\sim k\upsilon_0-\omega_{pe}$时，系统才有可能产生不稳定性。一般情况下，等离子体频率 ω_{pe}很大，故只有当 υ_0 足够大且波长足够短的时候，不稳定性才有可能发生。

6.4 瑞利-泰勒不稳定性

从日常的体验中,我们可以从物体"头重脚轻"联想到"不稳定",因为这种状态很容易倾翻,变成"头轻脚重"。头重脚轻的状态实际上就是处于不稳定的状态,倾翻的过程,就是不稳定性发展的过程,也是物体势能降低的过程。对一般热力学体系的不稳定性而言,不稳定性发展的过程是自由能降低的过程。

在通常的流体中,当密度轻的流体试图支撑其上的密度比较大的流体时,系统的势能处于较高的位置。任何系统都有向势能最低的稳定态方向发展的趋势,所以一旦系统有一个小小的扰动,必然在界面处出现波动,使得重流体向轻流体渗透,这是系统一种不稳定性的表现,称为瑞利-泰勒不稳定性(见图6.14)。以上虽然讲的是重力瑞利-泰勒不稳定性,可以类比,如果由于其他物理效应产生一个类似重力的等效力(如加速运动等),同样可以产生瑞利-泰勒不稳定性。

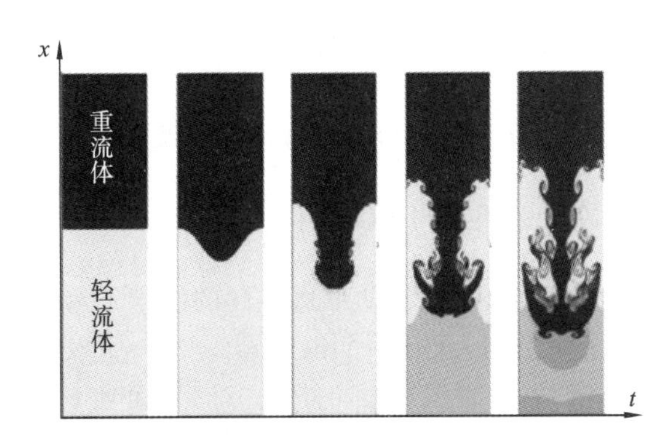

图6.14　模拟的上重下轻流体形成的瑞利-泰勒不稳定性(来源于网络)

在惯性约束核聚变过程中,强激光烧蚀使靶丸迅速汽化成等离子体,汽化产生的反作用力将内部氘氚燃料迅速压缩到极高的密度,在氘氚核燃料被压缩的过程中,会产生巨大的径向加速度,这个加速度类似于重力场(见图6.15)。同时,等离子体和氘氚核燃料的密度差异巨大,

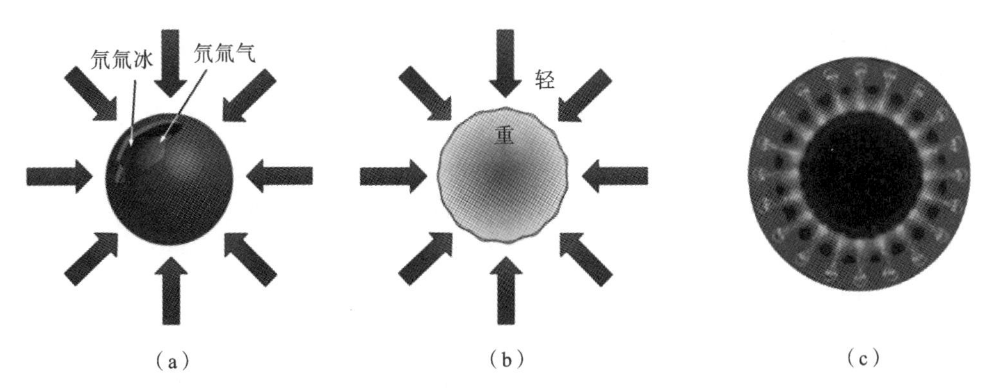

图6.15　从左到右,激光烧蚀壳层即氘氚冰,等离子体加速向内压缩氘氚气体,产生瑞利-泰勒不稳定性(来源于网络)

因此在两者的界面处就有可能发生瑞利-泰勒不稳定。这种不稳定将会导致壳体和核燃料的混合,进而大大降低核燃料的压缩效率,导致聚变失败。

6.4.1 重力驱动流体中的瑞利-泰勒(RT)不稳定性

考虑如图 6.16 所示的两层一般流体,上下两层流体的密度分别为 ρ 和 ρ',建立直角坐标系。为了简单起见,只考虑流体 ρ,不考虑压力梯度,则流体方程只需连续性方程和运动方程,即

$$\begin{cases}\dfrac{\partial\rho}{\partial t}+\nabla\cdot(\rho\vec{v})=0\\ \rho\dfrac{\mathrm{d}\vec{v}}{\mathrm{d}t}=\rho\vec{g}\end{cases}\tag{6.4.1}$$

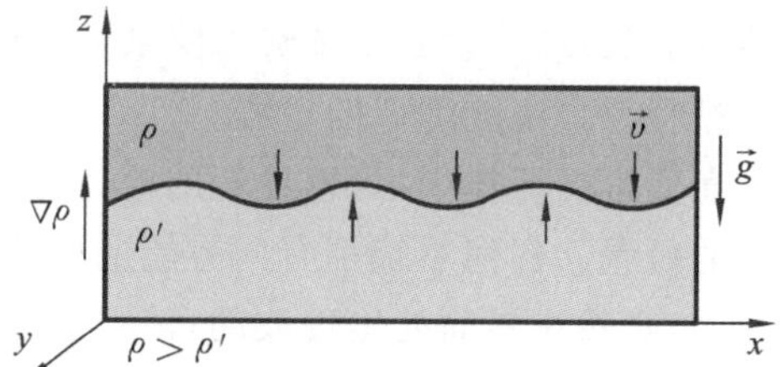

图 6.16　重力驱动一般流体的 RT 不稳定性

假设流体不可压缩,即有 $\nabla\cdot\vec{v}=0$,平衡时 $\vec{v}_0=0$,且在两层流体的交界面上有扰动,即 $\rho=\rho_0+\rho_1$,$\vec{v}=\vec{v}_1$,再假设扰动时以平面波的形式,即 $\vec{v}_1$,$\rho_1\sim e^{i(kz-\omega t)}$,代入方程(6.4.1)和方程(6.4.2),很容易获得

$$\omega^2=\vec{g}\cdot\nabla\rho_0/\rho_1\tag{6.4.2}$$

显然,当密度梯度和重力加速度方向相反时,$\omega^2<0$,流体系统会产生不稳定性。

6.4.2 重力驱动等离子体中的 RT 不稳定性

下面我们分析一下等离子体中瑞利-泰勒不稳定性的图像。考虑图 6.17(a)所示平衡位形,均匀等离子体充满平面上半空间,且有一个锐边界($z=0$),重力沿 $-z$ 方向作用于等离子体。等离子体内外有均匀磁场,并垂直于纸面向外(y 方向),而且 $z<0$ 处的磁场 B_- 大于等离子体内磁场 B_+,由此产生的磁应力与重力相平衡。初始阶段的等离子体运动可以用单粒子轨道漂移理论进行近似分析。设等离子体边界面的扰动位移为 $\delta z=a(t)\sin(k_x x)$,其中 $a(t)$ 是初始扰动最大幅度(实际上是个小量,即 $a(t)\ll 2\pi/k_x$),k_x 是 x 方向上的扰动波数。在重力作用下,等离子体中的带电粒子会产生不同的重力漂移,漂移速度为

$$\vec{v}_{ge}=\frac{m_e\vec{g}\times\vec{B}}{qB^2}=\frac{m_e g}{eB}\hat{e}_x;\quad \vec{v}_{gi}=\frac{m_i\vec{g}\times\vec{B}}{qB^2}=-\frac{m_i g}{eB}\hat{e}_x\tag{6.4.3}$$

电子和离子分别沿 $\pm x$ 方向漂移,式中 B 为平均磁场强度(如果是在低压强等离子体情形,可以简单认为 $B\approx B_-\approx B_+$)。漂移方向与电荷符号有关,正离子沿 $-x$ 方向、电子沿 $+x$ 方向移动,因而在等离子体边界面上引起电荷分离,形成面电荷。面电荷产生电场 $\vec{E}$,如图6.17(b)所示,在此电场的作用下等离子体产生电漂移($\vec{v}_{DE}=\vec{E}\times\vec{B}/B^2$,导致等离子体整体漂移),电漂移方向与初始扰动方向一致,使扰动幅度增加,因此会产生不稳定。由于 $m_i\gg m_e$,从式(6.4.4)可以看出,$\vec{v}_{gi}\gg\vec{v}_{ge}$,所以以下我们仅考虑离子漂移。

离子的漂移会在等离子体界面上引起电荷分离,形成面电荷积累,如果在垂直于 x 方向电荷分离是均匀的,则垂直于 x 方向单位时间单位面上电荷的积累为 $en(v_{gi}-v_{ge})$。但实际上,由于扰动的波动起伏使得电荷分离不是均匀的,所以实际的面电荷积累速度为

$$\frac{\partial\sigma}{\partial t}=en(v_{gi}-v_{ge})\sin\alpha\approx ena(t)(v_{gi}-v_{ge})/\lambda\tag{6.4.4}$$

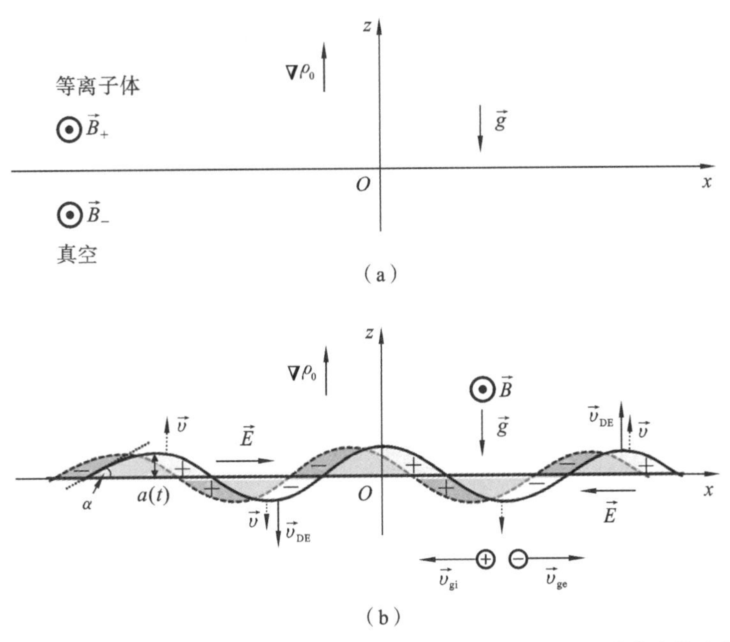

图 6.17　瑞利-泰勒(RT)不稳定性过程中离子和电子漂移及所产生的电场

其中 $a(t)$是边界扰动位移，α 为变形角(见图 6.17(b))，$\lambda=2\pi/k$ 是起伏波长，所以 $\sin\alpha\approx a(t)/\lambda$，这个积累的面电荷会在 x 方向产生电场，近似为

$$E_x=\frac{\sigma}{\varepsilon_0\varepsilon} \tag{6.4.5}$$

ε 是等离子体介电常数，表示为 $\varepsilon=1+\rho/\varepsilon_0 B^2\approx\rho/\varepsilon_0 B^2$。这个电场将引起等离子体的整体漂移，方向与起始扰动方向相同，会引起扰动位移的变化，即有

$$v_z=\frac{\mathrm{d}a(t)}{\mathrm{d}t}=\frac{E_x}{B}=\frac{\sigma}{\varepsilon_0\varepsilon B}\approx\frac{\sigma B}{\rho} \tag{6.4.6}$$

上式对时间求微分，有

$$\frac{\mathrm{d}^2 a(t)}{\mathrm{d}t^2}\approx\frac{B}{\rho}\frac{\mathrm{d}\sigma}{\mathrm{d}t}=\frac{B}{\rho}ena(t)\,|v_{gi}-v_{ge}|/\lambda \tag{6.4.7}$$

方程中速度差取绝对值是因为电荷积累与方向无关，扰动沿 x 正向和沿 x 负向也是等价的。如果假设 $a(t)=a_0\exp\gamma t$，其中 γ 是不稳定性增长率，把 $a(t)$代入式(6.4.8)，再根据式(6.4.4)，很容易得出不稳定性增长率为

$$\gamma\approx\sqrt{gk} \tag{6.4.8}$$

这个结果说明重力加速度从等离子体指向真空(见图 6.17)，由式(6.4.8)可知 $\gamma>0$，表明扰动是不稳定的。若将等离子体和真空区或互换位置(这时重力加速度是从真空指向等离子体)，结果 $g\to-g$，显然在这种情况下 γ 变为虚数，因此这种扰动是稳定的。

下面我们简单讨论一下磁力线弯曲引起的 RT 不稳定性。我们上面讨论了垂直于磁场的重力所引起的不稳定性，其根源是与电荷属性无关的重力所产生的漂移引起电荷分离，电荷分离形成的电场又会使等离子体整体漂移，最终增强了初始扰动，所以系统不稳定。我们可以把上述结果加以推广，在单粒子轨道这一章我们已经讲过，除了重力会产生电荷分离之外，弯曲的磁场也会引起电荷分离。如图 6.18 所示，在等离子体边界面上磁力线是弯曲的，电荷在这种磁场中运动时，弯曲磁力线所产生的离心力和垂直于磁场方向的磁场梯度所产生的等效力也会引起电荷分离，从而引起瑞利-泰勒型的不稳定性。

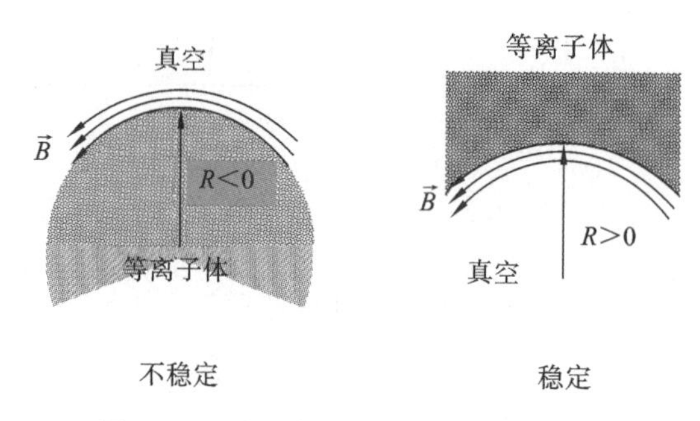

图 6.18　磁场弯曲引起的稳定和不稳定

磁场中带电粒子的漂移速度是

$$\vec{v}_{DR}=\vec{v}_{\nabla B}+\vec{v}_R=\frac{m}{q}\frac{\vec{R}\times\vec{B}}{R^2B^2}\left(v_{/\!/}^2+\frac{1}{2}v_\perp^2\right) \tag{6.4.9}$$

其中，$\vec{v}_{\nabla B}$和$\vec{v}_R$ 分别是梯度漂移速度和曲率漂移速度，R 为磁力线曲率半径，$v_{/\!/}$ 和 $v_\perp$ 分别是电荷在平行和垂直于磁场方向的速度。比较式(6.4.9)与重力漂移速度式(6.4.4)可以看出，弯曲磁力线引起的等效加速度为

$$\vec{g}\to\frac{v_{/\!/}^2+v_\perp^2/2}{R^2}\vec{R} \tag{6.4.10}$$

显然，在等离子体的边界面上，如果磁力线处处凹向等离子体($R<0$)，则平衡位形是不稳定的；反之，如果磁力线处处凸向等离子体($R>0$)，则平衡位形是稳定的。对于弯曲的磁力线，磁场的梯度是指向圆心的，所以对于 $R>0$ 这种情况，等离子体处于磁场极小的区域。因此，为了使等离子体平衡位形稳定，必须使等离子体处于磁场极小的区域，这就叫磁阱或最小 B 磁场稳定条件。

可以把上述结论进一步推广：对于磁场中的等离子体，当在等离子体边界面上有与磁场垂直并与电荷符号无关的任何力作用时，如果力的方向是从等离子体指向真空，则系统是不稳定的，反之则为稳定。

6.5　撕裂模不稳定性

撕裂模不稳定性是等离子体中由电流驱动的一种宏观磁流体力学不稳定性。在高温聚变装置(托卡马克)中，有理面上磁力线比较稀疏，磁压较弱，容易产生撕裂模不稳定性。撕裂模不稳定性会降低轴心等离子体的温度与密度，影响磁约束装置的约束性能。因此，研究撕裂模不稳定性是磁约束聚变研究中一个关键问题。下面简单讨论一下该不稳定性。

如图 6.19(a)所示，一组载流相等、方向相同的电流线均匀地分布在某一无限大的平面上，显然每根导线都受到相邻电流线的吸引，作用力相互抵消。因此在电流面上下构成了平衡的磁场位形。如果等离子体是理想导体，由于磁冻结效应，使电流线牢固地嵌套在等离子体中，这种磁场是稳定的，因为磁场沿着边界法线方向增大。但是当等离子体不是理想磁流体时，由于电阻的耗散效应，电流面上的某些位置的电流会降低（相当于出现扰动）。这些电流减弱的电流线对临近的其他电流线作用力也减弱，导致一些电流线产生相对移动而集中在一块。上下面的磁力线也发生相应的形变，如图 6.19(b)所示，最后构成我们通常所说的磁岛结构，它将磁面撕裂，称为撕裂不稳定性。外观上它是将等离子体撕裂成一种长波模式，如图 6.19(c)所示，多出现在空间等离子体的边界层附近和各种箍缩过程中。

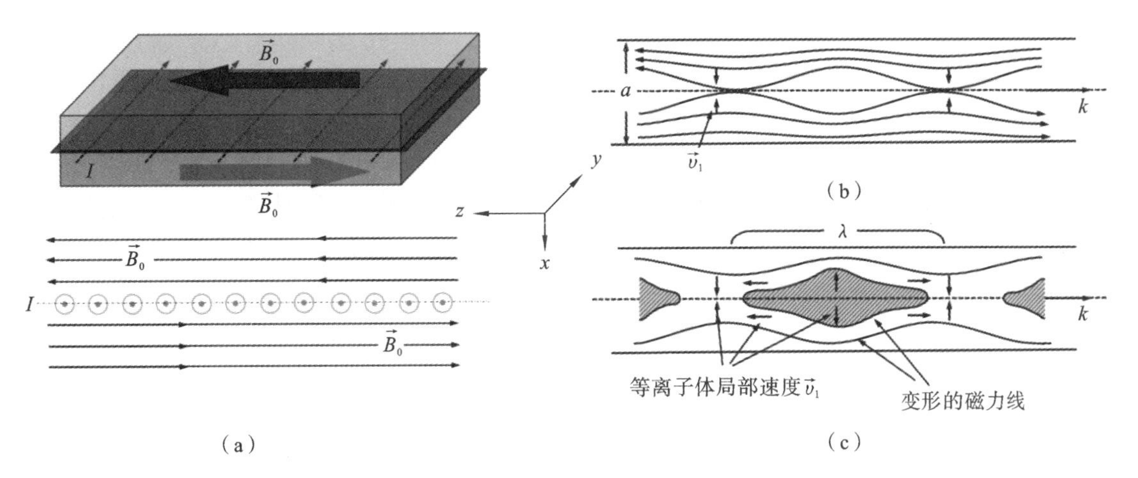

图 6.19　撕裂模不稳定性

(a)电流和磁场位形；(b) 电阻的耗散效应产生扰动；(c) 撕裂不稳定性形状。

设在平面 yz 上有一个无限扩展的平行电流线沿 y 轴方向流动，电流线位于 $x=0$ 面，该电流线在上下等离子体中产生沿 $\pm z$ 方向但方向相反的磁场，将等离子体箍缩（见图 6.19(a)），达到平衡状态。设等离子体厚度为 a。值得注意的是，该磁场位形中，在 $x=0$ 处磁场最弱（$B_{x=0}\approx 0$，磁压小），越向外磁场越强（磁压大）。如果等离子体不是理想流体，由于电阻效应，起始等离子体中靠近 $x=0$ 面附近有一个扰动电流密度$\vec{j}_1$，由欧姆定律

$$\vec{j}_1=\frac{1}{\eta}(\vec{E}_1+\vec{v}_1\times\vec{B}_0) \tag{6.5.1}$$

其中 η 是等离子体的电阻率。上式表明在垂直于磁场和扰动电流方向出现扰动速度$\vec{v}_1$。按照我们假设的电流线位形，扰动电流密度出现在 $x\approx 0$ 面附近，这里 $\vec{B}_0\approx 0$，$\vec{v}_1\times\vec{B}_0$ 很小，所以等离子体不是理想导电流体。但在离 $x\approx 0$ 面较远的地方$\vec{v}_1\times\vec{B}_0$ 比较大，仍可将等离子体看成是理想导电流体。这样等离子体内存在两个区域，即电阻性区域（$|x|<\varepsilon$）和无电阻区域（或者理想导电流体区域）（$\varepsilon<|x|<a/2$）。

根据安培定律，扰动电流密度会产生扰动磁场（$\nabla\times\vec{B}_1=\mu_0\vec{j}_1$）。如果假设扰动波矢沿着 $-z$方向（见图 6.19(b)），则扰动磁场方向沿着 x 方向，假设产生的扰动磁场可以写成

$$B_{1x}=B_{1x}(x)\exp(\mathrm{i}kz+\gamma t) \tag{6.5.2}$$

这里已经设 $\omega=\mathrm{i}\gamma$，其中 γ 是不稳定增长率。再根据法拉第定律（$\nabla\times\vec{E}_1=-\partial\vec{B}_1/\partial t$），可以计算出在 y 方向感应出一个电场 $E_{1y}=\omega B_{1x}/k$。该电场驱动等离子体在同方向产生电流 j_{1y}，而这个电流又是指向使起始扰动电流增长的方向（各扰动物理量方向见图 6.20），导致系统不稳定，最终将磁场撕裂成图 6.19(c)所示形状。

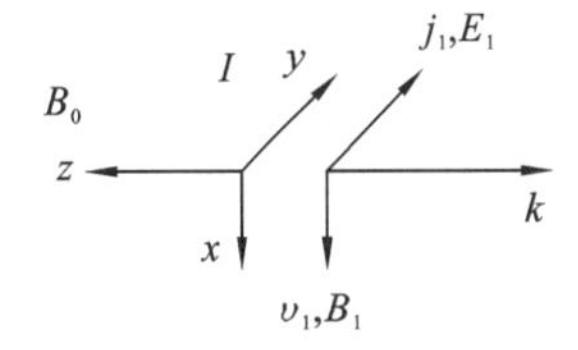

图 6.20　扰动量关系图

6.6 几种常见的不稳定性介绍

6.6.1 电流不稳定性

在等离子体中，由于磁场能量的驱动会产生电流，如果等离子体受到扰动，会产生所谓腊肠不稳定性和扭曲不稳定性，通称为电流不稳定性。它们是热核聚变研究的最初年代发现的最具破坏性的一类宏观不稳定性。假设初始时刻等离子体柱(见图 6.21(a))形状是均匀的，等离子体形成的电流所产生的磁场围绕等离子体柱。某一时刻，等离子体柱受到扰动，某一位置的电流增加，相应的磁场也会增强(安培定律)，所以作用在等离子体柱上的磁压增加，其结果是等离子体柱形状发生变化(见图 6.21(b)和(c))，最终形成像腊肠一样的结构。

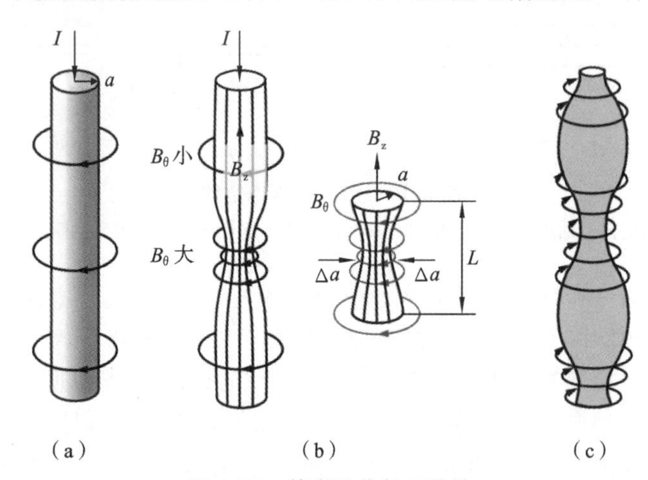

图 6.21 等离子体柱受扰动

(a) 等离子体柱；(b) 颈缩扰动；(c) 腊肠不稳定性。

1. 腊肠不稳定性

观察直线箍缩等离子体柱(见图 6.21(a))，假设平衡时直柱半径为 a，通过等离子体的电流 I 在柱面上产生的极向场为

$$B_\theta=\frac{\mu_0 I}{2\pi a} \tag{6.6.1}$$

若柱内无纵向磁场，根据平衡条件 $p=B_\theta^2/2\mu_0$，就是说平衡是由等离子体的热压力和磁压力完成。但这个平衡是不稳定的，假设产生如图 6.21(b)所示的颈缩扰动。这种变化使电流密度增加，则极向磁场增加，磁压强增大，因而起始扰动将进一步增长。所以，局部颈缩一旦发生，它将继续迅速发展下去，趋向于使柱切断，这就是腊肠不稳定性(见图 6.21(c))。

这个图像也可以用单粒子轨道理论解释。当局部颈缩产生，电流密度增加，所产生的磁场会随时间增加，则等离子体会向中心漂移，最终等离子体变成腊肠形状。我们下面来分析稳定性的条件，根据等离子体柱里磁通和电流守恒条件，对于等离子体柱半径 a 的小扰动 δa($\delta a<0$)，而磁场增强了，扰动前后磁通不变，取一段长 L 的等离子体柱(见图 6.21(b))，则纵向和极

向磁通有如下关系

$$\begin{aligned}\pi a^2 B_z &= \pi(a+\delta a)^2(B_z+\delta B_z)\\ aLB_\theta &= (a+\delta a)L(B_\theta+\delta B_\theta)\end{aligned} \tag{6.6.2}$$

略去高阶小量后可得到

$$\begin{aligned}\delta B_z &= -B_z\frac{2\delta a}{a}\\ \delta B_\theta &= -B_\theta\frac{\delta a}{a}\end{aligned} \tag{6.6.3}$$

显然，纵向场增强了磁应力（磁张力和磁压力），起到对等离子体柱收缩稳定作用。所以，这种不稳定性可通过箍缩前在柱内附加纵向磁场（沿电流柱方向）来使其转为稳定；当 $\sigma=\infty$ 时，此磁场冻结于柱内，因而柱的形变所引起的纵向磁场的弯曲将趋向于使柱恢复挺直（磁力等效于与磁力线相垂直方向的压力 $B^2/2\mu_0$ 和沿磁力线方向的张力 B^2/μ_0 之和）。但从式(6.6.3)也可以看出，极向场进一步增强扰动，产生不稳定性。扰动前后内外磁场压强差的变化为

$$\delta p_m=\left(\frac{B_\theta^2}{2\mu_0}-\frac{B_z^2}{2\mu_0}\right)-\left[\frac{(B_\theta+\delta B_\theta)^2}{2\mu_0}-\frac{(B_z+\delta B_z)^2}{2\mu_0}\right]=-\frac{B_z^2}{\mu_0}\frac{2\delta a}{a}+\frac{B_\theta^2}{\mu_0}\frac{\delta a}{a} \tag{6.6.4}$$

可以看出，如果要等离子体柱稳定，必须满足：当 $\delta a<0$ 时，$\delta p_m>0$，所以

$$B_z^2>\frac{1}{2}B_\theta^2 \tag{6.6.5}$$

不满足这个条件就会产生腊肠不稳定性。

2. 扭曲不稳定性

让我们考虑如图 6.22 所示的平衡等离子体柱，如果平衡等离子体柱（见图 6.22(a)）受到偶然的局部微小弯曲（为了清楚显示，图中把局部进行了放大），则由于凹边的角向磁场增加，凸边的减少，由此引起的磁压强差将使起始扰动进一步增长。若柱内未加有纵向磁场，则这种扰动将继续迅速发展下去就形成扭曲不稳定性（见图 6.22(b)）。

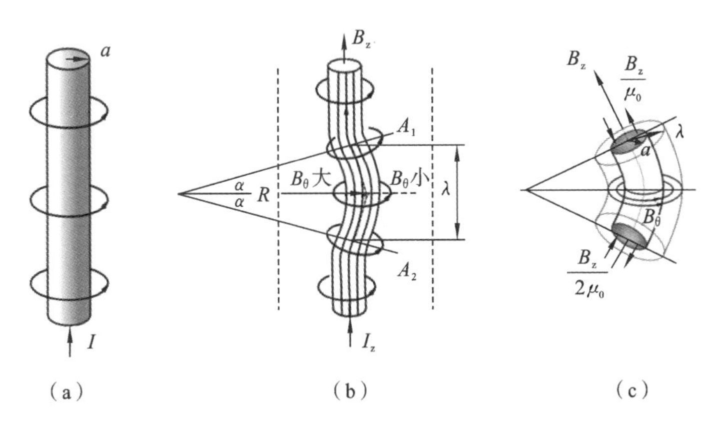

图 6.22　等离子体柱受扭曲扰动

(a) 等离子体柱；(b) 扭曲不稳定性；(c) 变形部分的磁压力和磁张力。

假设等离子体柱内部存在纵向场 B_z 和角向场 $B_\theta(=\mu_0 I/2\pi r)$，用 λ 表示扭结的特征长度，用 R 表示其曲率半径，弯曲部分对应的角度 $2\alpha(\approx\lambda/R)$，注意：由于局部范围很小，所以这个角度 α 很小。等离子体柱侧面面积很小，所以磁场在侧面产生力可以忽略，只考虑磁场在柱轴方

向的力(包括磁张力和磁压力,见图 6.22(c))。纵向磁场 B_z 在等离子体柱两个端面上产生的合力在径向的分量为

$$F_1=2\times\left(\frac{B_z^2}{\mu_0}\pi a^2\ \frac{\lambda}{2R}-\frac{B_z^2}{2\mu_0}\pi a^2\ \frac{\lambda}{2R}\right)=\frac{B_z^2}{2\mu_0}\pi a^2\ \frac{\lambda}{R} \tag{6.6.6}$$

这个力的方向指向曲率中心,所以它起到恢复和稳定等离子体柱的作用。由等离子体柱自身产生的角向场为 B_θ,当柱弯曲时,弯曲的内外两侧产生磁应力差,磁应力差起不稳定作用。考虑一个包围等离子体柱的圆柱筒(见图 6.22(c)虚线部分),圆柱筒的内半径为 a,外径为 λ。让我们计算一下角向场 B_θ 在圆柱筒的表面上的磁压力(由于侧面很小,所以柱侧面的磁压力与柱两端面上的磁压力相比可以忽略不计)。柱两端面上压力的合力为

$$F_2=\left(\int_a^\lambda \frac{B_\theta^2}{2\mu_0}2\pi r\mathrm{d}r\right)\frac{\lambda}{2R}=\frac{B_\theta^2(a)}{2\mu_0}\pi a^2\ \frac{\lambda}{R}\ln\frac{\lambda}{a} \tag{6.6.7}$$

这个合力也沿着径向,不过方向与 F_1 相反。所以等离子体柱稳定的条件是 $F_1>F_2$,即

$$\frac{B_z^2}{B_\theta^2(a)}>\ln\frac{\lambda}{a} \tag{6.6.8}$$

根据平衡条件

$$p+\frac{B_z^2}{2\mu_0}=\frac{B_\theta^2(a)}{2\mu_0} \tag{6.6.9}$$

有

$$\frac{B_z^2}{B_\theta^2(a)}\leqslant 1 \tag{6.6.10}$$

所以对于使 λ/a 值比较大的长波扰动,总是不稳定的。包围等离子体柱的良导体对这样不稳定性有明显的抑制作用。

6.6.2 交换不稳定性

磁场中的低 $\beta(=2\mu_0 p/B_0^2)$ 等离子体最容易产生的一种宏观不稳定性是所谓交换不稳定性。设在磁控等离子体平衡位形中考虑一个由磁力线构成的磁通管,管内充满低热压强理想等离子体($\beta\ll 1,\sigma\to\infty$),由于磁力线冻结在等离子体中,管的磁通沿整个磁通管保持常数,也不随时间改变。一般情况下磁控等离子体的磁场位形是复杂的,同一根磁力线既有凸向($R>0$)等离子体的部分也有凹向($R<0$)等离子体的部分,我们前面讨论已经分析过这种位形的好坏(见图 6.18)。现在假设沿磁力线在一个地方 B 有“好”曲率,在另一个地方 A 有“坏”曲率(见图 6.23(a))。那么在 A 和 B 处的离心力的方向就相反了,电荷的分离也是相反的(见图 6.23(a)中已经显示了电荷分离情况),电荷很容易沿着磁力线“短路”。假设考虑这样一种扰动,即区域 1 的磁通量与区域 2 的交换,区域 2 的等离子体与区域 1 的等离子体交换的扰动(见图 6.23(b))。但是在低 β 情形管的运动并不是自由的:任何明显改变磁场分布的运动将显著增加磁场能量,因而是不允许的。这是因为在低 β 情形等离子体中的磁场与真空磁场几乎相等,而根据电磁学我们知道真空磁场位形是总磁能最小位形,所以任何使磁场形变的扰动必将增加磁场能量。因此,只有磁场分布保持不变,即管的起始位置和运动后达到的新位置上磁场保持不变的扰动才是允许的。这种扰动只可能是磁通量管相同的相邻的磁通量管连同其中的等离子体一起进行交换。如果交换的结果是等离子体内能减小,则这种扰动将继续迅速发展下去,引起所谓交换不稳定性。我们前面讨论的瑞利-泰勒不稳定性实质上是等离子体-

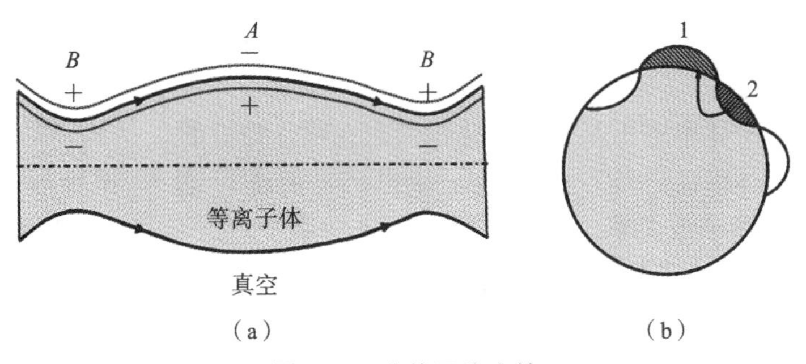

图 6.23 交换不稳定性

(a) 磁场位形,正负号代表离子和电子;(b) 横截面。

磁场边界上产生的交换不稳定性。

6.6.3 气球模不稳定性

在研究低$\beta(=2\mu_0 p/B^2)$等离子体的磁流体力学不稳定时,我们是以等离子体中产生的形变不引起磁场形变作为其出发点的。如前所述这种情况下扰动的唯一形式是磁通管的交换。然而,在β虽小但有限(或大于某个临界值)的情形,平衡位形中磁力线为凹向等离子体(磁场从等离子体向外侧减少)的那些部分就有可能产生磁通管向外弯曲的局部形变;同时,磁力线为凸向等离子体的部分却不受形变的影响。上述形变过程中磁力线弯曲所消耗的功是由等离子体热压强引起的膨胀能来供给的。因此当β增大时,产生等离子体边界的局部弯曲,进而破坏平衡位形。这种不稳定性称为气球模不稳定性(见图6.24)。

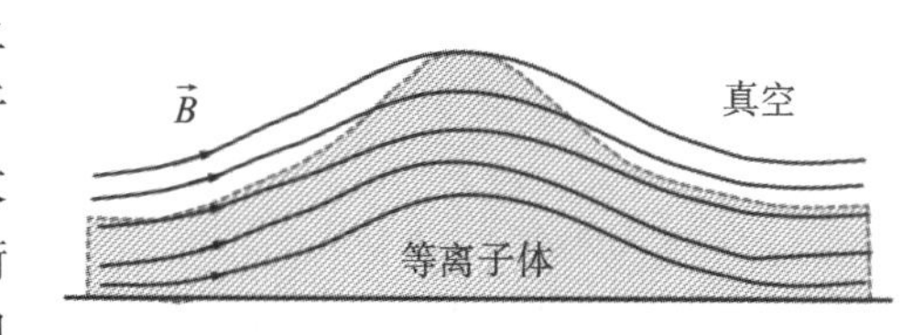

图 6.24 气球模不稳定性

另外,在有限电导率等离子体中也可能产生这类不稳定性。我们知道,在通常的交换不稳定性中,沿磁力线方向的波数$k_{/\!/}$等于零(扰动波长为无限大),也即电子能够沿磁力线自由运动,但是由于等离子体电阻和电子惯性等原因使电子的自由运动受到阻碍,那么电荷分离和由此而产生的电场就不能及时被消除掉,从而沿磁力线方向。波长为有限的扰动将会发展,引起气球模不稳定性。

思考题

1. 写出托卡马克等离子体静态平衡方程的一般矢量形式,并分析之。
2. 对于一个磁力线为直线的柱状等离子体,试证明其平衡方程为

$$p+\frac{B^2}{2\mu_0}=\frac{B_0^2}{2\mu_0}$$

其中B_0是边界处的磁感应强度。

3. 利用一维 Grad-Shafranov 方程讨论z箍缩和θ箍缩平衡方程。
4. 试分析一个初始稳定平衡系统受到小扰动后如何演变?
5. 简单介绍磁面概念,能否利用磁面概念给出托卡马克内磁场结构?

6. 从等离子体静态平衡方程出发，解释为什么等离子体中的等压面和等电流面都位于磁面上？

7. 试证明等离子体中进出某一封闭体积的磁通都是相等的。

8. 假设等离子体中离子是静止的，有一束电子以速度 v_0 射入，试推导这种情况下（双流不稳定性）不稳定性的色散关系。

9. 根据平衡方程，柱状等离子体的平衡是靠热应力和磁应力达到平衡的，如果在柱状等离子体表面有微弱的电流扰动，简要分析等离子体柱为何会出现腊肠不稳定性和扭曲不稳定性？

10. 以重力场中某曲面上的小球为例，描绘出小球是线性稳定非线性也稳定、线性稳定非线性不稳定、线性不稳定非线性稳定、线性不稳定非线性也不稳定这几种情况的曲面形状。

第7章　动理学理论介绍

我们前面已经介绍了两种处理等离子体的方法:单粒子轨道理论和磁流体力学。前者对于极其稀薄的等离子体处理具有优势,该模型忽略粒子间的碰撞和集体效应,且电荷粒子运动的环境是事先给定的(如电磁场等)。但实际等离子体的运动要远比单粒子轨道理论描述的复杂很多,且电磁场是不能事先给定的,电荷运动与电磁场之间是一个自洽问题。磁流体力学是把粒子间的碰撞起主要作用的等离子体看成一种导电流体来处理。磁流体力学理论能足够精准地描述大多数观察到的等离子体现象。然而,对于某些现象,如波与粒子相互作用,等离子体中的反常输运现象等,磁流体理论是不能处理。对于这些问题,需要考虑带电粒子的分布函数及其演变,这种处理方法称为动理学理论。

7.1　分布函数与弗拉索夫方程

我们在以上讨论磁流体力学、等离子体波、等离子体稳定性以及等离子体输运现象时,都隐含一个假设:即假设所有同种带电粒子(电子或者离子)具有同样的宏观速度,也就是说我们没有区分粒子的运动速度分布。对于处于热平衡的多粒子系统,这种假设很有效,因为没有外场时这种速度的分布就是麦克斯韦分布

$$f_{\alpha M}(T_\alpha, v_\alpha^2) \sim \exp\left(\frac{1}{2}mv_\alpha^2/k_B T_\alpha\right) \tag{7.1.1}$$

其中 $\alpha=e,i$,这时粒子速度可以用平均热运动速度

$$v_{T\alpha} \sim \sqrt{\frac{2T_\alpha}{m_\alpha}}$$

来表示。在实际的等离子体中,由于无规则的热运动,除非在绝对零度,多粒子体系中的粒子速度将会分布在一定范围内(见图7.1)。对于等离子体,如果等离子体波的相速 $v_\phi=\omega/k$ 远远超过粒子的热运动速度 v_T,以前的等离子体理论可以很好地描述其行为,可以不用考虑等离子体中粒子速度分布。但如果等离子体波的相速可以和粒子的热运动速度相比拟时($v_\phi \sim v_T$),等离子体的某些行为将发生非常大的变化,因此这个时候必须考虑等离子体中各粒子速度分布。最典型的例子就是等离子体中波与粒子相互作用,当一部分粒子具有和等离子体波相同的运动方向和相近的速度时,相对于等离子体波,粒子是静止的,粒子就可以从等离子体波中吸收能量(发生共振),这样等离子体波就会衰减(即阻尼),这是磁流体力学无法描述的现象。

在磁流体理论中,描述流体元运动的独立变量只有四个:x、y、z 和 t,这是假定了每个属种的速度分布到处都是热平衡分布即麦克斯韦分布(碰撞使系统达到热平衡),所以只用一个物理量(温度 T)就能完全确定粒子的运动特征。在高温等离子体中碰撞是稀少的,且热平衡的偏离能保持较长时间,所以等离子体行为与热平衡分布时的行为大不相同。例如,一维系统中

的两个速度分布 $f_1(\upsilon_x)$ 和 $f_2(\upsilon_x)$，如图 7.2 所示。这两个分布具有完全不同的性状，也具有完全不同的行为，但只要曲线下的面积一样，流体理论并不区分它们。

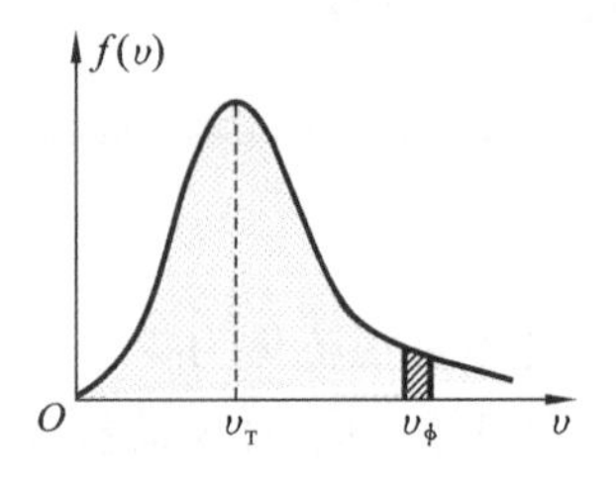

图 7.1　粒子速率分布函数

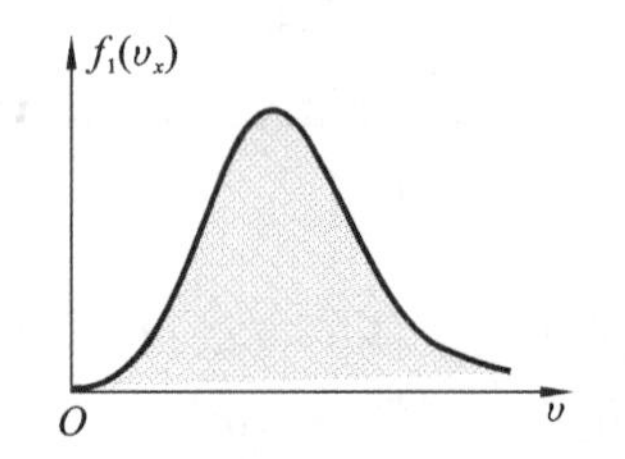

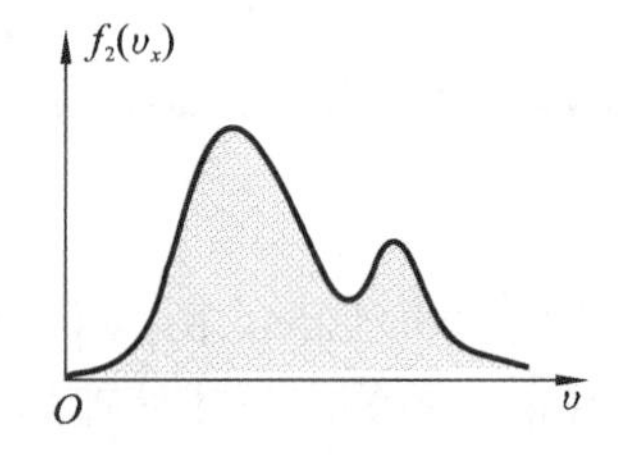

图 7.2　两个具有相同面积的速率分布函数

7.1.1　分布函数

等离子体是一个多粒子系统，每个粒子的单独行为很难被观察到，因此，我们需要用统计的方式来研究这个系统。为了描述等离子体的性质，有必要用一个分布函数，表示系统中粒子的坐标空间分布 $f(x,y,z)$ 和速度空间分布 $f(\upsilon_x,\upsilon_y,\upsilon_z)$。当系统受到外部条件的影响时，分布函数会受到影响，所以我们还需要了解分布函数的演变。

我们在前面讨论中所使用的密度函数 $n(\vec{r},t)$ 仅仅是粒子在四维 (x,y,z,t) 空间的密度分布。若要同时考虑坐标空间和速度空间分布，就要定义一个分布函数 $f(\vec{\upsilon},\vec{r},t)$，这个分布函数有 7 个独立变量 $(x,y,z,\upsilon_x,\upsilon_y,\upsilon_z,t)$，其中包括坐标空间 (x,y,z) 和速度空间 $(\upsilon_x,\upsilon_y,\upsilon_z)$。要完全确定粒子的运动状态，需要同时给出粒子在坐标空间和速度空间的位置，所以经常采用六维相空间的概念。每个粒子的运动状态以这个相空间的一个代表点表示，所谓分布函数就代表这个相空间中点的密度。相空间中坐标空间体积元表示成 $\mathrm{d}x\mathrm{d}y\mathrm{d}z$，而速度空间体积元为 $\mathrm{d}\upsilon_x\mathrm{d}\upsilon_y\mathrm{d}\upsilon_z$，所以六维相空间的体积元为

$$\mathrm{d}x\mathrm{d}y\mathrm{d}z\mathrm{d}\upsilon_x\mathrm{d}\upsilon_y\mathrm{d}\upsilon_z=\mathrm{d}\vec{\upsilon}\mathrm{d}\vec{r}$$

注意，$\mathrm{d}\vec{r}$ 和 $\mathrm{d}\vec{\upsilon}$ 不是矢量，代表体积元。六维相空间的体积元中代表点数或粒子数目为

$$\mathrm{d}N_r=f(\vec{\upsilon},\vec{r},t)\mathrm{d}\vec{\upsilon}\mathrm{d}\vec{r} \tag{7.1.2}$$

对速度积分就给出坐标空间体积元中的粒子数

$$\mathrm{d}N_r=\mathrm{d}\vec{r}\int_{-\infty}^{\infty}f(\vec{\upsilon},\vec{r},t)\mathrm{d}\vec{\upsilon}=n(\vec{r},t)\mathrm{d}\vec{r} \tag{7.1.3}$$

其中 $n(\vec{r},t)$ 就是坐标空间中的粒子密度函数，写成

$$n(\vec{r},t)=\int_{-\infty}^{\infty}f(\vec{\upsilon},\vec{r},t)\mathrm{d}\vec{\upsilon} \tag{7.1.4}$$

在相空间分布函数中包含有坐标空间分布和速度空间分布信息，为了便利处理某些问题，需要把坐标空间的密度分布分离出来，即把相空间分布函数写成

$$f(\vec{\upsilon},\vec{r},t)=n(\vec{r},t)\hat{f}(\vec{\upsilon},\vec{r},t) \tag{7.1.5}$$

其中 $\hat{f}(\vec{\upsilon},\vec{r},t)$ 称为粒子速度分布函数。比较式(7.1.4)和式(7.1.5)可以发现

$$\int_{-\infty}^{\infty}\hat{f}(\vec{\upsilon},\vec{r},t)\mathrm{d}\vec{\upsilon}=1 \tag{7.1.6}$$

显然，$\hat{f}(\vec{\upsilon},\vec{r},t)$ 具有归一化性质，所以该函数含有概率的意义在内，表示时刻 t 粒子在相空间

点$(\vec{v},\vec{r})$的概率。更确切地，在时间 t 位置$\vec{r}$，速度分布函数决定速度处于$\vec{v}\to\vec{v}+\mathrm{d}\vec{v}$间的粒子相对数目或概率。处于平衡态的分布函数与时间无关，速度分布函数中不出现时间 t，比如最常用的热力学平衡速度分布函数麦克斯韦分布表示为

$$\hat{f}_{\mathrm{m}}(\vec{v})=\pi^{-3/2}v_{\mathrm{T}}^{-3}\exp\left(\frac{-v^2}{v_{\mathrm{T}}^2}\right) \tag{7.1.7}$$

其中 $v_{\mathrm{T}}=\sqrt{2T/m}$发为粒子热运动速度。很显然这个分布函数满足归一化条件，因为

$$\int_{-\infty}^{\infty}\exp\left[\frac{-(v_x^2+v_y^2+v_z^2)}{v_{\mathrm{T}}^2}\right]\mathrm{d}v_x\mathrm{d}v_y\mathrm{d}v_z=\pi^{3/2}v_{\mathrm{T}}^3$$

所以有

$$\int_{-\infty}^{\infty}\hat{f}_{\mathrm{m}}(\vec{v})\mathrm{d}v=1 \tag{7.1.8}$$

我们知道对一个多粒子系统，如果已知粒子的分布函数，可以获得系统宏观量的完整知识。比如我们如果知道系统的麦克斯韦速度分布，就可以获得热力学平衡系统的以下物理量。

1. 粒子的平均速度

$$\bar{\vec{v}}=\int_{-\infty}^{\infty}\hat{f}_{\mathrm{m}}(\vec{v})\vec{v}\cdot\mathrm{d}\vec{v}=\pi^{-3/2}v_{\mathrm{T}}^{-3}\int_{-\infty}^{\infty}\exp\left(\frac{-v^2}{v_{\mathrm{T}}^2}\right)(v_x\mathrm{d}v_x+v_y\mathrm{d}v_y+v_z\mathrm{d}v_z)=0$$

$$\bar{v}_x=\bar{v}_y=\bar{v}_z=\int_{-\infty}^{\infty}\hat{f}_{\mathrm{m}}(\vec{v})v_x\mathrm{d}v=0 \tag{7.1.9}$$

2. 方均根速率

$$v_{\mathrm{rms}}=(<v^2>)^{1/2}=\sqrt{\int_{-\infty}^{\infty}\hat{f}_{\mathrm{m}}(\vec{v})v^2\mathrm{d}v}=(3T/m)^{1/2} \tag{7.1.10}$$

3. 平均速率

$$\bar{v}=\int_{-\infty}^{\infty}v\hat{f}_{\mathrm{m}}(\vec{v})\mathrm{d}v=2(2T/\pi m)^{1/2} \tag{7.1.11}$$

4. 沿着某一方向的平均速率

$$|\bar{v}_x|=\int_{-\infty}^{\infty}v_x\hat{f}_{\mathrm{m}}(\vec{v})\mathrm{d}v=(2T/\pi m)^{1/2} \tag{7.1.12}$$

5. 平均碰壁数

如图 7.3 所示，射向固体壁面的粒子流密度，即单位时间通过单位面积的粒子数用 Γ 表示。假设垂直于壁面为 x 方向，则粒子流密度为

$$\Gamma=n\int_0^{\infty}v_x\mathrm{d}v_x\int_{-\infty}^{\infty}\mathrm{d}v_y\int_{-\infty}^{\infty}f_{\mathrm{m}}(v_x,v_y,v_z)\mathrm{d}v_z=n\bar{v}/4 \tag{7.1.13}$$

如果没有其他因素（如磁场、外力等）导致的各向异性，分布函数与方向无关。利用速度空间的球坐标系（见图 7.4），并完成对所有的角度（极角 θ 和方位角 φ）积分，则可得速率分布 $g(v)$，即

$$g(v)=\int_{\theta}\sin\theta\mathrm{d}\theta\int_{\varphi}\mathrm{d}\varphi v^2f(\vec{v})=4\pi v^2f(\vec{v}) \tag{7.1.14}$$

由于总粒子数不变，显然速率分布和速度分布有如下关系

$$\int_0^{\infty}g(v)\mathrm{d}v=\int_{-\infty}^{\infty}f(\vec{v})\mathrm{d}\vec{v} \tag{7.1.15}$$

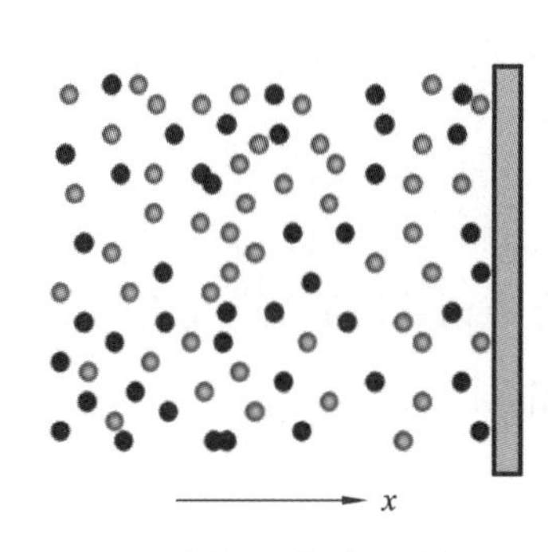

图 7.3　射向固体壁面的粒子

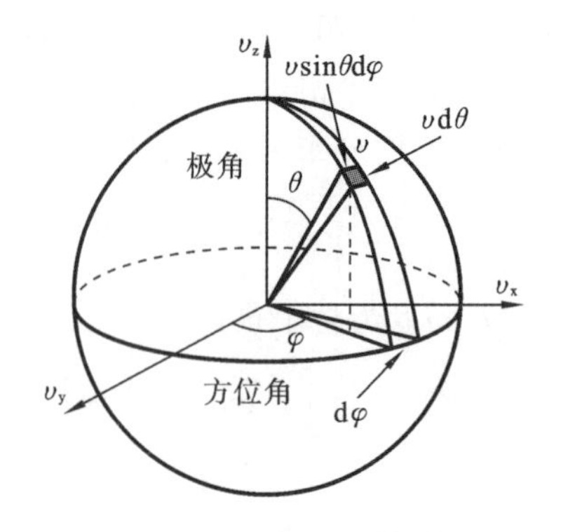

图 7.4　速度空间的球坐标系

麦克斯韦速度分布是各向同性的，所以麦克斯韦速率分布 $g_m(v)$ 可写为

$$g_m(v)=4\pi v^2\ \hat{f}_m(\vec{v})=4\pi^{-1/2}v^2 v_T^{-3}\exp\left(\frac{-v^2}{v_T^2}\right) \tag{7.1.16}$$

麦克斯韦速度分布 $f(v_x)$ 和速率分布 $g(v)$ 分别如图 7.5(a)、(b)所示。

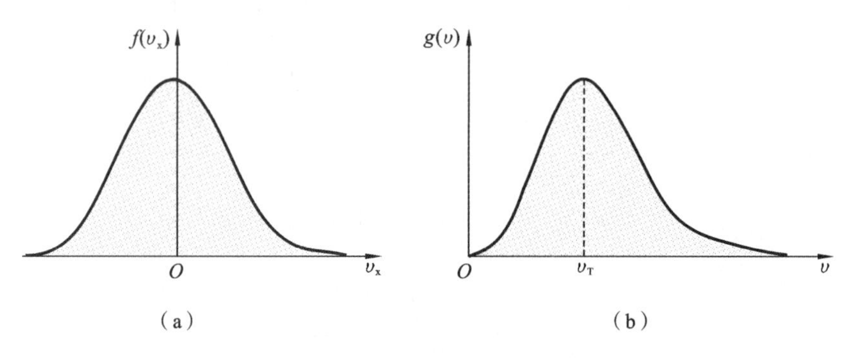

图 7.5　麦克斯韦分布

(a) 麦克斯韦速度分布函数；(b) 麦克斯韦速率分布函数。

用对应的能量区间替换速度区间就可以得到动能分布函数，即：$\hat{f}_v(v)dv=\hat{f}_K(v)dK$，由于 $K=mv^2/2$ 或 $dK=mvdv$，所以动能分布为

$$\hat{f}_K(v)=\hat{f}_v(v)/mv=f_v(v)/\sqrt{2mK} \tag{7.1.17}$$

已知等离子体粒子的密度和速度分布函数可以获得表征等离子体性质的宏观量的完整知识。

多维相空间分布函数无法用图形描述，但低维相空间分布函数是可以用图形表示，如图 7.5(a)表示的就是一维相空间(速度空间)分布函数 $f(v_x)$。二维相空间分布函数 $f(x,v_x)$ 如图 7.6 所示，在二维相空间中，$f(x,v_x)$ 为一个曲面。这个曲面和 $x=C$ 平面的交线就是坐标 x 处的速度分布函数 $f(v_x)$(见图 7.6(a))，这个曲面和 $v_x=C$ 平面的交线给出速度为 v_x 的粒子密度分布 $f(x)$(见图 7.6(b))。相空间中平行于 $x-v_x$ 平面的虚线表示的是等 f 线($f(x,v_x)=C$，见图 7.6(a))，等 f 线在 $x-v_x$ 平面上的投影就是相空间的形貌图，表示粒子在相空间中的运动轨迹。

在坐标空间一固定点考察等离子体系统的速度分布函数(就是在固定点 $\vec{r}$，观察速度空间的分布函数 $f(v)$)，当等离子体系统受到外界因素(如电磁场)的影响时，其分布函数的形态会

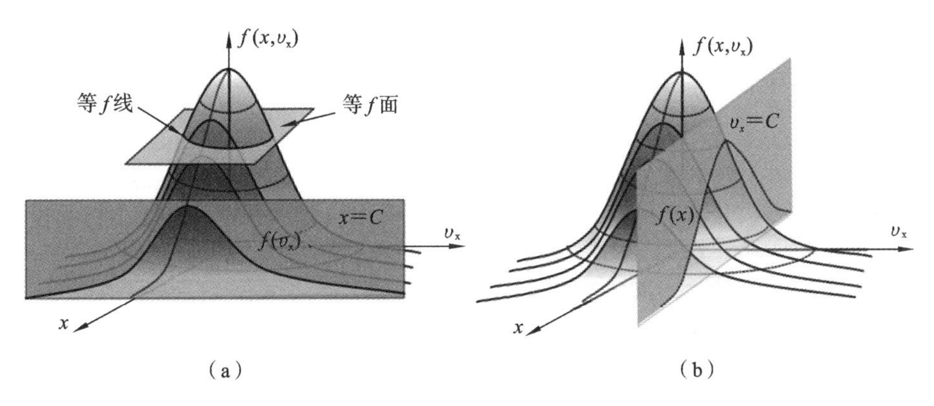

图 7.6　二维相空间分布函数

发生变化，如图 7.7 所示(图中圆表示的是等 f 线)。如果没有外界影响，等离子体中带电粒子的分布函数是各向同性的，分布函数显示为同心圆(见图 7.7 实线)；如果等离子体受到外界影响，如磁化，平行于磁场和垂直于磁场的速度分布就变成各向异性，分布函数显示为椭圆(见图 7.7 短虚线)；如果有外力作用于等离子体(电场、重力等)，使等离子体在某一方向的平均速度明显变化(增加或者减少)，麦克斯韦速度分布就会漂移，称为漂移麦克斯韦分布，如图 7.7 长虚线所示。粒子束是一种比较特殊的系统，在等离子体应用中常常出现，如电子束和离子束等。带电粒子束通常具有比较单一的速度，所以带电粒子束的分布如图 7.7 中的远离原点的小圆圈所示(附图表示分布函数的形状)。

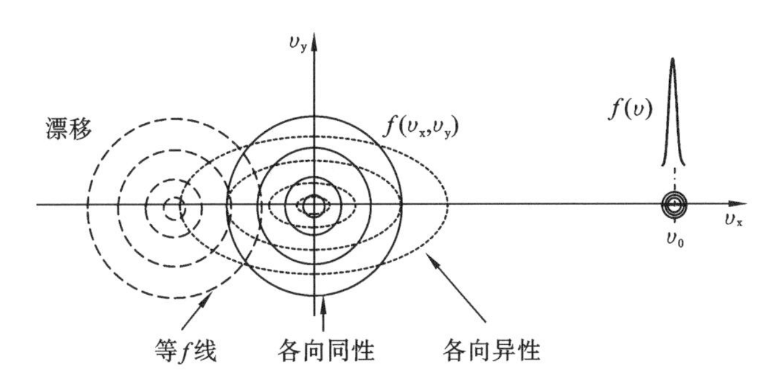

图 7.7　二维速度空间分布函数形态变化

相空间的形貌图是一个非常有用的工具，它能使我们在理解等离子体中的某些过程变得更加直观和容易。就以等离子体中的带电粒子束为例，图 7.7 中表示的是等离子体中带电粒子束以速度 $\upsilon_x=\upsilon_0$ 运动，稳定时其分布函数为 $f(x,\upsilon_x)=\delta(\upsilon_x-\upsilon_0)$。那么该粒子束在二维相空间 $x-\upsilon_x$ 中的形貌图(运动轨迹)就是一条直线(见图 7.8(a)虚线)。如果粒子束受到扰动，速度变成 $\upsilon_x=\upsilon_0+\upsilon_1$，如果扰动是线性的，即 $\upsilon_1\sim e^{i(kx+\omega t)}$，则在二维相空间 $x-\upsilon_x$ 中粒子束的运动轨迹就是一条波纹线(见图 7.8(a)实线)。在等离子体中，扰动会产生扰动电场，电荷的运动受到该电场的作用，速度相应会产生变化(加速或减速)。假若这个扰动传播的相速度为 $\upsilon_\varphi=\omega/k$，当部分电荷粒子的速度 υ_x 接近这个相速度时候，粒子和波会有强烈的相互作用。如果 $\upsilon_x>\upsilon_\varphi$，粒子会把能量交给波，粒子速度降低；如果 $\upsilon_x<\upsilon_\varphi$，粒子会从波中获得能量，粒子速度增加；结果粒子只能在相空间两个扰动波峰之间运动，这一部分粒子称为捕获粒子。而那些运动

速度远大于或小于相速度的粒子是自由的，称为自由粒子，捕获粒子和自由粒子在相空间的轨迹如图 7.8(b)所示。

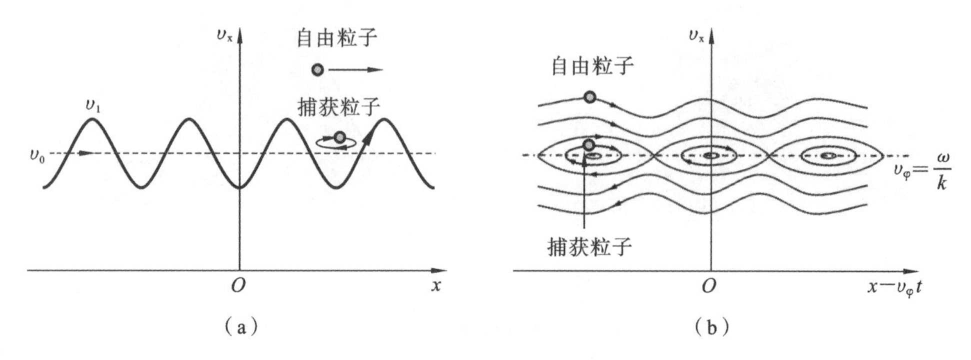

图 7.8 二维相空间粒子轨迹

(a) 未扰动 v_0 和扰动 v_1 粒子束，以及自由粒子和捕获粒子；(b) 自由粒子和捕获粒子在相空间的轨迹。

7.1.2 弗拉索夫方程

在理想等离子体中，粒子间的相互作用比粒子本身的动能小很多，因此用上一节给出的单粒子的分布函数(麦克斯韦)可以很好地描述体系的性质。值得注意的是，前面给出的是热平衡时候粒子的分布函数，但当外界环境条件变化，如外场、温度不均匀时，粒子将偏离热平衡，这个时候我们需要知道粒子分布函数随时间和位置的变化。非平衡统计物理方程(玻尔兹曼方程)为

$$\frac{\partial f}{\partial t}+\vec{v}\cdot\nabla f+\vec{a}\cdot\nabla_{\vec{v}} f=\left(\frac{\partial f}{\partial t}\right)_c \tag{7.1.18}$$

其中 $\vec{a}=\vec{F}/m$ 是加速度矢量，$\vec{F}$ 是作用在粒子上的力，∇和$\nabla_{\vec{v}}$ 分别是坐标空间和速度空间梯度算符。方程左边第一项代表分布函数的非常定性对分布函数演变的贡献，第二项代表分布函数在坐标空间上的非常均匀性对分布函数演变的贡献，第三项代表分布函数在速度空间上的非常均匀性对分布函数演变的贡献。右边代表系统中粒子碰撞引起分布函数随时间的变化。

考察如图 7.9 所示的一个区域(t 时刻)，影响这个区域内粒子数的机制有两种：外场(电磁力)中的运动和区域内粒子之间的碰撞。下面可以简单推导一下玻尔兹曼方程，利用粒子守恒条件，分布函数的变化率由两部分组成

$$\frac{\partial f}{\partial t}=\left(\frac{\partial f}{\partial t}\right)_d+\left(\frac{\partial f}{\partial t}\right)_c \tag{7.1.19}$$

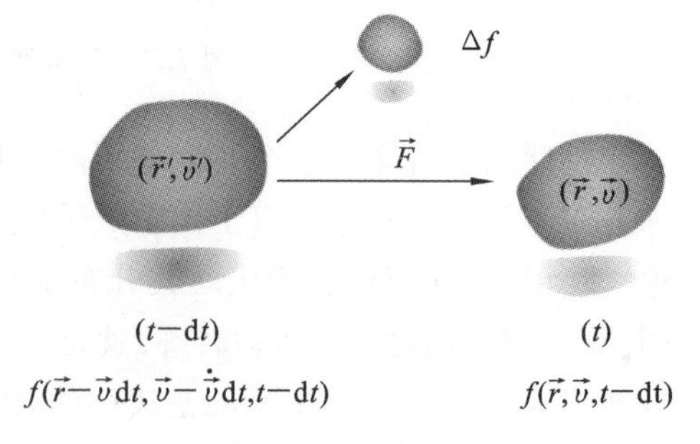

图 7.9 分布函数的演变

上式右边第一项是运动项，代表外场引起分布函数的变化；而第二项是碰撞项，代表碰撞引起的分布函数的变化。如果系统是稳态的，即分布函数不随时间变化，$\partial f/\partial t=0$，则有

$$\left(\frac{\partial f}{\partial t}\right)_d+\left(\frac{\partial f}{\partial t}\right)_c=0 \tag{7.1.20}$$

在相空间中(见图 7.9),考虑 t 时刻,在$(\vec{r},\vec{v})$附近的粒子是 $t-\mathrm{d}t$ 时刻从$(\vec{r}',\vec{v}')$运动过来,在这个过程中,由于碰撞使分布函数损失了一部分(Δf),所以在 t 时刻,在$(\vec{r},\vec{v})$附近的粒子分布函数随时间的变化为

$$\left(\frac{\partial f}{\partial t}\right)_d=\lim_{\Delta t\to 0}\frac{f(\vec{r}-\vec{v}\,\mathrm{d}t,\vec{v}-\dot{\vec{v}}\,\mathrm{d}t,t-\mathrm{d}t)-f(\vec{r},\vec{v},t-\mathrm{d}t)}{\Delta t}$$

$$=-\lim_{\Delta t\to 0}\frac{f(\vec{r},\vec{v}-\dot{\vec{v}}\,\mathrm{d}t,t-\mathrm{d}t)-f(\vec{r}-\vec{v}\,\mathrm{d}t,\vec{v}-\dot{\vec{v}}\,\mathrm{d}t,t-\mathrm{d}t)}{\Delta t}$$

$$-\lim_{\Delta t\to 0}\frac{f(\vec{r},v-\dot{\vec{v}}\,\mathrm{d}t,t-\mathrm{d}t)-f(\vec{r},\vec{v},t-\mathrm{d}t)}{\Delta t}$$

进一步可写成

$$\left(\frac{\partial f}{\partial t}\right)_d=-\frac{\partial f}{\partial r}\frac{\mathrm{d}r}{\mathrm{d}t}-\frac{\partial f}{\partial \vec{v}}\frac{\mathrm{d}v}{\mathrm{d}t}=-\vec{v}\cdot\nabla f-\vec{a}\cdot\nabla_{\vec{v}}f$$

代入式(7.1.19)后有

$$\frac{\partial f}{\partial t}=-\vec{v}\cdot\nabla f-\vec{a}\cdot\nabla_{\vec{v}}f+\left(\frac{\partial f}{\partial t}\right)_c$$

或

$$\frac{\partial f}{\partial t}+\vec{v}\cdot\nabla f+\vec{a}\cdot\nabla_{\vec{v}}f=\left(\frac{\partial f}{\partial t}\right)_c \tag{7.1.21}$$

这就是玻尔兹曼方程,左边第一项是当地导数,第二和第三项分别是坐标空间随流导数和速度空间随流导数。

实际上,我们从全微分的观念出发也可以获得玻尔兹曼方程。由于在分布函数中,位置和速度都是时间的函数,因此分布函数应该写成 $f(\vec{r}(t),\vec{v}(t),t)$,所以分布函数的全微分为

$$\frac{\mathrm{d}f}{\mathrm{d}t}=\frac{\partial f}{\partial t}+\frac{\mathrm{d}\vec{r}}{\mathrm{d}t}\cdot\frac{\partial f}{\partial\vec{r}}+\frac{\mathrm{d}\vec{v}}{\mathrm{d}t}\cdot\frac{\partial f}{\partial\vec{v}}=\frac{\partial f}{\partial t}+\vec{v}\cdot\nabla f+\vec{a}\cdot\nabla_{\vec{v}}f$$

所以

$$\frac{\mathrm{d}f}{\mathrm{d}t}=\frac{\partial f}{\partial t}+\vec{v}\cdot\nabla f+\vec{a}\cdot\nabla_{\vec{v}}f=\left(\frac{\partial f}{\partial t}\right)_c \tag{7.1.22}$$

玻耳兹曼方程可简单地解释为:除了有碰撞的情况以外,$\mathrm{d}f/\mathrm{d}t$ 是零,即相空间粒子数守恒。或者说,在与粒子一起运动的坐标系上看,周围的粒子数密度是不变的,当有碰撞存在的时候,则有些粒子被碰出去,有些粒子被碰进来,粒子数不守恒,粒子数目的变化也就等于碰撞引起的变化。相空间粒子数守恒的物理图像:在相空间 $x-v_x$ 取一无限小体积元(见图 7.10),t 时刻处于 A,$t+\delta t$ 时刻到达 B,由于无限小体积元内的粒子运动速度、受力和加速度完全一样,所以到达 B 后,如果没有碰撞,相空间体积元的大小和内部的粒子数都没有变化,或相空间体积元中的粒子数密度没有变,所以有 $\mathrm{d}f/\mathrm{d}t=0$。也就是说,如果没有碰撞,则 $f=C$,说明在相空间中粒子将沿着等 f 线运动。

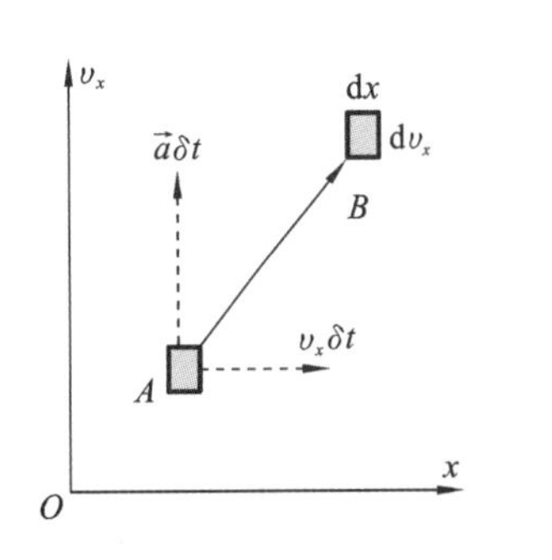

图 7.10　相空间体积元的演变

玻尔兹曼方程最复杂的是碰撞项的处理,不同的系统需要不同的处理方法,比如在研究气

体输运过程中,把气体分子看成是光滑的刚性小球碰撞时,玻尔兹曼方程形式为

$$\frac{\partial f}{\partial t}+\vec{v}\cdot\nabla f+\vec{a}\cdot\nabla_{\vec{v}} f=\sum_{i}\iiint(f'_i f'_j-f'_i f_j)v_r b\mathrm{d}b\mathrm{d}\varphi\mathrm{d}v_j$$

式中:v_r 为碰撞前速度分别为 v_i、v_j 的两个分子的相对速度值;b 为假设分子 i 静止,分子 j 的瞄准距离;φ 为 j 分子的运动轨迹平面与通过 i 分子重心并与相对速度平行的某一固定平面之间的夹角;$f'(v)$ 和 $f(v)$ 分别是碰撞前后分子的速度分布函数。在处理等离子体中输运过程,考虑了中性原子的碰撞时,波尔滋曼方程中的碰撞项可用克洛克碰撞项,变为

$$\frac{\partial f}{\partial t}+\vec{v}\cdot\nabla f+\frac{q}{m}(\vec{E}+\vec{v}\times\vec{B})\cdot\nabla_{\vec{v}} f=\frac{f_n-f}{\tau_c}$$

这里 f_n 是中性原子的速度分布函数,τ_c 为碰撞时间,该时间可以看成是初始时刻处于热力学线性非平衡状态的速度分布函数趋于热力学平台分布函数的弛豫时间。在足够热的等离子体中,碰撞可以忽略,当力完全是电磁力时,玻尔兹曼方程应当取下面的特殊形式:

$$\frac{\partial f}{\partial t}+\vec{v}\cdot\nabla f+\frac{q}{m}(\vec{E}+\vec{v}\times\vec{B})\cdot\nabla_{\vec{v}} f=0 \tag{7.1.23}$$

该方程称为弗拉索夫(Vlasov)方程,它形式简单,是动理学理论中研究最普遍的方程。对于高温等离子体,碰撞不频繁,所以可以使用弗拉索夫方程。

7.2 等离子体电子静电波及朗道阻尼

7.2.1 等离子体电子静电波色散关系

波在介质传播过程中,其振幅(或强度)逐渐衰减的现象称为阻尼。通常波的衰减主要原因是波被介质吸收。以声波为例,当声波在介质中传播时,分子之间的碰撞会吸收波的能量,导致波的振幅衰减。朗道在研究等离子体中波的传播时,发现即使在无碰撞的等离子体中,粒子和波之间的能量交换过程也是可能的,这就是朗道阻尼。朗道阻尼在波加热等离子体以及不稳定机制中发挥重要作用。

我们以等离子体电子静电波为例介绍朗道阻尼现象。在等离子体中的波一章,我们用磁流体方程组已经处理过等离子体中电子静电波问题。对于非磁化等离子体中的高频静电波,只考虑电子的运动,离子看成是均匀的背景,不考虑磁场和扰动磁场,在长波近似条件下获得电子静电波的色散关系为

$$\omega^2=\omega_{pe}^2+\frac{3}{2}k^2v_{th}^2=\omega_{pe}^2(1+3k^2\lambda_{De}^2) \tag{7.2.1}$$

式中:ω 是电子静电波频率;ω_{pe} 是电子振荡频率;λ_{De} 是电子的德拜长度;v_{th} 是电子热运动速度。接下来我们使用上面关于静电波的模型,利用弗拉索夫方程研究无碰撞等离子体中的电子静电波,并将讨论朗道阻尼现象。研究静电波方程组包括弗拉索夫方程和泊松方程,即

$$\begin{aligned}&\frac{\partial f}{\partial t}+\vec{v}\cdot\nabla f-\frac{e}{m}\vec{E}\cdot\nabla_{\vec{v}} f_0=0\\&\nabla\cdot\vec{E}=\frac{\sigma}{\varepsilon_0}\end{aligned} \tag{7.2.2}$$

假设初始时系统是处于平衡态的均匀等离子体系统，分布函数为 $f_0(v)$（注意：我们已经假设初始时分布函数是均匀的，所以 f_0 与位置无关，且不随时间改变，即 $\partial f_0/\partial t=0, \nabla f_0=0$），且初始时没有运动，所以 $\vec{E}_0=0$，当受到扰动后 $\vec{E}=\vec{E}_1$，分布函数变为

$$f(\vec{r},\vec{v},t)=f_0(\vec{v})+f_1(\vec{r},\vec{v},t)$$

其中 f_1 是扰动分布函数，所以扰动电子密度就应该为

$$n_{e1}(\vec{r},t)=\int f_1(\vec{r},\vec{v},t)\mathrm{d}\vec{v} \tag{7.2.3}$$

式(7.2.2)中泊松方程的电荷密度应为 $\sigma=en_i-en_e$，其中 $n_i=n_0$（离子为均匀背景，密度就是等离子体密度），$n_e=n_0+n_{e1}$，所以 $\sigma=-en_{e1}$。根据以上这些条件，方程(7.2.2)变成

$$\begin{cases}\dfrac{\partial f_1}{\partial t}+\vec{v}\cdot\nabla f_1+\dfrac{q}{m}\vec{E}_1\cdot\dfrac{\partial f_0}{\partial\vec{v}}=0\\[2ex] \nabla\cdot E_1=-\dfrac{en_{e1}}{\varepsilon_0}=-\dfrac{e}{\varepsilon_0}\displaystyle\int f_1(\vec{r},\vec{v},t)\mathrm{d}\vec{v}\end{cases} \tag{7.2.4}$$

为了简单起见，考虑一维情况，假定静电波是沿 x 方向传播，电子的运动以及电场都沿 x 方向，设 $f_1, E_1\propto \mathrm{e}^{\mathrm{i}(kx-\omega t)}$，上式变为

$$\begin{cases}-\mathrm{i}\omega f_1(x,v_x,t)+\mathrm{i}kv_x f_1(x,v_x,t)=\dfrac{e}{m}E_x\dfrac{\partial f_0(v_x)}{\partial v_x}\\[2ex] \mathrm{i}kE_x=-\dfrac{e}{\varepsilon_0}\displaystyle\int f_1(x,v_x,t)\mathrm{d}v_x\end{cases} \tag{7.2.5}$$

联立方程并消除 f_1 后有

$$\mathrm{i}kE_x=-\frac{e}{\varepsilon_0}\frac{\mathrm{i}eE_x}{m}\int_{-\infty}^{\infty}\frac{\partial f_0/\partial v_x}{\omega-kv_x}\mathrm{d}v_x$$

整理得

$$1=-\frac{e^2}{\varepsilon_0 km}\int_{-\infty}^{\infty}\frac{\partial f_0/\partial v_x}{\omega-kv_x}\mathrm{d}v_x \tag{7.2.6}$$

如果用归一化的分布函数 $\hat{f}_0$ 代替 $f_0=n_0\hat{f}_0$，提取 n_0，则有

$$1=\frac{\omega_{pe}^2}{k^2}\int_{-\infty}^{\infty}\frac{\partial\hat{f}_0(v_x)/\partial v_x}{v_x-(\omega/k)}\mathrm{d}v_x \tag{7.2.7}$$

这就是非磁化等离子体中电子静电波的色散关系。其中是 ω_{pe} 电子振荡频率。常用的归一化分布函数就是一维的麦克斯韦分布，即

$$\hat{f}_m(v_x)=\left(\frac{m}{2\pi k_B T}\right)^{3/2}\exp\left(-\frac{mv_x^2}{2k_B T}\right) \tag{7.2.8}$$

为了书写方便略去下标 x，把波矢方向（就是 x 方向）的速度用 u 表示，式(7.2.7)变成

$$1=\frac{\omega_{pe}^2}{k^2}\int_{-\infty}^{\infty}\frac{\partial\hat{f}_0(u)/\partial u}{u-v_\phi}\mathrm{d}u \tag{7.2.9}$$

其中 $v_\phi=\omega/k$ 为波的相速度。利用分部积分

$$\int f(x)g'(x)\mathrm{d}x=f(x)g(x)-\int g(x)f'(x)\mathrm{d}x$$

上式可化为

$$1=\frac{\omega_{pe}^2}{k^2}\int_{-\infty}^{\infty}\frac{\hat{f}_0(u)}{(u-v_\phi)^2}\mathrm{d}u=\frac{\omega_{pe}^2}{k^2}\overline{(u-v_\phi)^{-2}} \tag{7.2.10}$$

上面已经利用了$\hat{f}_0$是归一化分布函数，显然对于不同的平衡态分布，分布函数不同，所获得的色散关系也不一样。上式是不能直接进行积分，因为在$u=v_\phi$处有奇点存在。对奇点不同的处理办法将获得不同的结果，历史上弗朗索夫和朗道两位科学家使用两种不同的方法处理奇点，下面我们将分别进行介绍。

7.2.2 奇点的处理方法

应该注意到，式(7.2.10)的获得基于两个假设：① 我们把电子静电波的产生看成是一个初值问题，即我们假设开始($t=0$时刻)等离子体系统处于平衡状态(分布函数为$f_0(v)$)，然后受到扰动；② 扰动是以平面波的形式，即$f_1, E_1 \propto e^{i(kx-\omega t)}=e^{-i\omega t}e^{ikx}$，这一步实际上相当于在空间上对弗拉索夫方程(7.2.4)进行傅里叶变换。

一般来讲，波通常会由于碰撞而存在稍微的阻尼或者由于某些不稳定因素而增长，这样，实际上ω应该是个复数。朗道假设这个频率可以写成

$$\omega=\omega_r+i\gamma \tag{7.2.11}$$

其中，ω_r和γ都是实数，这里γ决定扰动波的发展，所以也称为阻尼或者增长率。朗道的这个假设实际上就是对弗拉索夫方程(7.2.4)进行拉普拉斯变换。在速度空间，奇点变成为

$$u=\frac{\omega_r}{k}+\frac{i\gamma}{k} \tag{7.2.12}$$

式(7.2.10)中的积分就变成了复数空间的路径积分。在速度复数空间中，可能的路径如图7.11(a)($\omega_r/k>0$)和图7.11(b)($\omega_r/k<0$)所示。由于式(7.2.10)中奇点的存在，对于这样闭合路径的积分，需要用到留数定理(见补充资料)。如果假设

$$F(u)=\frac{\hat{f}_0(u)}{(u-v_\phi)^2} \tag{7.2.13}$$

其中$v_\phi=\omega_r/k$，则其积分为

$$\int_{C_1}F(u)\mathrm{d}u+\int_{C_2}F(u)\mathrm{d}u = 2\pi i\mathrm{Res}(v_\phi) \tag{7.2.14}$$

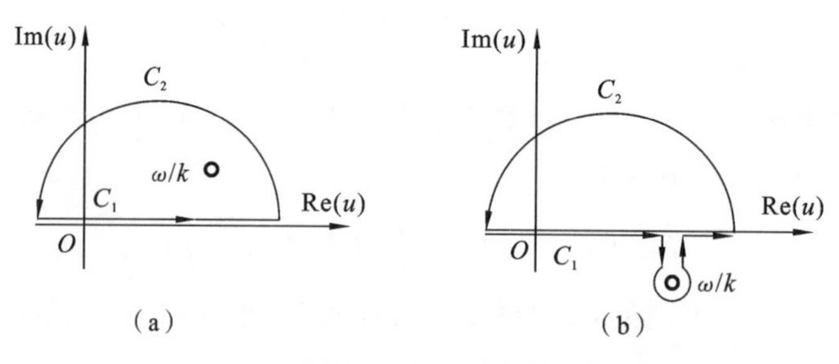

图7.11 朗道问题在复空间的积分路径

(a) $\omega_r/k>0$；(b) $\omega_r/k<0$。

C_1为沿着实轴的积分路径，C_2为无穷大的半圆弧，$\mathrm{Res}(v_\phi)$是奇点$u=v_\phi$处的留数。如果对C_2的积分为零，上式就可以给出沿着实轴的积分。具体到我们所讨论的问题，很不幸的是分布函数一般为麦克斯韦分布，其含有因子$\exp(-v^2/v_{th}^2)$，当$v\to\pm i\infty$时，这个因子变得很大，对C_2的积分就不为零，求积分比较困难。

需要注意的是，在我们所讨论的等离子体电子静电波情况，绝大多数电子的速度远小于波

的相速度，即有 $u \ll v_\phi$，只有极少部分超过波的速度，所以属于弱阻尼，换句话说，式(7.2.11)中的 $\gamma \ll \omega_r$，就是说，奇点几乎位于实轴上。这样，式(7.2.10)经过拉普拉斯变换后，在复数空间的路径积分就可以看成由两部分构成(朗道路径)：一条沿实轴不包括奇点的直线和围绕奇点的一个小半圆(见图7.12)。沿实轴不包括奇点的直线的积分我们称为积分主值，即 $\mathrm{Pr}\int_{-\infty}^{\infty}\frac{\partial \hat{f}_0(u)/\partial u}{u-v_\phi}\mathrm{d}u$，实际上就是色散关系中的实部。根据留数计算规则，小半圆的积分结果是 $2\pi\mathrm{i}$ 乘上奇点处的半留数，即 $\pi\mathrm{i}\mathrm{Res}(v_\phi)$，而奇点处的留数 $\mathrm{Res}(v_\phi)$ 为

$$\mathrm{Res}(v_\phi)=\lim_{u\to u_0}(u-v_\phi)F(u-v_\phi)=\left.\frac{\partial \hat{f}_0(u)}{\partial u}\right|_{u\to v_\phi} \tag{7.2.15}$$

而最终的积分应该由两部分构成，即

$$1=\frac{\omega_{\mathrm{pe}}^2}{k^2}\left(\mathrm{Pr}\int_{-\infty}^{\infty}\frac{\partial \hat{f}_0(u)/\partial u}{u-v_\phi}\mathrm{d}u+\mathrm{i}\pi\left.\frac{\partial \hat{f}_0}{\partial u}\right|_{u=v_\phi}\right) \tag{7.2.16}$$

这个式子包括实部和虚部两个部分。

首先，我们分析实部部分，也就是积分主值，它就是弗拉索夫方法所获得的结果。经过分部积分后，积分主值变成式(7.2.10)。弗拉索夫处理积分的办法是采用无限接近去除奇点(见图7.13)，即

$$\int_{-\infty}^{\infty}\xi(u)\mathrm{d}u=\lim_{\varepsilon\to 0}\left(\int_{-\infty}^{v_\phi-\varepsilon}\xi(u)\mathrm{d}u+\int_{v_\phi+\varepsilon}^{\infty}\xi(u)\mathrm{d}u\right)$$

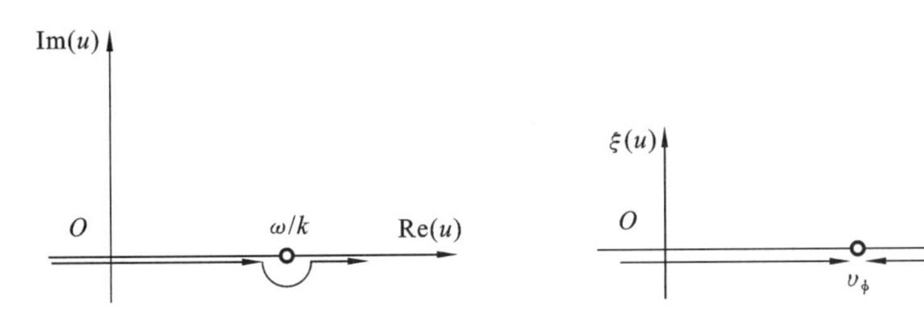

图7.12　弱阻尼时积分路径　　图7.13　弗拉索夫积分路径

其中 $\xi(u)=\hat{f}_0(u)/(u-v_\phi)^2$。对于等离子体电子静电波，波的相速度远远大于电子的热运动速度，即 $v_\phi=\omega/k \gg v_{\mathrm{th}}=(2k_{\mathrm{B}}T/m)^{1/2}$。对于初始处于平衡态的电子，其速度分布是麦克斯韦分布，绝大多数电子的速度远小于波的相速度，即有 $u \ll v_\phi$，只有极少部分超过波的速度。这样就可以对 $(u-v_\phi)^{-2}$ 进行泰勒展开

$$\frac{1}{(u-v_\phi)^2}=v_\phi^{-2}\,\frac{1}{(1-u/v_\phi)^2}=v_\phi^{-2}\left(1+\frac{2u}{v_\phi}+\frac{3u^2}{v_\phi^2}+\frac{4u^3}{v_\phi^3}+\cdots\right)$$

一般我们使用的是麦克斯韦分布，该分布是偶函数，所以用麦克斯韦分布对上式进行平均时，奇函数为零，忽略高阶项后有

$$\overline{(u-v_\phi)^{-2}}=v_\phi^{-2}\left(1+\frac{3\,\overline{u^2}}{v_\phi^2}\right) \tag{7.2.17}$$

其中的 $\overline{u^{-2}}$ 代表沿着波传播方向速度平方的平均值，对于麦克斯韦分布 $\overline{u^2}=k_{\mathrm{B}}T/m$。代入式(7.2.10)则有

$$1=\frac{\omega_{\mathrm{pe}}^2}{k^2}\overline{(u-v_\phi)^{-2}}=\frac{\omega_{\mathrm{pe}}^2}{k^2}\cdot v_\phi^{-2}\left(1+\frac{3k_{\mathrm{B}}T_{\mathrm{e}}/m_{\mathrm{e}}}{v_\phi^2}\right) \tag{7.2.18}$$

利用 $v_\phi=\omega/k$（这里 ω 应是 ω_r，但弗拉索夫是在实空间处理，所以 $\omega=\omega_r$，实际上，弱阻尼情况下，虚部对 ω 的影响基本上很小，下面对 ω 和 ω_r 不再区分），上式化为

$$\omega^2=\omega_{pe}^2+3k^2\frac{\omega_{pe}^2}{\omega^2}\frac{k_B T}{m} \tag{7.2.19}$$

一般热色散修正很小，即 $\omega\approx\omega_{pe}$，所以上式简化为

$$\omega^2=\omega_{pe}^2+\frac{3}{2}k^2 v_{th}^2 \tag{7.2.20}$$

此式与流体力学描述的等离子体电子静电波色散关系一样。

7.2.3 朗道阻尼

下面我们来考虑式(7.2.16)中的虚部部分。弗拉索夫通过无限逼近的方法绕开了奇点的积分问题，得到的是积分的主值。从数学上这样的处理没有什么问题，但是在物理上，我们必须考虑这样的处理方法可能导致的包含在积分中物理意义的缺失。例如：奇点具有什么样的物理意义？不能绕开这个问题。朗道认为弗拉索夫在处理奇点问题上是错误的。朗道对于式(7.2.16)的处理方法获得了一个新的物理现象。

如果我们忽略对实数部分的热修正，则有 $\overline{(u-v_\phi)^{-2}}\approx v_\phi^{-2}=k^2/\omega^2$，代入式(7.2.10)后，积分主值部分近似为 ω_{pe}^2/ω^2，则式(7.2.16)变成

$$1=\frac{\omega_{pe}^2}{\omega^2}+\mathrm{i}\pi\frac{\omega_{pe}^2}{k^2}\frac{\partial\hat{f}_0}{\partial u}\bigg|_{u=v_\phi}$$

简单整理可得

$$\omega^2=\omega_{pe}^2+\mathrm{i}\pi\frac{\omega_{pe}^2\omega^2}{k^2}\frac{\partial\hat{f}_0}{\partial u}\bigg|_{u=v_\phi} \tag{7.2.21}$$

一般热色散修正很小，所以上式第二项中的频率可以认为 $\omega\approx\omega_{pe}$，可得色散关系

$$\omega=\omega_{pe}\left(1-\mathrm{i}\pi\frac{\omega_{pe}^2}{k^2}\frac{\partial\hat{f}_0}{\partial u}\bigg|_{u=v_\phi}\right)^{-1/2} \tag{7.2.22}$$

对于弱阻尼，电子静电波的色散关系中的虚部很小，所以可以进行泰勒展开

$$\omega=\omega_{pe}\left(1+\mathrm{i}\,\frac{\pi}{2}\frac{\omega_{pe}^2}{k^2}\frac{\partial\hat{f}_0}{\partial u}\bigg|_{u=v_\phi}\right) \tag{7.2.23}$$

和式(7.2.11) $\omega=\omega_r+\mathrm{i}\gamma$ 比较后，发现有 $\omega_r=\omega_{pe}$，我们可以给出阻尼或增长率（实际上也就是不稳定性增长率）为

$$\gamma=\frac{\pi}{2}\frac{\omega_r^3}{k^2}\frac{\partial\hat{f}_0}{\partial u}\bigg|_{u=\omega_r/k} \tag{7.2.24}$$

由此可见，γ 与分布函数 $f_0(u)$ 在 $u=v_\phi$ 处的斜率有关。对于热平衡分布（如麦克斯韦分布），在 $u=v_\phi$ 处分布函数的斜率总是小于零（见图 7.14），因此 $\gamma<0$，也就是说，等离子体中的电子静电波是阻尼的，这一现象称为朗道阻尼现象，是一种无碰撞的阻尼。朗道阻尼是等离子体动理论一个十分重要的结果，这一结论用磁流体力学理论无法获得。朗道阻尼的发现开创了波与粒相互作用和微观不稳定性这些新的研究领域。

如果假设初始等离子体处于热平衡状态，$f_0(u)$ 可以使用一维的麦克斯韦分布，很容易得到

$$\frac{\partial f_0}{\partial u}=-\frac{2u}{\sqrt{\pi}v_{\text{th}}^3}\exp\left(\frac{-u^2}{v_{\text{th}}^2}\right) \tag{7.2.25}$$

或者

$$\left.\frac{\partial f_0}{\partial u}\right|_{u=\omega_r/k}=-\frac{2}{\sqrt{\pi}v_{\text{th}}^3}\left(\frac{\omega_r}{k}\right)\exp\left[-\frac{1}{v_{\text{th}}^2}\left(\frac{\omega_r}{k}\right)^2\right] \tag{7.2.26}$$

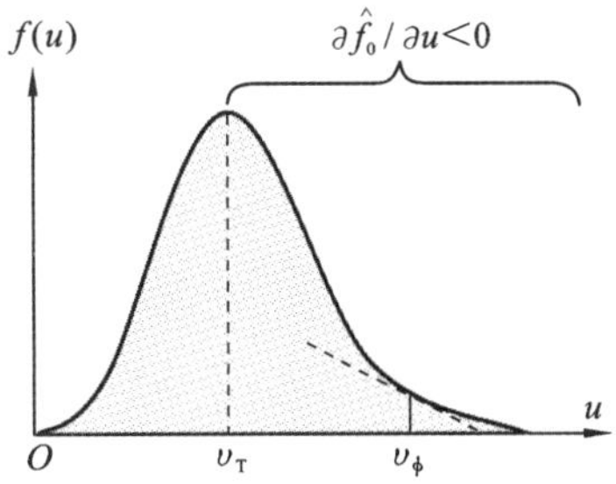

图 7.14　分布函数及其斜率

代入式(7.2.24)后有

$$\gamma=-\frac{\pi}{2}\frac{\omega_r^3}{k^2}\frac{2}{\sqrt{\pi}v_{\text{th}}^3}\left(\frac{\omega_r}{k}\right)\exp\left[-\frac{1}{v_{\text{th}}^2}\left(\frac{\omega_r}{k}\right)^2\right] \tag{7.2.27}$$

这里我们可以用 ω_{pe} 代替 ω_r，但考虑到 $\omega_r=\omega_{\text{pe}}$ 是忽略了热修正后获得的[11]，且指数对于结果影响比较大，所以式(7.2.27)系数用 $\omega_r=\omega_{\text{pe}}$，而指数用 $\omega^2=\omega_{\text{pe}}^2+3k^2v_{\text{th}}^2/2$，则有

$$\gamma=-\sqrt{\pi}\omega_{\text{pe}}\left(\frac{\omega_{\text{pe}}}{kv_{\text{th}}}\right)^3\exp\left[-\frac{3}{2}-\frac{\omega_{\text{pe}}^2}{k^2v_{\text{th}}^2}\right] \tag{7.2.28}$$

由于 $v_{\text{th}}^2=2\omega_{\text{pe}}^2\lambda_{\text{De}}^2$，所以上式也可表达成

$$\frac{\gamma}{\omega_{\text{pe}}}=-0.22\sqrt{\frac{\pi}{8}}\frac{1}{k^3\lambda_{\text{D}}^3}\exp\left(\frac{-1}{2k^2\lambda_{\text{D}}^2}\right) \tag{7.2.29}$$

简单讨论一下：① 长波情况下 $k\lambda_{\text{D}}\ll 1$，γ 很小，朗道阻尼可以忽略；② 短波情况下 $k\lambda_{\text{D}}\sim 1$，$\gamma$ 变大，朗道阻尼很大。这就是为什么在实验上只能观察到长波的等离子体波，而短波的等离子体波不容易观察到。

7.3　朗道阻尼的物理意义

7.3.1　朗道阻尼的唯像解释

朗道阻尼现象是 1946 年苏联科学家朗道利用弗拉索夫方程研究等离子体中波的性质时发现的。朗道利用傅里叶和拉普拉斯变换处理电子静电波的色散关系，数学上没有任何问题，但弗拉索夫方程是“无碰撞”的，那就预示着朗道阻尼是无碰撞的阻尼，在当时这一点就很难为物理学家们所接受。在朗道预测 20 年后，1965 年，在无碰撞等离子体中，Malemberg 和 Wharton 实验验证了波的朗道阻尼现象的存在，朗道阻尼才被人们接受。朗道阻尼现象可以说是物理学研究领域特别是等离子体力领域的一个非常重要的现象。虽然朗道阻尼是无碰撞等离子体的一种特征，但是他在其他领域也有广泛的应用。

我们应该注意到，朗道阻尼发生在粒子的运动速度等于波的相速度这个奇点上，即与分布函数在 $u=v_\phi$ 附近的粒子有关，这些粒子被称为“共振粒子”。“共振粒子”能与波一起传播，并且感觉不到迅速波动的电场，因此能够有效地与波交换能量。我们前面已经讲过，波的相速度就是波形的运动速度，当粒子的速度与波的相速度相近时，相对于随粒子一起运动的坐标系，波几乎是不动的。这一点和冲浪运动很相似，冲浪运动中(见图 7.15)，如果冲浪板原来静止或者远大于波相速度运动，当波通过冲浪板时，冲浪板只能感知到波的振荡，不会改变其运动状态，没有能量交换。

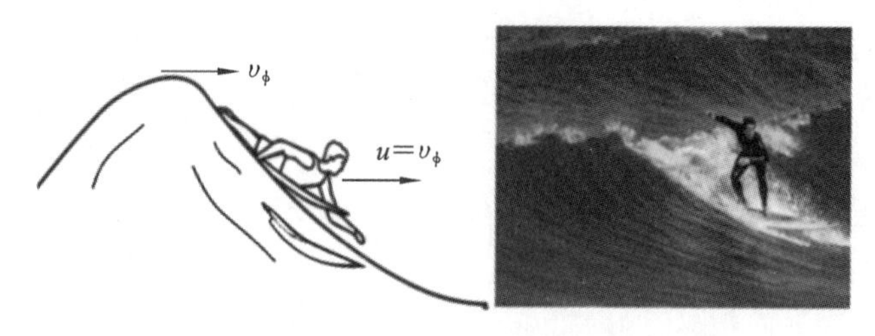

图 7.15　冲浪运动(来源于网络)

如果冲浪板以和波相速度相近的速度前进,则在随着波一起运动的坐标系中看到冲浪板开始是静止的,但是以后的运动将取决于冲浪板与波的相对速度和位置(见图 7.16)。如果最初冲浪板是在 A 位置,由于 $u<v_\phi$,则冲浪板将被波所推动,速度变大,即冲浪板从波中获得能量,波的能量减少;如果冲浪板最初是在 B 位置,由于 $u>v_\phi$,则冲浪板将被波所阻碍,速度变小,冲浪板把能量传递给波。

图 7.16　冲浪运动示意图(A:$u<v_\phi$;B:$u>v_\phi$)

再回到等离子体体系中,当处于平衡态的等离子体受到扰动,由于电荷质量差异,在等离子体内会引发电子静电波(见图 7.17(a)),处于 A 位和 B 位的两个电荷粒子与上面所讲的冲浪板上的运动员一样,它们与波的相互作用情况也是一样。由于共振粒子的速度和波的相速度相近,所以它们和等离子体波一起运动。对于初始速度 $u<v_\phi$ 的粒子,在波的坐标系中最初粒子是向后运动,但是它爬不过波峰,因为处于 A 位置,被波加速。对于初始速度 $u>v_\phi$ 的粒子,在波的坐标系中最初粒子是向前运动,但是它爬不过波峰,因为处于 B 位置,被波减速。所以这些粒子是被波的势场所捕获,不能逃离出波峰,只能在两个波峰之间振荡,形象地称这些粒子为“捕获粒子”。

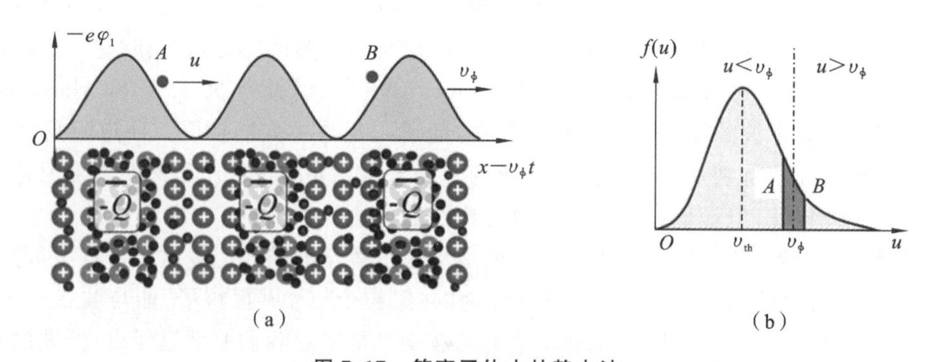

图 7.17　等离子体中的静电波

(a) 等离子体中的静电波及电荷分布示意图(图中大球代表离子,小球代表电子);
(b) 速度分布曲线相速度 v_ϕ 附近共振粒子分布。

在麦克斯韦分布中,慢电子要比快电子多(见图 7.17(b)),所以从波获得能量的粒子多于给予波能量的粒子，因此波受到阻尼。这些捕获粒子能长时间与波相互作用，其结果是原来速度小的粒子得到能量变成速度大的粒子，使得原来的分布函数发生形变，在相速度处出现一个平台。这形变的部分就是扰动分布函数 $f_1(u)$，如图 7.18(a)所示。值得注意的是分布函数变形前后的粒子数没有改变，但是粒子的总动能变大了，增加的能量是从波中获得的。如果 $f_0(u)$ 包含的快粒子比慢粒子多，粒子的能量就会交给波，波就会被激起，$u\approx v_\phi$ 处于分布函数的斜率为正，如图 7.18(b)所示，波是不稳定的，振幅会随时间增长。

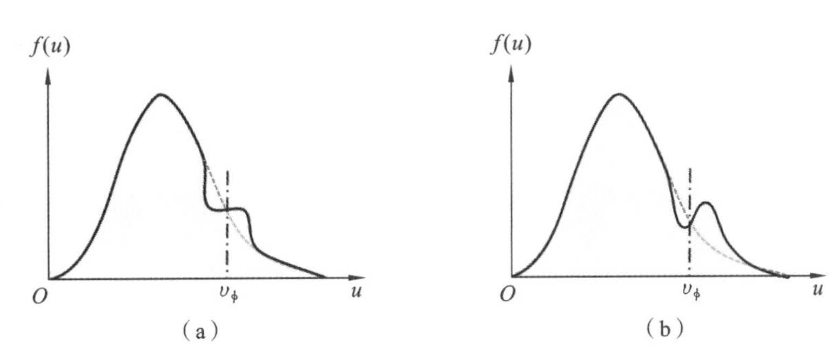

图 7.18　捕获粒子引起分布曲线在相速度附近的变化

上面所描述的是非线性阻尼，由共振粒子引起，是在振幅有限的情况下发生的，振幅越大，被捕获的粒子数越多。对于这种非线性阻尼，波的振幅不是单调衰减的，是振荡衰减(一部分慢粒子加速后会把能量再交给波，所以粒子与波的能量交换是具有周期性的)。而且这种冲浪运动仅仅是唯像的，没有给出朗道阻尼的真正原因。除了共振粒子，在分布函数中存在大量的非共振粒子，非共振粒子在整个过程中又有什么作用呢?

7.3.2　朗道阻尼的本质

要讨论朗道阻尼的本质，必须弄清楚朗道阻尼的发生过程。朗道阻尼出现在等离子体电子静电波(当然也可以是其他的波)的传播过程中。当处于平衡的等离子体受到扰动会引发电子静电波，静电波在传播过程中与粒子相互作用(见图 7.17(a))，其结果是要么波被阻尼，波消失;要么波振幅增加，等离子体系统不稳定。很明显，朗道阻尼就发生在扰动的初始阶段，后续的发展中，要么波消失，要么系统不稳定。所以只需考察平衡等离子体受到扰动后初始阶段粒子的运动情况即可。我们在等离子体体系中取一个粒子，看看这个粒子在初始阶段的行为。考虑一维情况，在受到扰动之前，这个粒子以速度 $u=\mathrm{d}x/\mathrm{d}t$ 随系统一起运动。受到扰动后粒子的速度变成 $u+v_1$，v_1 为扰动速度。为简单起见，我们假设扰动电场为

$$E_1=E_0\sin(kx-\omega t) \tag{7.3.1}$$

由于 $E=-\nabla\varphi$，故相应的扰动势为

$$\varphi_1=\frac{E_0}{k}\cos(kx-\omega t) \tag{7.3.2}$$

粒子在扰动场中的运动方程可以写成

$$m\frac{\mathrm{d}v_1}{\mathrm{d}t}=m\left(\frac{\partial v_1}{\partial t}+u\frac{\partial v_1}{\partial x}\right)=-eE_0\sin(kx-\omega t) \tag{7.3.3}$$

假设粒子的扰动速度为

$$v_1 = A\cos(kx-\omega t) \qquad (7.3.4)$$

代入方程(7.3.3)后可解出 A,最后电荷粒子的扰动速度为

$$v_1 = -\frac{eE_0}{km}\frac{\cos(kx-\omega t)}{v_\phi - u} \qquad (7.3.5)$$

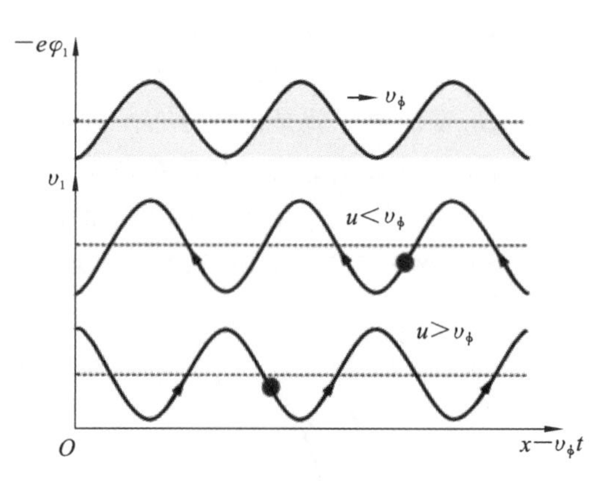

图 7.19 扰动电势和扰动速度曲线

图 7.19 清楚显示了扰动电势和扰动速度曲线。如果所考察的粒子位于分布曲线 $u<v_\phi$ 区域,则粒子的扰动速度与扰动势能 $-e\varphi_1$ 是同相位的,即势能小扰动速度小,势能大的地方扰动速度大。而且还应该注意到,在 $x-v_1$ 相空间中,这些粒子是向左运动的,因为

$$x-v_\phi t = \left(\frac{x}{t}-v_\phi\right)t = (u-v_\phi)t$$

当 $t>0$ 时,由于 $u<v_\phi$,$x-v_\phi t<0$。而对于位于 $u>v_\phi$ 区域的粒子,扰动速度与电子在波场中的势能 $-e\varphi_1$ 是反相位的,即势能小的地方扰动速度大,势能大的地方扰动速度小。在 $x-v_1$ 相空间中,这些粒子是向右运动的。

为了清楚地分析共振粒子和非共振粒子在朗道阻尼中的作用,我们把初始时的分布函数以及初始扰动速度展现在一张图中(见图 7.20)。由于初始分布函数在朗道阻尼过程中尤为重要,所以我们凸显出初始速度分布函数 $f_0(u)$ 曲线。图中相速度附近的情况有点夸张,你可以理解为对相速度附近分布的放大。图中向下所表示的是随着波一起运动的坐标系中相空间 $u-(x-v_\phi t)$ 坐标,扰动电势显示在下图左边,右边显示的是粒子在相空间的运动轨迹。在相速度处,对应的是“捕获粒子”(图中 E 位置),相速度左右分别表示的是 $u<v_\phi$ 和 $u>v_\phi$ 的粒子。根据上面的分析(见图 7.19),我们把粒子的运动方向也标注在图中。

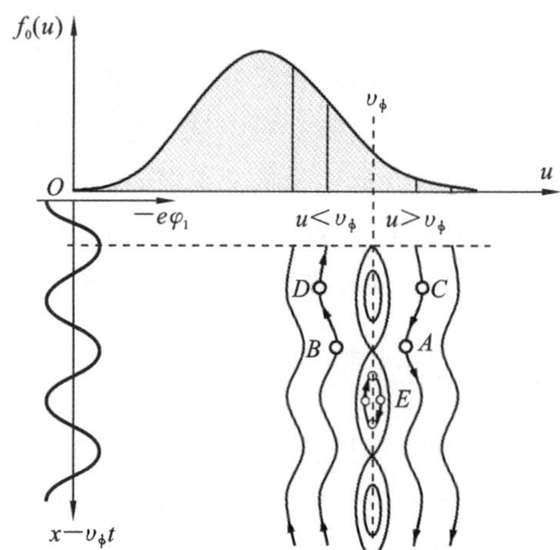

图 7.20 上图:初始分布函数 $f_0(u)$;下图左:扰动电势;下图右:自由粒子和捕获粒子在相空间的轨迹(参见图 7.10)

对于初始时刻处于 A 点和 B 点的两种粒子,位于势能曲线的波峰上。由于在 A 点 $u>v_\phi$,在波坐标系中向下运动,速度增加,动能也增加。而处于 B 点的粒子,$u<v_\phi$,在波坐标系中向上运动,速度减小,动能减少。对于初始时刻处于 C 点和 D 点的两种粒子,在势能曲线的波谷上。由于在 C 点 $u>v_\phi$,在波坐标系中向下运动,速度减少,动能也减少。而处于 D 点的粒子,$u<v_\phi$,在波坐标系中向上运动,速度增加,动能增加。初始时刻处于 A 点的粒子束比 C 点的多,得到能量的粒子数比失去能量的多。同样,处于 D 点的粒子束比 B 点的多,得到的能量的粒子数比失去能量的多。从分布函数曲线可以看出

$$f_0(v_A) > f_0(v_C);\ f_0(v_D) > f_0(v_B)$$

最后的效果是:无论粒子的速度是大于还是小于波的相速度,总是得到能量的粒子数比失

去能量的多，因此总的来说粒子得到了能量，即波失去了能量。对于共振粒子所走的闭合曲线，也有类似的图像，这就是朗道阻尼的物理图像。也就是说，所有的粒子(共振粒子和非共振粒子)对朗道阻尼都有贡献。

以上我们从几个方面(定性和定量)解释了朗道阻尼的产生的原因和本质，现在我们可以用一个简单清晰的图像归纳一下静电波中的朗道阻尼。在这个图像中，由于离子质量远大于电子质量，所以假设离子始终不动形成均匀的正离子背景。处于平衡态的等离子体受到扰动后会产生振荡(频率为 ω_{pe})，该振荡在等离子体中传播即是静电波，其相速度为 v_ϕ。静电波也可以理解为一个在空间传播的电场，其大小和方向随时间周期变化。静电波的朗道阻尼来源于两个部分：共振粒子的贡献和非共振粒子的贡献。

首先谈论共振粒子的贡献：在静电场传播过程中，那些运动速度与 v_ϕ 相近的电子将会被静电场捕获，即它们处于静电波产生的势垒中，称为共振粒子。这些粒子将会与波之间产生相互作用，在此过程中，速度比较慢的粒子会从波中获得能量而增速，速度比较快的粒子会把能量交给波而减速，波的能量增加，由于系统中速度比较慢的粒子数大于速度比较快的粒子数，所以最终波的能量损失而被阻尼。共振粒子数目少，但是与波的作用时间长，决定了色散关系虚部的符号(即$(\partial \hat{f}_0/\partial u)_{u=\omega_r/k}$)。

然后再看非共振粒子的贡献：从前面的讨论我们知道非共振粒子对朗道阻尼有贡献，但是有何贡献呢？是通过什么方式产生贡献？图像不是很清楚。为了容易理解，我们把图像稍微改一下，假设有一静电场扫过一堆静止或者低速运动的电子，会发生什么？这些电子会在电场作用下加速，会从静电场中获得能量，静电场的能量会损失。在等离子体中，静电波传播的过程中也会发生类似的过程，当静电波经过那些低速电子时，会因驱动电子运动而损失能量，这就是非共振粒子对朗道阻尼有贡献。非共振粒子数目多，但是与波作用时间短，仅仅对色散关系虚部的大小有贡献。

无论是共振粒子或是非共振粒子，它们与波产生相互作用都是通过电场来实现的。值得注意的是，以上讨论仅仅适用于扰动出现的初始阶段，时间长了以后，初始条件被遗忘，以上讨论不再适用。

7.3.3　补充知识：留数、留数定理

【留数】　如图7.21所示，如果 z_0 是函数 $f(z)$ 的一个孤立的奇点，则沿着在 z_0 的某一去心邻域 $0<|z-z_0|<R$ 内包含 z_0 的任意一条简单闭合曲线 C 的积分 $\oint_C f(z)\mathrm{d}z$ 的值除以 $2\pi\mathrm{i}$ 后所得的数称为 $f(z)$ 在 z_0 的留数，记为 $\mathrm{Res}[f(z),z_0]$。

$$\mathrm{Res}[f(z),z_0]=\frac{1}{2\pi\mathrm{i}}\oint_C f(z)\mathrm{d}z$$

$$\oint_C f(z)\mathrm{d}z=2\pi\mathrm{i}\cdot\mathrm{Res}[f(z),z_0]$$

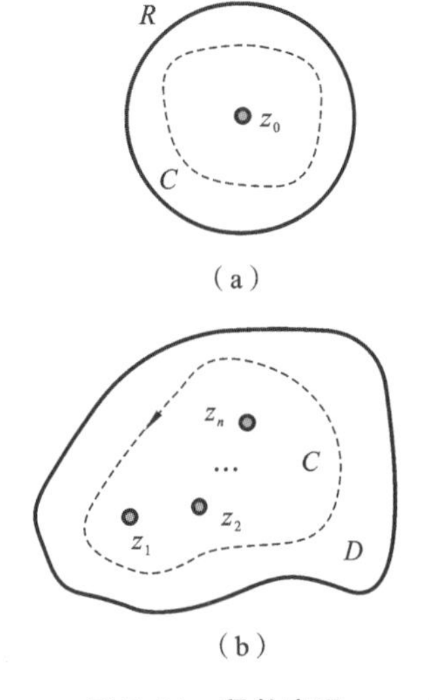

图7.21　留数定理

【留数及留数定理】　函数 $f(z)$ 在区域 D 内除有限个孤立的奇点 $z_1,z_1,\cdots,z_n$ 外处处解析，C 是 D 内包围诸奇点的一条正向简单闭曲线，那么

$$\oint_C f(z)\mathrm{d}z = 2\pi \mathrm{i} \cdot \sum_{k=1}^{n} \mathrm{Res}[f(z), z_k]$$

【留数的计算规则】 如果 z_0 是函数 $f(z)$ 的一个孤立的奇点，则

$$\mathrm{Res}[f(z), z_0] = \lim_{z \to z_0} (z - z_0) f(z - z_0)$$

【人物介绍】

列夫·达维多维奇·朗道（见图 7.22，俄文：Лев Давйдович Ландáу，英文：Lev Davidovich Landau，1908 年 1 月 22 日—1968 年 4 月 1 日），苏联犹太人，号称世界上最后一个全能的物理学家。因凝聚态特别是液氦的先驱性理论，被授予 1962 年诺贝尔物理学奖。朗道思想敏锐，学识广博，精通理论物理学的许多分支。在他 50 岁生日时，朋友们列举了他对物理学的十大重要贡献：① 引入了量子力学中的密度矩阵概念（1927 年）；② 金属的电子抗磁性的量子理论（1930 年）；③ 二级相变理论（1936—1937 年）；④ 铁磁体的磁畴结构和反铁磁性的解释（1935 年）；⑤ 超导电性混合态理论（1943 年）；⑥ 原子核的统计理论（1937 年）；⑦ 液态氦Ⅱ超流动性的量子理论（1940—1941 年）；⑧ 真空对电荷的屏蔽效应理论（1954 年）；⑨ 费米液体的量子理论（1956 年）；⑩ 弱相互作用的复合反演理论（1957 年）。尤其在量子液体（见液态氦）的理论方面，他的贡献更为突出。

图 7.22　列夫·达维多维奇·朗道

他的另一些引人注目的贡献有：1937 年，利用费米气体模型推测恒星坍缩的质量，1946 年，在理论上预言等离子体静电振荡中不是由碰撞引起的耗散机制（称为朗道阻尼）的存在。过了 18 年后这一预言才由一些美国物理学家在实验上予以证实。

思考题

1. 已知一个平衡多粒子系统的分布函数为 $f(v)$，试写出粒子的平均速度、平均速率、方均根速率和沿某一方向的平均速率的表达式；如果把该粒子系统装在一个容器中，假设粒子的速度分布函数为麦克斯韦分布 $f_{\mathrm{m}}(v)$，试求出粒子碰壁时的粒子流密度。

2. 当时 $\left(\frac{\partial f}{\partial t}\right)_c = 0$，有 $\frac{\mathrm{d}f}{\mathrm{d}t} = 0$，试简单解释一下。

3. 在高温等离子体中，碰撞可以忽略，试利用弗拉索夫方程和泊松方程，推导等离子体中电子静电波的色散关系为

$$1 = \frac{\omega_{\mathrm{pe}}^2}{k^2} \int_{-\infty}^{+\infty} \frac{\partial \hat{f}_0(v_{\mathrm{x}})/\partial v_{\mathrm{x}}}{v_{\mathrm{x}} - (\omega/k)} \mathrm{d}v_{\mathrm{x}}$$

4. 证明麦克斯韦分布时玻尔兹曼方程的平衡解，即当分布函数取

$$f(v) = n\left(\frac{m}{2\pi k_{\mathrm{B}} T}\right)^{3/2} \exp\left(-\frac{mv^2}{2k_{\mathrm{B}} T}\right)$$

时，玻尔兹曼碰撞项为零。

5. 通常在介质中传播的波，会因为碰撞而产生阻尼现象，为什么在无碰撞的等离子体中波会有阻尼？简要解释。

6. 当等离子体受到扰动会产生波，比如电子静电波，如果等离子体内碰撞比较强烈，这个波将会逐渐衰减并消失，但在没有碰撞的等离子体中这个波也会消失，什么原因？

7. 当等离子体中出现电子静电波时，哪些粒子对朗道阻尼贡献最大，或者什么条件下波与粒子会发生比较强的相互作用（能量交换）？简单描述一下过程。

8. 是否只有共振粒子才对朗道阻尼有贡献？非共振粒子有贡献否？如果有，非共振粒子通过什么方式对朗道阻尼产生贡献（注意离子的存在，离子是不动的背景，但会对电场有作用）？

9. 离子声波会不会产生朗道阻尼？怎样产生的？

10. 在等离子体中传播的电磁波，或者沿磁力线传播的阿尔文波会产生朗道阻尼吗？

第8章 低温等离子体应用

等离子体含有大量的自由带电粒子(电子和离子),因此等离子体具有以下几个显著的特点:① 等离子体中带电粒子(特别是电子)的能量易于操控,通过外加电场的方式可以在极短的时间内使带电粒子能量提高或降低。比如在等离子体增强化学气相沉积(PECVD)中,用1 V/cm的电场可以使电子能量迅速增加到~1 eV(~10000 ℃),然后通过碰撞,电子可以把能量传递给其他成分,这比传统的加热方式更加有效;② 等离子体中带电粒子的运动方向易于控制,通过外加电磁场可以很方便操控电子和离子的运动方向。在等离子体应用过程中,如在等离子体注入、刻蚀和溅射过程中,需要从等离子体中筛选出不同能量的离子并加以操控,离子能量的改变和筛选都可以利用电场和磁场;③ 等离子体中大量的带电粒子使其具有良好的导电性,加之低黏滞,等离子体被看作理想的导电流体;④ 等离子体具有良好的化学活性,在稳定等离子体中电离过程和复合过程一般达到平衡,伴随这两个过程还存在各种激发过程,产生大量处于激发态的粒子(包括离子、原子、分子、准分子和团簇等),另外,等离子体中的电子所携带的能量足以撕裂分子的化学键,所以等离子体中各种成分具有较高的化学活性;⑤ 等离子体中的带电粒子可以产生(或吸收)电磁波,同时处于激发态的分子(原子)可以发光,所以等离子体具有强烈的可见辐射和非可见辐射。正是由于等离子体具有这些特性,决定了它具有极高的应用价值。目前,等离子体技术和相关工艺已经被广泛应用于能源、半导体(芯片制备)、新材料、显示、环保、医疗、照明、喷涂、通信和化工等工业领域中。在前沿科技和国家重大科技领域,等离子体技术也占有极其重要的地位。下面简单介绍一下低温等离子体技术在能源/推进技术、半导体制备技术、民生新技术和纳米材料制备技术领域的应用。

8.1 等离子体磁流体应用

8.1.1 磁流体发电技术

目前,化石原料(煤、石油和天然气)还是我们的主要能源来源(占总能源需求的80%~90%),即使到21世纪中叶,八成能源依然需依赖化石能源。而地球上的化石能源储量是有限的,所以我们必须改变能源结构。现在人类已经开发出许多新能源发电方式,如水利、风能、太阳能、地热和潮汐发电,与这些技术相比磁流体发电是一种新型高效直接发电方式。利用磁流体发电,通过对等离子体流速和磁场的控制,就能提高发电机的功率,很容易使发电机功率达到数千万千瓦时,可以满足一些需要大功率电力的场合。目前,中国、美国、印度、澳大利亚以及欧洲共同体等,都积极致力于这方面的研究。

磁流体发电能直接将热能转化为电能,其原理为法拉第电磁感应定律。首先高温条件下产生等离子体；然后等离子体中的带电粒子运动时会切割磁力线而发生定向偏移，正负电荷分别在两电极板聚集从而产生电能，最后所产生的电能驱动外加负载。图 8.1(a)显示磁流体发电机发电原理示意图，磁流体发电机主要由燃烧室、发电通道、磁场、电极和负载等组成。工作过程如下：首先原料在燃烧室燃烧产生高温气体，同时在燃料中加入易电离的钾盐或钠盐提高电离度，使高温气体部分电离；然后再经喷管加速产生高温和高速等离子体(温度可达 3000 K，速度达 1000 m/s)，并穿越发电通道。在发电通道的水平方向上放置一对磁极，在竖直方向放置一对电极。由于高速运动的等离子体垂直地穿过磁场，作切割磁感线运动，在洛伦兹力的作用下，带正电的离子移向正电极，而电子移向负电极，在两极上就形成很高的电势差，当与外电路接通时，负载上就有电流通过。由于磁流体发电无需进行热—机—电的转换，它与太阳电池发电一样，属于直接转换为电能的方式，所以效率较高。

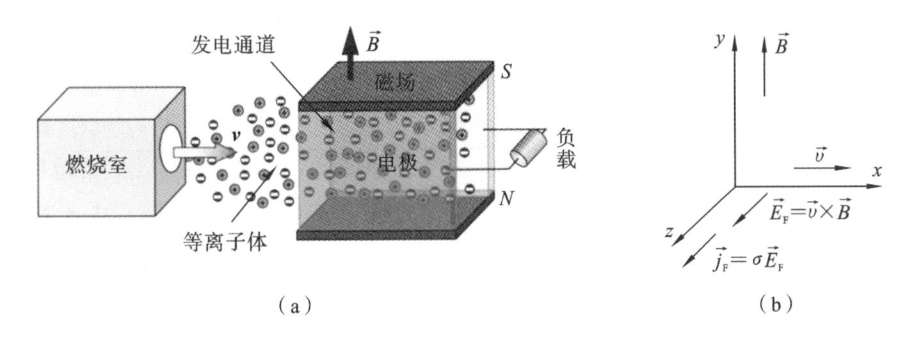

图 8.1 磁流体发电装置和发电原理示意图

磁流体发电比一般的火力发电效率高得多，但由于存在技术瓶颈(即如何产生高密度和高电离度的电离气体)，因此在相当长一段时间内它的研发进展缓慢。最近几年，科学家在导电流体的选用上有了新的进展，发明了用低熔点的金属(如钠、钾等)作导电流体，在液态金属中加进易挥发的流体(如甲苯、乙烷等)来推动液态金属的流动，巧妙地避开了工程技术上一些难题。我们知道普通气体需要加温到 6000 ℃以上才能产生微弱的电离，然而这样高的温度是一般气体燃料燃烧方式无法达到的。要使气体具有磁流体发电机所要求的电导率，一方面采用高温燃烧方式，如纯氧或富氧燃烧等；另一方面在高温燃气中添加一定比例的易电离的物质，如钾盐和铯盐等(称作种子)。已知铯的电离能量约为 3.9 eV，而钾的电离能约为 4.3 eV，但铯的价格昂贵，因此对开放式循环燃烧磁流体发电机，一般采用钾盐作种子。种子成分的加入使等离子体密度得到了极大提高，同时提高了发电功率。

图 8.1(b)显示各物理量之间的关系，假定气流的速度为$\vec{v}$，磁感应强度为 $\vec{B}$，两电极之间的距离为 h。如果外电路没有闭合，两极间的感生电场为

$$\vec{E}_F=\vec{v}\times\vec{B} \tag{8.1.1}$$

如果等离子体的电导率为 σ，则由电磁感应产生的电流(法拉第电流$\vec{j}_F$)的电流密度为

$$\vec{j}_F=\sigma\vec{v}\times\vec{B} \tag{8.1.2}$$

这个电流密度是由于在洛伦兹力作用下电子和离子分别沿着 $-z$ 和 z 方向运动所形成的。正负电荷在极板上的集聚又会形成静电场 $\vec{E}$，这个电场和感生电场 $\vec{E}_F$ 刚好相反。当外电路闭合时，如果负载两端的电压为 V，则有 $V=hE$，外加负载上就有电流通过，则等离子体

中的电流密度为

$$\vec{j}=\sigma(\vec{v}\times\vec{B}-\vec{E}) \tag{8.1.3}$$

磁流体发电机单位体积的输出功率为

$$P=jE=\sigma(vB-E)E=k(1-k)\sigma v^2B^2 \tag{8.1.4}$$

式中：$k=E/vB$ 负荷系数(外负荷电压降和感应电势之比)。从式(8.1.4)可以看出输出功率主要与电导率、气流速度和磁场强度等物理参数有关。为了获得较高的磁流体发电输出功率，试验工质应该具有高电导率、高速度，同时外加较大的恒定磁场。电导率 σ 是磁流体发电工质最重要的物理参数之一，直接影响磁流体发电的效率。目前磁流体发电的工质大都采用惰性气体(如氩气或氦气)，并添加碱金属电离种子，这样工质具有较高的电导率。

值得注意的是在磁流体发电过程中，等离子体中存在两种电流，除了上面讲的法拉第电流 $\vec{j}_F$ 之外，还有一个就是霍尔电流$\vec{j}_H$，它是由于等离子体电流在切割磁力线时所产生的，所以在磁流体发电过程中所产生的电流是这两个电流的矢量和。这两个电流的大小主要由等离子体内两个参数的决定：电子的平均碰撞频率 ν_e 和电子的回旋频率 ω_{ce}。如果 $\nu_e\gg\omega_{ce}$(高密度或弱场)，当等离子体横越磁场时，频繁的碰撞将破坏电子的回旋运动，就感生出与磁场和等离子体流动方向相垂直的感生电场，所产生的电流即为法拉第电流$\vec{j}_F$；如果 $\nu_e\leqslant\omega_{ce}$，电子在磁场中就沿曲线运动，由此产生的垂直于电场的电流称为霍尔电流$\vec{j}_H$。ω_{ce}/ν_e 就是霍尔系数，它表征霍尔效应的大小，在物理意义上相当于存在磁场时一个电子在两次碰撞间转过的弧度，也相当于沿等离子体流动方向的霍尔电流与平行于电场方向的电流之比。

在磁流体发电过程中，按照电流输出方式可分为法拉第型发电机和霍尔型发电机。按照磁流体发电机的几何形状不同，可以分为直线型和圆盘型。图 8.2 显示几种直线型磁流体发电装置示意图，图中同时显示了各个物理量的矢量方向，$\vec{E}_H$ 和 I_H 分别表示霍尔电场和霍尔电流，$\vec{F}$ 表示洛伦兹力。图 8.2(a)显示连续电极的直线型发电装置，在连续电极发电装置中，由于霍尔电流会削弱总电流，为了减小霍尔电流，通常采用分段电极(见图 8.2(b)，中间的绝缘隔板把霍尔电流传阻断)，以上两种发电机称为法拉第型发电机。如果直接利用霍尔电流来代替平行于电场的电流，就成为霍耳发电装置(见图 8.2(c)，矩形电极把法拉第电流阻断)，近年来又在此基础上发展出斜框式通道的霍尔发电装置(见图 8.2(d))。

与直线型磁流体发电装置相比，圆盘型磁流体发电机由于其结构紧凑、磁体结构和电极简单，易于形成均匀非平衡等离子体而提高工质电导率等优点，使其更具优势。圆盘型磁流体发电机同样采用加入少量低电离电位的碱金属的惰性气体作为工质。通过增强种子电离，实现高电导率，可以在相对较低的惰性气体温度下高效地运行圆盘型磁流体发电机。

图 8.3(a)是圆盘型漩涡式法拉第发电机示意图，等离子体由切向进入圆柱形通道，从内圆柱中心排出，内外圆柱面为两个电极，磁场 $\vec{B}$ 为轴向垂直于进气面。由于内外圆柱直径相差较大，因此可以增加等离子体在发电机通道驻留时间，增加其与磁场相互作用时间，因此这种发动机的发电效率更高。此外，由于等离子体沿环向流动，产生的法拉第电流沿径向，而霍尔电流是切向的，所以这种发电机是一种法拉第发电机。图 8.3(b)是圆盘型径向式霍尔发电机示意图，等离子体从中心进入，由径向排出，在上下两个盘面上设置有内外两个电极，磁场垂直于径向气流面。径向流动的等离子体流与轴向外磁场相互作用，产生切向法拉第电流，通过位于圆盘中心的阳极及外圆周阴极提取霍尔电流，实现磁流体发电。

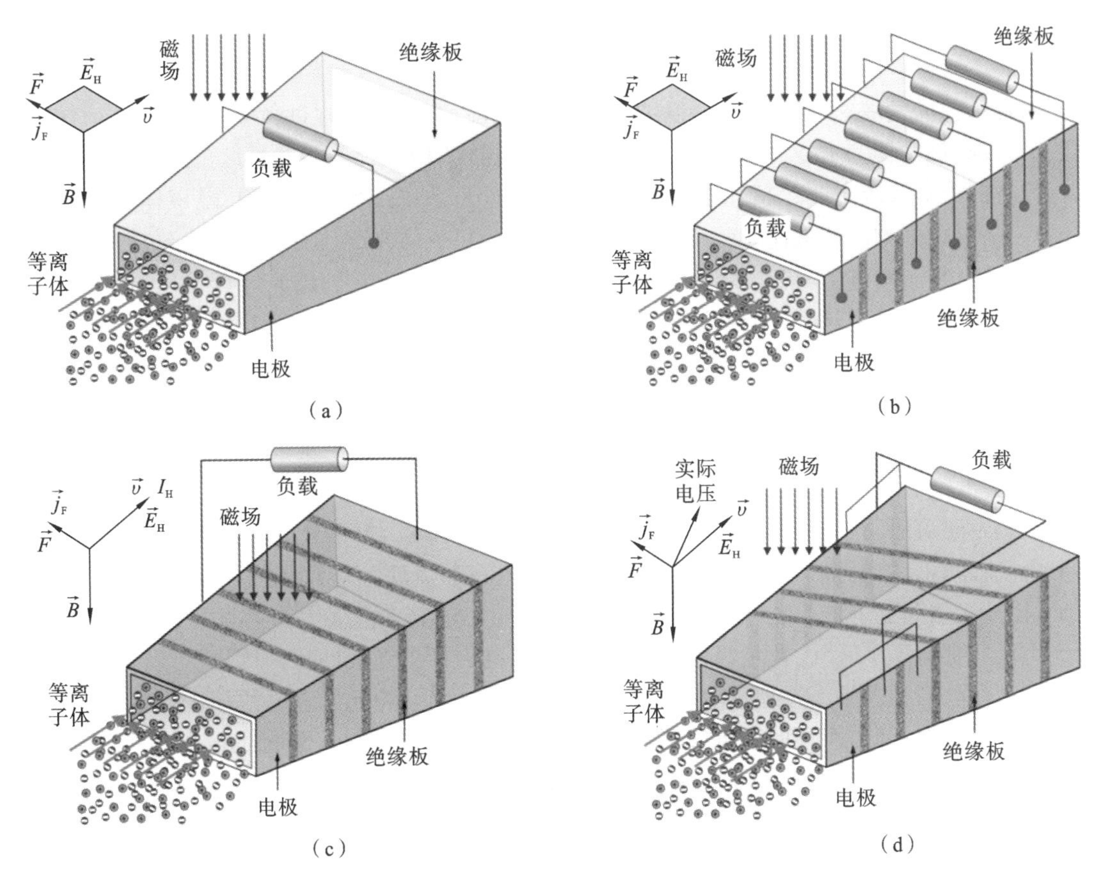

图 8.2　直线型磁流体发电装置

(a) 连续电极；(b) 分段电极；(c) 霍尔发电装置；(d) 斜框式通道霍尔发电装置。

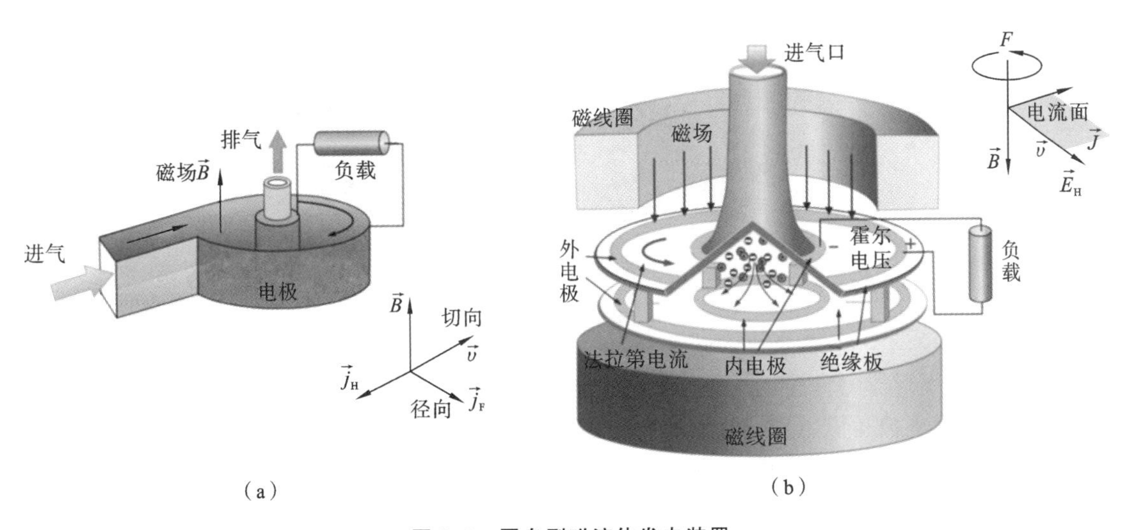

图 8.3　圆盘型磁流体发电装置

(a) 漩涡式法拉第发电机；(b) 径向式霍尔发电机。

8.1.2　磁流体推进技术

随着科技的发展，人类对深空探索的需求越来越高，在深空探索过程中推进器是必不可少的辅助系统，推进器为太空飞行器提供动力、机动和速度，使飞行器能够更远、更灵活和更快地飞行。目前推进系统主要包括化学推进系统和电磁推进系统。化学推进系统（液体火箭、固体火箭等）是以化学物质间的化学反应，把化学能转变为机械能来为飞行器提供主要动力。而电磁推进系统（霍尔推进器、等离子体火箭等）则是把电磁能转换成机械能进行推进的。相比于化学推进系统，电磁推进系统具有更多的优势：比冲高、寿命长、小推力和宽功率范围推力持续可调等。电磁推进系统一般可分为电热、静电和电磁等几种方式。

电磁式推进器是利用电能使燃料形成等离子体，然后在电磁场作用下加速喷出而产生动力。图 8.4 是一款电磁推进器的设计概念图，工作过程如下：首先从电子枪里发射出高能电子，反应室里充满工作气体（惰性气体氙），然后通过雪崩放电产生大量离子，这些离子在梯度磁场中受力向后运动，到达反应室末端，这里有两个网状电极，最后离子穿越网状电极到达这两个电极之间，会被电极加速并向后喷出产生推力。在喷口处，有一个电子枪用来中和出射的离子，让排气达到电中性。这种电磁推进方式可获得比化学火箭大得多的比冲。目前可以得到比用化学燃料高 1～2 个数量级的排气速度，所以电磁推进系统的比冲比化学燃料推进系统的高得多。电磁推进是人造地球卫星和行星际飞行器中的一种比较理想的推进方法。但是这种方式电离效率较低，而且由于电极的存在，推进器的寿命受到电极烧蚀的限制，这就无法满足未来长寿命卫星平台和未来深空探测任务的需要。

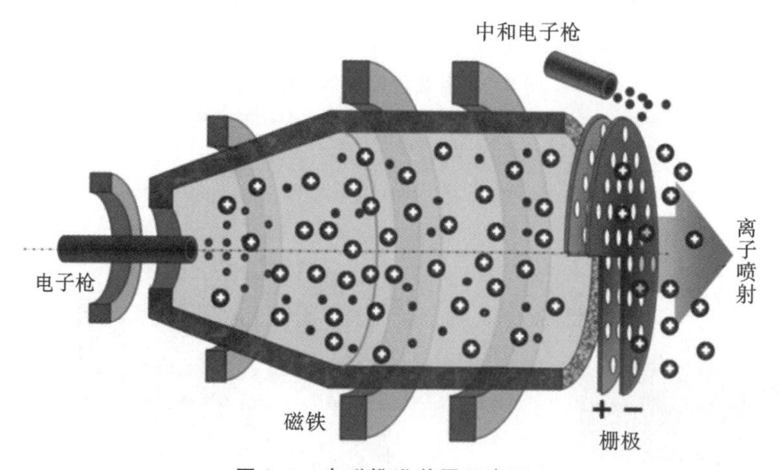

图 8.4　电磁推进装置示意图

为了提高飞行器的寿命，一种基于无电极、高密度和高电离率的新型推进器得到快速发展，它就是螺旋波等离子体推进器。螺旋波是在受限磁化等离子体中传播的右旋电磁波，电离度很高，可产生高密度的等离子体（参见 5.6 节）。螺旋波等离子体推进器不仅具备电磁推进器的优点，同时由于没有电极，不存在腐蚀问题，其寿命可以大大提高，更重要的是它可以在很大的功率范围内进行调节，这对于飞行器的灵活度极为重要。因此，螺旋波等离子体推进器在未来长寿命深空探测器和卫星动力系统中具有广阔的应用前景，受到国内外学者的广泛关注。

目前国内外已开发出不同的空间电推进系统，包括螺旋波双层推力器(HDLT)、可变比冲磁等离子体火箭(VASIMR)和螺旋波霍尔推力器(HHT)等。其中，HDLT 又称为螺旋波等离子体推力器(helicon plasma thruster，HPT)，是一种无电极式等离子体推力器，具有结构相对简单和质量较轻而紧凑等优点。它把射频电源功率通过天线耦合到等离子体中，获得高密度的等离子体，由于电子和离子质量的差别会在等离子体的扩散过程中形成正负电荷分离，这种分离所产生的电场会加速离子，进而产生推力。HDLT 在卫星的位置保持和姿态控制，轨道机动和深空探测等方面具有广泛的应用前景。

然而实验研究表明，螺旋波双层加速离子进行推进的效果并不明显，仅与传统化学推进相当，显然无法满足未来长寿命卫星、空间站及其他深空探测器的需求。因此，通过多重加速方式的新型推进器应运而生。新型推进器除了双层加速之外，还通过旋转磁场或旋转电场或有质动力离子回旋共振加速等方式进一步加速离子，从而获得更高的推进器性能。VASIMR 是美国约翰逊空间中心研制的可变比冲磁等离子体火箭(由前 NASA 宇航员张福林于 1979 年提出)，该火箭采用螺旋波等离子体作为离化推进剂，并把有质动力离子回旋共振加速方式与磁喷管加速方式相结合，是一种新型推进器，其结构如图 8.5(a)所示。VASIMR 具有功率大、推力大、比冲高等优点，并且在恒定功率下比冲可调节。

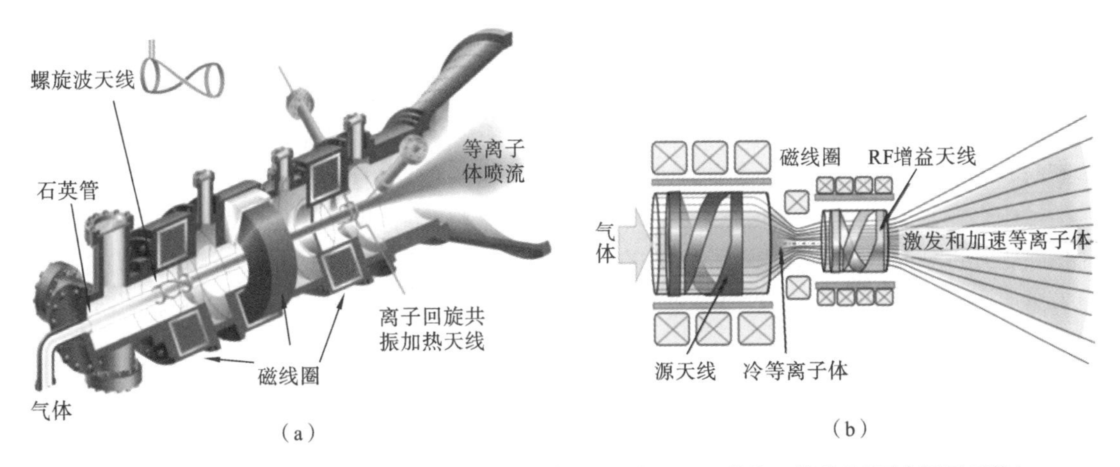

图 8.5　VASIMR(a)和 VX-200(b)推进器示意图，图中显示了激发天线的位置(来源于网络)

VASIMR 工作过程为：首先输入中性气体；然后 RF 电源通过天线耦合产生螺旋波磁化等离子体，通过朗道阻尼及 TG 波阻尼现象吸收加热电子，从而产生高密度等离子体；而后通过离子回旋共振加热级，使离子的周向运动受到激励以提高其周向速度；最后等离子体通过磁喷嘴，利用其发散磁场，将周向速度转变为排气速度，离子带着电子以中性流体的形式离开火箭。VF-200 是 VASIMR 的升级版本(见图 8.5(b))，VX-200 推进器是一个两操作阶段的高功率等离子体源，每个阶段可以相互独立地工作。第一阶段是一个工作在约 6.78 MHz 的 30 kW 螺旋波等离子体源，该源产生高密度等离子体，并通过会聚-发散的磁镜场输运到第二阶段；在第二阶段通过一个大功率的 RF 电源对离子进行回旋加热。VF-200 可以产生每秒通量为 10^{22} 个离子的射流，束流的平行温度控制在 0.5～20 eV，大部分流速在 10～50 km/s 甚至更高，脉冲持续时间可能大于 30 s。

我国北京航空航天大学建造了一套螺旋波等离子体源(类似 VASIMR)，并开展了一系列等离子体特性研究工作。北京卫星环境工程研究所为了验证螺旋波电推进的合理性和可行性，研制了一台螺旋波等离子体原理样机，进行了电源、磁场及推力测量等工作。大连理工大学空间电推进技术实验室设计并建造了螺旋波等离子体推力器地面实验样机，以氩作为工质气体进行了放电试验，并对样机的推力原理进行了深入的研究。

8.2　等离子体在半导体中的应用

1958年，第一颗集成电路的诞生，促进了半导体技术的迅猛发展，从此人类社会从机械时代发展到电子技术时代，当今整个人类都生活在以电子技术为基础的信息社会，小到手机、计算机和电视，大到汽车、高铁、飞机和飞船等都离不开各类芯片，小小的电子芯片正无时不刻地改变着我们的生活。而各类芯片的出现和发展离不开集成电路产业的发展壮大，所以现代电子信息产业的支撑越来越离不开集成电路产业。直至今日，集成电路这一产业成为全球竞争的主流产业。

我国集成电路产业的发展早期基础比较薄弱，缺少核心技术，许多类型芯片严重依赖进口，近年来频频遭受外来制裁，受制于人。与此同时，我国又是世界上最大的集成电路消费国，芯片消费额占全球一半以上，2009年起，中国半导体市场规模超过美洲、欧洲、日本而成为世界第一大市场，但自给率却仅仅只有30%。2019年，中国大陆企业集成电路产业销售额仅占世界市场的5%。中国集成电路产业平均每年销售额增长645.3亿元，是上一个10年平均增长额的6.3倍。这10年间，中国集成电路产业销售额的年平均增长率为21.04%，是同期世界半导体市场年平均增长率6.18%的3.4倍。但是应该看到，我国在集成电路领域任然存在许多问题，所以，发展提高集成电路产业的国产化已经到了刻不容缓的地步。随着近几年来各方力量的不懈努力，集成电路产业在我国已经呈现迅猛发展的态势。然而归根到底，任何产业的竞争都是人才的竞争。

芯片是把大量电子元件，包括晶体管(见图8.6)、电路和系统等集成在厘米见方的硅片上。芯片中晶体管通过金属线(铜)连接形成多层结构(见图8.7，不包括底层晶体管)。芯片的制造是对硅晶片平面的加工过程，一般来讲，这个过程包含硅锭切割、硅片表面研磨、高温扩散制备氧化膜、光刻、高能离子刻蚀、离子注入、薄膜沉积、铜连线制备、芯片测试和最后的切割封装等(见图8.8)。一个完整的芯片是由多层不同材质和厚度的薄膜组成的，所以上面的有些过程可能要重复数次。其中，离子刻蚀、离子注入、薄膜沉积和清洗等几个过程需要等离子体技术。在整个集成电路制备过程中，涉及等离子体技术的设备占比达到近50%(见图8.9)。下面我们将对涉及等离子体的技术过程进行简要介绍。

1. 刻蚀工艺简介

芯片的制造过程中包含许多重复的工艺过程(见图8.8)，刻蚀是通过化学或物理方法在衬底的表面，按照掩膜图形选择性制备出线、面或孔洞等特征图形。光刻和刻蚀工艺是芯片制备中图形转移的两大重要步骤，各种器件结构的制造都离不开二者，集成电路制造中会不断地重复光刻和刻蚀过程。

刻蚀过程可简单描述为(见图8.8)：先将器件的结构制备成图案化的掩膜版；然后在待刻蚀的晶圆上涂一层光刻胶，接着利用掩模版对涂有光刻胶的晶圆进行曝光。接下来将晶圆浸

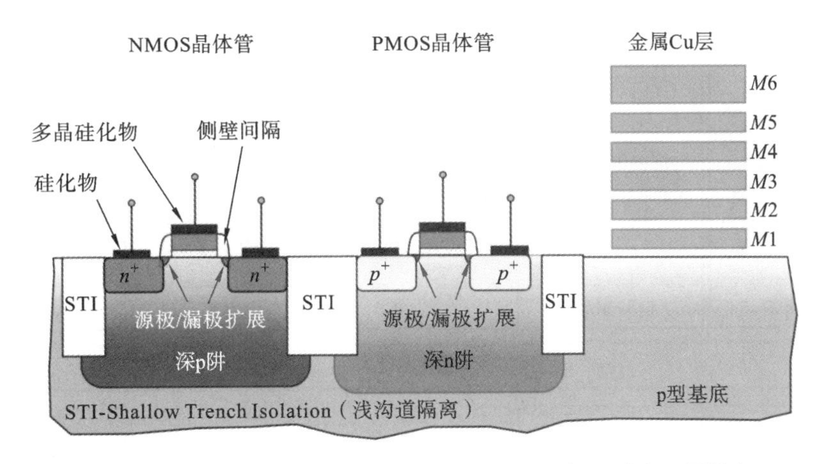

图8.6 芯片中的晶体管(NMOS和PMOS)示意图(来源于网络)

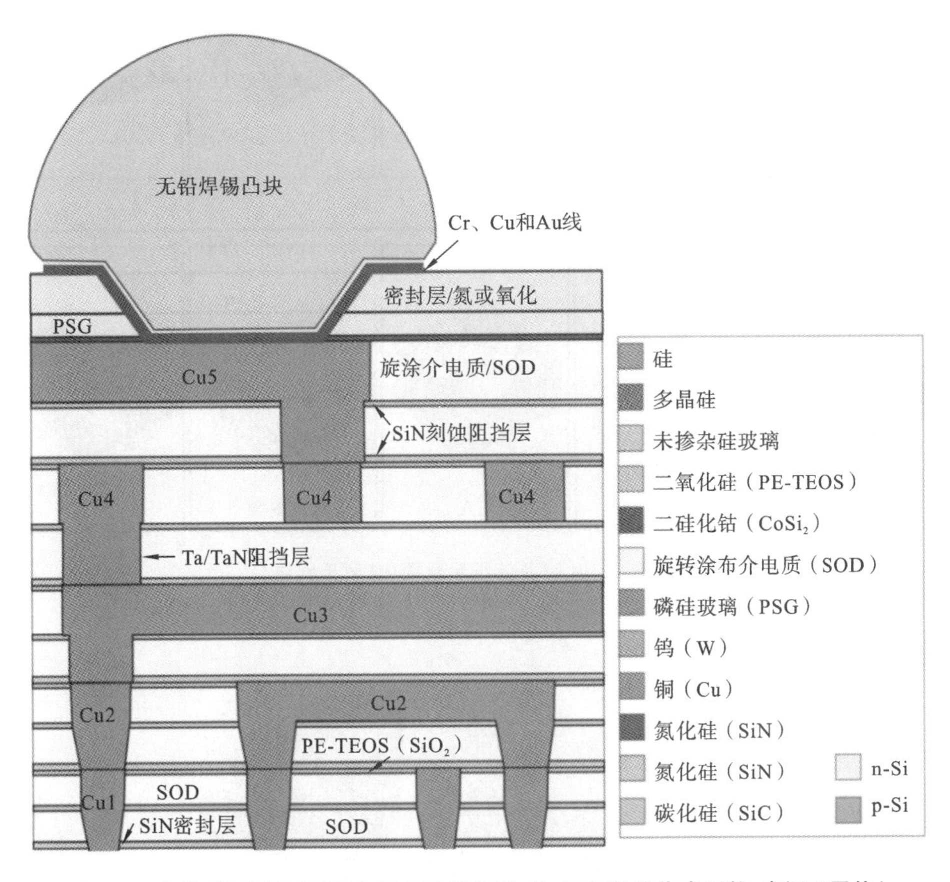

图8.7 芯片截面示意图(不包括底层晶体管,Cu后面数值代表层数,来源于网络)

泡在显影液中,光刻胶的曝光部分被移除,未曝光部分具有从掩模版转移的所需图案,留下来的光刻胶起到了对衬底掩膜保护的作用;下一步通过化学腐蚀、物理轰击或两者相结合的方式把不被光刻胶覆盖的区域刻蚀掉;最后将光刻胶剥离,这样就会在晶圆上留下图案化的结构。这样的步骤在器件制备过程中会被重复多次,产生一个具有不同模式的多层最终结构。

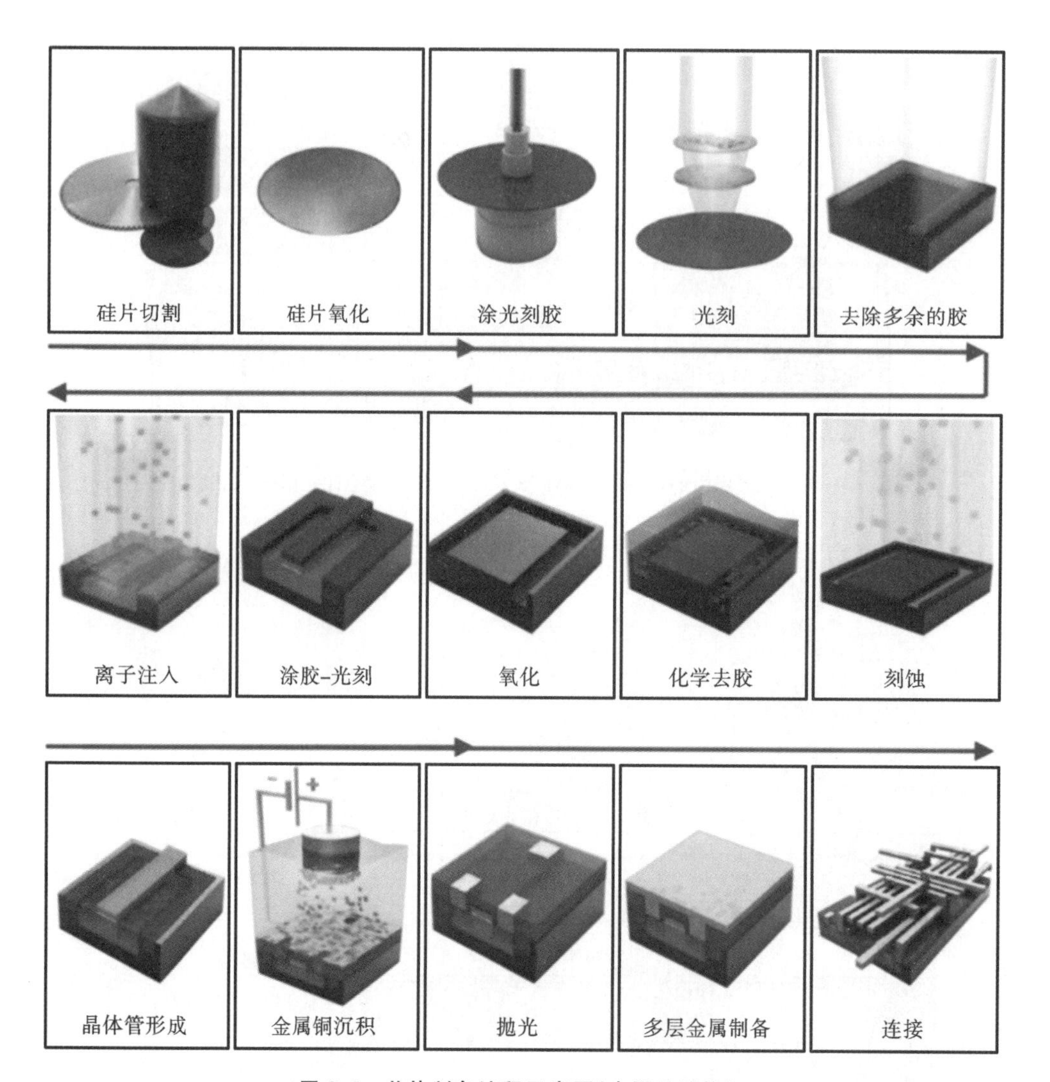

图 8.8　芯片制备流程示意图(来源于网络)

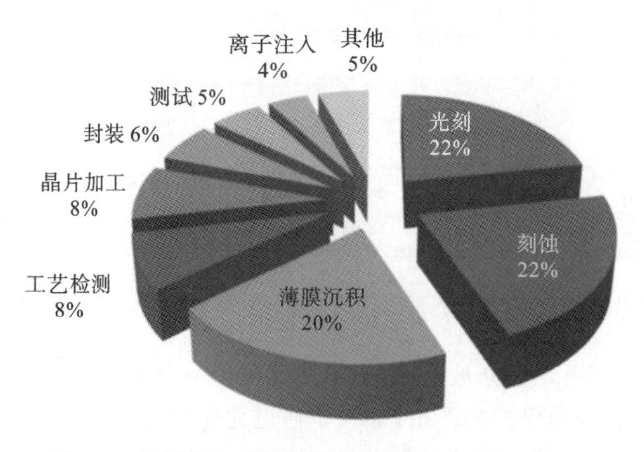

图 8.9　芯片制备过程各种设备的占比(来源于网络)

刻蚀的方法主要分为两大类：湿法刻蚀和干法刻蚀。由于目前器件的特征尺寸正在逐渐缩小（进入纳米尺度），所以最常用的刻蚀技术是干法刻蚀。干法刻蚀也分为离子束刻蚀和等离子体刻蚀（包括反应离子刻蚀和高密度等离子体刻蚀等）。离子束刻蚀是一种物理方法，利用离子加速轰击掉目标材料从而达到刻蚀效果。等离子体刻蚀属于利用气体发生化学反应达到刻蚀的效果，反应离子刻蚀和高密度等离子体刻蚀在原理上是综合了物理和化学刻蚀原理，将化学反应和物理轰击相结合，这一类刻蚀方法拥有了更好的刻蚀方向性，应用也更为广泛。

等离子体刻蚀（见图 8.10）是利用等离子体环境中的化学反应把晶片中的固态硅（或氧化硅）变成气态从基片表面移除形成所需图案。刻蚀过程可以被描述成：①输入的中性气体被激发和电离形成等离子体；②反应粒子到达晶片表面并被吸附；③晶片表面化学吸附并反应，形成化学键，并形成反应产物；④吸附化学反应产物，并从晶片表面移除，被真空系统抽离腔室。典型的化学反应如下：

$$
\begin{aligned}
&C_4F_8 + e^- \longrightarrow CF_x^+ + CF_x^* + F^* + e^- \\
&nCF_x^* \longrightarrow nCF_{2(\mathrm{ads})}\ (\text{on surface}) \\
&SF_6 + e^- \longrightarrow S_xF_y^+ + S_xF_y^* + F^* + e^- \\
&nCF_2 + F^* \longrightarrow CF_x \\
&\mathrm{Si} + F^* \rightarrow \mathrm{Si}-nF \xrightarrow{\text{ion}} \mathrm{SiF}_{x(\mathrm{ads})} \rightarrow \mathrm{SiF}_{4(\mathrm{gas})}
\end{aligned}
\tag{8.2.1}
$$

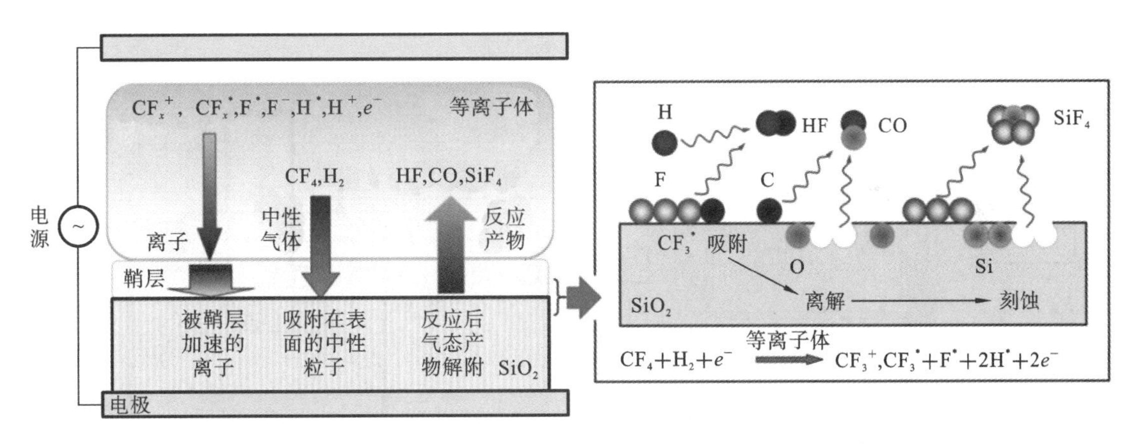

图 8.10 等离子体刻蚀原理示意图（右图为基底表面发生的过程）

从图 8.10 可以看出，在等离子体和晶片之间还有过渡区域称为等离子体鞘层（见 1.8 节等离子体鞘层），这里的电压降比较大，所以离子在这里会被加速到很高的速度，通常存在一定的晶片溅射，这个过程是物理溅射。当然由于离子密度较低，对于存在大量的刻蚀来说，物理刻蚀效应很弱可以被忽略。而且，根据不同的工艺需求，通过外部条件的调节，可以改善鞘层对晶片的刻蚀。

理想的刻蚀用等离子体发生器需要具备以下特性：① 刻蚀速率：高蚀刻率通常需要较高的等离子体密度，实验表明，蚀刻速率与离子能量通量成正比（离子通量乘以离子的平均能量）；② 均匀性：要使晶片表面被均匀处理，需要密度、温度和电势均匀的等离子体；③ 各向异性：为了蚀刻笔直的沟槽壁，离子必须在正常入射时撞击晶片，这称为各向异性；④ 选择性：针对不同材料，刻蚀系统具有不同的刻蚀速率，一般多晶硅的蚀刻速率要比二氧化硅的还快，因此要蚀刻二氧化硅，需要优先增设一些过程，同时在蚀刻过程中总是会有烃类聚合物的沉积，这抑制了进一步的蚀刻，关键的问题是光刻胶/多晶硅的选择性，由于过程的复杂性，对于等离子体源控制选择性还不十分清楚；⑤ 面积范围：半导体工业从 4 英寸直径的硅晶圆到现在的 12 英寸的晶片，所以等离子体源必须可以均匀地覆盖 12 英寸的晶片；⑥ 低损伤性：在等离子体加工过程中，薄氧化层易损坏是行业面临的一个严重问题，另外非均匀护套液滴和晶片附近的磁场已被证明会增加损伤，但这些问题已被目前的等离子体设备所缓解；⑦ 适应性：由于每个工艺都需要不同的气体混合物、压力、功率水平等，因此等离子体源应该能够在各种条件下运行。

为了产生具有以上特征的等离子体，电源一般采用射频(RF)或微波频率。射频电源通常使用的是工业分配的频率，即 13.56 MHz。射频放电是在薄膜合成工艺和集成电路制备工艺中最常采用的一种放电类型。这种放电可以产生大体积的稳态等离子体。射频放电根据耦合形式分为电容耦合和电感耦合；根据电极的位置又可以分无电极式和有电极式。无电极式又称外电极式，如图 8.11(a)所示，对外电极式放电来说，电容耦合是将环形电极(见 1.4 节等离子体产生)以适当间隔配置在放电管上，或者把电极分别安放在圆筒形放电管的左右两侧。加在电极上的高频电场能透过玻璃管壁使管内的气体放电形成等离子体。与此不同的是，感应耦合则用绕在放电管上的线圈代替电极，借高频磁场在放电管内产生的感应电场来发生等离子体。显然，这些外电极式反应器都无需将金属电极直接安放在放电空间，也就防止了因溅射现象而造成污染，因而可以得到均匀而纯净的等离子体。

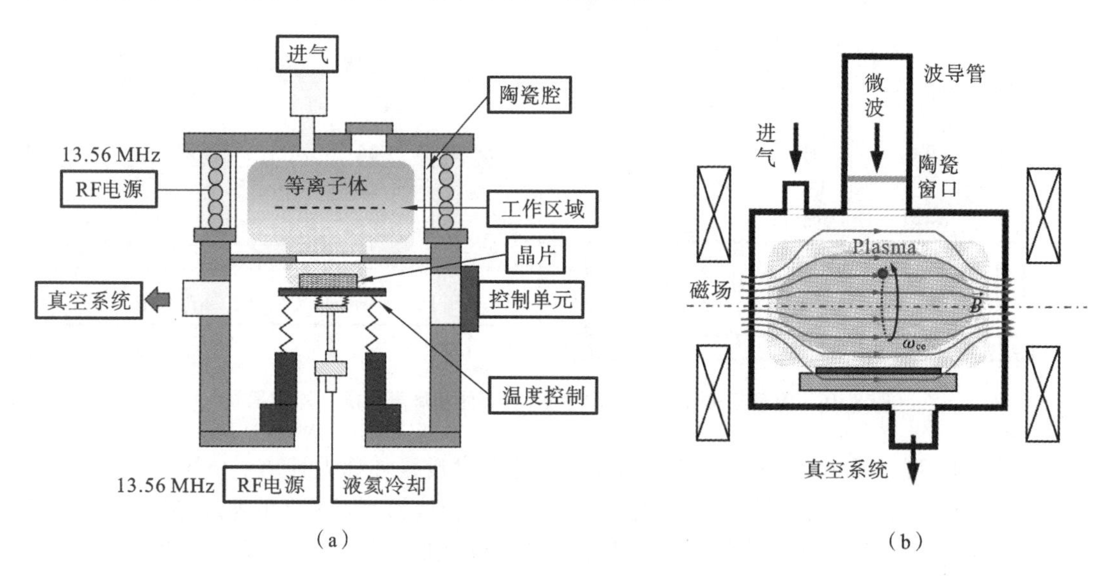

图 8.11 刻蚀等离子体源

(a) RF 等离子体设备；(b) ECR 等离子体设备。

微波是指频率为 300 MHz～3000 GHz 的电磁波，为超高频电磁波。通常产生等离子体的高压电源的驱动频率为 2.45 GHz。微波放电是将微波能量转换为气体分子的内能，使之激发、电离以产生等离子体的一种放电方式。微波放电虽然与射频放电有许多相似之处，但能量的传输方式却不相同。在微波放电中，通常采用波导管或天线将由微波电源产生的微波耦合到放电管内，放电气体中存在的少量初始电子被微波电场加速后，与气体分子发生非弹性碰撞并使之电离。若微波的输出的功率适当，便可以使气体击穿，实现持续放电(见图 8.11(b))，这样产生的等离子体称为微波等离子体。由于这种放电无需在放电管中设置电极，且输出的微波功率可以局域地集中，因此能获得较高密度的等离子体。为了进一步提高等离子体密度和电子能量，可以利用磁镜场对电荷的约束作用，只需在放电区附近加上一对磁线圈即可(见 1.4.3 节：微波放电)，这样形成电子回旋共振(也称为电子回旋共振放电-ECR)。电子的回旋运动增加碰撞概率电离率高，电子密度大，没有污染。为了进一步提高刻蚀过程中等离子体密度，目前，螺旋波等离子体也已经被开发作为刻蚀用等离子体源(见 5.6 节)。

2. 离子注入工艺简介

在芯片工艺流程中，光刻的下一道工序就是刻蚀或离子注入。离子注入是半导体掺杂及改性常用的一种工艺手段。离子注入首先是把需要掺杂的元素电离成离子，然后在电场和磁场作用下，离子被引导、聚焦、加速并进入晶片，从而改变晶片的结构和电学性质。离子通常是在等离子体中产生，再经过电磁场引导处等离子体区(见图 8.12)。离子注入过程中典型的离子能量在 10～500 keV 的范围内，离子入射深度范围为几十纳米到微米，离子注入的杂质浓度分布一般呈现为高斯分布，并且浓度最高处不是在表面，而是在表面以内的一定深度处。离子注入过程采用的是低温工艺(防止原来杂质的再扩散等)。离子注入的优点是能精确控制杂质的剂量、深度分布和均匀性。在做离子注入时，有光刻胶保护的地方，离子束无法穿透光刻胶；在没有光刻胶的地方离子束才能被注入衬底中实现掺杂。

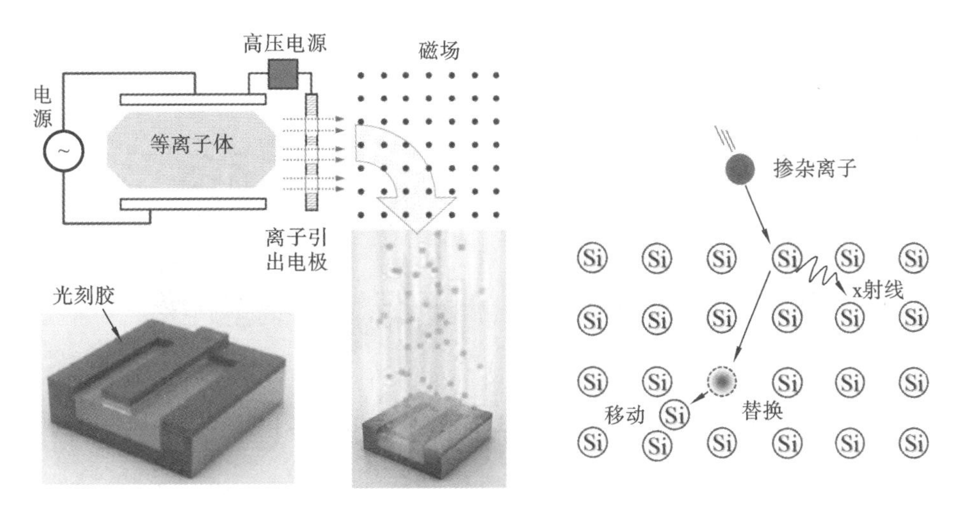

图 8.12　离子注入工艺及离子路径示意图

但是这种离子注入技术所涉及的设备非常复杂，图 8.13 显示了一种常用的射束扫描式离子注入设备内部原理图，其本质是用高能定向离子束将需要掺杂的杂质离子射入晶圆内部，因为采用射束型设计，因此掺杂的定向性强(各向异性)。在平面型晶体管中，定向性强的特性并不会带来问题。

近年来随着半导体集成电路技术的迅猛发展，芯片在移动电子设备等领域的应用越来越广泛，降低能耗和提高处理速度成为芯片的核心问题。另外，随着摩尔定律的极限逐渐被逼近，必须寻找新的技术和结构来满足人们对低能耗，具有快速处理能力的小型化电子器件的需

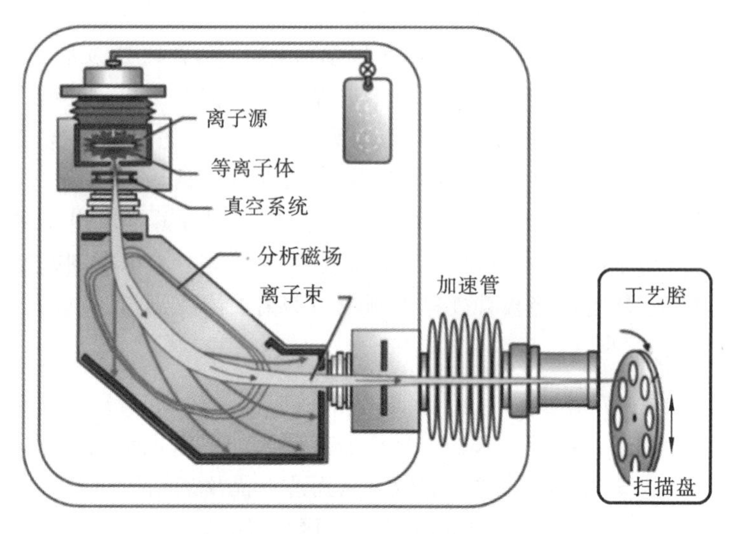

图 8.13　离子注入设备内部原理图

求。由此催生出一系列半导体制造技术领域的重大革新，其中，既包括器件结构的变革如平面器件向三维器件 FinFet 等立体结构的转换(见图 8.14)，也包括各工艺模块甚至单项工艺技术的革新。在垂直型的三栅设计中，传统的射束扫描式离子注入技术会遇到离子注入阴影区等问题，导致无法同时完成三栅晶体管中鳍上表面和侧墙的杂质掺杂工作，控制掺杂均一度相对困难。

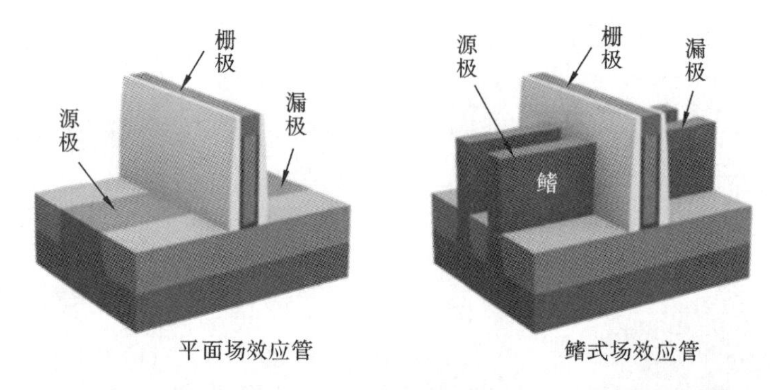

图 8.14　平面晶体管与鳍式场效应晶体管结构的比较(来源于网络)

针对三栅晶体管杂质掺杂工作，近年来发展了一种新型的离子掺杂手段，即等离子体掺杂，或者称等离子体浸没式掺杂。其基本工作原理如图 8.15 所示，被掺杂晶片被置于真空室下区，上区域是气体输入和电离区。当腔体内通入包含掺杂元素的气体(如 BF_3 等)后，气体在极板间电场的作用下发生电离，形成等离子体。随后在晶片上施加负脉冲电压，使得等离子体中的正电荷穿过鞘层入射到晶片当中。通过控制栅极及晶片间脉冲电压控制离子的入射能量；通过控制脉冲宽度降低离子能量对衬底的损伤；通过控制注入时间可以避免工艺过程中等离子体对衬底表面的刻蚀效应。

3. 薄膜沉积工艺介绍

一块完整的芯片是由多种材料组成，有半导体材料、介电材料、绝缘材料和金属材料等。

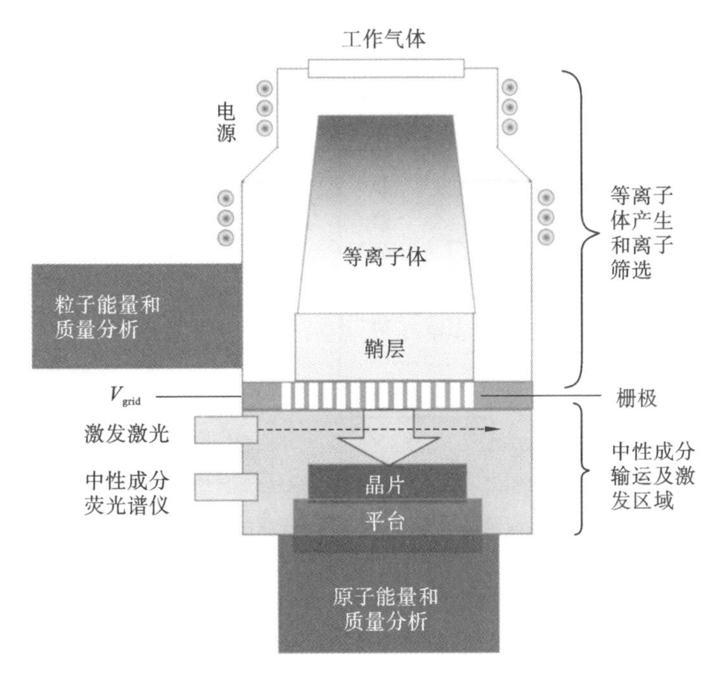

图 8.15　浸润式等离子体掺杂原理示意图(来源于网络)

为了完成一块完美的芯片,通常需要把介电材料不断地一层层地沉积在改性的半导体基底上形成薄膜,后续通过刻蚀去除掉或研磨多余的部分,通过绝缘薄膜材料将器件分离开,通过金属薄膜按照特定的方式把器件连接起来。每个晶体管或存储单元就是通过上述过程一步步构建起来的。可用于沉积薄膜的技术包括增强化学气相沉积(PECVD)、原子层沉积(ALD)和物理气相沉积(PVD)。我们下面只介绍涉及等离子体的两种沉积技术:增强化学气相沉积和磁控溅射。

化学气相沉积就是利用含有薄膜元素的一种或几种气相化合物或单质、在衬底表面上进行化学反应生成薄膜的方法。化学气相淀积法已经广泛用于提纯物质、研制新晶体以及淀积各种单晶、多晶或玻璃态无机薄膜材料。但化学气相沉积有明显的缺点,制备的材料在基底上的附着力不强,所制备的材料结构不致密,以及不能制备难熔和高强度的材料,如果想克服以上缺点就需要在化学气相沉积过程中施加非常高的温度,这样使所制备的材料范围受限。而等离子体增强化学气相沉积则是借助等离子体来增强化学反应过程。由于等离子体中含有大量的带电粒子,其能量很容易通过外界电压提高,再通过粒子之间的碰撞可增强反应物质的化学活性,所以这种方法大大降低反应温度,因此非常适合对温度敏感的结构或器件。

图 8.16 显示的就是一个典型的等离子体增强化学气相沉积设备的示意图。在一个反应室内将基体材料置于电极上,通入反应气体至真空室,同时在基底上施加一定温度(通常几百度),以射频方式产生辉光放电。由于电子能量很高,通过碰撞使反应气体激发或者电离,增强反应气体的活性,同时基体表面受到碰撞而提高了表面活性。在基底表面上不仅存在着通常的热化学反应,还存在着复杂的等离子体化学反应等。沉积膜就是在这两种化学反应的共同作用下形成的。等离子体增强化学气相沉积的主要优点是沉积温度低,对基体的结构及性质影响小;膜的厚度及成分均匀性好;膜层的附着力强,可制备各种金属膜、无机膜和有机膜等。

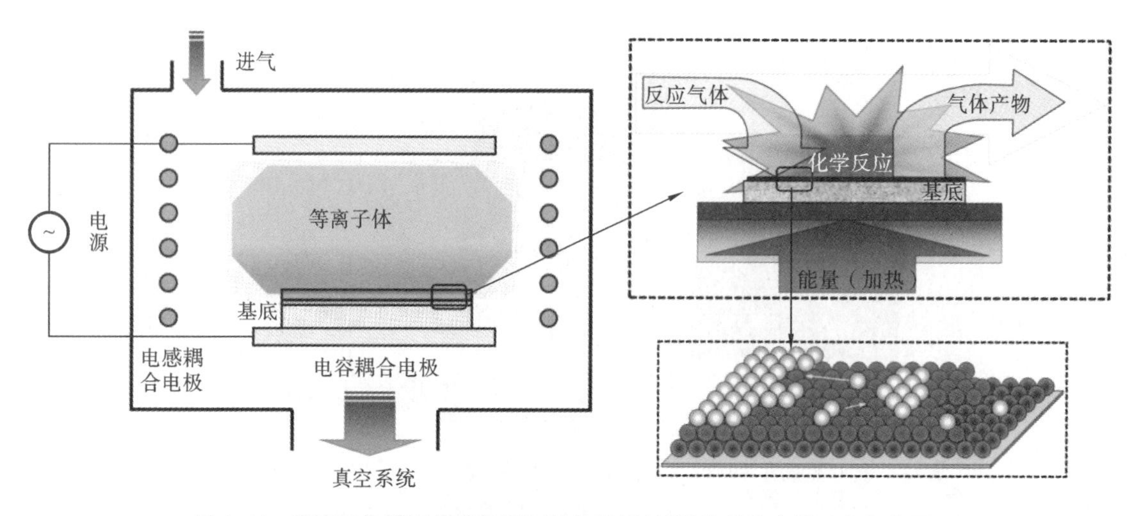

图 8.16　等离子体增强化学气相沉积示意图(插图为薄膜生长过程示意图)

采用 PECVD 技术制备薄膜材料时，薄膜的形成主要包含以下三个基本过程：① 在非平衡等离子体中，电子与反应气体发生碰撞，使反应气体发生电离、分解和激发，形成离子和活性基团的混合物；② 各种活性基团向基底（薄膜生长表面）和管壁扩散输运，同时发生各反应物之间的次级反应；③到达生长表面的各种初级反应和次级反应产物被吸附并与表面发生反应（见图 8.16 插图）。以芯片中氮化硅材料制备为例介绍 PCVD 制备材料的过程。反应气体为硅烷（SiH_4）、氨气（NH_3）和氮气（N_2），等离子体中的电子参与反应，由于电子能量比较高（约 10 eV），可以电离和激发反应气体，因此可以在比较低的温度下实现化学反应。硅烷和氨气反应过程为

$$\begin{cases} e^- + NH_3 \leftrightarrow NH_3^* \\ e^- + NH_3 \leftrightarrow NH_2 + H \\ e^- + NH_3 \leftrightarrow NH + H_2 \\ e^- + SiH_4 \leftrightarrow SiH_4^* \\ H^+ + SiH_4 \leftrightarrow SiH_3 + H_2 \\ e^- + 4NH_3 + SiH_4 \leftrightarrow Si(NH_2)_4^* + 8H_2 \\ e^- + 3NH_2 + SiH_2 \leftrightarrow Si(NH_2)_3^* + H_2 \\ e^- + 4H + 2NH + 2Si(NH_2)_3^* \leftrightarrow Si_2(NH_2)_3 + 5NH_3 \\ e^- + 2Si(NH_2)_4^* \leftrightarrow Si_2(NH_2)_4NH + NH_3 + 2NH_2 \\ \vdots \end{cases} \tag{8.2.2}$$

最后两个反应是生成氮化硅的关键。氨气和硅烷在等离子体中反应生成 $Si(NH_2)_4$，然后 $Si(NH_2)_4$ 释放一个氨基（NH_2）而沉积在基片上，最后在基片邻近的 $Si(NH_2)_3$ 分子释放氨气分子而彼此凝聚形成氮化硅薄膜。

磁控溅射是一种物理气相沉积技术（见图 8.17），其原理是通过等离子体中高能离子的轰击让靶材的原子溅射出来并沉积在晶圆表面形成薄膜。磁控溅射工作气体一般为氩气（如果是反应磁控溅射，还需要其他气体），真空室内有两个电极：基片为阳极，溅射靶为阴极，电子在电场的作用下加速，并飞向基片，在此过程中它与氩原子发生碰撞，使其电离产生氩离子和新

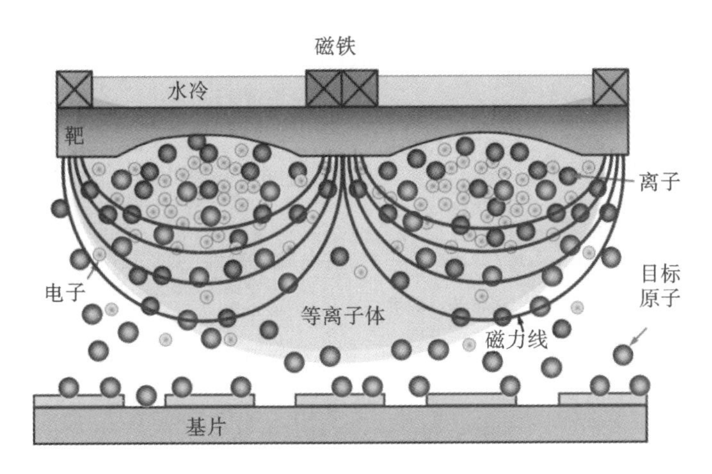

图 8.17 磁控溅射原理示意图

的电子;电子飞向基片,而氩离子在电场作用下加速飞向阴极靶,并以高能量轰击靶表面,使靶材发生溅射并沉积在基片上形成薄膜。由于磁镜场的约束作用,电子在靶表面的等离子体区域内具有很长的路径,并且在该区域中电离出大量的氩离子来轰击靶材,从而实现高的溅射产额和沉积速率。随着碰撞次数的增加,电子的能量消耗殆尽,逐渐远离靶表面,并在电场的作用下最终沉积在基片上。由于多次碰撞后的电子的能量很低,传递给基片的能量很小,致使基片温升较低。在芯片制备过程中,磁控溅射用于铜连线的制备。

8.3 等离子体在民生新技术中的应用

等离子体是当前高新和尖端科技不可或缺的关键技术，上一节已经介绍了利用等离子体中自由电荷和活性粒子赋予的独特的物理和化学特性，可大规模应用于芯片的沉积、刻蚀、封装、金属连线制备等工艺制程。此外,由于等离子体独有的特点(电磁波辐射和吸收、粒子能量和方向易于控制等),使其在等离子体显示、医疗器具的清洗、新型光源、材料表面改性、新材料制备、生物灭菌消毒、等离子体隐身、臭氧生成、废弃物处理等领域也具有极其重要的应用。其等离子体的低温加工特性使其成为柔性可穿戴智能材料和器件最合适的加工技术之一。下面简单介绍一下等离子体在一些民生新技术领域的应用。

1. 等离子体平面显示

自 19 世纪末发明阴极射线显像管(CRT)技术到 20 世纪末年的 100 年间,CRT 技术始终处在显示产业的霸主地位。但 CRT 显示技术存在体积大、重量重、边缘失真严重以及难以实现大屏幕显示等缺点。直至 21 世纪初,全彩色的平面显示,如液晶显示(LCD)、等离子体显示(plasma display panel,PDP)、发光二极管显示(LED)和有机发光二极管(OLED)等逐步发展起来,CRT 技术才真正开始走向衰退。

等离子显示的核心元件就是等离子体放电单元(plasma discharge cell,PDC)(见图 8.18(a))。显示器屏幕上每一个像素对应一个 PDC,其结构如图 8.18(b)所示。显示单元以上下两块玻璃作为基板,基板间隔一定距离(微米量级),邻近玻璃板的是透明的介电层和保护层

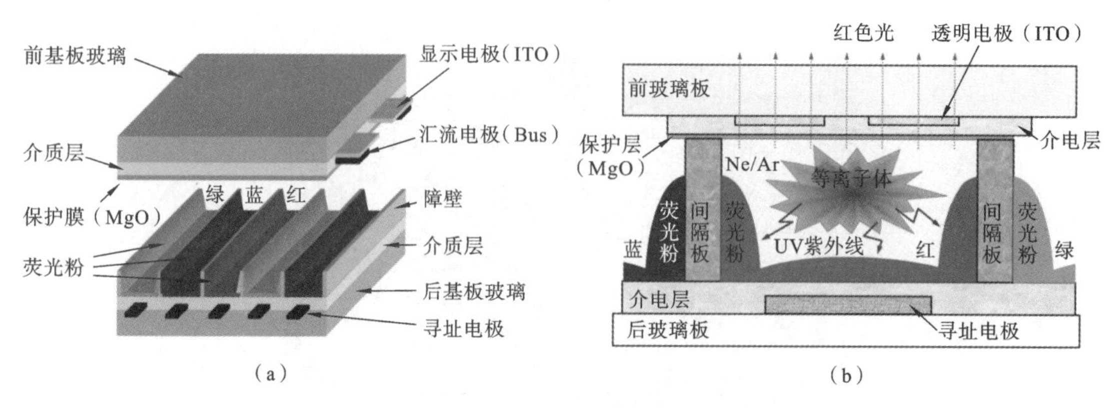

图 8.18　等离子体平面显示

(a) 显示单元结构示意图;(b) 发光单元工作原理图。

(MgO),四周经气密性封接形成一个独立的放电空间。放电空间内充入惰性混合气体(氩、氦、氖、氙)作为工作物质。在两块玻璃基板的内侧面上涂有金属氧化物(氧化铟锡-ITO)导电薄膜作激励电极。当电极上加电压,自由的电子被加速并与原子相撞,在 PDC 中产生放电等离子体。等离子体中电子与惰性气体原子碰撞会激发气体原子发光(如紫外线等),紫外线照射并激发荧光发射可见光,这样我们可以看到发光单元(像素)。当使用涂有三基色荧光粉的荧光屏时(见图 8.18(a)),紫外线照射荧光屏,荧光屏发出的光则呈红、绿、蓝三原色,当每一原色单元实现 256 级灰度后再进行混色,就可以实现彩色显示。值得说明一下的是 PDP 工作原理本身利用气体放电产生等离子体,同时 PDP 的制造过程也需要等离子体加工工艺。

由于 PDP 放电单元可以做得很小,这样就可以使 PDP 变得很薄,可以挂在墙上,故又称壁挂式显示器。另外,由于 PDP 屏中发光的等离子体单元在平面中均匀分布,这样显示图像的中心和边缘完全一致,不会出现扭曲现象,实现了真正意义上的纯平面。由于其显示过程中没有电子束运动,不需借助电磁场进行偏转,因此外界的电磁场也不会对其产生干扰,适于不同环境条件下使用。

2. 等离子体表面改性

等离子体中存在大量能量和运动易于控制的电子和离子;存在大量的被激发的分子和原子;还存在频谱较宽的光子,所以当材料被放置于等离子体中时,其表面就会与这些粒子发生相互作用,发生诸如刻蚀、接枝、活化、聚合和清洁等现象,以此改善材料的表面特性,如表面粗糙度、清洁度、亲水性和表面化学活性等。此外,在相互作用过程中,高能粒子可能进入材料内部(近表面),从而改变材料表面的微结构或者化学成分等,发生诸如氮化、氧化、碳化、掺杂和刻蚀等现象,可极大改善材料表面的物理和化学性能。等离子体表面改性技术属于干式工艺,没有传统化学改性中的高温烘干和废水处理等过程,所以工艺简单、节约能源和无污染等优点。值得一提的是,等离子体表面改性仅仅涉及材料的浅表面,深度大约在纳米量级,所以一般不会影响材料本身的物理化学性能。

在纺织材料领域,等离子体表面改性技术可提升纤维和纺织品的润湿性、耐摩擦性和染色性能等,还可使纤维及纺织品具有抗菌甚至自清洁等功能,从而提升和拓展纺织品的应用价值及应用范围。在利用等离子体处理纤维制品时,等离子体中的高能粒子会与材料表面发生相互作用，纤维表面的化学键(如 C—C、C ═O、C—H 等)被打断，或者形成许多自由基，这将有利于接枝其他官能团或单体。假如等离子体中有活性分子(如激发态的氧气分子等)，激发态的氧会与材料表面断裂的化学键结合，形成大量含氧基团，如 C—O、—OH、—COOH 等，这些基团可以有效地改变材料的表面亲水性、黏结性。

在机械加工领域，需要刀具具有耐磨、高强度和耐高温等特性；在航空领域，发动机需要高强度、低密度和耐磨耐高温材料。利用等离子体技术可以很容易实现以上要求，即等离子体氮化、碳化和氧化等。以等离子体氮化为例，在低压(～Torr)条件下使用氮/氢混合气体进行辉光放电，待处理的金属工件作为阴极并加一负偏压，等离子体中的氮离子就会在鞘层电场和外加偏压的作用下加速到很高的能量(参见 1.8.5 节，等离子体鞘层的作用)，氮离子轰击工件表面并渗入金属表层，这样金属表面就会被氮化。氮化后的金属具有高的耐磨性、疲劳强度及抗腐蚀性能力等。目前能被氮化的金属有 Ti、Al、V、W、Mo、Cr、Mn 和 Te 等(按氮化物的稳定性次序)。

3. 等离子体清洗和杀菌

1) 等离子体清洗

工厂内的机器及零部件表面通常存在大量的油渍和尘埃影响其使用；城市的公共场所金属设施表面常常被污染和氧化影响其美观和寿命；医院每天有大量使用过的医疗器具被污染而需要经常清洗。以往上面这些物品的常规清洗方法是化学清洗，存在耗时、成本高、清洗不彻底和存在环境污染等问题。上面我们讲过等离子体中存在大量的“活性”组分(高能粒子、被激发的原子分子、自由基和光子等)，因此利用等离子体进行清洗可以达到常规清洗方法无法达到的效果。根据工艺特点，等离子体清洗可以采用等离子体环境下的化学反应或者物理反应(溅射或腐蚀)以及物理化学清洗法。

化学反应是利用等离子体中的离子或者活性成分与物品表面污渍(通常是有机物)反应，使其汽化或者生成其他成分而自行脱落。例如：利用氧等离子体与有机物反应可生成气态碳氧化物和水，达到清洗效果。再例如：利用氢等离子体与金属表面氧化物发生还原反应，使被氧化的金属还原，也可达到清洗效果；物理反应清洗也可称为溅射腐蚀清洗，是利用等离子体中的高能粒子轰击物品表面，把表面污渍去除(见图 8.19)；而物理化学清洗法则是以上两种方法的结合，清洗过程既有化学反应，又有物理轰击。等离子体清洗技术具有处理过程快捷、效果稳定、可以实现批量处理、使用范围广和绿色无污染等。目前等离子清洗应用领域包括机械加工、城市、运输、医疗、新能源以及芯片制造等。

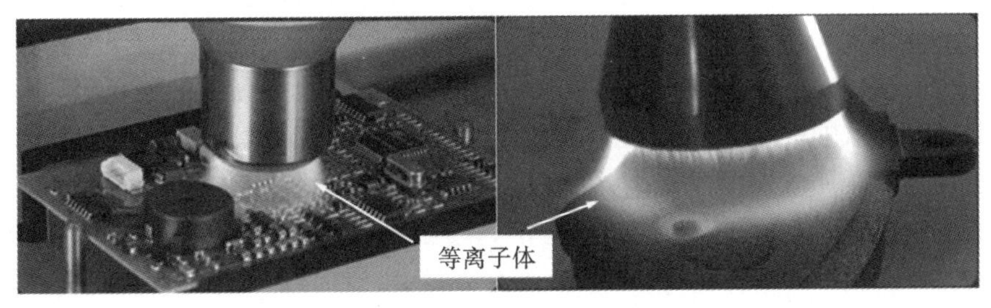

(a)　　　　　　(b)

图 8.19　等离子体清洗电路板和工件(来源于网络)

2) 等离子体杀菌

等离子体消毒灭菌是继传统灭菌技术之后出现一种新兴低温灭菌技术，它避免了传统消毒灭菌技术所带来的高温、有毒、工作量大、安全和污染等弊端。等离子体灭菌法属于低温、干法和绿色无污染技术，适用于不耐高温和不耐湿的医疗用具的灭菌，如各种各种手术器具、精密仪器和微创手术中大量的腔镜类设备等，等离子体灭菌技术可避免对高温敏感医疗用具的损坏。当然，等离子体还可用于食品和餐具等的消毒灭菌。

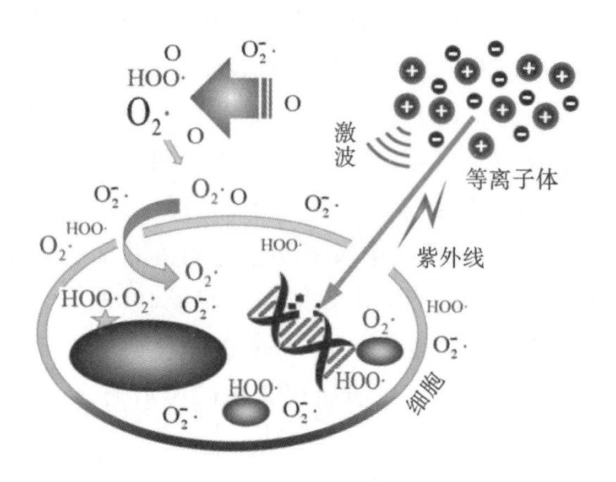

图 8.20　等离子体产生各种高能粒子、活性物质和波与病毒细胞相互作用

等离子体中的高能粒子、高活性分子和自由基以及紫外线辐射等是实现杀毒灭菌的关键。等离子体中的高能粒子(主要是电子和离子，如电子能量可达十数电子伏特)直接轰击能够破坏微生物的蛋白质结构，导致微生物失去活性(见图 8.20)；低温常压等离子体可以产生大量活性粒子，几个典型的产生过程如下

$$\begin{cases} O_2+e\leftrightarrow 2O\cdot+e \\ O_2+O\cdot\leftrightarrow O_3\cdot \\ H_2O+e\leftrightarrow H\cdot+OH\cdot+e \\ 2H_2O+e\leftrightarrow 3H\cdot+HOO\cdot+e \\ N_2+e\leftrightarrow 2N\cdot+e \end{cases} \tag{8.3.1}$$

这些活性粒子包括羟基自由基(OH·)，超氧阴离子自由基(O_2^-·)，过氧自由基(HOO·)，激发态氧(O_2·)和原子氧(O)等，这些活性成分可以在湿润甚至干燥条件下与细菌、霉菌、病毒中蛋白质和核酸物质发生氧化反应而使其变性失去功能，最终可使微生物死亡；等离子体产生的紫外光子被微生物或病毒中蛋白质所吸收，可导致蛋白质分解而失活。此外等离子体工作过程会产生激波和高温也会对有毒微生物产生破坏。

3) 等离子体空气净化

近年来我国遭受了几次大型病毒袭击(如非典病毒等)，造成大量人员伤亡和财产损失。许多病毒一般通过空气传播，所以当病毒爆发过程中，作为传播媒介的空气，其生物安全变得异常重要。公共场所，特别是医院将成为易感染人群和病原菌集中的地方，因空气传播而引发的交互感染可能导致病毒的快速传播和蔓延。所以为切断病毒传播，需要对空气进行净化消毒灭菌。目前常用的净化方式如活性炭吸附、物理过滤、静电吸附、水吸附和负离子沉降等，都无法对病毒进行有效的灭杀。相比而言，等离子体中大量的高能粒子、活性基团以及紫外光辐射都是灭杀细菌病毒的有效手段，所以等离子体技术可广泛应用在空气净化消毒领域上。在空气净化设备中，等离子体的产生方式可采用尖端电晕放电、介质阻挡放电(DBD)或其他放电形式，图 8.21 是利用 DBD 等离子体空气净化消毒器示意图。其工作过程为：被污染的空气首先经过一个过滤网，把尺寸比较大的尘埃阻挡掉；然后，细菌及其他微生物可经过滤网并到达放电区，由于 DBD 可产生大量高能粒子，由于粒子之间的碰撞使等离子体中同时产生大量的活性基团，高能粒子和活性基团可对空气中的细菌和其他微生物进行灭杀；最后失去活性的微生物被静电吸附在后面的收集器上，这样经过等离子体净化器的空气就是干净、安全和无菌的。等离子体空气净化消毒的特点是速度快、范围广以及效果好，如在常温条件下，半小时对空气中细菌灭杀率大于 95 %。目前等离子体空气净化消毒器已广泛用于医院手术室、传染病区、隔离病房、高科技企业的洁净无尘室等洁净度要求高的场所以及人流密集的商场、汽车、火车等公共场所的空气消毒净化。

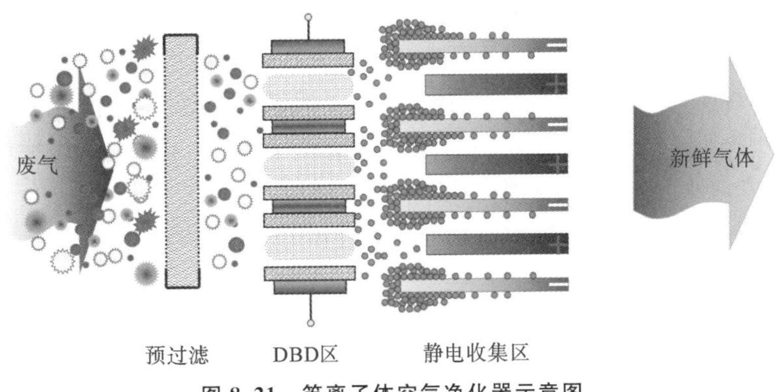

图 8.21　等离子体空气净化器示意图

4) 等离子体废气处理技术

随着现代科技的迅猛发展和人民生活的快速提高，日益恶化的大气污染和温室效应已经严重危害到自然环境与人类的健康。目前，大气污染的主要来源包括火力发电和冶炼过程中燃煤所产生的有害气体、交通运输过程中排放的尾气和化工生产过程所产生的废气等。这些大气污染物主要包含 NO_x、SO_x、CO_2 和 H_2S 等，这些污染气体可以导致酸雨、温室效应和呼吸道疾病等。为了严格控制这些有害气体的排放，目前已经出现了多种处理技术，如催化还原法、选择性非催化还原、吸附和冷凝法、电子束照射法、生物降解法等。这些传统技术在一定程度上取得了不错的效果，但都存在成本高、工艺较为复杂、易产生二次污染等。低温等离子体是被国际上公认的最有前途的新一代脱硫脱硝技术。低温等离子体处理废气的关键在于其中的高能和高活性粒子（如电子、自由基、离解分子原子、激发态分子等），这些粒子与污染气体具有较强的反应活性，从而使有害气体得到处理。

目前，脱硫脱硝过程中的等离子体一般由介质阻挡放电和脉冲电晕产生。低温等离子体降解有害气体的机理过程分两个方面：① 有害气体和其他反应气体（一般有氨气、氮气和水蒸气等）被等离子体激发或离解形成相应的基团和自由基（见式(8.3.1)）；② 自由基与有机废气分子或基团发生一系列的反应，最终将其彻底氧化。典型的脱硫脱氮反应过程如下

$$\begin{cases} 2NH_3 + SO_2 + 2H_2O\cdot \longrightarrow 2(NH_4)_2SO_2 \\ SO_2 + H_2O\cdot + O_2\cdot \longrightarrow H_2SO_4 \\ 2NO + O_2\cdot \longrightarrow 2NO_2 \\ 3NO_2 + H_2O\cdot \longrightarrow 2HNO + NO \end{cases} \tag{8.3.2}$$

而脱硫脱硝过程所生成的硫酸铵、硫酸和硝酸等是重要的化学药品。CO_2 分解反应的反应方程式如下

$$CO_2 + e \longrightarrow CO + O_2 \tag{8.3.3}$$

其主要产物只有 CO 和 O_2，而 CO 是最重要的基本有机化工产品和中间体的合成原料，可以进行许多有机反应，这样通过等离子体处理后，就是把有毒的废气变废为宝。

8.4　等离子体在纳米材料制备中的应用

“纳米和纳米以下的结构是下一阶段科技发展的一个重点，会是一次技术革命，从而将是21世纪的又一次产业革命。”——钱学森

纳米材料是指在三维空间中至少有一维处于纳米尺度范围($10^{-9}\sim10^{-7}$ m)或由它们作为基本单元构成的材料，亦即某个或数个特征长度处于纳米尺度范围或由它们作为基本单元构成的材料。由于物质在纳米尺寸下，会显现有别于宏观尺度下的物理化学特性，如纳米材料具有小尺寸效应、表面效应、量子尺寸效应及宏观量子隧道效应等性质，使其具有特殊的光学、磁学、电学、超导、催化以及力学性质。目前，纳米材料在电子、光学、机械、药物和催化等领域有着广泛的应用。

前面我们已经介绍了等离子体在集成电路制造中的应用，主要用于芯片中硅的氧化物和氮化物以及其他介电材料和金属材料的低温生长。之所以如此，主要是因为等离子体中的高能电子(能量～10 eV)为化学反应提供了所需的能量，使化学反应可以在较低的温度(300～500 K)下完成。正是由于等离子体的这一优势，使它不仅能用于芯片制备过程中，还广泛应用于多种新兴研究领域的材料制备过程中，如新兴半导体材料、特种发光材料、储能材料、吸波材料和智能生物材料等。下面我们简单介绍一下等离子体在制备的纳米材料过程中的应用，由于利用等离子体所制备的纳米材料种类很多，受篇幅的限制，我们仅仅介绍几种用等离子体制备的特殊纳米材料。

碳基纳米材料(如碳60、碳纳米管、石墨烯、碳纳米纤维及其复合材料)，由于其具有比较特殊的物理性能(电学、光学、磁学和力学性能等)，在纳米材料中处于比较特殊的地位。特别是碳纳米管和石墨烯，尤其是具有垂直结构的碳纳米管和石墨烯，有可能是下一代碳基芯片的基石。

垂直生长的碳纳米管通常需要两个条件：金属催化剂颗粒的形成和含碳反应气体，金属催化剂一般用镍、铁和钴，而含碳气体一般为C_2H_2/NH_3、CH_4/H_2、CH_4/N_2以及许多其他含碳气体等。图8.22(a)是一种用于制备垂直碳纳米管的等离子体设备示意图，该等离子体设备包括真空系统、进气系统、射频电源(RF)系统、基底温度控制系统、挡板和溅射用金属靶等。制备过程简单描述如下：首先把清洗好的基片(玻璃片或硅片等)固定于基底台上，然后反应室抽真空同时对基地台加热，当真空度达到要求(通常～10^{-5} Torr)后开始充氩气(用于溅射)，当反应室内达到工作气压(～5Torr)，且基底温度达到生长温度(通常为500～700 ℃)时，旋转挡板于基底上方(阻挡初始溅射时产生的溅射物)，并打开射频电源开始放电，放电持续几分钟后，打开挡板并在基底上制备金属颗粒膜(金属颗粒的大小会极大影响纳米管的直径)，溅射几分钟后旋转挡板再次阻挡溅射物的沉积，关闭氩气和放电电源，当真空再次达到要求(通常约10^{-5} Torr)后开始以一定比例输入工作气体(如C_2H_2：NH_3～3：5)，当反应室内达到工作气压(约10 Torr)，打开射频电源开始放电，在等离子体环境中，在高能电子作用下，工作气体开始分解、激发或电离，随后产生碳单体并开始生长碳纳米管，图8.22(b)显示的是所制备的垂直生长的碳纳米管扫描电镜照片。

垂直碳纳米管的生长机理通常为气相-液相-固相(vapor liquid solid，VLS)生长法，图8.23显示了VLS生长过程示意图。首先，利用磁控溅射(见图8.22)在基底上制备金属催化剂颗

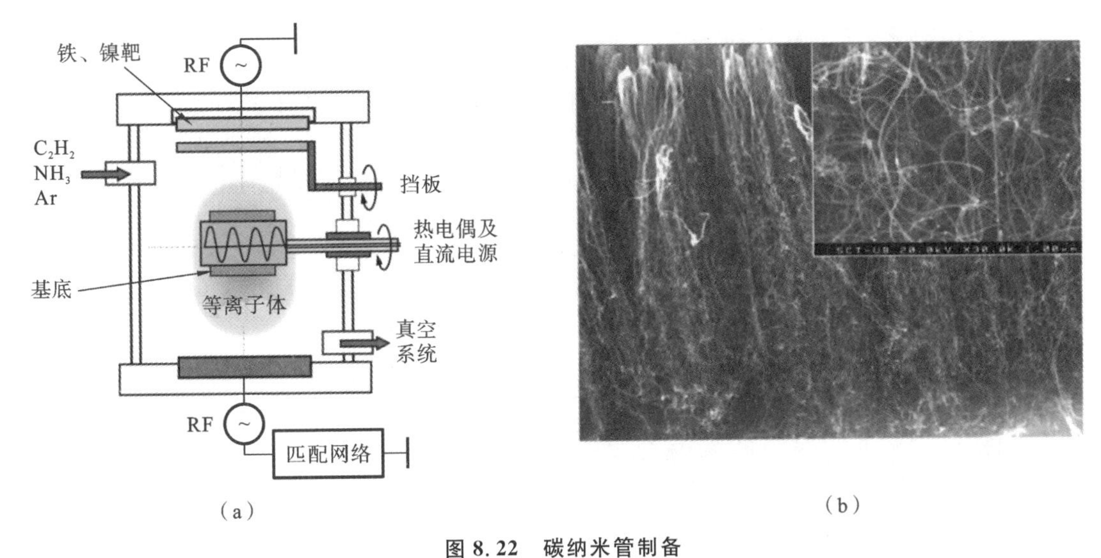

(a)　(b)

图 8.22　碳纳米管制备

(a) 用于制备碳纳米管的等离子体设备;(b) 垂直生长的碳纳米管[24]。

粒(见图 8.23(a),图中显示的是镍颗粒),基底表上所生长的镍颗粒大小不一,镍颗粒大小将决定碳纳米管直径;然后,在等离子体环境中,碳源气体(如 CH_4/H_2)分解、激发和电离,这些气体运动到镍颗粒表面,在镍颗粒的催化下,进一步分解形成碳单体,碳单体扩散至镍颗粒边缘凝聚成碳管(见图 8.23(b));上面的过程继续下去,碳纳米管生长(见图 8.23(c));最后形成碳纳米管(见图 8.23(d)),碳纳米管的直径基本上是由镍颗粒的大小决定。

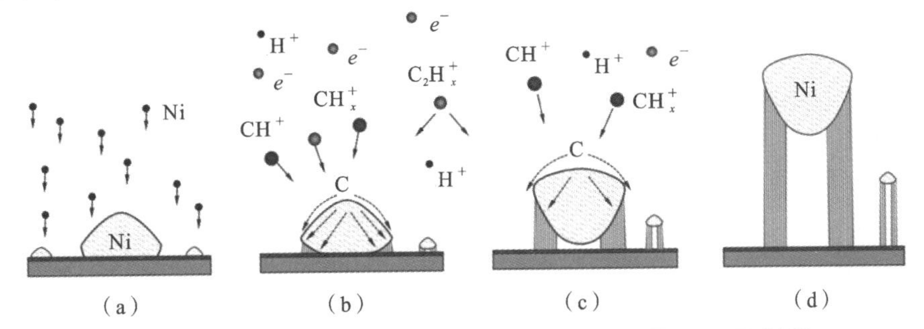

(a)　(b)　(c)　(d)

图 8.23　VLS 生长法示意图,其中图(b)、(c)、(d)是 PECVD 过程

(a) 磁控溅射制备镍颗粒;(b) 碳源气体分解、激发或电离,在镍颗粒表面被催化裂解形成碳单体;(c) 碳纳米管继续生长;(d) 形成碳纳米管。

碳纳米管只是等离子体在新型材料领域应用的冰山一角,等离子体技术还可以制备种类繁多的纳米材料,包括金属氧化物纳米材料(如 SiO_2、CuO、RuO_2 等)、金属基纳米材料(如 Cu_2S 等)、有机纳米材料(如碳 60、多孔碳、碳纳米纤维、还原氧化石墨烯等)以及纳米复合材料(如 Ag/TiO_2,Pt/rGO,Pd/FeO_x,Pd/Al_2O_3 和 Ni/CeO_2 等)。特别是一些具有特殊结构的纳米材料,由于其具有比较优越的应用前景而逐渐受到人们的关注。图 8.24 显示的是利用等离子体技术(PECVD)制备的各种具有特殊结构的纳米材料,包括垂直多壁碳纳米管(见图8.24(a))、垂直石墨烯片(见图 8.24(b))[26]、TiO_2 纳米柱阵列[27](见图 8.24(c))、纳米氧化锌[28](见图 8.24(d))、Co_3O_4 纳米柱阵列[29](见图 8.24(e))和 α-Fe_2O_3 纳米柱[30](见图 8.24(f))等。

除了以上这些应用之外,等离子体还广泛应用在军事(隐身、天线)、医疗(等离子体刀、创

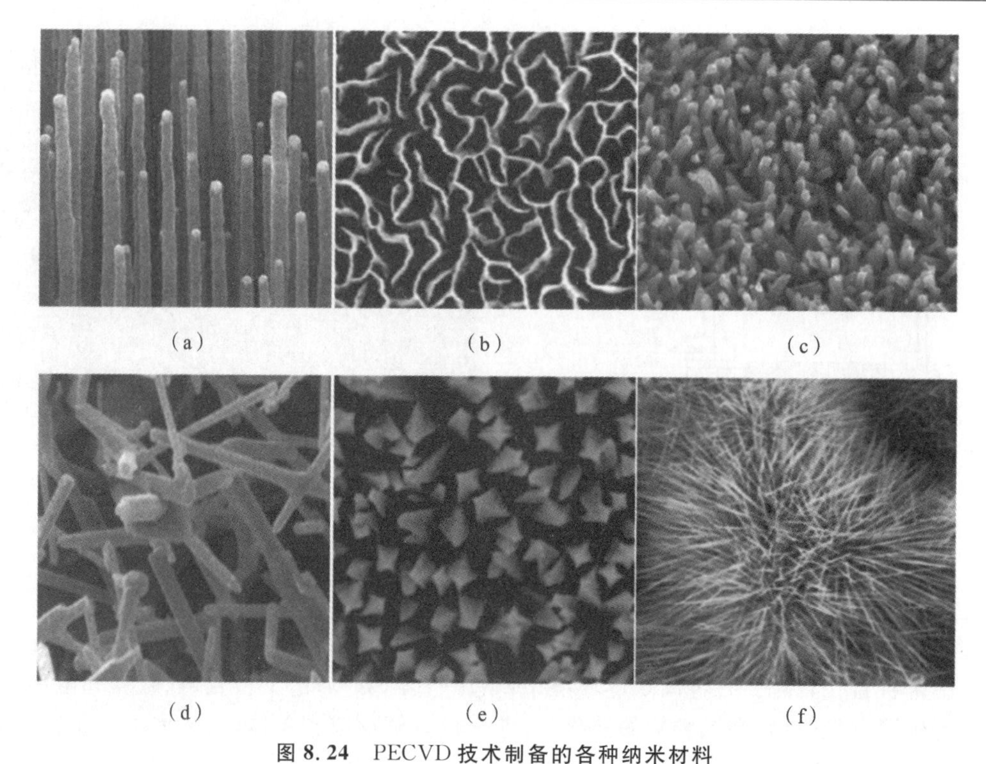

图 8.24　PECVD 技术制备的各种纳米材料

(a) 垂直生长的多壁碳纳米管[25]；(b) 垂直生长的石墨烯片[26]；(c) 垂直生长的 TiO_2 纳米柱[27]；(d) 纳米氧化锌[28]；(e) 垂直生长的 Co_3O_4 纳米柱[29]；(f) 垂直生长的 α-Fe_2O_3 纳米柱。

伤的处理、医用生物材料的处理、牙齿处理及肿瘤的治疗)、航天(高强度轻质材料制备、等离子体改性)、光源(照明、激光、装饰)和工业制造(弧焊、切割、热喷涂、熔炼)等领域。目前等离子体技术已经渗透到国民经济的各个领域。在未来科技发展过程中,等离子体技术将发挥举足轻重的作用,基于等离子体的新技术将会彻底改变我们生活,推动社会发展。

思考题

1. 低温等离子体具有非常广泛的应用领域,其主要原因是什么?
2. 列举几个你所了解的放电等离子体。
3. 低温常压等离子体是如何产生的?
4. 在磁流体发电过程中会产生两种可以利用的电流(法拉第和霍尔电流),它们是如何产生的?
5. 查阅霍尔推进器的相关文献资料,思考霍尔推动器的推力是如何产生的?
6. 在新型的电磁推进设备中存在两种技术:螺旋波激励天线和磁镜场,两者有什么作用呢?(可查阅文献资料)
7. 等离子体刻蚀过程中,等离子体与器件之间有一层特殊的区域,该区域在刻蚀过程中其很关键作用,这个区域称为什么? 为什么特殊?
8. 等离子体清洗和杀毒主要利用了等离子体的哪些特点?
9. 等离子体能在比较低的温度下实现几乎所有的气相化学反应,其主要原因是什么?

第9章 高温等离子体应用

9.1 引 言

等离子体是指气体分子的部分或全部电子脱离原子形成的电离态气体。特别地，当气体电离率增大时，等离子体的集体效应变得越来越强，产生一系列动态现象。当气体中的离子温度接近或大于原子结合能时，称为高温等离子体。高温等离子体物理作为物理学研究的一个分支，是研究高温下气体分子的电离、辐射、输运等流体力学现象的学科，它涉及物理、化学、工程学等多个学科的交叉，是一个比较复杂的跨学科领域。目前，高温等离子体已经被广泛应用于能源、环境、半导体、医疗、电力系统等诸多领域。本章主要介绍高温聚变等离子体，主要包括磁约束聚变等离子体、惯性约束聚变等离子体和磁惯聚变等离子体等。

能源是推动科学技术和经济高速发展的根本动力，是人类文明进步的保障，也是人类这一物种能够生存和延续的基础。近年来由于全球能源进口成本飙升以及气候危机的频繁爆发，各国争相寻找清洁无污染的新能源。人类期待的清洁能源通常满足无废气、无扬尘、无温室气体和原料储备丰富等特点。然而遗憾的是目前乃至将来很长一段时间内所使用的主要能源还是化石能源(煤、石油、天然气等)。当然，人们也在大力发展一些可再生能源，如太阳能、风能、地热、水力以及生物质能等已经得到了较为广泛的应用，但这些可再生能源仅仅能满足人类能源使用总量的12%左右。据估算，按目前的开采速度，可开采的化石能源很快将会枯竭。

苏联科学家维塔利·金茨堡(V. L. Ginzburg)因其在超导体和超流体领域中做出的开创性贡献而获得2003年诺贝尔物理学奖。金茨堡在他的获奖演说中列出了21世纪物理学的数十个重要领域，列在首位的是受控核聚变，而非让他走上领奖台的研究领域。他在对此作解释时，提到了1978年诺贝尔物理学奖获得者谢尔盖·卡皮查(P. L. Kapiza，因发现超流现象)的获奖演说的题目：等离子体和受控热核反应。可见卓越的科学家很早就意识到可控聚变将是解决人类能源问题的最佳途径。

聚变能研究已被国家列为战略性前瞻性重大科技问题，被美国工程院评为21世纪十四大科技挑战之一。加快聚变能源的研究和发展，推进聚变能实现商用，是以科技创新来引领开拓创新发展，解决能源、环境问题的新途径，是实现碳达峰、碳中和目标的重要手段。聚变能作为人类未来最理想的能源之一，有望从根本上解决人类的能源问题，彻底改变人类生活方式。近年来，聚变研究取得了长足的进步，人类似乎已经看到受控聚变成功的曙光，但距离大规模使用还需要相当长的时间。

9.2　核聚变原理

1905 年,爱因斯坦提出了著名的质能方程:

$$\Delta E=\Delta mc^2 \tag{9.2.1}$$

基于此爱因斯坦预测质量可以转化为能量,原子核结合前后的质量差值 Δm 称为“质量亏损”,原子核结合时释放的能量 ΔE 称为“结合能”,c 为光速。这一方程表明原子核总质量发生亏损时,减少的这份质量将转化为能量。按式(9.2.1)计算,任何 1 g 质量的物体都有相当于 2.5×10^7 kW · h 的电能。理论上来说能源是用之不竭取之不尽的,可惜,现在科学还无法将物质的全部质量变成能量来利用。

根据爱因斯坦的质能方程,科学家对各种原子的质量及组成原子核的各核子的质量进行精确的测定,并把每个原子中的核子质量与原子序数绘制成曲线,如图 9.1 所示。从曲线可以看出相对于轻核和重核而言,由单个核子组成中等质量的原子核时付出的质量亏损小,因此中等质量的核结构较稳固。可以看出如果要利用核能,有两种途径可以达到。第一种途径是将某个重核分裂使其变成中等质量核,由于中等质量原子核中核子的质量比重原子核中的核质量小,因此重核的每个核子就发生质量亏损而放出能量,这就是所谓的核裂变。人类首次观察到核裂变是在 1938 年,德国物理学家哈恩和斯特拉斯曼发现使用中子轰击铀原子能导致裂变。1945 年 7 月 16 日,世界上第一颗原子弹在美国新墨西哥州阿拉莫斯的沙漠地区成功爆炸,由此人类开始进入开发和利用核能的时代。1964 年 10 月 16 日下午 3 时,我国西部地区新疆罗布泊上空,中国第一次将原子核裂变的巨大火球和蘑菇云升上了戈壁荒漠,第一颗原子弹爆炸成功了。目前核裂变能源已经成功应用于商业核电站的发电,世界上所有的核电站都是核裂变电站。虽然核裂变过程释放的能量较大,但是裂变堆存在许多问题,比如核原料资源有限、核废料的处理困难以及安全存在隐患等,这使得核裂变不能成为未来的终极能源,所以利用核能的重任就落到了核聚变能的身上。

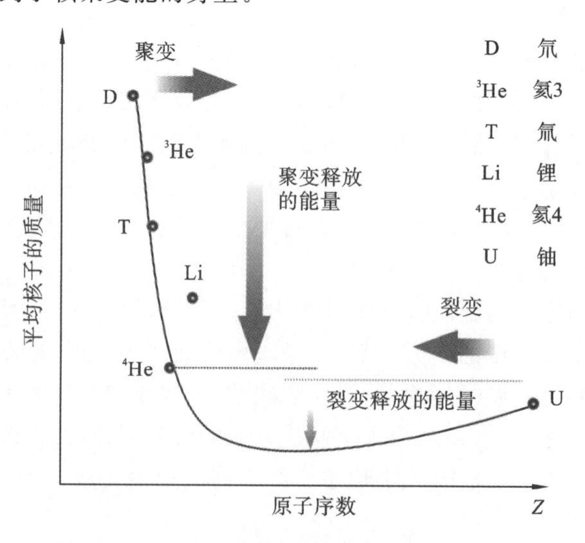

图 9.1　平均核子质量随着原子质量变化关系

利用核能的第二种途径就是使几个轻核相互结合起来变成中等质量核，即所谓的核聚变。如将轻元素（如氢的同位素氘、氚等，以及氦等）通过高温、高压等条件聚合在一起形成较重的元素（见图9.2），在聚合过程会发生质量亏损，这部分质量亏损将变成能量。目前用于核聚变研究的主要反应有

$$\begin{cases} {}_1^2D+{}_1^2D\rightarrow{}_2^3He(0.82\ MeV)+{}_0^1n(2.45\ MeV) \\ {}_1^2D+{}_1^2D\rightarrow{}_1^3T(1.01\ MeV)+{}_1^1p(3.03\ MeV) \\ {}_1^2D+{}_2^3T\rightarrow{}_2^4He(3.52\ MeV)+{}_0^1n(14.06\ MeV) \\ {}_1^2D+{}_2^3He\rightarrow{}_2^4He(3.67\ MeV)+{}_1^1p(14.67\ MeV) \end{cases} \quad (9.2.2)$$

从以上方程式可以看出后面两个反应过程（氘和氚、氘和氦-3）释放的能量更多。从核聚变的原料来源角度，海水中蕴藏了大约40万亿吨氘，可供全人类使用上百亿年；虽然氚在自然界存在甚少，但是氘氚反应产生的中子可以与锂反应生成氚，而目前地球陆地上的锂可以使用上千年，海水中约有2330亿吨锂，资源丰富；氦-3原料虽然在地球上目前只存在100 kg，但是太阳系内的氦-3资源储量非常丰富（例如月球表面存在10^{19} kg，气态行星表面存在10^{23} kg），1960—1972年，美国阿波罗计划花费总经费254亿美元，成功登月6次，总共带回382 kg月壤。2020年11月24日中国探月工程嫦娥五号探测器成功发射，2020年12月17日返回舱成功带回2 kg月壤样品。这些表明人类初步掌握了“去”月球和“回”月球的技术，开采足量的氦-3资源可能离人类并不遥远。除了产生能量和原料来源的差别外，几种聚变反应的“反应截面（cross-section）”也有所差别，这里“截面”是用来衡量聚变反应发生的概率。图9.3展示了不同能量下的三种聚变反应截面，它直接地显示了为什么氘氚（DT）反应是最有利的：对于氘氚聚变，当用100 keV的能量来加速氘核时其反应截面达到最大值（见表9.1），这比其他两种反应到达最大截面时对应的加速能量低，而且在低于100 keV能量的情况下，氘氚反应总是能够提供最高的聚变反应截面。因此，DT聚变是人类最容易实现的聚变反应，成为目前人类研究和开发聚变能的首选。从表中还可以看出，单次DT聚变释放的能量达17.6 MeV，仅次于氘和氦-3反应所释放的能量。当然，DT聚变反应存在两个问题：一是氚的半衰期只有12.43年，因此自然界基本不存在氚；二是DT聚变产生的高能中子辐照将给材料带来损伤。

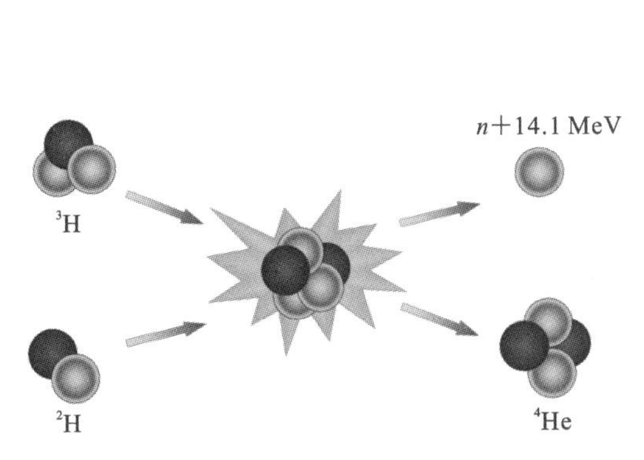

图9.2　氘氚聚变示意图

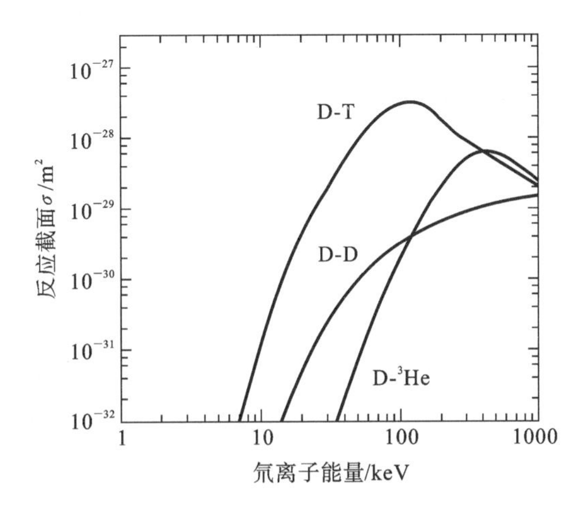

图9.3　核聚变反应发生的概率（截面）随氘离子能量的变化

表 9.1　几种聚变反应的反应截面与释放能量比较

聚变反应	反应截面(10 keV)/m^2	反应截面(100 keV)/m^2	释放能量/MeV
$D+T \to {}^4He+n$	2.72×10^{30}	3.43×10^{28}	17.60
$D+D \to T+H$	2.81×10^{-32}	3.30×10^{-30}	4.04
$D+D \to {}^3He+n$	2.78×10^{-32}	3.70×10^{-30}	3.27
$D+{}^3He \to {}^4He+H$	2.72×10^{-35}	1.00×10^{-29}	18.35

与核裂变能相比,核聚变能有几个明显的优势:①核聚变比核裂变释放的能量更大,更有效,核聚变过程中平均一个核子释放的能量大约是核裂变过程的 4～8 倍;②除了中子辐照,聚变反应不产生有害排放物,不会对环境构成大的污染,而中子辐照很容易处理;③安全性高,由于聚变条件的苛刻性(极端高温),聚变材料只有在聚变堆里才能发生聚变反应释放能量,一旦聚变过程出现问题,聚变即刻停止,不会产生危害,因而具有极高的安全性;④聚变燃料储量丰富。然而,在地球上实现核聚变非常困难,其关键是在实验室中操控等离子体,以获得实现聚变所需的高温和高压等条件,国内外的核聚变研究已经进行了七十多年,现在已经取得了巨大的成功,但距商业应用还有一段距离。

9.3　聚变点火条件

宇宙中,核聚变早已实现,我们每天看到的太阳(恒星)就是一个典型的聚变堆。太阳是由氢和氦组成的球体,在万有引力作用下其核心温度约为 1500 万摄氏度,而压力约 3000 亿个大气压,在这样极端的温度和压力作用下,氢和氦原子核之间不断剧烈碰撞并融合形成核聚变反应。地球上,核聚变也已实现,那就是氢弹爆炸。在氢弹爆炸过程中,首先引爆原子弹产生极端的高温和高压,然后在高温和高压的作用下使聚变燃料(氘和氚)聚变。然而,氢弹爆炸是瞬时和不可控的,人类难以利用。如果要利用聚变能,就需要想办法控制能量的释放,显然不能使用原子弹来引爆聚变反应。

要使两个原子核融合实现聚变反应,必须使它们之间的距离达到原子核内核力的作用范围($\sim10^{-15}$ m),只有这样核力才能将它们“黏合”成一个新的原子核。由于原子核都带正电,当两个原子核逐渐接近时,核间的静电斥力迅速增大。静电斥力(静电势垒)就像一座高山一样将两个原子核隔开(见图 9.4)。因此,要实现核融合就必须克服这个势垒,这就要求两个原子核具有足够高的动能。恒星聚变和氢弹爆炸都是利用高压和高温使原子核具有极端的热运动速度,那么在实验室中要实现聚变,也必须使原子核具有极高的热运动速度。要做到这一点就需要把聚变燃料加热到足够高的温度,简单计算一下就可以知道这个温度,当两个核接近到约 10^{-15} m 时,其库仑势能约为 $\sim10^{-13}$ J,而原子核的动能为 $E\sim k_B T$,可以算出 $T\approx10^{10}$ K。考虑到原子核热运动速度分布是麦克斯韦分布,温度略低时,仍有不少粒子达到较高的速度;另外,考虑到量子力学隧穿效应,原子核具有一定穿透势垒的概率,所以其动能可以比所需计算值略低。通过细致计算,温度达到 $10^8\sim10^9$ K 就可发生聚变,但此温度仍然很高。值得说明的是在这么高的温度条件下,聚变气体(氘氚等)都已完全电离,处于高温全电离等离子体状态。

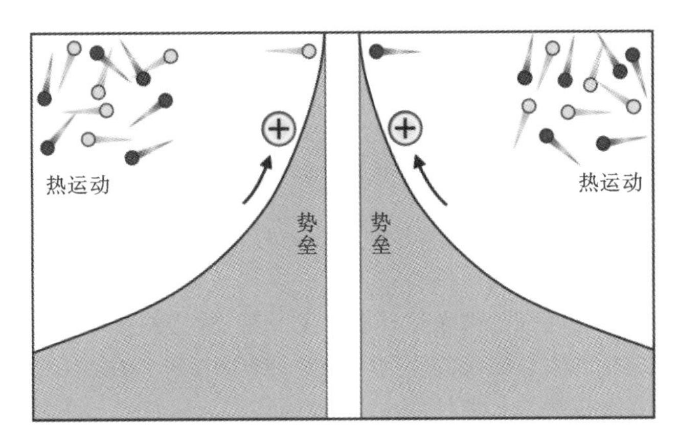

图9.4 克服两个原子核之间的库仑势实现聚变示意图

核聚变的目的是输出能量，如果原子核之间的聚变反应比较稀少，显然是无法输出能量的。所以，实验室中实现聚变能输出必须满足几个条件(点火条件)：除了需要足够高的温度，还需要有足够长的约束时间和足够高的密度。长的约束时间是指高密度的高温等离子体能维持相对足够长的时间，以便发生足够多的聚变反应，输出更多的能量，当聚变反应输出的能量大于输入能量(指用于产生和加热等离子体的能量，以及此过程中的能量损失等)时，聚变释放出的能量就能维持聚变所需的高温，聚变反应就能够自持进行。

1957年，英国科学家劳逊(J. D. Lawson)通过研究高温聚变等离子体能量平衡关系(即能量得失相当，等离子体维持原来高温，继续进行聚变反应)提出了著名的劳森判据[31]，明确指出了聚变反应发生的条件。针对氘氚混合高温等离子体系统，设其中氘和氚的比例为1∶1，设等离子体总的密度n，则氘和氚的密度为$n_D=n_T=\frac{1}{2}n$，那么单位体积内氘氚反应的功率P_f为

$$P_f=\frac{1}{4}n^2\langle\sigma v\rangle E \tag{9.3.1}$$

其中$\langle\sigma v\rangle$表示平均的反应率，对于麦克斯韦分布而言，其通常是等离子体自身温度的函数，E为聚变反应释放的总能量。此外，等离子体通过轫制辐射、热传导、粒子从等离子体中逃逸等方式损失功率，考虑单位体积内的损失总功率(包括离子、电子)为

$$P_L=P_b+\frac{3nT_e}{\tau_E} \tag{9.3.2}$$

方程(9.3.2)等号右边第一项$P_b=4.8\times10^{-37}n^2T_e^{1/2}$表示轫制辐射损失功率，第二项表示无外部能量注入的条件下，在能量约束时间τ_E内其他各途径的损失功率，T_e表示等离子体中电子的温度。那么等离子体释放的总功率密度为$P=P_f+P_L$，假定在一定转化效率η(一般取其为1/2～1/3)的条件下，这些功率转变为电能并被回授给等离子体，用以加热等离子体和补偿轫致辐射损失，如果达到$\eta P\geqslant P_L$，则得到了劳逊条件为

$$n\tau_E\geqslant3T_e/\{[\eta/(1-\eta)]\langle\sigma v\rangle E/4-\alpha T_e^{1/2}\} \tag{9.3.3}$$

当取$\eta=1/3$时，由方程(9.3.3)可以看出：对于目前最理想的聚变方案氘氚等离子体而言，当$T_e>100$ keV时，可以对应得到等离子体密度和能量约束时间的乘积$n\tau_E\geqslant10^{20}$ m^{-3}·s。在未来的聚变堆装置上，背景等离子体主要依靠3.5 MeV的α粒子加热，补偿能量损失，保持等

离子体温度，使热核反应能长时间维持下去，实现“自持燃烧”以及净能量的输出，由此得到了聚变点火条件(也称为聚变三乘积需要满足的条件)为

$$n\tau_E T_i > 5\times10^{21}\ \mathrm{m^{-3}\cdot s\cdot keV} \tag{9.3.4}$$

这里 T_i 代表离子的温度。实际上点火条件是一个非常苛刻的条件，它要求等离子体密度(n)大于 $2.5\times10^{20}\ \mathrm{m^{-3}}$；能量约束时间($\tau_E$)大于 2 s；离子温度($T_i$)大于一亿摄氏度。

聚变发生在极端高温条件下，目前实验室中没有任何容器可以承载如此高温的等离子体，因为任何与高温等离子体接触的物质都将被汽化并电离成等离子体，因此，有效的约束手段将成为实现聚变的关键。目前已知的聚变途径有以下几种：重力约束(依靠引力形成的高温高压以及巨大的体积效应进行约束)、磁场约束(依靠磁场对带电粒子的洛伦兹力来约束带电粒子，避免其与等离子体器壁直接接触)、惯性约束(依靠高能激光束或粒子束压缩聚变燃料)以及磁惯约束(结合磁约束和惯性约束的优势对聚变过程进行约束)。然而，目前引力约束所要求的条件远远超过人类目前掌握的技术水平。因此，有望实现聚变的约束技术有磁约束聚变(magnetic confinement fusion，MCF)、惯性约束聚变(inertial confinement fusion，ICF)和磁惯性约束聚变(magneto inertial fusion，MIF)等。

9.4　磁约束聚变

我们知道磁场有约束带电粒子的能力，当带电粒子以一定的角度横越磁力线时，受洛伦兹力作用，带电粒子将绕磁力线作回旋运动。当磁场比较强时，带电粒子将被约束在一根磁力线附近作螺旋运动，如果没有其他干扰(如碰撞等)，带电粒子无法横越磁力线。因此，强磁场可以使带电粒子的横越磁场的运动受到约束。但这种约束是二维的，带电粒子在磁力线方向的运动是自由的，因此，要想完全约束带电粒子的运动，必须在磁力线的形状和结构上下功夫。首先想到的结构就是磁镜，我们知道处于磁镜中的等离子体会受到磁场梯度所产生的等效力(见单粒子轨道理论这一章)，该力指向磁镜中心，所以等离子体被约束在磁镜场中。然而，我们也知道磁镜的约束是不完全的：如果带电粒子平行于磁力线的运动速度很大，粒子将沿着磁力线离开磁镜而不会被约束，这样就会导致等离子体的损失，这是磁镜的一个主要缺陷。磁镜还存在另一缺陷，向外凸出的磁力线是一个坏形状(见等离子体平衡与稳定性一章)，即是一种不利于抑制不稳定性的形态，等离子体将会产生各种不稳定性。

磁镜之所以不能完全约束等离子体，是因为它的磁场结构是开放式的，如果把磁力线设计成封闭式的就可以有效避免等离子体的损失。如图 9.5(a)所示，把磁场做成环形，环形磁力线等效于一根无线长的磁力线，带电粒子会被这根环形磁力线束缚。但是，我们在单粒子轨道理论一章介绍过，弯曲的磁力线是不均匀的，存在梯度，沿弯曲磁力线运动的带电粒子会有离心漂移和梯度漂移，这两种漂移都会产生电荷分离而形成电场(见图 9.5(b))，电场又会引起电漂移导致等离子体的整体漂移，如图 9.5(b)所示，等离子体漂移方向为 $\vec{E}\times\vec{B}$。所以，单纯的环形磁场实际上是无法约束等离子体的。

如何达到既能约束等离子体，又能克服弯曲磁力线所带来的漂移呢？答案是使磁力线旋转起来(见图 9.6)，一根磁力线在大环和小环上绕很多圈才会闭合(我们在第 6 章中提到过，磁力线在大环上绕的圈数和小环上绕的圈数之比称为安全因子，图中显示的磁场位形的安全

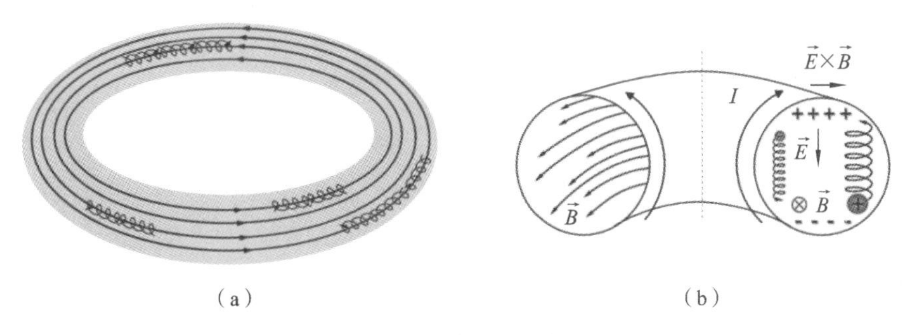

图 9.5　封闭磁力线

(a) 环形磁力线；(b) 弯曲磁力线会导致等离子体的整体漂移。

因子 $q=4.0$)，这样磁力线再也不是一个单纯的圆环，相对于水平面，磁力线上下方位始终在变化，所以带电粒子的运动和位置也在不断变化，其对应的漂移方向也在不断改变，平均而言，电场漂移就会被大大遏制。

仿星器是核聚变研究初期最主要的等离子体装置之一，取名 Stellarator，寓意期待在这样的装置里将要产生像星球那样的高温等离子体。1951 年，美国普林斯顿大学斯必泽(L. Spitzer)提出了环形仿星器(Stellarator)的磁约束装置，将环形改为“8 字形”，则沿磁力线运动时，粒子漂移会部分相互抵消，从而减少漂移的影响。仿星器完全由外部线圈产生非轴对称的环形螺旋磁场，不需要环向等离子体电流，但是其线圈结构非常复杂(见图 9.7)。德国的 W7-X 是现在世界上最大的仿星器装置。我国西南交通大学与日本国家核融合科学研究所将共建中国第一台准环对称仿星器。

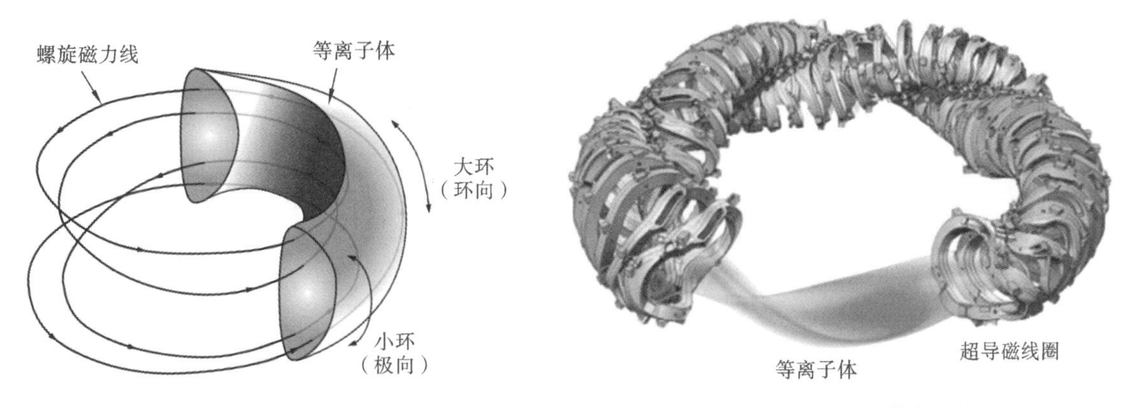

图 9.6　磁力线旋转的环形磁场

图 9.7　仿星器磁线圈及等离子体示意图

目前磁约束聚变研究普遍使用的装置是托卡马克装置，其核心部分主要包括中心线圈、极向磁场线圈和环形磁场线圈等(见图 9.8)，其中，中心线圈的主要作用是产生、建立和维持环形等离子体，环形等离子体会在极向(小环方向)产生极向磁场($\vec{B}_P$)；极向磁场线圈产生的极向磁场控制等离子体截面形状和位置平衡；环形磁场线圈产生的环向磁场($\vec{B}_T$)保证等离子体的宏观整体稳定性，环向磁场 $\vec{B}_T$ 与等离子体电流产生的极向磁场 $\vec{B}_P$ 一起构成螺旋磁力线($\vec{B}_T+\vec{B}_P$)和磁面嵌套结构(见图 9.8)，这种磁场位形可以有效约束等离子体。早期的托卡马克中等离子体的截面形状是圆形，目前比较多的托卡马克中等离子体截面采用 D 形(见图 9.6

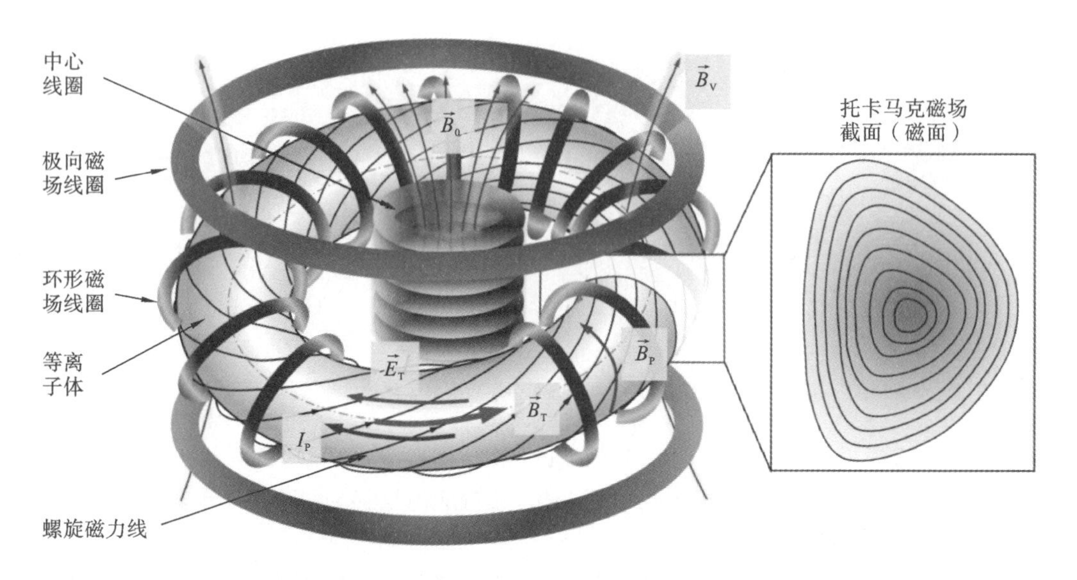

图 9.8　托卡马克主要组成部分示意图，图中包含旋转磁力线及截面磁面结构

和图 9.8）。在托卡马克装置工作过程中，需要对等离子体进行加热以实现聚变，通常的加热方式包括中心线圈的欧姆加热、大功率中性束注入加热和微波加热等，最终使等离子体达到和超过聚变温度（>10 keV）。实验结果表明，托卡马克装置已基本满足建立核聚变反应堆的要求。

托卡马克的主要工作过程如下[32]：① 环形线圈通电，在环形真空室内产生环向磁场 $\vec{B}_T$；② 把一定量的聚变气体（如 DT 等）注入环形真空室；③ 中心线圈通电（变化电流），产生变化的磁场 $\vec{B}_0$，并感应产生环向电场 $\vec{E}_T$，该电场击穿聚变气体并发生雪崩放电，聚变气体被电离成等离子体，并在环向电场 $\vec{E}_T$ 的驱动下形成环形等离子体电流 I_P；④ 由于等离子体热压强和磁应力不能达到平衡，所以必须采取措施，防止等离子体撞向环形真空室壁，极向线圈通电，产生垂直磁场 $\vec{B}_V$，并调整磁场使环形等离子体在环形腔体中受力平衡，实现真正的“磁约束”；⑤ 最终，环形等离子体电流相当于一个负载，当环向电场施加环形负载上，会发热，所以等离子体在此过程中也会被加热，因此，这个过程被称为欧姆放电。

托卡马克最初是苏联库尔恰托夫原子能研究所 Andrei Sakharov 发明，利用变压器原理产生等离子体，并由强磁场约束及控制等离子体的装置。托卡马克的英文 Tokamak 源自环形（Toroidal）、真空室（Kamera）、磁（Magnet）、线圈（Katushka）等关键词的组合。1955 年，第一个托卡马克于在苏联库尔恰托夫原子能研究所建成。20 世纪 50 年代末，国内外纷纷建成了一批大型的磁约束聚变研究装置，如美国仿星器-C、苏联稳态磁镜“Orpa”、英国环形箍缩装置“Zeta”等。20 世纪 60 年代后期，前苏联的托卡马克装置异军突起，尤其是托卡马克 T3 装置率先取得了重大进展，实验中电子温度达到 1 keV，离子温度 0.5 keV，等离子体约束时间达到了毫秒量级，这些参数大大优于其他类型的磁约束聚变装置，掀起托卡马克装置的研究热潮。

20 世纪 70 年代开始美、法、英、德、日等国家都先后建成第一代托卡马克装置。一些代表性事件有：1974 年，世界首个超导托卡马克 T7 于苏联投入运行；1980 年，首个偏滤器托卡马克 ASDEX 投运；1984 年，中国第一座磁约束托卡马克实验装置 HL-1 建造运行；1986 年，拉长截面托卡马克装置 DⅢ-D 投入运行；1991 年，Joint European Torus（JET）实现聚变功率输出、随后 Tokamak Fusion Text Reactor(TFTR)实现点火、JT-60U 用氘点火;1985 年,戈尔巴乔夫和里根倡议启动"国际热核聚变实验堆(ITER:International Thermonuclear Experimental Reactor)"计划。20 世纪 90 年代,在欧盟 JET 装置和美国 TFTR 装置上分别尝试了氘氚聚变反应实验,在 JET 上实现了高达 16 MW 的瞬时聚变功率。2021 年 12 月,JET 装置再次开展了氘氚实验,在 5 s 的时间内维持了 10 MW 的聚变功率,共产生 59 MJ 的聚变能,这一新的世界纪录也为 ITER 的氘氚实验做了一个很好的热身。

目前世界上在运行的典型大中型托卡马克装置主要有欧盟的 JET,德国的 Axially Symmetric Divertor Experiment Upgrade(AUG),美国的 TFTR 和 DoubletⅢ-D(DⅢ-D),韩国的 Korea Superconducting Tokamak Advanced Research(KSTAR),以及我国的两座"人造太阳"——东方超环(EAST:Experimental and Advanced Superconducting Tokamak)和中国环流三号等。其中位于英国的 JET 是由欧洲共建共享,其是迄今为止最大、运行时间最长的装置,也是世界上第一个实现氘氚核聚变反应的装置,并于 2022 年成功运行了第二轮氘氚实验。最近,KSTAR 装置实现了离子温度为 1 亿摄氏度的等离子体且持续时间长达 20 秒,为可控核聚变稳态高离子温度等离子体的实现增强了信心。

9.5　惯性约束聚变

任何物体都具有惯性,其运动状态的改变需要时间。在热核聚变中(氢弹),原子核被加热到 10 keV,热运动速度非常大,原子逃离需要一定的时间,如果在这段时间内能够将燃料加热和压缩到高温高密度,达到点火条件,这样就可以在热核燃料飞离前实现热核聚变。这种依靠燃料自身的惯性约束自己,而实现点火和燃烧的方案称为惯性约束聚变;由苏联科学家 Basov 和我国科学家王淦昌在 1961 年同时提出。惯性约束聚变的基本思想是:利用高能粒子束均匀作用于填充有聚变燃料(氘氚等)的微型球状靶丸(见图 9.9)表面,靶丸表面在极短时间内被汽化并电离成高温高压等离子体,当等离子体向外喷发的过程中,由于牛顿第三定律及物质的惯性,来不及飞散的等离子体会向内压缩聚变燃料,燃料靶心被压缩到极高密度(液体密度的一千到一万倍)和极高温度,并达到聚变反应条件,最终热核燃料被充分燃烧,释放出大量的聚变能。惯性约束核聚变的特点是高能束(如激光束)和靶丸是分离的,不需要考虑等离子体的

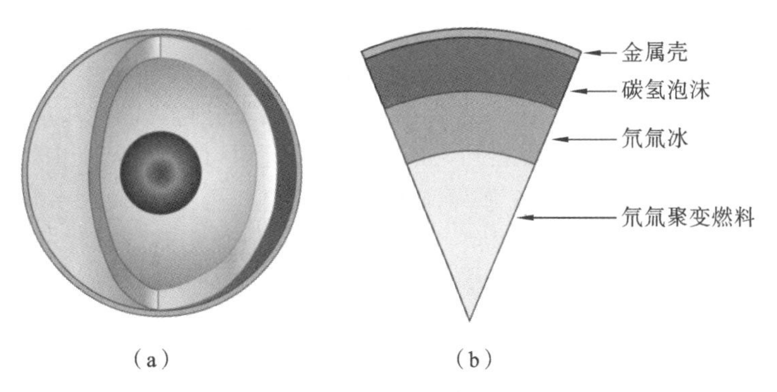

图 9.9　惯性约束聚变中靶丸结构

(a) 内外结构展示;(b) 各层材料组成。

约束问题,所以相对于磁约束核聚变来说结构较为简单,不需要负载庞大的磁场系统。

用于惯性约束核聚变的靶丸结构如图 9.9 所示,靶丸通常为多层结构,最外层是薄金属壳(如铜铍合金),然后是碳氢泡沫层,接着是氘氚冰层,最内层为氘氚聚变燃料气体。这种多层结构设计主要是为了改善靶丸内爆的流体力学不稳定性。靶丸很小,其半径为几百微米至毫米量级,显然一次靶丸聚变燃烧所释放的能量不大,要实现能量输出,就必须使这种聚变过程能连续发生。一次靶丸发生聚变燃烧过程所需时间很短(皮秒量级),假设每秒钟发生很多次聚变过程并能连续不断地进行下去,所释放出的能量就非常巨大。

惯性约束核聚变中的高能束有两种:强激光和重粒子束,而目前比较常用的是强脉冲激光。利用脉冲激光驱动惯性约束聚变的途径主要有三种方式:直接驱动、间接驱动以及快点火。直接驱动是利用多束强激光直接从四面八方均匀照射和烧蚀靶丸表面(见图 9.10),靶丸外层被汽化成等离子体向外喷发,靶丸内的聚变燃料被对称压缩至高压高温,最终实现聚变点火,使靶丸内燃料发生核聚变反应。直接驱动方式要求强激光在 4π 立体角内同步均匀对称辐照球形靶丸,要求各束入射激光脉冲形状需要做精密修整,而且修正后的各束激光脉冲形状在激光能量高倍率放大后仍必需保持高度一致性。此外,激光定点打靶精度要求很高,要控制各束激光在靶丸上的正确落点叠加辐照均匀性,因此直接驱动方式对激光驱动器能量需求很高。

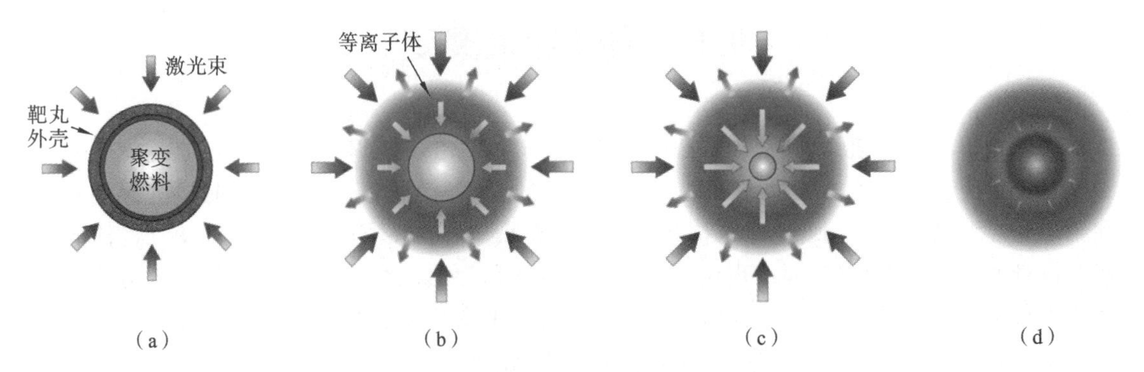

图 9.10　直接驱动激光核聚变过程示意图

(a) 多束激光照射聚变燃料靶丸;(b) 激光烧蚀靶丸产生等离子体,并向外喷发,内部靶丸被压缩;(c) 靶丸被压缩成高压高温,开始点燃聚变;(d) 聚变燃料全部聚变,释放能量。

间接驱动也是利用强激光,与直接驱动不同的是,间接驱动不是直接照射靶丸,而是照射黑腔壁,所以间接驱动也称辐射驱动。在间接驱动过程中,靶丸被悬浮在一个由金属(常用的是金)制成的黑腔中心,强激光由黑腔窗口入射并照射黑腔壁(见图 9.11),黑腔壁吸收激光能量汽化成等离子体,等离子体发射软 X 射线,然后 X 射线照射和烧蚀靶丸,靶丸外层变成等离子体向外喷发,并把靶丸内的聚变燃料均匀压缩至高压高温,最终使靶丸内燃料发生核聚变反应。圆柱形黑腔直径为 1.00 mm,高为 1.70 mm,黑腔窗口孔径为 0.70 mm。驱动用的全部激光束等分为两大组,分别穿过毫米量级的黑腔窗口,并把激光能量对称沉积在黑腔内壁上,以大于 90%的效率转换成软 X 光。间接驱动方式对激光束的可聚焦能力、穿孔能力、精密化激光定点打靶能力和脉冲精密整形都提出了极高的要求。

无论是直接驱动或是间接驱动,其点火方式都是把劳森判据条件(密度、温度和约束时间)捆绑在一起,这种方式称为体点火方案。体点火可以简单地描述为把聚变燃料压缩到高密度、高温并由惯性约束一段时间。这种点火方式对激光束能量需求很高,每次聚变打靶要消耗 10

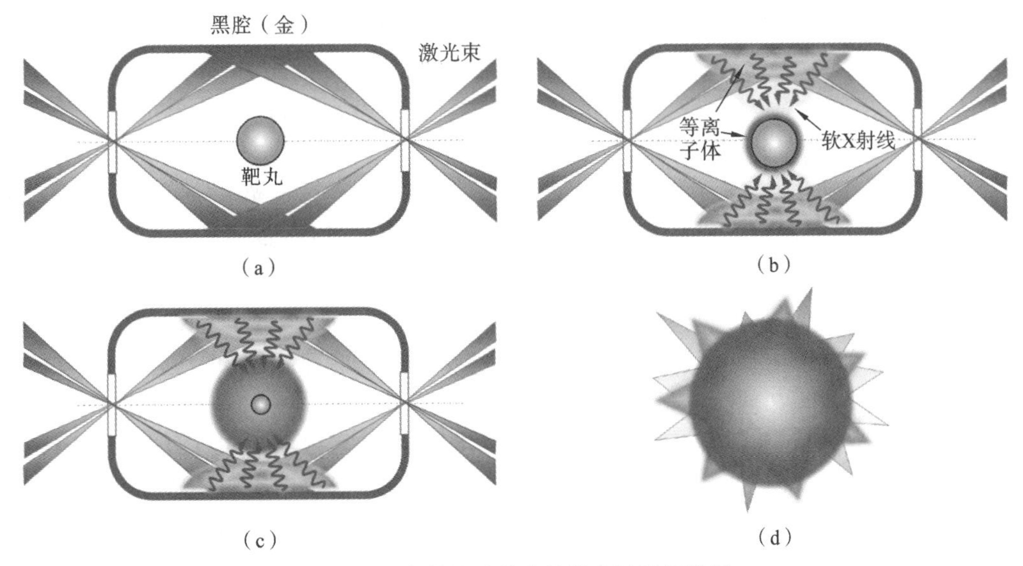

图 9.11　间接驱动激光核聚变过程示意图

(a) 多束激光照射黑腔(金腔)；(b) 激光烧蚀金腔产生等离子体，并产生软 X 射线，软 X 射线照射靶丸，并产生等离子体，向外喷发，内部靶丸被压缩；(c) 靶丸被压缩成高压高温，并点燃聚变；(d) 聚变燃料全部聚变，释放能量。

MJ 以上的激光能量，代价很大。到 20 世纪 70 年代初，由美国劳伦利弗莫尔国家实验室提出了中心点火概念。中心点火首先利用强激光对聚变燃料靶丸进行预压缩，通过对脉冲激光的设计使预压缩过程产生不同速度的激波，然后，由特定形状的脉冲激光使此前不同速度的激波恰好同时到达靶丸中心，使中心升到高温，引发中心热斑点火燃烧，最终实现全部预压缩燃料的点火燃烧。这个新概念可大幅度降低对激光束的能量需求，但是为了实现中心局部温度达到点火温度，所消耗的激光能量要比预压缩需要的能量大几倍，这显然不合算。

随着强激光技术的发展，到 20 世纪末人们又提出一种新的点火方案：快点火(见图 9.12(a))。快点火过程分为两步，预压缩与中心点火一样，使用纳秒激光对聚变燃料进行预压缩，达到高密度，然后通过一束或多束皮秒(飞秒)激光产生超热电子束作为能量载体(见图 9.12(b))(超热电子的产生可参见 2.6 节)，电子束在高密度等离子体中传输一段距离后，到达预压

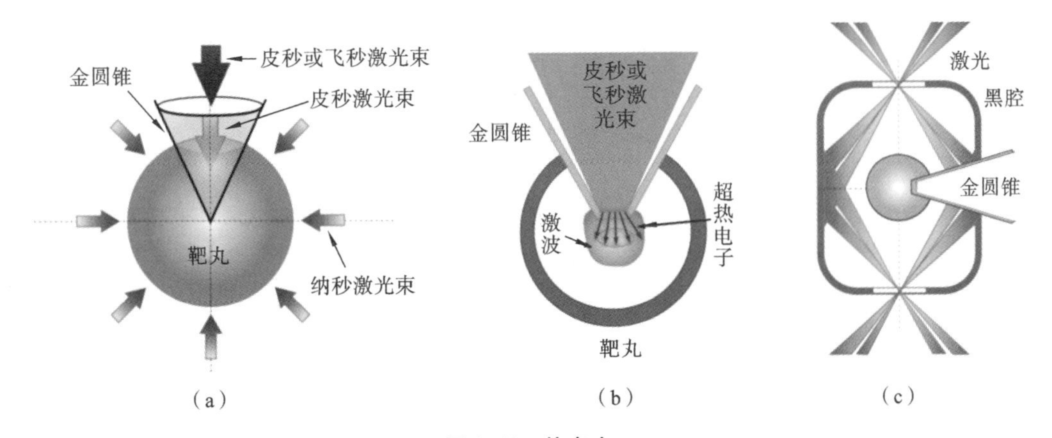

图 9.12　快点火

(a) 快点火示意图；(b) 快点火原理示意图；(c) 间接驱动快点火示意图。

缩聚变靶丸的中心区域，将预压缩燃料迅速加热至点火温度从而实现热核聚变点火。相比中心点火方式，快点火降低了对总激光能量的需求，同时理论上也可提供更高的能量增益，因此自从该方案20年前被提出以来，受到了世界范围的广泛关注。最近，我国激光聚变研究中心等离子体物理实验室又提出一个新的快点火方案（见图9.12(c)）[33]，在间接驱动过程中增加快点火实验中，实现了中子产率的显著提高。然而，快点火方案对激光束提出了非常苛刻的要求，包括高能量和高功率激光（约100 kJ，10^{15} W）点火技术的发展；百皮秒级激光穿孔技术研究；点火激光脉冲与预压缩激光脉冲的高精度时间同步（约20 ps）技术的实现等。

目前，比较著名的直接驱动惯性约束实验平台有美国罗切斯特大学的LLE实验室的OMEGA激光装置、我国上海光机所及中国工程物理研究院的神光Ⅱ/Ⅲ和日本大阪大学的GEKKO Ⅻ装置等。采用间接驱动惯性约束实验装置的最大装置为美国劳伦斯利弗莫尔国家实验室的国家点火装置NIF，紧随其后的是法国的LMJ和我国神光Ⅲ等。而进行过快点火实验的装置有美国的OMEGA激光装置、我国的升级版的神光-Ⅱ激光装置（神光-ⅡU），以及日本的Gekko-Ⅻ激光装置等。

在激光聚变中，激光首先与靶物质相互作用，部分激光能量被吸收，使靶物质汽化、电离产生等离子体，然后激光与等离子体相互作用（laser plasma interaction，LPI）。在LPI过程中，激光能量的吸收和转换是整个激光聚变中的关键问题，涉及许多非常复杂的物理过程。图9.13显示的是强激光与物质相互作用过程中等离子体参数（密度和温度）的大概分布轮廓，以及不同区域所涉及的物理过程。图中左侧是固体靶，激光沿$-z$方向入射，到达临界面z_c被反射（参见5.4和5.5节，电磁波在等离子体中的截止现象），临界面电子温度为T_c，等离子体密度为n_c。图中各区所涉及的物理过程介绍如下。

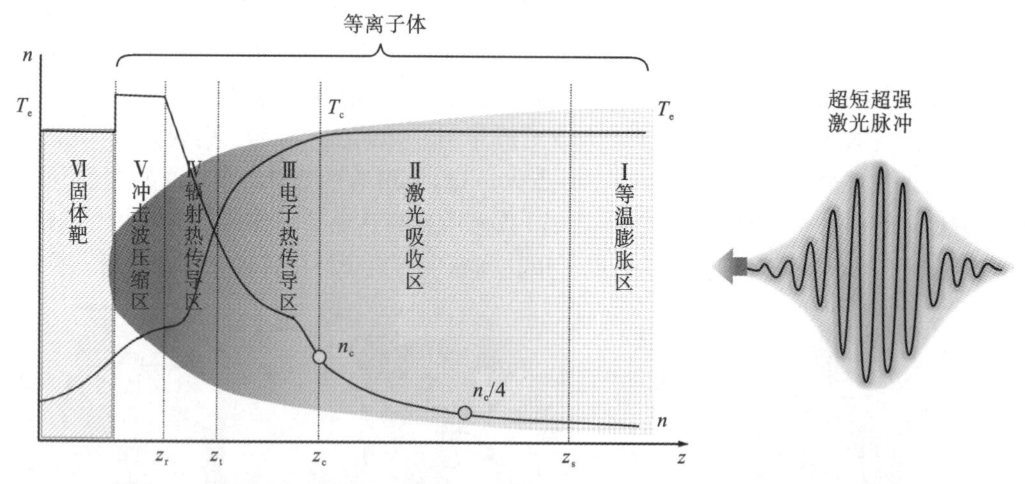

图9.13 强激光与材料相互作用过程中等离子体密度与温度分布以及物理过程

(1) 等温膨胀区：$z>z_s$（Ⅰ区）。

当强激光与靶相互作用后，靶表面汽化、电离产生等离子体，并向外喷发，Ⅰ区就是等离子体飞散的边缘区域，在这个区域中等离子体密度很低，所以对于入射激光来说它几乎是透明的，在该区域中等离子体几乎以等温声速向外膨胀，电子温度在这一区域几乎是不变的。

(2) 激光吸收区：$z_c<z<z_s$（Ⅱ区）。

随着z逐渐减小，等离子体密度也不断上升，$z=z_c$为临界面，在这里等离子体密度为

$$n_c = \frac{\varepsilon_0 m_e \omega_L^2}{e^2} \tag{9.5.1}$$

其中 ω_L 是激光角频率。在临界密度面激光被反射,无法进一步深入到等离子体的高密度区,激光能量主要在这一区域被等离子体吸收,所以这个区称为激光吸收区。在这个区域等离子体中的电子在激光电场中振颤而获得能量,振颤的高能电子通过与离子碰撞将激光能量转换为离子无规则热运动能量,从而使等离子体的温度升高。这种吸收机制是由于电子-离子库仑碰撞而将激光能量转换成等离子体热能,所以这种吸收方式也称为碰撞吸收(有时称为逆轫制吸收,或经典吸收)。由于电子-离子碰撞频率与等离子体密度成正比(参见第3章式(3.3.19)),因此在临界密度面附近吸收效率最高,故而临界面附近电子温度达到最高。这个吸收是激光聚变所希望的吸收,而且吸收效率越高越好,这样激光能量转换效率就高。实验还表明短波长激光、高原子序数靶有利于碰撞吸收。

Ⅰ区和Ⅱ区通常被称为冕区,在冕区,除了上面谈到的碰撞吸收过程之外,激光与等离子体还会发生各种各样的其他相互作用,包括激光自聚焦和成丝(参见2.6节)、共振吸收(参见2.6节)、受激拉曼散射、受激布里渊散射、双等离子体衰变以及参量衰变不稳定性等,后面几种过程也会把激光能量吸收,这些吸收通常称为反常吸收(也叫非碰撞吸收),反常吸收是激光聚变过程所不希望的,因为它会消耗激光能量、破坏靶丸压缩和向心聚爆过程。

共振吸收发生在临界密度面附近,在这里激光频率和电子等离子体振荡频率相等,电磁波转变成电子静电波(等离子体密度波),激光能量转换成等离子体能量。等离子体密度波会产生超热电子(超热电子的产生可参见2.6节),超热电子很快到达靶丸中心并加热靶心燃料,且破坏靶丸的对称压缩,最终使还未达到最大压缩的靶丸膨胀飞散。受激拉曼散射过程是激光衰变成一个散射光和一个电子静电波;受激布利渊散射过程是激光衰变成一个散射光和一个离子声波;双等离子体衰变过程是激光衰变成两个电子静电波;而参量衰变不稳定性则是激光衰变成一个电子静电波和一个离子声波,这些参量过程对激光聚变都是有害的。

(3) 电子热传导区:$z_t < z < z_c$(Ⅲ区)。

在临界面以内是高密度区,激光再无法进入,激光能量在激光吸收区被电子吸收,然后通过电子热运动从临界面经Ⅲ区传输到高密度区,所以这个区称为电子热传导区。

(4) 辐射热传导区:$z_r < z < z_t$(Ⅳ区)。

这个区域是高密度低温区,由于高密度的阻碍,传导区内的电子在此剧烈减速,发射X射线(轫制辐射),X射线继续向固体靶辐照,并烧蚀固体靶,因而这个区域称为辐射热传导区,这里X射线也称为辐烧蚀波。可以看出,激光能量首先转换成电子热运动,然后通过电子转换成X射线,最终把能量传递给固体靶。一般认为这个区域辐射烧蚀波前的流体运动速度为零。

(5) 冲击波压缩区:$z_r < z$(Ⅴ区)。

这个区域的等离子体密度是整个激光与等离子体相互作用过程中密度最高的区域。在LPI过程中,激光照射、电子热传导和X射线辐照所产生的冲击波向内压缩与固体靶膨胀相互作用,使这个区域出现高于固体密度的高密度区,称为冲击波压缩区,这就是Ⅴ区。

Ⅰ、Ⅱ、Ⅲ区处于非局域热动平衡状态,激光与等离子体相互作用的主要物理过程基本都发生在这三个区域。Ⅳ区处于局域热动平衡状态,Ⅴ区处于完全热动力学平衡状态。激光加热物质后,受热物质膨胀,一方面内能的一部分转化为动能,另一方面通过电子热传导加热冷介质,并发射X射线。

9.6 磁惯性约束聚变

从 20 世纪中叶提出热核聚变方案以来，国际范围内从事磁约束和惯性约束聚变已经近七十年，虽然磁约束聚变的能量增益已经达到得失相当，惯性约束聚变近年来也取得了突破性进展，但是两种传统聚变方式距离真正的聚变能源输出时日尚远。其中一个原因是设施复杂庞大，且成本高昂，只有大型实验机构才能从事相关研究。另一个原因是在研究过程中不断有新的问题出现，使得研究者不得不面临许多复杂而困难的新问题。

由于氘-氚的反应截面大，因此目前的聚变研究主要集中在实现氘-氚聚变。根据劳森判据，要实现氘-氚聚变，要求温度大于 10 keV，$n\tau > 10^{14}\ \mathrm{cm}^{-3}\ \mathrm{s}$。目前的磁约束聚变装置(如 ITER)，其等离子体密度约为 $10^{14}\ \mathrm{cm}^{-3}$，为了达到点火条件，则其约束时间要达到秒量级；若是惯性约束聚变(如 NIF)，其等离子体密度为 $10^{25}\ \mathrm{cm}^{-3}$，满足点火的约束时间可为亚纳秒量级。可以看出，两种聚变方式无论是密度(n)还是约束时间(τ)都相差极大，这就为聚变实验提出来非常苛刻的要求。正是这样的极端参数条件促使了科学家们探索等离子体参数介于两者之间的聚变新途径。同时，为了使聚变能的使用更普及化，聚变领域的专家学者也一直在探索经济实用且小型化的聚变途径[34]。基于以上原因，磁惯性约束聚变(magneto inertial fusion，MIF)应运而生。

磁惯性约束聚变的基本方法是采用激光或电流预加热磁化等离子体靶，再进行惯性压缩，最终实现聚变点火。磁惯性约束聚变同时具有惯性约束聚变和磁约束聚变特征，其等离子体参数介于两种传统聚变方法之间(见表 9.2[34])。相对于传统的惯性约束聚变，磁惯性约束聚变利用磁场降低电子的热传导，增加α粒子能量沉积，使燃料升温更加容易，同时预加热可大大降低对压缩速度及压缩率的要求，使得聚变装置小型化成为可能。因此，磁惯性约束聚变作为聚变能源一种可能的选项，在国际上已经受到极大的关注。目前，国际上已经发展的磁惯约束方案有[35]：基于反场构型等离子体的磁化靶聚变方案(洛斯阿拉莫斯国家实验室)、基于惯性约束磁场降低热输运的磁惯性聚变方案(罗切斯特大学)、等离子体套筒压缩球形靶方案(洛斯阿拉莫斯国家实验室)、磁化衬里惯性聚变(Sandia 实验室)、等离子体射流驱动的磁惯性聚

表 9.2 不同聚变形式参数及成本对比

参数	聚变类型		
	磁约束聚变(ITER)	磁惯约束聚变(MIF，估计)	惯性约束聚变(ICF)
成本/M$	10000	51	3000
密度/cm^{-3}	10^{14}	10^{20}	1.4×10^{25}
温度/keV	8	8	8
压强/atm	2.6	2.6×10^{6}	3.6×10^{11}
约束时间/s	0.8	9.0×10^{-7}	6.6×10^{-12}
磁场/T	5	100	0
形状	环形	柱形	球形

变(超喷气聚变公司)以及磁场压缩 MAGO 方案(俄罗斯)等。这里我们仅仅介绍一下反场构型等离子体的磁化靶聚变方案[36]。

磁化靶聚变涉及反场构型(field reversed configuration,FRC)等离子体靶的形成、传输和压缩几个关键技术阶段。如图 9.14 所示的 FRC 等离子体靶的形成过程:①首先在石英玻璃管内充以低压气体,初始磁场能源系统对 θ 箍缩线圈放电,形成初始内嵌磁场(两端磁场反向),当初始磁场达到最大值时,电离系统对 θ 箍缩线圈放电,中性气体电离并形成等离子体,同时初始磁场被冻结在等离子体内(见图 9.14(a));②随后 θ 箍缩能源系统对 θ 箍缩线圈放电,产生一个更强的反向磁场,使磁化等离子体产生 θ 箍缩效应并向内压缩(见图 9.14(b));③在压缩过程中等离子体被加热,同时,反向磁场向等离子体内渗透,在石英玻璃管两端反向磁力线与等离子体内冻结的磁力线重新联结,形成闭合磁力线(见图 9.14(c));④由于石英管两端的磁镜作用,等离子体在轴向内也得到压缩加热,最后当在半径方向及轴向的磁压力与等离子体热压力分别达到平衡时,预加热磁化等离子体靶就已形成(见图 9.14(d))。

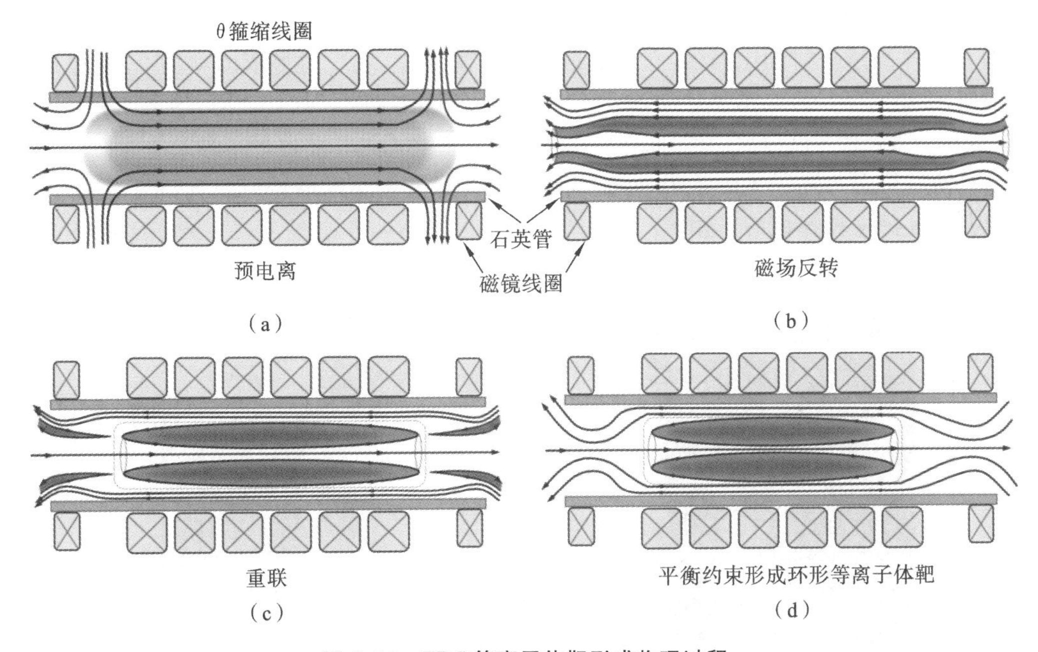

图 9.14　FRC 等离子体靶形成物理过程

FRC 等离子体靶是一种由轴向磁场约束的紧凑的长椭球形等离子体团,其内部具有闭合的磁力线,闭合磁力线与外部开放磁力线区域由分界面分隔。FRC 等离子体靶及磁场位形如图 9.15 所示。FRC 等离子体靶易于移动(可通过改变线圈电流产生等效力,见 2.3.5 节),因此可将其从形成区域移动到约束区域,为实现聚变的方式提供多种选择。正是基于 FRC 等离子体靶具有的上述特性及其在聚变新途径探索中的应用前景,目前国际上已建造了众多专门用于研究 FRC 靶形成过程及物理性质的实验装置。

1. 华中科技大学场反等离子体装置 HFRC

为了更加真实地模拟聚变堆的复杂环境,华中科技大学潘垣院士提出利用场反位形等离子体结合级联磁压缩的聚变中子源方案[36],并设计建设了大型场反等离子体研究装置 HFRC

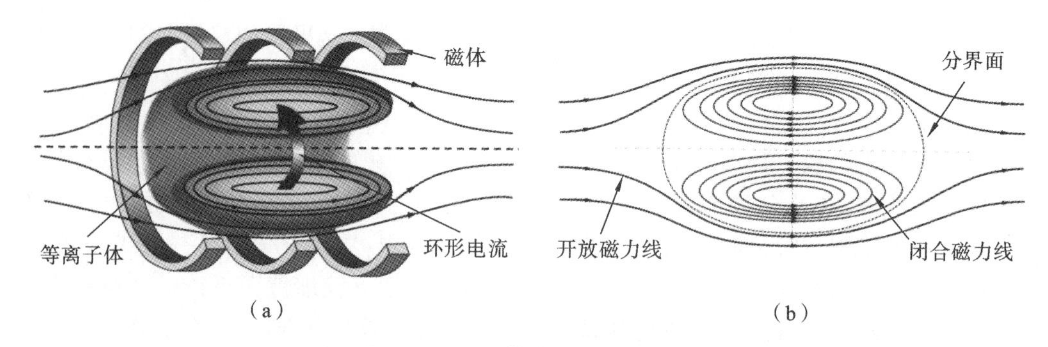

图 9.15　环形等离子体靶示意图

(a) 立体图;(b) 磁场结构剖面图。

(见图 9.16),旨在演示高品质场反等离子体的获得并验证磁压缩的有效性。2022 年建成的 HFRC 装置是国内最大的场反等离子体装置,装置总长为 12.5 m 左右,其中形成区长 2.6 m,压缩区长 4 m,内偏滤器长 1.5 m。装置采用 θ 箍缩产生 FRC 等离子体,两端形成区产生的 FRC 等离子体高速喷射到压缩区,在压缩区进行碰撞融合,最后对形成的新 FRC 等离子体进行磁压缩,磁场在 50 μs 内由 0.1 T 上升到 0.6 T,磁镜比为 2。预计 FRC 等离子体温度 200 eV,密度达到 3×10^{19} m^{-3},约束时间 500 μs,等离子体半径为 0.3 m。其建成将有力推动国内聚变界对场反位形等离子体的认识,同时该装置作为聚变中子源的预研装置,将在基础等离子体物理方面发挥极具特色的作用。

图 9.16　华中科技大学 HFRC 装置放电情况及剖面示意图(灰黑色为等离子体靶)

2. 中国科技大学串节磁镜装置 KMAX

现代的磁镜理论表明磁镜可以在一个更简单更高效成本更低的磁位形结构中取得更高的

参数，KMAX就是在这背景中诞生。2014年末，我国最大的串节磁镜装置(keda mirror with axisymmetricity，KMAX，见图9.17)由中国科学技术大学建成，该装置长度10 m，主要的真空室内径1.2 m，磁颈处内径0.3 m[37]。该装置的创新之处在于提出了与以往串节磁镜完全不同的轴向约束概念，也就是利用场反位形产生的磁势垒而非静电势垒反射或捕获逃逸粒子。实现聚变是人类发展过程的必经之路，但目前实现聚变还有比较漫长的路要走，有很多基础等离子体必须要弄清楚，因此，KMAX也被定位为基础等离子体实验装置。

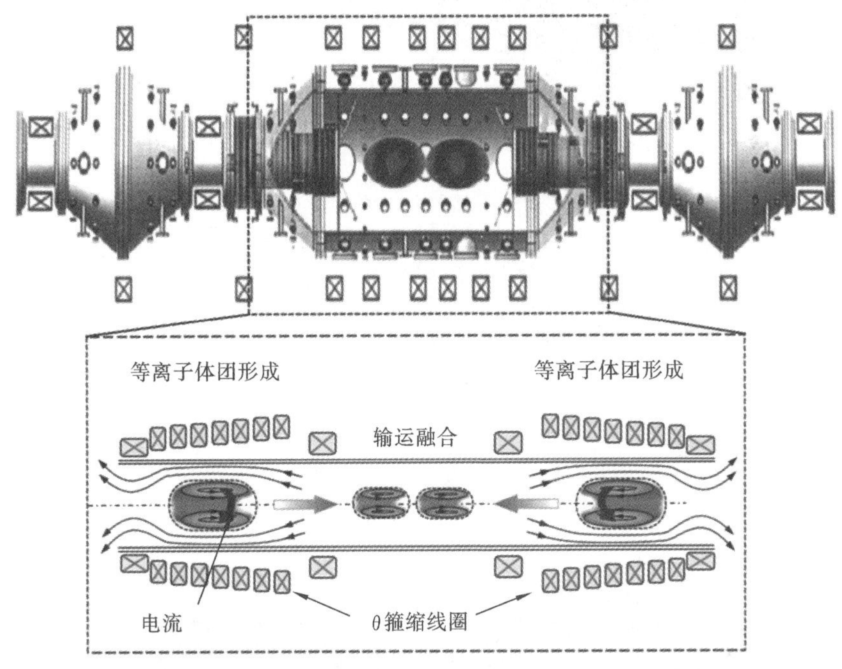

图9.17　串节磁镜装置KMAX(灰黑色为等离子体靶)

3. 美国TriAlpha Energy公司聚变装置“诺曼”

TriAlpha采用“场反位形(FRC)”的磁镜装置如图9.18所示。装置形成区长3 m，内径0.6 m，中心真空室长6 m，内径1.7 m，整个装置长20 m。该装置首先在形成区通过θ箍缩线圈和旋转磁场线圈产生初始等离子体，然后在环形电流和径向磁场作用下将等离子体以超过200 km/s的速度喷出，两端喷出的等离子体在中心区域碰撞融合，所形成的碰撞使气体达到聚变反应所需的高温。所使用的聚变燃料是氢和硼(聚变所需温度高达30亿摄氏度)，在核聚变反应时，要将等离子体(电子、氢离子和硼离子)以极高的速度冲向中央并发生碰撞，最终实现聚变反应。最近TriAlpha在不断地调整入射粒子流的角度和强度。据他们表示，现在气体云存在的时间已经达到了非常长的程度，足以开始下一步的实验。

4. 美国Helion能源公司聚变发生器Trenta

通过其自己的等离子体加速器专利技术，Helion Energy公司建造Trenta聚变设备(见图9.19)。该聚变设备使用D和He^3燃料，所形成的等离子体被磁力限制在所谓的磁场反向配置(FRC，串联磁镜场)中。FRC位于磁镜场的两端，可以使用等离子体中得到带电粒子以4.5×10^6 m/s的速度撞击在一起，在中心等离子体将被强大的磁场进一步压缩并加热，直到

(a)

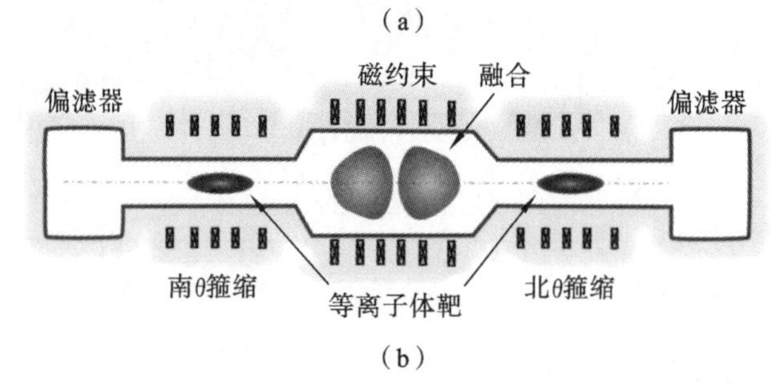

(b)

图 9.18　聚变装置“诺曼”

(a) 装置外观(白色为等离子体);(b) 示意图。

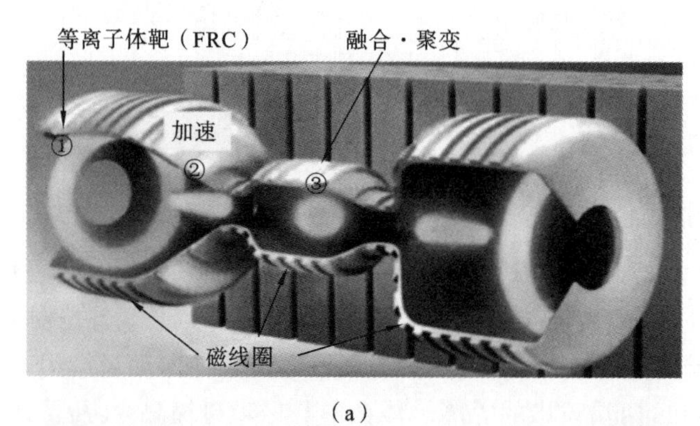

(a)

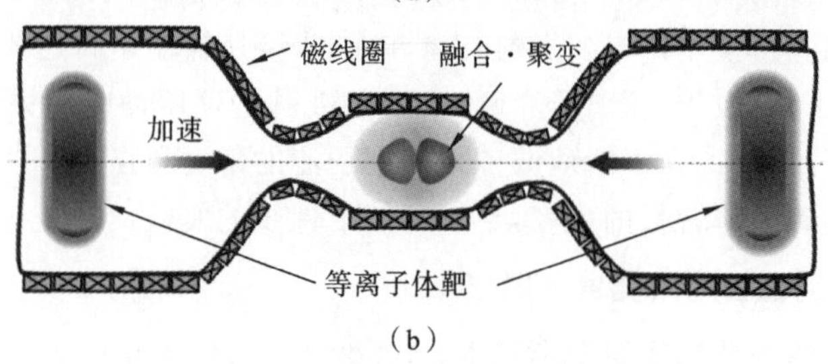

(b)

图 9.19　聚变装置 Trenta(来源于网络)

(a) 示意图;(b) 设计图。

它们达到 1 亿摄氏度的温度，最终使 D 和 He^3 聚合在一起。Helion 能源公司 2021 年 6 月宣布，其原型聚变发生器 Trenta 已达到超过 1 亿摄氏度的高温，成为全球首家实现这一里程碑的私营聚变研究企业。Trenta 的技术使用脉冲聚变系统，使聚变装置的体积小于其他技术；Trenta 系统可以直接生产电力，避免造成大量能量损失；另外 Trenta 系统使用 D 和 He^3 作为燃料，这有助于进一步缩小聚变装置的体积，并提高效率。

其 FRC 聚变装置还有中国工程物理研究院流体物理研究所的“荧光-Ⅰ”、美国洛斯阿拉莫斯国家实验室(LANL)的 FRCHX 系列(见图 9.20)以及日本大阪大学的 FIX 等。磁惯性约束中的等离子体参数介于两种传统聚变方法的参数之间，对磁化等离子体靶的要求相对不苛刻，成本低廉，且装置容易小型化，及潜在的商业价值等特点，因此，从 20 世纪 80 年代提出概念以来一直吸引着国际聚变领域的目光，特别是近年来兴起了 MIF 的研究热潮，极大推动了 MIF 实验和理论研究的快速发展。尽管我国在 MIF 研究领域的起步较晚，但与国际上的研究差距不大，我们在国际磁惯性约束聚变研究领域也占有一席之地。

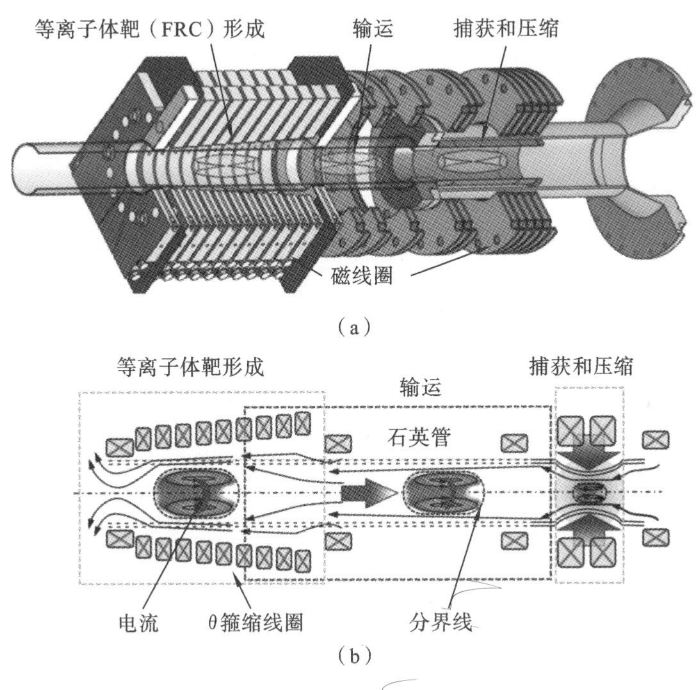

图 9.20　美国洛斯阿拉莫斯国家实验室的 FRCHX 装置示意图

(a) 三维立体图；(b) 剖面图。

9.7　我国热核聚变的研究历程

图 9.21 展示了我国磁约束聚变和惯性约束聚变研究的发展历程。我国的聚变能研发可追溯至 1958 年，当时国内从事等离子体聚变研究的主要有原子能研究所、第二机械工业部(二机部)、水电科学研究院和中科院物理研究所等单位。经过十数年的发展，先后研制出了脉冲磁镜、角向箍缩装置、仿星器、超导磁镜和托卡马克等磁约束聚变装置。到 20 世纪 70 年代末

期,逐步建立起了一支300多人的研究队伍,主要是位于乐山的二机部585所(现核工业西南物理研究院,SWIP)。八五、九五期间,我国在开展磁约束聚变装置建设方面曾经遇到很大困难,经费少、建设慢、人才流失严重。然而,聚变人以默默无闻、孜孜以求的精神逐步建设了新装置,开展实验研究,取得了一定的成就。1984年,伴随着我国聚变领域第一个大科学工程装置——中国环流器一号(HL-1)在乐山建成,我国核聚变研究实现了由原理探索到大规模装置实验的重大跨越。SWIP先后建设了HL-1M(1994年)、HL-2A(2000年)、HL-2M(2019年)等装置。在位于合肥的中科院等离子体所,也先后建设了HT-6B、HT-6M、HT-7、EAST等装置,其中EAST是世界上首个非圆截面全超导托卡马克核聚变实验装置。除了两个专业研究所,很多高校与企业也逐步进入聚变领域开展研究。华中科技大学于2006年建成Joint-TEXT(J-TEXT)装置,是国内三大托卡马克之一。中国科学技术大学建成科大一环(KTX)反常箍缩装置,清华大学建成SUNIST球形托卡马克装置,新奥研究院建成EXL装置。目前我国形成了院所校企、羽翼丰满的聚变研发阵容格局。从事磁约束聚变研究的大学包括中国科技大学、清华大学、北京大学、华中科技大学、浙江大学、大连理工大学、深圳大学、四川大学、西南交通大学、南昌大学、东华理工大学和南华大学等。

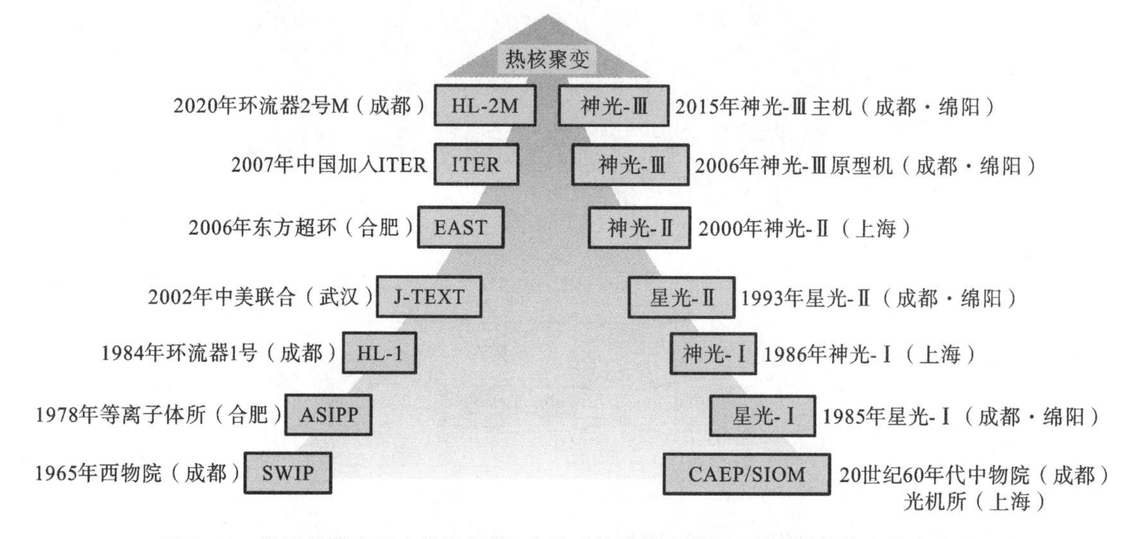

图9.21　我国核聚变研究发展历程,左为磁约束聚变发展,右为惯性约束聚变发展

在王淦昌院士的倡导下,我国在20世纪60年末代开始了惯性约束聚变研究。主要有两家单位从事惯性约束聚变研究:中国工程物理研究院(中物院)和中国科学院上海光学精密机械研究所(上海光机所)。经过六十余年的努力,我国相继在光机所和中物院建设了星光和神光系列激光装置,星光系列包括星光-Ⅰ(1985年)和星光-Ⅱ(1993年),神光系包括神光-Ⅰ(1986年)、神光-Ⅱ(2000年)、神光-Ⅲ原型(2006年)和神光-Ⅲ主机(2015年)。我国聚变科研人已经在这些装置上开展了大量物理实验,取得了一系列国际水平的研究成果,推动了中国激光科学技术和等离子体物理研究的快速发展。特别值得说明的是我国的神光-Ⅲ主机规模是继美国国家点火装置(NIF)、法国兆焦耳激光装置(LMJ)之后第三大激光驱动器,目前的输出能力仅次于美国NIF排名世界第二,同时也是亚洲最大的高功率激光装置,在我国惯性约束聚变研究发展历史上具有里程碑的意义。

中国目前尚在运行的主流托卡马克装置的主要等离子体参数如表9.3所示。我国目前运行的托卡马克"小太阳"EAST装置如图9.22所示。EAST具有与ITER高度相似的物理和工程条件，其先后实现了1.2亿摄氏度101 s和1.6亿摄氏度20 s等离子体运行、1056 s的长脉冲高参数等离子体运行，最近还实现了403 s稳态高约束模等离子体运行，屡次创造了托卡马克实验装置运行新的世界纪录，里程碑事件如图9.23所示，这些突破明显地反映了近些年我国聚变研究逐渐从跟跑局面变为并跑，甚至在某些方面为国际领跑。2020年12月4日HL-2M装置在实现了首次放电，并在2022年10月19日等离子体电流首次突破了100万安培，该装置的建成有助于我国的聚变科学家在接近聚变堆的等离子体参数条件下开展等离子体实验研究。经过这些探索，我国积累了核聚变装置的建设和运行经验，为下一步核聚变装置的自主设计建设提供技术支撑。

表9.3　中国目前尚在运行的主流托卡马克装置的主要等离子体参数

参数	装置			
	HL-2M	HL-2A	EAST	J-TEXT
单位	核工业西南物理研究院		等离子体物理所	华中科技大学
规模	准大型	准大型	准大型	中型
电流/MA	0.45	2.50	1.00	0.35
环向磁场/T	3.00	2.80	3.50	3.00
大半径/m	1.78	1.65	1.70	1.05
小半径/m	0.65	0.40	0.40	0.30
磁体	常规		全超导	常规

(a)

(b)

(c)

图9.22　我国"人造太阳"EAST装置

(a) 外观；(b) 真空室内部；(c) 放电时的真空室。

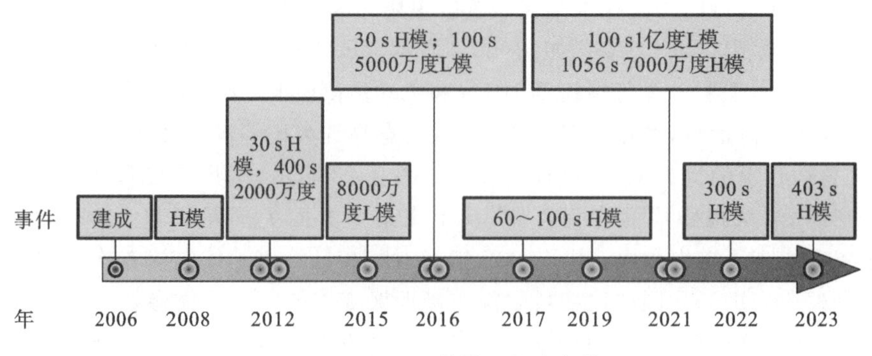

图 9.23　EAST 装置里程碑事件

9.8　ITER 时代的机遇与挑战

在托卡马克实验研究过程中，科学家发现装置越大，磁场越强，越容易实现聚变反应和获得聚变能源，这给聚变研究指引了明确的方向，人类需要建造更大的托卡马克。但是建造大型聚变堆投入巨大，为了减少资金投入，世界各国决定联合起来，共同投资建造一个实验堆，这就是国际热核聚变实验堆（international thermonuclear experimental reactor，ITER）计划。ITER 是全球规模最大、影响最深远的国际科研合作项目之一。ITER 中的托卡马克（见图9.24），其大半径为 6.2 m，小半径 为 2.0 m，磁场强度为 5.3 T，预期等离子体电流达 15 MA，平均离子温度达 8.0 keV。ITER 参数是目前人类已经运行的最大托卡马克 JET 的两倍左右。

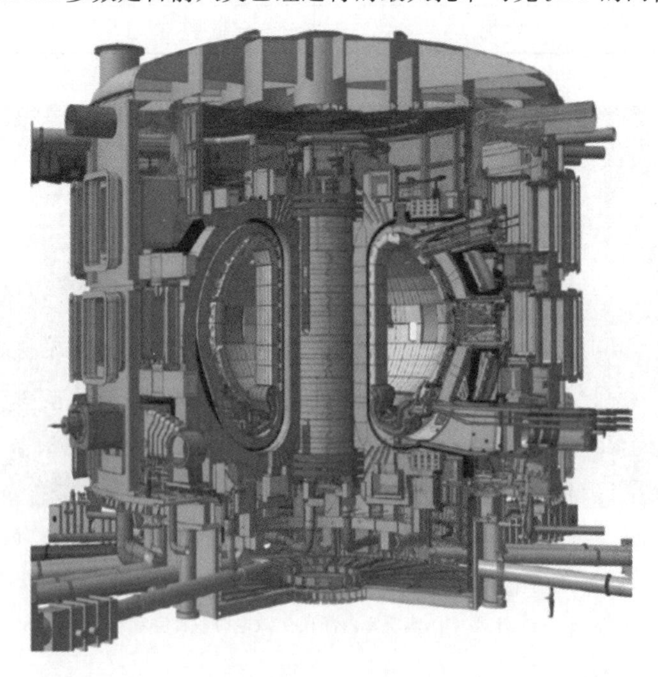

图 9.24　ITER 计划中的托卡马克装置示意图(来源于网络)

ITER计划由美苏首脑于1985年提出倡议，1988年开始正式设计，2001年7月完成ITER《工程设计最终报告》和部分关键技术的预研。2001年11月ITER计划谈判启动，2003年初中美相继加入谈判，2003年中韩国加入谈判，2005年底印度加入谈判，2006年11月21日中国、欧盟、印度、日本、韩国、俄罗斯和美国七方正式签署ITER计划的联合实验协定及相关文件。

ITER计划将聚变能源研究带入新阶段，该装置的建筑群如图9.25所示，可以看出ITER装置非常庞大(高30 m，直径28 m)，冷屏大小与北京天坛公园的祈年殿(高38.2 m，直径24.2 m)接近。ITER装置是我国以平等伙伴方式参与的最大国际合作项目，其目标是共同建造一个超导托卡马克型聚变实验堆，探索和平利用聚变能发电的科学和工程技术可行性。ITER装置将是世界上第一个聚变实验堆，是最终实现磁约束聚变能商业化必不可少的关键一步。习近平、李克强等领导都亲临视察我国的聚变大科学装置，指出要尽快部署和加快ITER后我国聚变能的发展进程，为人类社会的发展做出中国人应有的贡献。要实现“双碳”目标，聚变作为清洁能源的重要候选者，是不能够缺席的。推进可控核聚变等低碳前沿技术攻关已被明确列入《完整准确全面贯彻新发展理念做好碳达峰碳中和工作的意见》，是落实加强绿色低碳重大科技攻关和推广应用的关键举措之一。中国在ITER计划的建设中共承担了14个采购包制造任务，覆盖了托卡马克装置诸如超导磁体、包层和第一壁、大规模电源系统、关键等离子体诊断系统等重要部件。

图9.25　ITER托卡马克装置建筑群(来源于网络)

2020年7月28日启动仪式正式揭开了ITER安装的序幕，尽管遭遇全球疫情影响，但ITER参与方各成员共同努力，完成多批关键路径大型部件交付；ITER安装现场日新月异，进展显著。截止2023年3月，ITER工程安装已经完成了70%以上，世界各国的研究人员都共同期待即将要步入的ITER实验阶段。

世界各国都十分重视聚变能的研发。目前世界各国都纷纷制定了雄心勃勃的聚变电站建设计划，国内外众多企业也纷纷加入聚变能的研发，2021年11月美国商业聚变投资(比尔·

盖茨，贝索斯等巨头旗下的基金）达21亿美元。随着国家层面和地方政府对企业加入聚变能研发的鼓励和支持，我国新奥集团、腾讯、能量奇点、星环聚能等企业也依次加入聚变能研发，核聚变公司成资本“新宠”。2021年初，美国众参两院支持国家工程院美国发布《将聚变能带到美国电网》（bring fusion power to US grid）的白皮书，开始设计，并尽快建造紧凑型中试聚变电厂，致力于“成为核聚变的领导者，2035—2040年在能源部和企业试点核聚变电站发电”。该白皮书聚变电站建造具体的时间表为[38]。

（1）2021～2028年：概念设计和初设；

（2）2028～2032年：详设和工程建设；

（3）2032～2035年：试运行；

（4）2035～2040年：聚变中试电厂一期；

（5）2040年：聚变中试电厂二期，并网。

由于磁约束等离子体所能达到的聚变功率密度（P_f）与装置的尺寸（R）还有磁场强度（B）紧密有关，大致满足 $P_f \propto R^3 B^4$。实现强磁场聚变堆面临的诸多物理问题可通过提高磁场迎刃而解。因此为了能够得到更高的聚变功率密度以实现聚变能源商业化发电，需要建造更高磁场强度的装置。实现强磁场（大于20T）的候选材料主要是高温超导和铍铜合金。美国MIT的C-Mod装置是强磁场聚变道路的先行者。因此，美国实现聚变能发电主要考虑强磁场、紧凑型托卡马克的方案（SPARC）。

2021年10月1日，英国商业、能源和产业战略部（BEIS）联合发布《迈向聚变能源：英国聚变战略》（Towards Fusion Energy: The UK Fusion Strategy），英国的聚变战略包括两大总体目标：①建造一个能够接入电网的聚变发电厂原型，示范聚变技术的商业可行性；②建立世界领先的英国聚变产业，在随后几十年里向世界各地输出聚变技术。这些目标在《绿色工业革命十点计划》和《能源白皮书》中得到高度阐述。英国将通过英国原子能管理局（UKAEA）领导实现聚变战略目标，确保英国在国际合作、科学和商业化三方面的领导力。实现磁约束聚变能商用，通常要经历原理性研究、规模试验、点火试验、反应堆工程实验、示范堆、商用堆六个阶段。

我国高度重视聚变能的研发，聚变能利用被国家“十三五”规划列为“国家战略性前瞻性重大科学问题”。国际热核聚变实验堆（ITER）计划是中国政府迄今为止参与的最大的国际科技合作计划，从2008年开始，国家磁约束核聚变能发展研究专项共部署186个项目，总计安排经费约56亿元。要实现“双碳”目标，聚变作为清洁能源的重要候选者，是不能够缺席的。“十四五”时期是加快我国磁约束核聚变能的基础与应用研究，使我国聚变研究步入世界的前列的重要时期。我国制定了详细的磁约束聚变能研发路线图，预计将于2035年建成托卡马克聚变试验堆，开展大规模科学实验；于2050年建成商业示范堆。预计到2035年左右，我国有望建成并率先运行聚变稳态燃烧托卡马克实验堆，使我国聚变研究步入世界的前列。我国中国工程院院士李建刚院士曾经多次在聚变届大会上指出：“如果有一盏灯能被核聚变之能点亮，这盏灯一定，也只能会在中国。”考虑到我国的实际国情以及整体能源发展战略，我国也指定了核聚变发展的三步走规划，具体而言有如下阶段。

（1）第一步近期（2025年前）：增强核聚变技术研发能力，打造我国磁约束核聚变堆的核岛设计研究中心，发展聚变堆关键核心技术；

（2）第二步中期（2025—2035年）：解决聚变工程实验堆关键核心技术，具备自主建设聚变工程实验堆的能力，建设聚变工程试验堆；

(3) 第三部远期(2035年后)：完成聚变示范堆工程关键技术及材料试验验证，建设运行中国聚变示范堆，进而实现核聚变能源的商用化。

磁约束聚变已经发展到了造堆的时代，所面临的科学和技术挑战也越来越清晰，特别是未来聚变堆将运行在全金属第一壁、低动量注入、电子加热主导的条件下，这些与现有磁约束聚变等离子体有很大的不同，因此稳态燃烧等离子体面对新挑战，在高参数稳定运行、热排出系统、中子耐受材料、氚自持、聚变堆安全、集成设计与系统研发、具有竞争优势的电能成本、仿星器聚变电站等方面都存在新问题需要解决。目前延期的ITER计划虽然存在一些已知和未知的困难，但是ITER组织和全世界的聚变科研人员都在努力选择相对最好的研发方案，我们相信这些困难都影响不了最后的目标，本世纪中叶聚变能一定将投入商用，未来可期！

思考题

1. 举例说明高温等离子体主要涉及的领域有哪些？

2. 氘氚聚变为何能释放能量？聚变产物是什么？

3. 简要回答为什么氘氚聚变温度需要一亿摄氏度？

4. 自然界中约束高温等离子体的方法有哪几种？

5. 简单的环形磁场为何不能约束高温等离子体？

6. 在直接驱动惯性约束聚变中，热电子会破坏靶丸的内爆，热电子是如何产生的？

7. 在间接驱动惯性约束聚变中，激光为何不能穿越等离子体直接到达黑腔壁？

8. 在惯性约束聚变中，激光能量是如何被电子吸收？

9. 在惯性约束聚变中，激光能量是如何转变成X射线？

10. 在惯性约束聚变中，激光和电子都无法直接到达靶丸表面，那么靶丸是如何被烧蚀的？

11. 简单描述反场构型(FRC)中环形等离子体靶的形成过程。

12. 在磁化等离子体靶聚变方案中，需要推动并加速环形等离子体靶，最终使两个等离子体碰撞融合聚变，或者对一个等离子体靶进行压缩实现聚变，简单回答：

(1) 磁化等离子体靶被推动及加速原理是什么？

(2) 如何对磁化等离子体靶进行压缩？

附录A 汤森放电理论

一般情况下气体是不导电的，只是气体中含有少量的电荷(电子)。当施加于气体的外加电压很强时，一旦气体放电就变成导体。放电类型很多，但是都有共同的特点：存在自由电子和电场。

1903年，英国物理学家汤森提出了第一个定量的气体放电理论，即电子雪崩理论。首先外界辐射源使之产生一定量的自由电荷，然后这些电荷在足够强的电场作用下增殖，从而电流很快增加。如果电荷的增殖非常强烈，外界辐射源就不起作用，这一类放电称为自持放电。电子在外电场作用下加速，获得足够的能量与气体分子碰撞并电离之，产生新的电子，然后再持续这个过程，直到饱和。往往这个过程是在瞬间完成，故称为雪崩现象(见附图A.1)。

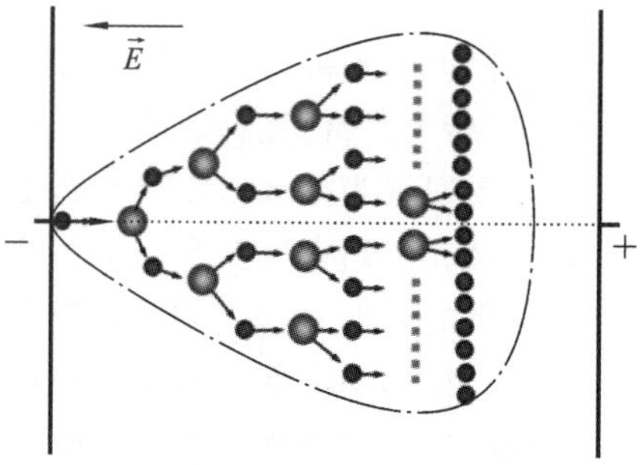

附图A.1 电子雪崩放电示意图

为了描述气体导电中的电离现象，汤森提出了三种电离过程，并引入三个对应的电离系数：

(1) 电子在向阳极运动的过程中，与气体粒子频繁碰撞，产生大量电子和正离子。电子与气体粒子发生电离碰撞的次数为α，这个过程称为α过程。α可表示为

$$\alpha = Ape^{-Bp/E}$$

式中：A和B是与气体性质有关的常数；p是气压；E为电场强度。

(2) 正离子在向阴极运动的过程中，与气体中性粒子频繁碰撞，也会产生一定数量的正离子和电子。而β电离系数是指在单位距离上一个正离子在向阴极运动过程中与气体粒子发生碰撞电离的次数，即为β过程。而在通常情况下，正离子在电场中所获得的能量远小于中性粒子发生电离所需的能量，因而β过程通常被忽略。

(3) 携带一定能量的正离子打到阴极，使其发射二次电子。二次电子发射数为γ系数，这个过程称为γ过程。

下面给出电子雪崩模型。如附图A.2所示，假设单位面积气体层厚度为dx，有n个电子通过dx。dx范围内增加的电子数为(注意α的定义)

$$dn = n\alpha dx$$

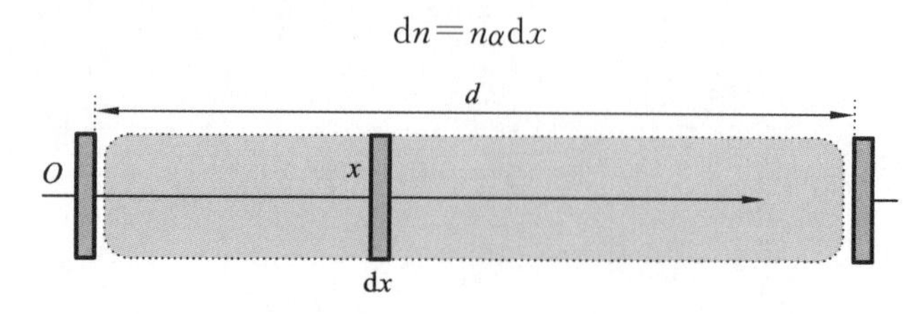

附图A.2 电子雪崩模型

积分后有

$$n=n_0 e^{\alpha d}$$

式中：n_0 为每秒离开阴极电子数；d 为电极间距。

换句话说，一个电子离开阴极，可以有 $e^{\alpha d}$ 个电子到达阳极。所以每个电子在其行程中增加的离子数（正负电荷粒子数）为 $e^{\alpha d}-1$，这些离子反向加速并撞击阴极产生的二次电子数为 $\gamma(e^{\alpha d}-1)$，而这些二次电子有的会再产生电子，其数目为 $\gamma(e^{\alpha d}-1)e^{\alpha d}$，这个过程继续下去就产生了链式反应，到达阳极的总电子数为

$$N=e^{\alpha d}+\gamma(e^{\alpha d}-1)e^{\alpha d}+\gamma^2(e^{\alpha d}-1)^2e^{\alpha d}+\cdots$$

则有

$$N=\frac{e^{\alpha d}}{1-\gamma(e^{\alpha d}-1)}$$

称为增殖系数。如果电场足够强，上式分母为零，N 趋近于无穷，产生雪崩放电。所以产生雪崩的条件为

$$\gamma(e^{\alpha d}-1)=1$$

即为汤森（Townsend）临界条件。

设击穿电压用 V_S 表示，则击穿电场强度为 $E_S=V_S/d$，代入电离系数公式 $\alpha=Ape^{-Bpd/V_S}$，代入汤森临界条件，整理即得

$$V_S=\frac{Bpd}{\ln\left[\frac{Apd}{\ln(1/\gamma)}\right]}$$

这就是比较重要的关于雪崩放电电压的定律：帕邢定律。V_S 存在一个极小值，简单分析可知低气压下需要比较高的电压才能产生雪崩，因为在气压低时，自由电子平均自由程短，电离碰撞概率小。

这里需要强调的是，研究表明，由于汤森理论没有考虑边界条件，所以并不完善，后继发展的比较完备的理论是流注理论。汤森理论只适用于放电气体（见附图 A.3）压强与放电间隙的

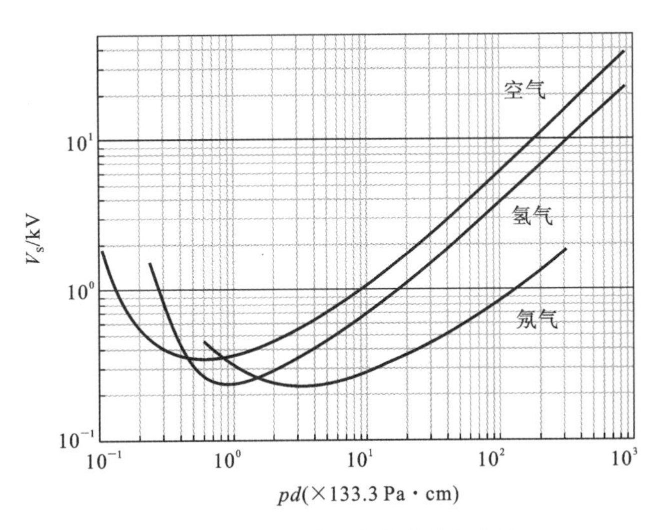

附图 A.3　几种常见气体的放电曲线

乘积(pd)值较小的范围,而流注理论适用于 pd 值较大的范围。汤森理论的基本观点是:电子的碰撞电离是气体放电时电流倍增的主要过程,而阴极表面的电子发射是维持放电的重要条件。但汤森理论没有考虑放电过程中空间电荷的作用,对于击穿的延时问题也难以解释。后有人提出了流注(Streamer)理论,以汤森理论的碰撞电离为基础,强调空间电荷对电场的畸变作用,由光子造成的二次雪崩向主雪崩汇合而形成流注;流注一旦形成,放电就转入自持。据流注理论的计算显示,虽然电子雪崩初始值不尽相同,但推导出的击穿电压很相近,与实验较相符。此理论弥补了汤森理论的不足,可有效解释大气压下气体放电。

附录B　常用矢量与张量运算

1. 矢量运算

$\vec{A}\cdot(\vec{B}\times\vec{C})=\vec{C}\cdot(\vec{A}\times\vec{B})=\vec{B}\cdot(\vec{C}\times\vec{A})$

$(\vec{A}\times\vec{B})\times\vec{C}=\vec{B}(\vec{A}\cdot\vec{C})-\vec{A}(\vec{B}\cdot\vec{C})$

$(\vec{A}\times\vec{B})\cdot(\vec{C}\times\vec{D})=(\vec{A}\cdot\vec{C})(\vec{B}\cdot\vec{D})-(\vec{A}\cdot\vec{D})(\vec{B}\cdot\vec{C})$

$(\vec{A}\times\vec{B})\times(\vec{C}\times\vec{D})=[(\vec{A}\times\vec{B})\cdot\vec{D}]\vec{C}-[(\vec{A}\times\vec{B})\cdot\vec{C}]\vec{D}$

2. 梯度、散度和旋度(u 是标量，$\vec{A}$ 是矢量)

(1) 直角坐标

$$\nabla u=\hat{e}_x\frac{\partial u}{\partial x}+\hat{e}_y\frac{\partial u}{\partial y}+\hat{e}_z\frac{\partial u}{\partial z}$$

$$\nabla\cdot\vec{A}=\frac{\partial A_x}{\partial x}+\frac{\partial A_y}{\partial y}+\frac{\partial A_z}{\partial z}$$

$$\nabla\times\vec{A}=\hat{e}_x\left(\frac{\partial A_z}{\partial y}-\frac{\partial A_y}{\partial z}\right)+\hat{e}_y\left(\frac{\partial A_x}{\partial z}-\frac{\partial A_z}{\partial x}\right)+\hat{e}_z\left(\frac{\partial A_y}{\partial x}-\frac{\partial A_x}{\partial y}\right)$$

(2) 柱坐标

$$\nabla u=\frac{\partial u}{\partial\rho}\hat{e}_\rho+\frac{1}{\rho}\frac{\partial u}{\partial\varphi}\hat{e}_\varphi+\frac{\partial u}{\partial z}\hat{e}_k$$

$$\nabla\cdot\vec{A}=\frac{1}{\rho}\left[\frac{\partial}{\partial\rho}(\rho A_\rho)+\frac{\partial}{\partial\varphi}A_\varphi+\frac{\partial}{\partial z}(\rho A_z)\right]$$

$$\nabla\times\vec{A}=\frac{1}{\rho}\begin{vmatrix}\hat{e}_\rho & \rho\hat{e}_\varphi & \hat{e}_z\\ \partial_\rho & \partial_\varphi & \partial_z\\ A_\rho & \rho A_\varphi & A_z\end{vmatrix}$$

$$=\left(\frac{1}{\rho}\frac{\partial A_z}{\partial\varphi}-\frac{\partial A_\varphi}{\partial z}\right)\hat{e}_\rho+\left(\frac{\partial A_\rho}{\partial z}-\frac{\partial A_z}{\partial\rho}\right)\hat{e}_\varphi+\left(\frac{1}{\rho}\frac{\partial}{\partial\rho}\rho A_\varphi-\frac{1}{\rho}\frac{\partial}{\partial\varphi}A_\rho\right)\hat{e}_z$$

(3) 球坐标

$$\nabla u=\frac{\partial u}{\partial r}\hat{e}_r+\frac{1}{r}\frac{\partial u}{\partial\theta}\hat{e}_\theta+\frac{1}{r\sin\theta}\frac{\partial u}{\partial\varphi}\hat{e}_\varphi$$

$$\nabla\cdot\vec{A}=\frac{1}{r^2\sin\theta}\left[\sin\theta\frac{\partial}{\partial r}(r^2A_r)+r\frac{\partial}{\partial\theta}(\sin\theta A_\theta)+r\frac{\partial A_\varphi}{\partial\varphi}\right]$$

$$\nabla\times\vec{A}=\frac{1}{r^2\sin\theta}\begin{vmatrix}\hat{e}_r & r\hat{e}_\theta & r\sin\theta\,\hat{e}_\varphi\\ \partial_r & \partial_\theta & \partial_\varphi\\ A_r & rA_\theta & r\sin\theta A_\varphi\end{vmatrix}$$

$$=\frac{1}{r\sin\theta}\left(\frac{\partial}{\partial\theta}\sin\theta A_\varphi-\frac{\partial}{\partial\varphi}A_\theta\right)\hat{e}_r+\frac{1}{r}\left(\frac{1}{\sin\theta}\frac{\partial}{\partial\varphi}A_r-\frac{\partial}{\partial r}rA_\varphi\right)\hat{e}_\theta+\frac{1}{r}\left(\frac{\partial}{\partial r}rA_\theta-\frac{\partial}{\partial\theta}A_r\right)\hat{e}_\varphi$$

3. 微分运算(u 和 υ 是标量，$\vec{A}$ 和 $\vec{B}$ 是矢量，$\vec{r}=xi+yj+zk$，$\nabla^2=\Delta$)

$\nabla u\upsilon=u\nabla\upsilon+\upsilon\nabla u$

$\nabla\cdot(u\vec{A})=u\nabla\cdot\vec{A}+\vec{A}\cdot\nabla u$

$$\nabla\times(u\vec{A})=u\,\nabla\times\vec{A}+\nabla u\times\vec{A}$$
$$\nabla\cdot(\nabla\times\vec{A})=0$$
$$\nabla\times(\nabla\times\vec{A})=\nabla(\nabla\cdot\vec{A})-\nabla^2\vec{A}$$
$$\nabla\cdot(\vec{A}\times\vec{B})=\vec{B}\cdot(\nabla\times\vec{A})-\vec{A}\cdot(\nabla\times\vec{B})$$
$$\nabla(\vec{A}\cdot\vec{B})=\vec{A}\times(\nabla\times\vec{B})+(\vec{A}\cdot\nabla)\vec{B}+\vec{B}\times(\nabla\times\vec{A})+(\vec{B}\cdot\nabla)\vec{A}$$
$$\nabla\times(\vec{A}\times\vec{B})=(\vec{B}\cdot\nabla)\vec{A}-(\vec{A}\cdot\nabla)\vec{B}-\vec{B}(\nabla\cdot\vec{A})+\vec{A}(\nabla\cdot\vec{B})$$
$$\nabla\cdot\nabla u=\nabla^2 u=\Delta u;\nabla\times\nabla u=0$$
$$\nabla r=\vec{r}/r=\hat{r};\nabla\times\vec{r}=0;\nabla\times\frac{\vec{r}}{r^3}=0(r\neq 0)$$
$$\nabla f(u)=f'(u)\nabla u$$
$$\nabla f(u,v)=\frac{\partial f}{\partial u}\nabla u+\frac{\partial f}{\partial v}\nabla v$$
$$\nabla f(r)=f'(r)\hat{r};\nabla\times[f(r)\vec{r}]=\mathbf{0}$$

4. 积分运算(φ 和 ϕ 是标量,$\vec{A}$ 是矢量)

$$\int_V(\nabla\cdot\vec{A})\mathrm{d}V=\oint_S\vec{A}\cdot\mathrm{d}\vec{S}$$
$$\oint_L\vec{A}\cdot\mathrm{d}\vec{L}=\int_S(\nabla\times\vec{A})\cdot\mathrm{d}\vec{S}$$
$$\int_V\mathrm{d}V(\nabla\times\vec{A})=\oint_S\mathrm{d}\vec{S}\times\vec{A}$$
$$\int_V\mathrm{d}V(\nabla\varphi)=\oint_S\mathrm{d}\vec{S}\varphi$$
$$\int_V\mathrm{d}\vec{S}\times\nabla\varphi=\oint_L\mathrm{d}\vec{l}\varphi$$
$$\int_V(\phi\,\nabla^2\varphi-\varphi\,\nabla^2\phi)\mathrm{d}V=\oint_S(\phi\,\nabla\varphi-\varphi\,\nabla\phi)\mathrm{d}\vec{S}$$

5. 张量运算(u 是标量,$\vec{A}$ 是矢量,$\overleftrightarrow{T}$ 为张量,$\overleftrightarrow{I}$ 为单位张量)

$$\vec{A}\cdot\overleftrightarrow{I}=\overleftrightarrow{I}\cdot\vec{A}=\vec{A}$$
$$\overleftrightarrow{T}\cdot\overleftrightarrow{I}=\overleftrightarrow{I}\cdot\overleftrightarrow{T}=\overleftrightarrow{T}$$
$$\nabla\cdot\overleftrightarrow{T}=\frac{\partial}{\partial x}(i\cdot\overleftrightarrow{T})+\frac{\partial}{\partial y}(j\cdot\overleftrightarrow{T})+\frac{\partial}{\partial z}(k\cdot\overleftrightarrow{T})$$
$$\overleftrightarrow{T}\cdot\nabla=\frac{\partial}{\partial x}(\overleftrightarrow{T}\cdot i)+\frac{\partial}{\partial y}(\overleftrightarrow{T}\cdot j)+\frac{\partial}{\partial z}(\overleftrightarrow{T}\cdot k)$$
$$\nabla\times\overleftrightarrow{T}=\left[\frac{\partial}{\partial y}(k\cdot\overleftrightarrow{T})-\frac{\partial}{\partial z}(j\cdot\overleftrightarrow{T})\right]i+\left[\frac{\partial}{\partial z}(i\cdot\overleftrightarrow{T})-\frac{\partial}{\partial x}(k\cdot\overleftrightarrow{T})\right]j$$
$$+\left[\frac{\partial}{\partial x}(j\cdot\overleftrightarrow{T})-\frac{\partial}{\partial y}(i\cdot\overleftrightarrow{T})\right]k$$
$$\nabla\cdot(u\overleftrightarrow{T})=(\nabla u)\cdot\overleftrightarrow{T}+u\,\nabla\cdot\overleftrightarrow{T}$$
$$\nabla\times(u\overleftrightarrow{T})=(\nabla u)\times\overleftrightarrow{T}+u\,\nabla\times\overleftrightarrow{T}$$
$$\nabla\cdot(u\overleftrightarrow{I})=\nabla u$$
$$\nabla\times(u\overleftrightarrow{I})=(\nabla u)\times\overleftrightarrow{I}$$
$$\nabla\cdot(\overleftrightarrow{I}\times\vec{A})=\nabla\times\vec{A}$$
$$\nabla\times(\overleftrightarrow{I}\times\vec{A})=\vec{A}\,\nabla-\overleftrightarrow{I}(\nabla\cdot\vec{A})$$

参考文献

[1] 李定,陈银华,马锦绣,等. 等离子体物理学[M]. 北京:高等教育出版社,2006.

[2] 马腾才,胡希伟,陈银华. 等离子体物理原理[M]. 合肥:中国科学技术大学出版社,1988.

[3] 金佑民,樊三友. 低温等离子体物理基础[M]. 北京:清华大学出版社,1983.

[4] 胡希伟. 等离子体理论基础[M]. 北京:北京出版社,2006.

[5] 徐家鸾,金尚宪. 等离子体物理学[M]. 北京:原子能出版社,1981.

[6] Chen F F, Chang J P. Lecture Notes on PRINCIPLES OF PLASMA PROCESSING [M]. Los Angeles: Plenum/Kluwer Publishers, 2002.

[7] Chen F F. 等离子体物理学导论[M]. 林光海,译. 北京:科学出版社,2016.

[8] 刘万东. 等离子体物理导论[M]. 合肥:中国科技大学出版社,2022.

[9] Miyamoto K. Fundamentals of Plasma Physics and Controlled Fusion[M]. Tokyo: Iwanami Book Service Center, 1997.

[10] 王晓钢. 等离子体物理基础[M]. 北京:北京大学出版社,2014.

[11] Malmberg J H, Wharton C B. Collisionless Damping of Electrostatic Plasma Waves[J]. Phys. Rev. Lett., 1964, 13: 184.

[12] Erdélyi R, Fedum V. Are There Alfvén Waves in the Solar Atmoshpere? [J]. Science, 2007, 318: 1572.

[13] De Pontieu B. Chromospheric Alfven Wave Strong Enough to Power the Solar Wind [J]. Science, 2007: 318, 1574.

[14] Okamoto T J. Coronal Transverse Magnetohydrodynamic Waves in a Solar Prominence [J]. Science, 2007: 318, 1577.

[15] Schroeder J W R, Howes G G, Kletzing C A. Laboratory measurements of the physics of auroral electron acceleration by Alfvén waves[J]. Nat Commun., 2021: 12, 3103.

[16] Aigrain P. 1960 Proceedings of the International Conference on Semiconductor Physics Prague[C]. Czech Republic, 1960: 224.

[17] Lehane J A, Thonemann P C. An Experimental Study of Helicon Wave Propagation in a Gaseous Plasma[J]. Proc. Phys Soc, 1965, 85: 301.

[18] Boswell R W. Very efficient plasma generation by whistler waves near the lower hybrid frequency[J]. Plasma Phys. Control. Fusion, 1984, 26: 1147.

[19] Shunjiro S. Helicon high-density plasma sources: physics and applications[J]. Advances in Physics: 2018, 3(1): 1420424.

[20] Chen F F. Plasma ionization by helicon waves[J]. Plasma Phys. Control. Fusion: 1991, 33(4): 339.

[21] Chen F F, Blackwell D D. Upper Limit to Landau Damping in Helicon Discharges[J].

Phys Rev Lett, 1999, 82(13): 2677-2680.
[22] Shamrai K P, Taranov V B. Volume and Surface RF Power Absorption in a Helicon [J]. Plasma Source. Plasma Sour Sci & Tech, 1996, 5(3): 474-491.
[23] Trivelpiece A W, Gould R W. Space charge waves in cylindrical plasma columns[J]. J Appl. Phys. 1959, 30(11): 1784-1793.
[24] Aguiló-Aguayo N, Castaño-Bernal J L, García-Céspedes J, et al. Magnetic response of CVD and PECVD iron filled multi-walled carbon nanotubes[J]. Diamond & Related Materials, 2009, 18: 953-956.
[25] Ren Z F, Huang Z P, Xu J W, et al. Synthesis of Large Arrays of Well-Aligned Carbon Nanotubes on Glass[J]. Science, 1998, 282(6): 1105-1107.
[26] Shiji K, Hiramatsu M, Enomoto A, et al. Vertical growth of carbon nanowalls using RF PECVD[J]. Diamond & Related Materials, 2005, 14: 831-834.
[27] Sait R, Govindarajan S, Cross R. Nitridation of optimised nanorods through PECVD towards neural electrode application[J]. Materialia, 2018, 4: 127-138.
[28] Hu P, Han N, Zhang D, et al. Highly formaldehyde sensitive, transition-metal doped ZnO nanorods prepared by plasma-enhanced chemical vapor deposition. Sen. and Actu. B, 2012, 169: 74-80.
[29] Kohan M G, Mazzaro R, Morandi V, et al. Plasma assisted vapor solid deposition of Co_3O_4 tapered nanorods for energy applications[J]. J. Mater. Chem. A, 2019, 7: 26302.
[30] Cvelbar U, Chen Z Q, Sunkara M K, et al. Spontaneous Growth of Superstructure α-Fe_2O_3 Nanowire and Nanobelt Arrays in Reactive Oxygen Plasma[J]. Small, 2008, 4: 1610.
[31] Lawson J D. Some Criteria for a Power Producing Thermonuclear Reactor. Proceedings of the Physical Society[M]. Section B, 1957. 70(1): 6.
[32] 谭熠. 核聚变简介[OL]. https://zhuanlan.zhihu.com/p/422557717.
[33] Zheng F, Cai H B, Zhou W M, et al. Enhanced energy coupling for indirect-drive fast-ignition fusion targets[J]. Nature Physics, 2020, 16: 810-814.
[34] 杨显俊，李璐璐. 磁惯性约束聚变：通向聚变能源的新途径[J]. 中国科学，物理学 力学 天文学，2016，46：115202.
[35] Wurden G A, Hsu S C, Intrator T P, et al. Magneto-inertial fusion[J]. J Fusion Energ, 2015, 35: 69-77.
[36] 潘垣，王之江，武松涛，等. 基于场反位形的磁约束氘氚脉冲聚变中子源方案设计[J]. 中国工程科学，2022，24(3)：205-213.
[37] 林木楠. KMAX 串列磁镜离子回旋共振加热实验研究[D]. 合肥：中国科技大学，2018：14-18.
[38] 王晓钢. 科学网的博文[OL]. https://blog.sciencenet.cn/blog-39346-1287731.html.